内蒙古
农作物种质资源普查与征集目录

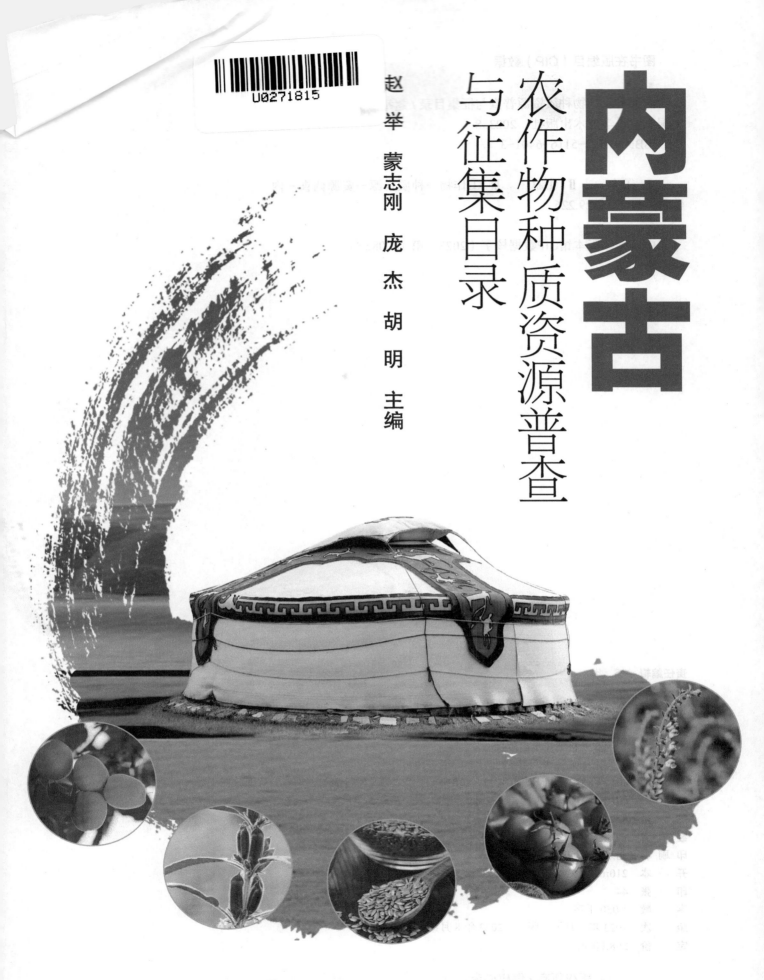

赵举 蒙志刚 庞杰 胡明 主编

中国农业科学技术出版社

图书在版编目（CIP）数据

内蒙古农作物种质资源普查与征集目录 / 赵举等主编. --北京：中国农业科学技术出版社，2023. 8

ISBN 978-7-5116-6401-3

Ⅰ. ①内… Ⅱ. ①赵… Ⅲ. ①作物－种质资源－资源调查－内蒙古 Ⅳ. ①S329.226

中国国家版本馆CIP数据核字（2023）第160086号

责任编辑 李 华
责任校对 李向荣
责任印制 姜义伟 王思文

出 版 者 中国农业科学技术出版社
北京市中关村南大街12号 邮编：100081
电　　话 （010）82109708（编辑室） （010）82109702（发行部）
（010）82109709（读者服务部）
网　　址 https: // castp.caas.cn
经 销 者 各地新华书店
印 刷 者 北京建宏印刷有限公司
开　　本 210mm×297mm 1/16
印　　张 44
字　　数 1 050千字
版　　次 2023年8月第1版 2023年8月第1次印刷
定　　价 298.00元

《内蒙古农作物种质资源普查与征集目录》

编委会

主　编： 赵　举　蒙志刚　庞　杰　胡　明

副主编： 王　刚　牛素清　黄　帆

参　编： 张立华　刘锦川　潘　慧　扈　顺　张兴夫
何小龙　乔慧蕾　冯小慧　李银换　谢　田
皇甫九茹　羿　静　魏春梅　曹丽丽　白玉婷
纳　钦　刘湘萍　王葆生　朱春侠　刘　燕
宫前恒　闻金光　田　露　訾彩媛　张瑞喜

目　录

第一章　内蒙古农作物种质资源普查与征集概况

种质资源是指携带生物遗传信息的载体，具有实际或潜在利用价值。农作物种质资源作为生物资源的重要组成部分，是育种工作者培育优质、高产作物的物质基础，是维系国家粮食安全的重要保证，是世界各国农业得以持续发展的重要基础，也是衡量一个国家在全球“基因大战”中的竞争力的重要指标，对人类社会生存与可持续发展不可或缺。

内蒙古地处祖国北疆，横跨东北、华北、西北，生态类型涵盖森林、典型草原、荒漠草原、荒漠、沙漠、戈壁等，丰富多样的生态类型也演化出了大量具有地域特点的种质资源。内蒙古也是我国重要的粮食主产区，是我国13个粮食主产区和5个净调出省（区）之一。同时内蒙古也是我国粮食的传统产区，生产历史悠久，赤峰兴隆洼出土发现的谷子炭化粒，将谷子的起源追溯至8 000年前，巴彦淖尔早在公元前27年即汉武帝时期“在河套筑城以屯田”。内蒙古种质资源收集工作始于20世纪50年代，先后进行了两次（1956年和1979年）较大规模的作物种质资源收集工作，挽救了一批地方品种、野生近缘种及特色种质资源。2020年开始，内蒙古参加第三次全国农作物种质资源普查与收集行动，对全区农作物种质资源本底情况开展普查和征集，加强对野生种质资源、古老地方栽培品种、特色种质资源的收集。

一、内蒙古农作物种质资源普查与征集

根据农业农村部办公厅印发的《第三次全国农作物种质资源普查与收集行动2020年实施方案的通知》的要求，2020年内蒙古自治区农牧厅印发了《第三次全国农作物种质资源普查与收集行动内蒙古2020年实施方案》，开展内蒙古94个农牧业旗（县、市、区）农作物种质资源的普查与征集工作，要求基本查清各类作物的种植历史、栽培制度、品种更替、社会经济和环境变化，以及重要作物的野生近缘植物种类、地理分布、生态环境和濒危状况等重要信息，每个旗（县、市、区）征集各类栽培作物和珍稀、濒危作物野生近缘植物种质资源20～30份。

按照“自治区统一领导、盟（市）分级负责、各方共同推进”的原则。内蒙古自治区农牧厅成立全区农作物种质资源普查工作领导小组和技术专家组，负责普查工作的推进落实、技术支撑和服务。各盟（市）农牧主管部门成立领导小组和技术专家组，县级农牧主管部门成立普查工作组，全面组织落实普查与征集工作。

二、下一步工作讨论

1. 农作物种质资源收集工作迫在眉睫

在本次内蒙古农作物种质资源普查中发现，种植面积较大的大宗农作物（如玉米、小麦等）收集到的种质资源反而较少。这可能是随着我国农业高速发展，良种化率越来越高，大量商业用种的使用，导致古老地方资源面临多样性锐减甚至消失的危险，这与湖南、广东等地方品种资源情况相同。而种类较多的豆类、杂粮等一方面是作物类型较多，另一方面也与饮食习惯等相关，目前还有一些老乡少量种植食用，使一些农家作物种质资源得以保留。因此，农作物种质资源收集工作迫在眉睫，需要尽快落实。

2. 农作物种质资源收集工作需要持续开展

目前地方农作物种质资源的种植面积、种植范围等都在锐减，通过一次系统性的工作可以有效收集这些资源，避免资源的灭绝。但是在工作中也发现，由于资源分散在不同农户手中，一次去收集不能全部有效的收集到所有的资源。以呼和浩特为例，比较出名的毕克齐大葱、托县辣椒、清水河小香米等资源几乎未收集到或仅仅收集到少量几份。因此农作物种质资源收集工作在系统性开展之后，还需要持续性的开展，确保各类资源能够全部收集，做到因收尽收、应保尽保。

3. 农作物种质资源收集完成后需要妥善保存

农作物种质资源收集完成并不是工作的结束。下一步收集到的农作物种质资源需要妥善保藏。前人研究发现，生产上很少用3年以上的种子，这主要由于作物种子储藏时间超过一定限度，其胚部细胞发生一系列生理变化，虽然生活力尚未完全丧失，但原有的生理活动机能已开始衰退，播种后即使能发芽长苗，但往往瘦弱矮小，出现畸形，生长发育不正常，以致影响产品质量和产量。农作物种质资源收集后需要妥善保藏，才能开展后续利用。

4. 支持开展农作物种质资源综合评价和利用

种质资源收集的最终目标是利用其携带的生物遗传信息，开展新品种选育。在开展新品种选育之前还需要进行农作物种质资源综合评价，如田间鉴定、分子生物学的精准鉴定等。这些都是公益性的工作，依靠竞争性项目支持难以长期维持，也难以进行综合绩效评价。因此需要组建专门的公益性研究团队，提供公益性的项目开展种质资源鉴定，从而最大限度利用农作物种质资源。

第二章　粮食作物种质资源目录

一、粮食作物种质资源目录

1. 玉米种质资源目录

玉米（*Zea mays*）是禾本科（Gramineae）玉蜀黍属（*Zea*）一年生草本植物，食用部分为玉米籽粒，是世界上分布最广的农作物之一，是最重要的饲料作物和粮食作物。共计收集到种质资源125份，分布在8个盟（市）的44个旗（县、市、区）（表2-1）。

表2-1　玉米种质资源目录

序号	样品编号	盟（市）	旗（县、市、区）	种质名称	种质类型	种质来源	生长习性	繁殖习性	播种期	收获期	主要特性	其他特性	主要特性详细描述	种质用途	利用部位	种质分布
1	P150104006	呼和浩特市	玉泉区	紫糯玉米	地方品种	当地	一年生	有性	4月下旬	9月中旬	高产，抗病	亲和力强，营养价值高	该品种属于引进品种，适口性好，口感甜糯，产量高，适应性强	食用、加工原料	种子（果实）	窄
2	P150104023	呼和浩特市	玉泉区	爆裂玉米	地方品种	当地	一年生	有性	5月中旬	9月下旬	高产，优质，抗病，广适		秆直立，通常不分枝，高2～3m，基部各节具气生支柱根。叶鞘具横脉；叶舌膜质，长约2mm；叶片扁平宽大，线状披针形，基部圆形呈耳状，无毛，中脉粗壮，边缘微粗糙。顶生雄性圆锥大型花序。籽粒硬粒形，偏小，黄色	食用、饲用	种子（果实）	广

（续表）

序号	样品编号	盟（市）	旗（县、市、区）	种质名称	种质类型	种质来源	生长习性	繁殖习性	播种期	收获期	主要特性	其他特性	主要特性详细描述	种质用途	利用部位	种质分布
3	P150121050	呼和浩特市	土默特左旗	爆裂玉米	地方品种	当地	一年生	有性	5月上旬	9月下旬	优质，抗病，抗虫，耐盐碱，抗旱，广适，耐贫瘠		抗病、耐盐碱能力强，品质优，果穗和籽粒均较普通玉米小，结构紧实，坚硬透明，遇高温有较大的膨爆性，即使籽粒被砸成碎块也不会丧失膨爆力	食用、加工原料	种子（果实）	广
4	P150125028	呼和浩特市	武川县	黄八行	地方品种	当地	一年生	有性	4月下旬	8月下旬	优质，抗旱，耐寒，耐贫瘠		当地种植甜糯玉米品种，常规玉米品种，可以连续种植，口感不是很甜，玉米味道浓郁，口感好	食用	种子（果实）、叶	窄
5	P150205012	包头市	石拐区	早熟黄玉米	地方品种	当地	一年生	有性	5月上旬	9月下旬	优质，抗旱，耐贫瘠		籽粒形状圆形，粒型硬粒，粒色橙黄色，一般配合力中，食用品质中。芽期耐旱性强，苗期耐旱性强	食用	种子（果实）	广
6	P150221031	包头市	土默特右旗	土右甜玉米	地方品种	当地	一年生	有性	5月上旬	9月下旬	优质		营养丰富，口感鲜糯，香甜	食用	种子（果实）	窄
7	P152201018	兴安盟	乌兰浩特市	白马牙子	地方品种	当地	一年生	有性	5月中旬	9月下旬	优质，抗病，抗虫，耐盐碱，抗旱，耐寒，耐贫瘠，耐热		本品种玉米穗行12～14行，果穗长14～15cm，出茬率高、口感好，品质优，营养价值高	食用、饲用、加工原料	种子（果实）、茎	窄

（续表）

序号	样品编号	盟（市）	旗（县、市、区）	种质名称	种质类型	种质来源	生长习性	繁殖习性	播种期	收获期	主要特性	其他特性	主要特性详细描述	种质用途	利用部位	种质分布
8	P152201019	兴安盟	乌兰浩特市	古城1号	地方品种	当地	一年生	有性	5月中旬	9月下旬	优质，抗病，抗虫，耐盐碱，抗旱，耐寒，耐贫瘠，耐热		60～65d即可青食，口感香甜，籽粒黏软清香，果穗圆柱形，籽粒大小均匀，色泽亮丽，饱满紧实，以硬粒型为主，本品种成熟期早，抗逆性强，品质优	食用、饲用、加工原料	种子（果实）、茎	窄
9	P152202008	兴安盟	阿尔山市	老玉米	地方品种	当地	一年生	有性	6月上旬	9月下旬	耐寒		阿尔山老玉米是一种白玉米，是玉米种质资源中的一个特例，它在当地表现出了良好的抗病性、耐寒性、耐贫瘠性以及良好的环境适应性，是高抗型本地农家品种	食用、饲用	种子（果实）、茎	窄
10	P152202034	兴安盟	阿尔山市	小苞米	地方品种	当地	一年生	有性	5月下旬	9月下旬	抗病，耐寒		当地农户多年自留种，抗病，耐寒，茎叶也作牛羊饲料	食用、饲用	种子（果实）、茎、叶	窄
11	P152221002	兴安盟	科尔沁右翼前旗	白玉米	地方品种	当地	一年生	有性	4月下旬	10月上旬	优质，抗病，耐贫瘠		具有很长时间的栽培历史，白玉米煮食味道香甜可口，鲜食和磨楂做粥均可，是东北传统的磨楂原料，作为当地的传统农家品种，抗病、抗虫性较好，且耐贫瘠，一般的山坡岗地均可栽培	食用	种子（果实）	窄

（续表）

序号	样品编号	盟（市）	旗（县、市、区）	种质名称	种质类型	种质来源	生长习性	繁殖习性	播种期	收获期	主要特性	其他特性	主要特性详细描述	种质用途	利用部位	种质分布
12	P152221003	兴安盟	科尔沁右翼前旗	白玉米	地方品种	当地	一年生	有性	4月上旬	10月中旬	优质，抗病	抗倒伏	此品种白玉米为糯性白玉米，味道好，抗玉米大斑病，抗倒伏，由于产量较低，现存量很少，是本地的传统农家品种	食用	种子（果实）	窄
13	P152222002	兴安盟	科尔沁右翼中旗	白玉米	地方品种	当地	一年生	有性	5月中旬	10月上旬	优质，耐贫瘠		籽粒白色，加工玉米楂、玉米面品质好，口感好	食用	种子（果实）	窄
14	P152222003	兴安盟	科尔沁右翼中旗	白玉米	地方品种	当地	一年生	有性	5月中旬	9月下旬	优质，耐贫瘠		籽粒白色，加工玉米楂、玉米面口感好	食用	种子（果实）	窄
15	P152222011	兴安盟	科尔沁右翼中旗	白玉米	地方品种	当地	一年生	有性	5月中旬	10月上旬	优质，耐贫瘠		籽粒白色，加工玉米楂、玉米面口感好	食用	种子（果实）	窄
16	P152222036	兴安盟	科尔沁右翼中旗	白玉米	地方品种	当地	一年生	有性	5月中旬	9月下旬	优质，广适		籽粒白色，加工玉米楂、玉米面口感好	食用	种子（果实）	广
17	P152222042	兴安盟	科尔沁右翼中旗	白玉米	地方品种	当地	一年生	有性	5月中旬	10月上旬	优质，耐贫瘠		籽粒白色，加工玉米楂、玉米面口感好	食用	种子（果实）	窄
18	P152222054	兴安盟	科尔沁右翼中旗	玉米	地方品种	当地	一年生	有性	5月中旬	9月中旬	优质		籽粒白色，加工玉米楂、玉米面品质好，口感好	食用	种子（果实）	窄

（续表）

序号	样品编号	盟（市）	旗（县、市、区）	种质名称	种质类型	种质来源	生长习性	繁殖习性	播种期	收获期	主要特性	其他特性	主要特性详细描述	种质用途	利用部位	种质分布
19	P152223009	兴安盟	扎赉特旗	紫玉米	地方品种	当地	一年生	有性	5月中旬	10月上旬	优质，抗病，耐寒，耐热		地方老品种，株高1.5m，成熟期100d左右，果穗长10cm左右、千粒重120g左右。民间多在成熟后打碎做粥，煮熟食用抗氧化、防衰老，口感香甜	食用、保健药用、加工原料	种子（果实）	窄
20	P152223010	兴安盟	扎赉特旗	马牙玉米	地方品种	当地	一年生	有性	5月中旬	9月下旬	优质，抗病，耐寒		地方老品种，秆粗，亩产超180kg。抗倒伏优质、籽粒小，饱满，像马的牙齿，品质好，可做米或面食用，味美香甜，民间多在秋季玉米成熟后打碎做粥	食用、保健药用、加工原料	种子（果实）	窄
21	P152223014	兴安盟	扎赉特旗	火球玉米	地方品种	当地	一年生	有性	5月中旬	9月下旬	优质		亩产100～150kg，优质，玉米籽粒小、圆润、紫色，多用于做爆米花或成熟后打碎做粥，做面食食用，口感好，味道香甜	食用	种子（果实）	窄
22	P152224007	兴安盟	突泉县	白玉米	地方品种	当地	一年生	有性	5月上旬	10月上旬	耐盐碱，抗旱，耐贫瘠	植株矮小，穗小，口感特别好，抗病性极高	白轴白粒，叶片深绿挺直，透光性好。抗倒伏，抗大斑病、小斑病、青枯病、粒腐病	食用	种子（果实）	窄
23	P150523031	通辽市	开鲁县	白玉米	地方品种	当地	一年生	有性	5月中旬	9月中旬	优质，抗病，抗旱，耐寒		多年留种育成的品质优良农家种。籽粒白色，食用口感好，品质好	食用	种子（果实）	窄

（续表）

序号	样品编号	盟（市）	旗（县、市、区）	种质名称	种质类型	种质来源	生长习性	繁殖习性	播种期	收获期	主要特性	其他特性	主要特性详细描述	种质用途	利用部位	种质分布
24	P150502060	通辽市	科尔沁区	白马牙玉米	地方品种	当地	一年生	有性	5月上旬	9月下旬	高产，优质，抗旱		俗称“老玉米”，是东北农家品种。因其像骏马的牙齿一样而得名，籽粒饱满、圆润、洁白。玉米秆长得高大粗实，大风很难将它们吹到。品质好，好吃，人们评价“没得挑”	食用	种子（果实）	窄
25	P150502085	通辽市	科尔沁区	爆裂玉米	地方品种	当地	一年生	有性	5月上旬	9月下旬	高产，优质，抗旱		多年留种育成农家种，专门供作爆米花食用的特用玉米。产量高，品质好，爆米花口感好	食用	种子（果实）	窄
26	P150522007	通辽市	科尔沁左翼后旗	恰克图白玉米	地方品种	当地	一年生	有性	5月上旬	9月下旬	优质，抗旱	口感舒爽，食用价值高，营养价值高，商品性非常好	多年种植留种选育出的优良品质农家种。抗旱、适应性广，穗行数为10行，籽粒近圆形，食用口感好	食用	种子（果实）	窄
27	P150524030	通辽市	库伦旗	白玉米	地方品种	当地	一年生	有性	5月上旬	9月中旬	优质，抗旱，耐贫瘠		籽粒粉白	食用	种子（果实）	窄
28	P150524038	通辽市	库伦旗	本地白玉米	地方品种	当地	一年生	有性	5月上旬	9月中旬	优质，抗旱，耐贫瘠	食用口感好	白轴白粒，叶片深绿挺直，透光性好，抗倒伏	食用	种子（果实）	窄
29	P150524056	通辽市	库伦旗	花棒子	地方品种	当地	一年生	有性	5月上旬	9月中旬	优质，抗虫，抗旱，耐寒，耐贫瘠		农家多年种植老品种。籽粒多白色，有少许紫色	食用	种子（果实）	窄

（续表）

序号	样品编号	盟（市）	旗（县、市、区）	种质名称	种质类型	种质来源	生长习性	繁殖习性	播种期	收获期	主要特性	其他特性	主要特性详细描述	种质用途	利用部位	种质分布
30	P150524057	通辽市	库伦旗	白棒子	地方品种	当地	一年生	有性	5月上旬	9月中旬	优质，抗虫，抗旱，耐寒，耐贫瘠		农家多年种植老品种。籽粒白色	食用	种子（果实）	窄
31	P150525002	通辽市	奈曼旗	爆裂玉米	地方品种	当地	一年生	有性	5月上旬	9月中旬	优质		多年留种育成的品质优良农家种，易爆裂、味香可口	食用	种子（果实）	窄
32	P150525010	通辽市	奈曼旗	黄糯玉米	地方品种	当地	一年生	有性	5月上旬	9月中旬	高产，优质，抗旱		多年留种育成的品质优良农家种，籽粒黄色，食用口感好	食用、饲用、加工原料	种子（果实）、茎、叶	窄
33	P150525023	通辽市	奈曼旗	东明糯玉米	地方品种	当地	一年生	有性	5月上旬	9月下旬	优质，抗旱		多年留种育成的品质优良农家种。籽粒黏软清香，皮薄无渣，食用口感好	食用	种子（果实）、茎、叶	窄
34	P150525025	通辽市	奈曼旗	本地白玉米	地方品种	当地	一年生	有性	5月上旬	9月下旬	优质，抗旱，耐贫瘠		多年留种育成的品质优良农家种。籽粒清香，煮食皮薄无渣	食用	种子（果实）、茎、叶	窄
35	P150525045	通辽市	奈曼旗	白玉米	地方品种	当地	一年生	有性	5月上旬	9月中旬	优质，抗病，耐盐碱，抗旱		农家多年种植老品种。籽粒白色、抗倒伏、产量较高，实用口感好，加工品质好	食用	种子（果实）	窄
36	P150526029	通辽市	扎鲁特旗	黄花山糯玉米	地方品种	当地	一年生	有性	5月上旬	8月中旬	高产，优质，抗旱		多年留种育成的品质优良农家种。糯玉米，黄色，早熟，穗行8行，穗长15cm。食用口感好	食用	种子（果实）	窄

（续表）

序号	样品编号	盟（市）	旗（县、市、区）	种质名称	种质类型	种质来源	生长习性	繁殖习性	播种期	收获期	主要特性	其他特性	主要特性详细描述	种质用途	利用部位	种质分布
37	P150526033	通辽市	扎鲁特旗	黄花山白玉米	地方品种	当地	一年生	有性	5月上旬	9月中旬	优质，抗旱		多年留种育成的品质优良农家种。籽粒白色，穗长17cm，籽粒12行，穗轴白色。食用口感好，微甜	食用	种子（果实）	窄
38	P150526034	通辽市	扎鲁特旗	小粒白玉米	地方品种	当地	一年生	有性	5月上旬	9月中旬	优质，抗旱		多年留种育成的品质优良农家种。籽粒白色，穗长22cm，籽粒20行，籽粒较长，穗轴白色。食用口感好	食用	种子（果实）	窄
39	P150526035	通辽市	扎鲁特旗	大粒白玉米	地方品种	当地	一年生	有性	5月上旬	9月中旬	优质，抗旱		多年留种育成的品质优良农家种。籽粒白色，穗长19cm，籽粒14行，籽粒方形，穗轴白色。食用口感好	食用	种子（果实）	窄
40	P150403020	赤峰市	元宝山区	白棒子	地方品种	当地	一年生	有性	5月下旬	10月中旬	高产，优质，抗旱		育期124d，株高265cm，穗位高104cm，穗长13.6cm，百粒重31.4g	食用	种子（果实）	窄
41	P150403029	赤峰市	元宝山区	刺棒子、牙棒子	地方品种	当地	一年生	有性	5月下旬	10月中旬	优质，抗病，抗旱，耐贫瘠	高抗黍瘟病，易倒伏	生育期125d，株高245cm，穗位高134cm，穗长11.5cm，百粒重19.6g	食用、饲用	种子（果实）、茎、叶	窄
42	P150403040	赤峰市	元宝山区	白棒子	地方品种	当地	一年生	有性	5月上旬	9月中旬	优质		口感好	食用	种子（果实）	窄
43	P150404007	赤峰市	松山区	老白糯玉米1	地方品种	当地	一年生	有性	5月下旬	10月中旬			生育期123d，株高238cm，穗位高116cm，穗长16.7cm，百粒重33.1g	食用	种子（果实）	窄

（续表）

序号	样品编号	盟（市）	旗（县、市、区）	种质名称	种质类型	种质来源	生长习性	繁殖习性	播种期	收获期	主要特性	其他特性	主要特性详细描述	种质用途	利用部位	种质分布
44	P150404008	赤峰市	松山区	白糯2	地方品种	当地	一年生	有性	5月下旬	10月中旬			生育期125d，株高247cm，穗位高124cm，穗长17.6cm，百粒重33.6g	食用	种子（果实）	窄
45	P150404010	赤峰市	松山区	老白黏糯4	地方品种	当地	一年生	有性	5月下旬	10月中旬			生育期124d，株高260cm，穗位高118cm，穗长18.1cm，百粒重33.2g	食用	种子（果实）	窄
46	P150404012	赤峰市	松山区	老白黏糯6	地方品种	当地	一年生	有性	5月下旬	10月中旬			生育期128d，株高274cm，穗位高122cm，穗长18.7cm，百粒重33.4g	食用	种子（果实）	窄
47	P150404014	赤峰市	松山区	老糯玉米7	地方品种	当地	一年生	有性	5月下旬	10月中旬			生育期123d，株高254cm，穗位高121cm，穗长18.3cm，百粒重32.3g	食用	种子（果实）	窄
48	P150421057	赤峰市	阿鲁科尔沁旗	大白玉米	地方品种	当地	一年生	有性	5月中旬	9月上旬	优质，抗病，耐盐碱，抗旱，耐贫瘠，耐热		该品种生育期100d左右，口感好，早些年被作为农家战备粮，属于半硬粒型	食用	种子（果实）	窄
49	P150421058	赤峰市	阿鲁科尔沁旗	小白玉米	地方品种	当地	一年生	有性	5月中旬	9月上旬	优质，抗病，抗旱，耐贫瘠，耐热		该品种生育期90～100d，口感好，属硬粒型，籽粒小	食用	种子（果实）	窄

（续表）

序号	样品编号	盟（市）	旗（县、市、区）	种质名称	种质类型	种质来源	生长习性	繁殖习性	播种期	收获期	主要特性	其他特性	主要特性详细描述	种质用途	利用部位	种质分布
50	P150422046	赤峰市	巴林左旗	白马牙玉米	地方品种	当地	一年生	有性	5月中旬	10月上旬	优质，抗病，抗虫，耐贫瘠			食用、饲用、加工原料	种子（果实）	窄
51	P150422047	赤峰市	巴林左旗	农家白玉米	地方品种	当地	一年生	有性	5月下旬	10月上旬	优质，抗病，耐贫瘠			食用、加工原料	种子（果实）	窄
52	P150423039	赤峰市	巴林右旗	小黄棒子	地方品种	当地	一年生	有性	5月上旬	8月下旬	优质，抗病，抗虫，抗旱			食用	种子（果实）	窄
53	P150425029	赤峰市	克什克腾旗	黄八趟	地方品种	当地	一年生	有性	5月上旬	8月中旬	优质，抗旱，耐寒，耐贫瘠	当地农民酿酒的好原料	禾本科一年生草本植物，株高1.5 ~ 1.9m	食用、饲用、保健药用、加工原料	种子（果实）、茎、叶	广
54	P150425044	赤峰市	克什克腾旗	小粒荚红玉米	地方品种	当地	一年生	有性	5月上旬	8月中旬	抗旱，耐寒，耐贫瘠		禾本科一年生草本植物，株高2.5 ~ 3m	饲用，其他	种子（果实）、茎、叶	窄
55	P150425045	赤峰市	克什克腾旗	大粒荚红玉米	地方品种	当地	一年生	有性	5月上旬	8月中旬	抗旱，耐寒，耐贫瘠		株高2.5 ~ 2.9m	饲用，其他	种子（果实）、茎、叶	窄
56	P150426041	赤峰市	翁牛特旗	白棒子	地方品种	当地	一年生	有性	5月上旬	10月中旬	高产，优质，抗旱，其他		生育期123d，株高245cm，穗位高121cm，穗长16.6cm，百粒重31.4g	食用	种子（果实）	窄

（续表）

序号	样品编号	盟（市）	旗（县、市、区）	种质名称	种质类型	种质来源	生长习性	繁殖习性	播种期	收获期	主要特性	其他特性	主要特性详细描述	种质用途	利用部位	种质分布
57	P150428005	赤峰市	翁牛特旗	小白玉米	地方品种	当地	一年生	有性	5月下旬	10月中旬	优质，抗旱		生育期123d，株高248cm，穗位高120cm，穗长17.8cm，百粒重30.4g	食用	种子（果实）	窄
58	P150428054	赤峰市	喀喇沁旗	大白粒玉米	地方品种	当地	一年生	有性	5月下旬	8月上旬	优质		好吃	食用	种子（果实）	窄
59	P150925035	乌兰察布市	凉城县	老八行玉米	地方品种	当地	一年生	有性	5月上旬	9月上旬	优质，耐贫瘠		雌穗长14～20cm，籽粒为8行，无秃尖，穗轴白色，籽粒为黄色，少数乳白色籽粒，千粒重353g	食用、饲用	种子（果实）	窄
60	P150925043	乌兰察布市	凉城县	紫玉米	地方品种	当地	一年生	有性	5月上旬	9月上旬	优质，耐贫瘠		雌穗长15～20cm，籽粒为10行或12行，穗轴淡紫色，籽粒紫红色，千粒重359g	食用、饲用	种子（果实）	窄
61	P152630036	乌兰察布市	察哈尔右翼前旗	本地玉米	地方品种	当地	一年生	有性	5月下旬	9月上旬	抗旱，耐寒，耐贫瘠		植株矮小	食用	种子（果实）	窄
62	P150802005	巴彦淖尔市	临河区	糖玉米	地方品种	当地	一年生	有性	4月下旬	9月下旬	优质，抗病，耐盐碱，抗旱，耐贫瘠		生长势强，株型紧凑，叶色深绿，抗病性强，生育期短	食用、饲用、加工原料	种子（果实）	窄
63	P150802029	巴彦淖尔市	临河区	爆裂玉米	地方品种	当地	一年生	有性	4月下旬	9月中旬	优质，耐盐碱，耐贫瘠		果穗和籽粒均较小，结构紧实，坚硬透明，遇高温有较大的膨爆性	食用、加工原料	种子（果实）	窄

（续表）

序号	样品编号	盟（市）	旗（县、市、区）	种质名称	种质类型	种质来源	生长习性	繁殖习性	播种期	收获期	主要特性	其他特性	主要特性详细描述	种质用途	利用部位	种质分布
64	P150821039	巴彦淖尔市	五原县	早熟鲜食玉米	地方品种	当地	一年生	有性	4月中旬	10月上旬	优质，其他		鲜食玉米，生育期较短，口感较好	食用、饲用	种子（果实）、茎、叶	窄
65	P150821040	巴彦淖尔市	五原县	早熟甜玉米	地方品种	当地	一年生	有性	4月中旬	10月上旬	优质，其他		鲜食玉米，成熟期特别短，口感特别好	食用、饲用	种子（果实）、茎、叶	窄
66	P150822012	巴彦淖尔市	磴口县	糯玉米	地方品种	当地	一年生	有性	4月中旬	8月下旬	优质，耐盐碱，耐贫瘠		生长势强，株型紧凑，叶色深绿，高抗病，出苗至采收80～90d。株高240cm，穗位高139cm，果穗长21cm，鲜穗时紫粒为紫红色，成熟穗紫粒为黑色，轴白色，单穗重400～500g。穗圆锥形，口感好，种皮薄，有特殊的芳香味，糯性强，商品性佳，一般亩产鲜穗1 300～1 500kg	食用、饲用、加工原料	种子（果实）	广
67	P150824023	巴彦淖尔市	乌拉特中旗	海流图甜玉米	地方品种	当地	一年生	有性	4月上旬	7月中旬	优质，广适，耐热	比普通玉米营养丰富，种子薄，口感鲜糯，香甜		食用	种子（果实）	广
68	P150825002	巴彦淖尔市	乌拉特后旗	东升庙本地糖玉米	地方品种	当地	一年生	有性	5月中旬	10月下旬	广适			食用，其他	种子（果实）	广

（续表）

序号	样品编号	盟（市）	旗（县、市、区）	种质名称	种质类型	种质来源	生长习性	繁殖习性	播种期	收获期	主要特性	其他特性	主要特性详细描述	种质用途	利用部位	种质分布
69	P150825077	巴彦淖尔市	乌拉特后旗	糯玉米	地方品种	当地	一年生	有性	4月上旬	7月下旬				食用、加工原料	种子（果实）	广
70	P150702037	呼伦贝尔市	海拉尔区	早熟杂花玉米	地方品种	当地	一年生	有性	5月下旬	9月下旬	优质，抗病，耐寒	产量较低，食用味香，口感好。高抗玉米大斑病、小斑病	生育期80d左右，株高190cm左右，穗位90cm左右。茎秆坚韧，根系发达。果穗圆锥形，穗轴白色，穗长15cm左右，穗行数10行，籽粒硬粒型，黄色居多。千粒重240g	食用、饲用	种子（果实）、茎、叶	窄
71	P150702039	呼伦贝尔市	海拉尔区	紫花黏玉米	地方品种	当地	一年生	有性	5月下旬	8月上旬	优质，抗病，耐寒	早熟，早收嫩果穗，皮薄，口感好，香味宜人。高抗玉米大斑病、小斑病	生育期80d左右，株高195cm左右，穗位95cm左右。茎秆坚韧，根系发达。果穗圆锥形，穗轴白色，穗长20cm左右，穗行数12行，籽粒硬粒型，大部分籽粒黄色，少部分籽粒紫色。千粒重195g	食用、饲用	种子（果实）、茎、叶	窄
72	P150702057	呼伦贝尔市	海拉尔区	极早矮秆双穗黏玉米	地方品种	当地	一年生	有性	5月下旬	8月上旬	优质，抗病，耐寒	食用味香，口感好。高抗玉米大斑病、小斑病	生育期80d左右，株高170cm左右，穗位60cm左右。茎秆坚韧，根系发达。果穗圆锥形，穗轴白色，穗长20cm左右，穗行数14～16行，籽粒硬粒型、黄色。千粒重290g	食用、饲用	种子（果实）、茎、叶	窄

（续表）

序号	样品编号	盟（市）	旗（县、市、区）	种质名称	种质类型	种质来源	生长习性	繁殖习性	播种期	收获期	主要特性	其他特性	主要特性详细描述	种质用途	利用部位	种质分布
73	P150702058	呼伦贝尔市	海拉尔区	极早矮秆白顶黄玉米	地方品种	当地	一年生	有性	5月下旬	8月下旬	优质，抗病，耐寒	食用味香，口感好。高抗玉米大斑病、小斑病	生育期80d左右，株高160cm左右，穗位55cm左右。茎秆坚韧，根系发达。果穗圆锥形，穗轴白色，穗长19cm左右，穗行数12～14行，籽粒硬粒型，白顶，小马齿，籽粒下部黄色。千粒重330g	食用、饲用	种子（果实）、茎、叶	窄
74	P150703001	呼伦贝尔市	扎赉诺尔区	农家黏玉米	地方品种	当地	一年生	有性	5月下旬	8月中旬	优质，抗病，抗旱，耐寒	当地农家玉米品种，早熟，黏甜，自家食用，口感好	生育期80d，株高170cm，穗位90cm。株型收敛，茎秆坚韧，根系发达。果穗圆锥形，穗轴白色，穗长19cm，穗粗4.5cm，穗行数为8行，籽粒硬粒型、黄色，黏甜。高抗玉米大斑病、丝黑穗病	食用、饲用	种子（果实）、茎、叶	窄
75	P150703039	呼伦贝尔市	扎赉诺尔区	极早熟农家黄糯玉米	地方品种	当地	一年生	有性	5月下旬	8月上旬	优质，抗病，耐寒	食用味香，口感好。高抗玉米大斑病、小斑病	生育期80d左右，株高180cm左右，穗位70cm左右。茎秆坚韧，根系发达。果穗圆锥形，穗轴白色，穗长21cm左右，穗行数14～16行，籽粒硬粒型、黄色。千粒重160g	食用、饲用	种子（果实）、茎、叶	窄

（续表）

序号	样品编号	盟（市）	旗（县、市、区）	种质名称	种质类型	种质来源	生长习性	繁殖习性	播种期	收获期	主要特性	其他特性	主要特性详细描述	种质用途	利用部位	种质分布
76	P150703040	呼伦贝尔市	扎赉诺尔区	极早农家黄白花玉米	地方品种	当地	一年生	有性	5月下旬	8月下旬	优质，抗病，耐寒	食用味香，口感好。高抗玉米大斑病、小斑病	生育期80d左右，株高180cm左右，穗位70cm左右。茎秆坚韧，根系发达。果穗圆锥形，穗轴白色，穗长21cm左右，穗行数14~16行，籽粒硬粒型、黄色。千粒重310g	食用、饲用	种子（果实）、茎、叶	窄
77	P150703041	呼伦贝尔市	扎赉诺尔区	极早熟农家马齿紫红玉米	地方品种	当地	一年生	有性	5月下旬	8月下旬	优质，抗病，耐寒	食用味香，口感好。极早熟，先掰玉米，再青贮。高抗玉米大斑病、小斑病	生育期80d左右，株高200cm左右，穗位80cm左右。茎秆坚韧，根系发达。果穗圆锥形，穗轴白色，穗长21cm左右，穗行数14~16行，籽粒硬粒型，多数红色，少数紫色、紫红相间混合。千粒重290g	食用、饲用	种子（果实）、茎、叶	窄
78	P150703053	呼伦贝尔市	扎赉诺尔区	早熟农家蓝玉米	地方品种	当地	一年生	有性	5月中旬	10月上旬	高产，优质，抗病，耐寒	食用味香，口感好。高抗玉米大斑病、小斑病	生育期85d左右，株高180cm左右，穗位80cm左右。茎秆坚韧，根系发达。果穗圆锥形，穗轴白色，穗长20cm左右，穗行数14~16行，籽粒硬粒型、深蓝色。千粒重290g	食用、饲用	种子（果实）、茎、叶	窄
79	P150703054	呼伦贝尔市	扎赉诺尔区	早熟农家大黄粒玉米	地方品种	当地	一年生	有性	5月中旬	10月上旬	高产，优质，抗病，耐寒	食用味香，口感好。高抗玉米大斑病、小斑病	生育期85d左右，株高190cm左右，穗位80cm左右。茎秆坚韧，根系发达。果穗圆锥形，穗轴白色，穗长20cm左右，穗行数14~16行，籽粒硬粒型、橘黄色。千粒重350g	食用、饲用	种子（果实）、茎、叶	窄

（续表）

序号	样品编号	盟（市）	旗（县、市、区）	种质名称	种质类型	种质来源	生长习性	繁殖习性	播种期	收获期	主要特性	其他特性	主要特性详细描述	种质用途	利用部位	种质分布
80	P150721001	呼伦贝尔市	阿荣旗	农家黏玉米	地方品种	当地	一年生	有性	5月上旬	8月中旬	优质，抗病，抗旱，耐寒	当地农家玉米品种，产量较低，早熟，黏甜，食用青玉米，口感好	生育期80d，株高180cm，穗位90cm。株型收敛，茎秆坚韧，根系发达。果穗圆锥形，穗轴白色，穗长19cm，穗粗4.5cm，穗行数为8行，籽粒硬粒型、黄色，黏甜。高抗玉米大斑病、丝黑穗病	食用、饲用	种子（果实）、茎、叶	窄
81	P150721006	呼伦贝尔市	阿荣旗	农家白玉米	地方品种	当地	一年生	有性	5月上旬	9月中旬	优质，抗病，抗旱，耐寒	当地农家玉米品种，亩产较低，平均亩产350kg左右。早熟，自家食用，口感好，有香味	生育期105d，株高190cm，穗位90cm。茎秆坚韧，根系发达。果穗圆锥形，穗轴白色，穗长20cm，穗粗5.0cm，穗行数12行，籽粒硬粒型、白色。高抗玉米大斑病、丝黑穗病	食用、饲用	种子（果实）、茎、叶	窄
82	P150721039	呼伦贝尔市	阿荣旗	农家早熟白玉米	地方品种	当地	一年生	有性	5月下旬	10月中旬	优质，抗病	早熟，补种救灾。产量较低，农民自己食用，口感及味道好	生育期80d，株高190cm左右，穗位90cm左右。茎秆坚韧，根系发达。果穗圆锥形，穗轴白色，穗长18cm左右，穗行数14行，籽粒硬粒型、白色。千粒重360g。高抗玉米大斑病、丝黑穗病	食用、饲用	种子（果实）、茎、叶	窄

（续表）

序号	样品编号	盟（市）	旗（县、市、区）	种质名称	种质类型	种质来源	生长习性	繁殖习性	播种期	收获期	主要特性	其他特性	主要特性详细描述	种质用途	利用部位	种质分布
83	P150721041	呼伦贝尔市	阿荣旗	早熟白玉米	地方品种	当地	一年生	有性	5月中旬	9月下旬	优质，抗病，其他	早熟，食用味香，口感好。缺苗、救灾补种。高抗玉米大斑病、小斑病	生育期85d左右，株高195cm左右，穗位90cm。茎秆坚韧，根系发达。果穗圆锥形，穗轴白色，穗长18cm左右，穗行数12行，籽粒硬粒型、白色。千粒重258g	食用、饲用	种子（果实）、茎、叶	窄
84	P150721045	呼伦贝尔市	阿荣旗	早熟老八趟黄苞米	地方品种	当地	一年生	有性	5月中旬	10月上旬	优质，抗病，耐寒	早熟，口感好，香味宜人。高抗玉米大斑病、小斑病	生育期80d左右，株高180cm左右，穗位80cm左右。茎秆坚韧，根系发达。果穗圆锥形，穗轴白色，穗长18cm左右，穗行数8行，籽粒硬粒型、黄色。千粒重350g	食用、饲用	种子（果实）、茎、叶	窄
85	P150721048	呼伦贝尔市	阿荣旗	早熟老十趟白玉米	地方品种	当地	一年生	有性	5月中旬	10月上旬	优质，抗病，耐寒	早熟，口感好，香味宜人。高抗玉米大斑病、小斑病	生育期80d左右，株高180cm左右，穗位80cm左右。茎秆坚韧，根系发达。果穗圆锥形，穗轴白色，穗长20cm左右，穗行数10～12行，籽粒硬粒型、白色。千粒重320g	食用、饲用	种子（果实）、茎、叶	窄
86	P150721051	呼伦贝尔市	阿荣旗	农家爆裂黄玉米	地方品种	当地	一年生	有性	5月中旬	10月中旬	优质，抗病，耐寒	爆玉米花专用，爆裂好，香味宜人。高抗玉米大斑病、小斑病	生育期85d左右，株高180cm左右，穗位80cm左右。茎秆坚韧，根系发达。果穗圆锥形，穗轴白色，穗长18cm左右，穗行数10～12行，籽粒硬粒型、黄色，有光泽。千粒重190g	食用、饲用	种子（果实）、茎、叶	窄

（续表）

序号	样品编号	盟（市）	旗（县、市、区）	种质名称	种质类型	种质来源	生长习性	繁殖习性	播种期	收获期	主要特性	其他特性	主要特性详细描述	种质用途	利用部位	种质分布
87	P150724040	呼伦贝尔市	鄂温克族自治旗	小粒紫玉米	地方品种	当地	一年生	有性	5月下旬	9月上旬	优质，抗病，耐寒	产量低，农民自种自食，味香，口感好。紫色，农民认知保健食品。高抗玉米大斑病、小斑病	生育期75d左右，株高175cm左右，穗位70cm左右。茎秆坚韧，根系发达。果穗圆锥形，穗轴白色，穗长18cm左右，穗行数8行，籽粒硬粒型、紫色。千粒重190g	食用、饲用	种子（果实）、茎、叶	窄
88	P150724044	呼伦贝尔市	鄂温克族自治旗	农家早熟白苞米	地方品种	当地	一年生	有性	5月下旬	10月中旬	优质，抗病	早熟，产量较低，农民自己食用，口感及味道好。高抗玉米大斑病、丝黑穗病	生育期80d，株高190cm左右，穗位80cm左右。茎秆坚韧，根系发达。果穗圆锥形，穗轴白色，穗长18cm左右，穗行数10～12行，籽粒硬粒型、白色。千粒重300g	食用、饲用	种子（果实）、茎、叶	窄
89	P150724050	呼伦贝尔市	鄂温克族自治旗	极早熟农家黄粒黏玉米	地方品种	当地	一年生	有性	5月下旬	8月上旬	优质，抗病，耐寒	食用味香，口感好。高抗玉米大斑病、小斑病	生育期80d左右，株高190cm左右，穗位80cm左右。茎秆坚韧，根系发达。果穗圆锥形，穗轴白色，穗长20cm左右，穗行数12～14行，籽粒硬粒型、黄色。千粒重210g	食用、饲用	种子（果实）、茎、叶	窄

（续表）

序号	样品编号	盟（市）	旗（县、市、区）	种质名称	种质类型	种质来源	生长习性	繁殖习性	播种期	收获期	主要特性	其他特性	主要特性详细描述	种质用途	利用部位	种质分布
90	P150724051	呼伦贝尔市	鄂温克族自治旗	农家双穗黄白花玉米	地方品种	当地	一年生	有性	5月下旬	9月上旬	优质，抗病，耐寒	极早熟，食用味香，口感好。极早熟，高抗玉米大斑病、小斑病	生育期80d左右，株高180cm左右，穗位70cm左右。茎秆坚韧，根系发达。果穗圆锥形，穗轴白色，穗长18cm左右，穗行数12～14行，籽粒硬粒型，黄色、白色。千粒重300g	食用、饲用	种子（果实）、茎、叶	窄
91	P150724052	呼伦贝尔市	鄂温克族自治旗	极早熟农家紫红玉米	地方品种	当地	一年生	有性	5月下旬	8月下旬	优质，抗病，耐寒	食用味香，口感好。高寒地区可作青贮玉米。高抗玉米大斑病、小斑病	生育期80d左右，株高200cm左右，穗位100cm左右。茎秆坚韧，根系发达。果穗圆锥形，穗轴白色，穗长22cm左右，穗行数12～14行，籽粒硬粒型，紫色、红色混合。千粒重260g	食用、饲用	种子（果实）、茎、叶	窄
92	P150724062	呼伦贝尔市	鄂温克族自治旗	极早熟双穗红轴老八趟	地方品种	当地	一年生	有性	5月下旬	8月下旬	优质，抗病，耐寒	食用味香，口感好。高抗玉米大斑病、小斑病	生育期80d左右，株高180cm左右，穗位60cm左右。茎秆坚韧，根系发达。双果穗圆锥形，穗轴红色，穗长20cm左右，穗行数8～10行，籽粒硬粒型、橘黄色。千粒重220g	食用、饲用	种子（果实）、茎、叶	窄
93	P150725033	呼伦贝尔市	陈巴尔虎旗	农家紫玉米	地方品种	当地	一年生	有性	5月下旬	9月下旬	优质，抗病	早熟，产量较低，农民自己食用，口感及味道好	生育期80d左右，株高180cm左右，穗位85cm左右。茎秆坚韧，根系发达。果穗圆锥形，穗轴白色，穗长18cm左右，穗行数12行，籽粒硬粒型、紫色带少数黄色。千粒重345g。高抗玉米大斑病、小斑病	食用、饲用	种子（果实）、茎、叶	窄

（续表）

序号	样品编号	盟（市）	旗（县、市、区）	种质名称	种质类型	种质来源	生长习性	繁殖习性	播种期	收获期	主要特性	其他特性	主要特性详细描述	种质用途	利用部位	种质分布
94	P150725053	呼伦贝尔市	陈巴尔虎旗	极早熟农家矮秆黏玉米	地方品种	当地	一年生	有性	5月下旬	8月上旬	优质，抗病，耐寒	食用味香，口感好。高抗玉米大斑病、小斑病	生育期75d左右，株高170cm左右，穗位60cm左右。茎秆坚韧，根系发达。果穗圆锥形，穗轴白色，穗长20cm左右，穗行数14～16行，籽粒硬粒型、黄色。千粒重230g	食用、饲用	种子（果实）、茎、叶	窄
95	P150725054	呼伦贝尔市	陈巴尔虎旗	极早熟极矮小金粒黏玉米	地方品种	当地	一年生	有性	5月下旬	8月上旬	优质，抗病，耐寒	食用味香，口感好。高抗玉米大斑病、小斑病	生育期75d左右，株高160cm左右，穗位40cm左右。茎秆坚韧，根系发达。果穗圆锥形，穗轴白色，穗长17cm左右，穗行数12～14行，籽粒硬粒型、金黄色。千粒重180g	食用、饲用	种子（果实）、茎、叶	窄
96	P150725065	呼伦贝尔市	陈巴尔虎旗	早熟农家黄金顶老八趟	地方品种	当地	一年生	有性	5月下旬	9月上旬	优质，抗病，耐寒	食用味香，口感好。高抗玉米大斑病、小斑病	生育期85d左右，株高190cm左右，穗位80cm左右。茎秆坚韧，根系发达。果穗圆锥形，穗轴白色，穗长20cm左右，穗行数8行，少数10行，籽粒硬粒型、金黄色。千粒重330g	食用、饲用	种子（果实）、茎、叶	窄
97	P150782030	呼伦贝尔市	牙克石市	农家紫花玉米	地方品种	当地	一年生	有性	5月下旬	9月中旬	优质，抗病	早熟，产量较低，农民自己食用，口感及味道好	生育期80d左右，株高180cm左右，穗位80cm左右。茎秆坚韧，根系发达。果穗圆锥形，穗轴白色，穗长18cm左右，穗行数8行，籽粒硬粒型、多数黄色带少数紫粒。千粒重360g。高抗玉米大斑病	食用、饲用	种子（果实）、茎、叶	窄

（续表）

序号	样品编号	盟（市）	旗（县、市、区）	种质名称	种质类型	种质来源	生长习性	繁殖习性	播种期	收获期	主要特性	其他特性	主要特性详细描述	种质用途	利用部位	种质分布
98	P150782050	呼伦贝尔市	牙克石市	早熟小八趟黏玉米	地方品种	当地	一年生	有性	5月下旬	8月中旬	优质，抗病，抗旱，耐寒	早熟，黏甜，口感好。高抗玉米大斑病、小斑病、丝黑穗病	生育期80d，株高180cm，穗位70cm左右。株型收敛，茎秆坚韧，根系发达。果穗圆锥形，穗轴白色，穗长19cm，穗粗3cm左右，穗行数为8行，籽粒硬粒型、黄色。千粒重200g	食用、饲用	种子（果实）、茎、叶	窄
99	P150782058	呼伦贝尔市	牙克石市	极早熟农家小穗黏玉米	地方品种	当地	一年生	有性	5月下旬	9月上旬	优质，抗病，耐寒	食用味香，口感好。高抗玉米大斑病、小斑病	生育期70d左右，株高170cm左右，穗位65cm左右。茎秆坚韧，根系发达。果穗圆锥形，穗轴白色，穗长12cm左右，穗行数12～14行，籽粒硬粒型、黄色。千粒重120g	食用、饲用	种子（果实）、茎、叶	窄
100	P150782059	呼伦贝尔市	牙克石市	极早熟矮秆黄粒黏玉米	地方品种	当地	一年生	有性	5月下旬	8月上旬	优质，抗病，耐寒	食用味香，口感好。高抗玉米大斑病、小斑病	生育期80d左右，株高170cm左右，穗位55cm左右。茎秆坚韧，根系发达。果穗圆锥形，穗轴白色，穗长19cm左右，穗行数12～14行，籽粒硬粒型、黄色。千粒重260g	食用、饲用	种子（果实）、茎、叶	窄
101	P150783006	呼伦贝尔市	扎兰屯市	朝鲜黏玉米	地方品种	当地	一年生	有性	5月中旬	8月下旬	优质，耐寒	产量较低，鲜食口感好	幼苗期第一叶鞘为紫红色，植株平展，成株叶片11～14片，植株抗倒伏，株高180cm，穗位80cm。果穗圆锥形，穗长20cm左右，穗粗4.8cm，穗行数12～16行，穗轴白色，籽粒黄色、硬粒型。在适宜种植区播种至鲜食80d左右，需≥10℃活动积温2 000℃	食用、饲用	种子（果实）、茎、叶	窄

（续表）

序号	样品编号	盟（市）	旗（县、市、区）	种质名称	种质类型	种质来源	生长习性	繁殖习性	播种期	收获期	主要特性	其他特性	主要特性详细描述	种质用途	利用部位	种质分布
102	P150783049	呼伦贝尔市	扎兰屯市	极早熟白头霜玉米	地方品种	当地	一年生	有性	5月中旬	9月中旬	优质，抗病，耐寒	极早熟，口感好，香味宜人。高抗玉米大斑病、小斑病	生育期60d左右，株高180cm左右，穗位80cm左右。茎秆坚韧，根系发达。果穗圆锥形，穗轴白色，穗长18cm左右，穗行数10～12行，籽粒硬粒型、白色。千粒重300g	食用、饲用	种子（果实）、茎、叶	窄
103	P150783054	呼伦贝尔市	扎兰屯市	农家早熟白金顶玉米	地方品种	当地	一年生	有性	5月中旬	9月中旬	优质，抗病，耐寒	口感好，香味宜人。高抗玉米大斑病、小斑病	生育期85d左右，株高190cm左右，穗位80cm左右。茎秆坚韧，根系发达。果穗圆锥形，穗轴白色，穗长18cm左右，穗行数12行，籽粒硬粒型、白色。千粒重380g	食用、饲用	种子（果实）、茎、叶	窄
104	P150783058	呼伦贝尔市	扎兰屯市	朝鲜早熟小八行黏玉米	地方品种	当地	一年生	有性	5月上旬	7月上旬	优质，抗病，耐寒	食用味香，口感好。高抗玉米大斑病、小斑病	生育期80d左右，株高180cm左右，穗位60cm左右。茎秆坚韧，根系发达。叶片狭条形，长40～60cm，宽6～8mm。果穗圆锥形，穗轴白色，穗长19cm左右，穗行数8行，少数10行，籽粒硬粒型、黄色，较小。千粒重150g	食用、饲用	种子（果实）、茎、叶	窄

（续表）

序号	样品编号	盟（市）	旗（县、市、区）	种质名称	种质类型	种质来源	生长习性	繁殖习性	播种期	收获期	主要特性	其他特性	主要特性详细描述	种质用途	利用部位	种质分布
105	P150783059	呼伦贝尔市	扎兰屯市	早熟双穗红轴玉米	地方品种	当地	一年生	有性	5月下旬	8月下旬	优质，抗病，耐寒	食用味香，口感好。高抗玉米大斑病、小斑病	生育期85d左右，株高170cm左右，穗位60cm左右。茎秆坚韧，根系发达。果穗圆锥形，双穗，穗轴红色，穗长18cm左右，穗行数12行，籽粒硬粒型，白色、黄色，顶端凹陷，形似马齿。千粒重210g	食用、饲用	种子（果实）、茎、叶	窄
106	P150783060	呼伦贝尔市	扎兰屯市	早熟黄白花黏玉米	地方品种	当地	一年生	有性	5月下旬	8月上旬	优质，抗病，耐寒	食用味香，口感好。高抗玉米大斑病、小斑病	生育期80d左右，株高180cm左右，穗位70cm左右。茎秆坚韧，根系发达。叶片狭长形，长40～60cm，宽4～6cm。果穗圆锥形，穗轴白色，穗长21cm左右，穗行数14行，籽粒硬粒型，黄色为主、少有白色。千粒重260g	食用、饲用	种子（果实）、茎、叶	窄
107	P150784038	呼伦贝尔市	额尔古纳市	老八趟黏玉米	地方品种	当地	一年生	有性	5月下旬	8月上旬	优质，抗病，耐寒	早熟，味香，口感好。高抗玉米大斑病、小斑病	生育期80d左右，株高180cm左右，穗位80cm左右。茎秆坚韧，根系发达。果穗圆锥形，穗轴白色，穗长20cm左右，穗行数8行，籽粒糯性硬粒型、黄色。千粒重240g	食用、饲用	种子（果实）、茎、叶	窄

（续表）

序号	样品编号	盟（市）	旗（县、市、区）	种质名称	种质类型	种质来源	生长习性	繁殖习性	播种期	收获期	主要特性	其他特性	主要特性详细描述	种质用途	利用部位	种质分布
108	P150784058	呼伦贝尔市	额尔古纳市	极早农家大粒黄黏玉米	地方品种	当地	一年生	有性	5月下旬	8月上旬	优质，抗病，耐寒	食用味香，口感好。高抗玉米大斑病、小斑病	生育期80d左右，株高180cm左右，穗位75cm左右。茎秆坚韧，根系发达。果穗圆锥形，穗轴白色，穗长20cm左右，穗行数14～16行，籽粒硬粒型、黄色。千粒重270g	食用、饲用	种子（果实）、茎、叶	窄
109	P150784059	呼伦贝尔市	额尔古纳市	极早熟矮秆黄金顶黏玉米	地方品种	当地	一年生	有性	5月下旬	8月下旬	优质，抗病，耐寒	食用味香，口感好。高抗玉米大斑病、小斑病	极早熟矮秆黄金顶黏玉米，生育期80d左右，株高165cm左右，穗位50cm左右。茎秆坚韧，根系发达。果穗圆锥形，穗轴白色，穗长20cm左右，穗行数12～14行，籽粒硬粒型、金黄色。千粒重240g	食用、饲用	种子（果实）、茎、叶	窄
110	P150784065	呼伦贝尔市	额尔古纳市	极早熟小穗黑粒黏玉米	地方品种	当地	一年生	有性	5月下旬	8月上旬	优质，抗病，耐寒	食用味香，口感好。高抗玉米大斑病、小斑病	极早熟黑粒黏玉米，生育期80d左右，株高175cm左右，穗位60cm左右。茎秆坚韧，根系发达。果穗圆锥形，穗轴红色，穗长15cm左右，穗行数12行，籽粒硬粒型、黑色。千粒重140g	食用、饲用	种子（果实）、茎、叶	窄
111	P150722049	呼伦贝尔市	莫力达瓦达斡尔族自治旗	极早熟小籽粒黄苞米	地方品种	当地	一年生	有性	5月中旬	9月下旬	优质，抗病	极早熟，口感好，香味宜人。高抗玉米大斑病、小斑病	生育期70d左右，株高180cm左右，穗位80cm左右。茎秆坚韧，根系发达。果穗圆锥形，穗轴白色，穗长18cm左右，穗行数10行，籽粒硬粒型、黄色。千粒重200g	食用、饲用	种子（果实）、茎、叶	窄

（续表）

序号	样品编号	盟（市）	旗（县、市、区）	种质名称	种质类型	种质来源	生长习性	繁殖习性	播种期	收获期	主要特性	其他特性	主要特性详细描述	种质用途	利用部位	种质分布
112	P150722055	呼伦贝尔市	莫力达瓦达斡尔族自治旗	早熟达斡尔笨玉米	地方品种	当地	一年生	有性	5月中旬	9月下旬	优质，抗病	口感好，香味宜人。高抗玉米大斑病、小斑病	生育期85d左右，株高190cm左右，穗位80cm左右。茎秆坚韧，根系发达。果穗圆锥形，穗轴白色，穗长20cm左右，穗行数8～10行，籽粒硬粒型、黄色。千粒重310g	食用、饲用	种子（果实）、茎、叶	窄
113	P150722056	呼伦贝尔市	莫力达瓦达斡尔族自治旗	极早熟达斡尔黏玉米	地方品种	当地	一年生	有性	5月中旬	9月下旬	优质，抗病	极早熟，口感好，香味宜人。高抗玉米大斑病、小斑病	生育期70d左右，株高180cm左右，穗位70cm左右。茎秆坚韧，根系发达。果穗圆锥形，穗轴白色，穗长18cm左右，穗行数8～10行，籽粒硬粒型、黄色。千粒重190g	食用、饲用	种子（果实）、茎、叶	窄
114	P150722058	呼伦贝尔市	莫力达瓦达斡尔族自治旗	农家早熟黄粒香黏玉米	地方品种	当地	一年生	有性	5月中旬	9月下旬	优质，抗病	极早熟，口感好，香味宜人。高抗玉米大斑病、小斑病	生育期80d左右，株高190cm左右，穗位80cm左右。茎秆坚韧，根系发达。果穗圆锥形，穗轴白色，穗长20cm左右，穗行数10～12行，籽粒硬粒型、黄色。千粒重260g	食用、饲用	种子（果实）、茎、叶	窄
115	P150726041	呼伦贝尔市	新巴尔虎左旗	农家早熟小粒黏苞米	地方品种	当地	一年生	有性	5月下旬	7月下旬	优质，抗病，耐寒	早熟，口感好，香味宜人。高抗玉米大斑病、小斑病	生育期75d左右，株高190cm左右，穗位90cm左右。茎秆坚韧，根系发达。果穗圆锥形，穗轴白色，穗长18cm左右，穗行数12～14行，籽粒硬粒型、黄色，较小。千粒重170g	食用、饲用	种子（果实）、茎、叶	窄

（续表）

序号	样品编号	盟（市）	旗（县、市、区）	种质名称	种质类型	种质来源	生长习性	繁殖习性	播种期	收获期	主要特性	其他特性	主要特性详细描述	种质用途	利用部位	种质分布
116	P150726046	呼伦贝尔市	新巴尔虎左旗	极早熟双穗黄黏玉米	地方品种	当地	一年生	有性	5月下旬	7月中旬	优质，抗病，耐寒	食用味香，口感好。高抗玉米大斑病、小斑病	生育期80d左右，株高190cm左右，穗位75cm左右。茎秆坚韧，根系发达。果穗圆锥形，穗轴白色，穗长20cm左右，穗行数12行、少数14行，籽粒硬粒型、黄色。千粒重250g	食用、饲用	种子（果实）、茎、叶	窄
117	P150726047	呼伦贝尔市	新巴尔虎左旗	极早矮秆小马齿杂花玉米	地方品种	当地	一年生	有性	5月下旬	9月上旬	优质，抗病，耐寒	食用有香味，口感好。高抗玉米大斑病、小斑病	生育期80d左右，株高170cm左右，穗位60cm左右。茎秆坚韧，根系发达。果穗圆锥形，穗轴白色，穗长19cm左右，穗行数12～14行，籽粒硬粒型，黄色、白色混合，顶端凹陷，形似马齿。千粒重270g	食用、饲用	种子（果实）、茎、叶	窄
118	P150726048	呼伦贝尔市	新巴尔虎左旗	极早熟小黄马齿黏玉米	地方品种	当地	一年生	有性	5月下旬	7月下旬	优质，抗病，耐寒	食用味香，口感好。高抗玉米大斑病、小斑病	生育期80d左右，株高180cm左右，穗位70cm左右。茎秆坚韧，根系发达。果穗圆锥形，穗轴白色，穗长20cm左右，穗行数12～14行，籽粒硬粒型、黄色，顶端凹陷，形似马齿。千粒重230g	食用、饲用	种子（果实）、茎、叶	窄

（续表）

序号	样品编号	盟（市）	旗（县、市、区）	种质名称	种质类型	种质来源	生长习性	繁殖习性	播种期	收获期	主要特性	其他特性	主要特性详细描述	种质用途	利用部位	种质分布
119	P150727045	呼伦贝尔市	新巴尔虎右旗	极早熟农家尖刺红玉米	地方品种	当地	一年生	有性	5月下旬	8月下旬	优质，抗病，耐寒	食用味香，口感好。极早熟，植株高大，可作青贮饲草。高抗玉米大斑病、小斑病	生育期80d左右，株高200cm左右，穗位90cm左右。茎秆坚韧，根系发达。果穗圆锥形，穗轴白色，穗长22cm左右，穗行数12~14行，籽粒硬粒型、红色。千粒重210g	食用、饲用	种子（果实）、茎、叶	窄
120	P150727046	呼伦贝尔市	新巴尔虎右旗	极早熟老八趟杂花玉米	地方品种	当地	一年生	有性	5月下旬	8月下旬	优质，抗病，耐寒	食用味香，口感好。高抗玉米大斑病、小斑病	生育期80d左右，株高180cm左右，穗位80cm左右。茎秆坚韧，根系发达。果穗圆锥形，穗轴白色，穗长18cm左右，穗行数多数8行、少数10行，籽粒硬粒型，黄色、白色混合。千粒重280g	食用、饲用	种子（果实）、茎、叶	窄
121	P150727047	呼伦贝尔市	新巴尔虎右旗	极早熟农家黄白花黏玉米	地方品种	当地	一年生	有性	5月下旬	7月下旬	优质，抗病，耐寒	食用味香，口感好。高抗玉米大斑病、小斑病	生育期80d左右，株高180cm左右，穗位80cm左右。茎秆坚韧，根系发达。果穗圆锥形，穗轴白色，穗长18cm左右，穗行数12~14行，籽粒硬粒型，黄色居多，与白色混合。千粒重290g	食用、饲用	种子（果实）、茎、叶	窄

（续表）

序号	样品编号	盟（市）	旗（县、市、区）	种质名称	种质类型	种质来源	生长习性	繁殖习性	播种期	收获期	主要特性	其他特性	主要特性详细描述	种质用途	利用部位	种质分布
122	P150727048	呼伦贝尔市	新巴尔虎右旗	极早熟双穗小黄粒黏玉米	地方品种	当地	一年生	有性	5月下旬	7月下旬	优质，抗病，耐寒	食用味香，口感好。高抗玉米大斑病、小斑病	生育期80d左右，株高180cm左右，穗位75cm左右。茎秆坚韧，根系发达。果穗圆锥形，穗轴白色，穗长18cm左右，穗行数12～14行，籽粒硬粒型、黄色。千粒重170g	食用、饲用	种子（果实）、茎、叶	窄
123	P150727057	呼伦贝尔市	新巴尔虎右旗	早熟农家马牙大白粒玉米	地方品种	当地	一年生	有性	5月下旬	8月下旬	优质，抗病，耐寒	食用味香，口感好。早熟，植株高大，可作青贮饲草。高抗玉米大斑病、小斑病	生育期85d左右，株高190cm左右，穗位90cm左右。茎秆坚韧，根系发达。果穗圆锥形，穗轴白色，穗长22cm左右，穗行数12～14行，籽粒硬粒型、白色，粒顶凹陷。千粒重400g	食用、饲用	种子（果实）、茎、叶	窄
124	P150723061	呼伦贝尔市	鄂伦春自治旗	农家小粉粒黏玉米	地方品种	当地	一年生	有性	5月中旬	8月下旬	优质，抗病，耐寒	食用味香，口感好。高抗玉米大斑病、小斑病	生育期80d左右，株高180cm左右，穗位70cm左右。茎秆坚韧，根系发达。果穗圆锥形，穗轴红色，穗长17cm左右，穗行数14行，籽粒硬粒型、淡粉色。千粒重140g	食用、饲用	种子（果实）、茎、叶	窄

（续表）

序号	样品编号	盟（市）	旗（县、市、区）	种质名称	种质类型	种质来源	生长习性	繁殖习性	播种期	收获期	主要特性	其他特性	主要特性详细描述	种质用途	利用部位	种质分布
125	P150723062	呼伦贝尔市	鄂伦春自治旗	早熟双穗小粒黄黏玉米	地方品种	当地	一年生	有性	5月上旬	7月中旬	优质，抗病，耐寒	青棒食嫩玉米，成熟食加工黏玉米，食用味香，口感好。高抗玉米大斑病、小斑病	生育期80d左右，株高180cm左右，穗位70cm左右。茎秆坚韧，根系发达。果穗圆锥形，双穗较多，穗轴白色，穗长20cm左右，穗行数14～16行，籽粒硬粒型、淡黄色。千粒重160g	食用、饲用	种子（果实）、茎、叶	窄

2. 小麦种质资源目录

小麦（*Triticum aestivum*）是禾本科（Gramineae）小麦属（*Triticun*）一年生或二年的草本植物，是一种在世界各地广泛种植的谷类作物，小麦的颖果是人类的主食之一。共计收集到种质资源80份，分布在10个盟（市）的37个旗（县、市、区）（表2-2）。

表2-2 小麦种质资源目录

序号	样品编号	盟（市）	旗（县、市、区）	种质名称	种质类型	种质来源	生长习性	繁殖习性	播种期	收获期	主要特性	其他特性	主要特性详细描述	种质用途	利用部位	种质分布
1	P150104038	呼和浩特市	玉泉区	小红麦	地方品种	当地	一年生	有性	4月上旬	7月上旬	高产，优质，抗病			食用、饲用	种子（果实）、茎、叶、花	窄
2	P150105032	呼和浩特市	赛罕区	小红皮	地方品种	当地	一年生	有性	3月下旬	7月中旬	高产，优质，耐寒，耐贫瘠		面粉劲道，口感好，麦香浓郁，营养成分含量高，品质好	食用、加工原料	种子（果实）	窄

（续表）

序号	样品编号	盟（市）	旗（县、市、区）	种质名称	种质类型	种质来源	生长习性	繁殖习性	播种期	收获期	主要特性	其他特性	主要特性详细描述	种质用途	利用部位	种质分布
3	P150122039	呼和浩特市	托克托县	小红麦	地方品种	当地	一年生	有性	4月上旬	7月下旬	优质，抗病，抗旱，耐贫瘠		地方品种，种子年份较长，产量一般，抗性好，淀粉含量高，做成面粉筋度高，口感好	食用、饲用	种子（果实）	广
4	P150205014	包头市	石拐区	石拐小麦	地方品种	当地	一年生	有性	4月上旬	8月上旬	抗病，抗虫，耐盐碱，抗旱，耐贫瘠		株高73cm，白穗、短芒，纺锤形，白粒，生长期为110d。该品种为中晚熟种，抗寒，抗倒伏，单株粒重0.86g，每穗粒重0.67g，千粒重32.3g	食用、加工原料	种子（果实）	广
5	P150205018	包头市	石拐区	五当召小麦	地方品种	当地	一年生	有性	4月下旬	8月上旬	抗病，广适，耐寒		秆直立，丛生，叶片长披针形，穗状花序直立，顶端具芒	食用	种子（果实）	广
6	P150205025	包头市	石拐区	石拐无芒小麦	地方品种	当地	一年生	有性	5月上旬	9月下旬	优质，广适，耐贫瘠			食用	种子（果实）	广
7	P150206010	包头市	白云区	白云小麦	地方品种	当地	一年生	有性	4月上旬	8月上旬	抗病，抗虫，耐盐碱，抗旱，耐贫瘠		株高73cm，白穗、短芒，纺锤形，白粒，生长期为110d。该品种为中晚熟种，抗寒，抗倒伏，单株粒重0.86g，每穗粒重0.67g，千粒重32.3g	食用	种子（果实）	广
8	P150222010	包头市	固阳县	固阳红皮	地方品种	当地	一年生	有性	5月中旬	9月中旬	优质，抗旱，广适			食用	种子（果实）	广
9	P150222031	包头市	固阳县	金山镇小麦-2	地方品种	当地	一年生	有性	5月上旬	8月下旬	优质，抗旱			食用	种子（果实）	广
10	P150222036	包头市	固阳县	兴顺小麦	地方品种	当地	一年生	有性	5月中旬	9月中旬	优质，抗旱，广适			食用	种子（果实）	广

（续表）

序号	样品编号	盟（市）	旗（县、市、区）	种质名称	种质类型	种质来源	生长习性	繁殖习性	播种期	收获期	主要特性	其他特性	主要特性详细描述	种质用途	利用部位	种质分布
11	P150222037	包头市	固阳县	旧城小麦	地方品种	当地	一年生	有性	5月上旬	8月下旬	优质，抗旱			食用	种子（果实）	广
12	P150223001	包头市	达尔罕茂明安联合旗	乌克忽洞小麦	地方品种	当地	一年生	有性	4月上旬	8月上旬	抗病，抗虫，耐盐碱，抗旱，耐贫瘠		株高67cm，红穗、短芒，纺锤形，红粒，生长期为105d。该品种为中晚熟种，抗寒，抗倒伏，单株粒重0.82g，每穗粒重0.63g，千粒重31.4g	食用	种子（果实）	广
13	P150223002	包头市	达尔罕茂明安联合旗	小麦（一刀齐）	地方品种	当地	一年生	有性	4月上旬	8月上旬	抗病，抗虫，耐盐碱，抗旱，耐贫瘠		株高70cm，白穗、短芒，纺锤形，白粒，生长期为105d。该品种为中晚熟种，抗寒，抗倒伏，单株粒重0.84g，每穗粒重0.65g，千粒重31.7g	食用	种子（果实）	广
14	P150223033	包头市	达尔罕茂明安联合旗	小文公小麦	地方品种	当地	一年生	有性	4月上旬	8月上旬	抗病，抗虫，耐盐碱，抗旱，耐贫瘠		株高70cm，白穗、短芒，纺锤形，白粒，生长期为105d。该品种为中晚熟种，抗寒，抗旱，抗倒伏，单株粒重0.84g，每穗粒重0.65g，千粒重31.7g	食用	种子（果实）	广
15	P150223037	包头市	达尔罕茂明安联合旗	聚德小麦	地方品种	当地	一年生	有性	4月上旬	8月上旬	抗病，抗虫，耐盐碱，抗旱，耐贫瘠		株高67cm，红穗、短芒，纺锤形，红粒，生长期为105d。该品种为中晚熟种，抗寒，抗旱，抗倒伏，单株粒重0.82g，每穗粒重0.63g，千粒重31.4g	食用	种子（果实）	广

（续表）

序号	样品编号	盟（市）	旗（县、市、区）	种质名称	种质类型	种质来源	生长习性	繁殖习性	播种期	收获期	主要特性	其他特性	主要特性详细描述	种质用途	利用部位	种质分布
16	P150223044	包头市	达尔罕茂明安联合旗	旱地小麦	地方品种	当地	一年生	有性	5月上旬	8月下旬	优质，抗病，广适		白穗、短芒，纺锤形，白粒，生长期为110d，该品种为中晚熟种，抗寒，抗旱，抗倒伏，单株粒重0.86g，每穗粒重0.67g，千粒重32.3g	食用	种子（果实）	广
17	P150581019	通辽市	霍林郭勒市	霍林河小麦	地方品种	当地	一年生	有性	4月中旬	9月上旬	优质，抗病，抗旱，耐寒		生长在海拔800～1 200m的霍林河山地上，生长于夏季短促凉爽的环境中，表现出了优质、抗病、耐寒、抗旱的优点	食用	种子（果实）	窄
18	P150523025	通辽市	开鲁县	农家小麦	地方品种	当地	一年生	有性	4月上旬	7月中旬	高产，优质，抗病，抗虫，抗旱		农家品种，经过多年留种、选择育成的品质优良的资源。抗倒伏力极强，耐高肥，稳产性好，食用口感好，加工品质好	食用	种子（果实）	窄
19	P150502037	通辽市	科尔沁区	庆林春麦	地方品种	当地	一年生	有性	3月下旬	7月中旬	高产，优质，抗病，抗旱		经过多年留种选育。抗后期高温，抗条锈病、叶锈病、白粉病、赤霉病，抗倒伏力极强，耐高肥，千粒重年际变化小，稳产性突出	食用	种子（果实）	窄
20	P150525013	通辽市	奈曼旗	六号小麦	地方品种	当地	一年生	有性	3月下旬	7月中旬	高产，优质		多年留种育成的品质优良农家种。粉白、产量高	食用	种子（果实）	窄
21	P150526055	通辽市	扎鲁特旗	鲁北春麦	地方品种	当地	一年生	有性	4月上旬	7月中旬	优质，抗旱		经过多年留种选育。抗倒伏力极强，耐高肥，千粒重年际变化小，稳产性突出，食用口感好，出粉率高	食用	种子（果实）	窄

（续表）

序号	样品编号	盟（市）	旗（县、市、区）	种质名称	种质类型	种质来源	生长习性	繁殖习性	播种期	收获期	主要特性	其他特性	主要特性详细描述	种质用途	利用部位	种质分布
22	P150521053	通辽市	科尔沁左翼中旗	春小麦	地方品种	当地	一年生	有性	4月上旬	7月中旬	高产，优质，耐贫瘠，耐热		农家优质品种，优质，加工品质好，食用口感好，有筋性	食用	种子（果实）	窄
23	P150421061	赤峰市	阿鲁科尔沁旗	黑小麦	地方品种	当地	一年生	有性	4月上旬	7月中旬	高产，优质，抗病，抗虫，耐盐碱，抗旱，耐寒		籽粒黑褐色，面粉口感好、劲道有弹性，比普通小麦营养价值高	食用	种子（果实）	窄
24	P150422024	赤峰市	巴林左旗	春小麦	地方品种	当地	一年生	有性	3月下旬	7月中旬	抗旱，耐寒，其他		生育期96d，株高104cm，长芒，穗长7.8cm，千粒重43.4g	食用	种子（果实）	窄
25	P150422025	赤峰市	巴林左旗	旱小麦	地方品种	外地	一年生	有性	3月下旬	7月中旬	抗旱，耐寒，其他		生育期95d，株高109cm，无芒，穗长8.1cm，千粒重42.0g	食用	种子（果实）	窄
26	P150423006	赤峰市	巴林右旗	带芒稀麦	地方品种	当地	一年生	有性	3月下旬	7月中旬	抗旱，耐寒		生育期101d，株高106cm，长芒，穗长11.5cm，千粒重25.6g	食用	种子（果实）	窄
27	P150423007	赤峰市	巴林右旗	秃麦	地方品种	当地	一年生	有性	3月下旬	7月中旬	抗旱，耐寒		生育期97d，株高110cm，无芒，穗长7.3cm，千粒重45.4g	食用	种子（果实）	窄
28	P150424031	赤峰市	林西县	秃头小麦	地方品种	当地	一年生	有性	3月下旬	7月中旬	优质，抗旱，耐寒		生育期97d，株高121cm，无芒，穗长6.0cm，千粒重36.8g	食用	种子（果实）、茎	窄
29	P150425019	赤峰市	克什克腾旗	晋麦	选育品种	当地	一年生	有性	3月下旬	7月中旬	高产，抗旱，耐寒		生育期95d，株高107cm，长芒，穗长6.4cm，千粒重38.4g	食用、加工原料	种子（果实）	窄

（续表）

序号	样品编号	盟（市）	旗（县、市、区）	种质名称	种质类型	种质来源	生长习性	繁殖习性	播种期	收获期	主要特性	其他特性	主要特性详细描述	种质用途	利用部位	种质分布
30	P150425022	赤峰市	克什克腾旗	黑小麦	选育品种	当地	一年生	有性	3月上旬	7月中旬	抗旱，耐寒	品质好，有良好的保健作用，又称益寿麦	生育期98d，株高108cm，长芒，穗长8.4cm，千粒重38.4g	食用	种子（果实）	窄
31	P150425050	赤峰市	克什克腾旗	辽25-3小麦	地方品种	外地	一年生	有性	5月上旬	8月中旬	优质，抗旱，耐寒，耐贫瘠			其他	种子（果实）、茎、叶	窄
32	P150426006	赤峰市	翁牛特旗	胡麦	地方品种	当地	一年生	有性	4月中旬	7月上旬		种子可酿酒、制糖		食用	种子（果实）	窄
33	P150426023	赤峰市	翁牛特旗	秋麦	地方品种	当地	一年生	有性	3月下旬	7月中旬	抗旱		生育期99d，株高102cm，长芒，穗长9.9cm，千粒重38.2g	食用	种子（果实）	窄
34	P150429053	赤峰市	宁城县	旱麦	地方品种	当地	一年生	有性	4月上旬	7月上旬				食用	种子（果实）	窄
35	P152527032	锡林郭勒盟	太仆寺旗	黑小麦	地方品种	当地	一年生	有性	5月上旬	9月中旬	优质，抗病，耐寒		具有耐晚茬、耐寒、抗冻、返青快、分蘖率高、抽穗整齐、抗倒伏、抗病虫害、抗干热风、抗干旱等优点	食用、饲用	种子（果实）	窄
36	P150922003	乌兰察布市	化德县	红麦子	地方品种	当地	一年生	有性	4月下旬	9月中旬	抗旱，广适		麦皮呈红褐色，皮较厚	食用	种子（果实）	广
37	P150922007	乌兰察布市	化德县	小红麦子	地方品种	当地	一年生	有性	5月上旬	9月中旬	抗旱			食用	种子（果实）	窄

（续表）

序号	样品编号	盟（市）	旗（县、市、区）	种质名称	种质类型	种质来源	生长习性	繁殖习性	播种期	收获期	主要特性	其他特性	主要特性详细描述	种质用途	利用部位	种质分布
38	P150922011	乌兰察布市	化德县	玻璃脆小麦	地方品种	当地	一年生	有性	4月下旬	9月中旬	抗旱			食用	种子（果实）	广
39	P150922026	乌兰察布市	化德县	黑小麦	地方品种	当地	一年生	有性	4月下旬	9月中旬	抗病，抗虫，抗旱，耐寒，耐热		分蘖率高、抗倒伏等	食用	种子（果实）	窄
40	P150922028	乌兰察布市	化德县	大白皮小麦	地方品种	当地	一年生	有性	4月下旬	8月中旬	高产，抗旱	适应性好	适应能力强，适宜当地种植	食用	种子（果实）	窄
41	P150923001	乌兰察布市	商都县	红小麦	地方品种	当地	一年生	有性	4月上旬	9月上旬	抗病，耐寒，耐贫瘠			食用	种子（果实）	广
42	P150923002	乌兰察布市	商都县	九股头	地方品种	当地	一年生	有性	4月上旬	9月上旬	高产，抗病，抗旱，耐寒，耐贫瘠			食用	种子（果实）	广
43	P150923009	乌兰察布市	商都县	大白皮小麦	地方品种	当地	一年生	有性	4月上旬	9月上旬	高产，抗病，抗旱，耐寒，耐贫瘠			食用	种子（果实）	窄
44	P150923024	乌兰察布市	商都县	玻璃脆小麦	地方品种	当地	一年生	有性	4月上旬	9月上旬	高产，抗病，抗旱，耐寒，耐贫瘠			食用	种子（果实）	广
45	P150924004	乌兰察布市	兴和县	秃麦	地方品种	当地	一年生	有性	5月上旬	9月上旬	抗病			食用	种子（果实）	广

（续表）

序号	样品编号	盟（市）	旗（县、市、区）	种质名称	种质类型	种质来源	生长习性	繁殖习性	播种期	收获期	主要特性	其他特性	主要特性详细描述	种质用途	利用部位	种质分布
46	P150924012	乌兰察布市	兴和县	玉兰小麦	地方品种	当地	一年生	有性	5月上旬	9月上旬	高产，抗旱			食用、保健药用	种子（果实）	窄
47	P150924035	乌兰察布市	兴和县	白玉兰小麦	地方品种	当地	一年生	有性	5月上旬	9月中旬	高产，优质，抗病，抗旱			食用	种子（果实）	窄
48	P150924046	乌兰察布市	兴和县	九股头小麦	地方品种	当地	一年生	有性	5月上旬	9月上旬	高产，优质，抗病，抗旱			食用	种子（果实）	窄
49	P150925031	乌兰察布市	凉城县	饲用小麦	地方品种	当地	一年生	有性	5月上旬	9月上旬	耐寒，耐贫瘠			饲用	种子（果实）、茎	窄
50	P150925034	乌兰察布市	凉城县	毕红穗小麦	地方品种	当地	一年生	有性	4月中旬	7月中旬	优质，耐贫瘠			食用	种子（果实）	窄
51	P150927007	乌兰察布市	察哈尔右翼中旗	老芒麦	地方品种	当地	一年生	有性	4月下旬	8月下旬	抗病，耐盐碱			食用	种子（果实）	广
52	P150927008	乌兰察布市	察哈尔右翼中旗	小红麦	地方品种	当地	一年生	有性	4月下旬	8月下旬	优质，抗旱			食用	种子（果实）	广

（续表）

序号	样品编号	盟（市）	旗（县、市、区）	种质名称	种质类型	种质来源	生长习性	繁殖习性	播种期	收获期	主要特性	其他特性	主要特性详细描述	种质用途	利用部位	种质分布
53	P150928006	乌兰察布市	察哈尔右翼后旗	大白皮小麦	地方品种	当地	一年生	有性	4月上旬	8月中旬	优质，抗旱，其他		株高90～105cm，长芒、红粒，穗长7～9cm，籽粒卵圆形，千粒重30～36g，皮薄，出粉率高。生育期110～120d，分蘖力较强，易感病，有自然落粒现象	食用	种子（果实）	窄
54	P150928012	乌兰察布市	察哈尔右翼后旗	小红麦	地方品种	当地	一年生	有性	4月中旬	8月中旬	优质，抗病，抗虫，抗旱，耐寒，其他		株高80cm左右，千粒重32～35g，品质好，生长整齐。生育期110d左右，抗寒、抗旱、抗风沙、抗病虫、口紧不易落粒，易感锈病。但耐锈力较强，抗麦秆蝇、抗落粒，芽鞘顶土力强	食用	种子（果实）	窄
55	P150928031	乌兰察布市	察哈尔右翼后旗	九股头	地方品种	当地	一年生	有性	5月上旬	9月上旬	高产，抗旱，广适，耐贫瘠，其他		株高110cm左右，幼苗整齐直立，深绿色，茎秆粗壮，生育期100～110d，分蘖较强，抗逆性较强，穗大粒多，籽粒红色，千粒重48～50g	食用	种子（果实）	广
56	P150929026	乌兰察布市	四子王旗	小红皮小麦	地方品种	当地	一年生	有性	5月上旬	9月上旬	优质，抗旱，耐贫瘠		硬质普通小麦，含蛋白质，面筋较多	食用、加工原料	种子（果实）、茎、叶	窄

（续表）

序号	样品编号	盟（市）	旗（县、市、区）	种质名称	种质类型	种质来源	生长习性	繁殖习性	播种期	收获期	主要特性	其他特性	主要特性详细描述	种质用途	利用部位	种质分布
57	P150929027	乌兰察布市	四子王旗	玻璃脆小麦	地方品种	外地	一年生	有性	5月上旬	9月上旬	高产，优质，抗旱，耐贫瘠		前期生长缓慢，幼苗匍匐，叶片较长，叶秆都有茸毛，坡地株高90cm左右，千粒重一般在35g左右，穗长10cm，小穗数20个，穗粒数46粒，具有耐旱、耐寒、耐瘠薄、抗风沙、抗麦秆蝇等特点，生育期100d左右	食用、加工原料	种子（果实）、茎、叶	广
58	P150929068	乌兰察布市	四子王旗	秃麦	地方品种	当地	一年生	有性	4月下旬	9月上旬	高产，优质，抗旱		幼苗直立。深绿色，植株繁茂。株高80～100cm，穗长7cm左右，没穗结小穗14个。无芒生育期90～95d，属中熟品种，成熟后不易穗生芽	食用、饲用、加工原料	种子（果实）、茎、叶	窄
59	P150929075	乌兰察布市	四子王旗	黑小麦	地方品种	当地	一年生	有性	4月下旬	8月下旬	高产，优质，抗旱，耐寒，耐贫瘠		茎具6～7节，株高60～100cm，茎粗5～7mm。穗状花序直立，长5～10cm（芒除外），宽1～1.5cm；小穗含3～9个小花，上部者不发育	食用、饲用、加工原料	种子（果实）、茎、叶	窄
60	P152624005	乌兰察布市	卓资县	小麦	地方品种	当地	一年生	有性	4月中旬	8月中旬	优质，抗旱，耐贫瘠		抗旱能力强，对土壤要求不严格	食用	种子（果实）	广
61	P152624009	乌兰察布市	卓资县	白芒麦	地方品种	当地	一年生	有性	5月中旬	8月下旬	抗旱，耐寒	麦香、味好	株高70～80cm，穗长6cm	食用	种子（果实）	窄
62	P152624010	乌兰察布市	卓资县	黑小麦	地方品种	当地	一年生	有性	5月上旬	9月上旬	抗虫，抗旱	麦香，吃饺子更香	个小，穗头小，口紧不易落粒	食用	种子（果实）	窄

（续表）

序号	样品编号	盟（市）	旗（县、市、区）	种质名称	种质类型	种质来源	生长习性	繁殖习性	播种期	收获期	主要特性	其他特性	主要特性详细描述	种质用途	利用部位	种质分布
63	P152624011	乌兰察布市	卓资县	旱地小麦	地方品种	当地	一年生	有性	5月上旬	9月上旬	高产，抗旱		口紧，株高90cm左右	食用	种子（果实）	窄
64	P152624026	乌兰察布市	卓资县	水地小麦	地方品种	当地	一年生	有性	4月下旬	8月上旬	高产，耐涝	麦香味好	穗大，口松	食用	种子（果实）	窄
65	P152628004	乌兰察布市	丰镇市	白麦	地方品种	当地	一年生	有性	4月上旬	9月中旬	高产，优质，抗病，抗虫，抗旱，耐贫瘠		株高110cm，穗长7cm，种皮棕黄色	食用	种子（果实）	窄
66	P152628005	乌兰察布市	丰镇市	秃小麦	地方品种	当地	一年生	有性	5月中旬	9月中旬	高产，优质，抗病，抗虫，抗旱，耐贫瘠		株高98cm，穗长68cm，粒中品质优，种皮棕黄色	食用	种子（果实）	窄
67	P152628044	乌兰察布市	丰镇市	小麦	地方品种	当地	一年生	有性	4月上旬	8月中旬	优质，抗病，抗虫，耐盐碱，抗旱，耐寒，耐贫瘠		株高95cm，穗长11cm，籽粒黄棕色	食用	种子（果实）	窄
68	P152630020	乌兰察布市	察哈尔右翼前旗	白皮小麦	地方品种	当地	一年生	有性	4月中旬	8月下旬	优质，耐贫瘠		皮薄，蛋白质含量高，面粉细白	食用	种子（果实）	窄
69	P152630024	乌兰察布市	察哈尔右翼前旗	紫小麦	地方品种	当地	一年生	有性	4月下旬	8月下旬	高产，抗病，抗旱，耐贫瘠		矿物质含量高，有营养保健价值	食用、保健药用，其他	种子（果实）	窄

（续表）

序号	样品编号	盟（市）	旗（县、市、区）	种质名称	种质类型	种质来源	生长习性	繁殖习性	播种期	收获期	主要特性	其他特性	主要特性详细描述	种质用途	利用部位	种质分布
70	P152630025	乌兰察布市	察哈尔右翼前旗	红皮小麦	地方品种	当地	一年生	有性	4月下旬	8月下旬	高产，抗病，抗旱，耐贫瘠		面粉蛋白含量高	食用	种子（果实）	窄
71	P150622018	鄂尔多斯市	准格尔旗	春小麦1	地方品种	当地	一年生	有性	5月上旬	7月下旬	抗旱，耐寒，耐贫瘠			食用	种子（果实）	窄
72	P150622019	鄂尔多斯市	准格尔旗	春小麦2	地方品种	当地	一年生	有性	5月上旬	7月下旬	抗旱，耐寒，耐贫瘠			食用	种子（果实）	窄
73	P150822005	巴彦淖尔市	磴口县	黑小麦	地方品种	当地	一年生	有性	3月中旬	7月下旬	优质，抗病，抗虫，抗旱，耐寒，耐热		优质专用型小麦，籽粒硬质，长圆形，黑色或黑紫色	食用、加工原料	种子（果实）	窄
74	P150822006	巴彦淖尔市	磴口县	红皮小麦	地方品种	当地	一年生	有性	3月中旬	7月下旬	优质，抗病，抗虫，抗旱，耐贫瘠，耐热		籽粒呈深红色或红褐色，皮较厚，胚乳含量少，出粉率较低	食用	种子（果实）	窄
75	P150824001	巴彦淖尔市	乌拉特中旗	小红皮小麦	地方品种	当地	一年生	无性	3月下旬	9月中旬	优质，抗病，抗虫，耐贫瘠	皮较厚、出粉率低	籽粒呈深红色或褐色，不易穗发芽，株高40～100cm	食用	种子（果实）	广
76	P150824003	巴彦淖尔市	乌拉特中旗	大红皮小麦	地方品种	当地	一年生	有性	3月下旬	9月中旬	高产，优质，抗病，广适，耐贫瘠	营养丰富，精度高、出分率低	本品种在当地种植广，耐旱、营养丰富，精度高、出分率低，广受当地种植户青睐	食用、加工原料	种子（果实）	广

（续表）

序号	样品编号	盟（市）	旗（县、市、区）	种质名称	种质类型	种质来源	生长习性	繁殖习性	播种期	收获期	主要特性	其他特性	主要特性详细描述	种质用途	利用部位	种质分布
77	P150824017	巴彦淖尔市	乌拉特中旗	中红皮小麦	地方品种	当地	一年生	有性	3月下旬	8月下旬	优质，抗病，抗虫，耐寒，耐贫瘠		籽粒呈深红色，颗粒稍大于小红皮籽粒，株高40～60cm，精度高、出粉率低	食用	种子（果实）	广
78	P150825078	巴彦淖尔市	乌拉特后旗	麦子	地方品种	当地	一年生	有性	4月上旬	7月下旬	广适			食用、加工原料	种子（果实）	广
79	P152921014	阿拉善盟	阿拉善左旗	小麦	地方品种	当地	一年生	有性	3月上旬	7月中旬	优质，广适，耐寒			食用	种子（果实）	广
80	P150782040	呼伦贝尔市	牙克石市	墩麦	地方品种	当地	一年生	有性	5月中旬	8月中旬	高产，优质，抗病，抗旱	早熟，救灾补种。轻感赤霉病、根腐病	早熟品种，生育期80d左右。长芒，株高80～90cm。籽粒红色，籽粒饱满，角质粒，千粒重36g	食用、饲用、加工原料	种子（果实）	广

二、豆类作物种质资源目录

1. 大豆种质资源目录

大豆（*Glycine max*）是豆科（Fabaceae）大豆属（*Glycine*）一年生草本植物，原产中国，中国各地均有栽培，亦广泛栽培于世界各地。大豆蛋白质含量为35%～40%。共计收集到种质资源221份，分布在11个盟（市）的69个旗（县、市、区）（表2-3）。

表2-3 大豆种质资源目录

序号	样品编号	盟（市）	旗（县、市、区）	种质名称	种质类型	种质来源	生长习性	繁殖习性	播种期	收获期	主要特性	其他特性	主要特性详细描述	种质用途	利用部位	种质分布
1	P150104003	呼和浩特市	玉泉区	大粒黄豆	地方品种	当地	一年生	有性	5月中旬	9月下旬	高产，优质，抗病		该品种植株高大，结荚数量大，产量高，品质优，蛋白质含量丰富，抗病性较强，田间一般没有病害	加工原料	种子（果实）	窄
2	P150104033	呼和浩特市	玉泉区	牛眼黄豆	地方品种	当地	一年生	有性	5月下旬	9月中旬	高产，优质，抗病			食用、饲用	种子（果实）、茎、叶、花	窄
3	P150104035	呼和浩特市	玉泉区	本地大圆黄豆	地方品种	当地	一年生	有性	5月下旬	9月中旬	高产，优质，抗病		该品种植株高大，籽粒椭圆，粒大，结荚数量多，产量高，品质优，蛋白质含量丰富，抗病性较强，田间一般没有病害	食用	种子（果实）	窄
4	P150104036	呼和浩特市	玉泉区	黑油豆	地方品种	当地	一年生	有性	5月下旬	9月中旬	高产，优质，抗病			食用	种子（果实）	窄
5	P150104039	呼和浩特市	玉泉区	本地黄豆	地方品种	当地	一年生	有性	5月上旬	9月中旬	优质，抗病，耐盐碱，抗旱		地方品种，抗性好，产量一般，主要作加工原料	食用、饲用、加工原料	种子（果实）	窄

（续表）

序号	样品编号	盟（市）	旗（县、市、区）	种质名称	种质类型	种质来源	生长习性	繁殖习性	播种期	收获期	主要特性	其他特性	主要特性详细描述	种质用途	利用部位	种质分布
6	P150104040	呼和浩特市	玉泉区	大扁黑豆	地方品种	当地	一年生	有性	5月上旬	9月中旬	高产，优质，抗病，耐盐碱，抗旱，广适		地方品种，抗性好，产量高，主要作加工原料	食用、饲用、加工原料	种子（果实）	广
7	P150121023	呼和浩特市	土默特左旗	小粒黄豆	地方品种	当地	一年生	有性	5月中旬	8月下旬	抗病，抗虫，耐盐碱，抗旱，广适，耐贫瘠		株高30～90cm，荚果肥大，稍弯，下垂，黄绿色，密被褐黄色长毛；种子2～5粒，近球形	食用	种子（果实）、茎	广
8	P150121027	呼和浩特市	土默特左旗	小黑豆	地方品种	当地	一年生	有性	6月上旬	8月下旬	优质，抗病，抗虫，抗旱，广适，耐贫瘠		早熟、高产、适应性强，高抗倒伏	食用、饲用	种子（果实）、茎	广
9	P150121033	呼和浩特市	土默特左旗	大黑豆	地方品种	当地	一年生	有性	5月上旬	9月中旬	优质，抗病，抗虫，耐盐碱，抗旱，广适，耐贫瘠		早熟、高产、适应性强，粒大	食用	种子（果实）	广
10	P150121036	呼和浩特市	土默特左旗	本地黑豆	地方品种	当地	一年生	有性	5月下旬	8月下旬	高产，抗病，抗虫，耐盐碱，抗旱，广适，耐贫瘠		早熟、适应性强	食用	种子（果实）	广
11	P150121037	呼和浩特市	土默特左旗	牛眼豆	地方品种	当地	一年生	有性	5月下旬	8月下旬	优质，抗病，抗虫，耐盐碱，抗旱，广适，耐贫瘠	加工品质好，口感佳	早熟，适应性强，种子有黑斑，外形像牛眼珠子	食用	种子（果实）	广

（续表）

序号	样品编号	盟（市）	旗（县、市、区）	种质名称	种质类型	种质来源	生长习性	繁殖习性	播种期	收获期	主要特性	其他特性	主要特性详细描述	种质用途	利用部位	种质分布
12	P150121041	呼和浩特市	土默特左旗	大粒毛豆	地方品种	当地	一年生	有性	5月下旬	8月下旬	抗病，抗虫，耐盐碱，抗旱，广适，耐贫瘠		当地种植超过40年以上，主要是粒大，产量高	食用	种子（果实）	广
13	P150121049	呼和浩特市	土默特左旗	大粒黑豆	地方品种	当地	一年生	有性	5月下旬	8月下旬	优质，抗病，抗虫，耐盐碱，抗旱，广适，耐寒，耐贫瘠		耐旱能力强，适应性广，籽粒较大，产量高	食用	种子（果实）	广
14	P150122009	呼和浩特市	托克托县	黄豆	地方品种	当地	一年生	有性	5月下旬	9月下旬	高产，优质，抗旱，耐热		地方品种，产量高，商品性好，耐瘠薄	食用、加工原料	种子（果实）	窄
15	P150122014	呼和浩特市	托克托县	圆黑豆	地方品种	当地	一年生	有性	5月下旬	9月中旬	高产，优质，耐贫瘠，耐热		地方品种，抗旱性强，抗盐碱，耐瘠薄，产量高，做成本地豆腐口感极佳	食用、加工原料，其他	种子（果实）、根	广
16	P150122019	呼和浩特市	托克托县	本地黄豆	地方品种	当地	一年生	有性	5月上旬	9月上旬	优质，抗旱，耐寒，耐贫瘠		本地种植品种，生育期偏小，耐旱，丰产性一般，加工豆腐口感好，豆芽脆甜	食用、加工原料	种子（果实）	广
17	P150122022	呼和浩特市	托克托县	毛豆	地方品种	当地	一年生	有性	4月下旬	9月上旬	高产，优质，抗旱，耐寒，耐贫瘠		植株高大，籽粒大，结荚数量多，口感好，也可作饲用	食用、饲用	种子（果实）、茎	广

（续表）

序号	样品编号	盟（市）	旗（县、市、区）	种质名称	种质类型	种质来源	生长习性	繁殖习性	播种期	收获期	主要特性	其他特性	主要特性详细描述	种质用途	利用部位	种质分布
18	P150122029	呼和浩特市	托克托县	牛眼黑豆	地方品种	当地	一年生	有性	4月下旬	9月中旬	优质，抗旱，耐贫瘠		本地品种，株高矮，产量一般，分枝少，结荚力一般	食用、加工原料	种子（果实）	广
19	P150122031	呼和浩特市	托克托县	青皮大豆	地方品种	当地	一年生	有性	4月下旬	9月中旬	高产，优质，抗旱		株型高大，分枝能力强，产量高，适应性强，喜水肥	食用、加工原料	种子（果实）、茎	广
20	P150122032	呼和浩特市	托克托县	扁黑豆	地方品种	当地	一年生	有性	4月下旬	9月中旬	优质，抗旱		本地品种，适应性强，产量一般，可作饲用，加工豆腐品质好	食用、饲用、加工原料	种子（果实）	广
21	P150123025	呼和浩特市	和林格尔县	黑眼大豆	地方品种	当地	一年生	有性	5月上旬	9月下旬	优质，抗旱，耐贫瘠		结荚能力一般，产量比进口大豆低，农户自留种子，当地种植多年，加工豆制品品质好	食用、加工原料	种子（果实）	窄
22	P150123028	呼和浩特市	和林格尔县	长粒黄豆	地方品种	当地	一年生	有性	5月上旬	9月下旬	优质，抗旱，耐寒，耐贫瘠		地方品种，株高矮壮，分枝多，生育期比较短，产量低，容易炸角，适时收获，籽粒扁长形，加工豆制品口感好	食用、加工原料	种子（果实）	窄

（续表）

序号	样品编号	盟（市）	旗（县、市、区）	种质名称	种质类型	种质来源	生长习性	繁殖习性	播种期	收获期	主要特性	其他特性	主要特性详细描述	种质用途	利用部位	种质分布
23	P150123029	呼和浩特市	和林格尔县	扁黑豆	地方品种	当地	一年生	有性	5月上旬	9月下旬	优质，抗旱，耐寒，耐贫瘠		地方品种，株高矮壮，产量低，籽粒扁长形，加工黑豆豆腐口感好	食用、加工原料	种子（果实）	窄
24	P150123040	呼和浩特市	和林格尔县	圆黑豆	地方品种	当地	一年生	有性	5月上旬	9月下旬	优质，抗旱，耐寒，耐贫瘠		地方品种，株高矮壮，产量低，籽粒扁长形，加工黑豆豆腐口感好	食用、加工原料	种子（果实）	窄
25	P150124003	呼和浩特市	清水河县	红茶豆	地方品种	当地	一年生	有性	5月下旬	9月上旬	高产，抗病，抗虫，抗旱，耐寒，耐贫瘠			食用、饲用、加工原料	种子（果实）	窄
26	P150124014	呼和浩特市	清水河县	羊眼睛豆	地方品种	当地	一年生	有性	5月中旬	9月下旬	高产，抗病，抗虫，抗旱，耐寒，耐贫瘠			食用、饲用	种子（果实）	窄
27	P150124015	呼和浩特市	清水河县	二黑豆	地方品种	当地	一年生	有性	5月下旬	9月上旬	优质，抗病，抗虫，抗旱，耐寒，耐涝，耐贫瘠			食用、饲用	种子（果实）	窄
28	P150124020	呼和浩特市	清水河县	赤小豆	地方品种	当地	一年生	有性	5月下旬	9月中旬	优质，抗病，抗虫，抗旱，耐寒，耐贫瘠，耐热			食用	种子（果实）	窄

（续表）

序号	样品编号	盟（市）	旗（县、市、区）	种质名称	种质类型	种质来源	生长习性	繁殖习性	播种期	收获期	主要特性	其他特性	主要特性详细描述	种质用途	利用部位	种质分布
29	P150124024	呼和浩特市	清水河县	大黑豆	地方品种	当地	一年生	有性	5月下旬	8月下旬	优质，抗病，抗旱，耐贫瘠			食用、饲用	种子（果实）	窄
30	P150124026	呼和浩特市	清水河县	小黑豆	地方品种	当地	一年生	有性	5月下旬	9月上旬	高产，抗病，抗虫，抗旱，耐寒，耐贫瘠			食用	种子（果实）	窄
31	P150124029	呼和浩特市	清水河县	大黄豆	地方品种	当地	一年生	有性	5月下旬	8月下旬	高产，抗病，抗虫，耐寒，耐贫瘠，耐热			食用	种子（果实）	窄
32	P150105035	呼和浩特市	赛罕区	小扁黑豆	地方品种	当地	一年生	有性	4月下旬	9月上旬	优质，耐盐碱，抗旱，耐寒，耐贫瘠		当地种植品种产量一般，适应性强，不挑地，可加工成豆腐，也可作饲料	食用、饲用、保健药用、加工原料	种子（果实）	窄
33	P150105039	呼和浩特市	赛罕区	大青豆	地方品种	当地	一年生	有性	5月中旬	9月下旬	高产，抗病，耐盐碱，抗旱，耐寒，耐贫瘠，其他		适应性广，适宜加工	食用、饲用、加工原料，其他	种子（果实）	广
34	P150105040	呼和浩特市	赛罕区	大圆黑豆	地方品种	当地	一年生	有性	5月中旬	9月下旬	高产，抗病，耐盐碱，抗旱，耐寒，耐贫瘠，其他		适应性广，适宜加工	食用、饲用、加工原料，其他	种子（果实）	广

（续表）

序号	样品编号	盟（市）	旗（县、市、区）	种质名称	种质类型	种质来源	生长习性	繁殖习性	播种期	收获期	主要特性	其他特性	主要特性详细描述	种质用途	利用部位	种质分布
35	P150125058	呼和浩特市	武川县	小圆黄豆	地方品种	当地	一年生	有性	5月中旬	9月上旬	高产，优质，抗病，抗旱		荚果肥大，稍弯	食用、饲用	种子（果实）	窄
36	P150125062	呼和浩特市	武川县	小扁黑豆	地方品种	当地	一年生	有性	5月中旬	9月上旬	高产，优质，抗病，抗旱		一年生草本。结荚习性，无限，荚褐色	食用、饲用	种子（果实）	窄
37	P150125063	呼和浩特市	武川县	二黑豆	地方品种	当地	一年生	有性	5月中旬	9月上旬	高产，优质，抗病，抗旱		一年生草本。结荚习性，无限，荚褐色	食用、饲用	种子（果实）	窄
38	P150205024	包头市	石拐区	五当召大豆	地方品种	当地	一年生	有性	5月上旬	9月下旬	优质，广适，耐贫瘠		稀灌木，无香草气味。羽状复叶，互生，托叶部分与叶柄合生，全缘或齿裂，小叶3，边缘通常具锯齿，侧脉直伸至齿尖	食用	种子（果实）	广
39	P150205030	包头市	石拐区	三岔口大豆	地方品种	当地	一年生	有性	5月上旬	9月下旬	优质，广适，耐贫瘠		稀灌木，无香草气味。羽状复叶，互生，托叶部分与叶柄合生，全缘或齿裂，小叶3，边缘通常具锯齿，侧脉直伸至齿尖	食用	种子（果实）	广
40	P150205031	包头市	石拐区	石拐黄豆	地方品种	当地	一年生	有性	5月上旬	9月下旬	优质，广适，耐贫瘠		稀灌木，无香草气味。羽状复叶，互生，托叶部分与叶柄合生，全缘或齿裂，小叶3，边缘通常具锯齿，侧脉直伸至齿尖	食用	种子（果实）	广

（续表）

序号	样品编号	盟（市）	旗（县、市、区）	种质名称	种质类型	种质来源	生长习性	繁殖习性	播种期	收获期	主要特性	其他特性	主要特性详细描述	种质用途	利用部位	种质分布
41	P150205040	包头市	石拐区	小粒黄豆	地方品种	当地	一年生	有性	5月上旬	9月下旬	优质，广适，耐贫瘠			食用	种子（果实）	广
42	P150206030	包头市	白云鄂博矿区	白云黄豆	地方品种	当地	一年生	有性	5月上旬	9月中旬	优质，抗病，广适			食用	种子（果实）	广
43	P150207019	包头市	九原区	黄豆	地方品种	当地	一年生	有性	5月中旬	9月下旬	抗旱，广适，耐贫瘠		高30～90cm。茎粗壮，直立，密被褐色长硬毛；每荚种子2～5粒	加工原料	种子（果实）	广
44	P150222026	包头市	固阳县	银号黄豆	地方品种	当地	一年生	有性	5月中旬	9月下旬	抗病，耐贫瘠，耐热		茎粗壮，直立，小叶宽卵形，荚果肥大，稍弯，下垂，种子椭圆形，种皮光滑	食用、加工原料	种子（果实）	广
45	P150222028	包头市	固阳县	银号黑豆	地方品种	当地	一年生	有性	5月中旬	9月下旬	耐盐碱，抗旱，耐贫瘠		籽粒椭圆形或类球形，稍扁，表面黑色或灰黑色，光滑或有皱纹，具光泽，一侧有淡黄白色长椭圆形种脐，质坚硬，种皮薄而脆，子叶肥厚、黄绿色或淡黄色	食用	种子（果实）	广
46	P150222029	包头市	固阳县	下湿壕黑豆	地方品种	当地	一年生	有性	5月中旬	9月下旬	耐盐碱，抗旱，耐贫瘠		籽粒椭圆形，稍扁，表面黑色或灰黑色，具光泽，种皮薄而脆，子叶肥厚	食用	种子（果实）	广

（续表）

序号	样品编号	盟（市）	旗（县、市、区）	种质名称	种质类型	种质来源	生长习性	繁殖习性	播种期	收获期	主要特性	其他特性	主要特性详细描述	种质用途	利用部位	种质分布
47	P150223031	包头市	达尔罕茂明安联合旗	额尔登黄豆	地方品种	当地	一年生	有性	5月中旬	9月中旬	优质，抗病，广适		籽粒椭圆形，稍扁，表面黄色，具光泽，种皮薄而脆，子叶肥厚	食用、加工原料	种子（果实）	广
48	P150223032	包头市	达尔罕茂明安联合旗	河东黄豆	地方品种	当地	一年生	有性	5月中旬	9月中旬	优质，抗病，广适		籽粒椭圆形，稍扁，表面黄色，具光泽，种皮薄而脆，子叶肥厚	食用、加工原料	种子（果实）	广
49	P150223043	包头市	达尔罕茂明安联合旗	矮秆黄豆	地方品种	当地	一年生	有性	5月中旬	9月下旬	优质，抗病，广适			食用、加工原料	种子（果实）	广
50	P152201004	兴安盟	乌兰浩特市	黑豆	地方品种	当地	一年生	有性	6月上旬	9月上旬	优质，抗病，抗虫，耐盐碱，抗旱，耐寒，耐贫瘠，耐热		本品种适应性强、耐寒、耐盐碱、耐瘠薄，可降低人体胆固醇含量、减少患心脏病的风险、延缓衰老、预防血脂升高	食用、饲用、保健药用、加工原料	种子（果实）、茎	窄
51	P152201010	兴安盟	乌兰浩特市	黄豆	地方品种	当地	一年生	有性	5月下旬	10月上旬	优质，抗病，抗虫，耐盐碱，抗旱，广适，耐寒，耐贫瘠，耐热		本品种可以榨油，蛋白质含量高，可以加工成豆制品，大豆卵磷脂含量高，大豆饼粕可作为植物性蛋白质原料	食用、饲用、保健药用、加工原料	种子（果实）、茎	广
52	P152202032	兴安盟	阿尔山市	明水大豆1号	地方品种	当地	一年生	有性	5月下旬	9月下旬	耐寒，其他	早熟	当地农户多年自留种，生长期90d，抗病、抗药性强，抗旱、抗寒性强	食用	种子（果实）	窄

（续表）

序号	样品编号	盟（市）	旗（县、市、区）	种质名称	种质类型	种质来源	生长习性	繁殖习性	播种期	收获期	主要特性	其他特性	主要特性详细描述	种质用途	利用部位	种质分布
53	P152202033	兴安盟	阿尔山市	明水大豆2号	地方品种	当地	一年生	有性	5月下旬	9月下旬	优质，耐寒，其他	早熟	当地农户多年自留种，生长期60d，耐寒，尤其是蛋白质含量高于其他豆类	食用	种子（果实）	窄
54	P152221008	兴安盟	科尔沁右翼前旗	小黑豆	野生资源	外地	一年生	有性	5月上旬	10月上旬	耐盐碱，抗旱，耐贫瘠		作为黑豆的一种，更加早熟，优质，具有药用价值，尤其是蛋白质含量高于其他豆类，而且适应性更强，耐旱、耐贫瘠、耐盐碱	食用	种子（果实）	窄
55	P152221011	兴安盟	科尔沁右翼前旗	野生大豆	地方品种	当地	一年生	有性	4月中旬	10月上旬	抗病，抗虫，耐贫瘠		大豆选育的优质材料，具有抗病、抗虫，更耐贫瘠的特点，在山沟、坡地、草原、湿地均有野生资源	饲用	种子（果实）、茎、叶	窄
56	P152223005	兴安盟	扎赉特旗	老黄豆	地方品种	当地	一年生	有性	5月中旬	10月上旬	高产，优质		株高30～90cm，种子在10～12℃发芽，适温20～25℃，粒小圆润，本地用来榨笨豆油，制作酱油、农家酱，营养价值高，味道香甜	食用、饲用、保健药用、加工原料	种子（果实）	窄

（续表）

序号	样品编号	盟（市）	旗（县、市、区）	种质名称	种质类型	种质来源	生长习性	繁殖习性	播种期	收获期	主要特性	其他特性	主要特性详细描述	种质用途	利用部位	种质分布
57	P152223033	兴安盟	扎赉特旗	绿黄豆	地方品种	当地	一年生	有性	6月上旬	8月中旬	优质，耐热		民间多叫芽豆、绿黄豆，豆形圆润，黄绿色。生长期短，60多天可收获，多用于生豆芽、打豆浆，营养丰富，豆鲜味美	食用、保健药用、加工原料	种子（果实）	窄
58	P152223042	兴安盟	扎赉特旗	黑黄豆	地方品种	当地	一年生	有性	5月中旬	10月上旬	优质，耐热		形状、大小与黄豆类似，但表面呈黑色且光滑，有光泽，皮薄，有白色种脐。多用于打豆浆、制作豆糕等，营养丰富	食用、加工原料	种子（果实）	窄
59	P152224013	兴安盟	突泉县	黑豆	地方品种	当地	一年生	有性	5月中旬	10月上旬	高产，耐寒，耐涝	补肾益阴，健脾利湿，除热解毒	具有营养保健作用，有高蛋白、低热量的特性。还含有丰富的微量元素，对保持机体功能完整、延缓机体衰老、降低血液黏度、满足大脑对微量物质需求都是必不可少的	食用、保健药用	种子（果实）	窄
60	P152224017	兴安盟	突泉县	黄豆老品种	地方品种	当地	一年生	有性	5月中旬	9月下旬	优质，抗病，抗虫，耐寒，其他		常用来制作各种豆制品、榨取豆油、酿造酱油和提取蛋白质。豆渣或磨成粗粉的大豆也常用于禽畜饲料	食用、加工原料	种子（果实）	窄

（续表）

序号	样品编号	盟（市）	旗（县、市、区）	种质名称	种质类型	种质来源	生长习性	繁殖习性	播种期	收获期	主要特性	其他特性	主要特性详细描述	种质用途	利用部位	种质分布
61	P152224047	兴安盟	突泉县	黄仁小扁黑豆	地方品种	当地	一年生	有性	5月上旬	9月下旬	优质，耐盐碱，耐涝，其他			食用、饲用、加工原料，其他	种子（果实）、叶	窄
62	P150581027	通辽市	霍林郭勒市	黄豆	地方品种	当地	一年生	有性	5月下旬	9月下旬	高产，优质，抗旱，耐寒		农家多年种植，自留品种，籽粒黄色，籽粒较大，生育期较短	食用	种子（果实）	窄
63	P150523032	通辽市	开鲁县	大粒黑豆	地方品种	当地	一年生	有性	5月中旬	9月中旬	优质，抗病，抗旱，耐寒，其他	随着天气的变凉，豆荚才开始大量生长	多年留种育成的品质优良农家种。荚果肥大，稍弯，种皮黑色，高产、抗旱，加工品质好	食用、加工原料	种子（果实）	窄
64	P150523061	通辽市	开鲁县	大粒黑黑豆	地方品种	当地	一年生	有性	5月上旬	9月下旬	高产，优质，抗病，抗旱		多年留种育成的品质优良农家种。茎直立，有限型，株高85cm，主茎、果荚被有茸毛，荚果肥大，稍弯，下垂，黄绿色，密被褐黄色长毛，荚果籽粒多为4粒，种皮黑色，籽粒较大，种阜褐色。种皮薄而脆，较易破碎	食用	种子（果实）	窄

（续表）

序号	样品编号	盟（市）	旗（县、市、区）	种质名称	种质类型	种质来源	生长习性	繁殖习性	播种期	收获期	主要特性	其他特性	主要特性详细描述	种质用途	利用部位	种质分布
65	P150523064	通辽市	开鲁县	青渣豆	地方品种	当地	一年生	有性	5月上旬	9月下旬	高产，优质，抗病，抗旱		农家品种，经过多年留种、选择育成的品质优良的资源，地方品种，品质较高，具有一定的抗虫和抗旱能力。粒大，较圆。做豆腐后豆渣呈青色	食用、饲用、加工原料，其他	种子（果实）	窄
66	P150523072	通辽市	开鲁县	金塔	地方品种	当地	一年生	有性	5月上旬	9月下旬	高产，优质，抗病，抗旱，耐贫瘠		多年留种育成的品质优良农家种。植株塔形，籽粒金黄色	食用	种子（果实）	窄
67	P150502031	通辽市	科尔沁区	庆林大豆1号	地方品种	当地	一年生	有性	5月中旬	9月下旬	高产，优质，抗病，抗虫，抗旱		经过多年留种选育而成的农家种，产量较高，品质好，抗虫、抗病、抗旱能力强，适应性广。加工豆腐、大酱，食用口感很好，香味浓重	食用、加工原料	种子（果实）	窄
68	P150502041	通辽市	科尔沁区	小金黄	地方品种	当地	一年生	有性	5月中旬	9月下旬	高产，优质，抗病，抗虫，抗旱	外观金黄。圆润饱满，色泽璀璨	属于低脂肪、高蛋白品种。适合生豆芽，其豆芽相对于普通黄豆芽营养价值更高，品相更加完美	食用、加工原料	种子（果实）	窄

（续表）

序号	样品编号	盟（市）	旗（县、市、区）	种质名称	种质类型	种质来源	生长习性	繁殖习性	播种期	收获期	主要特性	其他特性	主要特性详细描述	种质用途	利用部位	种质分布
69	P150502044	通辽市	科尔沁区	小粒黄豆	地方品种	当地	一年生	有性	5月中旬	9月下旬	高产，优质，抗病，抗虫，抗旱		经过多年留种选育而成的优良农家种。加工豆腐和生豆芽好	食用、加工原料	种子（果实）	窄
70	P150502110	通辽市	科尔沁区	猫眼黑豆	地方品种	当地	一年生	有性	5月上旬	9月下旬	优质，抗病，抗虫，抗旱，耐寒，耐贫瘠		经过多年留种选择而成的优良农家种。品质优，营养丰富，口感好	食用、饲用	种子（果实）、茎、叶	窄
71	P150522070	通辽市	科尔沁左翼后旗	梅林黑金豆	地方品种	当地	一年生	有性	5月上旬	9月中旬	高产，优质，抗旱，耐贫瘠		多年留种选育而成的品质优良农家种。茎直立，有限型，株高85cm，主茎、果荚被有茸毛，荚果肥大，稍弯，下垂，黄绿色，密被褐黄色长毛，荚果籽粒多为4粒，种皮黑色，子叶黄色，籽粒较大，种阜褐色。种皮薄而脆，较易破碎。属保健食品	食用	种子（果实）	窄

（续表）

序号	样品编号	盟（市）	旗（县、市、区）	种质名称	种质类型	种质来源	生长习性	繁殖习性	播种期	收获期	主要特性	其他特性	主要特性详细描述	种质用途	利用部位	种质分布
72	P150522072	通辽市	科尔沁左翼后旗	绿瓤黑豆	地方品种	当地	一年生	有性	5月上旬	9月下旬	优质，抗旱，耐贫瘠		多年留种育成的农家种，品质好。籽粒近圆形，种皮黑色，子叶绿色。一年生缠绕草本，蔓长1～4m。茎、小枝纤细，全体疏被褐色长硬毛。叶具3小叶，株高可达14cm；托叶卵状披针形，急尖，被黄色柔毛	食用、饲用	种子（果实）、茎、叶	窄
73	P150522074	通辽市	科尔沁左翼后旗	海斯改黄豆	地方品种	当地	一年生	有性	5月上旬	9月下旬	优质，抗旱，耐贫瘠		经过多年留种选育而成的优良农家种。加工豆腐、做酱好	食用	种子（果实）	窄
74	P150521021	通辽市	科尔沁左翼中旗	大豆	地方品种	当地	一年生	有性	5月中旬	9月下旬	高产，优质，抗病，抗虫，抗旱		多年留种育成的品质优良农家种	食用、加工原料	种子（果实）	窄
75	P150521030	通辽市	科尔沁左翼中旗	宝山黄豆	地方品种	当地	一年生	有性	5月中旬	9月下旬	高产，优质，抗虫，抗旱		多年留种育成的品质优良农家种。高产、抗旱，籽粒黄白色。加工豆腐食用口感好，为理想的制酱大豆品种	食用	种子（果实）	窄

（续表）

序号	样品编号	盟（市）	旗（县、市、区）	种质名称	种质类型	种质来源	生长习性	繁殖习性	播种期	收获期	主要特性	其他特性	主要特性详细描述	种质用途	利用部位	种质分布
76	P150521034	通辽市	科尔沁左翼中旗	小粒黄豆	地方品种	当地	一年生	有性	5月中旬	9月下旬	高产，优质，抗旱，耐寒，耐贫瘠		多年留种育成的品质优良农家种。粒较长，黄色，加工豆腐口感好，制酱味香	食用	种子（果实）	窄
77	P150524022	通辽市	库伦旗	本地黄豆	地方品种	当地	一年生	有性	5月上旬	9月中旬	优质		籽粒中等、植株中等、豆腥味浓香	食用	种子（果实）	窄
78	P150525036	通辽市	奈曼旗	山咀褐粒黄豆	地方品种	当地	一年生	有性	5月上旬	9月中旬	优质，抗旱，耐贫瘠		多年留种育成的品质优良农家种。加工品质好	食用	种子（果实）	窄
79	P150525055	通辽市	奈曼旗	黑脐黄豆	地方品种	当地	一年生	有性	5月下旬	9月上旬	优质，抗病，耐盐碱，抗旱，耐贫瘠		农家多年种植老品种。抗倒伏、产量高，加工品质好，食用口感好	食用、加工原料	种子（果实）	窄
80	P150525056	通辽市	奈曼旗	土城小黑豆	地方品种	当地	一年生	有性	5月下旬	9月上旬	优质，抗病，耐盐碱，抗旱，耐贫瘠		农家多年种植老品种。籽粒黑色光亮，抗倒伏、产量高，加工品质好，食用口感好	食用、加工原料	种子（果实）	窄
81	P150526018	通辽市	扎鲁特旗	平安黄豆	地方品种	当地	一年生	有性	5月中旬	9月下旬	高产，优质，抗病，抗虫，抗旱		多年留种选育而成的品质优良农家种。茎直立，有限型，株高80cm，荚果籽粒多为4粒，种皮黄色	食用、饲用、加工原料	种子（果实）	窄

（续表）

序号	样品编号	盟（市）	旗（县、市、区）	种质名称	种质类型	种质来源	生长习性	繁殖习性	播种期	收获期	主要特性	其他特性	主要特性详细描述	种质用途	利用部位	种质分布
82	P150526019	通辽市	扎鲁特旗	小粒黑豆	地方品种	当地	一年生	有性	5月中旬	9月下旬	高产，优质，抗病，抗虫，抗旱		多年留种选育而成的品质优良农家种。种皮黑色，籽粒较大	食用、饲用	种子（果实）	窄
83	P150526020	通辽市	扎鲁特旗	大粒黑豆	地方品种	当地	一年生	有性	5月中旬	9月下旬	高产，优质，抗病，抗虫，抗旱		多年留种选育而成的品质优良农家种。种皮黑色，籽粒较大	食用、饲用	种子（果实）	窄
84	P150526038	通辽市	扎鲁特旗	小粒扁黑豆	地方品种	当地	一年生	有性	5月上旬	9月下旬	高产，优质，抗病，抗虫，抗旱，耐寒		多年留种选育而成的品质优良农家种。子叶黄色，种阜褐色。种皮薄而脆，较易破碎。属保健食品	食用	种子（果实）	窄
85	P150526039	通辽市	扎鲁特旗	圆粒黑豆	地方品种	当地	一年生	有性	5月上旬	9月下旬	高产，优质，抗病，抗虫，抗旱，耐寒		多年留种选育而成的品质优良农家种。茎直立，有限型，株高85cm，种皮黑色，籽粒较大，圆形	食用	种子（果实）	窄
86	P150526044	通辽市	扎鲁特旗	老黄豆	地方品种	当地	一年生	有性	5月上旬	9月下旬	高产，优质，抗病，抗虫，抗旱，耐寒		多年留种育成品质优良农家种。高产、抗旱，籽粒黄白色。加工豆腐食用口感好，理想的制酱大豆品种	食用	种子（果实）	窄

（续表）

序号	样品编号	盟（市）	旗（县、市、区）	种质名称	种质类型	种质来源	生长习性	繁殖习性	播种期	收获期	主要特性	其他特性	主要特性详细描述	种质用途	利用部位	种质分布
87	P150403024	赤峰市	元宝山区	黑豆	地方品种	当地	一年生	有性	5月中旬	10月上旬			一年生草本、半蔓生品种、椭圆叶、白色花冠、灰色茸毛；无限结荚习性，荚弯镰形、荚皮褐色，籽粒黑色、圆形、微光泽、种脐黑色，百粒重15g左右	食用	种子（果实）	窄
88	P150403045	赤峰市	元宝山区	白脐黄豆	地方品种	当地	一年生	有性	5月中旬	9月中旬		做豆腐口感好	亩产100～150kg	食用	种子（果实）	窄
89	P150421001	赤峰市	阿鲁科尔沁旗	小粒黑豆	地方品种	当地	一年生	有性	6月上旬	9月下旬	抗病，抗虫，抗旱，耐贫瘠		该品种生育期90d，蛋白质含量高，可用于中医入药，可制作豆腐、豆浆，一般亩产150kg	食用、饲用、保健药用	种子（果实）	窄
90	P150421028	赤峰市	阿鲁科尔沁旗	黑豆	地方品种	外地	一年生	有性	5月下旬	9月中旬	抗病		该品种生育期110d左右，抗病，山地亩产100kg左右，水地产量150kg，该品种有70年历史，百粒重13～15g	食用	种子（果实）	窄
91	P150421045	赤峰市	阿鲁科尔沁旗	绿心黑豆	地方品种	当地	一年生	有性	5月中旬	9月下旬	抗旱		该品种生育期115d左右，种脐黑色，种子中粒，百粒重15g左右	食用	种子（果实）	窄

（续表）

序号	样品编号	盟（市）	旗（县、市、区）	种质名称	种质类型	种质来源	生长习性	繁殖习性	播种期	收获期	主要特性	其他特性	主要特性详细描述	种质用途	利用部位	种质分布
92	P150423010	赤峰市	巴林右旗	野生大豆	野生资源	当地	一年生	有性	5月上旬	9月上旬	耐寒，耐涝		一年生草本、细茎、蔓生、缠绕性强、尖叶、紫花、灰毛；无限结荚习性，荚弯镰形、荚皮黑色，籽粒灰黑色、椭圆形，种脐黑色，种子粒小，百粒重3g左右	其他	种子（果实）	窄
93	P150424011	赤峰市	林西县	青阳黑豆	地方品种	当地	一年生	有性	5月中旬	10月上旬	优质		亚有限结荚习性，直立型品种，未倒伏，荚皮深褐色，荚弯镰形，籽粒黑色、圆形，种脐黑色，百粒重14～15g	食用	种子（果实）	窄
94	P150424030	赤峰市	林西县	青豆	地方品种	当地	一年生	有性	5月中旬	10月上旬	抗旱，耐寒，耐贫瘠		一年生草本，半蔓生品种，株型半收敛，椭圆叶、紫色花冠、棕色茸毛；无限结荚习性，倒伏严重，荚弯镰形、荚皮浅褐色，籽粒绿色、圆形，种脐黑色，百粒重20g左右	食用	种子（果实）	窄

（续表）

序号	样品编号	盟（市）	旗（县、市、区）	种质名称	种质类型	种质来源	生长习性	繁殖习性	播种期	收获期	主要特性	其他特性	主要特性详细描述	种质用途	利用部位	种质分布
95	P150424039	赤峰市	林西县	小黑豆	地方品种	当地	一年生	有性	6月中旬	9月下旬	抗旱，耐寒，耐贫瘠		该收集品种在本地种植三十几年，近几年作为饲草，作为食材，当地一般用于制作豆腐，口感筋道	食用、饲用	种子（果实）	窄
96	P150425016	赤峰市	克什克腾旗	小黑豆	地方品种	当地	一年生	有性	5月中旬	8月下旬			半蔓生品种、椭圆叶、紫色花冠、灰色茸毛；无限结荚习性，荚弯镰形、荚皮黄褐色，籽粒黑色、扁椭圆形、种脐黑色，种子小粒，百粒重12g左右	食用、保健药用	种子（果实）	窄
97	P150426037	赤峰市	翁牛特旗	黑豆	地方品种	当地	一年生	有性	5月上旬	8月中旬			椭圆叶、紫色花冠、灰色茸毛；无限结荚习性，半蔓生型品种，倒伏严重，荚皮黄褐色、荚弯镰形，籽粒黑色、椭圆形，种脐黑色，有光泽，百粒重13～15g	食用	种子（果实）	窄

（续表）

序号	样品编号	盟（市）	旗（县、市、区）	种质名称	种质类型	种质来源	生长习性	繁殖习性	播种期	收获期	主要特性	其他特性	主要特性详细描述	种质用途	利用部位	种质分布
98	P150428007	赤峰市	翁牛特旗	小粒黑豆	地方品种	当地	一年生	有性	5月中旬	10月上旬	优质		一年生草本、半蔓生、椭圆叶、紫色花冠、棕色茸毛;无限结荚习性,荚皮浅褐色,籽粒黑色、椭圆形、有光泽,种脐黑色,百粒重14g左右	食用	种子（果实）	窄
99	P150428041	赤峰市	喀喇沁旗	本地黄豆	地方品种	当地	一年生	有性	5月中旬	9月中旬	高产，优质		用于做豆腐，豆腐产量高	食用	种子（果实）	窄
100	P150429003	赤峰市	宁城县	绿心黑豆	地方品种	当地	一年生	有性	6月中旬	9月中旬			直立型品种、椭圆叶、白色花冠、灰色茸毛；无限结荚习性，荚弯镰形、荚皮深褐色，籽粒黑色、圆形、微光泽，种脐白色，种子中粒，百粒重13g左右	食用	种子（果实）	窄
101	P150429005	赤峰市	宁城县	扁粒黑豆	地方品种	当地	一年生	有性	5月中旬	9月上旬			半蔓生品种、椭圆叶、紫色花冠、灰色茸毛；无限结荚习性，荚皮深褐色，籽粒黑色、扁圆形、无光泽，种脐白色，种子中粒，百粒重13g左右	食用	种子（果实）	窄

（续表）

序号	样品编号	盟（市）	旗（县、市、区）	种质名称	种质类型	种质来源	生长习性	繁殖习性	播种期	收获期	主要特性	其他特性	主要特性详细描述	种质用途	利用部位	种质分布
102	P150429007	赤峰市	宁城县	绿扎豆	地方品种	当地	一年生	有性	5月中旬	9月中旬	其他		株型直立，花白色，棕色茸毛，无限结荚习性，种皮绿色	食用	种子（果实）	窄
103	P150430034	赤峰市	敖汉旗	黑豆	地方品种	当地	一年生	有性	5月中旬	9月下旬	耐寒，耐贫瘠		半蔓生品种，无限结荚习性，椭圆叶、紫色花冠、棕色茸毛；荚皮黄褐色，籽粒黑色、扁圆形、无光泽，种脐黑色，种子中粒，百粒重13g左右	食用	种子（果实）	窄
104	P152530048	锡林郭勒盟	正蓝旗	大黑豆	地方品种	当地	一年生	有性	5月中旬	9月中旬	抗旱，耐寒		矮性或蔓性，株高40～80cm，根部含根瘤菌极多，叶互生，三出复叶，小叶卵形或椭圆形，花腋生，蝶形花冠，小花白色或紫色，种皮黑色，子叶黄色或绿色	食用	种子（果实）	广
105	P152530049	锡林郭勒盟	正蓝旗	小黑豆	地方品种	当地	一年生	有性	5月中旬	9月中旬	抗旱，耐寒		一年生草本，株高50～80cm。茎直立或上部蔓性，密生黄色，长硬毛	食用	种子（果实）	广
106	P150922005	乌兰察布市	化德县	老黄豆	地方品种	当地	一年生	有性	4月下旬	9月中旬	抗虫，抗旱，耐贫瘠，耐热		适应性强，口味佳	食用	种子（果实）	窄

（续表）

序号	样品编号	盟（市）	旗（县、市、区）	种质名称	种质类型	种质来源	生长习性	繁殖习性	播种期	收获期	主要特性	其他特性	主要特性详细描述	种质用途	利用部位	种质分布
107	P150922017	乌兰察布市	化德县	黑大豆	地方品种	当地	一年生	有性	4月下旬	9月中旬	抗旱，耐贫瘠			食用	种子（果实）	窄
108	P150922020	乌兰察布市	化德县	小黄豆	地方品种	当地	一年生	有性	4月下旬	9月中旬	抗虫，耐贫瘠，耐热			食用	种子（果实）	窄
109	P150924001	乌兰察布市	兴和县	黑乌嘴大豆	地方品种	当地	一年生	有性	5月中旬	8月下旬	抗病			食用	种子（果实）	窄
110	P150924010	乌兰察布市	兴和县	黄大豆	地方品种	当地	一年生	有性	5月上旬	9月中旬	高产，优质，抗旱			食用	种子（果实）	窄
111	P150924019	乌兰察布市	兴和县	大黄皮大豆	地方品种	当地	一年生	有性	5月下旬	9月中旬	高产，抗病，抗旱			食用、饲用	种子（果实）	窄
112	P150924027	乌兰察布市	兴和县	绿皮大豆	地方品种	当地	一年生	有性	5月中旬	9月下旬	高产，优质，抗旱			食用	种子（果实）	窄
113	P150924029	乌兰察布市	兴和县	大黑豆	地方品种	当地	一年生	有性	5月中旬	9月下旬	高产，优质，抗旱			食用	种子（果实）	窄
114	P150924039	乌兰察布市	兴和县	本地圆大豆	地方品种	当地	一年生	有性	5月中旬	9月中旬	高产，优质，抗病，抗旱			食用	种子（果实）	窄
115	P150924047	乌兰察布市	兴和县	黎麻道大豆	地方品种	当地	一年生	有性	5月上旬	9月中旬	高产，优质，抗旱			食用	种子（果实）	窄

（续表）

序号	样品编号	盟（市）	旗（县、市、区）	种质名称	种质类型	种质来源	生长习性	繁殖习性	播种期	收获期	主要特性	其他特性	主要特性详细描述	种质用途	利用部位	种质分布
116	P150924053	乌兰察布市	兴和县	本地老圆黄豆	地方品种	当地	一年生	有性	5月上旬	9月中旬	高产，优质，抗旱			食用	种子（果实）	窄
117	P150925023	乌兰察布市	凉城县	扁黑豆	地方品种	当地	一年生	有性	5月下旬	9月中旬	优质，抗旱			食用、饲用	种子（果实）	窄
118	P150925024	乌兰察布市	凉城县	扁黄豆	地方品种	当地	一年生	有性	5月下旬	9月中旬	优质，抗旱			食用、饲用	种子（果实）	窄
119	P150925041	乌兰察布市	凉城县	六苏木羊眼睛豆	地方品种	当地	一年生	有性	5月中旬	9月中旬	优质，耐贫瘠		株高50～65cm。种皮为棕色，种脐周围为黑色，种脐明显。花期6—7月，果期7—9月	食用	种子（果实）	窄
120	P150925042	乌兰察布市	凉城县	曹碾羊眼睛豆	地方品种	当地	一年生	有性	5月中旬	8月中旬	优质，耐贫瘠		种脐周围为黑色，种脐明显。花期6—7月，果期7—9月	食用	种子（果实）	窄
121	P150925045	乌兰察布市	凉城县	黑大豆	地方品种	当地	一年生	有性	5月中旬	9月中旬	优质，耐贫瘠		种皮为黑色，种脐明显。花期6—7月，果期7—9月	食用	种子（果实）	窄
122	P150925052	乌兰察布市	凉城县	绿羊眼睛豆	地方品种	当地	一年生	有性	5月中旬	9月中旬	优质，耐贫瘠		花期6—7月，果期7—9月	食用	种子（果实）	窄

（续表）

序号	样品编号	盟（市）	旗（县、市、区）	种质名称	种质类型	种质来源	生长习性	繁殖习性	播种期	收获期	主要特性	其他特性	主要特性详细描述	种质用途	利用部位	种质分布
123	P150925071	乌兰察布市	凉城县	圆羊眼睛豆	地方品种	当地	一年生	有性	5月上旬	9月中旬	优质		种皮为黄色，种脐周围为黑色，种脐不明显	食用	种子（果实）	窄
124	P150927004	乌兰察布市	察哈尔右翼中旗	黄豆	地方品种	当地	一年生	有性	5月中旬	9月上旬	耐盐碱，抗旱			食用、加工原料	种子（果实）	广
125	P152624007	乌兰察布市	卓资县	大豆	地方品种	当地	一年生	有性	5月中旬	9月中旬	优质，抗旱，耐贫瘠		抗旱能力强，对土壤要求不严格	食用	种子（果实）	广
126	P152624012	乌兰察布市	卓资县	毛豆	地方品种	当地	一年生	有性	4月中旬	9月下旬	高产，优质，抗旱	做豆腐，食用口感好	紫花	食用	种子（果实）	窄
127	P152624013	乌兰察布市	卓资县	大黄豆	地方品种	当地	一年生	有性	4月中旬	9月下旬	高产，优质	营养高，豆浆味香	红紫花，株高40～50cm	食用	种子（果实）	窄
128	P152624014	乌兰察布市	卓资县	千斤豆	地方品种	当地	一年生	有性	5月中旬	9月中旬	高产，优质，抗旱	做豆腐，口感好	紫花	食用，其他	种子（果实）	广
129	P152624027	乌兰察布市	卓资县	黑大豆	地方品种	当地	一年生	有性	5月下旬	9月上旬	高产，抗旱，耐贫瘠	品质好，味甘，抗氧化	株高60cm	食用、加工原料	种子（果实）	窄
130	P152628001	乌兰察布市	丰镇市	扁黑豆	地方品种	当地	一年生	有性	5月下旬	10月上旬	优质，抗病，抗虫，抗旱，耐寒，耐贫瘠		株高60～70cm，茎绿色，花紫色，以3粒荚居多，分枝力很强，荚长4.5～5cm。籽粒扁长，种皮黑色光亮，表面光滑	食用	种子（果实）	窄

（续表）

序号	样品编号	盟（市）	旗（县、市、区）	种质名称	种质类型	种质来源	生长习性	繁殖习性	播种期	收获期	主要特性	其他特性	主要特性详细描述	种质用途	利用部位	种质分布
131	P152628011	乌兰察布市	丰镇市	扁黑豆	地方品种	当地	一年生	有性	5月中旬	9月上旬	优质，抗病，抗虫，抗旱，耐贫瘠		株高60～70cm，茎绿色，花紫色，以3粒荚居多，分枝力很强，荚长4.5～5cm。籽粒扁长，种皮黑色光亮，表面光滑	食用	种子（果实）	窄
132	P152628015	乌兰察布市	丰镇市	黑豆	地方品种	当地	一年生	有性	5月中旬	9月下旬	优质，抗病，抗虫，抗旱，耐贫瘠		株高60～70cm，茎绿色，花紫色，以3粒荚居多，分枝力很强，荚长4.5～5cm。籽粒扁长，种皮黑色光亮，表面光滑	食用	种子（果实）	窄
133	P152628020	乌兰察布市	丰镇市	大豆	地方品种	当地	一年生	有性	5月中旬	9月下旬	高产，优质，抗病，抗虫，耐贫瘠		株高70～80cm，茎绿色，花紫色，粒荚多，分枝力强，荚长5cm，籽粒圆形，种皮黄绿色，表面光滑	食用、保健药用	种子（果实）	窄
134	P152628022	乌兰察布市	丰镇市	黑豆	地方品种	当地	一年生	有性	5月中旬	9月下旬	优质，抗病，抗虫，抗旱，耐贫瘠		株高60～70cm，茎绿色，花紫色，以3粒荚居多，分枝力很强，荚长4.5～5cm。籽粒扁长，种皮黑色光亮，表面光滑	食用、保健药用	种子（果实）	窄

（续表）

序号	样品编号	盟（市）	旗（县、市、区）	种质名称	种质类型	种质来源	生长习性	繁殖习性	播种期	收获期	主要特性	其他特性	主要特性详细描述	种质用途	利用部位	种质分布
135	P152628037	乌兰察布市	丰镇市	小黄大豆	地方品种	当地	一年生	有性	5月中旬	10月上旬	优质，抗病，抗虫，耐盐碱，抗旱，耐寒，耐贫瘠		株高55cm，花黑白色，籽粒白色，荚长10cm	食用	种子（果实）	窄
136	P152628043	乌兰察布市	丰镇市	小黄豆	地方品种	当地	一年生	有性	5月下旬	10月上旬	优质，抗病，抗虫，耐盐碱，抗旱，耐寒，耐涝，耐贫瘠		株高51cm，荚长平均8cm，每荚内平均4～5粒种子	食用	种子（果实）	窄
137	P152628046	乌兰察布市	丰镇市	黑豆	地方品种	当地	一年生	有性	5月下旬	9月下旬	优质，抗病，耐盐碱，抗旱，耐寒，耐贫瘠		株高53cm，籽粒黑色，呈圆形，较小	食用	种子（果实）	窄
138	P152628051	乌兰察布市	丰镇市	小扁黑大豆	地方品种	当地	一年生	有性	5月下旬	10月上旬	优质，抗病，耐盐碱，抗旱，耐贫瘠		株高53cm，籽粒黑色，呈肾形，每荚平均长3cm	食用	种子（果实）	窄
139	P152630013	乌兰察布市	察哈尔右翼前旗	圆黄大豆	地方品种	当地	一年生	有性	5月下旬	9月上旬	高产，优质，抗旱，耐贫瘠		适口性好，豆制品颜色白净，蛋白质含量高	食用、饲用、加工原料	种子（果实）	广
140	P152630014	乌兰察布市	察哈尔右翼前旗	黑大豆	地方品种	当地	一年生	有性	5月下旬	9月上旬	抗旱，广适，耐贫瘠		矿物质含量高，民间做保健品食用	食用、饲用、保健药用、加工原料	种子（果实）	广

（续表）

序号	样品编号	盟（市）	旗（县、市、区）	种质名称	种质类型	种质来源	生长习性	繁殖习性	播种期	收获期	主要特性	其他特性	主要特性详细描述	种质用途	利用部位	种质分布
141	P152630018	乌兰察布市	察哈尔右翼前旗	羊眼圈豆	地方品种	当地	一年生	有性	5月下旬	8月下旬	高产，耐寒，耐贫瘠		产量高，食用性高，优质饲料	食用	种子（果实）	窄
142	P152630051	乌兰察布市	察哈尔右翼前旗	长黄大豆	地方品种	当地	一年生	有性	5月下旬	9月中旬	高产，抗旱，耐贫瘠		产量高，耐贫瘠，结荚多，互生	食用	种子（果实）	窄
143	P150627007	鄂尔多斯市	伊金霍洛旗	黑豆	地方品种	当地	一年生	有性	4月下旬	9月下旬	优质		种子黑色，花期7—8月，果期8—10月	食用	种子（果实）	广
144	P150621013	鄂尔多斯市	达拉特旗	黑大豆	地方品种	当地	一年生	有性	5月下旬	10月上旬	优质，耐盐碱，抗旱		达拉特旗梁外和沿滩均有种植，生育期适中。自家留种使用。抗旱性和抗病性较好，但产量较低	食用	种子（果实）	窄
145	P150621032	鄂尔多斯市	达拉特旗	小黄豆	地方品种	当地	一年生	有性	5月中旬	9月上旬	优质，抗病，耐贫瘠		该品种为农家地方品种，适合庭院及高岗地区种植，不宜密植	食用	种子（果实）	窄
146	P150621035	鄂尔多斯市	达拉特旗	小黑豆	地方品种	当地	一年生	有性	5月中旬	9月上旬	优质，抗病，耐贫瘠		该品种为农家地方品种，种植不易过密，否则产量会受影响	食用、饲用、保健药用	种子（果实）	窄
147	P150621043	鄂尔多斯市	达拉特旗	长腰黄豆	地方品种	当地	一年生	有性	5月上旬	9月中旬	抗旱，耐贫瘠		产量低，适应性窄	食用	种子（果实）	窄

（续表）

序号	样品编号	盟（市）	旗（县、市、区）	种质名称	种质类型	种质来源	生长习性	繁殖习性	播种期	收获期	主要特性	其他特性	主要特性详细描述	种质用途	利用部位	种质分布
148	P150625018	鄂尔多斯市	杭锦旗	大豆	地方品种	当地	一年生	有性	5月下旬	10月上旬	抗旱，耐寒，耐贫瘠			食用、饲用	种子(果实)、茎、叶	窄
149	P150625026	鄂尔多斯市	杭锦旗	大豆	地方品种	当地	一年生	有性	5月下旬	10月上旬	优质，抗旱，耐寒，耐贫瘠			食用、饲用	种子(果实)、茎、叶	广
150	P150626005	鄂尔多斯市	乌审旗	碱黑豆	地方品种	当地	一年生	有性	5月上旬	9月上旬	耐盐碱，抗旱，耐贫瘠		蛋白质含量高，对满足人体蛋白质需要有重要意义	食用、饲用	种子(果实)、茎、叶	窄
151	P150626006	鄂尔多斯市	乌审旗	红豆	地方品种	当地	一年生	有性	5月上旬	9月上旬	抗旱，广适		种子供食用，煮粥、制豆沙均可	食用	种子（果实）	广
152	P150626007	鄂尔多斯市	乌审旗	黄豆	地方品种	当地	一年生	有性	5月上旬	9月上旬	抗旱，广适		用来做各种豆制品、榨取豆油、酿造酱油和提取蛋白质	食用	种子（果实）	广
153	P150626020	鄂尔多斯市	乌审旗	黄豆	地方品种	当地	一年生	有性	5月上旬	8月下旬	抗旱，广适		用来做各种豆制品、榨取豆油、酿造酱油和提取蛋白质	食用、加工原料	种子（果实）	广
154	P150626031	鄂尔多斯市	乌审旗	黑豆	地方品种	当地	一年生	有性	5月下旬	8月中旬	耐盐碱，抗旱，广适，耐贫瘠		蛋白质含量高，易于消化	食用、饲用	种子(果实)、根、茎、叶	广

（续表）

序号	样品编号	盟（市）	旗（县、市、区）	种质名称	种质类型	种质来源	生长习性	繁殖习性	播种期	收获期	主要特性	其他特性	主要特性详细描述	种质用途	利用部位	种质分布
155	P150623024	鄂尔多斯市	鄂托克前旗	黄豆	地方品种	当地	一年生	有性	4月中旬	9月下旬	抗旱，耐寒，耐贫瘠		每荚种子1～5粒，种子球形	食用、饲用	种子（果实）、根、茎、叶	窄
156	P150623027	鄂尔多斯市	鄂托克前旗	黑豆	地方品种	当地	一年生	有性	6月上旬	10月上旬	耐盐碱，抗旱，广适		种子黑色，花期7—8月，果期8—10月	食用、饲用	种子（果实）、茎、叶	广
157	P150622009	鄂尔多斯市	准格尔旗	黑眉豆	地方品种	当地	一年生	有性	5月中旬	10月上旬	高产，优质，抗旱，耐贫瘠			食用、加工原料	种子（果实）	窄
158	P150622012	鄂尔多斯市	准格尔旗	黄豆（肾形）	地方品种	当地	一年生	有性	5月中旬	9月下旬	高产，优质，抗旱，耐贫瘠			食用、饲用、保健药用、加工原料	种子（果实）	窄
159	P150622017	鄂尔多斯市	准格尔旗	绿大豆	地方品种	当地	一年生	有性	5月上旬	10月中旬	高产，优质，耐贫瘠			食用、饲用、保健药用、加工原料	种子（果实）	窄
160	P150622021	鄂尔多斯市	准格尔旗	酱豆	地方品种	当地	一年生	有性	5月中旬	10月上旬	高产，优质，耐贫瘠			食用、加工原料	种子（果实）	窄

（续表）

序号	样品编号	盟（市）	旗（县、市、区）	种质名称	种质类型	种质来源	生长习性	繁殖习性	播种期	收获期	主要特性	其他特性	主要特性详细描述	种质用途	利用部位	种质分布
161	P150622022	鄂尔多斯市	准格尔旗	黑豆（肾形）	地方品种	当地	一年生	有性	5月上旬	9月中旬	高产，优质，抗旱，耐贫瘠			食用、保健药用、加工原料	种子（果实）	窄
162	P150622038	鄂尔多斯市	准格尔旗	大黑豆	地方品种	当地	一年生	有性	5月下旬	9月中旬	优质，耐盐碱，抗旱，耐贫瘠			食用、饲用、保健药用、加工原料，其他	种子（果实）	广
163	P150802026	巴彦淖尔市	临河区	紫豆	地方品种	当地	一年生	有性	5月上旬	9月下旬	耐贫瘠		株高93cm。茎粗壮，直立。3小叶，叶柄长13cm；总状花序，荚果肥大，稍弯，下垂，种子5粒，种皮光滑紫色	食用、加工原料	种子（果实）	窄
164	P150802031	巴彦淖尔市	临河区	长黄豆	地方品种	当地	一年生	有性	5月上旬	9月中旬	优质，耐盐碱，耐贫瘠		株高85cm。茎粗壮，直立。3小叶，叶片较小；总状花序，荚果肥大，稍弯，下垂，种子5粒，种皮光滑黑色	食用、加工原料	种子（果实）	窄

（续表）

序号	样品编号	盟（市）	旗（县、市、区）	种质名称	种质类型	种质来源	生长习性	繁殖习性	播种期	收获期	主要特性	其他特性	主要特性详细描述	种质用途	利用部位	种质分布
165	P150802032	巴彦淖尔市	临河区	光明紫豆	地方品种	当地	一年生	有性	5月上旬	9月中旬	优质，耐贫瘠		株高102cm。茎粗壮，直立。3小叶，叶柄短；总状花序，荚果肥大，稍弯，下垂，种子3粒，种皮光滑紫色	食用、加工原料	种子（果实）	窄
166	P150802033	巴彦淖尔市	临河区	小黑豆	地方品种	当地	一年生	有性	5月上旬	9月中旬	优质，耐贫瘠		株高108cm。茎粗壮，直立。3小叶，叶片小；总状花序，荚果小，稍弯，下垂，种子3粒，种皮光滑黑色	食用、加工原料	种子（果实）	窄
167	P150802034	巴彦淖尔市	临河区	圆黄豆	地方品种	当地	一年生	有性	5月上旬	9月中旬	耐盐碱，耐贫瘠		株高115cm。茎粗壮，直立。3小叶，总状花序，荚果肥大，稍弯，下垂，种子3粒，种皮光滑黄色	食用、加工原料	种子（果实）	窄
168	P150802050	巴彦淖尔市	临河区	新乐黑豆	地方品种	当地	一年生	有性	5月上旬	9月中旬	优质，抗病，耐盐碱，耐贫瘠		株高95cm。茎粗壮，直立。3小叶，叶片小；总状花序，荚果小，稍弯，下垂，种子3粒，种皮光滑黑色	食用、加工原料	种子（果实）	窄

（续表）

序号	样品编号	盟（市）	旗（县、市、区）	种质名称	种质类型	种质来源	生长习性	繁殖习性	播种期	收获期	主要特性	其他特性	主要特性详细描述	种质用途	利用部位	种质分布
169	P150821011	巴彦淖尔市	五原县	黄滚豆	地方品种	当地	一年生	有性	5月上旬	9月上旬	高产，优质		叶片椭圆形，生长旺盛，颜色深绿	食用、饲用	种子（果实）	窄
170	P150821015	巴彦淖尔市	五原县	农家绿黄豆	地方品种	当地	一年生	有性	5月上旬	9月上旬	优质，耐盐碱，耐贫瘠		株高60～100cm，15～24个节，豆荚着生于节上，多节大豆常高产	食用、饲用、保健药用、加工原料	种子（果实）、茎、叶	广
171	P150821018	巴彦淖尔市	五原县	农家紫红豆	地方品种	当地	一年生	有性	5月上旬	9月上旬	耐盐碱，耐贫瘠		用途极广，具有重要的食用价值和药用价值	食用、饲用、保健药用	种子（果实）、茎、叶	窄
172	P150821021	巴彦淖尔市	五原县	农家黄豆	地方品种	当地	一年生	有性	5月上旬	9月中旬	优质，耐盐碱，抗旱，耐贫瘠		脂肪和蛋白质含量高，植株长势较旺，株蔓较长	食用、饲用、保健药用、加工原料	种子（果实）、茎、叶	窄
173	P150821032	巴彦淖尔市	五原县	黑油豆	地方品种	当地	一年生	有性	5月上旬	8月下旬	高产，优质			食用、饲用	种子（果实）	窄
174	P150822022	巴彦淖尔市	磴口县	磴口黄豆	地方品种	当地	一年生	有性	4月上旬	8月下旬	广适			食用、加工原料	种子（果实）	广

（续表）

序号	样品编号	盟（市）	旗（县、市、区）	种质名称	种质类型	种质来源	生长习性	繁殖习性	播种期	收获期	主要特性	其他特性	主要特性详细描述	种质用途	利用部位	种质分布
175	P150822023	巴彦淖尔市	磴口县	磴口黑豆	地方品种	当地	一年生	有性	4月中旬	9月上旬	耐盐碱，抗旱，耐贫瘠			食用、饲用、加工原料	种子（果实）	广
176	P150822024	巴彦淖尔市	磴口县	小红豆	地方品种	当地	一年生	有性	4月上旬	8月下旬	耐涝	喜温、喜光		食用	种子（果实）	广
177	P150822040	巴彦淖尔市	磴口县	野生黑豆	地方品种	当地	一年生	有性	4月上旬	9月上旬	耐盐碱，抗旱，耐贫瘠			食用、饲用	种子（果实）	窄
178	P150823001	巴彦淖尔市	乌拉特前旗	小黑豆	地方品种	当地	一年生	有性	5月上旬	8月下旬	抗旱，耐贫瘠		籽粒为黑色，茎直立或上部蔓性，含较丰富蛋白质、脂肪和碳水化合物	食用	种子（果实）	窄
179	P150823067	巴彦淖尔市	乌拉特前旗	明安黄豆	地方品种	当地	一年生	有性	4月下旬	8月下旬	抗旱，耐贫瘠		籽粒为黄色，茎直立或上部蔓性，含较丰富蛋白质、脂肪和碳水化合物	食用	种子（果实）	窄
180	P150824042	巴彦淖尔市	乌拉特中旗	宏丰大豆	地方品种	当地	一年生	有性	5月上旬	8月下旬	高产，优质，抗病，抗虫，抗旱，耐寒，耐贫瘠		可做豆浆、豆腐等食品	食用、饲用	种子（果实）、茎、叶	窄
181	P150824043	巴彦淖尔市	乌拉特中旗	德岭山黑豆	地方品种	当地	一年生	有性	5月上旬	8月下旬	高产，优质，抗病，抗虫，抗旱		籽粒为黑色，茎直立或上部蔓性，含较丰富蛋白质、脂肪和碳水化合物	食用、饲用	种子（果实）、茎、叶	窄

（续表）

序号	样品编号	盟（市）	旗（县、市、区）	种质名称	种质类型	种质来源	生长习性	繁殖习性	播种期	收获期	主要特性	其他特性	主要特性详细描述	种质用途	利用部位	种质分布
182	P150824045	巴彦淖尔市	乌拉特中旗	德岭山黄豆	地方品种	当地	一年生	有性	5月中旬	8月下旬	高产，优质，抗病，抗虫，抗旱，耐寒，耐贫瘠	口感好	茎粗壮，直立，密被褐色长硬毛，大豆营养丰富，可做豆浆、豆腐等食品	食用、饲用	种子（果实）、茎	窄
183	P150825048	巴彦淖尔市	乌拉特后旗	乌拉特后旗小紫豆	地方品种	当地	一年生	有性	6月中旬	8月下旬	广适			食用、保健药用，其他	种子（果实）	广
184	P150825070	巴彦淖尔市	乌拉特后旗	黄豆	地方品种	当地	一年生	无性	6月上旬	9月下旬	广适			食用、加工原料	种子（果实）	广
185	P150826024	巴彦淖尔市	杭锦后旗	三道桥黑大豆	地方品种	当地	一年生	有性	5月上旬	9月上旬	优质		株高约80cm，根部含根瘤菌极多，叶互生，三出复叶，椭圆形，蝶形花冠，小花白色，种子黑色，每荚2～3粒。该作物适应性强，中等地以上均可种植	食用、饲用、加工原料	种子（果实）	窄

（续表）

序号	样品编号	盟（市）	旗（县、市、区）	种质名称	种质类型	种质来源	生长习性	繁殖习性	播种期	收获期	主要特性	其他特性	主要特性详细描述	种质用途	利用部位	种质分布
186	P150826001	巴彦淖尔市	杭锦后旗	三道桥黑豆豆	地方品种	当地	一年生	有性	5月中旬	9月中旬	优质，耐贫瘠		生育期106d左右，品质好，营养高，耐瘠薄，株高70～90cm，主茎有分叉，一般分叉数7～12枝，种皮黑色有光泽，每荚2～3粒，籽粒呈肾形，百粒重20g，亩产量一般是120kg	食用、饲用、加工原料	种子（果实）、茎	窄
187	P150826009	巴彦淖尔市	杭锦后旗	三道桥绿豆豆	地方品种	当地	一年生	有性	5月上旬	9月上旬	优质，耐贫瘠		半直立，株高约80cm，有多条分枝，种子绿色，每荚2～3粒，适应性强，中等地以上均可种植	食用	种子（果实）	窄
188	P150826008	巴彦淖尔市	杭锦后旗	三道桥羊眼窝豆	地方品种	当地	一年生	有性	5月上旬	9月上旬	优质，耐贫瘠		株高约80cm，有多条分枝，根部含根瘤菌极多，每荚2～3粒，适应性强，中等地以上均可种植	食用	种子（果实）	窄

（续表）

序号	样品编号	盟（市）	旗（县、市、区）	种质名称	种质类型	种质来源	生长习性	繁殖习性	播种期	收获期	主要特性	其他特性	主要特性详细描述	种质用途	利用部位	种质分布
189	P150826003	巴彦淖尔市	杭锦后旗	三道桥紫红大豆	地方品种	当地	一年生	有性	5月上旬	9月上旬	优质，耐贫瘠		株高约100cm，有较多分枝，半直立，根部含根瘤菌极多，叶互生，三出复叶，椭圆形。蝶形花冠，种子紫红色、椭圆形，每荚2～3粒，适应性强，中等地以上均可种植	食用	种子（果实）	窄
190	P150303025	乌海市	海南区	巴农黑豆	地方品种	当地	一年生	有性	5月中旬	8月中旬	高产，优质，广适，耐贫瘠，耐热		粒大，产量高，耐高温	食用	种子（果实）	广
191	P150304021	乌海市	乌达区	乌达抗病小黑豆	地方品种	当地	一年生	有性	3月中旬	8月上旬	高产，优质，耐盐碱，耐贫瘠		矮性或蔓性，株高40～80cm，根部含根瘤菌极多，叶互生，三出复叶，小叶卵形或椭圆形，花腋生，蝶形花冠，小花白色或紫色，种子的种皮黑色，子叶绿色	食用、饲用、加工原料	种子（果实）	广
192	P150703024	呼伦贝尔市	扎赉诺尔区	农家早熟大豆	地方品种	当地	一年生	有性	5月下旬	9月中旬	优质，广适		苗期耐轻霜，生育期80d左右。农家自留早熟大豆种40多年。百粒重19g左右	食用、饲用	种子（果实）、茎、叶	广

（续表）

序号	样品编号	盟（市）	旗（县、市、区）	种质名称	种质类型	种质来源	生长习性	繁殖习性	播种期	收获期	主要特性	其他特性	主要特性详细描述	种质用途	利用部位	种质分布
193	P150703043	呼伦贝尔市	扎赉诺尔区	早熟农家密荚大豆	地方品种	当地	一年生	有性	5月下旬	9月中旬	优质，抗病，耐寒	抗大豆斑点病	生育期85d左右。株高75cm左右，圆叶，白花。主茎结荚为主，分枝较多，成熟时植株深褐色。茎秆粗壮，节间短、抗倒伏。有限结荚习性，抗炸荚。籽粒圆形，种皮黄色。千粒重205g	食用、饲用	种子（果实）、茎、叶	窄
194	P150703044	呼伦贝尔市	扎赉诺尔区	早熟农家圆叶黑大豆	地方品种	当地	一年生	有性	5月下旬	9月中旬	优质，抗病，耐寒	做豆腐、豆浆口感好，美味。抗大豆斑点病	生育期85d左右。株高85cm左右，圆叶，紫花。主茎结荚为主，分枝较多，成熟时植株深褐色。茎秆粗壮，节间短、抗倒伏。有限结荚习性，抗炸荚。籽粒圆形，种皮黑色，绿芯。千粒重210g	食用、饲用	种子（果实）、茎、叶	窄
195	P150721030	呼伦贝尔市	阿荣旗	黑皮绿豆	地方品种	当地	一年生	有性	5月上旬	9月下旬	优质，抗病	抗叶斑病、根腐病	生育期95d左右，株高75cm左右。株型收敛，亚有限结荚习性，紫花，尖叶。豆荚有棕色茸毛，籽粒圆形，种皮黑色，绿仁，不裂荚。千粒重180g	食用、饲用、加工原料	种子（果实）、茎、叶	窄

（续表）

序号	样品编号	盟（市）	旗（县、市、区）	种质名称	种质类型	种质来源	生长习性	繁殖习性	播种期	收获期	主要特性	其他特性	主要特性详细描述	种质用途	利用部位	种质分布
196	P150721040	呼伦贝尔市	阿荣旗	黑皮大豆	地方品种	当地	一年生	有性	5月上旬	10月上旬	优质，抗病，抗虫，耐寒		生育期95d。籽粒圆形，皮黑色，黄仁，百粒重200g。产量较低，做豆腐灰白色，榨豆浆黑色，有香味，口感好。抗大豆食心虫、霜霉病及大豆疫病	食用、饲用、加工原料	种子（果实）、茎、叶	窄
197	P150722006	呼伦贝尔市	莫力达瓦达斡尔族自治旗	农家芽豆	地方品种	当地	一年生	有性	5月上旬	9月下旬	高产，优质，抗病，广适		生育期105d左右，无限结荚习性，紫花，长叶，灰茸毛，百粒重9g左右。该品种适宜5月上旬播种，9月中下旬成熟。做豆芽专用，蛋白质含量46.5%，脂肪17.6%。中抗灰斑病	食用、饲用、加工原料	种子（果实）、茎、叶	广
198	P150722054	呼伦贝尔市	莫力达瓦达斡尔族自治旗	农家黄仁乌大豆	地方品种	当地	一年生	有性	5月上旬	10月上旬	优质，抗病，抗虫，耐寒	抗大豆食心虫、抗大豆霜霉病及抗大豆斑点病	生育期85d。株高70cm左右，长叶，紫花，开花早。主茎结荚为主，分枝少，成熟时植株深褐色。茎秆粗壮，节间短、抗倒伏。有限结荚习性，抗炸荚。籽粒圆形，种皮乌黑色，没有光泽，种仁黄色。千粒重220g	食用、饲用	种子（果实）、茎、叶	窄

（续表）

序号	样品编号	盟（市）	旗（县、市、区）	种质名称	种质类型	种质来源	生长习性	繁殖习性	播种期	收获期	主要特性	其他特性	主要特性详细描述	种质用途	利用部位	种质分布
199	P150725037	呼伦贝尔市	陈巴尔虎旗	农家大豆	地方品种	当地	一年生	有性	5月下旬	9月下旬	优质，抗病，耐寒	早熟，抗叶斑病	农家大豆，生育期85d左右。有限结荚习性，株高70cm左右，紫花，长叶，灰色茸毛，荚熟为褐色，籽粒圆形，种皮黄色，有光泽，脐色淡黄。千粒重260g	食用、饲用	种子（果实）、茎、叶	窄
200	P150725064	呼伦贝尔市	陈巴尔虎旗	早熟农家豆芽大豆	地方品种	当地	一年生	有性	5月下旬	9月中旬	优质，抗病，耐寒	制作黄豆芽专用，抗大豆斑点病	生育期85d左右。株高85cm左右，三出复叶，小叶狭叶，紫花。主茎结荚为主，分枝较少，成熟时植株深褐色。茎秆粗壮，节间短、抗倒伏。有限结荚习性，抗炸荚。籽粒圆形，种皮黄色。千粒重130g	食用、饲用	种子（果实）、茎、叶	窄
201	P150782042	呼伦贝尔市	牙克石市	早熟黄豆	地方品种	当地	一年生	有性	5月下旬	9月下旬	优质，抗病，耐寒	幼苗耐低温，早熟。抗根腐病、叶斑病	生育期85d左右，有限结荚习性。株高75cm左右，紫花，长叶，灰色茸毛，荚弯镰形。籽粒圆形，种皮黄色，种脐黄色，有光泽。千粒重170g左右	食用、饲用、加工原料	种子（果实）、茎、叶	窄

（续表）

序号	样品编号	盟（市）	旗（县、市、区）	种质名称	种质类型	种质来源	生长习性	繁殖习性	播种期	收获期	主要特性	其他特性	主要特性详细描述	种质用途	利用部位	种质分布
202	P150784028	呼伦贝尔市	额尔古纳市	早熟大豆	地方品种	外地	一年生	有性	5月下旬	9月中旬	优质，抗病，耐寒	早熟，耐低温	生育期85d，极早熟品种。茎秆直立，株高45cm左右，有限结荚习性。叶披针形，花紫色。籽粒椭圆形，黄紫色。千粒重245g	食用、饲用、加工原料	种子（果实）、茎、叶	窄
203	P150784066	呼伦贝尔市	额尔古纳市	极早熟农家阔叶黄豆	地方品种	当地	一年生	有性	5月下旬	9月中旬	优质，抗病，耐寒	抗大豆斑点病	生育期80d左右。株高85cm左右，三出复叶，小叶阔叶，紫花。主茎结荚为主，分枝较少，成熟时植株深褐色。茎秆粗壮，节间短、抗倒伏。有限结荚习性，抗炸荚。籽粒圆形，种皮黄色。千粒重220g	食用、饲用	种子（果实）、茎、叶	窄
204	P150702048	呼伦贝尔市	海拉尔区	农家极早熟大豆	地方品种	当地	一年生	有性	5月下旬	9月中旬	优质，抗病，抗虫，耐寒	抗大豆食心虫、抗大豆斑点病	生育期70d。株高65cm左右，圆叶，紫花，开花早。主茎结荚为主，分枝较少，成熟时植株深褐色。茎秆粗壮，节间短、抗倒伏。有限结荚习性，抗炸荚。籽粒圆形，种皮黄色。千粒重290g	食用、饲用	种子（果实）、茎、叶	窄

（续表）

序号	样品编号	盟（市）	旗（县、市、区）	种质名称	种质类型	种质来源	生长习性	繁殖习性	播种期	收获期	主要特性	其他特性	主要特性详细描述	种质用途	利用部位	种质分布
205	P150702049	呼伦贝尔市	海拉尔区	农家极早熟绿大豆	地方品种	当地	一年生	有性	5月下旬	9月下旬	优质，抗病，抗虫，耐寒	做豆浆，色好，口感好；抗大豆食心虫、抗大豆霜霉病及大豆斑点病	生育期80d。株高70cm左右，长叶，紫花。主茎结荚为主，分枝少，成熟时植株深褐色。茎秆粗壮，节间短、抗倒伏。有限结荚习性，抗炸荚。籽粒圆形，种皮绿色，豆仁绿色。千粒重270g	食用、饲用	种子（果实）、茎、叶	窄
206	P150702053	呼伦贝尔市	海拉尔区	极早熟豆芽黄豆	地方品种	当地	一年生	有性	5月下旬	9月中旬	优质，抗病，抗虫，耐寒	豆粒较小，发豆芽专用。抗大豆食心虫、抗大豆斑点病	生育期70d左右。株高65cm左右，圆叶，紫花。主茎结荚为主，分枝较少，成熟时植株深褐色。茎秆粗壮，节间短、抗倒伏。有限结荚习性，抗炸荚。籽粒圆形，种皮黄色。千粒重100g	食用、饲用	种子（果实）、茎、叶	窄
207	P150781027	呼伦贝尔市	满洲里市	内豆四号	选育品种	当地	一年生	有性	5月中旬	10月中旬	优质		短光照作物	食用	种子（果实）	广

（续表）

序号	样品编号	盟（市）	旗（县、市、区）	种质名称	种质类型	种质来源	生长习性	繁殖习性	播种期	收获期	主要特性	其他特性	主要特性详细描述	种质用途	利用部位	种质分布
208	P150723047	呼伦贝尔市	鄂伦春自治旗	黄粒野大豆1号	野生资源	当地	一年生	有性	5月中旬	9月中旬	优质，抗病，耐寒		生育期100d。株高90cm左右，狭叶，紫花。主茎结荚为主，分枝较少，成熟时植株深褐色。茎秆粗壮。有限结荚习性，抗炸荚。籽粒圆形，种皮黄色。千粒重164g	食用、饲用	种子（果实）、茎、叶	窄
209	P150723048	呼伦贝尔市	鄂伦春自治旗	黄粒野大豆2号	野生资源	当地	一年生	有性	5月中旬	9月中旬	优质，抗病，耐寒		生育期100d。株高85cm左右，狭叶，紫花。主茎结荚为主，分枝较少，成熟时植株深褐色。茎秆粗壮。有限结荚习性，抗炸荚。籽粒圆形，种皮黄色。千粒重154g	食用、饲用	种子（果实）、茎、叶	窄
210	P150723049	呼伦贝尔市	鄂伦春自治旗	褐粒野大豆	野生资源	当地	一年生	有性	5月中旬	9月中旬	优质，抗病，耐寒		生育期85d。株高85cm左右，狭叶，紫花。主茎以结荚为主，分枝较少，成熟时植株深褐色。茎秆粗壮。有限结荚习性，抗炸荚。籽粒圆形，种皮褐色。千粒重190g	食用、饲用	种子（果实）、茎、叶	窄

（续表）

序号	样品编号	盟（市）	旗（县、市、区）	种质名称	种质类型	种质来源	生长习性	繁殖习性	播种期	收获期	主要特性	其他特性	主要特性详细描述	种质用途	利用部位	种质分布
211	P150723050	呼伦贝尔市	鄂伦春自治旗	黄绿粒野大豆	野生资源	当地	一年生	有性	5月中旬	9月中旬	优质，抗病，耐寒	2020年采集直立野大豆，2021年种植并选变异株，2022年种植变异株。株高一般70cm，变异株85cm。籽粒黑色，变异为黄色	生育期100d。株高80cm左右，狭叶，紫花。主茎结荚为主，分枝较少，成熟时植株深褐色。茎秆粗壮。有限结荚习性，抗炸荚。籽粒圆形，种皮黄色、绿色或黄绿色。千粒重163g	食用、饲用	种子（果实）、茎、叶	窄
212	P150723063	呼伦贝尔市	鄂伦春自治旗	农家青仁黑皮大豆	地方品种	当地	一年生	有性	5月中旬	9月中旬	高产，优质，抗病，耐寒	基部豆荚较低，不适宜机械化收获。做豆腐、豆浆味美，口感好。抗大豆斑点病	生育期100d左右。株高80cm左右，阔狭叶，紫花。基部开始分枝，分枝较多，成熟时植株深褐色。茎秆粗壮，有限结荚习性，基部豆荚较低，距地面1cm左右，抗炸荚。籽粒圆形，种皮黑色，豆芯绿色，种脐黑色。千粒重170g	食用、饲用	种子（果实）、茎、叶	窄

（续表）

序号	样品编号	盟（市）	旗（县、市、区）	种质名称	种质类型	种质来源	生长习性	繁殖习性	播种期	收获期	主要特性	其他特性	主要特性详细描述	种质用途	利用部位	种质分布
213	P150724055	呼伦贝尔市	鄂温克族自治旗	极早熟农家扁粒黄豆	地方品种	当地	一年生	有性	5月下旬	8月下旬	优质，抗病，耐寒	抗大豆斑点病	生育期75d左右。株高65cm左右，圆叶，白花。主茎结荚为主，分枝较少，成熟时植株深褐色。茎秆粗壮。有限结荚习性，抗炸荚。籽粒椭圆形，稍扁，种皮黄色。千粒重200g	食用、饲用	种子（果实）、茎、叶	窄
214	P150726053	呼伦贝尔市	新巴尔虎左旗	极早熟农家小黄豆	地方品种	当地	一年生	有性	5月下旬	9月上旬	优质，抗病，耐寒	抗大豆斑点病	生育期80d。株高65cm左右，狭叶，紫花。主茎结荚为主，分枝较少，成熟时植株深褐色。茎秆粗壮，节间短、抗倒伏。有限结荚习性，抗炸荚。籽粒圆形，种皮黄色。千粒重165g	食用、饲用	种子（果实）、茎、叶	窄

（续表）

序号	样品编号	盟（市）	旗（县、市、区）	种质名称	种质类型	种质来源	生长习性	繁殖习性	播种期	收获期	主要特性	其他特性	主要特性详细描述	种质用途	利用部位	种质分布
215	P150726054	呼伦贝尔市	新巴尔虎左旗	早熟农家黑荚绿芯黑皮豆	地方品种	当地	一年生	有性	5月下旬	9月中旬	优质，抗病，耐寒	早熟，抗大豆斑点病	生育期80d左右。株高90cm左右，狭叶，紫花。主茎结荚为主，分枝较少，成熟时植株深褐色。茎秆粗壮，节间短、抗倒伏。有限结荚习性，豆荚黑色，抗炸荚。籽粒圆形，种皮黑色，豆芯绿色，种脐黑色。千粒重180g	食用、饲用	种子（果实）、茎、叶	窄
216	P150726055	呼伦贝尔市	新巴尔虎左旗	极早熟农家黑脐大豆	地方品种	当地	一年生	有性	5月中旬	9月中旬	优质，抗病，耐寒	抗大豆斑点病	生育期70d左右。株高65cm左右，狭叶，紫花。主茎结荚为主，分枝较少，成熟时植株深褐色。茎秆粗壮，节间短、抗倒伏。有限结荚习性，抗炸荚。籽粒圆形，种皮黄绿色，种脐黑色。千粒重160g	食用、饲用	种子（果实）、茎、叶	窄

（续表）

序号	样品编号	盟（市）	旗（县、市、区）	种质名称	种质类型	种质来源	生长习性	繁殖习性	播种期	收获期	主要特性	其他特性	主要特性详细描述	种质用途	利用部位	种质分布
217	P150726062	呼伦贝尔市	新巴尔虎左旗	极早熟农家四粒黄	地方品种	当地	一年生	有性	5月中旬	9月中旬	优质，抗病，耐寒	抗大豆斑点病	生育期80d左右。株高80cm左右，狭叶，紫花。主茎结荚为主，分枝较少，成熟时植株深褐色。茎秆粗壮，节间短、抗倒伏。有限结荚习性，抗炸荚，每荚以4粒大豆为主。籽粒圆形，种皮黄色，种脐黑色。千粒重160g	食用、饲用	种子（果实）、茎、叶	窄
218	P150727054	呼伦贝尔市	新巴尔虎右旗	早熟农家狭叶大豆	地方品种	当地	一年生	有性	5月中旬	9月中旬	优质，抗病，耐寒	抗大豆斑点病	生育期85d。株高75cm左右，狭叶，紫花。主茎结荚为主，分枝较少，成熟时植株深褐色。茎秆粗壮，节间短、抗倒伏。有限结荚习性，抗炸荚。籽粒圆形，种皮黄色。千粒重190g	食用、饲用	种子（果实）、茎、叶	窄

（续表）

序号	样品编号	盟（市）	旗（县、市、区）	种质名称	种质类型	种质来源	生长习性	繁殖习性	播种期	收获期	主要特性	其他特性	主要特性详细描述	种质用途	利用部位	种质分布
219	P150727055	呼伦贝尔市	新巴尔虎右旗	早熟农家小粒大豆	地方品种	当地	一年生	有性	5月下旬	9月中旬	优质，抗病，耐寒	抗大豆斑点病	生育期85d。株高70cm左右，狭叶，紫花。主茎结荚为主，分枝较少，成熟时植株深褐色。茎秆粗壮，节间短、抗倒伏。有限结荚习性，抗炸荚。籽粒圆形，种皮黄色。千粒重170g	食用、饲用	种子（果实）、茎、叶	窄
220	P150727056	呼伦贝尔市	新巴尔虎右旗	早熟农家芯里绿黑大豆	地方品种	当地	一年生	有性	5月下旬	9月中旬	优质，抗病，耐寒	做豆腐、豆浆，美味。抗大豆斑点病	生育期85d左右。株高85cm左右，狭叶，紫花。主茎结荚为主，分枝较少，成熟时植株深褐色。茎秆粗壮，抗倒伏。有限结荚习性，黄荚，抗炸荚。籽粒圆形，种皮黑色，绿芯。千粒重200g	食用、饲用	种子（果实）、茎、叶	窄

（续表）

序号	样品编号	盟（市）	旗(县、市、区)	种质名称	种质类型	种质来源	生长习性	繁殖习性	播种期	收获期	主要特性	其他特性	主要特性详细描述	种质用途	利用部位	种质分布
221	P150727062	呼伦贝尔市	新巴尔虎右旗	早熟农家绿芯绿皮豆	地方品种	当地	一年生	有性	5月中旬	9月中旬	优质，抗病，耐寒	做豆腐、豆浆口感好，抗大豆斑点病	生育期85d左右。株高80cm左右，阔狭叶，白花。主茎结荚为主，分枝较少，成熟时植株深褐色。有限结荚习性，黄荚，抗炸荚。籽粒圆形，种皮绿色，绿芯。千粒重260g	食用、饲用	种子(果实)、茎、叶	窄

2. 菜豆种质资源目录

菜豆（*Phaseolus vulgaris*）是豆科（Fabaceae）菜豆属（*Phaseolus*）一年生、缠绕或近直立草本植物。菜豆等豆类营养物质储存在种子胚的子叶中，所以，人们食用的主要部分是菜豆等豆类种子的子叶。共计收集到种质资源311份，分布在12个盟（市）的73个旗（县、市、区）（表2-4）。

表2-4 菜豆种质资源目录

序号	样品编号	盟（市）	旗(县、市、区)	种质名称	种质类型	种质来源	生长习性	繁殖习性	播种期	收获期	主要特性	其他特性	主要特性详细描述	种质用途	利用部位	种质分布
1	P150104004	呼和浩特市	玉泉区	五月鲜地豆	地方品种	当地	一年生	有性	5月上旬	9月中旬	高产，优质，耐盐碱		适口性好，结荚能力强，产量较高，抗盐碱能力强	食用	种子(果实)，其他	窄
2	P150104005	呼和浩特市	玉泉区	黄金钩	地方品种	当地	一年生	有性	5月中旬	8月下旬	高产，优质，其他	营养价值高	营养价值高，口感好，蛋白质含量高，氨基酸含量高，还含有多种矿物质元素	食用、加工原料	种子(果实)，其他	窄

（续表）

序号	样品编号	盟（市）	旗（县、市、区）	种质名称	种质类型	种质来源	生长习性	繁殖习性	播种期	收获期	主要特性	其他特性	主要特性详细描述	种质用途	利用部位	种质分布
3	P150104021	呼和浩特市	玉泉区	红架豆	地方品种	当地	一年生	有性	5月下旬	8月中旬	高产，优质，抗病，广适		茎被短柔毛或老时无毛。羽状复叶；托叶披针形，小叶片宽卵形或卵状菱形，侧生的偏斜，总状花序比叶短，有数朵生于花序顶部的花；小苞片卵形，有数条隆起的脉，花萼杯状；翼瓣倒卵形，花柱压扁。荚果带形，稍弯曲，种子肾形，红色，豆荚长20～30cm	食用	种子（果实）	广
4	P150104022	呼和浩特市	玉泉区	大粒红地豆	地方品种	当地	一年生	有性	5月下旬	8月中旬	高产，优质，抗病，广适			食用	种子（果实）	广
5	P150104037	呼和浩特市	玉泉区	小紫连豆	地方品种	当地	一年生	有性	5月下旬	9月上旬	高产，优质，抗病		总状花序比叶短，有数朵生于花序顶部的花；小苞片卵形，有数条隆起的脉，花萼杯状，翼瓣倒卵形，花柱压扁。荚果带形，稍弯曲，种子椭圆形，紫色，种脐白色	食用	种子（果实）	窄
6	P150121029	呼和浩特市	土默特左旗	小红芸豆	地方品种	当地	一年生	有性	6月上旬	8月上旬	优质，抗病，抗虫，耐盐碱，抗旱，广适，耐贫瘠		生育期短，开花早，抗旱，抗寒，耐盐碱	食用	种子（果实）	广

（续表）

序号	样品编号	盟（市）	旗（县、市、区）	种质名称	种质类型	种质来源	生长习性	繁殖习性	播种期	收获期	主要特性	其他特性	主要特性详细描述	种质用途	利用部位	种质分布
7	P150121056	呼和浩特市	土默特左旗	黄金架豆	地方品种	当地	一年生	有性	5月上旬	9月下旬	高产，优质，抗病，抗虫，耐盐碱，抗旱，广适，耐贫瘠		抗病、耐盐碱能力强，品质优，适应性广，可大田、大棚、门庭院落种植	食用	种子（果实）	广
8	P150122035	呼和浩特市	托克托县	小红芸豆	地方品种	当地	一年生	有性	4月下旬	8月中旬	优质，抗病，抗旱，耐贫瘠		地方品种，适应性好，抗旱能力强，耐贫瘠，主要用于农村制作豆馅，口感好	食用、加工原料	种子（果实）	广
9	P150123026	呼和浩特市	和林格尔县	黑架豆	地方品种	当地	一年生	有性	5月上旬	9月下旬	高产，优质，抗旱，耐贫瘠		豆蔓攀爬能力强，长势好，结荚能力强，豆荚长20cm，适口性好	食用	种子（果实）	窄
10	P150123027	呼和浩特市	和林格尔县	粉架豆	地方品种	当地	一年生	有性	5月上旬	9月下旬	优质，抗旱，耐贫瘠		豆荚宽大，口感好，产量高	食用、加工原料	种子（果实）	窄
11	P150123033	呼和浩特市	和林格尔县	圆奶花豆	地方品种	当地	一年生	有性	5月上旬	8月中旬	高产，优质，抗旱，耐寒，耐贫瘠		以食用籽粒为主，营养价值高。生育期95d左右，耐旱、耐瘠薄、半蔓型，既可以单作种植，也适宜间作套种。经济效益可观，国内市场行情看好，是农民实现高产、优质、高效的理想作物	食用、加工原料	种子（果实）、茎、叶	广
12	P150124039	呼和浩特市	清水河县	花菜豆	地方品种	当地	一年生	有性	5月上旬	9月下旬	高产，优质，抗病，抗旱，耐寒		口感好，产量高，耐瘠薄	食用	种子（果实）	窄

（续表）

序号	样品编号	盟（市）	旗(县、市、区)	种质名称	种质类型	种质来源	生长习性	繁殖习性	播种期	收获期	主要特性	其他特性	主要特性详细描述	种质用途	利用部位	种质分布
13	P150105036	呼和浩特市	赛罕区	老虎豆	地方品种	当地	一年生	有性	4月下旬	9月上旬	优质，耐盐碱，抗旱，耐寒，耐贫瘠		当地种植品种，耐瘠薄，耐旱，产量一般，适应性强，不挑地	食用、饲用、保健药用、加工原料	种子（果实）	窄
14	P150125056	呼和浩特市	武川县	小花芸豆	地方品种	当地	一年生	有性	5月中旬	9月上旬	高产，优质，抗病，抗旱		总状花序腋生，蝶形花，自花传粉，少数能异花传粉。每花序有花数朵，一般结2～6荚	食用	种子（果实）	窄
15	P150125060	呼和浩特市	武川县	大白芸豆	地方品种	当地	一年生	有性	5月中旬	9月上旬	高产，优质，抗病，抗旱		一年生豆科作物，喜温、短日照，生育期75～90d，需1 500℃左右的积温	食用	种子（果实）	窄
16	P150202032	包头市	东河区	东河地豆角	地方品种	当地	一年生	有性	5月下旬	9月上旬	优质，抗病，广适，耐寒		营养丰富，蛋白质含量高，既是蔬菜又是粮食。莱豆茎被短柔毛或老时无毛。小叶宽卵形或卵状菱形，侧生的偏斜，先端长渐尖，有细尖，基部圆形或宽楔形，全缘	食用	种子（果实）	广
17	P150205003	包头市	石拐区	地豆	地方品种	当地	一年生	有性	5月上旬	7月下旬	高产，优质，广适		叶色绿，叶柄色绿，主茎色绿，荚壁软，荚面质地平滑，有缝线，无种皮斑纹，斑纹色无	食用	种子（果实），其他	广
18	P150205032	包头市	石拐区	黄金夹	地方品种	当地	一年生	有性	5月上旬	9月下旬	优质，广适，耐贫瘠		叶色绿，叶柄色绿，主茎色绿，荚壁软，荚面质地平滑，有缝线，无种皮斑纹，斑纹色无	食用	种子（果实）	广

（续表）

序号	样品编号	盟（市）	旗（县、市、区）	种质名称	种质类型	种质来源	生长习性	繁殖习性	播种期	收获期	主要特性	其他特性	主要特性详细描述	种质用途	利用部位	种质分布
19	P150205033	包头市	石拐区	架豆王	地方品种	当地	一年生	有性	5月上旬	9月下旬	优质，广适，耐贫瘠		叶色绿，叶柄色绿，主茎色绿，荚壁软，荚面质地平滑，有缝线，无种皮斑纹，斑纹色无	食用	种子（果实）	广
20	P150205034	包头市	石拐区	白不老	地方品种	当地	一年生	有性	5月上旬	9月下旬	优质，广适，耐贫瘠		叶色绿，叶柄色绿，主茎色绿，荚壁软，荚面质地平滑，有缝线，无种皮斑纹，斑纹色无	食用	种子（果实）	广
21	P150205035	包头市	石拐区	花皮豆	地方品种	当地	一年生	有性	5月上旬	9月下旬	优质，广适，耐贫瘠		叶色绿，叶柄色绿，主茎色绿，荚壁软，荚面质地平滑，有缝线，无种皮斑纹，斑纹色无	食用	种子（果实）	广
22	P150205036	包头市	石拐区	白棒豆	地方品种	当地	一年生	有性	5月上旬	9月下旬	优质，广适，耐贫瘠		叶色绿，叶柄色绿，主茎色绿，荚壁软，荚面质地平滑，有缝线，无种皮斑纹，斑纹色无	食用	种子（果实）	广
23	P150205037	包头市	石拐区	红金勾	地方品种	当地	一年生	有性	5月上旬	9月下旬	优质，广适，耐贫瘠		叶色绿，叶柄色绿，主茎色绿，荚壁软，荚面质地平滑，有缝线，无种皮斑纹，斑纹色无	食用	种子（果实）	广
24	P150205039	包头市	石拐区	白地豆	地方品种	当地	一年生	有性	5月上旬	9月下旬	优质，广适，耐贫瘠		蔓生菜豆类型，生长势强，株高3m以上，基部茎粗0.8cm，叶片为复叶，小叶为阔卵圆形，花白色，嫩荚为嫩绿色，长25～30cm，横切面近圆形，直径1cm左右，单荚重12～14g，嫩荚粗壮、脆嫩、纤维少，口味清甜，每荚籽粒5～7粒	食用	种子（果实）	广

（续表）

序号	样品编号	盟（市）	旗（县、市、区）	种质名称	种质类型	种质来源	生长习性	繁殖习性	播种期	收获期	主要特性	其他特性	主要特性详细描述	种质用途	利用部位	种质分布
25	P150206002	包头市	白云区	白云架豆	地方品种	当地	一年生	有性	5月上旬	7月下旬	优质，广适		蔓生菜豆类型，生长势强，株高3m以上，基部茎粗0.8cm，叶片为复叶，小叶为阔卵圆形，花白色，嫩荚为嫩绿色，长25～30cm，横切面近圆形，直径1cm左右，单荚重12～14g，嫩荚粗壮、脆嫩、纤维少，口味清甜，每荚籽粒5～7粒	食用	种子（果实）	广
26	P150206005	包头市	白云区	白云豆角	地方品种	当地	一年生	有性	5月中旬	7月下旬	高产，优质，广适		植株生长势强，分枝多而强，株高3～4m。叶大而密，耐热抗病，适越夏栽培。荚扁宽肥厚，质嫩，稍迟收1～2d也不影响品质，晚熟丰产。上部结荚多，中下部荚少	食用	种子（果实）	广
27	P150206020	包头市	白云区	白云七寸莲	地方品种	当地	一年生	有性	5月下旬	8月上旬	优质，抗病，广适		架豆，中早熟。商品荚绿色，荚圆形略扁，长25cm左右。有筋和纤维，豆荚口感好，味道浓	食用	种子（果实）	广
28	P150206028	包头市	白云区	白云地豆	地方品种	当地	一年生	有性	5月中旬	8月下旬	优质，抗病，广适		羽状复叶具3小叶，托叶披针形。小叶宽卵形或卵状菱形，侧生的偏斜，先端长渐尖，有细尖，基部圆形或宽楔形，全缘，被短柔毛。总状花序比叶短，有数朵生于花序顶部的花；小苞片卵形，有数条隆起的脉，宿存；花萼杯状，上方的2枚裂片连合成一微凹的裂片	食用	种子（果实）	广

（续表）

序号	样品编号	盟（市）	旗（县、市、区）	种质名称	种质类型	种质来源	生长习性	繁殖习性	播种期	收获期	主要特性	其他特性	主要特性详细描述	种质用途	利用部位	种质分布
29	P150206029	包头市	白云区	白云扁豆	地方品种	当地	一年生	有性	5月中旬	8月下旬	优质，抗病，广适		全株几乎无毛，茎长可达6m，淡紫色；羽状复叶，叶片披针形。总状花序直立，花序轴粗壮，小苞片近圆形；花萼钟状，花冠白色或紫色；旗瓣圆形，翼瓣宽倒卵形；子房线形，无毛，花柱比子房长。荚果长圆状镰形，扁平；种子扁平，长椭圆形	食用	种子（果实）	广
30	P150206035	包头市	白云区	黑地豆	地方品种	当地	一年生	有性	5月上旬	8月中旬	优质，抗病，广适		蔓生菜豆类型，生长势强，株高在3m以上，基部茎粗0.8cm，叶片为复叶，小叶为阔卵圆形，花白色，嫩荚为嫩绿色，长25～30cm，横切面近圆形，直径1cm左右，单荚重12～14g，嫩荚粗壮、脆嫩、纤维少，口味清甜，每荚籽粒5～7粒	食用	种子（果实）	广
31	P150206036	包头市	白云区	长豇豆	地方品种	当地	一年生	有性	5月上旬	8月中旬	优质，抗病，广适		蔓生菜豆类型，生长势强，株高在3m以上，基部茎粗0.8cm，叶片为复叶，小叶为阔卵圆形，花白色，嫩荚为嫩绿色，长25～30cm，横切面近圆形，直径1cm左右，单荚重12～14g，嫩荚粗壮、脆嫩、纤维少，口味清甜，每荚籽粒5～7粒	食用	种子（果实）	广

（续表）

序号	样品编号	盟（市）	旗（县、市、区）	种质名称	种质类型	种质来源	生长习性	繁殖习性	播种期	收获期	主要特性	其他特性	主要特性详细描述	种质用途	利用部位	种质分布
32	P150206037	包头市	白云区	早熟紫架豆	地方品种	当地	一年生	有性	5月上旬	8月中旬	优质，抗病，广适		蔓生莱豆类型，生长势强，株高在3m以上，基部茎粗0.8cm，叶片为复叶，小叶为阔卵圆形，花白色，嫩荚为嫩绿色，长25～30cm，横切面近圆形，直径1cm左右，单荚重12～14g，嫩荚粗壮、脆嫩、纤维少，口味清甜，每荚籽粒5～7粒	食用	种子（果实）	广
33	P150207007	包头市	九原区	哈林格尔架豆角	地方品种	当地	一年生	有性	5月中旬	7月下旬	高产，抗病，广适		嫩豆荚肉质肥厚，炒食脆嫩，也可烫后凉拌或腌泡。豆荚长且像管状，质脆而身软	食用	种子（果实）	广
34	P150207032	包头市	九原区	红豇豆	地方品种	当地	一年生	有性	5月中旬	9月中旬	抗病		羽状复叶具3小叶，托叶披针形，有线纹。总状花序腋生，具长梗，荚果下垂，直立或斜展，线形	食用	种子（果实）	窄
35	P150207033	包头市	九原区	黑豇豆	地方品种	当地	一年生	有性	5月中旬	9月中旬	抗病		羽状复叶具3小叶，托叶披针形，着生处下延成一短距，有线纹。总状花序腋生，具长梗，荚果下垂，直立或斜展，线形	食用	种子（果实）	窄
36	P150207034	包头市	九原区	白地豆	地方品种	当地	一年生	有性	5月中旬	9月中旬	抗病		羽状复叶具3小叶，托叶披针形，着生处下延成一短距，有线纹。总状花序腋生，具长梗，荚果下垂，直立或斜展，线形	食用	种子（果实）	窄
37	P150221012	包头市	土默特右旗	白庙黑地豆	地方品种	当地	一年生	有性	5月中旬	9月下旬	高产，优质	中熟		食用	种子（果实）	窄

（续表）

序号	样品编号	盟（市）	旗（县、市、区）	种质名称	种质类型	种质来源	生长习性	繁殖习性	播种期	收获期	主要特性	其他特性	主要特性详细描述	种质用途	利用部位	种质分布
38	P150221030	包头市	土默特右旗	土右绿菜豆	地方品种	当地	一年生	有性	5月中旬	9月上旬	抗病，抗旱，耐贫瘠		小叶宽卵形或卵状菱形，喜温暖，不耐霜冻	食用	种子（果实）	广
39	P150221046	包头市	土默特右旗	彩色架豆	地方品种	当地	一年生	有性	5月中旬	9月上旬	抗病，抗旱，耐贫瘠		小叶宽卵形或卵状菱形，喜温暖，不耐霜冻	食用	种子（果实）	广
40	P150223025	包头市	达尔罕茂明安联合旗	达茂地豆	地方品种	当地	一年生	有性	5月中旬	9月中旬	优质，抗病，耐盐碱，广适		其营养丰富，蛋白质含量高，既是蔬菜又是粮食	食用	种子（果实）	广
41	P150223036	包头市	达尔罕茂明安联合旗	达茂黑架王	地方品种	当地	一年生	有性	5月中旬	9月中旬	优质，抗病，耐盐碱，广适		茎被短柔毛。小叶宽卵形或卵状菱形	食用	种子（果实）	广
42	P152201005	兴安盟	乌兰浩特市	绿几豆	地方品种	当地	一年生	有性	5月下旬	9月上旬	优质，抗病，抗虫，耐盐碱，抗旱，耐寒，耐贫瘠，耐热		肉厚口感好、质细腻、无筋、耐热、早熟、产量高	食用、加工原料	种子（果实）	窄
43	P152201011	兴安盟	乌兰浩特市	黄腰饭豆	地方品种	当地	一年生	有性	6月中旬	10月上旬	优质，抗病，抗虫，耐盐碱，抗旱，耐寒，耐贫瘠，耐热		籽粒与大米同煮做饭或单煮制豆馅，幼苗和嫩荚可作蔬菜，茎和叶、籽粒均为优良饲料，也可作绿肥，用途广	食用、饲用、保健药用、加工原料	种子（果实）、茎、叶	窄

（续表）

序号	样品编号	盟（市）	旗（县、市、区）	种质名称	种质类型	种质来源	生长习性	繁殖习性	播种期	收获期	主要特性	其他特性	主要特性详细描述	种质用途	利用部位	种质分布
44	P152201012	兴安盟	乌兰浩特市	奶花芸豆	地方品种	当地	一年生	有性	6月中旬	9月上旬	优质，抗病，抗虫，耐盐碱，抗旱，耐寒，耐贫瘠，耐热		种子果实形如动物的肾脏，颜色为白色与褐红色相间，果实营养丰富可食用，味甘平、性温，有温中下气，利肠胃、止逆、益肾补元气的功效	食用、饲用、保健药用、加工原料	种子（果实）	窄
45	P152201013	兴安盟	乌兰浩特市	精米豆	地方品种	当地	一年生	有性	6月上旬	9月上旬	优质，抗病，抗虫，耐盐碱，抗旱，耐寒，耐贫瘠，耐热		营养价值高，油中含61.3%～68.0%的谷甾，是一种古老的民间药材，有利水、除湿、消肿解毒的功能	食用、饲用、保健药用、加工原料	种子（果实）	窄
46	P152201023	兴安盟	乌兰浩特市	民合兔眼豆	地方品种	当地	一年生	有性	5月上旬	8月中旬	优质，抗病，抗虫，抗旱，耐涝，耐贫瘠		最佳蔬菜之一，果实黄色，成熟籽粒一半白、一半黑。口感非常好，市场销价高，含多种微量元素，营养价值高	食用、保健药用、加工原料	种子（果实）	窄
47	P152201024	兴安盟	乌兰浩特市	白八月绿	地方品种	当地	一年生	有性	5月上旬	8月中旬	高产，优质，抗病，抗虫，抗旱，耐涝，耐贫瘠，耐热		主要作蔬菜，口感好，颜色嫩绿，营养价值高。根粗苗壮、省事好管、高产，坐果率高，采收期长，易储运	食用、加工原料	种子（果实）	窄
48	P152201025	兴安盟	乌兰浩特市	九粒白	地方品种	当地	一年生	有性	5月中旬	7月上旬	高产，优质，抗病，抗虫，耐盐碱，抗旱，广适，耐寒，耐热		早熟、丰产品种，从出苗到始收55d左右，蔓生，商品嫩荚浅绿色，圆形，肉厚，口感好，采收期集中，商品性好，味道鲜美，是倍受市场欢迎的首选品种	食用、保健药用、加工原料	种子（果实）	广

（续表）

序号	样品编号	盟（市）	旗（县、市、区）	种质名称	种质类型	种质来源	生长习性	繁殖习性	播种期	收获期	主要特性	其他特性	主要特性详细描述	种质用途	利用部位	种质分布
49	P152201026	兴安盟	乌兰浩特市	黄金钩	地方品种	当地	一年生	有性	5月中旬	7月下旬	优质，抗病，抗虫，抗旱，耐寒，耐贫瘠，耐热		荚果鲜黄抢眼，口感非常好、味美，细腻而柔和，营养价值高。富含有利于人体的18种氨基酸成分，蛋白质含量特别高，还含有铁、钙和膳食纤维等营养素，市场价格昂贵	食用、保健药用	种子（果实）	窄
50	P152201027	兴安盟	乌兰浩特市	地油豆	地方品种	当地	一年生	有性	5月上旬	7月下旬	高产，优质，抗病，抗虫，抗旱，耐寒，耐贫瘠，耐热		东北地区特产的蔬菜，豆荚非常大，肉质厚实，产量非常高，做菜口感好	食用、保健药用	种子（果实）	窄
51	P152201032	兴安盟	乌兰浩特市	挂满架	地方品种	当地	一年生	有性	5月上旬	7月中旬	高产，优质，抗病，抗虫，抗旱，广适，耐寒，耐贫瘠			食用、加工原料	种子（果实）	广
52	P152201033	兴安盟	乌兰浩特市	将军一点红	地方品种	当地	一年生	有性	5月上旬	7月中旬	高产，优质，抗病，抗虫，抗旱，广适，耐寒，耐贫瘠，耐热		中早熟，蔓生，生长旺盛，分枝性强，青绿色，有光泽，成熟后有红纹，无纤维，耐老化，肉质厚有清香，口感好味佳，品质好。耐储运，每荚有籽5～7粒，嫩荚绿色，荚尖紫红，嫩荚整齐，商品性好。在早春、晚秋、冬季棚室均可种植	食用、加工原料	种子（果实）	广

（续表）

序号	样品编号	盟（市）	旗（县、市、区）	种质名称	种质类型	种质来源	生长习性	繁殖习性	播种期	收获期	主要特性	其他特性	主要特性详细描述	种质用途	利用部位	种质分布
53	P152201037	兴安盟	乌兰浩特市	石磨豆	地方品种	当地	一年生	有性	6月上旬	9月上旬	优质，抗病，抗虫，抗旱，耐寒，耐贫瘠，耐热		又叫米豆，呈椭圆形，品质优，口感好，也是做豆沙或做糕点的较好原料，富含营养元素	食用、加工原料	种子（果实）	窄
54	P152202009	兴安盟	阿尔山市	豆角	地方品种	当地	一年生	有性	6月中旬	9月上旬	高产，耐寒		一种长豆角，阿尔山年均气温在0℃以下，表现出了一定的耐寒性，其种子是农户多年自留种，口感较好，产量也较高	食用	种子（果实）	窄
55	P152202018	兴安盟	阿尔山市	明水豆角1号	地方品种	当地	一年生	有性	5月下旬	9月下旬	抗病，耐寒		当地农户多年自留种	食用	种子（果实）	窄
56	P152202019	兴安盟	阿尔山市	明水豆角2号	地方品种	当地	一年生	有性	5月下旬	9月下旬	抗虫，耐贫瘠		当地农户多年自留种	食用	种子（果实）	窄
57	P152202020	兴安盟	阿尔山市	明水豆角3号	地方品种	当地	一年生	有性	5月下旬	9月下旬	优质，耐寒		当地农户多年自留种，产量较高，口感香醇	食用	种子（果实）	窄
58	P152202021	兴安盟	阿尔山市	明水豆角4号	地方品种	当地	一年生	有性	5月下旬	9月下旬	耐寒		当地农户多年自留种，生命力强	食用	种子（果实）	窄
59	P152202022	兴安盟	阿尔山市	明水豆角5号	地方品种	当地	一年生	有性	5月下旬	9月下旬	高产，耐寒		当地农户多年自留种	食用	种子（果实）	窄
60	P152202025	兴安盟	阿尔山市	天池豆角1号	地方品种	当地	一年生	有性	5月下旬	9月中旬	耐寒，耐贫瘠		当地农户多年自留种	食用	种子（果实）	窄
61	P152202026	兴安盟	阿尔山市	天池豆角2号	地方品种	当地	一年生	有性	5月下旬	9月中旬	高产，耐寒		当地农户多年自留种	食用	种子（果实）	窄

（续表）

序号	样品编号	盟（市）	旗（县、市、区）	种质名称	种质类型	种质来源	生长习性	繁殖习性	播种期	收获期	主要特性	其他特性	主要特性详细描述	种质用途	利用部位	种质分布
62	P152202027	兴安盟	阿尔山市	天池豆角3号	地方品种	当地	一年生	有性	5月下旬	9月中旬	抗病，耐寒		当地农户多年自留种	食用	种子（果实）	窄
63	P152202028	兴安盟	阿尔山市	天池豆角4号	地方品种	当地	一年生	有性	5月下旬	9月中旬	优质，耐寒		当地农户多年自留种，当地人称为“面豆角”，品质优良，口感绵软	食用	种子（果实）	窄
64	P152202029	兴安盟	阿尔山市	天池豆角5号	地方品种	当地	一年生	有性	5月下旬	9月中旬	抗病，抗虫，抗旱，耐寒		当地农户多年自留种，抗虫抗病，抗旱耐寒，对当地寒冷气候表现出了良好的适应性	食用	种子（果实）	窄
65	P152221004	兴安盟	科尔沁右翼前旗	红花芸豆	地方品种	当地	一年生	有性	5月上旬	8月中旬	高产，优质		作为本地饭豆的一种，产量高，口感好，味道香甜可口	食用	种子（果实）	窄
66	P152221023	兴安盟	科尔沁右翼前旗	奶花芸豆	地方品种	当地	一年生	有性	5月下旬	9月中旬	高产，优质，抗病，抗虫		农家品种，产量较高，而且农家品种基本不施用农药，抗病、抗虫性较好，糖和蛋白质含量较高，口感和味道俱佳	食用	种子（果实）	窄
67	P152221026	兴安盟	科尔沁右翼前旗	索伦油豆	地方品种	当地	一年生	有性	4月下旬	8月中旬	高产，优质		粗脂肪、蛋白质、膳食纤维含量较高，口感软糯，豆粒大且饱满，皮嫩易熟，7月中旬开始结荚供采摘，到10月中旬都可采摘，产量较高。而且栽培历史悠久，是当地的传统菜食	食用	种子（果实）	窄

（续表）

序号	样品编号	盟（市）	旗(县、市、区)	种质名称	种质类型	种质来源	生长习性	繁殖习性	播种期	收获期	主要特性	其他特性	主要特性详细描述	种质用途	利用部位	种质分布
68	P152221027	兴安盟	科尔沁右翼前旗	索伦看豆	地方品种	当地	一年生	有性	4月下旬	7月上旬	高产，优质		豆粒大且饱满，肉质肥厚鲜嫩，7月开始采摘，直到10月上旬，产量高，口感佳，味道好，口感软糯，是当地种植历史悠久的菜豆品种	食用	种子（果实）	窄
69	P152221028	兴安盟	科尔沁右翼前旗	索伦面豆	地方品种	当地	一年生	有性	5月上旬	8月上旬	优质，抗病，抗虫		大白芸豆的一种，淀粉和蛋白质含量高，口感软糯可口。农家栽培方式一般不施用化肥、农药，抗病、抗虫性较好。在索伦当地具有悠久的栽培历史	食用	种子（果实）	窄
70	P152222024	兴安盟	科尔沁右翼中旗	红芸豆	地方品种	当地	一年生	有性	5月下旬	9月下旬	优质		籽粒红色，品质好	食用	种子（果实）	窄
71	P152222056	兴安盟	科尔沁右翼中旗	白芸豆	地方品种	当地	一年生	有性	6月上旬	9月下旬	优质			食用	种子（果实）	窄
72	P152222061	兴安盟	科尔沁右翼中旗	菜豆	地方品种	当地	一年生	有性	6月上旬	9月下旬	优质			食用	种子（果实）	窄
73	P152223015	兴安盟	扎赉特旗	白沙克芸豆	地方品种	当地	一年生	有性	5月上旬	9月下旬	优质，耐寒		亩产200kg，籽粒饱满呈白色椭圆形。耐寒，优质，开春播种一直长到上冻，适应性强。多做豆馅、猪蹄汤，营养丰富，香甜可口	食用	种子（果实）	窄

（续表）

序号	样品编号	盟（市）	旗(县、市、区)	种质名称	种质类型	种质来源	生长习性	繁殖习性	播种期	收获期	主要特性	其他特性	主要特性详细描述	种质用途	利用部位	种质分布
74	P152223034	兴安盟	扎赉特旗	花腰豆	地方品种	当地	一年生	有性	5月下旬	7月下旬	优质，耐热		形状犹如一个缩小版的肾脏，且全身布满红色的花纹，生长期短，60d可成熟。需熟食，生食有小毒，可用花腰豆煮粥、煮菜食用，营养丰富	食用、保健药用	种子（果实）	窄
75	P152224020	兴安盟	突泉县	看豆	地方品种	当地	一年生	有性	5月中旬	8月下旬	高产，优质，抗旱，其他	我国东北、华北至西南均有栽培。其豆较大而味美	常栽培供观赏，但在中美洲其嫩荚、种子或块根亦供食用	食用，其他	种子(果实)、花	窄
76	P152224029	兴安盟	突泉县	黄金钩豆角	地方品种	当地	一年生	有性	5月中旬	9月中旬	优质，耐贫瘠，其他	嫩荚或种子可作鲜菜，也可加工制成罐头、腌渍、冷冻与干制	外表金黄，口感好，细腻而柔和，营养价值高，富含有利于人体的18种氨基酸成分，蛋白质含量特别出众，是白菜、辣椒、番茄等蔬菜的2～4倍，而且还含有铁、钙和膳食纤维等营养元素	食用	种子(果实)，其他	窄
77	P150581022	通辽市	霍林郭勒市	大白豆角	地方品种	当地	一年生	有性	5月中旬	8月上旬	高产，优质，抗旱，耐寒，抗病		食用口感好	食用	种子（果实）	窄
78	P150581025	通辽市	霍林郭勒市	鹰眼饭豆	地方品种	当地	一年生	有性	5月下旬	9月下旬	高产，优质，抗旱，耐寒		农家多年种植，自留品种，豆粒灰白底黑色条纹，似老鹰眼睛	食用	种子（果实）	窄

（续表）

序号	样品编号	盟（市）	旗（县、市、区）	种质名称	种质类型	种质来源	生长习性	繁殖习性	播种期	收获期	主要特性	其他特性	主要特性详细描述	种质用途	利用部位	种质分布
79	P150581026	通辽市	霍林郭勒市	家雀蛋	地方品种	当地	一年生	有性	5月下旬	9月下旬	高产，优质，抗旱，耐寒		农家多年种植，自留品种，豆粒灰白底紫色斑点纹，籽粒较大，似麻雀蛋	食用	种子（果实）	窄
80	P150581041	通辽市	霍林郭勒市	青油豆角	地方品种	当地	一年生	有性	5月下旬	9月下旬	高产，优质，抗旱，耐寒		农家多年种植，自留品种，豆荚宽厚绿色，籽粒灰白底黑色条纹	食用	种子（果实）	窄
81	P150523042	通辽市	开鲁县	一挂鞭豆角	地方品种	当地	一年生	有性	5月上旬	7月中旬	优质，抗病，抗旱，耐寒，其他		多年种植留种选育出的优良品质农家种。产量高、豆粒淀粉含量高，食用口感好	食用	种子（果实）	窄
82	P150523052	通辽市	开鲁县	长白豆角	地方品种	当地	一年生	有性	5月上旬	8月上旬	高产，优质，抗病，抗旱，其他	食用，口感好	多年留种选育而成的品质优良农家种，豆荚较长，白色，豆粒成熟后煮食口感好	食用	种子（果实）	窄
83	P150502033	通辽市	科尔沁区	长肾豆角	地方品种	当地	一年生	有性	4月中旬	6月上旬	高产，优质，抗病，抗旱	籽粒黑色	食用口感好	食用	种子（果实）	窄
84	P150502034	通辽市	科尔沁区	短肾豆角	地方品种	当地	一年生	有性	4月中旬	6月上旬	高产，优质，抗病，抗旱	籽粒黑色。豆角较短，肾形	食用口感好	食用	种子（果实）	窄
85	P150502104	通辽市	科尔沁区	大宝白豆角	地方品种	当地	一年生	有性	5月上旬	7月下旬	高产，优质，抗旱，耐寒		经过多年留种选育而成的农家种，食用口感好	食用	种子（果实）	窄

（续表）

序号	样品编号	盟（市）	旗（县、市、区）	种质名称	种质类型	种质来源	生长习性	繁殖习性	播种期	收获期	主要特性	其他特性	主要特性详细描述	种质用途	利用部位	种质分布
86	P150522001	通辽市	科尔沁左翼后旗	恰克图紫豆角	地方品种	当地	一年生	有性	5月上旬	7月上旬	优质，其他		多年种植留种选育出的农家种。品质优，食用口感好。因外皮紫色而得名，鲜嫩的豆荚可供食用，质地脆而软，口感特别好	食用	种子（果实）	窄
87	P150521009	通辽市	科尔沁左翼中旗	白豆角	地方品种	当地	一年生	有性	5月中旬	7月上旬	高产，优质，抗旱		多年留种选育而成的品质优良农家种，食用口感好	食用	种子（果实），其他	窄
88	P150521010	通辽市	科尔沁左翼中旗	紫花豆角	地方品种	当地	一年生	有性	6月中旬	8月上旬	高产，优质，抗旱		多年留种选育而成的品质优良农家种。紫花，食用口感好	食用	种子（果实）	窄
89	P150521013	通辽市	科尔沁左翼中旗	大紫花豆角	地方品种	当地	一年生	有性	4月中旬	6月上旬	高产，优质，抗病，抗旱		多年留种选育而成的品质优良农家种。籽粒灰底黑条纹，豆荚黑绿花纹，荚宽	食用	种子（果实）	窄
90	P150521023	通辽市	科尔沁左翼中旗	油豆角	地方品种	当地	一年生	有性	4月中旬	6月上旬	高产，优质，抗病，抗旱		多年留种选育而成的品质优良农家种。嫩荚绿色，成熟豆粒易煮熟，食用口感好	食用	种子（果实）	窄
91	P150524025	通辽市	库伦旗	花豆角	地方品种	当地	一年生	有性	4月下旬	7月上旬	高产，优质，抗旱		嫩豆荚肉质肥厚、豆条粗细均匀、产量高、口味香	食用	种子（果实）	窄
92	P150524035	通辽市	库伦旗	本地豆角	地方品种	当地	一年生	有性	4月中旬	7月上旬	优质，抗旱，耐贫瘠		豆条粗细均匀、豆荚长且像管状，质脆而身软	食用	种子（果实）	窄
93	P150525017	通辽市	奈曼旗	秋不老豆角	地方品种	当地	一年生	有性	5月上旬	8月中旬	高产，优质，抗虫		多年留种育成的品质优良农家种。豆条粗细均匀、色泽鲜艳、透明有光泽、籽粒饱满	食用	种子（果实）	窄

（续表）

序号	样品编号	盟（市）	旗（县、市、区）	种质名称	种质类型	种质来源	生长习性	繁殖习性	播种期	收获期	主要特性	其他特性	主要特性详细描述	种质用途	利用部位	种质分布
94	P150525062	通辽市	奈曼旗	黑豆角	地方品种	当地	一年生	有性	5月下旬	9月中旬	优质，抗病，耐盐碱，抗旱，耐贫瘠		农家多年种植的老品种。豆荚较长，食用口感好。豆荚黑紫色	食用、加工原料	种子（果实）	窄
95	P150525065	通辽市	奈曼旗	面豆角	地方品种	当地	一年生	有性	5月下旬	9月中旬	优质，抗病，耐盐碱，抗旱，耐贫瘠		农家多年种植老品种。产量高、豆粒煮熟后起沙，食用口感好	食用、加工原料	种子（果实）	窄
96	P150526006	通辽市	扎鲁特旗	哲北面豆角	地方品种	当地	一年生	有性	5月中旬	7月中旬	高产，优质，抗病，抗旱		多年留种选育而成的品质优良农家种，豆粒成熟后煮食口感好	食用	种子（果实）	窄
97	P150526009	通辽市	扎鲁特旗	大绿豆角	地方品种	当地	一年生	有性	5月中旬	7月中旬	高产，优质，抗旱		多年留种选育而成的品质优良农家种。豆荚绿色，好吃	食用	种子（果实）	窄
98	P150526022	通辽市	扎鲁特旗	平安面豆角	地方品种	当地	一年生	有性	5月中旬	9月下旬	高产，优质，抗病，抗虫，抗旱		多年留种选育而成的品质优良农家种。品质好，豆粒起沙，食用口感好。籽粒米黄褐色花纹，近圆形，种阜白色较小	食用、饲用	种子（果实）	窄
99	P150526032	通辽市	扎鲁特旗	黄花山饭豆	地方品种	当地	一年生	有性	5月中旬	9月下旬	高产，优质，抗旱		多年留种选育而成的品质优良农家种。籽粒与大米同煮做饭或单煮豆粒食用，亦可制豆馅，幼苗和嫩荚可作蔬菜。茎、叶、籽粒均为优良饲料。生长快，枝叶繁茂，是良好的绿肥和覆盖作物	食用	种子（果实）	窄

（续表）

序号	样品编号	盟（市）	旗（县、市、区）	种质名称	种质类型	种质来源	生长习性	繁殖习性	播种期	收获期	主要特性	其他特性	主要特性详细描述	种质用途	利用部位	种质分布
100	P150403023	赤峰市	元宝山区	花芸豆	地方品种	当地	一年生	有性	5月中旬	9月下旬			生长习性蔓生，无限结荚习性	食用	种子（果实）	窄
101	P150404013	赤峰市	松山区	白芸豆	地方品种	当地	一年生	有性	5月中旬	9月下旬			生长习性直立型，花紫色，有限结荚习性。口感佳，不抗病，产量低	食用	种子（果实）	窄
102	P150404023	赤峰市	松山区	紫袍架豆	地方品种	当地	一年生	有性	5月中旬	9月下旬			生长习性蔓生，花紫色，无限结荚习性	食用	种子（果实）	窄
103	P150404024	赤峰市	松山区	九粒红	地方品种	当地	一年生	有性	5月中旬	9月下旬			生长习性蔓生，花紫色，无限结荚习性	食用	种子（果实）	窄
104	P150404025	赤峰市	松山区	大连白	地方品种	当地	一年生	有性	5月中旬	9月下旬			生长习性蔓生，白花，无限结荚习性	食用	种子（果实）	窄
105	P150404027	赤峰市	松山区	株八斤	地方品种	当地	一年生	有性	5月中旬	9月下旬			生长习性蔓生，白花，无限结荚习性	食用	种子（果实）	窄
106	P150404028	赤峰市	松山区	压趴架	地方品种	当地	一年生	有性	5月中旬	9月下旬			生长习性蔓生，白花，无限结荚习性	食用	种子（果实）	窄
107	P150404029	赤峰市	松山区	老日本花皮豆	地方品种	当地	一年生	有性	5月中旬	9月下旬			生长习性蔓生，花紫色，无限结荚习性	食用	种子（果实）	窄
108	P150404034	赤峰市	松山区	九粒红	地方品种	当地	一年生	有性	5月上旬	9月下旬	优质，抗旱		地方品种，品质好，但是产量不高，长势强，抗倒伏	食用、饲用	种子（果实）、茎、叶	窄
109	P150404044	赤峰市	松山区	日本画皮豆	地方品种	当地	一年生	有性	5月上旬	9月下旬	优质，抗旱		地方品种，品质好，但是产量不高	食用、饲用	种子（果实）、茎、叶	窄

（续表）

序号	样品编号	盟（市）	旗（县、市、区）	种质名称	种质类型	种质来源	生长习性	繁殖习性	播种期	收获期	主要特性	其他特性	主要特性详细描述	种质用途	利用部位	种质分布
110	P150421002	赤峰市	阿鲁科尔沁旗	矮花芸豆	地方品种	当地	一年生	有性	5月中旬	9月下旬	抗病，抗虫，抗旱，耐涝，耐热		生育期90d，旱年可早成熟，抗病，抗虫，适应性广，主要食用，亩产150kg，茎蔓生，白花，无限结荚习性	食用	种子（果实）	窄
111	P150421003	赤峰市	阿鲁科尔沁旗	红芸豆	地方品种	当地	一年生	有性	5月中旬	9月下旬	抗病，抗虫，抗旱，耐涝，耐热		生长习性蔓生，白花，无限结荚习性。抗病、抗虫，适应性广，做豆包馅、豆饭，亩产150kg	食用	种子（果实）	窄
112	P150421005	赤峰市	阿鲁科尔沁旗	无筋矮面豆	地方品种	当地	一年生	有性	5月中旬	9月下旬	优质，抗病，抗虫，抗旱，其他		生长习性蔓生，花浅紫色，无限结荚习性	食用	种子（果实）	窄
113	P150421007	赤峰市	阿鲁科尔沁旗	看花豆(红花)	地方品种	当地	一年生	有性	5月中旬	9月下旬	优质，抗病，抗虫，抗旱		生长习性蔓生，红花，无限结荚习性	食用	种子（果实）	窄
114	P150421008	赤峰市	阿鲁科尔沁旗	看花豆（红花）	地方品种	当地	一年生	有性	5月中旬	9月下旬	优质，抗病，抗虫，抗旱，耐贫瘠		生长习性蔓生，白花（红花），无限结荚习性	食用	种子（果实）	窄
115	P150421012	赤峰市	阿鲁科尔沁旗	紫黑花豆角	地方品种	当地	一年生	有性	5月中旬	9月下旬	优质，抗病		生长习性蔓生，紫花，无限结荚习性	食用	种子（果实）	窄
116	P150422026	赤峰市	巴林左旗	奶花芸豆	地方品种	当地	一年生	有性	5月下旬	9月上旬	其他		生长习性半蔓生，黄花，荚成熟后深褐色	食用	种子（果实）	窄
117	P150422038	赤峰市	巴林左旗	绿条豆角	地方品种	当地	一年生	有性	5月上旬	7月下旬	优质，耐贫瘠			食用	种子（果实）	窄

（续表）

序号	样品编号	盟（市）	旗（县、市、区）	种质名称	种质类型	种质来源	生长习性	繁殖习性	播种期	收获期	主要特性	其他特性	主要特性详细描述	种质用途	利用部位	种质分布
118	P150422039	赤峰市	巴林左旗	白条豆角	地方品种	当地	一年生	有性	5月中旬	9月下旬	优质，耐贫瘠			食用	种子（果实）	窄
119	P150423005	赤峰市	巴林右旗	看花豆	地方品种	当地	一年生	有性	5月下旬	9月中旬	高产，优质，抗虫		高产，从8月下旬开始采摘至下霜结束。一般用来做豆馅。生长习性蔓生，红花，无限结荚习性	其他	叶	窄
120	P150423017	赤峰市	巴林右旗	巴彦琥硕豆角	地方品种	当地	一年生	有性	5月上旬	9月下旬	高产，优质，抗病，抗虫，耐涝		茎缠绕生长，吊蔓，植株无限生长。白色果皮，种子黄棕色有黑色环状花纹，千粒重433.2g	食用	种子（果实）、根	窄
121	P150423019	赤峰市	巴林右旗	紫沙豆	地方品种	当地	一年生	有性	5月中旬	9月上旬	优质，抗病，抗虫，耐涝		生长习性蔓生，浅紫色花，无限结荚习性	食用	种子（果实）	窄
122	P150423020	赤峰市	巴林右旗	奶花园	地方品种	当地	一年生	有性	5月上旬	9月中旬	优质，抗病，抗虫，耐涝，耐贫瘠		生长习性蔓生，浅紫色花，无限结荚习性	食用	种子（果实）	窄
123	P150423033	赤峰市	巴林右旗	小白豆	地方品种	当地	一年生	有性	5月中旬	9月上旬	优质，耐寒，耐贫瘠		与玉米同时播种，以玉米为架条	食用	种子（果实）	窄
124	P150423043	赤峰市	巴林右旗	老母猪眼	地方品种	当地	一年生	有性	5月上旬	8月下旬	优质，抗病，抗虫，抗旱			食用	种子（果实）	窄
125	P150423044	赤峰市	巴林右旗	赛罕豆	地方品种	当地	一年生	有性	5月上旬	8月下旬	优质，抗病，抗虫，抗旱			食用	种子（果实）	窄

（续表）

序号	样品编号	盟（市）	旗（县、市、区）	种质名称	种质类型	种质来源	生长习性	繁殖习性	播种期	收获期	主要特性	其他特性	主要特性详细描述	种质用途	利用部位	种质分布
126	P150423045	赤峰市	巴林右旗	虎皮豆	地方品种	当地	一年生	有性	5月上旬	8月下旬	优质，抗病，抗虫，抗旱			食用	种子（果实）	窄
127	P150423046	赤峰市	巴林右旗	黑芸豆	地方品种	当地	一年生	有性	5月上旬	8月下旬	优质，抗病，抗虫，抗旱			食用	种子（果实）	窄
128	P150423049	赤峰市	巴林右旗	小灰豆	地方品种	当地	一年生	有性	5月上旬	8月下旬	优质，抗病，抗虫，抗旱			食用	种子（果实）	窄
129	P150424014	赤峰市	林西县	紫沙豆	地方品种	当地	一年生	有性	5月中旬	9月下旬	优质		生长习性蔓生，花浅紫色，无限结荚习性	食用	种子（果实）	广
130	P150424018	赤峰市	林西县	红芸豆	地方品种	当地	一年生	有性	5月中旬	9月下旬	优质		生长习性蔓生，白花，无限结荚习性	食用	种子（果实）	窄
131	P150424019	赤峰市	林西县	关东红	地方品种	当地	一年生	有性	5月中旬	9月下旬	优质		生长习性蔓生，白花，无限结荚习性	食用	种子（果实）	窄
132	P150424022	赤峰市	林西县	老来少	地方品种	当地	一年生	有性	5月中旬	9月下旬	优质，耐贫瘠		生长习性蔓生，花紫色，无限结荚习性	食用	种子（果实）	窄
133	P150425027	赤峰市	克什克腾旗	兔子翻白眼	地方品种	当地	一年生	有性	5月上旬	8月中旬	高产		一种稀有莱豆。生长习性蔓生，花浅紫色，无限结荚习性	食用、保健药用	种子（果实）	窄
134	P150425028	赤峰市	克什克腾旗	大黑花芸豆	地方品种	当地	一年生	有性	5月中旬	9月上旬	高产		一种高产莱豆	食用	种子（果实）	窄

（续表）

序号	样品编号	盟（市）	旗（县、市、区）	种质名称	种质类型	种质来源	生长习性	繁殖习性	播种期	收获期	主要特性	其他特性	主要特性详细描述	种质用途	利用部位	种质分布
135	P150425030	赤峰市	克什克腾旗	小白豆	地方品种	当地	一年生	有性	5月上旬	8月上旬	优质，抗旱，耐寒，耐贫瘠	是当地农民酿酒的好原料	株高0.5～0.9m	食用、饲用、保健药用、加工原料	种子（果实）、茎、叶	窄
136	P150425031	赤峰市	克什克腾旗	奶花圆芸豆	地方品种	当地	一年生	有性	5月中旬	8月中旬	优质，抗旱，耐寒，耐贫瘠	是当地农民的副食辅料	半蔓生型，株高0.8～1.3m，主茎直或弯，分枝长度超过主茎，主茎与分枝角度大，顶部呈缠绕或攀缘状	食用、饲用、保健药用、加工原料	种子（果实）、茎、叶	窄
137	P150425032	赤峰市	克什克腾旗	紫沙豆（莱豆）	地方品种	当地	一年生	有性	5月中旬	8月中旬	优质，抗旱，耐寒，耐贫瘠		半蔓生型，株高0.8～1.3m，主茎直或弯，分枝长度超过主茎，主茎与分枝角度大，顶部呈缠绕或攀缘状	食用、饲用、保健药用、加工原料	种子（果实）、茎、叶	窄
138	P150425038	赤峰市	克什克腾旗	奶花长芸豆	地方品种	当地	一年生	有性	5月中旬	8月中旬	优质，抗旱，耐寒，耐涝，耐贫瘠		半蔓生型，株高0.8～1.3m，主茎直或弯，分枝长度超过主茎，主茎与分枝角度大，顶部呈缠绕或攀缘状	食用、饲用、保健药用、加工原料	种子（果实）、茎、叶	窄
139	P150425039	赤峰市	克什克腾旗	红芸豆	地方品种	当地	一年生	有性	5月中旬	8月中旬	优质，抗旱，耐寒，耐涝，耐贫瘠		半蔓生型，株高0.8～1.3m，主茎直或弯，分枝长度超过主茎，主茎与分枝角度大，顶部呈缠绕或攀缘状	食用、饲用、保健药用、加工原料	种子（果实）、茎、叶	窄

（续表）

序号	样品编号	盟（市）	旗（县、市、区）	种质名称	种质类型	种质来源	生长习性	繁殖习性	播种期	收获期	主要特性	其他特性	主要特性详细描述	种质用途	利用部位	种质分布
140	P150425040	赤峰市	克什克腾旗	紫钴辘坡芸豆	地方品种	当地	一年生	有性	5月中旬	8月中旬	优质，抗旱，耐寒，耐涝，耐贫瘠		半蔓生型，株高0.8～1.3m，主茎直或弯，分枝长度超过主茎，主茎与分枝角度大，顶部呈缠绕或攀缘状	食用、饲用、保健药用、加工原料	种子（果实）、茎、叶	窄
141	P150426004	赤峰市	翁牛特旗	芸豆	地方品种	当地	一年生	有性	5月上旬	9月下旬	耐热，其他		生长习性蔓生，白花，无限结荚习性	食用	种子（果实）	窄
142	P150426015	赤峰市	翁牛特旗	老老少	地方品种	当地	一年生	有性	5月上旬	9月下旬	抗旱，其他		生长习性蔓生，花紫色，无限结荚习性	食用	种子（果实）	窄
143	P150426019	赤峰市	翁牛特旗	小白豆	地方品种	当地	一年生	有性	5月上旬	9月下旬	抗旱，耐贫瘠，其他			食用	种子（果实）	窄
144	P150426022	赤峰市	翁牛特旗	奶花芸豆	地方品种	当地	一年生	有性	5月中旬	9月中旬	耐贫瘠，其他		生长习性蔓生，花紫色，无限结荚习性	食用	种子（果实）	窄
145	P150426045	赤峰市	翁牛特旗	面豆	地方品种	当地	一年生	有性	5月中旬	9月中旬	耐贫瘠，其他		生长习性蔓生，花紫色，无限结荚习性	食用	种子（果实）	窄
146	P150426046	赤峰市	翁牛特旗	麻籽豆	地方品种	当地	一年生	有性	5月中旬	9月中旬	耐贫瘠，其他		生长习性蔓生，花紫色，无限结荚习性	食用	种子（果实）	窄
147	P150426047	赤峰市	翁牛特旗	老母猪翻白眼	地方品种	当地	一年生	有性	5月中旬	9月中旬	耐贫瘠，其他		生长习性蔓生，花紫色，无限结荚习性	食用	种子（果实）	窄
148	P150428014	赤峰市	喀喇沁旗	呢了蛋	地方品种	当地	一年生	有性	5月中旬	9月下旬	高产，优质		生长习性蔓生，无限结荚习性	食用	种子（果实）	窄
149	P150428019	赤峰市	喀喇沁旗	红芸豆	地方品种	当地	一年生	有性	5月下旬	9月上旬	高产，优质		生长习性蔓生，无限结荚习性	食用	种子（果实）	广

（续表）

序号	样品编号	盟（市）	旗（县、市、区）	种质名称	种质类型	种质来源	生长习性	繁殖习性	播种期	收获期	主要特性	其他特性	主要特性详细描述	种质用途	利用部位	种质分布
150	P150428020	赤峰市	喀喇沁旗	小红芸豆	地方品种	当地	一年生	有性	5月下旬	9月上旬	高产，优质		生长习性蔓生，花浅紫色，无限结荚习性	食用	种子（果实）	广
151	P150428037	赤峰市	喀喇沁旗	黑芸豆	地方品种	当地	一年生	有性	5月下旬	9月上旬	高产，优质，抗旱		做馅、做豆饭，营养价值高	食用	种子（果实）	窄
152	P150428052	赤峰市	喀喇沁旗	老虎墩	地方品种	当地	一年生	有性	5月中旬	9月中旬	高产，优质		做豆馅，好吃	食用	种子（果实）	窄
153	P150429004	赤峰市	宁城县	金丝豆	地方品种	当地	一年生	有性	5月中旬	9月下旬			生长习性蔓生，无限结荚习性	食用	种子（果实）	窄
154	P150429013	赤峰市	宁城县	老婆子耳朵	地方品种	当地	一年生	有性	5月中旬	9月中旬			生长习性蔓生，紫花，无限结荚习性	食用	种子（果实）	窄
155	P150429016	赤峰市	宁城县	绿皮豆角（灰黑色）	地方品种	当地	一年生	有性	5月上旬	9月上旬			茎缠绕生长，吊蔓，植株无限生长。羽状复叶具3小叶，小叶宽卵形。总状花序，蝶形花。花冠白色。荚果带形，扁，稍弯曲，长20.75cm，宽1.98cm，果皮白绿色，种子黄褐色，千粒重306.9g	食用	种子（果实）	窄
156	P150429027	赤峰市	宁城县	红老婆耳朵	地方品种	当地	一年生	有性	5月中旬	9月下旬			生长习半蔓生，红花，无限结荚习性	食用	种子（果实）	窄
157	P150429034	赤峰市	宁城县	红芸豆	地方品种	当地	一年生	有性	6月下旬	9月中旬			生长习性蔓生，白花，无限结荚习性	食用	种子（果实）	窄
158	P150429035	赤峰市	宁城县	黑芸豆	地方品种	当地	一年生	有性	5月下旬	9月下旬			生长习性蔓生，花紫色，无限结荚习性	食用	种子（果实）	窄

（续表）

序号	样品编号	盟（市）	旗（县、市、区）	种质名称	种质类型	种质来源	生长习性	繁殖习性	播种期	收获期	主要特性	其他特性	主要特性详细描述	种质用途	利用部位	种质分布
159	P150429070	赤峰市	宁城县	花芸豆	地方品种	当地	一年生	有性	5月上旬	9月中旬				食用	种子（果实）	窄
160	P150429075	赤峰市	宁城县	窝豆	地方品种	当地	一年生	有性	6月中旬	8月下旬				食用	种子（果实）	窄
161	P152502045	锡林郭勒盟	锡林浩特市	红豆	地方品种	当地	一年生	有性	5月上旬	9月上旬	抗旱，耐贫瘠		当地种植时间久远	食用	种子（果实）	广
162	P152531046	锡林郭勒盟	多伦县	奶白花芸豆	地方品种	当地	一年生	有性	5月中旬	9月中旬	优质		一年生、缠绕或近直立草本。茎被短柔毛或老时无毛。羽状复叶具3小叶；托叶披针形，长约4mm。小叶宽卵形或卵状菱形，侧生的偏斜，长4～16cm，宽2.5～11cm，先端长渐尖，有细尖，基部圆形或宽楔形，全缘，被短柔毛。总状花序比叶短，有数朵生于花序顶部的花；花梗长5～8mm；小苞片卵形，有数条隆起的脉，约与花萼等长或稍较其为长，宿存；花萼杯状，长3～4mm，上方的2枚裂片连合成一微凹的裂片；花冠白色	食用	种子（果实）	广
163	P150922006	乌兰察布市	化德县	小红豆	地方品种	当地	一年生	有性	4月下旬	9月中旬	抗虫，抗旱，耐贫瘠，耐热		抗逆性好，适应性强	食用	种子（果实）	窄

（续表）

序号	样品编号	盟（市）	旗（县、市、区）	种质名称	种质类型	种质来源	生长习性	繁殖习性	播种期	收获期	主要特性	其他特性	主要特性详细描述	种质用途	利用部位	种质分布
164	P150922010	乌兰察布市	化德县	大红豆	地方品种	当地	一年生	有性	4月下旬	9月下旬	抗虫，抗旱，耐贫瘠，耐热			食用	种子（果实）	窄
165	P150922016	乌兰察布市	化德县	花红豆	豆科	当地	一年生	有性	4月下旬	9月中旬	耐盐碱			食用	种子（果实）	窄
166	P150922037	乌兰察布市	化德县	紫红豆	地方品种	当地	一年生	有性	4月下旬	9月中旬	抗虫，抗旱，耐贫瘠		颗粒饱满，抗旱能力强	食用	种子（果实）	窄
167	P150922038	乌兰察布市	化德县	小花红豆	地方品种	当地	一年生	有性	4月下旬	9月中旬	高产，优质，抗虫，抗旱		适应性好，颗粒饱满	食用	种子（果实）	窄
168	P150922039	乌兰察布市	化德县	黑白红豆	地方品种	当地	一年生	有性	4月下旬	9月中旬	优质，抗虫，抗旱，耐贫瘠		高产，口感好，适应性强	食用	种子（果实）	窄
169	P150922040	乌兰察布市	化德县	黑红红豆	地方品种	当地	一年生	有性	4月下旬	9月中旬	优质，抗虫，抗旱，耐贫瘠		口感好，适应性强	食用	种子（果实）	窄
170	P150923030	乌兰察布市	商都县	本地土红豆	地方品种	当地	一年生	有性	5月下旬	9月上旬	抗病，抗旱，耐寒，耐贫瘠			食用	种子（果实）	广
171	P150924025	乌兰察布市	兴和县	黄芸豆	地方品种	当地	一年生	有性	5月中旬	9月下旬	高产，优质，抗旱			食用	种子（果实）	窄
172	P150924026	乌兰察布市	兴和县	花菜豆	地方品种	当地	一年生	有性	5月中旬	9月下旬	高产，优质，抗病，抗旱			食用	种子（果实）	窄

（续表）

序号	样品编号	盟（市）	旗（县、市、区）	种质名称	种质类型	种质来源	生长习性	繁殖习性	播种期	收获期	主要特性	其他特性	主要特性详细描述	种质用途	利用部位	种质分布
173	P150924048	乌兰察布市	兴和县	本地小红豆	地方品种	当地	一年生	有性	5月上旬	9月中旬	高产，优质，抗病，抗旱			食用	种子（果实）	窄
174	P150925050	乌兰察布市	凉城县	紫芸豆	地方品种	当地	一年生	有性	5月中旬	9月中旬	优质，抗旱		直根系较发达。高40～50cm，无蔓。叶对生，三出复叶，近心脏形。荚果长约10cm，形状直或稍弯曲，横断面圆形或扁圆形，表皮无茸毛；幼嫩嫩荚呈绿色，成熟时为黄白色。可鲜食。每荚含种子5～7粒，种子椭圆形，长0.9～1.1cm，宽0.6～0.9cm，紫色或紫黑色，种脐白色凸起	食用	种子（果实）	窄
175	P150927020	乌兰察布市	察哈尔右翼中旗	五月仙	地方品种	当地	一年生	有性	5月中旬	8月中旬	优质		一年生缠绕、草质藤本或近直立草本，有时顶端缠绕状，茎近无毛，羽状复叶；托叶披针形。总状花序腋生，具长梗，荚果下垂，直立或斜展，线形	食用	种子（果实）	广
176	P150927022	乌兰察布市	察哈尔右翼中旗	白架豆	地方品种	当地	一年生	有性	5月中旬	8月中旬	优质		根系较发达。茎蔓生、半蔓生或矮生，初生真叶为单叶，对生；以后的真叶为三出复叶，近心脏形	食用	种子（果实）	广
177	P150929007	乌兰察布市	四子王旗	地豆	地方品种	当地	一年生	有性	5月中旬	9月上旬	优质，抗旱，耐贫瘠		叶肥大，不拉蔓，株高30～40cm，开紫色花	食用	种子（果实）	窄

（续表）

序号	样品编号	盟（市）	旗（县、市、区）	种质名称	种质类型	种质来源	生长习性	繁殖习性	播种期	收获期	主要特性	其他特性	主要特性详细描述	种质用途	利用部位	种质分布
178	P150929069	乌兰察布市	四子王旗	红芸豆	地方品种	当地	一年生	有性	5月中旬	9月上旬	高产，优质，抗旱		茎呈直立型，株高一般为40～50cm，主茎分枝6个，出苗35d后开花，花为白色，豆荚呈长形，一般长12～15cm，株荚数一般为8～12个，可达30多个，荚内有籽粒5～8粒，籽粒红色，肾形，属早熟品种，生育期90～100d	食用、饲用、加工原料	种子（果实）、茎、叶	窄
179	P152624001	乌兰察布市	卓资县	红芸豆	地方品种	当地	一年生	有性	5月下旬	8月下旬	优质，抗旱，耐贫瘠		对土质的要求不严格，低投入高产出；比较耐冷，忌高温；根系发达，能耐一定程度的干旱，对土壤无特殊要求	保健药用	种子（果实）	广
180	P152624028	乌兰察布市	卓资县	紫芸豆	地方品种	当地	一年生	有性	5月下旬	9月上旬	高产，抗旱	吃豆角，熬粥	种子大，种子颜色黑紫色	食用、加工原料	种子（果实）	窄
181	P152624029	乌兰察布市	卓资县	黑棍豆	地方品种	当地	一年生	有性	5月下旬	9月上旬	高产，抗旱	适合熬粥饭	种子类似圆柱形	食用、加工原料	种子（果实）	窄
182	P152624030	乌兰察布市	卓资县	小粉豆	地方品种	当地	一年生	有性	5月下旬	9月上旬	高产，抗旱	做八宝粥	粒小	食用	种子（果实）	窄
183	P152624031	乌兰察布市	卓资县	花豆	地方品种	当地	一年生	有性	5月下旬	9月上旬	高产，耐贫瘠	做豆沙，熬粥	种皮花色	食用	种子（果实）	窄
184	P152624032	乌兰察布市	卓资县	大黑花芸豆	地方品种	当地	一年生	有性	5月下旬	9月上旬	高产，耐贫瘠	做豆馅，好吃	粒大，种子颜色黑花色	食用、加工原料	种子（果实）	窄

（续表）

序号	样品编号	盟（市）	旗（县、市、区）	种质名称	种质类型	种质来源	生长习性	繁殖习性	播种期	收获期	主要特性	其他特性	主要特性详细描述	种质用途	利用部位	种质分布
185	P152624033	乌兰察布市	卓资县	白扁芸豆	地方品种	当地	一年生	有性	5月下旬	9月上旬	高产，耐贫瘠	做粥，好吃	粒偏大、偏扁	食用、加工原料	种子（果实）	窄
186	P152628006	乌兰察布市	丰镇市	阴阳豆	地方品种	当地	一年生	有性	5月中旬	8月上旬	高产，优质，抗病，抗虫		上架豆角，长13.5～15cm，宽1.5～2cm，绿色，花粉白色，籽粒椭圆形，种皮光滑透明，一半红一半白	食用	种子（果实）	窄
187	P152628007	乌兰察布市	丰镇市	紫豆角	地方品种	当地	一年生	有性	5月中旬	8月上旬	高产，优质，抗病，抗虫，耐贫瘠		上架豆角，长18～20cm，外表紫色，花粉白色，叶桃心状，籽粒长形，种皮光滑奶白色	食用	种子（果实）	窄
188	P152628023	乌兰察布市	丰镇市	红莲豆	地方品种	当地	一年生	有性	5月中旬	9月下旬	高产，优质，抗病，抗虫，抗旱，耐贫瘠		株高150～200cm，茎绿色，花白色，荚长10～12cm，籽粒扁长，种皮红色光亮，表面光滑	食用、保健药用	种子（果实）	窄
189	P152628029	乌兰察布市	丰镇市	红莲豆	地方品种	当地	一年生	有性	5月下旬	9月中旬	高产，优质，抗病，抗虫，抗旱，耐贫瘠		株高40～50cm，茎绿色，花白色，荚长5～7cm，籽粒肾形，种皮红色，光泽发亮	食用	种子（果实）	窄
190	P152630022	乌兰察布市	察哈尔右翼前旗	红芸豆	地方品种	当地	一年生	有性	5月下旬	8月下旬	高产，抗病，抗旱，广适，耐贫瘠，耐热		产量高，适宜于大面积种植，籽粒颜色鲜艳	食用、加工原料	种子（果实）	广

（续表）

序号	样品编号	盟（市）	旗（县、市、区）	种质名称	种质类型	种质来源	生长习性	繁殖习性	播种期	收获期	主要特性	其他特性	主要特性详细描述	种质用途	利用部位	种质分布
191	P152630033	乌兰察布市	察哈尔右翼前旗	紫芸豆	地方品种	当地	一年生	有性	5月下旬	8月下旬	抗旱，耐寒，耐贫瘠		有丰富的蛋白质，是一种难得的高钾、高镁、低钠的食品	食用	种子（果实）	广
192	P152630041	乌兰察布市	察哈尔右翼前旗	白芸豆	地方品种	当地	一年生	有性	5月下旬	8月下旬	高产，优质，抗旱，耐寒，耐贫瘠		豆荚细长，耐贫瘠，适口性好	食用	种子（果实）	窄
193	P152630042	乌兰察布市	察哈尔右翼前旗	黄芸豆	地方品种	当地	一年生	有性	5月下旬	8月下旬	高产，抗旱，耐寒，耐贫瘠，耐热		色泽好看，半蔓生	食用	种子（果实）	窄
194	P152630048	乌兰察布市	察哈尔右翼前旗	红芸豆	地方品种	当地	一年生	有性	5月下旬	9月上旬	高产，抗旱，广适，耐贫瘠		适应性强，耐贫瘠，适口性好	食用	种子（果实）	广
195	P152630049	乌兰察布市	察哈尔右翼前旗	雀蛋豆	地方品种	当地	一年生	有性	5月下旬	9月下旬	高产，抗旱，耐贫瘠		耐贫瘠，产量高，豆形美观	食用	种子（果实）	窄
196	P150621011	鄂尔多斯市	达拉特旗	白豆角	地方品种	当地	一年生	有性	5月中旬	7月下旬	高产，优质		植株蔓生，是一种早熟品种，荚浅绿色，荚长26cm左右，嫩荚无纤维、肉厚实	食用	种子（果实）	窄
197	P150626001	鄂尔多斯市	乌审旗	豆角	地方品种	当地	一年生	有性	5月上旬	9月上旬				食用	种子（果实）	窄

（续表）

序号	样品编号	盟（市）	旗（县、市、区）	种质名称	种质类型	种质来源	生长习性	繁殖习性	播种期	收获期	主要特性	其他特性	主要特性详细描述	种质用途	利用部位	种质分布
198	P150626004	鄂尔多斯市	乌审旗	猫眼豆	地方品种	当地	一年生	有性	5月上旬	9月上旬			味同四季豆，嫩荚或种子可作鲜菜	食用	种子（果实）	窄
199	P150626033	鄂尔多斯市	乌审旗	乌兰陶勒盖豆角	地方品种	当地	一年生	有性	5月上旬	9月上旬				食用	种子（果实）	窄
200	P150623012	鄂尔多斯市	鄂托克前旗	豆角	地方品种	当地	一年生	有性	5月上旬	9月下旬	优质，抗病，抗虫，耐盐碱，抗旱，耐贫瘠		一年生缠绕、草质藤本或近直立草本，有时顶端缠绕状，茎近无毛，羽状复叶具3小叶；托叶披针形，长约1cm，着生处下延成一短距，有线纹；小叶卵状菱形，长5～15cm，宽4～6cm，先端急尖，边全缘或近全缘，有时淡紫色，无毛	食用、饲用	种子（果实）	窄
201	P150623014	鄂尔多斯市	鄂托克前旗	花豆	地方品种	当地	一年生	有性	5月上旬	9月中旬	优质，抗病，抗虫，耐盐碱，抗旱，耐贫瘠			食用、饲用	种子（果实）	窄
202	P150622014	鄂尔多斯市	准格尔旗	菜豆花豆	地方品种	当地	一年生	有性	4月下旬	8月中旬	优质			食用、保健药用、加工原料	种子（果实）	窄
203	P150622032	鄂尔多斯市	准格尔旗	豆角	地方品种	当地	一年生	有性	5月上旬	8月下旬	高产，优质，耐热		耐高温、不耐霜冻、耐旱，适用中性、微酸性土壤	食用、加工原料，其他	种子（果实）	窄

（续表）

序号	样品编号	盟（市）	旗（县、市、区）	种质名称	种质类型	种质来源	生长习性	繁殖习性	播种期	收获期	主要特性	其他特性	主要特性详细描述	种质用途	利用部位	种质分布
204	P150802004	巴彦淖尔市	临河区	老豆角	地方品种	当地	一年生	有性	5月中旬	8月中旬	优质，耐盐碱，耐贫瘠		茎蔓生。初生真叶为单叶，对生，以后的真叶为三出复叶，近心脏形。荚果长10～15cm，形状直或稍弯曲，嫩荚呈深浅不一的绿、黄、紫红（或有斑纹）等颜色，成熟时黄白至黄褐色。每荚含种子4～8粒，种子肾形，有白、黄等颜色，有斑纹	食用	种子（果实）	窄
205	P150802006	巴彦淖尔市	临河区	8寸莲豆角	地方品种	当地	一年生	有性	5月上旬	7月下旬	优质，耐盐碱，耐贫瘠		一年生草质藤本。羽状复叶，3小叶，小叶卵形。总状花序腋生。荚果下垂	食用	种子（果实）	窄
206	P150802024	巴彦淖尔市	临河区	豆角	地方品种	当地	一年生	有性	5月中旬	7月下旬	优质，耐盐碱，耐贫瘠		一年生草本植物。羽状复叶具3小叶；托叶披针形先端急尖，边全缘或近全缘。总状花序腋生，花2～6朵聚生于花序的顶端。荚果下垂，直立或斜展，线形，长15～20cm。有多粒种子，种子长椭圆形或肾形，黑色	食用	种子（果实）	窄
207	P150802028	巴彦淖尔市	临河区	民丰豆角	地方品种	当地	一年生	有性	5月中旬	7月中旬	优质，耐盐碱，耐贫瘠		一年生近直立草本。羽状复叶具3小叶，小叶卵状菱形。总状花序腋生。荚果下垂，直立或斜展，线形，长15～20cm。种子长椭圆形或肾形，有种子多粒，白色	食用	种子（果实）	窄

（续表）

序号	样品编号	盟（市）	旗（县、市、区）	种质名称	种质类型	种质来源	生长习性	繁殖习性	播种期	收获期	主要特性	其他特性	主要特性详细描述	种质用途	利用部位	种质分布
208	P150802046	巴彦淖尔市	临河区	临河豆角	地方品种	当地	一年生	有性	5月上旬	8月上旬	优质，耐盐碱，耐贫瘠		一年生缠绕、草质藤本，有时顶端缠绕状。茎近无毛，羽状复叶具3小叶，先端急尖，边全缘或近全缘，无毛。总状花序腋生，具长梗，花2～6朵聚生于花序的顶端。荚果下垂带状，略弯曲，长10～15cm，宽1.5cm。有种子多粒。种子长椭圆形或稍肾形，黑色	食用	种子（果实）	窄
209	P150802048	巴彦淖尔市	临河区	新华豆角	地方品种	当地	一年生	有性	5月上旬	7月中旬	优质，耐盐碱，耐贫瘠		一年生缠绕草本，有时顶端缠绕状。羽状复叶3小叶。总状花序腋生，具长梗，花3～5朵聚生于花序的顶端。荚果下垂，直立或斜展，线形，长15.4cm，稍肉质而膨胀或坚实。有种子多粒，种子长椭圆形或稍肾形	食用	种子（果实）	窄
210	P150802053	巴彦淖尔市	临河区	小红豆	地方品种	当地	一年生	有性	5月中旬	8月中旬	耐盐碱，耐贫瘠		一年生草本。根系较发达，茎蔓生。三出复叶，近心脏形。荚果长10～20cm，形状直或稍弯曲，嫩荚呈深浅不一的绿色（或有斑纹），成熟时黄白色至黄褐色，每荚含种子4～8粒，种子肾形，红色	食用、加工原料	种子（果实）	窄

（续表）

序号	样品编号	盟（市）	旗（县、市、区）	种质名称	种质类型	种质来源	生长习性	繁殖习性	播种期	收获期	主要特性	其他特性	主要特性详细描述	种质用途	利用部位	种质分布
211	P150802056	巴彦淖尔市	临河区	新丰菜豆	地方品种	当地	一年生	有性	5月上旬	9月上旬	优质，抗病，耐贫瘠，耐热		一年生近直立草本。羽状复叶具3小叶，小叶卵状菱形。总状花序腋生。荚果下垂，直立或斜展，线形，长15cm。种子长椭圆形或肾形，有种子多粒，种皮灰色有不均匀紫色条状或点状斑	食用	种子（果实）	窄
212	P150821008	巴彦淖尔市	五原县	青岛架豆	地方品种	当地	一年生	有性	5月上旬	7月中旬	高产，优质		植株蔓生，分枝多。叶片较大，深绿色，有茸毛，叶面皱褶。在主茎第4～6节上方着生第一花序，花为浅紫色或白色。结荚较多，嫩荚鲜绿色，呈镰刀形，横断面椭圆形，荚面光滑，长18～23cm，宽1.1～1.4cm，厚0.9cm。种子肾形，种皮黑色，有光泽，百粒种子重33.5g。在内蒙古属中熟品种，播后70d左右开始采收。植株生长势强，抗逆性强，抗病，较耐盐碱。嫩荚肉厚，纤维少，不易老，品质好。亩产2 000～3 000kg	食用	种子（果实）	窄
213	P150821025	巴彦淖尔市	五原县	绿龙架豆	地方品种	当地	一年生	有性	5月上旬	7月上旬	高产，优质		中早熟品种，植株蔓生，分枝力强，株高3m左右。第一花序着生主茎4节以上，花白色，嫩荚扁宽状，荚长25～30cm，宽1.5cm左右，嫩荚绿色，抗病，耐高温，适应性广，一般亩产2 000～2 500kg	食用	种子（果实）	窄

（续表）

序号	样品编号	盟（市）	旗（县、市、区）	种质名称	种质类型	种质来源	生长习性	繁殖习性	播种期	收获期	主要特性	其他特性	主要特性详细描述	种质用途	利用部位	种质分布
214	P150821031	巴彦淖尔市	五原县	二宽架豆	地方品种	当地	一年生	有性	5月上旬	7月下旬	高产，优质，耐热		植株蔓生，生长势强，品质优良，商品性好，产量高，鲜食时间较长	食用、饲用	种子（果实）、茎、叶	窄
215	P150821041	巴彦淖尔市	五原县	无筋长架豆	地方品种	当地	一年生	有性	5月上旬	9月中旬	高产，优质，广适，其他		喜温暖，不耐霜冻，适应性广，病虫害少，好管理。对土壤条件要求不严格，但过干、过湿的土壤对生长均不利，需要较多的磷、钾肥	食用，其他	种子（果实），其他	广
216	P150821042	巴彦淖尔市	五原县	大宽豆角	地方品种	当地	一年生	有性	5月上旬	9月中旬	高产，优质，耐热		植株蔓生，生长势强，品种优良，商品性好，产量高，鲜食时间较长	食用、饲用	种子（果实）、茎、叶	窄
217	P150822026	巴彦淖尔市	磴口县	磴口芸豆	地方品种	当地	一年生	有性	4月下旬	8月上旬	优质，广适			食用	种子（果实）	广
218	P150824044	巴彦淖尔市	乌拉特中旗	石哈河红花菜豆	地方品种	当地	一年生	有性	5月中旬	9月下旬	高产，优质，抗病，抗虫，抗旱，耐寒，耐贫瘠	种子粒大饱满	喜光，喜温暖湿润。种子粒大饱满，在整个生长期内，植株陆续开花和结果。籽粒可作凉菜食用	食用	种子（果实）	窄
219	P150824050	巴彦淖尔市	乌拉特中旗	石哈河菜豆	地方品种	当地	一年生	有性	5月中旬	9月下旬	高产，优质，抗病	味道鲜美	根系发达，由主根和多侧根形成根群，根系易木栓化，根上有根瘤可起固氮作用，茎有蔓生易缠绕，以嫩荚或豆粒食用	食用	种子（果实）、叶	窄
220	P150825061	巴彦淖尔市	乌拉特后旗	巴音菜豆	地方品种	当地	一年生	无性	6月中旬	9月下旬	优质		嫩荚或豆子可作鲜菜，也可加工制成罐头、腌渍、冷冻和干制	食用	种子（果实）	广

（续表）

序号	样品编号	盟（市）	旗（县、市、区）	种质名称	种质类型	种质来源	生长习性	繁殖习性	播种期	收获期	主要特性	其他特性	主要特性详细描述	种质用途	利用部位	种质分布
221	P150825062	巴彦淖尔市	乌拉特后旗	一尺帘	地方品种	当地	一年生	无性	5月上旬	8月下旬	广适		食用方法多种多样，嫩豆荚可炒食，也可凉拌，另外还可用于腌渍、速冻、干制、加工制成罐头等	食用、加工原料	种子（果实）	广
222	P150303007	乌海市	海南区	七寸莲菜豆	地方品种	当地	一年生	有性	5月中旬	7月上旬	高产，优质，耐盐碱，广适，耐热		生长势强，分枝多而强，叶大而密，荚扁宽、肥厚，丰产	食用	种子（果实），其他	广
223	P150303021	乌海市	海南区	巴农豆菜一号	地方品种	当地	一年生	有性	5月下旬	7月上旬	高产，优质，广适		生长势强，分枝多而强，叶大而密，荚扁宽、肥厚，丰产	食用	种子（果实），其他	广
224	P150303023	乌海市	海南区	巴农菜豆二号	地方品种	当地	一年生	有性	5月中旬	7月上旬	高产，优质，抗病，抗虫，广适，耐寒，耐贫瘠		耐冷，忌高温，根系比较发达，生长势强，分枝多而强，叶大而密，荚扁宽、肥厚，丰产	食用	种子（果实）、茎，其他	广
225	P152921028	阿拉善盟	阿拉善左旗	梅豆角	地方品种	当地	一年生	有性	5月上旬	6月中旬	高产，优质，抗病		蛋白质含量高，富含多种维生素及微量元素，种子可入药	食用	种子（果实）	窄
226	P150702040	呼伦贝尔市	海拉尔区	农家白饭豆	地方品种	当地	一年生	有性	5月下旬	8月下旬	高产，优质，抗病，耐寒	先煮开，再与大米同煮，与大米同熟，有香味，口感好。富含多种微量元素	生育期75d左右。株高40～50cm，植株直立，有分枝，心形三出复叶，开展度35cm，花白色。荚绿色，扁形，尖端稍弯，荚长8～12cm。有限结荚习性。籽粒白色带浅色暗花纹。籽粒卵圆形，千粒重545g	食用	种子（果实）	窄

（续表）

序号	样品编号	盟（市）	旗（县、市、区）	种质名称	种质类型	种质来源	生长习性	繁殖习性	播种期	收获期	主要特性	其他特性	主要特性详细描述	种质用途	利用部位	种质分布
227	P150702051	呼伦贝尔市	海拉尔区	极早熟小粒矮豆角	地方品种	当地	一年生	有性	5月上旬	6月下旬	高产，优质，抗病，耐寒	早熟，豆角收获早，粮菜两用。抗豆角叶斑病、豆角斑点病	极早熟小粒矮豆角，生育期70d左右。矮生型，植株直立，株高45cm左右。心脏形三出复叶，多分枝，叶心形，白花。有限结荚习性。茎、叶绿色。嫩荚白绿色，成熟后黄色，扁圆形，稍弯，荚长14cm左右。嫩荚果纤维少，肉厚。籽粒乳黄色，扁四边形，籽粒较小，千粒重300g	食用	种子（果实）	窄
228	P150702052	呼伦贝尔市	海拉尔区	农家极早熟小黑豆	地方品种	当地	一年生	有性	5月中旬	9月下旬	高产，优质，抗病	含多种微量元素及植物蛋白质。抗叶斑病	生育期70d左右。株高45cm左右，植株直立，心脏形三出复叶，花冠白色。荚白绿色，带红色花纹，圆棍形，荚长12～14cm。籽粒卵圆形，黑色，有光泽，种脐黑色。千粒重230g	食用	种子（果实）	窄
229	P150702059	呼伦贝尔市	海拉尔区	极早农家褐粒白架豆	地方品种	当地	一年生	有性	5月下旬	7月上旬	高产，优质，抗病	豆角无筋，肉厚，菜粮两用，食用口感好。高抗叶斑病	生育期80d。株高200cm左右，有分枝，无限结荚习性。叶片心形，花白色。荚长22cm左右，白色，稍弯。籽粒圆筒状，种皮褐色或灰色，种脐白色，千粒重380g	食用	种子（果实）	窄

（续表）

序号	样品编号	盟（市）	旗（县、市、区）	种质名称	种质类型	种质来源	生长习性	繁殖习性	播种期	收获期	主要特性	其他特性	主要特性详细描述	种质用途	利用部位	种质分布
230	P150702060	呼伦贝尔市	海拉尔区	极早熟扁灰粒大白豆角	地方品种	当地	一年生	有性	5月下旬	7月中旬	高产，优质，抗病，耐寒	豆角无筋，肉厚，菜粮两用，食用口感好。高抗叶斑病	生育期90d左右。株高200cm左右，有分枝，无限结荚习性。叶片心形，花白色。荚长23cm左右，白绿色，稍弯。籽粒扁肾形，种皮灰色，有褐色花纹，种脐白色，周边有黄眼圈，千粒重380g	食用	种子（果实）	窄
231	P150702063	呼伦贝尔市	海拉尔区	农家红纹雀蛋油豆	地方品种	当地	一年生	有性	5月下旬	7月中旬	高产，优质，抗病，耐寒	豆角无筋，肉厚，食用口感好。高抗叶斑病	生育期90d左右。株高200cm左右，有分枝，无限结荚习性。叶片心形，有叶柄，花紫色。荚长18cm左右，绿色带红色花纹，稍弯。籽粒椭圆形，种皮乳白色带红色花纹，种脐白色，周边有黄眼圈，千粒重500g	食用	种子（果实）	窄
232	P150702064	呼伦贝尔市	海拉尔区	农家红纹黄架豆	地方品种	当地	一年生	有性	5月下旬	8月上旬	高产，优质，抗病，耐寒	豆角无筋，肉厚，食用口感好。高抗叶斑病	生育期90d左右。株高200cm左右，有分枝，无限结荚习性。叶片心形，有叶柄，花紫色。荚长17cm左右，黄色带红色花纹，稍弯。籽粒椭圆形，种皮灰色带黑色花纹，种脐白色，千粒重380g	食用	种子（果实）	窄

（续表）

序号	样品编号	盟（市）	旗（县、市、区）	种质名称	种质类型	种质来源	生长习性	繁殖习性	播种期	收获期	主要特性	其他特性	主要特性详细描述	种质用途	利用部位	种质分布
233	P150703003	呼伦贝尔市	扎赉诺尔区	农家紫花芸豆	地方品种	当地	一年生	有性	5月下旬	9月下旬	高产，优质，广适	粮菜兼用	株高30～45cm，半蔓生，蔓长60cm，植株直立，心脏形三出复叶，开展度35cm，花紫色。荚绿色，扁形，尖端稍弯，荚长14cm。植株伞形，4个分枝，无限结荚习性。生长后期蔓自然脱落，植株上部仍结荚。粒深红色带浅红色花纹，肾形稍扁，中等粒，百粒重52g。生育期85d，属早熟品种	食用	种子（果实）	广
234	P150703004	呼伦贝尔市	扎赉诺尔区	花腰子芸豆	地方品种	当地	一年生	有性	5月下旬	9月上旬	高产，广适	粮菜兼用。含丰富维生素B、维生素C和植物蛋白质。有解渴健脾、补肾止泄、益气生津的功效	株高40～50cm，半蔓生，蔓长50cm，植株直立，心脏形三出复叶，开展度35cm，花紫色。荚绿色，扁形，尖端稍弯，荚长14cm。生长后期蔓自然脱落，植株上部仍结荚。粒深红色带浅红色花纹，肾形稍扁，中等粒，百粒重52g。生育期85d	食用	种子（果实）	广

（续表）

序号	样品编号	盟（市）	旗（县、市、区）	种质名称	种质类型	种质来源	生长习性	繁殖习性	播种期	收获期	主要特性	其他特性	主要特性详细描述	种质用途	利用部位	种质分布
235	P150703023	呼伦贝尔市	扎赉诺尔区	农家奶花芸豆	地方品种	当地	一年生	有性	5月中旬	9月中旬	高产，优质，广适	生育期76d，属早熟品种。粮菜兼用	株高30～40cm，植株直立，半蔓生型，心脏形三出复叶，开展度30～40cm，花紫色。荚绿色带红色条纹，扁圆，尖端稍弯，荚长13～14cm。植株伞形，主茎分枝5个左右，无限结荚习性。粒乳白色带粉红色花纹，肾形，百粒重46g左右	食用	种子（果实）	广
236	P150703042	呼伦贝尔市	扎赉诺尔区	极早熟农家花脊宽菜豆	地方品种	当地	一年生	有性	5月下旬	7月下旬	优质，抗病，耐寒	极早熟，早吃，粮菜兼用，口感好。高抗叶斑病	生育期75d左右。株高45～50cm，植株直立，有分枝，心形三出复叶，开展度35cm，花冠白色。荚绿色，荚长18cm左右。有限结荚习性。籽粒浅黄色，脊部有褐色花纹，椭圆形，种脐白色，周边有黄圈，千粒重500g	食用	种子（果实）	窄
237	P150703046	呼伦贝尔市	扎赉诺尔区	早熟农家黑油地菜豆	地方品种	当地	一年生	有性	5月下旬	7月中旬	优质，抗病，耐寒	早熟，早吃，粮菜兼用，口感好。高抗叶斑病	生育期80d左右。株高50cm左右，植株直立，有分枝，有限结荚习性。心形三出复叶，花冠紫色。荚黑绿色，荚长18cm左右。籽粒灰色，椭圆形，种脐白色，周边有黄圈，黄眼圈外有灰黑色晕圈，千粒重450g	食用	种子（果实）	窄

（续表）

序号	样品编号	盟（市）	旗(县、市、区)	种质名称	种质类型	种质来源	生长习性	繁殖习性	播种期	收获期	主要特性	其他特性	主要特性详细描述	种质用途	利用部位	种质分布
238	P150703049	呼伦贝尔市	扎赉诺尔区	农家大黑珍珠面豆角	地方品种	当地	一年生	有性	5月下旬	7月上旬	高产，优质，抗病	豆角无筋，肉厚，菜粮两用，食用口感好。高抗叶斑病	生育期80d。株高200cm左右，有分枝，无限结荚习性。叶片心形，花白色。荚长17cm左右，绿色有紫云。籽粒卵圆形，种皮黑色，有亮光，种脐白色，千粒重650g	食用	种子（果实）	窄
239	P150703050	呼伦贝尔市	扎赉诺尔区	早熟农家棕粒长白豆	地方品种	当地	一年生	有性	5月下旬	7月上旬	高产，优质，抗病，耐寒	豆角无筋，肉厚，食用口感好。高抗叶斑病	生育期90d。株高200cm左右，有分枝，无限结荚习性。三出复叶，叶片心形，花黄色。荚长21cm左右，白色，弯曲。籽粒肾形，种皮棕色，一端有褐色花纹，种脐白色，千粒重330g	食用	种子（果实）	窄
240	P150703051	呼伦贝尔市	扎赉诺尔区	农家褐粒紫绿油豆角	地方品种	当地	一年生	有性	5月下旬	7月中旬	高产，优质，抗病	豆角无筋，肉厚，菜粮两用，食用口感好。高抗叶斑病	生育期80d。株高200cm左右，有分枝，无限结荚习性。三出复叶，叶片心形，花粉色。荚长18cm左右，稍弯，紫绿色。籽粒椭圆形，种皮褐色，种脐白色，千粒重500g	食用	种子（果实）	窄
241	P150703055	呼伦贝尔市	扎赉诺尔区	早熟农家圆柱红莱豆	地方品种	当地	一年生	有性	5月下旬	7月下旬	优质，抗病，耐寒	食用口感好，高抗叶斑病	生育期85d左右。株高50cm左右，植株直立，有分枝，心形三出复叶，花冠白色。荚绿色，荚长17cm左右。有限结荚习性。籽粒砖红色，圆柱形，种脐白色，千粒重470g	食用	种子（果实）	窄

（续表）

序号	样品编号	盟（市）	旗（县、市、区）	种质名称	种质类型	种质来源	生长习性	繁殖习性	播种期	收获期	主要特性	其他特性	主要特性详细描述	种质用途	利用部位	种质分布
242	P150721007	呼伦贝尔市	阿荣旗	农家红小豆	地方品种	当地	一年生	有性	5月中旬	9月上旬	优质，抗病，广适	具有祛风除热、调中下气、解毒利尿、补肾养血之功能	从出苗至成熟生育期80～90d。株高25～40cm，茎方形，植株开展，节间短，叶片较小稍尖，开黄花，结荚密，荚细长8～10cm，每荚5～7粒，种子嫩时淡红色，圆柱形，白脐呈条形，成熟粒小，呈赤红色	食用	种子（果实）	广
243	P150721044	呼伦贝尔市	阿荣旗	农家地油豆	地方品种	当地	一年生	有性	5月中旬	6月下旬	高产，优质，抗病，耐寒	早熟，出苗45d左右即可采收豆角，上市早。粮菜兼用，救荒	生育期75d左右。株高45cm左右，植株直立，有分枝。心形三出复叶，开展度35cm，花白色。荚绿色，扁形，较宽，荚长15～20cm，宽15～18mm。亚有限结荚习性。籽粒卵圆形，浅灰色，千粒重440g	食用	种子（果实）	窄
244	P150721047	呼伦贝尔市	阿荣旗	极早熟小粒红花饭豆	地方品种	当地	一年生	有性	5月中旬	8月下旬	高产，优质，抗病，耐寒	抗豆角叶斑病、豆角斑点病	生育期70d左右。矮生型，植株直立，株高45cm左右。心脏形三出复叶，多分枝，叶心形，紫花。有限结荚习性。茎、叶绿色。嫩荚白绿色，成熟后黄色，扁圆形，稍弯，荚长14cm左右。籽粒乳黄色，肾形，带红色条状、点状花纹。籽粒较小，千粒重350g左右	食用	种子（果实）	窄

（续表）

序号	样品编号	盟（市）	旗（县、市、区）	种质名称	种质类型	种质来源	生长习性	繁殖习性	播种期	收获期	主要特性	其他特性	主要特性详细描述	种质用途	利用部位	种质分布
245	P150721052	呼伦贝尔市	阿荣旗	农家大腰子紫芸豆	地方品种	当地	一年生	有性	5月中旬	9月下旬	高产，优质，抗病	含多种微量元素及植物蛋白质。抗叶斑病	生育期85d左右。株高50cm，植株直立，心脏形三出复叶，开展度35cm，花淡紫色。荚绿色，扁形，尖端稍弯，荚长12～15cm。籽粒长肾形，紫色；种脐白色。大籽粒芸豆，千粒重600g	食用	种子（果实）	窄
246	P150721053	呼伦贝尔市	阿荣旗	农家扁粒小黑豆	地方品种	当地	一年生	有性	5月中旬	9月下旬	高产，优质，抗病	含多种微量元素及植物蛋白质。抗叶斑病	生育期90d左右。株高45cm左右，植株直立，心脏形三出复叶，花冠黄白色。荚绿色，扁形，荚长12～14cm。籽粒肾形，黑色，籽粒略扁，种脐黑色。小籽粒黑豆，千粒重110g	食用	种子（果实）	窄
247	P150721054	呼伦贝尔市	阿荣旗	农家早熟长粒白饭豆	地方品种	当地	一年生	有性	5月中旬	9月下旬	高产，优质，抗病	含多种微量元素及植物蛋白质。抗叶斑病	生育期80d左右。株高50cm，植株直立，心脏形三出复叶，花冠淡紫白色。荚绿色，扁形，尖端稍弯，荚长14cm左右。籽粒长椭圆形，乳白色；种脐黄色。千粒重450g	食用	种子（果实）	窄

（续表）

序号	样品编号	盟（市）	旗（县、市、区）	种质名称	种质类型	种质来源	生长习性	繁殖习性	播种期	收获期	主要特性	其他特性	主要特性详细描述	种质用途	利用部位	种质分布
248	P150722026	呼伦贝尔市	莫力达瓦达斡尔族自治旗	农家赤小豆	地方品种	当地	一年生	有性	5月中旬	9月中旬	高产，抗病，广适	赤小豆，又名红小豆、赤豆，夏秋荚果成熟时采收，晒干，收集种子备用	茎纤细，长达1m或过之，幼时被黄色长柔毛，老时无毛。羽状复叶具3小叶；托叶盾状着生，披针形或卵状披针形，长10～15mm，两端渐尖；小托叶钻形，小叶纸质，卵形或披针形，长10～13cm，宽5～7.5cm，先端急尖，基部宽楔形或钝，全缘或微3裂，沿两面脉上薄被疏毛，有基出脉3条	食用、饲用、加工原料	种子（果实）	广
249	P150722032	呼伦贝尔市	莫力达瓦达斡尔族自治旗	红豆	地方品种	当地	一年生	有性	5月上旬	10月中旬	高产，优质，抗病	高抗叶斑病、根腐病	生育期110d左右。株高40～50cm，多分枝，有限结荚习性。叶片卵圆形，三出复叶，叶柄较长。花黄色，蝶形。豆荚圆柱形，稍弯，长15cm左右。籽粒圆形，种皮红色，千粒重152g	食用	种子（果实）	窄
250	P150722034	呼伦贝尔市	莫力达瓦达斡尔族自治旗	农家早熟菜豆	地方品种	当地	一年生	有性	5月上旬	6月下旬	高产，优质，抗病，广适，耐寒	豆角收获早，粮菜兼用。高抗叶斑病、豆角斑点病	早熟菜豆，生育期75d左右。矮生型，植株直立，株高40cm左右。心脏形三出复叶，开展度35cm，植株伞形，圆叶，叶封顶形成花序，黄白花。亚有限结荚习性。茎叶绿色。嫩荚淡绿色，成熟后黄色，圆棍形，稍弯，荚长14cm左右，厚1～1.2cm。结荚集中，嫩荚果纤维少，肉厚。籽粒黄白褐色，有浅蓝色花纹，肾形，千粒重590g左右	食用	种子（果实）	广

（续表）

序号	样品编号	盟（市）	旗（县、市、区）	种质名称	种质类型	种质来源	生长习性	繁殖习性	播种期	收获期	主要特性	其他特性	主要特性详细描述	种质用途	利用部位	种质分布
251	P150722038	呼伦贝尔市	莫力达瓦达斡尔族自治旗	农家红芸豆	地方品种	当地	一年生	有性	5月中旬	9月中旬	高产，优质，抗病，广适	早熟品种，生育期100d左右	矮生型，植株直立，株高35～40cm。心脏形三出复叶，开展度35cm，植株伞形，小分枝4个，圆叶，叶封顶形成花序，花浅紫白色。亚有限结荚习性。茎叶绿色。嫩荚淡绿色，成熟后黄色，圆棍形，稍弯，荚长14cm左右。籽粒红色，肾形，千粒重350g左右	食用	种子（果实）	广
252	P150722047	呼伦贝尔市	莫力达瓦达斡尔族自治旗	农家红白芸豆	地方品种	当地	一年生	有性	5月中旬	8月下旬	高产，优质	粮菜兼用。含丰富维生素B、维生素C和植物蛋白质。有解渴健脾、补肾止泄、益气生津的功效	生育期80d。株高40～50cm，植株直立，心脏形三出复叶，开展度35cm，花紫色。荚绿色，扁形，尖端稍弯，荚长14cm。生长后期蔓自然脱落，植株上部仍结荚。籽粒红白色，红色1/3，白色2/3，肾形稍扁，中等粒，千粒重560g	食用	种子（果实）	窄

（续表）

序号	样品编号	盟（市）	旗（县、市、区）	种质名称	种质类型	种质来源	生长习性	繁殖习性	播种期	收获期	主要特性	其他特性	主要特性详细描述	种质用途	利用部位	种质分布
253	P150722048	呼伦贝尔市	莫力达瓦达斡尔族自治旗	农家早熟红花纹黄饭豆	地方品种	当地	一年生	有性	5月上旬	8月下旬	高产，优质，抗病，耐寒	抗豆角叶斑病、豆角斑点病	生育期80d左右。矮生型，植株直立，株高45cm左右。心脏形三出复叶，多分枝，叶心形，白花。有限结荚习性。茎叶绿色。嫩荚白绿色，成熟后黄色，稍弯，荚长15cm左右。籽粒乳黄色，卵圆形，带红色条状花纹。千粒重530g左右	食用	种子（果实）	窄
254	P150722051	呼伦贝尔市	莫力达瓦达斡尔族自治旗	农家大红腰子芸豆	地方品种	当地	一年生	有性	5月中旬	8月下旬	高产，优质	粮菜兼用。含丰富维生素B、维生素C和植物蛋白质。有解渴健脾、补肾止泄、益气生津的功效	生育期90d。株高40～50cm，植株直立，心脏形三出复叶，开展度35cm，花紫色。荚绿色，扁形，尖端稍弯，荚长14cm左右。籽粒大红色，肾形稍扁，千粒重550g	食用	种子（果实）	窄
255	P150722052	呼伦贝尔市	莫力达瓦达斡尔族自治旗	农家白花紫芸豆	地方品种	当地	一年生	有性	5月中旬	9月下旬	高产，优质，抗病	富含多种微量元素	生育期90d左右，株高50cm左右。半蔓生，蔓长60cm，植株直立，心脏形三出复叶，开展度35cm，花冠粉白色。荚绿色，扁形，尖端稍弯，荚长14cm左右。籽粒深紫色带白色花纹，长肾形稍扁，大籽粒，千粒重760g	食用	种子（果实）	窄

（续表）

序号	样品编号	盟（市）	旗（县、市、区）	种质名称	种质类型	种质来源	生长习性	繁殖习性	播种期	收获期	主要特性	其他特性	主要特性详细描述	种质用途	利用部位	种质分布
256	P150722053	呼伦贝尔市	莫力达瓦达斡尔族自治旗	农家黑眼圈小白豆	地方品种	当地	一年生	有性	5月中旬	9月下旬	高产，优质，抗病	富含多种微量元素	生育期90d左右。株高50cm左右。植株直立，心脏形三出复叶，花冠粉白色。荚绿色，圆形，稍弯，荚长10～12cm。粒深乳白色，肾形；种脐白色，种脐周边黑色；千粒重190g	食用	种子（果实）	窄
257	P150725027	呼伦贝尔市	陈巴尔虎旗	农家黄眼圈饭豆	地方品种	当地	一年生	有性	5月下旬	9月上旬	高产，优质，抗病	早熟，喜阴，救灾补种品种	生育期70d。株高35～38cm，有分枝，有限结荚习性。叶片圆形，花白色。荚长15cm左右，绿色，有弯曲。籽粒圆形，种皮乳白色；脐白色，周边有黄圈，故名黄眼圈。千粒重450g	食用	种子（果实）	窄
258	P150725041	呼伦贝尔市	陈巴尔虎旗	农家早熟紫花矮油豆	地方品种	当地	一年生	有性	5月下旬	7月下旬	高产，优质，抗病，耐寒	豆角无筋，肉厚，粮菜兼用，口感好，降血糖。富含多种微量元素	生育期75d左右。株高40～50cm，植株直立，有分枝，心形三出复叶，开展度35cm，花浅紫色。荚绿色，有紫色云斑，扁形，较宽，荚长8～12cm。有限结荚习性。籽粒乳黄色，带紫色条状花纹，卵圆形，千粒重480g	食用	种子（果实）	窄

（续表）

序号	样品编号	盟（市）	旗（县、市、区）	种质名称	种质类型	种质来源	生长习性	繁殖习性	播种期	收获期	主要特性	其他特性	主要特性详细描述	种质用途	利用部位	种质分布
259	P150725049	呼伦贝尔市	陈巴尔虎旗	极早熟小籽粒白饭豆	地方品种	当地	一年生	有性	5月下旬	8月下旬	优质，抗病	富含多种微量元素	生育期75d左右。株高40～50cm，植株直立，有分枝，心形三出复叶，开展度35cm，花冠白色。荚绿色，有限结荚习性。籽粒白色，卵圆形；种脐白色，周边有黄色晕圈，千粒重325g	食用	种子（果实）	窄
260	P150725057	呼伦贝尔市	陈巴尔虎旗	早熟农家黑纹马掌油豆	地方品种	当地	一年生	有性	5月下旬	7月中旬	高产，优质，抗病	豆角无筋，肉厚，菜粮两用，食用口感好。高抗叶斑病	生育期80d。株高200cm左右，有分枝，无限结荚习性。叶片心形，花紫色。荚长20cm左右，绿色，带黑色花纹。籽粒长肾形，种皮灰色，带不规整黑色花纹，种脐白色，周边有黄圈，千粒重710g	食用	种子（果实）	窄
261	P150725058	呼伦贝尔市	陈巴尔虎旗	农家大灰粒长油豆	地方品种	当地	一年生	有性	5月下旬	7月中旬	高产，优质，抗病	豆角无筋，肉厚，食用口感好。高抗叶斑病	生育期80d左右。株高200cm左右，有分枝，无限结荚习性。叶片心形，花紫色。荚长18cm左右，宽17mm左右，鲜绿色，稍弯。籽粒椭圆形，种皮灰色，籽粒大，种脐白色，周边有黄圈，千粒重780g	食用	种子（果实）	窄
262	P150725059	呼伦贝尔市	陈巴尔虎旗	农家白扁粒紫豆角	地方品种	当地	一年生	有性	5月下旬	7月中旬	高产，优质，抗病	豆角无筋，肉厚，食用口感好。高抗叶斑病	生育期80d。株高200cm左右，有分枝，无限结荚习性。叶片心形，叶柄紫色，茎紫色，花紫色。荚长21cm左右，紫色。籽粒长肾形，种皮乳白色，种脐白色，周边有黄圈，千粒重340g	食用	种子（果实）	窄

（续表）

序号	样品编号	盟（市）	旗（县、市、区）	种质名称	种质类型	种质来源	生长习性	繁殖习性	播种期	收获期	主要特性	其他特性	主要特性详细描述	种质用途	利用部位	种质分布
263	P150726037	呼伦贝尔市	新巴尔虎左旗	农家五月鲜	地方品种	当地	一年生	有性	4月下旬	6月上旬	高产，优质，抗病，广适，耐寒		生育期80d。株高40cm左右，有分枝，有限结荚习性。叶片圆形，花紫白色。荚长18cm左右，绿色，圆棍形。籽粒肾形，种皮暗红色，种脐乳白色，千粒重320g	食用	种子（果实）	广
264	P150726039	呼伦贝尔市	新巴尔虎左旗	农家早熟矮豆角	地方品种	当地	一年生	有性	5月下旬	7月上旬	高产，优质，抗病，耐寒	粮菜兼用。早熟，早上市	生育期80d。株高40cm左右，有分枝，有限结荚习性。叶片圆形，花粉白色。荚长18cm左右，绿色，稍有弯曲。籽粒肾形，种皮土黄色，种脐乳白色，千粒重400g	食用	种子（果实）	窄
265	P150726057	呼伦贝尔市	新巴尔虎左旗	极早熟农家黄眼圈青粒菜豆	地方品种	当地	一年生	有性	5月下旬	7月上旬	优质，抗病，耐寒	肉厚，无筋，粮菜兼用，口感好。高抗叶斑病	生育期75d左右。株高45～50cm，植株直立，有分枝，心形三出复叶，开展度35cm，花冠浅黄色。荚绿色，荚长17cm左右。有限结荚习性。籽粒青色，肾形，种脐白色，周边有黄色眼圈，千粒重440g	食用	种子（果实）	窄
266	P150726058	呼伦贝尔市	新巴尔虎左旗	极早熟农家小白粒扁饭豆	地方品种	当地	一年生	有性	5月下旬	8月下旬	优质，抗病，耐寒	口感好。高抗叶斑病	生育期75d左右。株高50cm左右，植株直立，有分枝，心形三出复叶，花冠紫色。荚绿色，荚长17cm左右。无限结荚习性。籽粒椭圆形，稍扁，乳白色，千粒重250g	食用	种子（果实）	窄

（续表）

序号	样品编号	盟（市）	旗（县、市、区）	种质名称	种质类型	种质来源	生长习性	繁殖习性	播种期	收获期	主要特性	其他特性	主要特性详细描述	种质用途	利用部位	种质分布
267	P150726059	呼伦贝尔市	新巴尔虎左旗	农家紫纹扁褐粒架油豆	地方品种	当地	一年生	有性	5月下旬	8月上旬	高产，优质，抗病	豆角无筋，肉厚，菜粮两用，食用口感好。高抗叶斑病	生育期80d。株高200cm左右，有分枝，无限结荚习性。叶片心形，花紫色。荚长18cm左右，绿色带紫花纹。籽粒长肾形，种皮褐色，带紫色条状花纹，种脐白色，千粒重480g	食用	种子（果实）	窄
268	P150726060	呼伦贝尔市	新巴尔虎左旗	农家蓝花雀蛋宽马掌	地方品种	当地	一年生	有性	5月下旬	8月上旬	高产，优质，抗病	豆角无筋，肉厚，菜粮两用，食用口感好。高抗叶斑病	生育期90d。株高200cm左右，有分枝，无限结荚习性。叶片心形，花紫色。荚长22cm左右，绿色带紫色花纹，稍弯。籽粒椭圆形，麻雀蛋形状，种皮白色带蓝色花纹，种脐白色，千粒重630g	食用	种子（果实）	窄
269	P150726061	呼伦贝尔市	新巴尔虎左旗	极早熟农家红粒长架豆	地方品种	当地	一年生	有性	5月下旬	7月下旬	高产，优质，抗病	极早熟，早上市，豆角无筋，肉厚，菜粮两用，食用口感好。高抗叶斑病	生育期90d。株高200cm左右，有分枝，无限结荚习性。叶片心形，花白色。荚长28cm左右，绿色，稍弯。籽粒圆柱形，种皮鲜红色，种脐白色，千粒重410g	食用	种子（果实）	窄

（续表）

序号	样品编号	盟（市）	旗（县、市、区）	种质名称	种质类型	种质来源	生长习性	繁殖习性	播种期	收获期	主要特性	其他特性	主要特性详细描述	种质用途	利用部位	种质分布
270	P150727059	呼伦贝尔市	新巴尔虎左旗	早熟农家紫花灰油豆	地方品种	当地	一年生	有性	5月下旬	8月中旬	高产，优质，抗病	无筋，肉厚，食用口感好。高抗叶斑病	生育期90d。株高200cm左右，有分枝，无限结荚习性。叶片心形，花紫色。荚长18cm左右，绿色带紫色花纹，稍弯。籽粒椭圆形，种皮灰色带紫色花纹，种脐白色，千粒重520g	食用	种子（果实）	窄
271	P150727037	呼伦贝尔市	新巴尔虎右旗	极早熟筒状紫芸豆	地方品种	当地	一年生	有性	5月下旬	8月下旬	高产，优质，抗病	抗叶斑病	生育期80d。株高40cm左右，有分枝，有限结荚习性。叶片圆形，花紫白色。荚长18cm左右，绿色，圆棍形。籽粒圆筒状，长粒，种皮紫色，千粒重370g	食用	种子（果实）	窄
272	P150727058	呼伦贝尔市	新巴尔虎右旗	早熟农家红花雀蛋饭豆	地方品种	当地	一年生	有性	5月下旬	8月下旬	优质，抗病，耐寒	食用口感好，高抗叶斑病	生育期85d左右。株高45～50cm，植株直立，有分枝，心形三出复叶，花冠浅黄色。荚绿色，荚长17cm左右。有限结荚习性。籽粒乳白色带红花纹，椭圆形，种脐白色，千粒重520g	食用	种子（果实）	窄
273	P150727060	呼伦贝尔市	新巴尔虎右旗	早熟农家黑花纹黄面豆	地方品种	当地	一年生	有性	5月下旬	8月上旬	高产，优质，抗病	食用口感好。高抗叶斑病	生育期90d。株高200cm左右，有分枝，无限结荚习性。叶片心形，花紫色。荚长18cm左右，绿色带紫色花纹，稍弯。籽粒椭圆形，种皮乳黄色带黑色花纹，种脐白色，千粒重510g	食用	种子（果实）	窄

（续表）

序号	样品编号	盟（市）	旗（县、市、区）	种质名称	种质类型	种质来源	生长习性	繁殖习性	播种期	收获期	主要特性	其他特性	主要特性详细描述	种质用途	利用部位	种质分布
274	P150727063	呼伦贝尔市	新巴尔虎右旗	农家六月忙褐粒长豆角	地方品种	当地	一年生	有性	5月下旬	7月上旬	高产，优质，抗病	食用口感好。高抗叶斑病	生育期85d。株高200cm左右，有分枝，无限结荚习性。叶片心形，花白色。荚长27cm左右，绿色长条形，稍弯。籽粒圆柱形，种皮褐色，种脐褐色，千粒重320g	食用	种子（果实）	窄
275	P150783050	呼伦贝尔市	扎兰屯市	农家扁粒紫饭豆	地方品种	当地	一年生	有性	5月中旬	9月下旬	高产，优质，抗病	含多种微量元素及植物蛋白质。抗叶斑病	生育期90d左右。株高40～50cm，植株直立，心脏形三出复叶，开展度35cm，花淡紫色。荚绿色，扁形，尖端稍弯，荚长14cm左右。籽粒紫色，扁粒，椭圆形，千粒重330g	食用	种子（果实）	窄
276	P150783051	呼伦贝尔市	扎兰屯市	农家大紫袍饭豆	地方品种	当地	一年生	有性	5月中旬	9月下旬	高产，优质，抗病	含多种微量元素及植物蛋白质。抗叶斑病	生育期90d左右。株高50cm左右，植株直立，心脏形三出复叶，花淡紫色。荚绿色，扁形，尖端稍弯，荚长14cm左右。籽粒紫色，长卵圆形，种脐白色。大粒型饭豆，千粒重530g	食用	种子（果实）	窄
277	P150783052	呼伦贝尔市	扎兰屯市	农家红眼圈花饭豆	地方品种	当地	一年生	有性	5月中旬	9月下旬	高产，优质，抗病	含多种微量元素及植物蛋白质。抗叶斑病	生育期85d左右。株高40～50cm，植株直立，心脏形三出复叶，开展度35cm，花淡紫色。荚绿色，扁形，尖端稍弯，荚长14cm左右。籽粒卵圆形，半白半红；种脐白色，带红色圆圈，故名红眼圈。千粒重320g	食用	种子（果实）	窄

（续表）

序号	样品编号	盟（市）	旗（县、市、区）	种质名称	种质类型	种质来源	生长习性	繁殖习性	播种期	收获期	主要特性	其他特性	主要特性详细描述	种质用途	利用部位	种质分布
278	P150784043	呼伦贝尔市	额尔古纳市	极早熟红脐白芸豆	地方品种	当地	一年生	有性	5月下旬	8月下旬	高产，优质，抗病	抗叶斑病	生育期75d左右。株高50cm左右，植株直立，心脏形三出复叶，花冠淡紫色。荚绿色，扁形，尖端稍弯，荚长14cm左右。籽粒白色，肾形稍扁，种脐白色，种脐周边腹部长条状红色。中等粒，千粒重440g	食用	种子（果实）	窄
279	P150784044	呼伦贝尔市	额尔古纳市	极早熟小粒黑饭豆	地方品种	当地	一年生	有性	5月下旬	8月下旬	高产，优质，抗病	食用口感好，有香味，含多种微量元素及植物蛋白质。抗叶斑病	生育期80d左右。株高45cm左右，植株直立，心脏形三出复叶，花冠黄白色。未成熟豆荚绿色，成熟时豆荚黄白色，略扁，荚长12～14cm。籽粒卵圆形，乌黑色，没有光泽，种脐黑白色。小籽粒黑豆，千粒重240g	食用	种子（果实）	窄
280	P150784045	呼伦贝尔市	额尔古纳市	农家极早熟黄粒饭豆	地方品种	当地	一年生	有性	5月下旬	8月下旬	高产，优质，抗病，耐寒	极早熟，适宜高寒地区种植。口感好，有香味。高抗叶斑病、豆角斑点病	生育期75d左右。矮生型，植株直立，株高40cm左右。心脏形三出复叶，植株伞形，圆叶，叶封顶形成花序，黄白花。有限结荚习性。嫩荚淡绿色，成熟后黄色稍弯，荚长14cm左右。籽粒乳黄色，椭圆形；种脐白色，周边有褐色圆圈。千粒重500g	食用	种子（果实）	窄

（续表）

序号	样品编号	盟（市）	旗（县、市、区）	种质名称	种质类型	种质来源	生长习性	繁殖习性	播种期	收获期	主要特性	其他特性	主要特性详细描述	种质用途	利用部位	种质分布
281	P150784054	呼伦贝尔市	额尔古纳市	极早熟大粉粒宽菜豆	地方品种	当地	一年生	有性	5月下旬	7月上旬	优质，抗病，耐寒	粮菜兼用，口感好。高抗叶斑病	生育期75d左右。株高45～50cm，植株直立，有分枝，心形三出复叶，开展度35cm，花冠白色。荚绿色，荚长15cm左右。有限结荚习性。籽粒青色，肾形，种脐白色，周边有黄色眼圈，千粒重450g	食用	种子（果实）	窄
282	P150784055	呼伦贝尔市	额尔古纳市	极早熟蓝眼圈菜豆	地方品种	当地	一年生	有性	5月下旬	8月下旬	优质，抗病，耐寒	粮菜兼用，口感好。高抗叶斑病	生育期75d左右。株高45～50cm，植株直立，有分枝，心形三出复叶，开展度35cm，花冠白色。荚绿色，荚长15cm左右。有限结荚习性。籽粒青色，长肾形，种脐白色，周边有灰色眼圈，千粒重580g	食用	种子（果实）	窄
283	P150784056	呼伦贝尔市	额尔古纳市	极早熟农家红粒宽菜豆	地方品种	当地	一年生	有性	5月下旬	8月下旬	优质，抗病，耐寒	粮菜兼用，口感好。高抗叶斑病	生育期75d左右。株高45～50cm，植株直立，有分枝，心形三出复叶，开展度35cm，花冠白色。荚绿色，荚长15cm左右。有限结荚习性。籽粒红色，椭圆形，种脐白色，千粒重400g	食用	种子（果实）	窄
284	P150784060	呼伦贝尔市	额尔古纳市	极早熟农家蓝粒花纹豆角	地方品种	当地	一年生	有性	5月下旬	7月上旬	高产，优质，抗病	豆角无筋，肉厚，菜粮两用，食用口感好。高抗叶斑病	生育期80d。株高200cm左右，有分枝，无限结荚习性。叶片心形，花紫色。荚长22cm左右，绿色带蓝色花纹。籽粒圆筒状，种皮蓝色，种脐白色，周边有黄圈。千粒重370g	食用	种子（果实）	窄
285	P150781030	呼伦贝尔市	满洲里市	奶白花饭豆	选育品种	当地	一年生	有性	4月下旬	9月下旬	耐盐碱，抗旱，耐寒			食用	种子（果实）	广

（续表）

序号	样品编号	盟（市）	旗（县、市、区）	种质名称	种质类型	种质来源	生长习性	繁殖习性	播种期	收获期	主要特性	其他特性	主要特性详细描述	种质用途	利用部位	种质分布
286	P150781002	呼伦贝尔市	满洲里市	花大架豆角	选育品种	当地	一年生	有性	4月下旬	8月中旬	高产，抗病，抗虫，耐寒		具有很强的适应能力	食用	种子（果实）、叶	广
287	P150781003	呼伦贝尔市	满洲里市	鲁阳嫩玉98	选育品种	当地	一年生	有性	5月中旬	7月下旬	高产，优质，抗病，抗虫			食用	种子（果实）	窄
288	P150723016	呼伦贝尔市	鄂伦春自治旗	农家紫芸豆	地方品种	当地	一年生	有性	5月下旬	9月下旬	高产，优质，广适	中早熟品种，生育期90d左右	株高30～40cm，矮生直立，叶片心脏形三出复叶，花黄色，籽粒紫红色，肾形，主茎分枝3～4个，单株荚数12～18个，百粒重45～50g	食用	种子（果实）	广
289	P150723026	呼伦贝尔市	鄂伦春自治旗	孔雀红	地方品种	当地	一年生	有性	5月中旬	9月中旬	高产，优质，抗病	生育期100d左右。籽粒皮薄，食用口感好	株高40～65cm，植株直立，心脏形三出复叶，花紫色。荚浅黄，荚长15cm左右。植株伞形，3～7个分枝，有限结荚习性。籽粒肾形，半红半白，白色部分带红色斑点，千粒重460g左右	食用	种子（果实）	窄
290	P150723036	呼伦贝尔市	鄂伦春自治旗	宽荚菜豆	地方品种	当地	一年生	有性	5月上旬	7月上旬	高产，优质，抗病，耐寒	早熟，上市早。菜粮兼用，救荒	生育期75d左右，宽荚菜豆，矮生型，植株直立，株高40cm左右。心脏形三出复叶，开展度35cm，植株伞形，叶封顶形成花序，浅黄白花。亚有限结荚习性。茎、叶绿色。嫩荚淡绿色，成熟后黄色，宽荚肉厚，稍弯，荚长14cm左右。结荚集中，嫩荚果纤维少。籽粒灰褐色，肾形，千粒重340g左右	食用	种子（果实）	窄

（续表）

序号	样品编号	盟（市）	旗（县、市、区）	种质名称	种质类型	种质来源	生长习性	繁殖习性	播种期	收获期	主要特性	其他特性	主要特性详细描述	种质用途	利用部位	种质分布
291	P150723038	呼伦贝尔市	鄂伦春自治旗	蓝花芸豆	地方品种	当地	一年生	有性	5月中旬	8月中旬	高产，优质，抗病，耐寒	早熟品种，生育期80d。抗叶斑病	矮生型，植株直立，株高40cm左右。心脏形三出复叶，开展度35cm，植株伞形，叶封顶形成花序，花白色。有限结荚习性。茎、叶绿色。嫩荚淡绿色，成熟后黄色，稍弯，荚长14cm左右。籽粒乳白色，带蓝色细线花纹，肾形，千粒重600g	食用	种子（果实）	窄
292	P150723042	呼伦贝尔市	鄂伦春自治旗	农家红白花小豆	地方品种	当地	一年生	有性	5月中旬	9月下旬	高产，优质，抗病	富含多种微量元素	生育期90d左右。株高45cm左右。植株直立，心脏形三出复叶，花冠白色。荚绿色，圆形，荚长10~12cm。籽粒红白两色，肾形；种脐白色；千粒重170g	食用	种子（果实）	窄
293	P150723043	呼伦贝尔市	鄂伦春自治旗	农家大粒长白芸豆	地方品种	当地	一年生	有性	5月中旬	9月下旬	高产，优质，抗病	含多种微量元素及植物蛋白质。抗叶斑病	生育期90d左右。株高50cm，植株直立，心脏形三出复叶，花冠白色。荚绿色，扁形，尖端稍弯，荚长14cm左右。种子椭圆形，乳白色；大粒型芸豆，千粒重520g	食用	种子（果实）	窄
294	P150723044	呼伦贝尔市	鄂伦春自治旗	农家长粒小白芸豆	地方品种	当地	一年生	有性	5月中旬	9月下旬	高产，优质，抗病	含多种微量元素及植物蛋白质。抗叶斑病	生育期90d左右。株高50cm，植株直立，心脏形三出复叶，花冠白色。荚绿色，扁形，尖端稍弯，荚长14cm左右。种子长肾形，全粒乳白色；千粒重280g	食用	种子（果实）	窄

（续表）

序号	样品编号	盟（市）	旗（县、市、区）	种质名称	种质类型	种质来源	生长习性	繁殖习性	播种期	收获期	主要特性	其他特性	主要特性详细描述	种质用途	利用部位	种质分布
295	P150723045	呼伦贝尔市	鄂伦春自治旗	农家长粒红小豆	地方品种	当地	一年生	有性	5月中旬	9月中旬	高产，抗病	抗叶斑病	株高45cm左右。羽状复叶具3小叶，叶片卵状，尖端渐尖，全缘；基部宽楔形，沿两面脉上薄被疏毛。花冠黄白色。角果圆棍形，长10cm左右。籽粒红色，有光泽，长肾形，籽粒长是直径的2倍；种脐白色，中间有深沟，高于种皮。籽粒较小，千粒重60g	食用	种子（果实）	窄
296	P150723065	呼伦贝尔市	鄂伦春自治旗	农家红花纹宽油豆	地方品种	当地	一年生	有性	5月下旬	8月上旬	高产，优质，抗病	豆角无筋，肉厚，菜粮两用，食用口感好。高抗叶斑病	生育期90d。株高200cm左右，有分枝，无限结荚习性。叶片心形，花紫色。荚长17cm左右，绿色带红色花纹，稍弯。籽粒椭圆形，种皮黄色带红色花纹，种脐白色，千粒重590g	食用	种子（果实）	窄
297	P150723013	呼伦贝尔市	鄂伦春自治旗	农家精米豆	地方品种	当地	一年生	有性	5月中旬	9月中旬	高产，优质，广适		生育期90～100d，株高40～65cm。植株直立，半蔓生，主茎分枝4～6个，单株结荚19～25个，单荚粒数6～9粒，籽粒为白色，卵圆形。百粒重18～22g	食用	种子（果实）	广

（续表）

序号	样品编号	盟（市）	旗（县、市、区）	种质名称	种质类型	种质来源	生长习性	繁殖习性	播种期	收获期	主要特性	其他特性	主要特性详细描述	种质用途	利用部位	种质分布
298	P150724045	呼伦贝尔市	鄂温克族自治旗	早熟花纹矮豆角	地方品种	当地	一年生	有性	5月上旬	6月下旬	高产，优质，抗病，耐寒	早熟，粮菜兼用，降血糖。高抗叶斑病、豆角斑点病	生育期5d左右。矮生型，植株直立，株高45cm左右。心脏形三出复叶，多分枝，叶心形，白花。有限结荚习性。茎、叶绿色。嫩荚白绿色，成熟后黄色，扁圆形，稍弯，荚长14cm左右，宽1～1.2cm。结荚集中，嫩荚果纤维少，肉厚。籽粒乳黄色，有条状暗色花纹，椭圆形，千粒重540g	食用	种子（果实）	窄
299	P150724053	呼伦贝尔市	鄂温克族自治旗	极早熟农家灰粒长白豆角	地方品种	当地	一年生	有性	5月下旬	7月中旬	高产，优质，抗病	豆角无筋，肉厚，菜粮两用，食用口感好。高抗叶斑病	生育期80d。株高200cm左右，有分枝，无限结荚习性。叶片心形，花白色。荚长25cm左右，幼嫩绿色，后期白色。籽粒肾形，种皮灰色，种脐白色，周边有黄圈，千粒重370g	食用	种子（果实）	窄
300	P150724054	呼伦贝尔市	鄂温克族自治旗	极早熟农家黑纹粉架豆	地方品种	当地	一年生	有性	5月下旬	7月中旬	高产，优质，抗病	豆角无筋，肉厚，食用口感好。高抗叶斑病	生育期80d左右。株高200cm左右，有分枝，无限结荚习性。叶片心形，花白色。荚长18cm左右，绿色。籽粒肾形，种皮粉色带黑色条状花纹，种脐白色，周边有黄圈，千粒重370g	食用	种子（果实）	窄

（续表）

序号	样品编号	盟（市）	旗（县、市、区）	种质名称	种质类型	种质来源	生长习性	繁殖习性	播种期	收获期	主要特性	其他特性	主要特性详细描述	种质用途	利用部位	种质分布
301	P150782056	呼伦贝尔市	牙克石市	极早熟小红粒地菜豆	地方品种	当地	一年生	有性	5月下旬	7月下旬	优质，抗病，耐寒	粮菜兼用，口感好。高抗叶斑病	生育期75d左右。株高45～50cm，植株直立，有分支，心形三出复叶，花冠紫色。荚绿色，荚长15cm左右。无限结荚习性。籽粒红色，有细小黄花纹，椭圆形，种脐白色，千粒重380g	食用	种子（果实）	窄
302	P150782057	呼伦贝尔市	牙克石市	极早熟大红粒宽菜豆	地方品种	当地	一年生	有性	5月下旬	7月下旬	优质，抗病，耐寒	粮菜兼用，口感好。高抗叶斑病	生育期75d左右。株高45～50cm，植株直立，有分枝，心形三出复叶，花冠紫色。荚绿色，荚长15cm左右。有限结荚习性。籽粒红色，椭圆形，种脐白色，千粒重610g	食用	种子（果实）	窄
303	P150785038	呼伦贝尔市	根河市	极早熟紫粒六月忙长豆角	地方品种	当地	一年生	有性	5月下旬	7月上旬	高产，优质，抗病，耐寒	豆角无筋，肉厚，菜粮两用，食用口感好。高抗叶斑病	生育期80d。株高200cm左右，有分枝，无限结荚习性。叶片心形，花白色。荚长28cm左右，白绿色。籽粒圆筒状，种皮紫色，种脐黄色，千粒重370g	食用	种子（果实）	窄
304	P150785039	呼伦贝尔市	根河市	极早熟农家黑珍珠面豆角	地方品种	当地	一年生	有性	5月下旬	7月上旬	高产，优质，抗病	豆角无筋，肉厚，菜粮两用，食用口感好。高抗叶斑病	生育期80d。株高200cm左右，有分枝，无限结荚习性。叶片心形，花白色。荚长18cm左右，绿色。籽粒卵圆形，种皮黑色，有亮光，种脐白色，千粒重450g	食用	种子（果实）	窄

（续表）

序号	样品编号	盟（市）	旗（县、市、区）	种质名称	种质类型	种质来源	生长习性	繁殖习性	播种期	收获期	主要特性	其他特性	主要特性详细描述	种质用途	利用部位	种质分布
305	P150785040	呼伦贝尔市	根河市	极早熟农家紫粒油豆	地方品种	当地	一年生	有性	5月下旬	7月中旬	高产，优质，抗病，耐寒	豆角无筋，肉厚，菜粮两用，食用口感好。高抗叶斑病	生育期80d。株高200cm左右，有分枝，无限结荚习性。叶片心形，花白色。荚长18cm左右，绿色，有黑花纹。籽粒卵圆形，种皮黑色，带有细小浅褐色花纹，种脐白色，千粒重510g	食用	种子（果实）	窄
306	P150785042	呼伦贝尔市	根河市	极早熟农家黑花灰油豆	地方品种	当地	一年生	有性	5月下旬	7月中旬	高产，优质，抗病	豆角无筋，肉厚，菜粮两用，食用口感好。高抗叶斑病	生育期80d。株高200cm左右，有分枝，无限结荚习性。叶片心形，花白色。荚长18cm左右，绿色带黑花花纹。籽粒卵圆形，稍扁，种皮灰色，有黑花纹，种脐白色，周边有黄眼圈。千粒重510g	食用	种子（果实）	窄
307	P150785052	呼伦贝尔市	根河市	农家黄粒极早菜豆	地方品种	当地	一年生	有性	5月下旬	7月上旬	优质，抗病，耐寒	早上市，粮菜兼用，口感好。高抗叶斑病	生育期75d左右。株高45～50cm，植株直立，有分枝，心形三出复叶，开展度35cm，花冠紫色。荚绿色，荚长15cm左右。有限结荚习性。籽粒黄色，肾形，种脐白色，周边有褐色眼圈，千粒重390g	食用	种子（果实）	窄

（续表）

序号	样品编号	盟（市）	旗（县、市、区）	种质名称	种质类型	种质来源	生长习性	繁殖习性	播种期	收获期	主要特性	其他特性	主要特性详细描述	种质用途	利用部位	种质分布
308	P150785062	呼伦贝尔市	根河市	极早熟小粒黄花紫芸豆	地方品种	当地	一年生	有性	5月下旬	8月下旬	优质，抗病	食用口感好，富含多种微量元素	生育期75d左右。株高40～50cm，植株直立，有分枝，心形三出复叶，开展度35cm，花冠白色。荚绿色，荚长15cm左右。有限结荚习性。籽粒白花，肾形，种脐白色，千粒重340g	食用	种子（果实）	窄
309	P150785063	呼伦贝尔市	根河市	极早熟农家小粉粒芸豆	地方品种	当地	一年生	有性	5月下旬	8月下旬	优质，抗病，耐寒	食用口感好，易熟，富含多种微量元素	生育期75d左右。株高45～50cm，植株直立，有分枝，心形三出复叶，开展度35cm，花冠白色。荚绿色，荚长15cm左右。有限结荚习性。籽粒浅粉色，不规整四边形，种脐白色，黄眼圈，千粒重250g	食用	种子（果实）	窄
310	P150785064	呼伦贝尔市	根河市	极早熟农家黄粒长豆角	地方品种	当地	一年生	有性	5月下旬	7月上旬	高产，优质，抗病，耐寒	豆角无筋，肉厚，菜粮两用，食用口感好	生育期80d。株高200cm左右，有分枝，无限结荚习性。叶片心形，花白色。荚长23cm左右，白绿色，稍有弯曲。籽粒长肾形，种皮黄色，种脐白色，千粒重340g	食用	种子（果实）	窄
311	P150785066	呼伦贝尔市	根河市	极早熟黄眼圈灰饭豆	地方品种	当地	一年生	有性	5月下旬	8月下旬	高产，优质，抗病，耐寒	食用口感好。高抗叶斑病	生育期75d左右。株高45～50cm，植株直立，有分枝，心形三出复叶，花冠白色。荚绿色，荚长17cm左右。无限结荚习性。籽粒浅灰色，卵圆形，种脐白色，周边有黄色眼圈，千粒重390g	食用	种子（果实）	窄

3. 豌豆种质资源目录

豌豆（*Pisum sativum*）是豆科（Fabaceae）豌豆属（*Pisum*）一年生或多年生攀缘草本植物，豌豆是中国主要的食用豆类作物之一，营养价值高，具有抗菌、抗氧化、抗癌、降血压、降血糖、免疫调节等生理活性；工业化生产也主要集中在豌豆淀粉、蛋白质的加工。共计收集到种质资源89份，分布在11个盟（市）的48个旗（县、市、区）（表2-5）。

表2-5　豌豆种质资源目录

序号	样品编号	盟（市）	旗（县、市、区）	种质名称	种质类型	种质来源	生长习性	繁殖习性	播种期	收获期	主要特性	其他特性	主要特性详细描述	种质用途	利用部位	种质分布
1	P150105005	呼和浩特市	赛罕区	麻豌豆	地方品种	当地	一年生	有性	5月中旬	9月上旬	高产，优质，抗病，抗旱，耐贫瘠		地方品种，适应性较强，产量中等，籽粒偏小，适合山地种植	食用、饲用、加工原料	种子（果实）	窄
2	P150105042	呼和浩特市	赛罕区	小灰豌豆	地方品种	当地	一年生	有性	5月上旬	9月上旬	高产，优质，抗病，抗旱，耐贫瘠		地方品种，适应性较强，产量中等，籽粒偏小，适合山地种植	食用、饲用、加工原料	种子（果实）	窄
3	P150121061	呼和浩特市	土默特左旗	蓝箭箭筈豌豆	野生资源	当地	一年生	有性	5月上旬	9月中旬	高产，优质，抗旱，耐寒，耐贫瘠		喜温凉气候，抗寒能力强，耐干旱但对水分敏感，遇干旱则生长不良，遇水继续生长，再生性强，再生草产量高，对土壤要求不高，耐酸、耐瘠薄能力强，耐盐碱能力差	食用、饲用	种子（果实）、茎、叶、花	窄

（续表）

序号	样品编号	盟（市）	旗（县、市、区）	种质名称	种质类型	种质来源	生长习性	繁殖习性	播种期	收获期	主要特性	其他特性	主要特性详细描述	种质用途	利用部位	种质分布
4	P150121062	呼和浩特市	土默特左旗	川北箭筈豌豆	野生资源	当地	一年生	有性	5月上旬	9月中旬	高产，优质，抗旱，耐寒，耐贫瘠		喜温凉气候，抗寒能力强，耐干旱但对水分敏感，遇干旱则生长不良，遇水继续生长，再生性强，再生草产量高，对土壤要求不高，耐酸、耐瘠薄能力强，耐盐碱能力差，优质绿肥	食用、饲用	种子（果实）、茎、叶、花	窄
5	P150123019	呼和浩特市	和林格尔县	野豌豆	地方品种	当地	多年生	有性	5月上旬	9月上旬	优质，抗病，耐寒	植物救荒野豌豆，以全草入药。夏季采，晒干或鲜用	籽粒粉红色。根茎匍匐，茎柔细斜升或攀缘，具棱，疏被柔毛。花期6月，果期7—8月。生于海拔1 000～2 200m山坡、林缘草丛	食用、保健药用、加工原料	种子（果实）	窄
6	P150123030	呼和浩特市	和林格尔县	小灰豌豆	地方品种	当地	一年生	有性	5月上旬	9月中旬	优质，抗旱，耐寒，耐贫瘠		籽粒灰色偏小，豆荚小，包裹严，抗逆性强，适合本地种植	食用、加工原料	种子（果实）、茎、叶	窄
7	P150123057	呼和浩特市	和林格尔县	山豌豆	地方品种	当地	一年生	有性	4月中旬	9月中旬	抗旱，耐贫瘠		产量高，当地种植多年，可作饲料	食用、饲用、加工原料	种子（果实）、茎	广

（续表）

序号	样品编号	盟（市）	旗（县、市、区）	种质名称	种质类型	种质来源	生长习性	繁殖习性	播种期	收获期	主要特性	其他特性	主要特性详细描述	种质用途	利用部位	种质分布
8	P150123058	呼和浩特市	和林格尔县	豌豆	地方品种	当地	一年生	有性	4月中旬	9月中旬	抗旱，耐贫瘠		产量高，当地种植多年，可作饲料	食用、饲用、加工原料	种子（果实）、茎	广
9	P150123059	呼和浩特市	和林格尔县	大粒绿豌豆	地方品种	当地	一年生	有性	4月下旬	9月中旬	优质，抗旱，耐寒，耐贫瘠		地方品种，籽粒大，豆荚大，产量高，包裹严，抗逆性强，适合本地种植	食用、加工原料	种子（果实）、茎、叶	窄
10	P150124002	呼和浩特市	清水河县	小绿豌豆	地方品种	当地	一年生	有性	5月上旬	8月上旬	耐盐碱，抗旱，耐寒，耐贫瘠			食用、饲用、加工原料	种子（果实）	窄
11	P150124004	呼和浩特市	清水河县	山豌豆	地方品种	当地	一年生	有性	4月下旬	8月中旬	抗病，抗虫，耐盐碱，抗旱，耐寒，耐涝，耐贫瘠，耐热			食用、饲用	种子（果实）	窄
12	P150125038	呼和浩特市	武川县	青豌豆	地方品种	当地	一年生	有性	5月上旬	8月下旬	高产，抗旱，耐寒，耐贫瘠		价格高，易销售	饲用	种子（果实）	广
13	P150125039	呼和浩特市	武川县	褐麻豌豆	地方品种	当地	一年生	有性	5月上旬	8月下旬	高产，抗旱，耐寒，耐贫瘠		价格高，易销售，产量高	饲用	种子（果实）	广

（续表）

序号	样品编号	盟（市）	旗（县、市、区）	种质名称	种质类型	种质来源	生长习性	繁殖习性	播种期	收获期	主要特性	其他特性	主要特性详细描述	种质用途	利用部位	种质分布
14	P150125059	呼和浩特市	武川县	白豌豆	地方品种	当地	一年生	有性	5月中旬	9月上旬	高产，优质，抗病，抗旱			食用、饲用	种子（果实）	窄
15	P150207035	包头市	九原区	豌豆	地方品种	当地	一年生	有性	5月中旬	9月中旬	抗病			食用	种子（果实）	窄
16	P150222014	包头市	固阳县	白豌豆	地方品种	当地	一年生	有性	5月中旬	9月上旬	广适		种子圆形，青绿色，干后变为黄色	食用	种子（果实）	广
17	P150222015	包头市	固阳县	绿豌豆	地方品种	当地	一年生	有性	5月中旬	9月上旬	抗病，广适		种子圆形，青绿色	食用、饲用	种子（果实）	广
18	P150223007	包头市	达尔罕茂明安联合旗	达茂绿豌豆	地方品种	当地	一年生	有性	4月中旬	8月中旬	高产，优质，抗病，抗虫，耐盐碱，抗旱，广适，耐寒，耐贫瘠		株高0.6m。种子圆形，青绿色，干后变为黄色。单株荚果4~5个，每荚3~4粒，百粒重15~20g	食用	种子（果实）	广
19	P150223008	包头市	达尔罕茂明安联合旗	达茂白豌豆	地方品种	当地	一年生	有性	4月中旬	8月中旬	高产，优质，抗病，抗虫，耐盐碱，抗旱，广适，耐寒，耐贫瘠		株高0.5m。单株荚果4~5个，每荚3~4粒，百粒重15~20g	食用	种子（果实）	广
20	P152202030	兴安盟	阿尔山市	大豌豆	地方品种	当地	一年生	有性	5月下旬	9月中旬	优质，耐寒		当地农户多年自留种，农户采用无公害种植方式，绿色健康，耐寒	食用	种子（果实）	窄

（续表）

序号	样品编号	盟（市）	旗（县、市、区）	种质名称	种质类型	种质来源	生长习性	繁殖习性	播种期	收获期	主要特性	其他特性	主要特性详细描述	种质用途	利用部位	种质分布
21	P152202031	兴安盟	阿尔山市	小豌豆	地方品种	当地	一年生	有性	5月下旬	9月中旬	高产，耐寒		当地农户多年自留种，生命力强，适应力强，产量高，耐寒	食用	种子（果实）	窄
22	P150526004	通辽市	扎鲁特旗	豌豆	地方品种	当地	一年生	有性	5月中旬	9月中旬	高产，优质，抗病，抗旱		多年留种选育品质优良农家种	食用、饲用	种子（果实）、茎、叶	窄
23	P150421055	赤峰市	阿鲁科尔沁旗	菜豌豆	地方品种	当地	一年生	有性	5月中旬	9月中旬	优质，抗病，耐寒		株高100cm，生长习性半蔓生，白花（浅紫花）	食用	种子（果实）	窄
24	P150421056	赤峰市	阿鲁科尔沁旗	树豌豆	地方品种	当地	一年生	有性	5月中旬	9月中旬	优质，抗病，耐寒		株高110cm，紫花（红花），半蔓生	食用	种子（果实）	窄
25	P150424001	赤峰市	林西县	豌豆	地方品种	当地	一年生	有性	5月中旬	9月下旬	耐寒，耐贫瘠		生长习性半蔓生，白紫色花，无限结荚习性	食用、饲用	种子（果实）	广
26	P150424008	赤峰市	林西县	黄芸豆	地方品种	当地	一年生	有性	5月中旬	9月下旬	优质		生长习性直立，白花，有限结荚习性	食用	种子（果实）	窄
27	P150424010	赤峰市	林西县	花芸豆	地方品种	当地	一年生	有性	5月中旬	9月下旬	其他		生长习性蔓生，无限结荚习性	食用	种子（果实）	窄
28	P150424041	赤峰市	林西县	白花豆	地方品种	当地	一年生	有性	6月中旬	9月下旬	高产，抗旱	该品种连续留种，种植13年	口感好、质优	食用	种子（果实）	窄

（续表）

序号	样品编号	盟（市）	旗（县、市、区）	种质名称	种质类型	种质来源	生长习性	繁殖习性	播种期	收获期	主要特性	其他特性	主要特性详细描述	种质用途	利用部位	种质分布
29	P150425033	赤峰市	克什克腾旗	黎豌豆	地方品种	当地	一年生	有性	5月中旬	8月中旬	抗虫，耐寒，耐贫瘠		株高70～100cm，分枝少。花白色，单株结荚10个左右，荚长8cm左右，宽1cm，每荚种子4～5粒	食用、饲用	种子（果实）	窄
30	P150426038	赤峰市	翁牛特旗	豌豆	地方品种	当地	一年生	有性	5月上旬	8月中旬			半蔓生，白花，无限结荚习性	食用	种子（果实）	窄
31	P150428044	赤峰市	喀喇沁旗	小粒豌豆	地方品种	当地	一年生	有性	5月上旬	9月上旬	高产，优质		好吃	食用	种子（果实）	广
32	P152523039	锡林郭勒盟	苏尼特左旗	野豌豆	野生资源	当地	多年生	有性	5月上旬	9月下旬	优质			食用、饲用	种子（果实）、茎、叶	窄
33	P152524017	锡林郭勒盟	苏尼特右旗	黑豌豆	地方品种	当地	一年生	有性	5月中旬	9月下旬	其他		属于古老品种	食用	种子（果实）	窄
34	P152524018	锡林郭勒盟	苏尼特右旗	白豌豆	地方品种	当地	一年生	有性	5月中旬	9月下旬	优质		属于古老品种	食用	种子（果实）	窄
35	P152527033	锡林郭勒盟	太仆寺旗	灰豌豆	地方品种	当地	一年生	有性	5月上旬	9月中旬			该种子圆形，灰绿色，表面略粗糙，上有褐色花斑	食用	种子（果实）	窄
36	P152530056	锡林郭勒盟	正蓝旗	白豌豆	地方品种	当地	一年生	有性	5月中旬	9月下旬	优质		属于古老品种	食用	种子（果实）	窄

（续表）

序号	样品编号	盟（市）	旗（县、市、区）	种质名称	种质类型	种质来源	生长习性	繁殖习性	播种期	收获期	主要特性	其他特性	主要特性详细描述	种质用途	利用部位	种质分布
37	P150922018	乌兰察布市	化德县	豌豆	地方品种	当地	一年生	有性	4月下旬	9月中旬	耐盐碱，耐寒			食用	种子（果实）	窄
38	P150923016	乌兰察布市	商都县	白豌豆	地方品种	当地	一年生	有性	5月上旬	9月中旬	抗病，抗旱，耐寒，耐贫瘠			食用	种子（果实）	窄
39	P150923041	乌兰察布市	商都县	本地豌豆	地方品种	当地	一年生	有性	5月下旬	9月中旬	高产，抗病，抗旱，耐寒，耐贫瘠			食用、饲用、加工原料	种子（果实）	窄
40	P150924009	乌兰察布市	兴和县	青豌豆	地方品种	当地	一年生	有性	5月中旬	8月下旬	优质			食用	种子（果实）	窄
41	P150924042	乌兰察布市	兴和县	本地黎麻大豌豆	地方品种	当地	一年生	有性	5月中旬	9月下旬	高产，优质，抗旱			食用	种子（果实）	窄
42	P150924043	乌兰察布市	兴和县	白皮大豌豆	地方品种	当地	一年生	有性	5月中旬	9月下旬	高产，优质，抗旱			食用	种子（果实）	窄
43	P150924054	乌兰察布市	兴和县	本地小豌豆	地方品种	当地	一年生	有性	5月中旬	9月下旬	高产，优质		全株绿色，抗旱	食用、饲用	种子（果实）	窄
44	P150924055	乌兰察布市	兴和县	本地老豌豆	地方品种	当地	一年生	有性	5月中旬	9月下旬	抗病，抗虫，耐寒，耐贫瘠		株高70cm	食用、饲用	种子（果实）	窄

（续表）

序号	样品编号	盟（市）	旗（县、市、区）	种质名称	种质类型	种质来源	生长习性	繁殖习性	播种期	收获期	主要特性	其他特性	主要特性详细描述	种质用途	利用部位	种质分布
45	P150925007	乌兰察布市	凉城县	圆豌豆（白皮）	地方品种	当地	一年生	有性	5月下旬	9月中旬	优质，抗旱，耐贫瘠		株高30～50cm。种子2～6粒，圆形，白色或浅绿色，完全成熟无皱纹，干后变为淡黄色	食用、饲用	种子（果实）	窄
46	P150925008	乌兰察布市	凉城县	三棱豌豆	地方品种	当地	一年生	有性	5月下旬	9月中旬	优质，抗旱，耐寒，耐贫瘠		直根系，茎弯曲，株高约60cm	食用、饲用	种子（果实）	窄
47	P150925018	乌兰察布市	凉城县	圆豌豆（灰皮）	地方品种	当地	一年生	有性	5月下旬	9月中旬	优质，抗旱，耐贫瘠			食用、饲用	种子（果实）	窄
48	P150925044	乌兰察布市	凉城县	箭筈豌豆	地方品种	当地	一年生	有性	5月上旬	9月上旬	耐寒，耐贫瘠		当地主要饲草作物之一	饲用	种子（果实）、茎	窄
49	P150927002	乌兰察布市	察哈尔右翼中旗	箭筈豌豆	地方品种	当地	一年生	有性	4月下旬	9月下旬	优质			饲用	种子（果实）、茎、叶、花	广
50	P150927003	乌兰察布市	察哈尔右翼中旗	毛叶苕子	地方品种	当地	一年生	有性	4月下旬	9月下旬	抗旱			饲用，其他	种子（果实）、茎、叶、花	广
51	P150927006	乌兰察布市	察哈尔右翼中旗	灰葫芦豌豆	地方品种	当地	一年生	有性	5月中旬	9月中旬	优质，耐盐碱			食用	种子（果实）	广

（续表）

序号	样品编号	盟（市）	旗（县、市、区）	种质名称	种质类型	种质来源	生长习性	繁殖习性	播种期	收获期	主要特性	其他特性	主要特性详细描述	种质用途	利用部位	种质分布
52	P150928036	乌兰察布市	察哈尔右翼后旗	本地豌豆	地方品种	当地	一年生	有性	5月上旬	8月下旬	高产，抗旱，广适，其他		株高80～180cm，全株绿色，光滑无毛，被粉霜。叶具小叶4～6片，托叶比小叶大，心形，下缘具细牙齿。小叶卵圆形，长2～5cm，宽1～2.5cm，全缘	食用	种子（果实）	广
53	P150929014	乌兰察布市	四子王旗	灰豌豆	地方品种	当地	一年生	有性	5月上旬	9月上旬	优质，抗虫，抗旱		种子圆形，灰绿色，表面略粗糙，上有褐色花斑。种子直径5～7mm，百粒重14g左右	食用、加工原料	种子（果实）、茎、叶	窄
54	P150929064	乌兰察布市	四子王旗	白豌豆	地方品种	当地	一年生	有性	5月下旬	9月中旬	优质，抗旱，耐贫瘠		各部光滑无毛，被白霜。根系较发达，具多数圆形根瘤。茎圆柱形，中空而脆，有分枝。花单生或2～3朵生于腋处的总花梗上，花紫色。荚果圆筒形，稍压扁，长5～10cm，宽1～1.5cm，内含种子3～10粒。种子球形、椭圆形或扁圆形等，青绿色，干后为黄白色、绿色	食用、饲用、加工原料	种子（果实）、茎、叶	窄

（续表）

序号	样品编号	盟（市）	旗（县、市、区）	种质名称	种质类型	种质来源	生长习性	繁殖习性	播种期	收获期	主要特性	其他特性	主要特性详细描述	种质用途	利用部位	种质分布
55	P150929076	乌兰察布市	四子王旗	野豌豆	野生资源	当地	多年生	有性	5月下旬	9月上旬	优质，抗旱，耐寒			饲用	种子（果实）、茎、叶	窄
56	P152624016	乌兰察布市	卓资县	杂豌豆	地方品种	当地	一年生	有性	5月下旬	9月上旬	高产，抗旱	豌豆面香	开白粉花，易倒伏	食用、饲用	种子（果实）	窄
57	P152628016	乌兰察布市	丰镇市	圆豌豆	地方品种	当地	一年生	有性	5月下旬	8月下旬	优质，抗病，抗旱，耐贫瘠		株高50～60cm，茎绿色，花紫白色，分枝力强，荚长4～5cm，籽粒圆形，种皮灰色，表面光滑	食用、饲用	种子（果实）	窄
58	P152628017	乌兰察布市	丰镇市	三棱豆	地方品种	当地	一年生	有性	5月上旬	9月上旬	高产，优质，抗病，抗虫，耐盐碱，抗旱，耐贫瘠		株高60cm，花白色，茎绿色，荚长3～4cm，籽粒三棱形，种皮乳白色，表面光滑	食用	种子（果实）	窄
59	P150627006	鄂尔多斯市	伊金霍洛旗	豌豆	地方品种	当地	一年生	有性	4月上旬	7月上旬	优质			食用	种子（果实）	广
60	P150621042	鄂尔多斯市	达拉特旗	豌豆	地方品种	当地	一年生	有性	4月下旬	9月上旬	抗旱，耐贫瘠		嫩荚可入菜，豆子磨面可加工面条	食用	种子（果实）	窄
61	P150626030	鄂尔多斯市	乌审旗	豌豆	地方品种	当地	一年生	有性	5月下旬	8月中旬	耐盐碱，抗旱，耐贫瘠		嫩荚可食用，种子含淀粉、油脂	食用、饲用	种子（果实）、根、茎、叶	广

（续表）

序号	样品编号	盟（市）	旗（县、市、区）	种质名称	种质类型	种质来源	生长习性	繁殖习性	播种期	收获期	主要特性	其他特性	主要特性详细描述	种质用途	利用部位	种质分布
62	P150622002	鄂尔多斯市	准格尔旗	豌豆	地方品种	当地	一年生	有性	5月上旬	7月上旬	高产，优质，广适，耐寒，耐贫瘠			食用、保健药用、加工原料	种子（果实）	广
63	P150622013	鄂尔多斯市	准格尔旗	白豌豆	地方品种	当地	一年生	有性	5月上旬	9月下旬	高产，优质，耐寒，耐贫瘠			食用、饲用、加工原料	种子（果实）	窄
64	P150622015	鄂尔多斯市	准格尔旗	青豌豆	地方品种	当地	一年生	有性	5月上旬	7月中旬	高产，优质			食用、保健药用、加工原料	种子（果实）	窄
65	P150822027	巴彦淖尔市	磴口县	豌豆	地方品种	当地	一年生	有性	4月中旬	7月下旬	耐寒，耐贫瘠			食用、保健药用	种子（果实）	广
66	P150823002	巴彦淖尔市	乌拉特前旗	豌豆	地方品种	当地	一年生	有性	4月中旬	7月下旬	抗病，广适，耐贫瘠		种子及嫩荚、嫩苗均可食用；茎叶能清凉解暑，并作绿肥、饲料或燃料。株高50～200cm。全株绿色，光滑无毛	食用	种子（果实）	广

（续表）

序号	样品编号	盟（市）	旗（县、市、区）	种质名称	种质类型	种质来源	生长习性	繁殖习性	播种期	收获期	主要特性	其他特性	主要特性详细描述	种质用途	利用部位	种质分布
67	P150824029	巴彦淖尔市	乌拉特中旗	石哈河豌豆	地方品种	当地	一年生	有性	5月上旬	7月下旬	优质，抗旱，广适	果实可鲜食，深受当地群众喜爱	种子及嫩荚、嫩苗均可食用；茎叶能清凉解暑，并作绿肥、饲料或燃料。株高50～200cm。全株绿色，光滑无毛	食用	种子（果实）	广
68	P150824052	巴彦淖尔市	乌拉特中旗	石哈河绿豌豆	地方品种	当地	一年生	有性	5月中旬	8月中旬	优质，抗病，耐盐碱，抗旱，耐贫瘠	口感好	全株绿色、光滑无毛。叶具小叶4～6片，托叶比小叶大，下缘具细牙齿。子房无毛，花柱扁，荚果长椭圆形	食用、饲用、加工原料，其他	种子（果实）	窄
69	P150825059	巴彦淖尔市	乌拉特后旗	巴音鲜食豌豆	地方品种	当地	一年生	无性	6月上旬	9月下旬	广适		鲜嫩的茎梢、豆荚、青豆是备受欢迎的淡季蔬菜。种皮部分磨成的食用纤维粉可用作面包或营养食品中的食用纤维添加剂，改善食品蓬松性	食用、加工原料	种子（果实）	广

（续表）

序号	样品编号	盟（市）	旗（县、市、区）	种质名称	种质类型	种质来源	生长习性	繁殖习性	播种期	收获期	主要特性	其他特性	主要特性详细描述	种质用途	利用部位	种质分布
70	P150826012	巴彦淖尔市	杭锦后旗	蛮会豌豆	地方品种	当地	一年生	有性	5月上旬	9月上旬	优质，耐贫瘠		直根系，较发达，侧根分枝极多，茎圆形而细长，高度一般是80cm左右，主茎上有较多分枝，叶有小叶1～3对，总状花序，果实绿色，种子近圆形，表面皱缩。该品种适应性强，中等地力均可种植	食用、饲用	种子（果实）、茎	窄
71	P150303017	乌海市	海南区	豌豆	地方品种	当地	一年生	有性	5月中旬	9月中旬	高产，优质，耐盐碱，广适，耐寒		喜温和湿润的气候，不耐燥热	食用	种子（果实），其他	广
72	P150702035	呼伦贝尔市	海拉尔区	农家小豌豆	地方品种	当地	一年生	有性	5月中旬	7月中旬	优质，抗病，广适，耐寒	幼嫩茎叶、豆荚可作蔬菜食用	每荚种子4～8粒，圆形，褐色或黄色，有皱纹或无。千粒重190g	食用	种子（果实）、茎、叶	广
73	P150725038	呼伦贝尔市	陈巴尔虎旗	农家绿豌豆	地方品种	当地	一年生	有性	5月下旬	7月上旬	优质，抗病，耐寒	幼苗耐寒。幼嫩茎叶、幼嫩豆荚可作蔬菜食用。豆荚美食，有香味，口感好	生育期90d左右。株高80～180cm。每荚种子4～9粒，圆形，绿色，千粒重200g	食用	种子（果实）、茎、叶	窄

（续表）

序号	样品编号	盟（市）	旗（县、市、区）	种质名称	种质类型	种质来源	生长习性	繁殖习性	播种期	收获期	主要特性	其他特性	主要特性详细描述	种质用途	利用部位	种质分布
74	P150725048	呼伦贝尔市	陈巴尔虎旗	农家皱皮黄豌豆	地方品种	当地	一年生	有性	5月中旬	6月中旬	优质，抗病，耐寒	幼苗耐寒，幼嫩茎叶、幼嫩豆荚可作蔬菜食用	生育期75d左右，株高150cm左右。每荚种子4～8粒，皱皮圆形，乳黄色。千粒重260g	食用	种子（果实）、茎、叶	窄
75	P150783044	呼伦贝尔市	扎兰屯市	农家白豌豆	地方品种	当地	一年生	有性	5月上旬	7月上旬	优质，抗病，耐寒	幼苗耐寒。幼嫩茎叶、幼嫩豆荚可做蔬菜食用，口感好	生育期90d左右。株高80～180cm。每荚种子4～9粒，圆形，乳白色，千粒重200g	食用	种子（果实）、茎、叶	窄
76	P150784032	呼伦贝尔市	额尔古纳市	农家大豌豆	地方品种	当地	一年生	有性	5月下旬	6月下旬	优质，抗病，耐寒	幼嫩茎叶、豆荚可作蔬菜食用	株高100～200cm。每荚种子3～6粒，圆形，青绿色，有皱纹或无，干后变为黄色。千粒重310g	食用	种子（果实）、茎、叶	广
77	P150784046	呼伦贝尔市	额尔古纳市	农家黄花纹褐豌豆	地方品种	当地	一年生	有性	5月下旬	6月下旬	优质，抗病，耐寒	幼苗耐寒，幼嫩茎叶、幼嫩豆荚可作蔬菜食用	生育期85d左右。株高170cm左右。每荚种子4～8粒，种质皱皮圆形，褐色，带浅黄色花纹。千粒重190g	食用	种子（果实）、茎、叶	窄

（续表）

序号	样品编号	盟（市）	旗（县、市、区）	种质名称	种质类型	种质来源	生长习性	繁殖习性	播种期	收获期	主要特性	其他特性	主要特性详细描述	种质用途	利用部位	种质分布
78	P150784050	呼伦贝尔市	额尔古纳市	极早熟俄罗斯格罗哈	地方品种	当地	一年生	有性	5月下旬	7月上旬	优质，抗病，耐寒	幼苗耐寒。幼嫩茎叶、幼嫩豆荚可作蔬菜食用，口感好	生育期80d左右。每荚种子4～9粒。圆形，绿色，皱瘪。千粒重240g	食用	种子（果实）、茎、叶	窄
79	P150784051	呼伦贝尔市	额尔古纳市	俄罗斯水果大豌豆	地方品种	当地	一年生	有性	5月下旬	7月上旬	高产，优质，抗病，耐寒	幼苗耐寒，极早熟。幼嫩茎叶、豆荚可作蔬菜食用，口感好	生育期80d左右。株高120～150cm。每荚种子4～9粒，圆形，绿色或灰色，皱瘪。千粒重200g	食用	种子（果实）、茎、叶	窄
80	P150726043	呼伦贝尔市	新巴尔虎左旗	农家花皮小粒豌豆	地方品种	当地	一年生	有性	5月中旬	7月上旬	优质，抗病，耐寒	幼苗耐寒，幼嫩茎叶、幼嫩豆荚可作蔬菜食用	生育期80d左右。株高120cm左右。每荚种子4～8粒；墨绿色带密集褐色花纹，圆形，有皱瘪。种子较小，千粒重125g	食用	种子（果实）、茎、叶	窄
81	P150726052	呼伦贝尔市	新巴尔虎左旗	早熟农家黄粒甜豌豆	地方品种	当地	一年生	有性	5月下旬	7月上旬	优质，抗病，耐寒	幼苗耐寒，幼嫩茎叶、幼嫩豆荚可作蔬菜食用。幼嫩豆可生食	生育期70d左右。株高170cm左右。每荚种子4～8粒；绿色，圆形，有皱瘪。千粒重210g	食用	种子（果实）、茎、叶	窄

（续表）

序号	样品编号	盟（市）	旗（县、市、区）	种质名称	种质类型	种质来源	生长习性	繁殖习性	播种期	收获期	主要特性	其他特性	主要特性详细描述	种质用途	利用部位	种质分布
82	P150727040	呼伦贝尔市	新巴尔虎右旗	农家早熟绿花纹豌豆	地方品种	当地	一年生	有性	5月中旬	6月中旬	优质，抗病，耐寒	幼苗耐寒，幼嫩茎叶、幼嫩豆荚可作蔬菜食用	生育期75d左右。株高150cm左右。每荚种子3～7粒，皱皮圆形，褐色，带绿花纹。千粒重200g	食用	种子（果实）、茎、叶	窄
83	P150727044	呼伦贝尔市	新巴尔虎右旗	农家高秸大黄粒豌豆	地方品种	当地	一年生	有性	5月下旬	7月上旬	优质，抗病，耐寒	幼苗耐寒，幼嫩茎叶、幼嫩豆荚可作蔬菜食用。幼嫩豆可生食	生育期75d左右。株高200cm左右。每荚种子4～9粒，黑色，圆形，有皱瘪。千粒重330g	食用	种子（果实）、茎、叶	窄
84	P150727053	呼伦贝尔市	新巴尔虎右旗	农家绿粒甜豌豆	地方品种	当地	一年生	有性	5月中旬	7月上旬	优质，抗病，耐寒	幼苗耐寒，幼嫩茎叶、幼嫩豆荚可作蔬菜食用。幼嫩豆荚可生食	生育期70d左右。株高150cm左右。每荚种子4～8粒，绿色，圆形，有皱瘪。千粒重270g	食用	种子（果实）、茎、叶	窄
85	P150782047	呼伦贝尔市	牙克石市	农家极早熟矮豌豆	地方品种	当地	一年生	有性	5月中旬	6月下旬	优质，抗病，耐寒	幼苗耐寒。幼嫩茎叶、幼嫩豆荚可作蔬菜食用，口感好	生育期60d左右。株高120cm左右。每荚种子4～6粒，圆形，绿色，千粒重200g	食用	种子（果实）、茎、叶	窄
86	P150781017	呼伦贝尔	满洲里市	中豌9号	选育品种	当地	一年生	有性	5月上旬	10月中旬	抗旱			食用	种子（果实）	广

（续表）

序号	样品编号	盟（市）	旗（县、市、区）	种质名称	种质类型	种质来源	生长习性	繁殖习性	播种期	收获期	主要特性	其他特性	主要特性详细描述	种质用途	利用部位	种质分布
87	P150724063	呼伦贝尔市	鄂温克族自治旗	早熟矮秸大荚白绿豌豆	地方品种	当地	一年生	有性	5月下旬	7月上旬	优质，抗病，耐寒	幼苗耐寒，幼嫩茎叶、幼嫩豆荚可作蔬菜食用	生育期75d左右。株高170cm左右。每荚种子4～8粒；白绿色，圆形，有皱瘪。千粒重235g	食用	种子（果实）、茎、叶	窄
88	P150785050	呼伦贝尔市	根河市	极早熟黑花纹绿豌豆	地方品种	当地	一年生	有性	5月中旬	7月中旬	优质，抗病，耐寒	早春蔬菜，先吃幼苗，再吃豆角，最后吃豆粒。食豆香味浓，口感好	株高120cm，生育期60d左右。种子3～6粒，圆形，绿色，带有细小黑色花纹，有皱纹或无。千粒重270g	食用	种子（果实）、茎、叶	窄
89	P150785051	呼伦贝尔市	根河市	极早熟高秸黑脐黄豌豆	地方品种	当地	一年生	有性	5月中旬	7月中旬	优质，抗病，耐寒	幼嫩茎叶、豆荚可作蔬菜食用。食豆香味浓，口感好，儿童营养食品	株高150～200cm，生育期70d左右。种子圆形，黄色，有皱纹或无。千粒重280g	食用	种子（果实）、茎、叶	窄

4. 豇豆种质资源目录

豇豆（*Vigna unguiculata*）是豆科（Fabaceae）豇豆属（*Vigna*）一年生缠绕、草质藤本或近直立草本植物。豇豆起源于热带非洲，中国广泛栽培，是人们餐桌上的美食之一，不但能调颜养身，还具有健胃补肾的作用。共计收集到种质资源66份，分布在10个盟（市）的34个旗（县、市、区）（表2-6）。

表2-6 豇豆种质资源目录

序号	样品编号	盟（市）	旗（县、市、区）	种质名称	种质类型	种质来源	生长习性	繁殖习性	播种期	收获期	主要特性	其他特性	主要特性详细描述	种质用途	利用部位	种质分布
1	P150105015	呼和浩特市	赛罕区	红豇豆	地方品种	当地	一年生	有性	5月中旬	9月下旬	优质，抗病，耐盐碱，抗旱，耐贫瘠，其他	制成品口感好，蛋白含量高，易消化	比较抗旱，抗寒，贫瘠土地不减产	食用、饲用、加工原料	种子（果实）	广
2	P150105016	呼和浩特市	赛罕区	粉豇豆	地方品种	当地	一年生	有性	5月中旬	9月下旬	优质，抗病，耐盐碱，抗旱，耐贫瘠，其他	制成品口感好，蛋白质含量高，易消化	比较抗旱，抗寒，贫瘠土地不减产	食用、饲用、加工原料	种子（果实）	广
3	P150121031	呼和浩特市	土默特左旗	小红豆	地方品种	当地	一年生	有性	5月下旬	8月下旬	优质，抗病，抗虫，耐盐碱，抗旱，广适，耐贫瘠		适应性特强，抗病性强	食用	种子（果实）	广
4	P150121058	呼和浩特市	土默特左旗	红豇豆	地方品种	当地	一年生	有性	5月上旬	9月下旬	优质，抗病，抗虫，耐盐碱，抗旱，广适，耐贫瘠		抗病、耐盐碱能力强，品质优，适应性广，可大田、大棚、门庭院落种植	食用	种子（果实）	广
5	P150122008	呼和浩特市	托克托县	红豆	地方品种	当地	一年生	有性	5月下旬	9月下旬	高产，优质，抗旱，耐热		广泛分布于热带地区。喜光，根深材韧，抗风力强，根系发达，具根瘤，能固定大气中的游离氮	食用、保健药用、加工原料	种子（果实）	窄

（续表）

序号	样品编号	盟（市）	旗（县、市、区）	种质名称	种质类型	种质来源	生长习性	繁殖习性	播种期	收获期	主要特性	其他特性	主要特性详细描述	种质用途	利用部位	种质分布
6	P150122036	呼和浩特市	托克托县	小红豇豆	地方品种	当地	一年生	有性	5月上旬	9月中旬	优质，抗病，抗旱，耐贫瘠		适应性好，籽粒小，产量一般，农村主要用于制作豆馅，口感好	食用、加工原料	种子（果实）	广
7	P150123032	呼和浩特市	和林格尔县	老豇豆	地方品种	当地	一年生	有性	5月上旬	9月中旬	高产，优质，抗旱，耐寒，耐贫瘠		茎有矮性、半蔓性和蔓性3种，小叶3，顶生小叶菱状卵形，长5～13cm，宽4～7cm，顶端急尖，基部近圆形或宽楔形，两面无毛；侧生小叶斜卵形，托叶卵形，长约1cm，着生处下延成一短距，萼钟状；花冠淡紫色。花柱上部里面有淡黄色须毛，荚果线形，长可达40cm，花果期6—9月	食用、加工原料	种子（果实）、茎、叶	广
8	P150123041	呼和浩特市	和林格尔县	红豇豆	地方品种	当地	一年生	有性	5月上旬	9月中旬	高产，优质，抗旱，耐寒，耐贫瘠		茎有矮性、半蔓性和蔓性3种，小叶3，顶生小叶菱状卵形，长5～13cm，宽4～7cm，顶端急尖，基部近圆形或宽楔形，两面无毛；侧生小叶斜卵形，托叶卵形，长约1cm，着生处下延成一短距，萼钟状；花冠淡紫色。花柱上部里面有淡黄色须毛，荚果线形，长可达40cm，花果期6—9月	食用、加工原料	种子（果实）、茎、叶	广

（续表）

序号	样品编号	盟（市）	旗（县、市、区）	种质名称	种质类型	种质来源	生长习性	繁殖习性	播种期	收获期	主要特性	其他特性	主要特性详细描述	种质用途	利用部位	种质分布
9	P150124031	呼和浩特市	清水河县	豇豆	地方品种	当地	一年生	有性	5月下旬	9月上旬	高产，抗病，抗虫，抗旱，耐寒，耐涝，耐贫瘠，耐热			食用	种子（果实）	窄
10	P150104041	呼和浩特市	玉泉区	豇豆	地方品种	当地	一年生	有性	5月上旬	9月中旬	高产，优质，抗病，耐盐碱，抗旱，广适		抗性好，产量高，主要作加工原料	食用、加工原料	种子（果实）	广
11	P150221013	包头市	土默特右旗	美岱召豆角	地方品种	当地	一年生	有性	5月中旬	9月下旬	高产，优质	中熟	一年生缠绕的草质藤本或近直立草本，有时顶端缠绕状，茎近无毛。羽状复叶具3小叶，托叶披针形，着生处下延成一短距，有线纹。总状花序腋生，具长梗，荚果下垂，直立或斜展，线形，种子长椭圆形或圆柱形或稍肾形，黄白色、暗红色或其他颜色，花期5—8月。能耐高温，不耐霜冻，根系发达，耐旱，但要求有适量的水分	食用	种子（果实）	窄

（续表）

序号	样品编号	盟（市）	旗（县、市、区）	种质名称	种质类型	种质来源	生长习性	繁殖习性	播种期	收获期	主要特性	其他特性	主要特性详细描述	种质用途	利用部位	种质分布
12	P150221039	包头市	土默特右旗	绿条架豆角	地方品种	当地	一年生	有性	5月中旬	9月中旬	高产，优质，广适，耐热		一年生缠绕的草质藤本或近直立草本，有时顶端缠绕状，茎近无毛。羽状复叶具3小叶，托叶披针形，着生处下延成一短距，有线纹。总状花序腋生，具长梗，荚果下垂，直立或斜展，线形，种子长椭圆形或圆柱形或稍肾形，黄白色、暗红色或其他颜色，花期5—8月。能耐高温，不耐霜冻，根系发达，耐旱，但要求有适量的水分	食用	种子（果实）	广
13	P150221040	包头市	土默特右旗	白条架豆角	地方品种	当地	一年生	有性	5月中旬	9月中旬	高产，优质，广适，耐热		一年生缠绕的草质藤本或近直立草本，有时顶端缠绕状，茎近无毛。羽状复叶具3小叶，托叶披针形，着生处下延成一短距，有线纹。总状花序腋生，具长梗，荚果下垂，直立或斜展，线形，种子长椭圆形或圆柱形或稍肾形，黄白色、暗红色或其他颜色，花期5—8月。能耐高温，不耐霜冻，根系发达，耐旱，但要求有适量的水分	食用	种子（果实）	广

（续表）

序号	样品编号	盟（市）	旗（县、市、区）	种质名称	种质类型	种质来源	生长习性	繁殖习性	播种期	收获期	主要特性	其他特性	主要特性详细描述	种质用途	利用部位	种质分布
14	P152222019	兴安盟	科尔沁右翼中旗	豇豆	地方品种	当地	一年生	有性	6月上旬	9月下旬	优质，耐贫瘠		适应性广，品质优，做豆馅香	食用	种子（果实）	窄
15	P152222039	兴安盟	科尔沁右翼中旗	爬豆	地方品种	当地	一年生	有性	5月下旬	9月下旬	优质，抗旱			食用	种子（果实）	窄
16	P152224012	兴安盟	突泉县	豇豆	地方品种	当地	一年生	有性	6月上旬	7月中旬	高产，优质，其他	口感好	含有较高的蛋白质和多种维生素，是兴安盟地区特有的一种优质菜豆品种	食用	种子（果实）	窄
17	P152224014	兴安盟	突泉县	猫眼豆	地方品种	当地	一年生	有性	5月下旬	7月上旬	高产，抗病		口感好，含有较高的蛋白质和多种维生素，兴安盟地区特有的一种优质菜豆品种	食用	种子（果实）	窄
18	P152224037	兴安盟	突泉县	黑吉豆	地方品种	当地	一年生	有性	5月上旬	8月下旬	高产，优质，抗病，抗旱，其他	粗蛋白质在豆科植物中属中等，而粗灰分和无氮浸出物相对较高	种子含有胰蛋白酶抑制素和凝血素，可磨粉做各种糕点，其嫩荚可作蔬菜，鲜茎、叶也可用作绿肥或覆盖作物。籽实含蛋白质可达26%，可作精料	食用、饲用、加工原料	种子（果实）	窄
19	P152224040	兴安盟	突泉县	藜豆	地方品种	当地	一年生	有性	5月上旬	8月下旬	优质，抗病，耐贫瘠			食用、保健药用	种子（果实），其他	广

（续表）

序号	样品编号	盟（市）	旗（县、市、区）	种质名称	种质类型	种质来源	生长习性	繁殖习性	播种期	收获期	主要特性	其他特性	主要特性详细描述	种质用途	利用部位	种质分布
20	P150502038	通辽市	科尔沁区	花腰子豇豆	地方品种	当地	一年生	有性	5月上旬	7月上旬	高产，优质，抗病，抗旱	种脐较小，种皮白色、褐色大斑。属短荚豇豆亚种	经过多年留种选育而成的农家种。植株矮小，半直立，荚长一般15cm，嫩荚向上直立，成熟下垂，种子椭圆形。籽粒一般用作主食，如与大米一起做饭或煮粥，也是制豆沙和做糕点的好原料，还可制罐头食品；豆芽蔬菜，茎叶营养丰富，其纤维比苜蓿的更易消化，是家畜的优良蛋白质饲料。豇豆枝叶繁茂，覆盖度高，也是优良的前作和绿肥	食用、饲用	种子（果实），其他	窄
21	P150522006	通辽市	科尔沁左翼后旗	恰克图爬豆	地方品种	当地	一年生	有性	5月中旬	9月下旬	高产，优质，抗病，抗旱，耐寒，其他		多年种植留种选育出的优良品质农家种，抗旱、抗病、耐寒。鲜嫩豆荚可以食用，用作蔬菜，成熟豆荚收获种子，干种子可以煮粥、煮饭、制酱、制粉。豆粒小而细长，熬煮易烂，口感比红豆更沙甜，淀粉含量比一般豆子高，豆沙甜糯沙软，可用来煮粥，或是做甜汤稀饭和点心的馅料；富含蛋白质、多种维生素，营养价值较高	食用、保健药用	种子（果实）	窄
22	P150522056	通辽市	科尔沁左翼后旗	翻白眼豇豆	地方品种	当地	一年生	有性	5月中旬	9月中旬	优质，抗旱，耐贫瘠		抗逆、粒大、角条匀	食用	种子（果实）	窄

（续表）

序号	样品编号	盟（市）	旗(县、市、区)	种质名称	种质类型	种质来源	生长习性	繁殖习性	播种期	收获期	主要特性	其他特性	主要特性详细描述	种质用途	利用部位	种质分布
23	P150521007	通辽市	科尔沁左翼中旗	花粒豇豆	地方品种	当地	一年生	有性	5月中旬	9月下旬	高产，优质，抗旱		多年留种育成的品质优良农家种。籽粒褐色，具白色花斑	食用	种子（果实）	窄
24	P150521048	通辽市	科尔沁左翼中旗	老爬豆	地方品种	当地	一年生	有性	5月中旬	9月上旬	高产，优质，抗病，抗旱		茎近无毛、羽状复叶、托叶披针形。花萼浅绿色，钟状。荚果下垂，有种子多粒、种子长椭圆形	食用	种子（果实）	窄
25	P150524002	通辽市	库伦旗	达林稿红豇豆	地方品种	当地	一年生	有性	5月上旬	9月下旬	优质，抗旱		抗逆、粒大、角条匀	食用	种子（果实）	窄
26	P150524015	通辽市	库伦旗	花粒豇豆	地方品种	当地	一年生	有性	5月上旬	9月中旬	高产，优质，抗旱		荚果下垂，线形	食用	种子（果实）	窄
27	P150524033	通辽市	库伦旗	小粒花豇豆	地方品种	当地	一年生	有性	5月上旬	9月中旬	高产，优质，抗旱，耐贫瘠		角条匀、粒大	食用	种子（果实）	窄
28	P150526041	通辽市	扎鲁特旗	老爬豆	地方品种	当地	一年生	有性	5月上旬	9月下旬	高产，优质，抗病，抗虫，抗旱，耐寒		多年种植留种选育出的优良品质农家种。鲜嫩豆荚可以食用，用作蔬菜，成熟豆荚收获种子，干种子可以煮粥、煮饭、制酱、制粉。豆粒小而细长，熬煮易烂，口感比红豆更沙甜，淀粉含量比一般豆子高，豆沙甜糯沙软，可用来煮粥，或是做甜汤稀饭和点心的馅料；富含蛋白质、多种维生素，营养价值较高	食用	种子（果实）	窄

（续表）

序号	样品编号	盟（市）	旗（县、市、区）	种质名称	种质类型	种质来源	生长习性	繁殖习性	播种期	收获期	主要特性	其他特性	主要特性详细描述	种质用途	利用部位	种质分布
29	P150581050	通辽市	霍林郭勒市	长豇豆	地方品种	当地	一年生	有性	5月上旬	7月下旬	高产，优质，抗旱，耐寒，耐贫瘠		农家品种，主要用于鲜食豆荚，可炒食，也可凉拌，味道鲜美。嫩豆荚还可用于加工腌渍、速冻、干制、作鲜菜。干种子还可以煮粥、煮饭	食用	种子（果实）	窄
30	P150422028	赤峰市	巴林左旗	豇豆	地方品种	当地	一年生	有性	5月下旬	9月上旬	其他		生长习性半蔓生，无限结荚习性	食用	种子（果实）	窄
31	P150422040	赤峰市	巴林左旗	猫耳朵豆角	地方品种	当地	一年生	有性	5月下旬	7月下旬	优质，耐贫瘠			食用	种子（果实）	窄
32	P150422048	赤峰市	巴林左旗	油豆角	地方品种	当地	一年生	有性	5月下旬	7月中旬	优质，抗病，抗旱，耐贫瘠			食用	种子（果实）	窄
33	P150422049	赤峰市	巴林左旗	青扎豆	地方品种	当地	一年生	有性	5月下旬	7月上旬	优质，抗病，抗虫，耐贫瘠			食用	种子（果实）	窄
34	P150424043	赤峰市	林西县	长丰架豆	地方品种	当地	一年生	有性	6月中旬	8月上旬	优质，抗旱	经过筛选，目前性状已经稳定，种植20多年	商品属性好，形状均匀	食用、加工原料	种子（果实）	窄
35	P150424045	赤峰市	林西县	一尺青	地方品种	当地	一年生	有性	6月下旬	8月上旬	高产，优质，耐寒，耐贫瘠		口感好，商品性较高，豆角条形佳	食用	种子（果实）	窄

（续表）

序号	样品编号	盟（市）	旗（县、市、区）	种质名称	种质类型	种质来源	生长习性	繁殖习性	播种期	收获期	主要特性	其他特性	主要特性详细描述	种质用途	利用部位	种质分布
36	P150424046	赤峰市	林西县	黄金条	地方品种	当地	一年生	有性	6月中旬	8月上旬	高产，抗旱		口感好，留种17年	食用	种子（果实）	窄
37	P150426032	赤峰市	翁牛特旗	豇豆	地方品种	当地	一年生	有性	5月上旬	7月下旬	其他		生长习性半蔓生，紫花，无限结荚习性	食用	种子（果实）	窄
38	P150428015	赤峰市	喀喇沁旗	花豆	地方品种	当地	一年生	有性	5月中旬	9月下旬	高产，优质		生长习性蔓生，浅紫色花，无限结荚习性	食用	种子（果实）	广
39	P150428018	赤峰市	喀喇沁旗	豇豆	地方品种	当地	一年生	有性	5月下旬	9月上旬	高产，优质		生长习性蔓生，花紫色，无限结荚习性	食用	种子（果实）	广
40	P150428042	赤峰市	喀喇沁旗	大粒红豇豆	地方品种	当地	一年生	有性	5月下旬	9月上旬	高产，优质		豆沙多，做馅好吃	食用	种子（果实）	窄
41	P150428043	赤峰市	喀喇沁旗	黑粒花芸豆	地方品种	当地	一年生	有性	5月下旬	9月上旬	高产，优质		做豆馅	食用	种子（果实）	广
42	P150430002	赤峰市	敖汉旗	豆角	地方品种	当地	一年生	有性	5月中旬	10月下旬	抗旱，耐贫瘠	豆类作物，水肥影响产量	生长习性半蔓生，无限结荚习性	食用	种子（果实），其他	窄
43	P150430018	赤峰市	敖汉旗	豇豆	地方品种	当地	一年生	有性	5月中旬	9月下旬	抗旱，耐贫瘠		生长习性半蔓生，花紫色，无限结荚习性	食用	种子（果实）	窄
44	P150430028	赤峰市	敖汉旗	豇豆（翻白眼）	地方品种	当地	一年生	有性	5月上旬	9月下旬	抗旱，耐贫瘠		生长习性半蔓生，花紫色，无限结荚习性	食用	种子（果实）	窄

（续表）

序号	样品编号	盟（市）	旗（县、市、区）	种质名称	种质类型	种质来源	生长习性	繁殖习性	播种期	收获期	主要特性	其他特性	主要特性详细描述	种质用途	利用部位	种质分布
45	P150925015	乌兰察布市	凉城县	豇豆	地方品种	当地	一年生	有性	5月中旬	9月下旬	抗旱		一年生近直立草本。羽状复叶具3小叶，叶面光滑无毛，叶脉清晰，长5～10cm，宽3～5cm。总状花序腋生，具长梗，花2～4朵聚生于花序的顶端，花梗常有肉质密腺；花萼浅绿色，钟状，长6～10mm，裂齿披针形；花冠粉白色或淡紫色，长约1.5cm，各瓣均具瓣柄。荚果下垂、直立或斜展，线形，长7～10cm，宽6～10mm，稍肉质而膨胀，有种子6～10粒；种子长椭圆形或圆柱形或近肾形，长6～10mm，暗红色	食用	种子（果实）	广

（续表）

序号	样品编号	盟（市）	旗（县、市、区）	种质名称	种质类型	种质来源	生长习性	繁殖习性	播种期	收获期	主要特性	其他特性	主要特性详细描述	种质用途	利用部位	种质分布
46	P150627018	鄂尔多斯市	伊金霍洛旗	豇豆	地方品种	当地	一年生	有性	3月中旬	8月下旬	广适		一年生缠绕、草质藤本或近直立草本植物。有时顶端呈缠绕状。茎近无毛。羽状复叶；托叶披针形，有线纹；小叶卵状菱形，先端急尖，无毛。总状花序腋生，具长梗；花聚生于花序的顶端，花梗间常有肉质密腺；花萼浅绿色，钟状，旗瓣扁圆形，翼瓣略呈三角形，龙骨瓣稍弯；子房线形，被毛。荚果下垂，直立或斜展，线形，稍肉质而膨胀或坚实，有种子多粒；种子长椭圆形或圆柱形或稍肾形，黄白色、暗红色或其他颜色。5—8月开花结果	食用	种子（果实）	广
47	P150627023	鄂尔多斯市	伊金霍洛旗	老豆角	地方品种	当地	一年生	有性	4月上旬	8月中旬	优质		一年生缠绕、草质藤本或近直立草本，有时顶端缠绕状，茎近无毛，羽状复叶具3小叶；托叶披针形，长约1cm，着生处下延成一短距，有线纹；小叶卵状菱形，长5～15cm，宽4～6cm，先端急尖，边全缘或近全缘，有时淡紫色，无毛	食用	种子（果实）	窄

（续表）

序号	样品编号	盟（市）	旗（县、市、区）	种质名称	种质类型	种质来源	生长习性	繁殖习性	播种期	收获期	主要特性	其他特性	主要特性详细描述	种质用途	利用部位	种质分布
48	P150621048	鄂尔多斯市	达拉特旗	麻豇豆	地方品种	当地	一年生	有性	5月上旬	8月下旬	抗旱，耐贫瘠		嫩荚可炒食，豆可磨面加工面条或熬粥食用	食用	种子（果实）	窄
49	P150625029	鄂尔多斯市	杭锦旗	红豇豆	地方品种	当地	一年生	有性	5月中旬	9月下旬	抗旱，耐寒，耐贫瘠			食用	种子（果实）	窄
50	P150625032	鄂尔多斯市	杭锦旗	白豇豆	地方品种	当地	一年生	有性	5月中旬	9月下旬	抗旱，耐寒，耐贫瘠			食用	种子（果实）	窄
51	P150622008	鄂尔多斯市	准格尔旗	花豇豆	地方品种	当地	一年生	有性	5月中旬	10月上旬	高产，优质，抗旱			食用、保健药用、加工原料	种子（果实）	窄
52	P150622036	鄂尔多斯市	准格尔旗	肾形白豇豆	地方品种	当地	一年生	有性	5月上旬	9月下旬	高产，优质，抗病，抗旱，耐贫瘠	不但能调颜养生，还具有健胃补肾的作用		食用、饲用、保健药用、加工原料，其他	种子（果实）	广
53	P150622039	鄂尔多斯市	准格尔旗	准格尔旗黄豇豆	地方品种	当地	一年生	有性	5月下旬	9月中旬	高产，优质，抗病，抗虫，抗旱，耐贫瘠	健胃补肾，助消化，促进胰岛素分泌，提高抗病毒作用		食用、饲用、保健药用、加工原料，其他	种子（果实）	广

（续表）

序号	样品编号	盟（市）	旗（县、市、区）	种质名称	种质类型	种质来源	生长习性	繁殖习性	播种期	收获期	主要特性	其他特性	主要特性详细描述	种质用途	利用部位	种质分布
54	P150622041	鄂尔多斯市	准格尔旗	粉白豇豆	地方品种	当地	一年生	有性	5月中旬	9月下旬	高产，优质，抗病，抗虫，耐盐碱，抗旱，广适，耐贫瘠	补肾		食用、饲用、保健药用、加工原料，其他	种子（果实）	广
55	P150802015	巴彦淖尔市	临河区	民丰豇豆	地方品种	当地	一年生	有性	5月中旬	7月下旬	优质，耐盐碱，耐贫瘠		草质藤本或近直立草本植物。羽状复叶具3小叶。总状花序腋生，具长梗；花2～6朵聚生于花序的顶端。荚果下垂，直立或斜展，线形，长15～20cm，有多粒种子，种子长椭圆形或圆柱形或稍肾形，沙土色	食用	种子（果实）	窄
56	P150802051	巴彦淖尔市	临河区	临河豇豆	地方品种	当地	一年生	有性	5月中旬	8月中旬	优质，耐盐碱，耐贫瘠		一年生缠绕、草质藤本或近直立草本植物。羽状复叶具3小叶；托叶披针形，先端急尖，边全缘或近全缘。总状花序腋生，具长梗；花2～6朵聚生于花序的顶端。荚果下垂，直立或斜展，线形，长15～20cm，有多粒种子，种子长椭圆形或圆柱形或稍肾形，沙土色	食用、加工原料	种子（果实）	窄

（续表）

序号	样品编号	盟（市）	旗（县、市、区）	种质名称	种质类型	种质来源	生长习性	繁殖习性	播种期	收获期	主要特性	其他特性	主要特性详细描述	种质用途	利用部位	种质分布
57	P150822032	巴彦淖尔市	磴口县	磴口白豇豆	地方品种	当地	一年生	有性	4月下旬	7月下旬	抗旱，耐热		一年生缠绕、草质藤本或近直立草本植物。有时顶端呈缠绕状。茎近无毛。羽状复叶具3小叶；托叶披针形，长约1cm，着生处下延成一短距，有线纹；小叶卵状菱形，长5～15cm，宽4～6cm，先端急尖，边全缘或近全缘，有时淡紫色，无毛	食用	种子（果实）	广
58	P150823007	巴彦淖尔市	乌拉特前旗	苏独仑豇豆	地方品种	当地	一年生	有性	5月上旬	8月下旬	优质，耐贫瘠		草质藤本或近直立草本植物。羽状复叶具3小叶。总状花序腋生，具长梗；花2～6朵聚生于花序的顶端。荚果下垂，直立或斜展，线形，长15～20cm，有多粒种子，种子长椭圆形或圆柱形或稍肾形，沙土色	食用	种子（果实）	窄
59	P150824031	巴彦淖尔市	乌拉特中旗	温更豇豆	地方品种	当地	一年生	有性	5月中旬	9月上旬	优质，抗病，抗虫，抗旱，耐贫瘠	新鲜的豆子呈浅红色，陈年的豆子颜色更加鲜艳	一年生缠绕，近直立草本植物，当地人民喜爱蒸馒头或者年糕时，将其作馅料	食用	种子（果实）	窄

（续表）

序号	样品编号	盟（市）	旗（县、市、区）	种质名称	种质类型	种质来源	生长习性	繁殖习性	播种期	收获期	主要特性	其他特性	主要特性详细描述	种质用途	利用部位	种质分布
60	P150824032	巴彦淖尔市	乌拉特中旗	石哈河红豇豆	地方品种	当地	一年生	有性	5月中旬	9月上旬	高产，优质，抗病，抗虫，抗旱，耐贫瘠		一年生缠绕，近直立草本植物，种子颜色呈深红色，粒大饱满，产量高。当地人民喜爱蒸馒头或者年糕时，将其作馅料	食用	种子（果实）	窄
61	P150824037	巴彦淖尔市	乌拉特中旗	石哈河紫豇豆	地方品种	当地	一年生	有性	5月中旬	9月上旬	高产，优质，抗病，抗虫，抗旱，耐贫瘠		一年生缠绕，近直立草本植物，种子颜色呈深紫色，粒小，圆形，产量高。当地人民喜爱蒸馒头或者年糕时，将其做馅料，营养丰富	食用	种子（果实）	窄
62	P150826032	巴彦淖尔市	杭锦后旗	头道桥豇豆	地方品种	当地	一年生	有性	4月下旬	7月下旬	优质，耐贫瘠		一年生缠绕、草质藤本或近直立草本植物，有时顶端呈缠绕状。茎近无毛。羽状复叶具3小叶；托叶披针形，着生处下延成一短距，有线纹；小叶卵状菱形，种子百粒重28g，种子浅粉红乳状，肾形	食用、加工原料	种子（果实）	广
63	P150303013	乌海市	海南区	巴镇豇豆	地方品种	当地	一年生	有性	4月中旬	8月下旬	高产，抗病，抗虫，抗旱，耐寒，耐热		株高120cm左右，长势旺，结果多，豆荚长，嫩脆	食用	种子（果实）	窄
64	P150304009	乌海市	乌达区	乌达富民豆角	地方品种	当地	一年生	有性	4月上旬	7月上旬	高产，优质，抗病，广适，耐贫瘠		嫩豆荚肉质肥厚，炒食脆嫩，豆荚长且像管状，质脆而身软	食用	种子（果实）	广

（续表）

序号	样品编号	盟（市）	旗（县、市、区）	种质名称	种质类型	种质来源	生长习性	繁殖习性	播种期	收获期	主要特性	其他特性	主要特性详细描述	种质用途	利用部位	种质分布
65	P150721050	呼伦贝尔市	阿荣旗	农家花粒大豇豆	地方品种	外地	一年生	有性	5月上旬	7月上旬	高产，抗病	口感好	一年生草本。蔓生缠绕，三出复叶互生，叶柄长，无毛。叶片全缘，基部阔楔形或圆形，顶端渐尖锐。叶面光滑无毛，叶长7～14cm，具卵状披针形的小托叶。总状花序腋生，花冠紫色。荚果长圆筒形，稍弯曲，顶端厚而钝，直立向上或下垂。长30cm左右，成熟时为黄白色。种子红色，带褐色条状花纹，肾形，种脐白色。千粒重140g	食用	种子（果实）	窄
66	P150783045	呼伦贝尔市	扎兰屯市	早熟红粒豇豆	地方品种	外地	一年生	有性	5月上旬	7月上旬	高产，抗病	早熟，口感好	蔓生缠绕，三出复叶互生，叶柄长，无毛。叶片全缘，基部阔楔形或圆形，顶端渐尖锐。叶面光滑无毛，叶长7～14cm，具卵状披针形的小托叶。总状花序腋生，花冠白色。荚果长圆筒形，稍弯曲，顶端厚而钝，直立向上或下垂。长30cm左右，成熟时为黄白色。种子红色，肾形。千粒重130g	食用	种子（果实）	窄

5. 蚕豆种质资源目录

蚕豆（*Vicia faba*）是豆科（Fabaceae）野豌豆属（*Vicia*）一二年生草本植物，蚕豆中含有钙、锌、锰、磷脂、胆石碱等调节大脑和神经组织的重要成分，可促进人体骨骼的生长发育、预防心血管疾病、延缓动脉硬化。共计收集到种质资源47份，分布在10个盟（市）的38个旗（县、市、区）（表2-7）。

表2-7 蚕豆种质资源目录

序号	样品编号	盟（市）	旗(县、市、区)	种质名称	种质类型	种质来源	生长习性	繁殖习性	播种期	收获期	主要特性	其他特性	主要特性详细描述	种质用途	利用部位	种质分布
1	P150105013	呼和浩特市	赛罕区	小粒蚕豆	地方品种	当地	一年生	有性	5月上旬	9月下旬	高产，优质，抗病，耐盐碱，抗旱，耐寒，耐贫瘠		适应性广，籽粒小，结荚率高，产量高，抗寒，耐盐碱，口感好	食用、加工原料	种子（果实）	广
2	P150121043	呼和浩特市	土默特左旗	本地蚕豆	地方品种	当地	一年生	有性	5月下旬	9月中旬	高产，优质，抗病，抗虫，耐盐碱，抗旱，广适，耐寒，耐贫瘠		籽粒比较大，口感好，最近几年已不种植	食用	种子（果实）	广
3	P150124023	呼和浩特市	清水河县	蚕豆	地方品种	当地	一年生	有性	5月下旬	9月上旬	抗病，抗虫，抗旱，耐贫瘠			食用	种子（果实）	窄
4	P150125036	呼和浩特市	武川县	蚕豆	地方品种	当地	一年生	有性	4月中旬	9月下旬	高产，抗旱，耐寒，耐贫瘠		售价高，易销售	食用	种子（果实）	广

（续表）

序号	样品编号	盟（市）	旗（县、市、区）	种质名称	种质类型	种质来源	生长习性	繁殖习性	播种期	收获期	主要特性	其他特性	主要特性详细描述	种质用途	利用部位	种质分布
5	P150202009	包头市	东河区	东河蚕豆	地方品种	当地	一年生	有性	5月中旬	9月下旬	优质，抗病，抗虫，广适		一年生草本，高30～100（120）cm。主根短粗，多须根，根瘤粉红色，密集。茎粗壮，直立，直径0.7～1cm，具四棱，中空、无毛。偶数羽状复叶，叶轴顶端卷须短缩为短尖头；托叶戟头形或近三角状卵形，长1～2.5cm，宽约0.5cm，略有锯齿，具深紫色密腺点；小叶通常1～3对，互生，上部小叶可达4～5对，基部较少，小叶椭圆形，长圆形或倒卵形，稀圆形，长4～6（10）cm，宽1.5～4cm，先端圆钝，具短尖头，基部楔形，全缘，两面均无毛	食用	种子（果实）	广
6	P150205038	包头市	石拐区	石拐蚕豆	地方品种	当地	一年生	有性	5月上旬	9月下旬	优质，广适，耐贫瘠		其主根短粗，多须根。茎粗壮，直立。偶数羽状复叶，叶轴顶端卷须短缩为短尖头，托叶戟头形或近三角状卵形，小叶通常1～3对，小叶椭圆形，基部楔形。总状花序腋生，花梗近无，花萼钟形，花冠白色，子房线形无柄。荚果肥厚，种子2～4粒，种皮革质，种脐线形，黑色	食用	种子（果实）	广

（续表）

序号	样品编号	盟（市）	旗（县、市、区）	种质名称	种质类型	种质来源	生长习性	繁殖习性	播种期	收获期	主要特性	其他特性	主要特性详细描述	种质用途	利用部位	种质分布
7	P150222013	包头市	固阳县	大蚕豆	地方品种	当地	一年生	有性	5月中旬	9月上旬	优质，广适		一年生草本，高30～100（120）cm。主根短粗，多须根，根瘤粉红色，密集。茎粗壮，直立，直径0.7～1cm，具四棱，中空、无毛	食用	种子（果实）	广
8	P150222033	包头市	固阳县	下湿壕蚕豆	地方品种	当地	一年生	有性	5月中旬	9月上旬	抗旱，广适		一年生草本，高30～100（120）cm。主根短粗，多须根，根瘤粉红色，密集。茎粗壮，直立，直径0.7～1cm，具四棱，中空、无毛	食用	种子（果实）	广
9	P150223006	包头市	达尔罕茂明安联合旗	达茂旗蚕豆	地方品种	当地	一年生	有性	4月下旬	8月中旬	高产，优质，抗病，抗虫，耐盐碱，抗旱，广适，耐寒，耐贫瘠		一年生草本，高30～100（120）cm。主根短粗，多须根，根瘤粉红色，密集。茎粗壮，直立，直径0.7～1cm，具四棱，中空、无毛。偶数羽状复叶，单株荚果7～8个，每荚平均2.5粒，百粒重90～100g	食用	种子（果实）	广
10	P150423048	赤峰市	巴林右旗	常兴蚕豆	地方品种	当地	一年生	有性	5月上旬	8月下旬	优质，抗病，抗虫，抗旱			食用	种子（果实）	窄
11	P150425035	赤峰市	克什克腾旗	小蚕豆	地方品种	当地	一年生	有性	5月下旬	8月上旬	抗虫，耐寒，耐贫瘠	早熟，青食蚕豆夹适口性好	一年生草本，高30～80cm。主根短粗，多须根，根瘤粉红色，密集。茎粗壮，直立，直径0.7～1cm，具四棱，中空、无毛。偶数羽状复叶	食用、饲用	种子（果实）	窄
12	P150426003	赤峰市	翁牛特旗	竖豆籽	地方品种	当地	一年生	有性	5月中旬	9月中旬	耐热，其他		株高65cm，生长习性直立，花白色，有限结荚习性	食用	种子（果实）	窄

（续表）

序号	样品编号	盟（市）	旗（县、市、区）	种质名称	种质类型	种质来源	生长习性	繁殖习性	播种期	收获期	主要特性	其他特性	主要特性详细描述	种质用途	利用部位	种质分布
13	P150429045	赤峰市	宁城县	蚕豆	地方品种	当地	一年生	有性	5月中旬	9月下旬	其他		生长习性直立，白花，有限结荚习性	食用	种子（果实）	窄
14	P150430005	赤峰市	敖汉县	树豆	地方品种	当地	一年生	有性	5月中旬	9月下旬	耐贫瘠		生长习性直立，白花，有限结荚习性，荚成熟黑色	食用	种子（果实）	窄
15	P152529046	锡林郭勒盟	正镶白旗	马牙蚕豆	地方品种	当地	一年生	有性	5月中旬	9月中旬	抗旱		幼苗直立，浅绿色；株高（135.00±8.50）cm，单株有效分枝数（2.80±0.21）个，有效分枝率80.00%；叶姿上举，株型紧凑。每节最多小花数6～7朵，花序长（1.30±0.20）cm，主茎结荚（7.30±2.10）层，主茎荚数（9.20±1.50）个，单株荚数（14.60±4.90）个，单株有效荚（12.40±1.40）个，实荚率81.00%。荚长（8.00±2.40）cm，荚宽（1.80±0.10）cm，单株双荚数（1.10±0.10）个，每荚（1.90±0.08）粒。成熟荚黑褐色，籽粒乳白色；种子长（2.33±0.22）cm，单株粒数（20.00±4.80）粒，单株产量（26.00±1.43）g，百粒重（135.00±5.00）g；籽粒粗蛋白质28.20%，淀粉47.30%，粗脂肪1.48%。生育期（129±2）d。抗倒伏性中等；中抗轮纹病、褐斑病	食用	种子（果实）	窄

（续表）

序号	样品编号	盟（市）	旗（县、市、区）	种质名称	种质类型	种质来源	生长习性	繁殖习性	播种期	收获期	主要特性	其他特性	主要特性详细描述	种质用途	利用部位	种质分布
16	P150922019	乌兰察布市	化德县	蚕豆	地方品种	当地	一年生	有性	4月中旬	9月中旬	耐寒			食用	种子（果实）	窄
17	P150924002	乌兰察布市	兴和县	小蚕豆	地方品种	当地	一年生	有性	5月上旬	9月下旬	抗旱		椭圆状薄叶，褐色圆形种子	食用	种子（果实）	窄
18	P150924022	乌兰察布市	兴和县	蚕豆	地方品种	当地	一年生	有性	5月中旬	9月中旬	高产，抗病，抗旱			食用、饲用	种子（果实）	窄
19	P150925006	乌兰察布市	凉城县	蚕豆	地方品种	当地	一年生	有性	5月下旬	9月中旬	优质，耐寒		一年生草本，高50～70cm。主根短粗，多须根，根瘤粉红色，密集。茎粗壮，直立，直径0.7～1cm，具四棱，中空、无毛。偶数羽状复叶，叶轴顶端卷须短缩为短尖头；小叶通常1～3对，互生，上部小叶可达4～5对，基部较少，小叶椭圆形，长4～6cm，宽1.5～3cm，先端具短尖头，基部楔形，全缘，两面均无毛。总状花序腋生，花梗近无；花萼钟形，萼齿披针形，下萼齿较长；花冠白色，具紫色脉纹及黑色斑晕，长2～3.5cm。荚果肥厚，长5～10cm，宽2～3cm；表皮绿色被茸毛，内有白色海绵状横隔膜，成熟后表皮变为黑色。每荚种子2～4粒，种皮革质，青绿色或灰绿色，花期7月，果期8—9月	食用、饲用	种子（果实）	广

（续表）

序号	样品编号	盟（市）	旗（县、市、区）	种质名称	种质类型	种质来源	生长习性	繁殖习性	播种期	收获期	主要特性	其他特性	主要特性详细描述	种质用途	利用部位	种质分布
20	P150925033	乌兰察布市	凉城县	老蚕豆	地方品种	当地	一年生	有性	5月上旬	9月中旬	优质，耐贫瘠	品质好，口感好	一年生草本，株高60～100cm。主根短粗，多须根。茎粗壮，直立，直径0.7～1cm，具四棱，中空、无毛。偶数羽状复叶，单叶长5～7cm，宽3～4cm。总状花序腋生，花梗近无；花萼钟形，萼齿披针形，下萼齿较长；花朵呈丛状着生于叶腋，花冠白色，具黑色斑晕，长2～3cm。荚果肥厚，长5～7cm，宽1.5～2cm；表皮绿色被茸毛，内有白色海绵状，横隔膜，成熟后表皮变为黑色。种子2～3粒，长方圆形，长约16mm，中间内凹，种皮革质，淡棕色略带绿色；种脐线形，黑色，中间有一白色条纹，位于种子一端。花期6—7月，果期8月	食用、饲用	种子（果实）	窄
21	P150928035	乌兰察布市	察哈尔右翼后旗	白蚕豆	地方品种	当地	一年生	有性	5月中旬	9月上旬	高产，优质，抗旱，广适，其他		植株高大，茎粗壮，分枝多，叶片肥厚较软，呈深绿色，叶背稍带白色，籽长扁圆形，皮厚粒大，每荚结实2～3粒。生育期100d左右，耐水肥，抗病力强，易感斑蝥	食用	种子（果实）	广

（续表）

序号	样品编号	盟（市）	旗（县、市、区）	种质名称	种质类型	种质来源	生长习性	繁殖习性	播种期	收获期	主要特性	其他特性	主要特性详细描述	种质用途	利用部位	种质分布
22	P150929047	乌兰察布市	四子王旗	小蚕豆	地方品种	当地	一年生	有性	6月上旬	9月上旬	优质，抗病，抗旱，耐寒，耐贫瘠		一年生草本，株高30～80cm。主根短粗，多须根，密集。茎粗壮，直立，直径0.7～1cm。偶数羽状复叶，叶轴顶端卷须短缩为短尖头；托叶戟头形或近三角状卵形，长1～2.5cm，宽约0.5cm，略有锯齿，具深紫色密腺点；小叶通常1～3对，互生，上部小叶可达4～5对，基部较少，小叶椭圆形、长圆形或倒卵形，稀圆形，长4～6cm，宽1.5～3cm，先端圆钝，具短尖头，基部楔形	食用、饲用	种子（果实）、茎、叶	窄
23	P150929052	乌兰察布市	四子王旗	大马牙蚕豆	地方品种	当地	一年生	有性	5月下旬	9月上旬	高产，优质，耐寒，耐贫瘠		幼苗直立，浅绿色；株高100cm左右，单株有效分枝数3个左右，有效分枝率80.00%，生育期95d左右	食用、加工原料	种子（果实）、茎、叶	窄
24	P152624002	乌兰察布市	卓资县	蚕豆	地方品种	当地	一年生	有性	5月下旬	8月下旬	优质，抗病，抗旱，耐寒，耐贫瘠		无序生长，富含营养及蛋白质，耐-4℃低温；需要水分较多；对土壤无特殊要求	食用、保健药用	种子（果实）	广
25	P152624017	乌兰察布市	卓资县	本地蚕豆	地方品种	当地	一年生	有性	5月下旬	9月下旬	耐寒，耐涝	本地蚕豆，好吃	开粉白花，株高60～70cm	食用、饲用	种子（果实）	广

（续表）

序号	样品编号	盟（市）	旗（县、市、区）	种质名称	种质类型	种质来源	生长习性	繁殖习性	播种期	收获期	主要特性	其他特性	主要特性详细描述	种质用途	利用部位	种质分布
26	P152628003	乌兰察布市	丰镇市	蚕豆	地方品种	当地	一年生	有性	5月下旬	8月下旬	高产，优质，抗病，抗虫，抗旱，耐贫瘠		株高70~80cm，小叶互生，长圆形或者倒卵形，边缘全缘，两面无毛。花冠白色，花萼为钟形，总状花序生长在叶腋处，花期4—5月。果实表皮绿色，有浓密的茸毛，成熟后变为黑色	食用	种子（果实）	窄
27	P152628018	乌兰察布市	丰镇市	蚕豆	地方品种	当地	一年生	有性	5月下旬	8月下旬	高产，优质，抗病，抗虫，抗旱，耐贫瘠		株高70~80cm，茎绿色，花紫白色，分枝力强，荚多，荚长8~10cm，籽粒扁长，种皮奶白色光亮，表面光滑	食用、饲用，其他	种子（果实）	窄
28	P152628040	乌兰察布市	丰镇市	小蚕豆	地方品种	当地	一年生	有性	5月下旬	9月下旬	优质，抗病，抗虫，耐盐碱，抗旱，耐寒，耐贫瘠		株高61cm，荚长8~10cm，每荚内3~4粒种子	食用	种子（果实）	窄
29	P152628048	乌兰察布市	丰镇市	蚕豆	地方品种	当地	一年生	有性	5月下旬	9月下旬	优质，抗病，抗虫，耐盐碱，抗旱，耐涝，耐贫瘠		株高60cm，籽粒白色，较小，每荚内平均4粒种子	食用	种子（果实）	窄
30	P152630011	乌兰察布市	察哈尔右翼前旗	蚕豆	地方品种	当地	一年生	有性	5月下旬	8月下旬	耐寒，耐贫瘠		主根短粗，多须根，适用范围广，可加工	食用、饲用、加工原料	种子（果实）	广

（续表）

序号	样品编号	盟（市）	旗（县、市、区）	种质名称	种质类型	种质来源	生长习性	繁殖习性	播种期	收获期	主要特性	其他特性	主要特性详细描述	种质用途	利用部位	种质分布
31	P150627040	鄂尔多斯市	伊金霍洛旗	蚕豆	地方品种	当地	一年生	有性	3月下旬	9月中旬	优质		一年生草本，株高30～90cm。茎粗壮，直立，或上部近缠绕状，上部多少具棱，密被褐色长硬毛。叶通常具3小叶；托叶宽卵形，渐尖，长3～7mm，具脉纹，被黄色柔毛；叶柄长2～20cm，幼嫩时散生疏柔毛或具棱并被长硬毛；小叶纸质，宽卵形，近圆形或椭圆状披针形，顶生一枚较大，长5～12cm，宽2.5～8cm，先端渐尖或近圆形，稀有钝形，具小尖凸，基部宽楔形或圆形，侧生小叶较小，斜卵形，通常两面散生糙毛或下面无毛；侧脉每边5条；小托叶披针形，长1～2mm；小叶柄长1.5～4mm，被黄褐色长硬毛	食用、饲用	种子（果实）	窄
32	P150621026	鄂尔多斯市	达拉特旗	小蚕豆	地方品种	当地	一年生	有性	4月上旬	7月中旬	高产，优质，耐盐碱，耐贫瘠		地方品种，花期较早，结荚位置低，荚小，不抗病	食用、饲用、保健药用	种子（果实）	广
33	P150622016	鄂尔多斯市	准格尔旗	蚕豆	地方品种	当地	一年生	有性	4月下旬	7月上旬	高产，优质，耐寒		是高产、优质、耐寒的品种	食用、饲用、加工原料	种子（果实）	窄

（续表）

序号	样品编号	盟（市）	旗（县、市、区）	种质名称	种质类型	种质来源	生长习性	繁殖习性	播种期	收获期	主要特性	其他特性	主要特性详细描述	种质用途	利用部位	种质分布
34	P150821028	巴彦淖尔市	五原县	农家蚕豆	地方品种	当地	一年生	有性	4月中旬	8月下旬	优质，抗病，耐盐碱，耐贫瘠		株高30～100（120）cm。主根短粗，多须根，根瘤粉红色，密集。茎粗壮，直立，直径0.7～1cm，具四棱，中空、无毛。偶数羽状复叶，叶轴顶端卷须短缩为短尖头，花大，长25～33mm；荚果肥厚，种子间具海绵状横隔膜，开花期4～7周	食用、饲用、保健药用、加工原料	种子（果实）、茎、叶	窄
35	P150824024	巴彦淖尔市	乌拉特中旗	石哈河蚕豆	地方品种	当地	一年生	有性	5月上旬	7月下旬	高产，广适	主根短粗，多须根	主根短粗，多须根，根瘤粉红色，密集。当地古老品种，抗虫、抗病、耐旱	食用、饲用	种子（果实）	广
36	P150825084	巴彦淖尔市	乌拉特后旗	友联蚕豆	地方品种	当地	一年生	有性	3月上旬	6月下旬	广适		用途非常广泛，可食用、肥用、饲用，主要是食用。新鲜蚕豆可直接烹饪食用，或加工成蚕豆制品。蚕豆制品是指以蚕豆为主要原料，经过一系列特定的加工制作或者精炼提取而得到的多种产品，它们一般也具有蚕豆相应的丰富的营养价值，某些蚕豆制品的营养成分甚至比蚕豆本身更加全面	食用、饲用，其他	种子（果实）	广

（续表）

序号	样品编号	盟（市）	旗（县、市、区）	种质名称	种质类型	种质来源	生长习性	繁殖习性	播种期	收获期	主要特性	其他特性	主要特性详细描述	种质用途	利用部位	种质分布
37	P150826030	巴彦淖尔市	杭锦后旗	三道桥笨豆	地方品种	当地	一年生	有性	4月上旬	7月下旬	高产，优质		根系较发达，茎方形、中空、直立，茎的分枝力强，叶互生，为偶数羽状复叶，小叶椭圆形，在基部互生，先端者为对生。花腋生，总状花序，每花序有2～6朵花，荚为扁圆筒形，种子坚硬，淡绿色，扁圆形。蚕豆具有较强的耐寒性，种子在5～6℃时即能开始发芽，但最适发芽温度为16℃。该植物适应性强，中等地力均可种植	食用、饲用	种子（果实）	窄
38	P150304020	乌海市	乌达区	乌达小粒蚕豆	地方品种	当地	一年生	有性	3月中旬	7月中旬	高产，抗病，耐盐碱，抗旱，耐贫瘠		一年生草本，高30～100（120）cm。主根短粗，多须根，根瘤粉红色，密集。蚕豆用途非常广泛，可食用、肥用、饲用，主要是食用	食用、饲用、加工原料	种子（果实）	广

（续表）

序号	样品编号	盟（市）	旗（县、市、区）	种质名称	种质类型	种质来源	生长习性	繁殖习性	播种期	收获期	主要特性	其他特性	主要特性详细描述	种质用途	利用部位	种质分布
39	P152921042	阿拉善盟	阿拉善左旗	乌尼格图蚕豆	地方品种	当地	一年生	有性	4月下旬	7月上旬	高产，抗病，耐寒，耐贫瘠		株高30～100（120）cm。主根短粗，多须根，根瘤粉红色，密集。茎粗壮，直立，直径0.7～1cm，具四棱，中空、无毛。荚果肥厚，长5～10cm，宽2～3cm；表皮绿色被茸毛，内有白色海绵状横隔膜，成熟后表皮变为黑色。种子2～4(6)粒，长方圆形，近长方形，中间内凹，种皮革质，青绿色、灰绿色至棕褐色，稀紫色或黑色；种脐线形、黑色，位于种子一端。花期4—5月，果期5—6月	食用、饲用	种子（果实）	窄
40	P150727033	呼伦贝尔市	新巴尔虎右旗	农家早熟蚕豆	地方品种	当地	一年生	有性	5月下旬	8月下旬	优质，抗病，耐寒		株高50cm左右。叶互生，为偶数羽状复叶，小叶椭圆形，在基部互生，先端者为对生。花腋生，总状花序，花冠紫白色。每花序有2～5朵花，第1～2朵花一般能结荚，其后的花结荚率低。荚果肥厚，为扁圆筒形，种子间具海绵状横隔膜。种子扁圆形、黄褐色，种脐黑色，千粒重900g	食用	种子（果实）	窄

（续表）

序号	样品编号	盟（市）	旗（县、市、区）	种质名称	种质类型	种质来源	生长习性	繁殖习性	播种期	收获期	主要特性	其他特性	主要特性详细描述	种质用途	利用部位	种质分布
41	P150702050	呼伦贝尔市	海拉尔区	极早熟小粒蚕豆	地方品种	当地	一年生	有性	5月中旬	8月中旬	优质，抗病，耐寒	幼苗耐寒，极早熟	生育期70d。株高45cm左右。叶互生，为偶数羽状复叶，小叶椭圆形，在基部互生，先端者为对生。花腋生，总状花序，花冠紫白色。每花序有2～5朵花，第1～2朵花一般能结荚，其后的花结荚率低。荚果肥厚，为扁圆筒形，种子间具海绵状横隔膜。种子扁圆形、黄褐色，种脐黑色，千粒重400g	食用	种子（果实）	窄
42	P150723046	呼伦贝尔市	鄂伦春自治旗	农家大粒绿皮蚕豆	地方品种	当地	一年生	有性	5月中旬	8月中旬	优质，抗病，耐寒	幼苗耐寒，极早熟	生育期100d左右。株高50cm左右。叶互生，为偶数羽状复叶，小叶椭圆形，在基部互生，先端者为对生。花腋生，总状花序，花冠紫白色。每花序有2～5朵花。荚果肥厚，为扁圆筒形，种子间具海绵状横隔膜。种子扁圆形、绿色，种脐黑色。大籽粒蚕豆，千粒重1340g	食用	种子（果实）	窄

（续表）

序号	样品编号	盟（市）	旗（县、市、区）	种质名称	种质类型	种质来源	生长习性	繁殖习性	播种期	收获期	主要特性	其他特性	主要特性详细描述	种质用途	利用部位	种质分布
43	P150725047	呼伦贝尔市	陈巴尔虎旗	早熟白皮蚕豆	地方品种	当地	一年生	有性	5月下旬	8月下旬	优质，抗病，耐寒	幼苗耐寒，植株抗病	株高50cm左右，易倒伏。叶互生，为偶数羽状复叶，小叶椭圆形，在基部互生，先端者为对生。花腋生，总状花序，花冠白色。每花序有2～5朵花，第1～2朵花一般能结荚，其后的花结荚率低。荚果肥厚，为扁圆筒形，种子间具海绵状横隔膜。种子扁圆形，种皮乳白色，种脐黑色，千粒重870g	食用	种子（果实）	窄
44	P150703059	呼伦贝尔市	扎赉诺尔区	农家褐粒圆蚕豆	地方品种	当地	一年生	有性	5月下旬	8月上旬	优质，抗病，耐寒	香味浓，口感好。高抗叶斑病	株高50cm左右，生育期70d左右。叶互生，为偶数羽状复叶，小叶椭圆形，在基部互生，先端者为对生。花腋生，总状花序，花冠紫白色。每花序有2～5朵花，第1～2朵花一般能结荚，其后的花结荚率低。荚果肥厚，为扁圆筒形，种子间具海绵状横隔膜。种子椭圆形、稍扁，褐色，种脐黑色，千粒重910g	食用	种子（果实）	窄

（续表）

序号	样品编号	盟（市）	旗（县、市、区）	种质名称	种质类型	种质来源	生长习性	繁殖习性	播种期	收获期	主要特性	其他特性	主要特性详细描述	种质用途	利用部位	种质分布
45	P150783057	呼伦贝尔市	扎兰屯市	农家褐皮大扁辩蚕豆	地方品种	当地	一年生	有性	5月下旬	7月下旬	优质，抗病，耐寒	香味浓，口感好，儿童喜食。高抗叶斑病	株高60cm左右。生育期90d左右。叶互生，为偶数羽状复叶，小叶椭圆形，在基部互生，先端者为对生。花腋生，总状花序，花冠紫白色。每花序有2～5朵花，第1～2朵花一般能结荚，其后的花结荚率低。荚果肥厚，为扁圆筒形，种子间具海绵状横隔膜。种子椭圆形，长24mm左右，宽19mm左右，稍扁，浅褐色，千粒重1 590g	食用	种子（果实）	窄
46	P150785048	呼伦贝尔市	根河市	极早熟农家小黄粒蚕豆	地方品种	当地	一年生	有性	5月下旬	7月下旬	优质，抗病，耐寒	香味浓，口感好，儿童喜食。高抗叶斑病	株高50cm左右。生育期70d左右。叶互生，为偶数羽状复叶，小叶椭圆形，在基部互生，先端者为对生。花腋生，总状花序，花冠紫白色。每花序有2～5朵花，第1～2朵花一般能结荚，其后的花结荚率低。荚果肥厚，为扁圆筒形，种子间具海绵状横隔膜。种子椭圆形、稍扁，淡黄色，种脐黑色，千粒重940g	食用	种子（果实）	窄

（续表）

序号	样品编号	盟（市）	旗（县、市、区）	种质名称	种质类型	种质来源	生长习性	繁殖习性	播种期	收获期	主要特性	其他特性	主要特性详细描述	种质用途	利用部位	种质分布
47	P150785049	呼伦贝尔市	根河市	极早熟农家小粒绿蚕豆	地方品种	当地	一年生	有性	5月下旬	7月下旬	优质，抗病，耐寒	香味浓，口感好，儿童喜食。高抗叶斑病	株高40cm左右。生育期60d左右。叶互生，为偶数羽状复叶，小叶椭圆形，在基部互生，先端者为对生。花腋生，总状花序，花冠紫白色。每花序有2～5朵花，第1～2朵花一般能结荚，其后的花结荚率低。荚果肥厚，为扁圆筒形，种子间具海绵状横隔膜。种子椭圆形、稍扁，绿色，种脐黑色，千粒重520g	食用	种子（果实）	窄

6. 绿豆种质资源目录

绿豆（*Vigna radiata*）是豆科（Fabaceae）豇豆属（*Vigna*）一年生直立草本植物，高20～60cm，绿豆可作为杂粮、蔬菜作物。种子供食用，亦可提取淀粉，制作豆沙、粉丝等。种子入药，有清凉解毒、利尿明目的功效。共计收集到种质资源41份，分布在8个盟（市）的30个旗（县、市、区）（表2-8）。

表2-8　绿豆种质资源目录

序号	样品编号	盟（市）	旗（县、市、区）	种质名称	种质类型	种质来源	生长习性	繁殖习性	播种期	收获期	主要特性	其他特性	主要特性详细描述	种质用途	利用部位	种质分布
1	P150104034	呼和浩特市	玉泉区	本地绿豆	地方品种	当地	一年生	有性	5月下旬	9月上旬	优质，抗病			食用	种子（果实）	窄
2	P150105030	呼和浩特市	赛罕区	本地小粒绿豆	地方品种	当地	一年生	有性	4月下旬	9月上旬	优质，耐盐碱，抗旱，耐寒，耐贫瘠		当地种植品种，耐瘠薄，耐旱，产量一般，适应性强，不挑地，豆芽白嫩，口感好，绿豆汤美味可口	食用、保健药用、加工原料	种子（果实）	窄
3	P150105037	呼和浩特市	赛罕区	小粒绿豆	地方品种	当地	一年生	有性	5月上旬	9月上旬	优质，抗病，耐盐碱，抗旱，广适		相比较农家品种，植株矮小，产量偏低，但是抗性较强	食用、加工原料	种子（果实）、茎	广
4	P150122011	呼和浩特市	托克托县	绿豆	地方品种	当地	一年生	有性	5月下旬	9月下旬	优质，抗旱，耐热		种子供食用，亦可提取淀粉，制作豆沙、粉丝等。洗净置流水中，遮光发芽，可制成芽菜，供蔬食。入药，有清凉解毒、利尿明目之效	食用、保健药用、加工原料	种子（果实）	窄
5	P150122023	呼和浩特市	托克托县	黄皮绿豆	地方品种	当地	一年生	有性	4月下旬	9月上旬	优质，广适，耐寒，耐贫瘠		产量低于绿皮绿豆，品质好，富含营养成分高，适口性好，当地适应性强，药用价值高	食用、保健药用	种子（果实）	广
6	P150124027	呼和浩特市	清水河县	小绿豆	地方品种	当地	一年生	有性	5月下旬	8月下旬	抗旱，耐寒，耐贫瘠，耐热			食用	种子（果实）	窄

（续表）

序号	样品编号	盟（市）	旗（县、市、区）	种质名称	种质类型	种质来源	生长习性	繁殖习性	播种期	收获期	主要特性	其他特性	主要特性详细描述	种质用途	利用部位	种质分布
7	P150124038	呼和浩特市	清水河县	中绿豆	选育品种	当地	一年生	有性	5月下旬	9月上旬	高产，优质，抗旱，耐瘠薄			食用	种子（果实）	广
8	P150123054	呼和浩特市	和林格尔县	小绿豆	地方品种	当地	一年生	有性	5月上旬	9月下旬	高产，优质，抗旱，耐寒，耐贫瘠		株高矮壮，产量低，口感好	食用、加工原料	种子（果实）	窄
9	P150123055	呼和浩特市	和林格尔县	大绿豆	地方品种	当地	一年生	有性	5月上旬	9月下旬	高产，优质，抗旱，耐寒，耐贫瘠		地方品种，株高矮壮，产量低，口感好	食用、加工原料	种子（果实）	窄
10	P152201002	兴安盟	乌兰浩特市	小绿豆	地方品种	当地	一年生	有性	5月中旬	9月上旬	优质，抗病，抗虫，耐盐碱，抗旱，耐寒，耐贫瘠，耐热		种子供食用，既可提取淀粉、制作豆沙和粉丝，也可制作芽菜，供蔬食。入药，有清凉解毒、利尿明目之效	食用、饲用、保健药用、加工原料	种子（果实）	广
11	P152201006	兴安盟	乌兰浩特市	绿豆	地方品种	当地	一年生	有性	6月中旬	9月上旬	优质，抗病，抗虫，耐盐碱，抗旱，广适，耐寒，耐贫瘠，耐热		使用性广，营养价值高、清热解毒、解暑开胃、老少皆宜	食用、饲用、保健药用、加工原料	种子（果实）、茎	广

（续表）

序号	样品编号	盟（市）	旗（县、市、区）	种质名称	种质类型	种质来源	生长习性	繁殖习性	播种期	收获期	主要特性	其他特性	主要特性详细描述	种质用途	利用部位	种质分布
12	P152222025	兴安盟	科尔沁右翼中旗	小粒绿豆	地方品种	当地	一年生	有性	6月上旬	9月下旬	优质，抗旱，耐贫瘠			食用	种子（果实）	窄
13	P152222057	兴安盟	科尔沁右翼中旗	小粒绿豆	地方品种	当地	一年生	有性	6月上旬	9月下旬	优质			食用	种子（果实）	窄
14	P152223002	兴安盟	扎赉特旗	小珍珠绿豆	地方品种	当地	一年生	有性	6月上旬	9月上旬	优质，抗旱，耐贫瘠		株高35cm，小粒，粒圆似小珍珠，小叶长5～16cm，多做成豆糕，清热解毒，消暑	食用、保健药用	种子（果实）	窄
15	P152224043	兴安盟	突泉县	小粒绿豆	地方品种	当地	一年生	有性	5月中旬	9月上旬	优质，其他		种子供食用，亦可提取淀粉，制作豆沙、粉丝等。洗净置流水中，遮光发芽，可制成芽菜，供蔬食。入药，有清凉解毒、利尿明目之效。全株是很好的夏季绿肥。绿豆中的多种维生素及钙、磷、铁等矿物质都比粳米多。因此，它不但具有良好的食用价值，还具有非常好的药用价值，有“济世之良谷”的说法。3—4月下种，叶小而且有细毛，到8—9月开小花，豆荚像赤豆荚。用途很广，可以做绿豆糕，可以生绿豆芽	食用，其他	种子（果实）	广

（续表）

序号	样品编号	盟（市）	旗（县、市、区）	种质名称	种质类型	种质来源	生长习性	繁殖习性	播种期	收获期	主要特性	其他特性	主要特性详细描述	种质用途	利用部位	种质分布
16	P150522047	通辽市	科尔沁左翼后旗	查干绿豆	地方品种	当地	一年生	有性	5月上旬	9月中旬	优质，抗旱，耐贫瘠		品质好、抗旱性强。茎粗，叶大，分枝多，主枝直立，侧枝向上倾斜。根系发达，三出复叶，复叶较大，呈心形，荚果细长，圆筒形，种子圆柱形，墨绿色	食用	种子（果实）	窄
17	P150521042	通辽市	科尔沁左翼中旗	透亮绿豆	地方品种	当地	一年生	有性	5月上旬	9月上旬	高产，优质，抗病，抗旱		多年种植留种，不炸荚。茎粗，叶大，分枝多，主枝直立，侧枝向上倾斜。根系发达，三出复叶，复叶较大，呈心形，荚果细长，圆筒形，种子圆柱形，墨绿色	食用	种子（果实）	窄
18	P150524003	通辽市	库伦旗	哈尔稿绿豆	地方品种	当地	一年生	有性	5月上旬	9月中旬	高产，优质，耐贫瘠		产量高、粒大、粒圆	食用	种子（果实）	窄
19	P150524029	通辽市	库伦旗	本地绿豆	地方品种	当地	一年生	有性	5月上旬	9月中旬	优质，抗旱，耐寒，耐贫瘠		粒大而圆、抗逆性强	食用	种子（果实）	窄
20	P150524052	通辽市	库伦旗	平台绿豆	地方品种	当地	一年生	有性	5月中旬	9月中旬	优质，抗虫，抗旱，耐寒，耐贫瘠		农家多年种植老品种。品质好、抗旱性好。荚长，粒大、粒圆	食用	种子（果实）	窄
21	P150525029	通辽市	奈曼旗	本地绿豆	地方品种	当地	一年生	有性	5月中旬	9月中旬	优质，抗旱，耐贫瘠		多年留种育成的品质优良农家种。粒大、粒圆	食用	种子（果实）	窄

（续表）

序号	样品编号	盟（市）	旗（县、市、区）	种质名称	种质类型	种质来源	生长习性	繁殖习性	播种期	收获期	主要特性	其他特性	主要特性详细描述	种质用途	利用部位	种质分布
22	P150526021	通辽市	扎鲁特旗	平安绿豆	地方品种	当地	一年生	有性	5月中旬	9月下旬	高产，优质，抗病，抗虫，抗旱		多年留种选育而成的品质优良农家种。品质好，抗旱。茎直立，有限型，株高60～80cm。荚果线状圆柱形，平展，长4～9cm，宽5～6mm，被淡褐色、散生的长硬毛，种子间多少收缩；种子8～14粒，淡绿色，短圆柱形，长2.5～4mm，宽2.5～3mm，种脐白色而不凹陷	食用、饲用	种子（果实）	窄
23	P150526042	通辽市	扎鲁特旗	大明绿豆	地方品种	当地	一年生	有性	5月上旬	9月下旬	高产，优质，抗病，抗虫，抗旱，耐寒		多年种植留种选育出的优良品质农家种，抗旱、抗病、耐寒	食用	种子（果实）	窄
24	P150421013	赤峰市	阿鲁科尔沁旗	天山大明绿	地方品种	当地	一年生	有性	6月中旬	9月下旬	抗旱	生育期90d，抗旱，耐贫瘠，主要食用，颜色明绿，鲜艳	生长习性半蔓生，无限结荚习性，籽粒明亮有光泽	食用、保健药用、加工原料	种子（果实）	窄
25	P150421030	赤峰市	阿鲁科尔沁旗	小黄绿豆	地方品种	当地	一年生	有性	5月下旬	9月中旬	其他	生育期80d左右，籽粒黄色	生长习性直立型，有限结荚习性	食用	种子（果实）	窄
26	P150422044	赤峰市	巴林左旗	小粒绿豆	地方品种	当地	一年生	有性	5月下旬	9月上旬	优质，抗虫，耐贫瘠			食用、加工原料	种子（果实）	窄

（续表）

序号	样品编号	盟（市）	旗（县、市、区）	种质名称	种质类型	种质来源	生长习性	繁殖习性	播种期	收获期	主要特性	其他特性	主要特性详细描述	种质用途	利用部位	种质分布
27	P150425017	赤峰市	克什克腾旗	绿豆	地方品种	当地	一年生	有性	5月中旬	8月下旬	其他		蛋白质含量高，富含维生素、蛋黄素等，可加工制成豆沙、绿豆粉等。生长习性半蔓生，无限结荚习性，籽粒明亮有光泽	食用、加工原料	种子（果实）	窄
28	P150426048	赤峰市	翁牛特旗	小粒绿豆	地方品种	当地	一年生	有性	5月中旬	9月中旬	耐贫瘠，其他		生长习性半蔓生，无限结荚习性，籽粒明亮有光泽	食用	种子（果实）	窄
29	P150429032	赤峰市	宁城县	小绿豆	地方品种	当地	一年生	有性	6月下旬	9月中旬	其他		生长习性半蔓生，无限结荚习性，籽粒碧绿有光泽	食用	种子（果实）	窄
30	P150429039	赤峰市	宁城县	绿杂豆	地方品种	当地	一年生	有性	5月中旬	9月下旬	其他		生长习性半蔓生，无限结荚习性	食用	种子（果实）	窄
31	P150922015	乌兰察布市	化德县	绿豆	地方品种	当地	一年生	有性	4月下旬	9月中旬			适应性好	食用	种子（果实）	窄
32	P150925049	乌兰察布市	凉城县	绿豆	地方品种	当地	一年生	有性	5月中旬	9月中旬	优质，抗旱		株高30～50cm。羽状复叶具3小叶；托叶盾状着生，卵形，长0.8～1.2cm，具缘毛；小托叶显著，披针形；小叶卵形，长5～10cm，宽3～8cm，侧生的多少偏斜，全缘，先端渐尖，基部阔楔形或浑圆；叶柄长6～15cm，小叶柄长3～5mm。总状花序腋生。荚果线状圆柱形，平展，长4～8cm，宽约5mm，被淡褐色、散生的长硬毛；种子7～10粒，黄绿色或黄褐色，短圆柱形，长3～4mm，宽约3mm，种脐白色而不凹陷	食用	种子（果实）	窄

（续表）

序号	样品编号	盟（市）	旗（县、市、区）	种质名称	种质类型	种质来源	生长习性	繁殖习性	播种期	收获期	主要特性	其他特性	主要特性详细描述	种质用途	利用部位	种质分布
33	P152628021	乌兰察布市	丰镇市	小绿豆	地方品种	当地	一年生	有性	5月中旬	8月下旬	优质，抗病，抗虫，抗旱，耐贫瘠		株高40～45cm，茎绿色，花紫色，豆荚长1cm，籽粒小圆形，种皮绿色，表面光滑	食用、保健药用	种子（果实）	窄
34	P150621001	鄂尔多斯市	达拉特旗	绿豆	地方品种	当地	一年生	有性	6月中旬	8月下旬	优质，抗病，抗虫，耐盐碱，抗旱，耐贫瘠，耐热		达拉特旗各地区农家院落中均有零散种植，生育期适中。产量一般，抗病、抗倒	食用、保健药用	种子（果实）	广
35	P150622010	鄂尔多斯市	准格尔旗	绿豆	地方品种	当地	一年生	有性	5月中旬	10月上旬	高产，优质，抗旱		高产、优质、抗旱的品种	食用、保健药用、加工原料	种子（果实）	广
36	P150626032	鄂尔多斯市	乌审旗	绿豆	地方品种	当地	一年生	有性	5月下旬	8月中旬	耐盐碱，广适		可作绿豆汤、绿豆糕	食用、饲用	种子（果实）、根、茎、叶	广
37	P150627032	鄂尔多斯市	伊金霍洛旗	绿豆	地方品种	当地	一年生	有性	4月上旬	9月中旬	优质，抗旱，广适		硬毛，种子间多少收缩；种子8～14粒，淡绿色或黄褐色，短圆柱形，长2.5～4mm，宽2.5～3mm，种脐白色而不凹陷	食用、保健药用	种子（果实）	广

（续表）

序号	样品编号	盟（市）	旗(县、市、区)	种质名称	种质类型	种质来源	生长习性	繁殖习性	播种期	收获期	主要特性	其他特性	主要特性详细描述	种质用途	利用部位	种质分布
38	P150802038	巴彦淖尔市	临河区	老绿豆	地方品种	当地	一年生	有性	5月中旬	9月上旬	优质，耐贫瘠		株高40～60cm，茎被褐色长硬毛，羽状复叶具3小叶。总状花序腋生，有花4朵至数朵。荚果线状圆柱形，平展，长7～9cm。种子10～14粒，淡绿色或黄褐色，短圆柱形	食用	种子（果实）	窄
39	P150822025	巴彦淖尔市	磴口县	绿豆	地方品种	当地	一年生	有性	4月下旬	8月上旬	优质，耐盐碱，抗旱，广适，耐贫瘠		荚果线状圆柱形，平展，长4～9cm，宽5～6mm，被淡褐色、散生的长硬毛，种子间多少收缩；种子8～14粒，淡绿色或黄褐色，短圆柱形，长2.5～4mm，宽2.5～3mm，种脐白色而不凹陷。花期初夏，果期6—8月	食用、加工原料	种子（果实）	广
40	P150824028	巴彦淖尔市	乌拉特中旗	石哈河绿豆	地方品种	当地	一年生	有性	5月中旬	9月下旬	优质，抗旱，广适，耐寒	适应性强	当地农户喜好熬绿豆汤下火，或者过年时候生绿豆芽	食用	种子（果实）	广

（续表）

序号	样品编号	盟（市）	旗(县、市、区)	种质名称	种质类型	种质来源	生长习性	繁殖习性	播种期	收获期	主要特性	其他特性	主要特性详细描述	种质用途	利用部位	种质分布
41	P150723021	呼伦贝尔市	鄂伦春自治旗	农家绿豆	地方品种	当地	一年生	有性	5月上旬	8月下旬	高产，优质，广适	菜用豆芽型	株高20～60cm。茎被褐色长硬毛。羽状复叶具3小叶；托叶盾状着生，卵形；总状花序腋生，小苞片线状披针形或长圆形，外面黄绿色，里面有时粉红色；翼瓣卵形，黄色；龙骨瓣镰刀状，绿色而染粉红，右侧有显著的囊。荚果线状圆柱形，种子间多少收缩；种子8～14粒，淡绿色或黄褐色，短圆柱形，种脐白色而不凹陷	食用	种子（果实）	广

7. 野生大豆种质资源目录

野生大豆（*Glycine soja*）是豆科（Fabaceae）大豆属（*Glycine*）一年生缠绕草本植物，野生大豆种子含蛋白质30%～45%，油脂18%～22%，供食用，也可制酱、酱油和豆腐等，又可榨油，豆粕是优良饲料和肥料。全草可药用，有补气血、强壮、利尿等功效。共计收集到种质资源39份，分布在3个盟（市）的7个旗（县、市、区）（表2-9）。

表2-9　野生大豆种质资源目录

序号	样品编号	盟（市）	旗(县、市、区)	种质名称	种质类型	种质来源	生长习性	繁殖习性	播种期	收获期	主要特性	其他特性	主要特性详细描述	种质用途	利用部位	种质分布
1	P152223028	兴安盟	扎赉特旗	野生大豆	野生资源	当地	一年生	有性	5月上旬	10月上旬	抗病，抗旱，耐寒		抗病、抗药性强，除草剂难杀死，抗旱、抗寒性强，自然条件生长。种子呈黑色，豆小，圆润，可作牛羊饲料，家畜喜食，亩产20～25kg	饲用	种子（果实）	窄

（续表）

序号	样品编号	盟（市）	旗(县、市、区)	种质名称	种质类型	种质来源	生长习性	繁殖习性	播种期	收获期	主要特性	其他特性	主要特性详细描述	种质用途	利用部位	种质分布
2	P152224010	兴安盟	突泉县	野生大豆	野生资源	当地	一年生	有性	5月中旬	10月中旬	抗病，耐盐碱，抗旱，耐寒，耐涝，其他	家畜喜食的饲料，可作牧草、绿肥和水土保持植物。种子及根、茎、叶均可入药		食用、饲用	种子（果实）	窄
3	P150626008	鄂尔多斯市	乌审旗	野大豆	野生资源	当地	一年生	有性	5月上旬	10月上旬	耐盐碱，耐涝		可作绿肥、牧草和水土保持植物，可入药	食用、保健药用	种子（果实）	窄
4	P150722046	呼伦贝尔市	莫力达瓦达斡尔族自治旗	圆叶野大豆	野生资源	当地	一年生	有性	5月上旬	9月下旬	抗病，抗旱，耐寒	多生于山坡、田间、田边。优质牧草	种子卵圆形，黑色，千粒重34g	饲用	茎、叶	广
5	P150722059	呼伦贝尔市	莫力达瓦达斡尔族自治旗	半直立狭叶褐粒野大豆	野生资源	当地	一年生	有性	5月上旬	8月下旬	抗病，抗旱，耐寒	优等饲用植物，抗叶斑病	茎半直立，株高60cm左右，较细弱。种子椭圆形，褐色，千粒重51g	饲用	茎、叶	窄
6	P150722060	呼伦贝尔市	莫力达瓦达斡尔族自治旗	半直立阔叶乌粒野大豆	野生资源	当地	一年生	有性	5月上旬	8月下旬	抗病，抗旱，耐寒	优等饲用植物，抗叶斑病	茎半直立，株高70cm左右，种子椭圆形，乌黑色，千粒重53g	饲用	茎、叶	窄

（续表）

序号	样品编号	盟（市）	旗（县、市、区）	种质名称	种质类型	种质来源	生长习性	繁殖习性	播种期	收获期	主要特性	其他特性	主要特性详细描述	种质用途	利用部位	种质分布
7	P150722061	呼伦贝尔市	莫力达瓦达斡尔族自治旗	半直立阔叶黑粒野大豆	野生资源	当地	一年生	有性	5月上旬	8月下旬	抗病，抗旱，耐寒	优等饲用植物，抗叶斑病	茎半直立，株高70cm左右，较细弱。种子椭圆形，黑色，有光泽，千粒重51g	饲用	茎、叶	窄
8	P150722062	呼伦贝尔市	莫力达瓦达斡尔族自治旗	匍匐狭叶小乌粒野大豆	野生资源	当地	一年生	有性	5月上旬	8月下旬	抗病，抗旱，耐寒	优等饲用植物，抗叶斑病	茎匍匐，株高70cm左右，较细弱。种子椭圆形，乌黑色，千粒重34g	饲用	茎、叶	窄
9	P150722063	呼伦贝尔市	莫力达瓦达斡尔族自治旗	直立阔叶黄绿长粒野大豆	野生资源	当地	一年生	有性	5月上旬	8月下旬	抗病，抗旱，耐寒	优等饲用植物，抗叶斑病	茎直立，株高70cm左右，较细弱。种子椭圆形，黄色，千粒重88g	饲用	茎、叶	窄
10	P150722064	呼伦贝尔市	莫力达瓦达斡尔族自治旗	直立圆叶黑粒野大豆	野生资源	当地	一年生	有性	5月上旬	8月下旬	抗病，抗旱，耐寒	优等饲用植物，抗叶斑病	茎直立，株高70cm左右，较细弱。种子椭圆形，黑色，有光泽，千粒重60g	饲用	茎、叶	窄
11	P150722065	呼伦贝尔市	莫力达瓦达斡尔族自治旗	半直立阔叶大荚乌粒野大豆	野生资源	当地	一年生	有性	5月上旬	8月下旬	抗病，抗旱，耐寒	优等饲用植物，抗叶斑病	茎半直立，株高70cm左右，较细弱。种子椭圆形，乌黑色，千粒重52g	饲用	茎、叶	窄
12	P150722066	呼伦贝尔市	莫力达瓦达斡尔族自治旗	匍匐细叶乌粒野大豆	野生资源	当地	一年生	有性	5月上旬	8月下旬	抗病，抗旱，耐寒	优等饲用植物，抗叶斑病	茎匍匐，株高70cm左右，细弱。种子椭圆形，稍扁，乌黑色，千粒重18.2g	饲用	茎、叶	窄

（续表）

序号	样品编号	盟（市）	旗（县、市、区）	种质名称	种质类型	种质来源	生长习性	繁殖习性	播种期	收获期	主要特性	其他特性	主要特性详细描述	种质用途	利用部位	种质分布
13	P150722067	呼伦贝尔市	莫力达瓦达斡尔族自治旗	半直立狭叶墨绿粒野大豆	野生资源	当地	一年生	有性	5月上旬	8月下旬	抗病，抗旱，耐寒	优等饲用植物，抗叶斑病	茎半直立，株高70cm左右，较细弱。种子椭圆形，墨绿色，千粒重50g	饲用	茎、叶	窄
14	P150723031	呼伦贝尔市	鄂伦春自治旗	直立野大豆	野生资源	当地	一年生	有性	5月上旬	10月上旬	抗病，耐寒	大豆田恶性杂草	茎直立，株高50cm左右，有分枝，紫花，尖叶，棕色茸毛，荚成熟时呈褐色。种子肾形，种皮黑色，种脐淡黄色，有光泽。千粒重78.5g	食用、饲用	种子（果实）	窄
15	P150723041	呼伦贝尔市	鄂伦春自治旗	狭叶野大豆	野生资源	当地	一年生	有性	5月上旬	9月下旬	抗病，抗旱，耐寒	多生于山坡、田间、田边。优质牧草	种子椭圆形，稍扁，黑色，千粒重12g	饲用，其他	茎、叶	广
16	P150723051	呼伦贝尔市	鄂伦春自治旗	匍匐狭叶褐粒野大豆	野生资源	当地	一年生	有性	5月上旬	8月下旬	抗病，抗旱，耐寒	优等饲用植物，抗叶斑病	茎匍匐，株高70cm左右，细弱。种子椭圆形，褐色，千粒重40g	饲用	茎、叶	窄
17	P150723052	呼伦贝尔市	鄂伦春自治旗	匍匐阔叶大荚黑粒野大豆	野生资源	当地	一年生	有性	5月上旬	8月下旬	抗病，抗旱，耐寒	优等饲用植物，抗叶斑病	茎匍匐，株高70cm左右，细弱。种子椭圆形，稍扁，黑色，有光泽，千粒重55g	饲用	茎、叶	窄
18	P150723053	呼伦贝尔市	鄂伦春自治旗	半直立狭叶小绿粒野大豆	野生资源	当地	一年生	有性	5月上旬	8月下旬	抗病，抗旱，耐寒	优等饲用植物，抗叶斑病	茎半直立，株高70cm左右，较细弱。含种子2～4粒，种子椭圆形，稍扁，墨绿色，千粒重34g	饲用	茎、叶	窄

（续表）

序号	样品编号	盟（市）	旗（县、市、区）	种质名称	种质类型	种质来源	生长习性	繁殖习性	播种期	收获期	主要特性	其他特性	主要特性详细描述	种质用途	利用部位	种质分布
19	P150723054	呼伦贝尔市	鄂伦春自治旗	直立狭叶褐粒野大豆	野生资源	当地	一年生	有性	5月上旬	8月下旬	抗病，抗旱，耐寒	优等饲用植物，抗叶斑病	茎直立，株高70cm左右，较细弱。种子椭圆形，稍扁，黄色，千粒重77g	饲用	茎、叶	窄
20	P150723055	呼伦贝尔市	鄂伦春自治旗	匍匐狭叶黑荚乌粒野大豆	野生资源	当地	一年生	有性	5月上旬	8月下旬	抗病，抗旱，耐寒	优等饲用植物，抗叶斑病	茎匍匐，株高70cm左右，细弱。幼荚灰黑色，半成熟黑色，长15～20mm，宽5mm左右，种子间缢缩，含种子2～3粒，种子椭圆形，稍扁，乌黑色，千粒重14.4g	饲用	茎、叶	窄
21	P150723056	呼伦贝尔市	鄂伦春自治旗	早熟匍匐圆叶乌粒野大豆	野生资源	当地	一年生	有性	5月上旬	8月下旬	抗病，抗旱，耐寒	优等饲用植物，抗叶斑病	荚果稍弯，呈镰刀形，两侧稍扁，长15～20mm，宽5mm左右，种子间缢缩，含种子2～3粒，种子椭圆形，稍扁，乌黑色，千粒重19g	饲用	茎、叶	窄
22	P150723057	呼伦贝尔市	鄂伦春自治旗	半直立圆叶乌粒野大豆	野生资源	当地	一年生	有性	5月上旬	8月下旬	抗病，抗旱，耐寒	优等饲用植物，抗叶斑病，极早熟	荚果稍弯，呈镰刀形，两侧稍扁，长15～25mm，宽6mm左右，种子间缢缩，含种子3～4粒，种子椭圆形，稍扁，乌黑色，千粒重50g	饲用	茎、叶	窄
23	P150723058	呼伦贝尔市	鄂伦春自治旗	半直立狭叶绿粒野大豆	野生资源	当地	一年生	有性	5月上旬	8月下旬	抗病，抗旱，耐寒	优等饲用植物，抗叶斑病	荚果稍弯，呈镰刀形，两侧稍扁，长15～25mm，宽6mm左右，种子间缢缩，含种子3～4粒，种子椭圆形，稍扁，墨绿色，千粒重42g	饲用	茎、叶	窄

（续表）

序号	样品编号	盟（市）	旗（县、市、区）	种质名称	种质类型	种质来源	生长习性	繁殖习性	播种期	收获期	主要特性	其他特性	主要特性详细描述	种质用途	利用部位	种质分布
24	P150723059	呼伦贝尔市	鄂伦春自治旗	直立圆叶乌粒野大豆	野生资源	当地	一年生	有性	5月上旬	8月下旬	抗病，抗旱，耐寒	优等饲用植物，抗叶斑病，极早熟	荚果稍弯，呈镰刀形，两侧稍扁，长15～26mm，宽7mm左右，种子间缢缩，含种子3～4粒，种子椭圆形，稍扁，乌黑色，千粒重45g	饲用	茎、叶	窄
25	P150723060	呼伦贝尔市	鄂伦春自治旗	匍匐细叶小绿粒野大豆	野生资源	当地	一年生	有性	5月上旬	8月下旬	抗病，抗旱，耐寒	优等饲用植物，抗叶斑病	荚果，幼荚灰黑色，半成熟黑色，长15～20mm，宽5mm左右，种子间缢缩，含种子2～3粒，种子椭圆形，墨绿色，千粒重31g	饲用	茎、叶	窄
26	P150721057	呼伦贝尔市	阿荣旗	直立阔叶褐粒野大豆	野生资源	当地	一年生	有性	5月上旬	8月下旬	抗病，抗旱，耐寒	优等饲用植物，抗叶斑病	种子椭圆形，褐色，千粒重72g	饲用	茎、叶	窄
27	P150721058	呼伦贝尔市	阿荣旗	直立圆叶小黑粒野大豆	野生资源	当地	一年生	有性	5月上旬	8月下旬	抗病，抗旱，耐寒	优等饲用植物，抗叶斑病	株高60cm左右，较细弱。种子椭圆形，稍扁，黑色，有亮光，千粒重43g	饲用	茎、叶	窄
28	P150721059	呼伦贝尔市	阿荣旗	直立阔叶黄粒野大豆	野生资源	当地	一年生	有性	5月上旬	8月下旬	抗病，抗旱，耐寒	优等饲用植物，抗叶斑病	株高60cm左右，较细弱。种子间缢缩，含种子3～5粒，种子肾形，黄色，千粒重86g	饲用	茎、叶	窄
29	P150721060	呼伦贝尔市	阿荣旗	半直立狭叶大荚绿野豆	野生资源	当地	一年生	有性	5月上旬	8月下旬	抗病，抗旱，耐寒	优等饲用植物，抗叶斑病	株高60cm左右，较细弱。种子椭圆形，稍扁，墨绿色，千粒重51g	饲用	茎、叶	窄

（续表）

序号	样品编号	盟（市）	旗（县、市、区）	种质名称	种质类型	种质来源	生长习性	繁殖习性	播种期	收获期	主要特性	其他特性	主要特性详细描述	种质用途	利用部位	种质分布
30	P150721061	呼伦贝尔市	阿荣旗	半直立阔叶黑粒野大豆	野生资源	当地	一年生	有性	5月上旬	8月下旬	抗病，抗旱，耐寒	优等饲用植物，抗叶斑病	茎半直立，株高70cm左右，较细弱。种子椭圆形，黑色，千粒重32g	饲用	茎、叶	窄
31	P150721062	呼伦贝尔市	阿荣旗	半直立阔叶褐粒野大豆	野生资源	当地	一年生	有性	5月上旬	8月下旬	抗病，抗旱，耐寒	优等饲用植物，抗叶斑病	茎半直立，株高70cm左右，较细弱。种子椭圆形，褐色，千粒重45.2g	饲用	茎、叶	窄
32	P150721063	呼伦贝尔市	阿荣旗	直立阔叶绿粒野大豆	野生资源	当地	一年生	有性	5月上旬	8月下旬	抗病，抗旱，耐寒	优等饲用植物，抗叶斑病	茎直立，株高60cm左右，种子卵圆形，绿色，千粒重88g	饲用	茎、叶	窄
33	P150721064	呼伦贝尔市	阿荣旗	直立圆叶大黑粒野大豆	野生资源	当地	一年生	有性	5月上旬	8月下旬	抗病，抗旱，耐寒	优等饲用植物，抗叶斑病	茎直立，株高60cm左右，种子椭圆形，稍扁，黑色，千粒重71g	饲用	茎、叶	窄
34	P150721065	呼伦贝尔市	阿荣旗	半直立狭叶大荚褐粒野豆	野生资源	当地	一年生	有性	5月上旬	8月下旬	抗病，抗旱，耐寒	优等饲用植物，抗叶斑病	茎半直立，株高70cm左右，较细弱。种子椭圆形，稍扁，褐色，千粒重49g	饲用	茎、叶	窄
35	P150721068	呼伦贝尔市	阿荣旗	直立圆叶黄绿粒野大豆	野生资源	当地	一年生	有性	5月上旬	8月下旬	抗病，抗旱，耐寒	优等饲用植物，抗叶斑病	茎直立，株高60cm左右。种子圆形，黄色，千粒重118g	食用、饲用	茎、叶	窄

（续表）

序号	样品编号	盟（市）	旗（县、市、区）	种质名称	种质类型	种质来源	生长习性	繁殖习性	播种期	收获期	主要特性	其他特性	主要特性详细描述	种质用途	利用部位	种质分布
36	P150783063	呼伦贝尔市	扎兰屯市	匍匐狭叶绿粒野大豆	野生资源	当地	一年生	有性	5月上旬	8月下旬	抗病，抗旱，耐寒	优等饲用植物，抗叶斑病	荚果稍弯，呈镰刀形，两侧稍扁，长15～25mm，宽6mm左右，种子间缢缩，含种子3～4粒，种子椭圆形，稍扁，褐色，千粒重37g	饲用	茎、叶	窄
37	P150783065	呼伦贝尔市	扎兰屯市	匍匐小狭叶乌粒野大豆	野生资源	当地	一年生	有性	5月上旬	8月下旬	抗病，抗旱，耐寒	优等饲用植物，抗叶斑病，极早熟	荚果稍弯，呈镰刀形，两侧稍扁，长15～20mm，宽5mm左右，种子间缢缩，含种子2～3粒，种子肾形，乌黑色，千粒重9g	饲用	茎、叶	窄
38	P150783066	呼伦贝尔市	扎兰屯市	匍匐大狭叶乌粒野大豆	野生资源	当地	一年生	有性	5月上旬	8月下旬	抗病，抗旱，耐寒	优等饲用植物，抗叶斑病	荚果稍弯，呈镰刀形，两侧稍扁，长15～23mm，宽6mm左右，种子间缢缩，含种子2～4粒，种子椭圆形，乌黑色，千粒重50g	饲用	茎、叶	窄
39	P150783067	呼伦贝尔市	扎兰屯市	匍匐狭叶大荚黑粒野大豆	野生资源	当地	一年生	有性	5月上旬	8月下旬	抗病，抗旱，耐寒	优等饲用植物，抗叶斑病	荚果稍弯，呈镰刀形，两侧稍扁，长15～26mm，宽7mm左右，种子间缢缩，含种子2～4粒，种子椭圆形，乌黑色，有光泽，千粒重38g	饲用	茎、叶	窄

8. 小豆种质资源目录

小豆（*Vigna angularis*）是豆科（Fabaceae）豇豆属（*Vigna*）一年生直立或缠绕草本。共计收集到种质资源37份，分布在8个盟（市）的28个旗（县、市、区）（表2-10）。

表2-10 小豆种质资源目录

序号	样品编号	盟（市）	旗（县、市、区）	种质名称	种质类型	种质来源	生长习性	繁殖习性	播种期	收获期	主要特性	其他特性	主要特性详细描述	种质用途	利用部位	种质分布
1	P150124019	呼和浩特市	清水河县	红小豆	地方品种	当地	一年生	有性	5月下旬	9月上旬	抗病，抗虫，抗旱，耐寒，耐贫瘠		耐瘠薄抗旱	食用	种子（果实）	窄
2	P150202012	包头市	东河区	东河红小豆	地方品种	当地	一年生	有性	5月中旬	10月上旬	高产，优质		叶常绿或落叶，通常互生，稀对生，常为一回或二回羽状复叶，少数为掌状复叶或3小叶，罕可变为叶状柄，叶具叶柄或无；托叶有或无，有时叶状或变为棘刺	食用、加工原料	种子（果实）	窄
3	P150222030	包头市	固阳县	下湿壕红小豆	地方品种	当地	一年生	有性	5月中旬	9月下旬	耐盐碱，抗旱，耐贫瘠		茎纤细，小叶卵形，花梗短，荚果线状圆柱形，通常暗红色	食用	种子（果实）	窄
4	P152201003	兴安盟	乌兰浩特市	红小豆	地方品种	当地	一年生	有性	6月中旬	9月上旬	优质，抗病，抗虫，耐盐碱，抗旱，耐寒，耐贫瘠，耐热		优质、抗病虫害，营养丰富、保健功效显著，食品饮料加工的重要原料	食用、饲用、保健药用、加工原料	种子（果实）、茎	广

（续表）

序号	样品编号	盟（市）	旗（县、市、区）	种质名称	种质类型	种质来源	生长习性	繁殖习性	播种期	收获期	主要特性	其他特性	主要特性详细描述	种质用途	利用部位	种质分布
5	P152201009	兴安盟	乌兰浩特市	赤小豆	地方品种	当地	一年生	有性	6月上旬	10月上旬	优质，抗病，抗虫，耐盐碱，抗旱，耐寒，耐贫瘠，耐热		种子供食用，入药，有行血补血、健脾去湿、利水消肿之效	食用、饲用、保健药用、加工原料	种子（果实）	窄
6	P152222017	兴安盟	科尔沁右翼中旗	赤小豆	地方品种	当地	一年生	有性	6月上旬	9月下旬	优质，耐贫瘠			食用	种子（果实）	窄
7	P152222022	兴安盟	科尔沁右翼中旗	红小豆	地方品种	当地	一年生	有性	5月下旬	8月中旬	优质，抗旱，耐贫瘠			食用	种子（果实）	窄
8	P152222055	兴安盟	科尔沁右翼中旗	赤豆	地方品种	当地	一年生	有性	6月上旬	9月下旬	优质			食用	种子（果实）	窄
9	P152223036	兴安盟	扎赉特旗	老红小豆	地方品种	当地	一年生	有性	5月中旬	8月下旬	优质，耐贫瘠，耐热		茎纤细。喜温，不耐涝，忌连作和重迎茬，粒小，深红色，多用于煮粥、做豆馅、豆沙，营养价值高	食用、加工原料	种子（果实）	窄
10	P152223037	兴安盟	扎赉特旗	赤小豆	地方品种	当地	一年生	无性	5月中旬	10月上旬	优质，耐热		粒长，红色，长约1cm，表面光滑，有光泽，皮薄，有白色种脐。多用于打豆浆、制作豆馅、豆糕等，食用味美，营养丰富	食用	种子（果实）	窄

（续表）

序号	样品编号	盟（市）	旗（县、市、区）	种质名称	种质类型	种质来源	生长习性	繁殖习性	播种期	收获期	主要特性	其他特性	主要特性详细描述	种质用途	利用部位	种质分布
11	P152224016	兴安盟	突泉县	红小豆	地方品种	当地	一年生	有性	5月中旬	10月上旬	优质，抗病，抗虫，耐盐碱，抗旱，耐寒，耐贫瘠，其他	种子供食用，入药，有行血补血、健脾去湿、利水消肿之效	产量低，有直立从生型、半蔓生型及蔓生缠绕型。主根不发达，侧根细长，株高80～10cm。种子供食用，入药，有行血补血、健脾去湿、利水消肿之效	食用、保健药用	种子（果实）	广
12	P150523016	通辽市	开鲁县	水泉红小豆	地方品种	当地	一年生	有性	5月中旬	9月中旬	优质，抗病，耐寒，耐贫瘠		农家品种，经过多年留种、选择育成的品质优良的农家品种，皮薄粒大、颜色鲜艳，淀粉粒沙性好，种子供食用，入药，有行血补血、健脾去湿、利水消肿之效	食用	种子（果实）	窄
13	P150523062	通辽市	开鲁县	珍珠红小豆	地方品种	当地	一年生	有性	5月上旬	9月下旬	高产，优质，抗病，抗旱		经过多年留种、选择育成的品质优良的农家品种，皮薄粒大、颜色鲜艳，淀粉粒沙性好，种子供食用，入药，有行血补血、健脾去湿、利水消肿之效	食用	种子（果实）	窄
14	P150502103	通辽市	科尔沁区	火犁紫小豆	地方品种	当地	一年生	有性	5月上旬	9月下旬	优质，抗旱，耐寒		经过多年留种、选择育成的品质优良的农家品种，皮薄粒大、颜色鲜艳，种皮紫色，淀粉粒沙性好，种子供食用，入药，有行血补血、健脾去湿、利水消肿之效	食用	种子（果实）	窄

（续表）

序号	样品编号	盟（市）	旗（县、市、区）	种质名称	种质类型	种质来源	生长习性	繁殖习性	播种期	收获期	主要特性	其他特性	主要特性详细描述	种质用途	利用部位	种质分布
15	P150521005	通辽市	科尔沁左翼中旗	红小豆	地方品种	当地	一年生	有性	5月中旬	9月中旬	高产，优质，抗旱		多年留种育成的品质优良农家种。煮熟易烂，起沙，食用口感好	食用	种子（果实）	窄
16	P150524011	通辽市	库伦旗	平安红小豆	地方品种	当地	一年生	有性	5月上旬	9月中旬	高产，优质，抗旱		千粒重高，极具增产潜力，优质、抗病、皮薄粒大、颜色鲜艳、籽粒饱满	食用	种子（果实）	窄
17	P150525006	通辽市	奈曼旗	红小豆	地方品种	当地	一年生	有性	5月中旬	9月中旬	高产，优质，抗虫		多年留种育成的品质优良农家种。籽粒饱满、粒大	食用	种子（果实）	窄
18	P150526040	通辽市	扎鲁特旗	藜小豆	地方品种	当地	一年生	有性	5月上旬	9月下旬	高产，优质，抗病，抗虫，抗旱，耐寒		经过多年留种、选择育成的品质优良的农家品种，皮薄粒大、颜色鲜艳，淀粉粒沙性好，种子供食用，入药，有行血补血、健脾去湿、利水消肿之效	食用	种子（果实）	窄
19	P150526045	通辽市	扎鲁特旗	红小豆	地方品种	当地	一年生	有性	5月上旬	9月下旬	高产，优质，抗病，抗虫，抗旱，耐寒		多年留种育成的品质优良农家种。籽粒红色，品质好，出沙率高	食用	种子（果实）	窄
20	P150581051	通辽市	霍林郭勒市	红小豆	地方品种	当地	一年生	有性	5月上旬	9月下旬	优质，抗旱，耐寒，耐贫瘠		农家品种，出沙率高，易煮烂，食用口感好	食用	种子（果实）	窄

（续表）

序号	样品编号	盟（市）	旗（县、市、区）	种质名称	种质类型	种质来源	生长习性	繁殖习性	播种期	收获期	主要特性	其他特性	主要特性详细描述	种质用途	利用部位	种质分布
21	P150421032	赤峰市	阿鲁科尔沁	黎小豆	地方品种	当地	一年生	有性	5月中旬	9月中旬		抗病，口感好，煮熟后为红色，有70年历史	生长习性半蔓生，分枝多，无限结荚习性	食用	种子（果实）	窄
22	P150421033	赤峰市	阿鲁科尔沁	红小豆	地方品种	当地	一年生	有性	5月中旬	9月中旬	其他		生长习性半蔓生，黄花，无限结荚习性	食用	种子（果实）	窄
23	P150422020	赤峰市	巴林左旗	红小豆	地方品种	当地	一年生	有性	5月下旬	9月上旬	抗旱，耐贫瘠			加工原料	茎	窄
24	P150424012	赤峰市	林西县	红小豆	地方品种	当地	一年生	有性	5月中旬	9月下旬	优质，广适		生长习性半蔓生，黄花，无限结荚习性	食用	种子（果实）	广
25	P150425042	赤峰市	克什克腾旗	红小豆	地方品种	当地	一年生	有性	5月中旬	9月上旬	优质，抗旱，耐寒，耐涝，耐贫瘠			食用、保健药用、加工原料	种子（果实）	窄
26	P150426016	赤峰市	翁牛特旗	红小豆	地方品种	当地	一年生	有性	5月上旬	9月下旬	其他		生长习性半蔓生，花黄色，无限结荚习性	食用	种子（果实）	窄
27	P150428017	赤峰市	喀喇沁旗	红小豆	地方品种	当地	一年生	有性	5月下旬	9月上旬	高产，优质		生长习性半蔓生，黄花，亚限结荚习性	食用	种子（果实）	广
28	P150429006	赤峰市	宁城县	珍珠红（红小豆）	地方品种	当地	一年生	有性	5月中旬	9月下旬	其他		生长习性直立型，黄花，有限结荚习性	食用	种子（果实）	窄
29	P150429018	赤峰市	宁城县	花小豆	地方品种	当地	一年生	有性	5月中旬	9月中旬	其他		生长习性半蔓生，黄花，无限结荚习性	食用	种子（果实）	窄

（续表）

序号	样品编号	盟（市）	旗（县、市、区）	种质名称	种质类型	种质来源	生长习性	繁殖习性	播种期	收获期	主要特性	其他特性	主要特性详细描述	种质用途	利用部位	种质分布
30	P150430006	赤峰市	敖汉旗	红小豆	地方品种	当地	一年生	有性	5月上旬	9月上旬	抗旱，耐贫瘠		水肥对产量影响明显	食用	种子（果实）	窄
31	P150924028	乌兰察布市	兴和县	赤小豆	地方品种	当地	一年生	有性	5月中旬	9月下旬	高产，优质，抗病，抗旱			食用	种子（果实）	窄
32	P150925062	乌兰察布市	凉城县	赤豆	地方品种	当地	一年生	有性	5月中旬	9月中旬	优质，抗旱		花黄色，花梗极短；小苞片披针形，花萼钟状，旗瓣扁圆形或近肾形，翼瓣比龙骨瓣宽，子房线形，花柱弯曲，荚果圆柱状，种子暗红色，长圆形，长约6mm，种脐白色不凹陷	食用	种子（果实）	窄
33	P150622006	鄂尔多斯市	准格尔旗	红小豆	地方品种	当地	一年生	有性	5月中旬	10月上旬	高产，优质，抗旱			食用、保健药用、加工原料	种子（果实）	广
34	P150703047	呼伦贝尔市	扎赉诺尔区	早熟农家花脸豇豆	地方品种	当地	一年生	有性	5月中旬	8月下旬	优质，抗病	具有祛风除热、调中下气、解毒利尿、补肾养血之功效	生育期80d左右。株高50cm左右，茎方形，植株开展，节间短；荚果，荚细长10～15cm，每荚种子5～7粒，不炸荚；种子半红半白，肾形；种脐白色。千粒重160g	食用	种子（果实）	窄

（续表）

序号	样品编号	盟（市）	旗（县、市、区）	种质名称	种质类型	种质来源	生长习性	繁殖习性	播种期	收获期	主要特性	其他特性	主要特性详细描述	种质用途	利用部位	种质分布
35	P150703048	呼伦贝尔市	扎赉诺尔区	早熟农家黑粒豇豆	地方品种	当地	一年生	有性	5月下旬	9月上旬	优质，抗病	解毒利尿、补肾养血之功效	生育期80d左右。株高50cm左右，植株开展，三出复叶，叶柄较长；开黄花，结荚密，荚柄长于叶柄；荚果，荚细长10～15cm，每荚种子5～7粒，不炸荚；种子黑色，椭圆形；种脐白色。千粒重145g	食用	种子（果实）	窄
36	P150726067	呼伦贝尔市	新巴尔虎左旗	农家红粒豇豆	地方品种	当地	一年生	有性	5月下旬	9月上旬	优质，抗病	具有祛风除热、调中下气、解毒利尿、补肾养血之功效	生育期80d左右。株高50cm左右，茎有棱，植株开展，节间短，荚果，荚细长10～15cm，每荚种子5～7粒，不炸荚；种子红色，圆柱形；种脐白色，线形。千粒重150g	食用	种子（果实）	窄
37	P150783064	呼伦贝尔市	扎兰屯市	农家大红粒豇豆	地方品种	当地	一年生	有性	5月中旬	8月下旬	优质，抗病	具有祛风除热、调中下气、解毒利尿、补肾养血之功效	生育期80d左右。株高50cm左右，茎方形，荚果，荚细长10～15cm，每荚种子5～7粒，不炸荚；种子红色，圆柱形；种脐白色，线形，占种子长度的2/3。千粒重226g	食用	种子（果实）	窄

9. 扁豆种质资源目录

扁豆（*Lablab purpureus*）是豆科（Fabaceae）扁豆属（*Lablab*）一年生缠绕藤本植物。扁豆的营养成分丰富，嫩荚可作蔬菜食用。共计收集到种质资源26份，分布在6个盟（市）的14个旗（县、市、区）（表2-11）。

表2-11 扁豆种质资源目录

序号	样品编号	盟（市）	旗（县、市、区）	种质名称	种质类型	种质来源	生长习性	繁殖习性	播种期	收获期	主要特性	其他特性	主要特性详细描述	种质用途	利用部位	种质分布
1	P152201031	兴安盟	乌兰浩特市	猪耳朵豆	地方品种	当地	一年生	有性	5月上旬	7月中旬	优质，抗病，抗虫，抗旱，耐寒，耐贫瘠，耐热		豆荚镰刀形，扁，长圆形，紫黑色。花果期7—9月	食用、加工原料	种子（果实）	窄
2	P150502086	通辽市	科尔沁区	老婆耳豆角	地方品种	当地	一年生	有性	5月上旬	9月下旬	高产，优质，抗旱	种脐较长，白色	多年留种育成的农家种。耐寒，秋后大量结荚，是炒食、腌菜的好原料	食用	种子（果实）	窄
3	P150622026	鄂尔多斯市	准格尔旗	绿茶豆	地方品种	当地	一年生	有性	5月下旬	9月中旬	优质，抗旱，耐贫瘠	健脾、和中、消暑、化湿		食用、保健药用、加工原料，其他	种子（果实）	窄
4	P150622027	鄂尔多斯市	准格尔旗	黄茶豆	地方品种	当地	一年生	有性	5月下旬	9月中旬	优质，抗旱，耐贫瘠	健脾、和中、消暑、化湿		食用、保健药用、加工原料，其他	种子（果实）	窄
5	P150826013	巴彦淖尔市	杭锦后旗	蛮会小扁豆	地方品种	当地	一年生	有性	5月上旬	9月上旬	优质，耐贫瘠		直根系，较发达，侧根分枝极多，茎圆形而细长，株高一般为80cm左右，主茎上有较多分枝，叶有小叶1～3对，总状花序，果实灰色，种子小，扁圆形，表面光滑。适应性强，中等地力均可种植	食用、饲用、加工原料	种子（果实）、茎	窄

（续表）

序号	样品编号	盟（市）	旗(县、市、区)	种质名称	种质类型	种质来源	生长习性	繁殖习性	播种期	收获期	主要特性	其他特性	主要特性详细描述	种质用途	利用部位	种质分布
6	P150304011	乌海市	乌达区	蛾眉豆	地方品种	当地	一年生	有性	3月下旬	7月中旬	高产，优质，抗虫，广适，耐寒，耐贫瘠		茎蔓生，小叶披针形，花白色或紫色，荚果长椭圆形，扁平，微弯	食用	种子（果实）	广
7	P150702034	呼伦贝尔市	海拉尔区	农家家雀蛋	地方品种	当地	一年生	有性	5月下旬	8月上旬	优质，抗病，广适	菜粮两用，食用口感好	生育期120d。株高200cm左右，有分枝，无限结荚习性。叶片心形，花粉白色。豆角长8～12cm，黄色带红色条状花纹，稍有弯曲。籽粒卵圆形，种皮乳黄色，带黑红色条状花纹，千粒重450g	食用	种子（果实）	广
8	P150702044	呼伦贝尔市	海拉尔区	农家花腰子架豆	地方品种	当地	一年生	有性	5月下旬	7月下旬	高产，优质，抗病，耐寒	菜粮两用，食用口感好	生育期90d左右。株高240cm左右，有分枝，无限结荚习性。叶片圆形，花白色。豆角长20cm左右，绿色，有弯曲。籽粒肾形，种皮半白半褐色，褐色部分有黑色花纹，千粒重700g	食用	种子（果实）	窄
9	P150702045	呼伦贝尔市	海拉尔区	农家大白豍架豆	地方品种	当地	一年生	有性	5月下旬	7月下旬	高产，优质，抗病，耐寒	菜粮两用，食用口感好	生育期90d左右。株高240cm左右，有分枝，无限结荚习性。叶片圆形，花白色。豆角长24cm左右，白绿色，稍有弯曲。籽粒扁肾形，乳白色，千粒重350g	食用	种子（果实）	窄

（续表）

序号	样品编号	盟（市）	旗（县、市、区）	种质名称	种质类型	种质来源	生长习性	繁殖习性	播种期	收获期	主要特性	其他特性	主要特性详细描述	种质用途	利用部位	种质分布
10	P150702046	呼伦贝尔市	海拉尔区	农家紫花宽油豆	地方品种	当地	一年生	有性	5月下旬	7月下旬	高产，优质，抗病，广适	抗叶斑病	生育期90d。株高200cm左右，有分枝，无限结荚习性。叶片圆形，花淡紫色。豆角长20cm左右，宽3cm左右，绿色，有紫色花纹。籽粒卵圆形，种皮乳黄色，带条状紫色花纹，千粒重620g	食用	种子（果实）	广
11	P150721036	呼伦贝尔市	阿荣旗	农家兔子翻白眼	地方品种	当地	一年生	有性	5月上旬	7月中旬	高产，优质，抗病，广适	菜粮两用，食用口感好	生育期120d。株高200cm左右，有分枝，无限结荚习性。叶片圆形，花紫色。豆角宽厚，深绿色，长7cm左右，宽1.5cm左右，镰刀状弯曲。籽粒扁卵圆形，种皮白色，种脐白色，种脐周边黑色如熊猫眼，千粒重570g	食用	种子（果实）	广
12	P150721046	呼伦贝尔市	阿荣旗	农家黄腰子架油豆	地方品种	当地	一年生	有性	4月下旬	7月上旬	高产，优质，抗病，耐寒	菜粮两用，食用口感好，降血糖	生育期90d左右。株高200cm左右，有分枝，无限结荚习性。叶片圆形，花白色。豆角长18cm左右，绿色，有弯曲。籽粒扁椭圆形，种皮1/3白色，种脐周边2/3乳黄色，种脐白色，千粒重600g	食用	种子（果实）	窄

（续表）

序号	样品编号	盟（市）	旗（县、市、区）	种质名称	种质类型	种质来源	生长习性	繁殖习性	播种期	收获期	主要特性	其他特性	主要特性详细描述	种质用途	利用部位	种质分布
13	P150721049	呼伦贝尔市	阿荣旗	农家干菜大宽架豆	地方品种	当地	一年生	有性	5月上旬	8月上旬	高产，优质，抗病，耐寒	晒干菜专用，无筋，干菜易熟，食用口感好	生育期90d左右。株高200cm左右，有分枝，无限结荚习性。叶片圆形，花冠紫色。豆角长20cm左右，绿色，稍有弯曲。籽粒扁椭圆形，有黑色条状花纹，种脐白色，周边有黄圈，千粒重620g	食用	种子（果实）	窄
14	P150721055	呼伦贝尔市	阿荣旗	农家蓝花大马掌油豆	地方品种	当地	一年生	有性	5月上旬	7月下旬	高产，优质，抗病，耐寒	豆角肉厚，食用口感好	生育期90d左右。株高220cm左右，有分枝，无限结荚习性。豆角长20cm左右，绿色，有紫色花纹，弯曲。籽粒椭圆形，种皮乳黄色，有蓝色条状花纹，千粒重720g	食用	种子（果实）	窄
15	P150724041	呼伦贝尔市	鄂温克族自治旗	农家一挂鞭	地方品种	当地	一年生	有性	5月下旬	7月下旬	高产，优质，抗病，耐寒	菜粮两用，食用口感好	生育期100d。株高200cm左右，有分枝，无限结荚习性。叶片圆形，花紫色。豆角长20cm左右，绿色，有弯曲，有长条形黑色斑。籽粒肾形，种皮灰色，千粒重290g	食用	种子（果实）	窄
16	P150724046	呼伦贝尔市	鄂温克族自治旗	农家早熟黑花架豆	地方品种	当地	一年生	有性	5月下旬	7月下旬	高产，优质，抗病，耐寒	菜粮两用，肉厚，食用口感好	生育期80d左右。株高200cm左右，有分枝，无限结荚习性。豆角长24cm左右，绿色，有细条状黑花，稍有弯曲。籽粒扁肾形，褐色，有细条状黑花，千粒重380g	食用	种子（果实）	窄

（续表）

序号	样品编号	盟（市）	旗（县、市、区）	种质名称	种质类型	种质来源	生长习性	繁殖习性	播种期	收获期	主要特性	其他特性	主要特性详细描述	种质用途	利用部位	种质分布
17	P150726032	呼伦贝尔市	新巴尔虎左旗	农家早熟油豆	地方品种	当地	一年生	有性	4月下旬	6月中旬	高产，优质，抗病，广适		生育期115d。株高200cm左右，有分枝，无限结荚习性。叶片圆形，花白色。豆角长18cm左右，绿色，有弯曲。籽粒肾形，种皮乳黄色，带浅褐色花纹，千粒重780g	食用	种子（果实）	广
18	P150726038	呼伦贝尔市	新巴尔虎左旗	农家圆棍架豆	地方品种	当地	一年生	有性	5月下旬	8月上旬	高产，优质，抗病	抗叶斑病	生育期90d。株高200cm左右，有分枝，无限结荚习性。叶片圆形，花白色。豆角长18cm左右，绿色，圆棍形。籽粒卵圆形，略扁，种皮乳黄色，带浅褐色花纹，千粒重450g	食用	种子（果实）	窄
19	P150782027	呼伦贝尔市	牙克石市	农家秤钩	地方品种	当地	一年生	有性	5月下旬	7月中旬	高产，优质，抗病		生育期110d。株高200cm左右，有分枝，无限结荚习性。叶片圆形，花紫色。豆角长15～18cm，绿色，呈半圆状弯曲如秤钩。籽粒肾形，种皮乳黄色，带黑色条状花纹，千粒重380g	食用	种子（果实）	窄

（续表）

序号	样品编号	盟（市）	旗（县、市、区）	种质名称	种质类型	种质来源	生长习性	繁殖习性	播种期	收获期	主要特性	其他特性	主要特性详细描述	种质用途	利用部位	种质分布
20	P150782044	呼伦贝尔市	牙克石市	农家变色龙豆角	地方品种	当地	一年生	有性	5月中旬	7月下旬	高产，优质，抗病，耐寒	豆角红色，烹饪变绿色。菜粮两用，食用口感好	生育期90d。株高200cm左右，有分枝，无限结荚习性。叶片圆形，花紫色。豆角长20cm左右，紫色，有弯曲。籽粒肾形，种皮黑色，千粒重300g	食用	种子（果实）	窄
21	P150782046	呼伦贝尔市	牙克石市	农家大黄袍油豆	地方品种	当地	一年生	有性	5月下旬	7月下旬	高产，优质，抗病	抗叶斑病	生育期90d。株高200cm左右，有分枝，无限结荚习性。叶片圆形，花淡紫色。豆角长17cm左右，黄色。籽粒卵圆形，种皮灰色，千粒重500g	食用	种子（果实）	窄
22	P150783043	呼伦贝尔市	扎兰屯市	灰豆角	地方品种	当地	一年生	有性	5月上旬	7月上旬	高产，优质，抗病	菜粮两用，救荒，美食，口感好	生育期120d。株高200cm左右，分枝能力较强，攀缘生长，无限结荚习性。叶片圆形，花白色。豆角长18cm左右，绿色，有弯曲，鼓粒明显。籽粒肾形，浅灰色，千粒重560g	食用	种子（果实）	窄
23	P150783062	呼伦贝尔市	扎兰屯市	农家大黑腰豆角	地方品种	当地	一年生	有性	5月上旬	7月上旬	高产，优质，抗病	豆角无筋，肉厚，菜粮两用，食用口感好。高抗叶斑病	生育期110d。株高200cm左右，有分枝，无限结荚习性。叶片心形，花紫色。豆角长22cm左右，绿色。籽粒肾形，种皮黑色，种脐白色，千粒重560g	食用	种子（果实）	窄

（续表）

序号	样品编号	盟（市）	旗（县、市、区）	种质名称	种质类型	种质来源	生长习性	繁殖习性	播种期	收获期	主要特性	其他特性	主要特性详细描述	种质用途	利用部位	种质分布
24	P150784040	呼伦贝尔市	额尔古纳市	绿油亮豆角	地方品种	当地	一年生	有性	5月下旬	7月下旬	高产，优质，抗病，耐寒	菜粮两用，救荒，食用口感好	生育期90d。株高200cm左右，有分枝，无限结荚习性。叶片圆形，花白色。豆角长18cm左右，绿色光亮，有弯曲。籽粒肾形，种皮灰褐色，千粒重400g	食用	种子（果实）	窄
25	P150722050	呼伦贝尔市	莫力达瓦达斡尔族自治旗	农家灰腰子架油豆	地方品种	当地	一年生	有性	4月下旬	7月上旬	高产，优质，抗病，耐寒	菜粮两用，食用口感好，降血糖	生育期90d左右。株高200cm左右，有分枝，无限结荚习性。豆角长18cm左右，绿色，有弯曲。籽粒卵圆形，种皮灰白两色，种脐周边灰色，种脐白色，千粒重580g	食用	种子（果实）	窄
26	P150725040	呼伦贝尔市	陈巴尔虎旗	农家大红家雀蛋	地方品种	当地	一年生	有性	5月下旬	8月上旬	优质，抗病	豆角无筋，肉厚，菜粮两用，降血糖，食用口感好	生育期80d。株高200cm左右，有分枝，无限结荚习性。叶片心形，花粉白色。豆角长8～12cm，红色带少量乳黄色花纹，稍有弯曲。籽粒卵圆形，种皮乳黄色，带红色条状、点状花纹，千粒重420g	食用	种子（果实）	窄

10. 其他豆类种质资源目录

（1）小扁豆（*Lens culinaris*）是豆科（Fabaceae）兵豆属（*Lens*）一年生或多年生草本植物，种子可食用，茎、叶和种子可作饲料，枝叶作绿肥。共计收集到种质资源9份，分布在5个盟（市）的7个旗（县、市、区）（表2-12）。

表2-12 小扁豆种质资源目录

序号	样品编号	盟（市）	旗（县、市、区）	种质名称	种质类型	种质来源	生长习性	繁殖习性	播种期	收获期	主要特性	其他特性	主要特性详细描述	种质用途	利用部位	种质分布
1	P150124011	呼和浩特市	清水河县	小扁豆	地方品种	当地	一年生	有性	5月下旬	9月上旬	抗旱，耐贫瘠			食用、饲用、保健药用	种子（果实）	窄
2	P150125061	呼和浩特市	武川县	小扁豆	地方品种	当地	一年生	有性	5月中旬	9月上旬	高产，优质，抗病，抗旱		一种粮食和绿肥兼用作物	食用、饲用	种子（果实）	窄
3	P150222023	包头市	固阳县	扁豆	地方品种	当地	一年生	有性	5月中旬	9月上旬	其他			食用	种子（果实）	窄
4	P150925013	乌兰察布市	凉城县	小扁豆	地方品种	当地	一年生	有性	5月中旬	9月下旬	优质，抗旱			食用、加工原料	种子（果实）	窄
5	P150925053	乌兰察布市	凉城县	棕皮扁豆	地方品种	当地	一年生	有性	5月中旬	9月下旬	优质，抗旱		株高约50cm，种子为灰色或浅棕色。花期7—9月	食用、加工原料	种子（果实）	窄
6	P152628008	乌兰察布市	丰镇市	小扁豆	地方品种	当地	一年生	有性	4月上旬	8月上旬	优质，抗病，抗虫，抗旱，耐贫瘠，其他		株高40cm，茎绿色，分枝力强，荚长1cm，籽粒圆扁，种皮灰色，表面光滑	食用	种子（果实）	窄
7	P152628038	乌兰察布市	丰镇市	扁豆	地方品种	当地	一年生	有性	5月下旬	9月中旬	优质，抗病，抗虫，耐盐碱，抗旱，耐寒，耐贫瘠		株高45cm，籽粒较小，白色，每荚内3粒种子居多	食用	种子（果实）	窄
8	P150822021	巴彦淖尔市	磴口县	扁豆	地方品种	当地	一年生	有性	4月中旬	8月下旬	耐贫瘠			食用、饲用	种子（果实）、叶	广

（续表）

序号	样品编号	盟（市）	旗(县、市、区)	种质名称	种质类型	种质来源	生长习性	繁殖习性	播种期	收获期	主要特性	其他特性	主要特性详细描述	种质用途	利用部位	种质分布
9	P152921003	阿拉善盟	阿拉善左旗	扁豆	野生资源	当地	多年生	有性	4月中旬	9月中旬				食用、保健药用	种子（果实）	窄

（2）饭豆（*Vigna umbellata*）是豆科（Fabaceae）豇豆属（*Vigna*）。共计收集到种质资源5份，分布在1个盟（市）的3个旗（县、市、区）（表2-13）。

表2-13 饭豆种质资源目录

序号	样品编号	盟（市）	旗(县、市、区)	种质名称	种质类型	种质来源	生长习性	繁殖习性	播种期	收获期	主要特性	其他特性	主要特性详细描述	种质用途	利用部位	种质分布
1	P152202023	兴安盟	阿尔山市	明水饭豆1号	地方品种	当地	一年生	有性	5月下旬	9月下旬	抗病，耐寒，耐贫瘠		当地农户多年自留种，茎、叶、籽粒均为优良饲料	食用	种子（果实）	窄
2	P152202024	兴安盟	阿尔山市	明水饭豆2号	地方品种	当地	一年生	有性	5月下旬	9月下旬	高产，优质，耐寒		当地农户多年自留种，茎、叶、籽粒均为优良饲料	食用	种子（果实）	窄
3	P152202035	兴安盟	阿尔山市	天池饭豆	地方品种	当地	一年生	有性	5月下旬	9月下旬	耐寒		当地农户多年自留种	食用	种子（果实）	窄
4	P152223007	兴安盟	扎赉特旗	红饭豆	地方品种	当地	一年生	有性	5月中旬	10月上旬	优质		生育期90d左右，株高41～44cm，百粒重45.9～47g，当地多用来做豆馅、豆糕，口感香甜，缓解贫血，延年益寿	食用、保健药用、加工原料	种子（果实）	窄
5	P152224008	兴安盟	突泉县	赤小豆	地方品种	当地	一年生	有性	5月中旬	9月中旬	耐涝		种子供食用，也可入药，有行血补血、健脾去湿、利水消肿之效	食用	种子（果实）	窄

（3）胡卢巴（*Trigonella foenum-graecum*）是豆科（Fabaceae）胡卢巴属（*Trigonella*）一年生草本植物，胡卢巴的种子入药，利气、祛寒、止泻、补肾壮阳，可以治疗肺病、风寒湿痹、肾虚遗精和阳痿。共计收集到种质资源5份，分布在4个盟（市）的5个旗（县、市、区）（表2-14）。

表2-14 胡卢巴种质资源目录

序号	样品编号	盟（市）	旗（县、市、区）	种质名称	种质类型	种质来源	生长习性	繁殖习性	播种期	收获期	主要特性	其他特性	主要特性详细描述	种质用途	利用部位	种质分布
1	P150929070	乌兰察布市	四子王旗	香豆子	地方品种	当地	一年生	有性	5月中旬	9月下旬	高产，优质		花期4—6月，果期7—8月。花1朵或多朵生于叶腋，无梗，蝶形花冠，黄白色或白色	食用、饲用、加工原料	种子（果实）、茎、叶	窄
2	P150621045	鄂尔多斯市	达拉特旗	酱豆	地方品种	当地	一年生	有性	4月下旬	9月下旬	抗病，抗虫，抗旱，耐贫瘠		可用作调料	食用、保健药用	种子（果实）	窄
3	P150825083	巴彦淖尔市	乌拉特后旗	巴音香豆	地方品种	当地	一年生	有性	3月上旬	6月下旬	广适			食用、加工原料，其他	种子（果实）	广
4	P150826035	巴彦淖尔市	杭锦后旗	头道桥香豆	地方品种	当地	一年生	有性	4月下旬	8月中旬	优质			食用、保健药用	种子（果实）	窄
5	P150303027	乌海市	海南区	香豆	地方品种	当地	一年生	有性	5月中旬	9月下旬	高产，优质，抗病，抗虫，广适，耐寒，耐贫瘠		适应性强，抗寒，生长迅速。喜冷凉干旱气候，对土壤、气候的适应性很强	食用	种子（果实）、茎、叶	广

（4）山黧豆（*Lathyrus quinquenervius*）是豆科（Fabaceae）山黧豆属（*Lathyrus*）一年生草本植物。共计收集到种质资源3份，分布在2个盟（市）的3个旗（县、市、区）（表2-15）。

表2-15 山黧豆种质资源目录

序号	样品编号	盟（市）	旗（县、市、区）	种质名称	种质类型	种质来源	生长习性	繁殖习性	播种期	收获期	主要特性	其他特性	主要特性详细描述	种质用途	利用部位	种质分布
1	P150105009	呼和浩特市	赛罕区	三棱豆	地方品种	当地	一年生	有性	5月中旬	9月下旬	高产，抗病，耐盐碱，抗旱，耐寒，耐贫瘠，其他		地方品种，适应性强，产量高，淀粉含量高，抗旱能力强，适合于干旱瘠薄地区种植	食用、饲用、加工原料，其他	种子（果实）	广
2	P150929063	乌兰察布市	四子王旗	山黧豆	地方品种	当地	一年生	有性	5月中旬	9月下旬	优质，抗旱，耐贫瘠		根状茎不增粗，横走。茎通常直立，单一，株高20～50cm。花大呈蝶形，单生花，白色。荚果长2～5cm，扁长形，顶端稍尖，籽粒圆楔形，颜色有暗灰色和白色两种	食用、饲用、加工原料	种子（果实）、茎、叶	窄
3	P152630021	乌兰察布市	察哈尔右翼前旗	三厘豆	地方品种	当地	一年生	有性	5月下旬	8月上旬	高产，抗旱，耐贫瘠		优质牧草，蛋白质含量高	饲用、保健药用	种子（果实）	窄

（5）刀豆（*Canavalia gladiata*）是豆科（Fabaceae）刀豆属（*Canavalia*）缠绕草本，长达数米。嫩荚和种子供食。该种亦可作绿肥，也可作饲料。共计收集到种质资源2份，分布在1个盟（市）的1个旗（县、市、区）（表2-16）。

表2-16 刀豆种质资源目录

序号	样品编号	盟（市）	旗（县、市、区）	种质名称	种质类型	种质来源	生长习性	繁殖习性	播种期	收获期	主要特性	其他特性	主要特性详细描述	种质用途	利用部位	种质分布
1	P150802001	巴彦淖尔市	临河区	绿刀豆	地方品种	当地	一年生	有性	5月上旬	9月下旬	高产，优质，抗病，抗虫，耐盐碱，耐贫瘠		茎无毛或稍被毛。羽状复叶具3小叶，总状花序具长总花梗，花数朵；荚果带状，略弯曲；种子椭圆形或长椭圆形，种皮褐色	食用	种子（果实）	窄
2	P150802008	巴彦淖尔市	临河区	紫刀豆	地方品种	当地	一年生	有性	5月上旬	9月下旬	优质，抗病，抗虫，耐盐碱，耐贫瘠			食用	种子（果实）	窄

（6）鹰嘴豆（*Cicer arietinum*）是豆科（Fabaceae）鹰嘴豆属（*Cicer*）一年生草本或多年生攀缘草本。共计收集到种质资源1份，分布在1个盟（市）的1个旗（县、市、区）（表2-17）。

表2-17 鹰嘴豆种质资源目录

序号	样品编号	盟（市）	旗（县、市、区）	种质名称	种质类型	种质来源	生长习性	繁殖习性	播种期	收获期	主要特性	其他特性	主要特性详细描述	种质用途	利用部位	种质分布
1	P150922014	乌兰察布市	化德县	鹰嘴豆	地方品种	当地	一年生	有性	4月下旬	9月中旬	抗旱			食用	种子（果实）	窄

（7）黎豆（*Stizolobium capitatum*）是豆科（Fabaceae）黎豆属（*Stizolobium*）一年生或多年生木质或草质藤本。共计收集到种质资源1份，分布在1个盟（市）的1个旗（县、市、区）（表2-18）。

表2-18　黎豆种质资源目录

序号	样品编号	盟（市）	旗（县、市、区）	种质名称	种质类型	种质来源	生长习性	繁殖习性	播种期	收获期	主要特性	其他特性	主要特性详细描述	种质用途	利用部位	种质分布
1	P152222018	兴安盟	科尔沁右翼中旗	黎豆	地方品种	当地	一年生	有性	6月上旬	9月下旬	优质，耐贫瘠		做豆馅香、沙	食用	种子（果实）	窄

三、杂粮作物种质资源目录

1. 稷（黍）种质资源目录

稷（*Panicum miliaceum*）是禾本科（Gramineae）黍属（*Panicum*）一年生草本植物，叶片线形或线状披针形。稷为人类最早的栽培谷物之一，谷粒富含淀粉，供食用或酿酒，秆叶可为牲畜饲料。共计收集到种质资源163份，分布在11个盟（市）的53个旗（县、市、区）（表2-19）。

表2-19　黍稷种质资源目录

序号	样品编号	盟（市）	旗（县、市、区）	种质名称	种质类型	种质来源	生长习性	繁殖习性	播种期	收获期	主要特性	其他特性	主要特性详细描述	种质用途	利用部位	种质分布
1	P150105002	呼和浩特市	赛罕区	白黍子	地方品种	当地	一年生	有性	5月中旬	9月下旬	高产，耐盐碱，抗旱，耐寒，耐贫瘠		当地多年种植种子品种。品质优，商品性好，适口性好，营养价值高	食用、加工原料	种子（果实）	窄
2	P150105007	呼和浩特市	赛罕区	大白黍子	地方品种	当地	一年生	有性	5月上旬	9月中旬	优质，耐盐碱，抗旱，耐寒，耐贫瘠，其他		耐干旱，叶子细长而尖，叶片有平行叶脉	食用、饲用、加工原料	种子（果实）	广

（续表）

序号	样品编号	盟（市）	旗（县、市、区）	种质名称	种质类型	种质来源	生长习性	繁殖习性	播种期	收获期	主要特性	其他特性	主要特性详细描述	种质用途	利用部位	种质分布
3	P150105019	呼和浩特市	赛罕区	小白黍	地方品种	当地	一年生	有性	5月中旬	9月下旬	高产，耐盐碱，抗旱，耐寒，耐贫瘠		当地多年种植种子品种。品质优，商品性好，适口性好，营养价值高	食用、加工原料	种子（果实）	窄
4	P150105020	呼和浩特市	赛罕区	农家红黍子	地方品种	当地	一年生	有性	5月中旬	9月下旬	高产，耐盐碱，抗旱，耐寒，耐贫瘠		当地多年种植种子品种。品质优，商品性好，适口性好，营养价值高	食用、加工原料	种子（果实）	窄
5	P150105038	呼和浩特市	赛罕区	黑黍子	地方品种	当地	一年生	有性	4月下旬	9月上旬	高产，优质，抗病，耐盐碱，抗旱，广适		农家品种，植株矮小，产量偏低，但是抗性较强	食用、加工原料	种子（果实）、茎	广
6	P150121026	呼和浩特市	土默特左旗	五十四黑黍子	地方品种	当地	一年生	有性	6月上旬	9月下旬	优质，抗病，抗虫，抗旱，广适，耐贫瘠		生育期短，成熟后，种子为黑色	食用	种子（果实）	广
7	P150121038	呼和浩特市	土默特左旗	小红黍	地方品种	当地	一年生	有性	6月上旬	9月下旬	优质，抗病，抗虫，耐盐碱，耐旱，耐寒，耐贫瘠			食用	种子（果实）	广

（续表）

序号	样品编号	盟（市）	旗（县、市、区）	种质名称	种质类型	种质来源	生长习性	繁殖习性	播种期	收获期	主要特性	其他特性	主要特性详细描述	种质用途	利用部位	种质分布
8	P150122017	呼和浩特市	托克托县	黑黍子	地方品种	当地	一年生	有性	5月上旬	9月中旬	高产，优质，耐盐碱，耐寒，耐贫瘠		产量高于普通黄黍子，脱皮后黄米质量好，口感好，耐瘠薄，山地种植不减产	食用、加工原料	种子（果实）	广
9	P150122018	呼和浩特市	托克托县	红黍子	地方品种	当地	一年生	有性	5月上旬	9月中旬	高产，优质，抗旱，耐寒，耐贫瘠		当地山区种植，昼夜温差大，米籽优，口感好，无有效降雨情况下仍有产量	食用、加工原料	种子（果实）	广
10	P150122027	呼和浩特市	托克托县	白黍子	地方品种	当地	一年生	有性	4月下旬	9月中旬	优质，抗旱，耐贫瘠		本地品种，米质优	食用、保健药用	种子（果实）	广
11	P150122042	呼和浩特市	托克托县	野黍子	野生资源	当地	一年生	有性	5月上旬	9月中旬	高产，耐盐碱，抗旱，耐寒，耐贫瘠		野生作物，长伴随黍子、谷子生长，生长力旺盛，生育期短，作饲草	食用、加工原料	种子（果实）	广
12	P150123036	呼和浩特市	和林格尔县	黑黍子	地方品种	当地	一年生	有性	5月上旬	9月中旬	高产，优质，抗旱，耐寒，耐贫瘠		籽实淡黄色，常用来做黄糕和酿酒	食用、加工原料	种子（果实）、茎、叶	广
13	P150123038	呼和浩特市	和林格尔县	白黍子	地方品种	当地	一年生	有性	5月上旬	9月下旬	高产，优质，抗旱，耐贫瘠		亩产超过一般红黍子和黄黍子，品质好，抗旱，抗寒，山地种植产量比较高。加工糕面金黄，口感好	食用、加工原料	种子（果实）	窄

（续表）

序号	样品编号	盟（市）	旗（县、市、区）	种质名称	种质类型	种质来源	生长习性	繁殖习性	播种期	收获期	主要特性	其他特性	主要特性详细描述	种质用途	利用部位	种质分布
14	P150123039	呼和浩特市	和林格尔县	红黍子	地方品种	当地	一年生	有性	5月上旬	9月下旬	高产，优质，抗旱，耐贫瘠		亩产超过一般红黍子和黄黍子，品质好，抗旱，抗寒，山地种植产量比较高。加工糕面金黄，口感好	食用、加工原料	种子（果实）	窄
15	P150123043	呼和浩特市	和林格尔县	白糜子	地方品种	当地	一年生	有性	4月下旬	9月下旬	高产，优质，抗旱，耐贫瘠		产量高，当地种植多年，品质优，农户自留种子，加工品质好	食用、加工原料	种子（果实）、茎	广
16	P150123045	呼和浩特市	和林格尔县	青糜子	地方品种	当地	一年生	有性	4月下旬	9月下旬	抗旱，耐贫瘠		产量一般，当地种植多年，品质优，农户自留种子，加工品质差，色泽差	食用、加工原料	种子（果实）、茎	广
17	P150123046	呼和浩特市	和林格尔县	深黄糜子	地方品种	当地	一年生	有性	4月下旬	9月下旬	抗旱，耐贫瘠		产量一般，当地种植多年，品质优，农户自留种子，加工品质差，色泽差	食用、加工原料	种子（果实）、茎	广
18	P150123047	呼和浩特市	和林格尔县	红糜子	地方品种	当地	一年生	有性	5月下旬	9月中旬	高产，优质，抗旱，耐寒，耐贫瘠			食用、加工原料	种子（果实）、茎、叶	广
19	P150123048	呼和浩特市	和林格尔县	黄糜子	地方品种	当地	一年生	有性	5月中旬	9月中旬	高产，优质，抗旱，耐寒，耐贫瘠			食用、加工原料	种子（果实）、茎、叶	广

（续表）

序号	样品编号	盟（市）	旗（县、市、区）	种质名称	种质类型	种质来源	生长习性	繁殖习性	播种期	收获期	主要特性	其他特性	主要特性详细描述	种质用途	利用部位	种质分布
20	P150123050	呼和浩特市	和林格尔县	大红谷子	地方品种	当地	一年生	有性	4月下旬	9月下旬	高产，优质，抗旱，耐贫瘠		当地种植多年，加工品质好，适口性好	食用、加工原料	种子（果实）	广
21	P150123053	呼和浩特市	和林格尔县	二白谷	地方品种	当地	一年生	有性	4月下旬	9月下旬	高产，优质，抗旱，耐贫瘠		加工品质好，口感一般	食用、加工原料	种子（果实）	广
22	P150124005	呼和浩特市	清水河县	红黍子	地方品种	当地	一年生	有性	5月下旬	9月下旬	高产，抗病，抗虫，抗旱，广适，耐贫瘠		抗逆性强	食用、饲用	种子（果实）	广
23	P150124006	呼和浩特市	清水河县	黑黍子	地方品种	当地	一年生	有性	5月下旬	9月下旬	高产，抗病，抗虫，抗旱，广适，耐贫瘠		抗逆性强	食用、饲用	种子（果实）	广
24	P150124030	呼和浩特市	清水河县	黄黍子	地方品种	当地	一年生	有性	5月下旬	9月上旬	高产，抗旱，耐寒，耐贫瘠，耐热			食用	种子（果实）	窄
25	P150125001	呼和浩特市	武川县	武川小红黍	地方品种	当地	一年生	有性	4月中旬	8月下旬	高产，优质，抗旱，耐寒，耐贫瘠		适应性强，抗旱、耐贫瘠，为当地种植品种，产量表现好，黍子磨面制作成油炸糕软糯可口	食用、加工原料	种子（果实）	窄

（续表）

序号	样品编号	盟（市）	旗（县、市、区）	种质名称	种质类型	种质来源	生长习性	繁殖习性	播种期	收获期	主要特性	其他特性	主要特性详细描述	种质用途	利用部位	种质分布
26	P150125045	呼和浩特市	武川县	小黄黍子	地方品种	当地	一年生	有性	5月上旬	9月下旬	高产，优质，抗旱，耐贫瘠		高产，优质，深受当地农户喜爱	加工原料	种子（果实）	广
27	P150125064	呼和浩特市	武川县	黄糜子	地方品种	当地	一年生	有性	4月中旬	8月下旬	高产，优质，抗旱，耐寒，耐贫瘠		为当地种植品种，产量表现好	食用、加工原料	种子（果实）	窄
28	P150104042	呼和浩特市	玉泉区	红黍子	地方品种	当地	一年生	有性	5月中旬	9月下旬	高产，优质，抗病		植株高大，产量高，品质优，营养丰富，抗病性较强，田间一般没有病害	食用、加工原料	种子（果实）	窄
29	P150104043	呼和浩特市	玉泉区	黑黍子	地方品种	当地	一年生	有性	5月中旬	9月下旬	高产，优质，抗病		产量高，品质优，营养丰富，抗病性较强，田间一般没有病害	食用、加工原料	种子（果实）	窄
30	P150205029	包头市	石拐区	石拐黍子	地方品种	当地	一年生	有性	5月上旬	9月下旬	优质，广适，耐贫瘠		籽实淡黄色，黄米面性黏，常用来做黄糕、酿酒	食用	种子（果实）	广
31	P150221011	包头市	土默特右旗	海子乡糜子	地方品种	当地	一年生	有性	5月中旬	9月下旬	高产，优质，耐寒	中熟		食用	种子（果实）	窄
32	P150221027	包头市	土默特右旗	土右糜子	地方品种	当地	一年生	有性	5月下旬	9月上旬	抗旱，耐贫瘠		秆粗壮，直立，叶片线形或线状披针形	食用	种子（果实）	广
33	P150221029	包头市	土默特右旗	土右黍子	地方品种	当地	一年生	有性	5月中旬	9月上旬	抗旱		叶子细长而尖，叶片有平行叶脉。籽粒脱壳即成黍米，呈金黄色，具有黏性	食用	种子（果实）	窄

（续表）

序号	样品编号	盟（市）	旗(县、市、区)	种质名称	种质类型	种质来源	生长习性	繁殖习性	播种期	收获期	主要特性	其他特性	主要特性详细描述	种质用途	利用部位	种质分布
34	P150222016	包头市	固阳县	大白黍子	地方品种	当地	一年生	有性	5月中旬	9月中旬	优质，抗旱		其形态特征与糜子相似，籽实有黄、白、红、紫等颜色。籽粒脱壳即成黍米，呈金黄色，具有黏性，又称黄米、软米	食用	种子（果实）	窄
35	P150222018	包头市	固阳县	大黑黍子	地方品种	当地	一年生	有性	5月中旬	9月上旬	高产，优质，抗旱		其形态特征与糜子相似，籽实有黄、白、红、紫等颜色。籽粒脱壳即成黍米，呈金黄色，具有黏性，又称黄米、软米	食用	种子（果实）	窄
36	P150222019	包头市	固阳县	大糜子	地方品种	当地	一年生	有性	5月中旬	9月上旬	优质，抗旱			食用	种子（果实）	窄
37	P152201029	兴安盟	乌兰浩特市	糜子	地方品种	当地	一年生	有性	6月上旬	9月上旬	优质，抗病，抗虫，抗旱，广适，耐寒，耐贫瘠			食用、饲用、保健药用	种子(果实)、茎	广
38	P152222004	兴安盟	科尔沁右翼中旗	黍稷	地方品种	当地	一年生	有性	5月下旬	9月下旬	优质，耐贫瘠		黏糜子，糯性强，加工黏米、黏米面口感好	食用	种子（果实）	窄
39	P152222006	兴安盟	科尔沁右翼中旗	黍稷	地方品种	当地	一年生	有性	5月下旬	9月下旬	优质，耐贫瘠		籽粒黑色，相对耐贫瘠，加工的黏米、黏米面糯性强，口感好	食用	种子（果实）	窄

（续表）

序号	样品编号	盟（市）	旗（县、市、区）	种质名称	种质类型	种质来源	生长习性	繁殖习性	播种期	收获期	主要特性	其他特性	主要特性详细描述	种质用途	利用部位	种质分布
40	P152222046	兴安盟	科尔沁右翼中旗	黍稷	地方品种	当地	一年生	有性	5月下旬	9月下旬	优质，耐贫瘠		籽粒红色，相对耐贫瘠，加工的黏米、黏米面糯性强，口感好	食用	种子（果实）	窄
41	P152223006	兴安盟	扎赉特旗	黄糜子	地方品种	当地	一年生	有性	5月中旬	10月上旬	高产，优质，抗病		株高100cm，穗长25cm左右、千粒重7.9g左右。米做黏豆包、腊八粥，黏度好，抗饥饿，口感香甜	食用、保健药用	种子（果实）	窄
42	P152223024	兴安盟	扎赉特旗	黑糜子	地方品种	当地	一年生	有性	5月下旬	10月上旬	优质，抗旱，耐寒，耐贫瘠		传统糜子品种，秆粗壮，生育期110d左右，籽粒光滑，黑亮，加工成黄米，可做面食，口感好，受欢迎	食用	种子（果实）	窄
43	P152224039	兴安盟	突泉县	本地大白糜子	地方品种	当地	一年生	有性	4月下旬	10月上旬	优质，抗病，耐贫瘠		谷粒供食用或酿酒，秆叶可为牲畜饲料	食用、饲用、保健药用、加工原料，其他	种子（果实）、茎、叶	窄
44	P150523071	通辽市	开鲁县	大白黍子	地方品种	当地	一年生	有性	5月上旬	9月下旬	高产，优质，抗病，抗旱，耐贫瘠		多年留种育成的品质优良农家种。穗大、白粒，黏性好	食用	种子（果实）	窄

（续表）

序号	样品编号	盟（市）	旗（县、市、区）	种质名称	种质类型	种质来源	生长习性	繁殖习性	播种期	收获期	主要特性	其他特性	主要特性详细描述	种质用途	利用部位	种质分布
45	P150502105	通辽市	科尔沁区	大枝散糜子	地方品种	当地	一年生	有性	5月上旬	9月中旬	高产，优质，抗病，抗旱，耐寒		秆粗壮，直立，叶鞘松弛，叶片线形。籽粒颜色不一致，白色较多，少许黄色	食用、饲用、加工原料	种子（果实）、茎、叶，其他	窄
46	P150522015	通辽市	科尔沁左翼后旗	阿木塔嘎糜子	地方品种	当地	一年生	有性	5月中旬	9月下旬	高产，优质，抗旱		多年种植留种选育出的优良品质农家种。绿秆黄粒的糜子，叶相下披，茸毛较多，根系发达，分蘖力强，有高位分蘖，分蘖较整齐。穗颈长，脱粒后是扎条帚的好原料	食用	种子（果实）	窄
47	P150522016	通辽市	科尔沁左翼后旗	阿木塔嘎紫壳糜子	地方品种	当地	一年生	有性	5月中旬	9月下旬	高产，优质，抗病，抗旱		多年种植留种选育出的优良品质农家种。外颖紫绿色，种皮与米粒黄色	食用	种子（果实）	窄
48	P150522024	通辽市	科尔沁左翼后旗	黑糜子	地方品种	当地	一年生	有性	5月中旬	9月下旬	优质，抗旱，耐贫瘠		秆粗壮，直立，叶鞘松弛，叶片线形，粒黑色	食用	种子（果实）	窄
49	P150522059	通辽市	科尔沁左翼后旗	白糜子	地方品种	当地	一年生	有性	5月中旬	9月中旬	优质，抗旱，耐贫瘠		秆粗壮，直立，叶鞘松弛，叶片线形，粒白色	食用、饲用	种子（果实）、茎、叶	窄

（续表）

序号	样品编号	盟（市）	旗（县、市、区）	种质名称	种质类型	种质来源	生长习性	繁殖习性	播种期	收获期	主要特性	其他特性	主要特性详细描述	种质用途	利用部位	种质分布
50	P150522063	通辽市	科尔沁左翼后旗	鹌鹑尾巴	地方品种	当地	一年生	有性	5月上旬	9月下旬	优质，抗旱，耐贫瘠		多年留种育成的农家种，品质好，抗旱性强。籽粒红色，穗形如鹌鹑尾巴。千粒重高，极具增产潜力。优质，抗病，皮薄粒大，颜色鲜艳，籽粒饱满	食用、饲用	种子（果实）、茎、叶	窄
51	P150521006	通辽市	科尔沁左翼中旗	糯糜子	地方品种	当地	一年生	有性	5月中旬	9月下旬	高产，优质，抗旱		多年留种育成的品质优良农家种。穗大，黄粒，黏性好	食用	种子（果实）	窄
52	P150521043	通辽市	科尔沁左翼中旗	左中野糜子	地方品种	当地	一年生	有性	5月上旬	9月上旬	高产，优质，抗病，抗旱		野生糜子，成熟即掉粒	饲用	种子（果实）、茎、叶	窄
53	P150521045	通辽市	科尔沁左翼中旗	黑黍子	地方品种	当地	一年生	有性	5月上旬	9月中旬	高产，优质，抗病，抗旱		农家多年种植留种，籽粒黑褐色	食用	种子（果实）	窄
54	P150521051	通辽市	科尔沁左翼中旗	白黍子	地方品种	当地	一年生	有性	5月上旬	9月上旬	高产，优质，抗病，抗旱		多年种植留种，品质好，食用口感好	食用	种子（果实）	窄
55	P150524013	通辽市	库伦旗	黄糜子	地方品种	当地	一年生	有性	5月上旬	9月中旬	高产，优质，抗旱		千粒重高，极具增产潜力。优质，抗病，皮薄粒大，颜色鲜艳，籽粒饱满	食用	种子（果实）	窄
56	P150524031	通辽市	库伦旗	黄糜子	地方品种	当地	一年生	有性	5月上旬	9月中旬	优质，抗旱，其他	抗倒伏性好	粒大，抗倒伏，产量高	食用	种子（果实）	窄

（续表）

序号	样品编号	盟（市）	旗（县、市、区）	种质名称	种质类型	种质来源	生长习性	繁殖习性	播种期	收获期	主要特性	其他特性	主要特性详细描述	种质用途	利用部位	种质分布
57	P150524044	通辽市	库伦旗	蒙古黄糜子	地方品种	当地	一年生	有性	5月中旬	9月中旬	优质，抗旱，耐寒，耐贫瘠		农家老品种，秆粗壮，直立，叶鞘松弛，叶舌膜质，叶线状披针形，黄色粒	食用、饲用	种子（果实）、茎、叶	窄
58	P150524045	通辽市	库伦旗	莫德糜子	地方品种	当地	一年生	有性	5月中旬	9月中旬	优质，抗旱，耐寒，耐贫瘠		农家老品种，该品种已有50多年的种植历史，品质好	食用、饲用	种子（果实）、茎、叶	窄
59	P150524050	通辽市	库伦旗	合日糜子	地方品种	当地	一年生	有性	5月上旬	8月中旬	高产，优质，抗虫，抗旱，耐寒，耐贫瘠		农家多年种植老品种。粒大，抗倒伏，产量高，品质好	食用、饲用	种子（果实）、茎、叶	窄
60	P150525037	通辽市	奈曼旗	山咀糜子	地方品种	当地	一年生	有性	5月上旬	9月中旬	优质，抗旱，耐寒，耐贫瘠		多年留种育成的品质优良农家种。皮薄，粒大，不倒伏	食用	种子（果实）	窄
61	P150526050	通辽市	扎鲁特旗	大红黍	地方品种	当地	一年生	有性	5月中旬	9月下旬	高产，优质，抗病，抗虫，抗旱，耐寒		经过多年留种选育而成的优良农家种。粒大，种皮红色，有光泽。穗紧凑，较短	食用	种子（果实）	窄
62	P150403006	赤峰市	元宝山区	大红黍	地方品种	当地	一年生	有性	5月下旬	9月上旬	优质，抗病，抗旱，耐贫瘠	高抗黍瘟病、易倒伏	苗色绿，生育期105d左右，侧穗，谷壳红色，米色黄	食用、饲用	种子（果实）、茎、叶	窄
63	P150403011	赤峰市	元宝山区	眼皮子薄	地方品种	当地	一年生	有性	5月下旬	9月上旬	优质，抗病，抗旱，耐贫瘠	高抗黍瘟病、易倒伏	苗色绿，生育期106d左右，侧穗，谷壳白色，米色黄	食用、饲用	种子（果实）、茎、叶	窄

（续表）

序号	样品编号	盟（市）	旗（县、市、区）	种质名称	种质类型	种质来源	生长习性	繁殖习性	播种期	收获期	主要特性	其他特性	主要特性详细描述	种质用途	利用部位	种质分布
64	P150403019	赤峰市	元宝山区	大白黍	地方品种	当地	一年生	有性	5月下旬	9月上旬	优质，抗病，抗旱，耐贫瘠	高抗黍瘟病、易倒伏	苗色绿，生育期111d左右，侧穗，谷壳白色，米色黄	食用、饲用	种子（果实）、茎、叶	窄
65	P150403027	赤峰市	元宝山区	三马黄黍	地方品种	当地	一年生	有性	5月下旬	9月上旬	优质，抗病，抗旱，耐贫瘠	高抗黍瘟病、易倒伏	苗色绿，生育期113d左右，侧穗，谷壳白色，米色黄	食用、饲用	种子（果实）、茎、叶	窄
66	P150403028	赤峰市	元宝山区	千斤谷（黍子）	地方品种	当地	一年生	有性	5月下旬	9月上旬	优质，抗病，抗旱，耐贫瘠			食用、饲用	种子（果实）、茎、叶	窄
67	P150404001	赤峰市	松山区	白黍子	地方品种	当地	一年生	有性	5月中旬	10月下旬	优质			食用	种子（果实）	窄
68	P150421015	赤峰市	阿鲁科尔沁旗	笊篱头（黍子）	地方品种	当地	一年生	有性	5月上旬	9月上旬	抗病，抗虫，抗旱，耐贫瘠	高抗黍瘟病、易倒伏	抗病，抗虫，抗旱，特别耐贫瘠，苗色绿，生育期105d左右，侧穗，谷壳红色，米色黄	食用	种子（果实）	窄
69	P150421031	赤峰市	阿鲁科尔沁旗	大黄黍	地方品种	当地	一年生	有性	5月上旬	9月中旬	其他		生育期120d	食用	种子（果实）	窄
70	P150421036	赤峰市	阿鲁科尔沁旗	白黍子	地方品种	当地	一年生	有性	5月中旬	9月中旬	高产，抗病，抗虫，抗旱		生育期120d左右，籽粒白色，食用口感好，黏度高，株高1m左右，不倒伏	食用	种子（果实）	窄

（续表）

序号	样品编号	盟（市）	旗（县、市、区）	种质名称	种质类型	种质来源	生长习性	繁殖习性	播种期	收获期	主要特性	其他特性	主要特性详细描述	种质用途	利用部位	种质分布
71	P150422030	赤峰市	巴林左旗	黄疙瘩黍	地方品种	当地	一年生	有性	5月上旬	9月上旬	优质	高抗黍瘟病、易倒伏	苗色绿，生育期103d左右，穗密，谷壳黄色，米色黄	食用、饲用	种子（果实）、茎、叶	窄
72	P150422041	赤峰市	巴林左旗	大黄黍	地方品种	当地	一年生	有性	5月上旬	9月下旬	优质，耐贫瘠			食用	种子（果实）	窄
73	P150423002	赤峰市	巴林右旗	笊篱头	地方品种	当地	一年生	有性	5月中旬	9月中旬	优质	高抗黍瘟病、易倒伏	苗色绿，生育期105d左右，穗密，谷壳红色，米色黄	食用	种子（果实）	窄
74	P150423003	赤峰市	巴林右旗	红散穗	地方品种	当地	一年生	有性	5月中旬	9月中旬	优质	高抗黍瘟病、易倒伏	苗色绿，生育期98d左右，侧穗，谷壳红色，米色黄	食用	种子（果实）	窄
75	P150423015	赤峰市	巴林右旗	红糜子	地方品种	当地	一年生	有性	6月下旬	9月下旬	优质，抗病，抗虫，耐盐碱，抗旱，广适，耐寒，耐涝，耐贫瘠，耐热	高抗黍瘟病、易倒伏	苗色绿，生育期99d左右，侧穗，谷壳红色，米色黄	食用	种子（果实）	广
76	P150423040	赤峰市	巴林右旗	敖包红糜子	地方品种	当地	一年生	有性	5月中旬	9月上旬	优质，抗病，抗虫，抗旱			食用	种子（果实）	窄
77	P150423041	赤峰市	巴林右旗	敖包黄糜子	地方品种	当地	一年生	有性	5月中旬	9月上旬	优质，抗病，抗虫，抗旱			食用	种子（果实）	窄
78	P150423050	赤峰市	巴林右旗	大红黍	地方品种	当地	一年生	有性	5月中旬	9月中旬	优质，抗病，抗虫，抗旱			食用	种子（果实）	窄

（续表）

序号	样品编号	盟（市）	旗（县、市、区）	种质名称	种质类型	种质来源	生长习性	繁殖习性	播种期	收获期	主要特性	其他特性	主要特性详细描述	种质用途	利用部位	种质分布
79	P150424003	赤峰市	林西县	红黍子	地方品种	当地	一年生	有性	5月下旬	9月中旬	优质，耐贫瘠	高抗黍瘟病、易倒伏	苗色绿，生育期105d左右，穗密，谷壳红色，米色黄，口感好，留种24年	食用	种子（果实）	窄
80	P150424005	赤峰市	林西县	红疙瘩黍	地方品种	当地	一年生	有性	6月上旬	9月下旬	耐寒，耐贫瘠	高抗黍瘟病、易倒伏	苗色绿，生育期106d左右，穗密，谷壳红色，米色黄	食用	种子（果实）	窄
81	P150424027	赤峰市	林西县	大红糜子	地方品种	当地	一年生	有性	5月中旬	9月下旬	抗旱，耐贫瘠	高抗黍瘟病、易倒伏	苗色绿，生育期102d左右，侧穗，谷壳红色，米色黄	食用	种子（果实）	窄
82	P150424029	赤峰市	林西县	黑黍子	地方品种	当地	一年生	有性	6月上旬	9月中旬	抗旱，耐寒	高抗黍瘟病、易倒伏	苗色绿，生育期101d左右，侧穗，谷壳黑色，米色黄	食用	种子（果实）	窄
83	P150426010	赤峰市	翁牛特旗	大白黍子	地方品种	当地	一年生	有性	4月中旬	9月下旬	抗旱，耐贫瘠，其他	高抗黍瘟病、易倒伏	苗色绿，生育期107d左右，侧穗，谷壳白色，米色黄	食用	种子（果实）	窄
84	P150426027	赤峰市	翁牛特旗	糜子	地方品种	当地	一年生	有性	4月上旬	9月中旬	其他	高抗黍瘟病、易倒伏	苗色绿，生育期107d左右，侧穗，谷壳白色，米色黄	食用	种子（果实）	窄
85	P150426034	赤峰市	翁牛特旗	大白黍	地方品种	当地	一年生	有性	4月上旬	9月中旬	其他	高抗黍瘟病、易倒伏	苗色绿，生育期106d左右，穗密，谷壳白色，米色黄	食用	种子（果实）	窄
86	P150428009	赤峰市	喀喇沁旗	糜子	地方品种	当地	一年生	有性	5月上旬	9月下旬	优质，抗旱	高抗黍瘟病、易倒伏	苗色绿，生育期97d左右，侧穗，谷壳红色，米色黄。做烧酒口感好，50kg米出20kg酒	加工原料	种子（果实）	窄
87	P150428011	赤峰市	喀喇沁旗	黑黍子	地方品种	当地	一年生	有性	5月上旬	9月下旬	优质，抗旱	高抗黍瘟病、易倒伏	苗色绿，生育期106d左右，侧穗，谷壳黑色，米色黄	加工原料	种子（果实）	窄

（续表）

序号	样品编号	盟（市）	旗（县、市、区）	种质名称	种质类型	种质来源	生长习性	繁殖习性	播种期	收获期	主要特性	其他特性	主要特性详细描述	种质用途	利用部位	种质分布
88	P150428013	赤峰市	喀喇沁旗	疙瘩黍	地方品种	当地	一年生	有性	5月上旬	9月下旬	优质，抗旱	高抗黍瘟病、易倒伏	苗色绿，生育期108d左右，穗密，谷壳红色，米色黄。亩产125～150kg	食用、加工原料	种子（果实）	窄
89	P150428033	赤峰市	喀喇沁旗	大粒黑黍子	地方品种	当地	一年生	有性	5月中旬	9月中旬	优质，抗旱		用于做年糕，黏性好	食用	种子（果实）	窄
90	P150428035	赤峰市	喀喇沁旗	疙瘩黍（白粒）	地方品种	当地	一年生	有性	5月上旬	9月上旬	优质，抗旱	当地称小黄米，用于做豆包、年糕	抗旱、耐贫瘠，在以前算产量高的品种，所以一直有老百姓种植在薄地，薄地每亩产量约100kg，好地产量约300kg	食用	种子（果实）	窄
91	P150428036	赤峰市	喀喇沁旗	大白黍	地方品种	当地	一年生	有性	5月上旬	9月上旬	优质，抗旱		当地称大黄米，黏性好，做年糕好吃	食用	种子（果实）	窄
92	P150429024	赤峰市	宁城县	大白黍	地方品种	当地	一年生	有性	6月下旬	9月上旬	优质，抗病，抗旱，耐贫瘠	高抗黍瘟病、易倒伏	苗色绿，生育期107d左右，侧穗，谷壳白色，米色黄	食用	种子（果实）	窄
93	P150429054	赤峰市	宁城县	大白黍	地方品种	当地	一年生	有性	6月上旬	9月中旬	其他			食用	种子（果实）	窄
94	P150429061	赤峰市	宁城县	眼皮薄	地方品种	当地	一年生	有性	6月上旬	9月上旬	其他			食用	种子（果实）	窄
95	P150429072	赤峰市	宁城县	黑黍子	地方品种	当地	一年生	有性	6月下旬	9月上旬	其他			食用	种子（果实）	窄

（续表）

序号	样品编号	盟（市）	旗(县、市、区)	种质名称	种质类型	种质来源	生长习性	繁殖习性	播种期	收获期	主要特性	其他特性	主要特性详细描述	种质用途	利用部位	种质分布
96	P150430003	赤峰市	敖汉旗	黍稷	地方品种	当地	一年生	有性	5月中旬	9月中旬	抗旱，耐贫瘠	高抗黍瘟病、易倒伏	作物抗旱、耐贫瘠。苗色绿，生育期109d左右，侧穗，谷壳黄色，米色黄	食用	种子（果实）	窄
97	P150430032	赤峰市	敖汉旗	高粱黍	地方品种	当地	一年生	有性	5月中旬	9月下旬	耐寒，耐贫瘠		苗色绿，生育期10d左右，侧穗，谷壳红色，米色黄	食用	种子（果实）	窄
98	P150430035	赤峰市	敖汉旗	大白黍	地方品种	当地	一年生	有性	5月中旬	9月下旬	耐寒，耐贫瘠	高抗黍瘟病、易倒伏	苗色绿，生育期99d左右，侧穗，谷壳白色，米色黄	食用	种子（果实）	窄
99	P152529044	锡林郭勒盟	正镶白旗	小黄黍子	地方品种	当地	一年生	有性	5月上旬	9月中旬	优质		比小米稍大，颜色淡黄，煮熟后很黏	食用、饲用	种子（果实）、茎、叶	窄
100	P150922001	乌兰察布市	化德县	一点红黄黍子	地方品种	当地	一年生	有性	5月上旬	9月中旬	抗旱		生长在北方，耐干旱，籽实发黄	食用	种子（果实）	窄
101	P150922009	乌兰察布市	化德县	白黍子	地方品种	当地	一年生	有性	5月上旬	9月中旬	抗旱			食用	种子（果实）	窄
102	P150922032	乌兰察布市	化德县	小黄黍子	地方品种	当地	一年生	有性	5月上旬	9月上旬	高产，抗旱			食用	种子（果实）	窄
103	P150923003	乌兰察布市	商都县	白黍子	地方品种	当地	一年生	有性	5月上旬	8月上旬	抗旱，耐寒，耐贫瘠			食用	种子（果实）	广
104	P150923006	乌兰察布市	商都县	黄黍子	地方品种	当地	一年生	有性	5月上旬	8月上旬	抗病，抗旱，耐寒，耐贫瘠			食用	种子（果实）	窄

（续表）

序号	样品编号	盟（市）	旗（县、市、区）	种质名称	种质类型	种质来源	生长习性	繁殖习性	播种期	收获期	主要特性	其他特性	主要特性详细描述	种质用途	利用部位	种质分布
105	P150923007	乌兰察布市	商都县	一点红黍子	地方品种	当地	一年生	有性	5月上旬	8月上旬	抗病，抗旱，耐寒，耐贫瘠			食用	种子（果实）	广
106	P150923012	乌兰察布市	商都县	红糜子	地方品种	当地	一年生	有性	5月中旬	9月上旬	高产，抗病，抗旱，耐寒，耐贫瘠			食用	种子（果实）	窄
107	P150923017	乌兰察布市	商都县	黄糜子	地方品种	当地	一年生	有性	6月中旬	9月上旬	抗病，抗旱，耐寒，耐贫瘠			食用	种子（果实）	窄
108	P150923034	乌兰察布市	商都县	蒿糜	野生资源	当地	一年生	有性	4月下旬	9月上旬	耐贫瘠			食用、饲用、保健药用、加工原料	茎、叶	广
109	P150924021	乌兰察布市	兴和县	大白黍	地方品种	当地	一年生	有性	5月下旬	9月中旬	高产，优质，抗旱			食用	种子（果实）	窄
110	P150924023	乌兰察布市	兴和县	三黄糜子	地方品种	当地	一年生	有性	5月上旬	9月上旬	高产，优质，抗旱			食用、饲用	种子（果实）	窄
111	P150924049	乌兰察布市	兴和县	紫杆黍子	地方品种	当地	一年生	有性	5月下旬	9月中旬	高产，优质，抗旱			食用	种子（果实）	窄

（续表）

序号	样品编号	盟（市）	旗（县、市、区）	种质名称	种质类型	种质来源	生长习性	繁殖习性	播种期	收获期	主要特性	其他特性	主要特性详细描述	种质用途	利用部位	种质分布
112	P150925003	乌兰察布市	凉城县	野糜	野生资源	当地	一年生	有性	6月上旬	9月上旬	抗旱	生育期短，可备荒	地方品种	食用、饲用	种子（果实）	广
113	P150925022	乌兰察布市	凉城县	一点清黍子	地方品种	当地	一年生	有性	6月上旬	9月中旬	优质，抗旱	备荒	地方品种	食用	种子（果实）	窄
114	P150925068	乌兰察布市	凉城县	白黍子	地方品种	当地	一年生	有性	5月上旬	9月下旬	优质		地方品种	食用	种子（果实）	窄
115	P150925069	乌兰察布市	凉城县	黄黍子	地方品种	当地	一年生	有性	5月上旬	9月下旬	优质		地方品种	食用	种子（果实）	窄
116	P150925070	乌兰察布市	凉城县	黑黍子	地方品种	当地	一年生	有性	5月上旬	9月下旬	优质		地方品种	食用	种子（果实）	窄
117	P150927009	乌兰察布市	察哈尔右翼中旗	黍子	地方品种	当地	一年生	有性	5月上旬	9月中旬	抗旱，耐寒		籽粒淡黄色，常用来做黄糕和酿酒	食用	种子（果实）	广
118	P150928002	乌兰察布市	察哈尔右翼后旗	野生糜子	野生资源	当地	一年生	有性	6月上旬	9月上旬	耐盐碱，抗旱，耐贫瘠，其他		出苗早、成熟早、易落粒	饲用	种子（果实）、茎	广
119	P150928003	乌兰察布市	察哈尔右翼后旗	二黄糜子	地方品种	当地	一年生	有性	5月下旬	9月上旬	优质，抗旱，广适，耐贫瘠，其他		株高100～110cm，幼苗绿色，成株茎绿色，秆和叶鞘茸毛中等。穗周散形，籽粒黄色，有光泽，品质好。生育期100d左右，分蘖中等，耐贫瘠较强，落粒较轻，轻感黑穗病	食用	种子（果实）、茎	广

（续表）

序号	样品编号	盟（市）	旗（县、市、区）	种质名称	种质类型	种质来源	生长习性	繁殖习性	播种期	收获期	主要特性	其他特性	主要特性详细描述	种质用途	利用部位	种质分布
120	P150928009	乌兰察布市	察哈尔右翼后旗	小黄罗黍子	地方品种	当地	一年生	有性	5月中旬	8月下旬	高产，抗旱		植株高大，穗大下垂，籽实近圆形，橙黄色，皮薄出米多，有光泽，品质好，产量高。生育期100d左右，抗旱、口松，抗病性差，不抗寒	食用	种子（果实）	广
121	P150928037	乌兰察布市	察哈尔右翼后旗	小白黍子	地方品种	当地	一年生	有性	6月中旬	9月中旬	高产，抗旱，耐贫瘠		株高70cm，幼苗黄绿色，穗长21～23cm，穗侧垂偏紧，籽粒白色，米乳黄色，千粒重7g左右。生育期80～90d，早熟种，抗旱，抗倒伏，耐瘠薄，抗落粒性中等	食用	种子（果实）	广
122	P150928038	乌兰察布市	察哈尔右翼后旗	内黍一点红	地方品种	当地	一年生	有性	5月中旬	9月上旬	高产，优质，抗旱，耐贫瘠，其他		株高70～80cm，穗长23cm，穗侧散形，籽粒白色，胚芽处有一小红点，米黄色，千粒重6.4g，生育期110d，抗旱，抗倒伏，分蘖力强，黑穗病轻	食用	种子（果实）	窄
123	P150928041	乌兰察布市	察哈尔右翼后旗	小红黍	地方品种	当地	一年生	有性	6月中旬	9月中旬	抗旱，耐涝，耐贫瘠，其他		植株较低，茎秆细而硬，茎叶上有茸毛，穗形为狗尾形，籽实下垂，红色，有强烈的光泽，扣紧不落粒	食用	种子（果实）	窄
124	P150929008	乌兰察布市	四子王旗	野糜子	野生资源	当地	一年生	有性	6月上旬	9月上旬	抗旱		形态上与栽培黍相似	饲用	种子（果实）、茎、叶	广

（续表）

序号	样品编号	盟（市）	旗(县、市、区)	种质名称	种质类型	种质来源	生长习性	繁殖习性	播种期	收获期	主要特性	其他特性	主要特性详细描述	种质用途	利用部位	种质分布
125	P152624006	乌兰察布市	卓资县	黍子	地方品种	当地	一年生	有性	6月上旬	8月下旬	优质，抗旱，耐贫瘠		抗寒能力强，种子发芽需水量比小麦少，对土壤要求不严格	食用	种子（果实）	广
126	P152624019	乌兰察布市	卓资县	小红黍	地方品种	当地	一年生	有性	5月上旬	9月上旬	耐盐碱，抗旱，耐寒	做油炸糕好吃	前期生长旺盛，株高100～110cm	食用	种子（果实）	窄
127	P152624020	乌兰察布市	卓资县	大红黍	地方品种	当地	一年生	有性	5月上旬	8月下旬	抗旱	做油炸糕好吃	易倒伏	食用	种子（果实）	窄
128	P152624021	乌兰察布市	卓资县	大白黍	地方品种	当地	一年生	有性	4月上旬	9月上旬	抗病，抗旱	产量高，好吃，筋道	成熟期穗头重，易倒伏，株高120cm左右	食用	种子（果实）	窄
129	P152624022	乌兰察布市	卓资县	野生糜子	野生资源	当地	一年生	有性	1月上旬	9月上旬	抗旱，耐贫瘠	去皮，磨面，食用	成熟期易落籽，不易收集	其他	种子（果实）	广
130	P152628041	乌兰察布市	丰镇市	小红黍	地方品种	当地	一年生	有性	5月中旬	9月下旬	优质，抗病，抗虫，耐盐碱，抗旱，耐寒，耐贫瘠，耐热		株高78cm，穗长22cm，籽粒红色，籽粒小	食用	种子（果实）	窄
131	P152628052	乌兰察布市	丰镇市	小红黍	地方品种	当地	一年生	有性	5月中旬	9月下旬	优质，抗病，抗虫，耐盐碱，抗旱，耐寒，耐贫瘠		株高76cm，穗长20cm，籽粒红色	食用	种子（果实）	窄

（续表）

序号	样品编号	盟（市）	旗（县、市、区）	种质名称	种质类型	种质来源	生长习性	繁殖习性	播种期	收获期	主要特性	其他特性	主要特性详细描述	种质用途	利用部位	种质分布
132	P152630001	乌兰察布市	察哈尔右翼前旗	老板红黍子	地方品种	当地	一年生	有性	5月上旬	9月中旬	优质，抗旱，耐寒，耐贫瘠，耐热		种子红色，脱壳金黄色，黏性大，做黄米面	食用	种子（果实）、茎、叶	窄
133	P152630003	乌兰察布市	察哈尔右翼前旗	小白黍子	地方品种	当地	一年生	有性	5月上旬	9月中旬	抗旱，耐寒，耐贫瘠，耐热		籽粒白色，生育期短，可作为旱年补救作物	食用、饲用	种子（果实）、茎、叶	窄
134	P152630006	乌兰察布市	察哈尔右翼前旗	白黍子	地方品种	当地	一年生	有性	5月上旬	9月中旬	高产，抗旱，广适，耐寒，耐贫瘠，耐热		产量高，出米率高，矿物质丰富	食用、饲用	种子（果实）、茎、叶	广
135	P152630039	乌兰察布市	察哈尔右翼前旗	野稷	野生资源	当地	一年生	有性	5月上旬	8月下旬	抗旱，耐寒，耐贫瘠，耐热		田间恶性杂草之一，口松，易落粒	饲用	种子（果实）、茎、叶	广
136	P150627033	鄂尔多斯市	伊金霍洛旗	广胜黑糜子	地方品种	当地	一年生	有性	3月下旬	9月下旬	优质，抗旱			食用	种子（果实）	窄
137	P150627034	鄂尔多斯市	伊金霍洛旗	广胜黄糜子	地方品种	当地	一年生	有性	3月下旬	9月下旬	优质，抗旱		花果期7—10月	食用	种子（果实）	窄
138	P150621002	鄂尔多斯市	达拉特旗	黑糜子	地方品种	当地	一年生	有性	5月下旬	8月下旬	抗虫，耐盐碱，耐贫瘠		达拉特旗梁外地区有零星种植，生育期较长。穗大，米质较好。抗倒伏，抗病，产量一般	食用、饲用	种子（果实）、茎、叶	广

（续表）

序号	样品编号	盟（市）	旗（县、市、区）	种质名称	种质类型	种质来源	生长习性	繁殖习性	播种期	收获期	主要特性	其他特性	主要特性详细描述	种质用途	利用部位	种质分布
139	P150621003	鄂尔多斯市	达拉特旗	黄糜子	地方品种	当地	一年生	有性	6月中旬	8月下旬	优质，抗病，抗虫，耐盐碱，抗旱，耐贫瘠，耐热		达拉特旗梁外地区有零星种植，穗大，米质较好。抗倒伏，抗病，产量一般	食用、保健药用	种子（果实）	广
140	P150621004	鄂尔多斯市	达拉特旗	小黄糜子	地方品种	当地	一年生	有性	5月中旬	8月下旬	优质，抗病，耐盐碱，抗旱，耐贫瘠		达拉特旗梁外地区有零星种植，生育期短。穗中等，米质较好。抗倒伏，抗病，产量一般	食用、饲用	种子（果实）、茎、叶	广
141	P150621005	鄂尔多斯市	达拉特旗	白黍子	地方品种	当地	一年生	有性	5月下旬	8月下旬	优质，抗病，耐盐碱，抗旱，耐贫瘠		达拉特旗梁外地区有零星种植，属农家品种，生育期较长。穗大，米质较好，白色。抗倒伏，抗病，产量一般	食用、饲用	种子（果实）、茎、叶	广
142	P150621033	鄂尔多斯市	达拉特旗	大红糜子	地方品种	当地	一年生	有性	6月上旬	9月下旬	优质，抗病，耐贫瘠		达拉特旗梁外地区有零星种植，属农家自留品种。穗中等，米质较好。抗倒伏，抗病，产量一般	食用	种子（果实）	广
143	P150621034	鄂尔多斯市	达拉特旗	糜子	选育品种	外地	一年生	有性	5月下旬	9月下旬	高产，优质，抗病，耐贫瘠		达拉特旗梁外岗地、旱地等地区有栽培，米质口感较好	食用	种子（果实）	广
144	P150621039	鄂尔多斯市	达拉特旗	黑黍子	地方品种	当地	一年生	有性	6月上旬	9月下旬	优质，抗旱，耐贫瘠		籽实口感黏甜	食用	种子（果实）	窄
145	P150621040	鄂尔多斯市	达拉特旗	黄黍子	地方品种	当地	一年生	有性	6月上旬	9月下旬	高产，抗旱，耐贫瘠		植株矮小，抗倒伏，籽实口感黏甜	食用	种子（果实）	窄

（续表）

序号	样品编号	盟（市）	旗（县、市、区）	种质名称	种质类型	种质来源	生长习性	繁殖习性	播种期	收获期	主要特性	其他特性	主要特性详细描述	种质用途	利用部位	种质分布
146	P150625027	鄂尔多斯市	杭锦旗	大红黍子	地方品种	当地	一年生	有性	5月中旬	9月上旬	抗旱，耐寒		食用时，口感软且劲道	食用	种子（果实）	窄
147	P150626016	鄂尔多斯市	乌审旗	黑糜子	野生资源	当地	一年生	有性	5月下旬	9月上旬	耐盐碱，抗旱，耐贫瘠			饲用	根、茎、叶	窄
148	P150626018	鄂尔多斯市	乌审旗	红糜子	地方品种	当地	一年生	有性	5月下旬	8月上旬	耐盐碱，抗旱，广适，耐贫瘠		可以制作多种小吃	食用、饲用	种子（果实）、根、茎、叶	广
149	P150626028	鄂尔多斯市	乌审旗	软糜子	地方品种	当地	一年生	有性	5月下旬	8月中旬	耐盐碱，抗旱，耐贫瘠		可以制作年糕等小吃	食用、饲用	种子（果实）、根、茎、叶	广
150	P150626029	鄂尔多斯市	乌审旗	硬糜子	地方品种	当地	一年生	有性	5月下旬	8月中旬	耐盐碱，抗旱，耐贫瘠		可以制作炒米等小吃	食用、饲用	种子（果实）、根、茎、叶	广
151	P150623026	鄂尔多斯市	鄂托克前旗	糜子	地方品种	当地	一年生	有性	6月上旬	9月中旬	耐盐碱，抗旱，广适			食用、饲用	种子（果实）、茎、叶	广
152	P150622011	鄂尔多斯市	准格尔旗	黄糜子	地方品种	当地	一年生	有性	5月下旬	10月上旬	高产，优质，抗旱，耐贫瘠			食用、保健药用	种子（果实）	窄

（续表）

序号	样品编号	盟（市）	旗(县、市、区)	种质名称	种质类型	种质来源	生长习性	繁殖习性	播种期	收获期	主要特性	其他特性	主要特性详细描述	种质用途	利用部位	种质分布
153	P150622023	鄂尔多斯市	准格尔旗	黍子	地方品种	当地	一年生	有性	5月上旬	9月下旬	高产，优质，抗病，抗旱，耐贫瘠	可作饮料，可防冠心病的发生		食用、保健药用、加工原料	种子（果实）	窄
154	P150622024	鄂尔多斯市	准格尔旗	白糜子	地方品种	当地	一年生	有性	5月下旬	10月上旬	优质，抗旱，耐贫瘠			食用、饲用、保健药用、加工原料，其他	种子（果实）、茎、叶	广
155	P150622025	鄂尔多斯市	准格尔旗	小红糜子	地方品种	当地	一年生	有性	5月下旬	10月上旬	优质，抗旱，耐贫瘠，耐热			食用、饲用、保健药用、加工原料，其他	种子（果实）、茎、叶	广
156	P150622033	鄂尔多斯市	准格尔旗	黑黍子	地方品种	当地	一年生	有性	5月下旬	9月中旬	高产，抗旱，耐贫瘠		用黍米酿酒，又称为酒米	食用、保健药用、加工原料，其他	种子（果实）	窄

（续表）

序号	样品编号	盟（市）	旗（县、市、区）	种质名称	种质类型	种质来源	生长习性	繁殖习性	播种期	收获期	主要特性	其他特性	主要特性详细描述	种质用途	利用部位	种质分布
157	P150822008	巴彦淖尔市	磴口县	糜子	地方品种	当地	一年生	有性	5月中旬	9月下旬	抗旱，耐贫瘠			食用	种子（果实）	窄
158	P150823008	巴彦淖尔市	乌拉特前旗	苏独仑黄糜子	地方品种	当地	一年生	有性	5月上旬	8月下旬	抗旱，耐贫瘠		秆粗壮，直立，株高40～120cm，单生或少数丛生，有时有分枝。叶鞘松弛，被疣基毛；叶片线形或线状披针形，长10～30cm，宽5～20mm，边缘常粗糙。圆锥花序开展或较紧密，成熟时下垂	食用	种子（果实）	窄
159	P150823066	巴彦淖尔市	乌拉特前旗	明安二黄糜子	地方品种	当地	一年生	有性	5月中旬	8月下旬	优质，抗旱，耐贫瘠		秆粗壮，直立	食用	种子（果实）	窄
160	P150826016	巴彦淖尔市	杭锦后旗	太阳庙黄黍子	地方品种	当地	一年生	有性	5月中旬	9月上旬	优质		生育期120d，株高170cm，圆锥花序，穗长30cm，侧穗，籽粒黄色，中等土壤均可种植，每亩种植3.5万穗，前期加强中耕除草及田间管理，防止徒长，孕穗期和灌浆期加强水肥管理	食用	种子（果实）	窄
161	P150826020	巴彦淖尔市	杭锦后旗	太阳庙黍子	地方品种	当地	一年生	有性	5月中旬	9月中旬	优质，抗旱		生育期120d，株高180cm，圆锥花序，穗长30cm，侧穗，籽粒黄红色，中等土壤均可种植，每亩种植3.5万穗，前期加强中耕除草及田间管理，防止徒长，孕穗和灌浆期加强水肥管理	食用	种子（果实）、茎、叶	窄

（续表）

序号	样品编号	盟（市）	旗（县、市、区）	种质名称	种质类型	种质来源	生长习性	繁殖习性	播种期	收获期	主要特性	其他特性	主要特性详细描述	种质用途	利用部位	种质分布
162	P150303033	乌海市	海南区	巴香糜子	地方品种	当地	一年生	有性	4月下旬	10月上旬	高产，优质，抗旱，耐贫瘠		生育期短，耐旱，耐瘠薄	食用	其他	广
163	P152921032	阿拉善盟	阿拉善左旗	岗格旱糜子	地方品种	当地	一年生	有性	5月中旬	9月下旬	抗旱，耐寒，耐贫瘠		谷粒富含淀粉，供食用或酿酒，秆叶可作为牲畜饲料	食用、饲用、加工原料	种子（果实）、茎、叶	窄

2. 谷子种质资源目录

谷子（*Setaria italica*）是禾本科（Gramineae）狗尾草属（*Setaria*）一年生草本植物，秆直立或基部膝曲，株高10～100cm，基部直径达3～7mm，是中国北方人民的主要粮食之一，谷粒的营养价值很高，含丰富的蛋白质、脂肪和维生素。共计收集到种质资源123份，分布在10个盟（市）的43个旗（县、市、区）（表2-20）。

表2-20　谷子种质资源目录

序号	样品编号	盟（市）	旗（县、市、区）	种质名称	种质类型	种质来源	生长习性	繁殖习性	播种期	收获期	主要特性	其他特性	主要特性详细描述	种质用途	利用部位	种质分布
1	P150104002	呼和浩特市	玉泉区	优谷	地方品种	当地	一年生	有性	4月下旬	9月中旬	高产，抗病，耐盐碱，抗旱，耐贫瘠		地方品种，农户自留种子，比较抗旱，相对于杂交谷子产量中上，比较抗盐碱，耐贫瘠	食用	种子（果实）	窄
2	P150104024	呼和浩特市	玉泉区	毛粮谷	地方品种	当地	一年生	有性	5月下旬	9月中旬	高产，优质，抗病，广适			食用、饲用	种子（果实）、茎、叶	广

（续表）

序号	样品编号	盟（市）	旗（县、市、区）	种质名称	种质类型	种质来源	生长习性	繁殖习性	播种期	收获期	主要特性	其他特性	主要特性详细描述	种质用途	利用部位	种质分布
3	P150105008	呼和浩特市	赛罕区	毛粮谷	野生资源	当地	一年生	有性	5月中旬	10月中旬	高产，抗病，耐盐碱，抗旱，耐寒，耐贫瘠，其他		适应性强，产量较高，在当地种植时间长，加工小米口感好，米质优	食用、饲用、加工原料，其他	种子（果实）	广
4	P150105012	呼和浩特市	赛罕区	大金谷	地方品种	当地	一年生	有性	5月上旬	9月下旬	高产，优质，抗病，耐盐碱，抗旱，耐寒		适应性广，产量高，抗寒，耐盐碱，口感好	食用	种子（果实）	广
5	P150105022	呼和浩特市	赛罕区	大黄谷	地方品种	当地	一年生	有性	5月上旬	9月下旬	高产，优质，抗病，耐盐碱，抗旱，耐寒		适应性广，产量高，抗寒，耐盐碱，口感好	食用	种子（果实）	广
6	P150105026	呼和浩特市	赛罕区	小红谷	地方品种	当地	一年生	有性	5月上旬	9月下旬	高产，优质，抗病，耐盐碱，抗旱，耐寒，耐贫瘠		适应性广，产量高，抗寒，耐盐碱，口感好	食用	种子（果实）	广
7	P150121034	呼和浩特市	土默特左旗	毛粮谷	地方品种	当地	一年生	有性	5月上旬	9月中旬	优质，抗病，抗虫，耐盐碱，抗旱，耐贫瘠		须根粗大。秆粗壮，直立，分蘖力强，穗小，刺毛长，适于饲用	食用、饲用	种子（果实）	广

（续表）

序号	样品编号	盟（市）	旗（县、市、区）	种质名称	种质类型	种质来源	生长习性	繁殖习性	播种期	收获期	主要特性	其他特性	主要特性详细描述	种质用途	利用部位	种质分布
8	P150121035	呼和浩特市	土默特左旗	大红谷	地方品种	当地	一年生	有性	5月上旬	9月中旬	优质，抗病，抗虫，耐盐碱，抗旱，耐贫瘠		秆粗壮、分蘖少，谷穗成熟后显暗红色，籽实卵圆形，粒小，多为黄色	食用	种子（果实）	广
9	P150122020	呼和浩特市	托克托县	本地谷子	地方品种	当地	一年生	有性	4月下旬	9月上旬	高产，优质，抗旱，耐寒，耐贫瘠		本地品种，米质优，口感好	食用	种子（果实）	广
10	P150122025	呼和浩特市	托克托县	小香谷	地方品种	当地	一年生	有性	5月下旬	9月上旬	优质，抗旱，耐贫瘠		本地品种，米质优，小米清香	食用、保健药用	种子（果实）	广
11	P150122026	呼和浩特市	托克托县	小黄谷	地方品种	当地	一年生	有性	5月下旬	9月上旬	优质，抗旱，耐贫瘠		本地品种	食用、保健药用	种子（果实）	广
12	P150122041	呼和浩特市	托克托县	小红谷	地方品种	当地	一年生	有性	5月下旬	9月上旬	优质，抗旱，耐贫瘠		本地品种	食用、保健药用	种子（果实）	广
13	P150124022	呼和浩特市	清水河县	菠菜腿谷子	地方品种	当地	一年生	有性	5月下旬	9月中旬	高产，抗病，抗旱，耐贫瘠，耐热			食用、饲用	种子（果实）	窄
14	P150124033	呼和浩特市	清水河县	小红谷	地方品种	当地	一年生	有性	5月下旬	9月上旬	高产，抗旱，耐寒，耐贫瘠			食用	种子（果实）	窄
15	P150124034	呼和浩特市	清水河县	谷子七月黄	地方品种	当地	一年生	有性	5月下旬	9月上旬	抗虫，抗旱，耐瘠薄			食用	种子（果实）	窄
16	P150124035	呼和浩特市	清水河县	小香米	地方品种	当地	一年生	有性	4月下旬	9月下旬	优质，抗旱，耐贫瘠			食用	种子（果实）	窄

（续表）

序号	样品编号	盟（市）	旗（县、市、区）	种质名称	种质类型	种质来源	生长习性	繁殖习性	播种期	收获期	主要特性	其他特性	主要特性详细描述	种质用途	利用部位	种质分布
17	P150202004	包头市	东河区	谷子	地方品种	当地	一年生	有性	5月上旬	10月上旬	优质，耐涝		产量高，优质	食用	种子（果实）	窄
18	P150207021	包头市	九原区	毛粮谷子	地方品种	当地	一年生	有性	5月下旬	11月上旬	高产，优质，抗旱，广适，耐贫瘠		秆粗壮，分蘖少，谷穗一般成熟后金黄色，卵圆形籽实，粒小，多为黄色	食用	种子（果实）	广
19	P150222017	包头市	固阳县	小黄谷子	地方品种	当地	一年生	有性	5月中旬	9月中旬	高产，优质，抗病，抗旱			食用	种子（果实）	窄
20	P150222022	包头市	固阳县	白流沙	地方品种	当地	一年生	有性	5月中旬	9月中旬	抗旱			食用	种子（果实）	窄
21	P152221009	兴安盟	科尔沁右翼前旗	小红谷	地方品种	当地	一年生	有性	4月中旬	10月上旬	高产，优质		当地传统的农家品种，栽培时间长，高产，而且磨出的小米味道好、香气浓郁、色泽佳	食用	种子（果实）	窄
22	P152222005	兴安盟	科尔沁右翼中旗	谷子	地方品种	当地	一年生	有性	5月下旬	9月中旬	优质，耐贫瘠		耐贫瘠，对土壤条件要求相对不高，产品品质好	食用	种子（果实）	窄
23	P152222038	兴安盟	科尔沁右翼中旗	谷子	地方品种	当地	一年生	有性	5月下旬	9月下旬	优质，耐盐碱，抗旱，耐贫瘠			食用	种子（果实）	窄

（续表）

序号	样品编号	盟（市）	旗（县、市、区）	种质名称	种质类型	种质来源	生长习性	繁殖习性	播种期	收获期	主要特性	其他特性	主要特性详细描述	种质用途	利用部位	种质分布
24	P152223021	兴安盟	扎赉特旗	白沙谷	地方品种	当地	一年生	有性	5月下旬	9月中旬	优质，抗旱，耐贫瘠		生长期短，生长期90d左右，根部粗大，成熟早，抗旱，耐贫瘠，适应性广，米粒小，有芒，食用米质佳，香甜	食用	种子（果实）	窄
25	P152223026	兴安盟	扎赉特旗	大头晃谷子	地方品种	当地	一年生	有性	5月下旬	10月上旬	优质，抗旱，耐热		谷子穗大，穗长20～30cm，小穗有刺毛，喜高温耐旱。食用米质佳，香醇可口，滋阴补脾肾，润肠胃	食用、保健药用	种子（果实）	窄
26	P152224018	兴安盟	突泉县	老来变谷子	地方品种	当地	一年生	有性	5月下旬	10月中旬	高产，抗旱，耐寒		口感好	食用	种子（果实）	窄
27	P152224030	兴安盟	突泉县	黑谷子	地方品种	当地	一年生	有性	4月中旬	10月上旬	优质，抗病，其他	北方人民的主要粮食之一，谷粒的营养价值很高	茎、叶是牲畜的优等饲料，超过一般牧草含量的1.5～2倍，而且纤维素少，质地较柔软	食用、保健药用、加工原料，其他	种子（果实）	窄
28	P150523069	通辽市	开鲁县	小矮谷	地方品种	当地	一年生	有性	5月上旬	9月中旬	高产，优质，抗病，抗旱，耐贫瘠		多年留种育成的品质优良农家种，食用口感好	食用、饲用、加工原料，其他	种子（果实）、茎、叶	窄

（续表）

序号	样品编号	盟（市）	旗（县、市、区）	种质名称	种质类型	种质来源	生长习性	繁殖习性	播种期	收获期	主要特性	其他特性	主要特性详细描述	种质用途	利用部位	种质分布
29	P150522064	通辽市	科尔沁左翼后旗	小粮谷	地方品种	当地	一年生	有性	5月上旬	9月中旬	优质，抗旱，耐贫瘠		多年留种育成的品质优良农家种。早熟、米质好。穗红色，千粒重高，极具增产潜力。优质，抗病，皮薄粒大，颜色鲜艳，籽粒饱满	食用、饲用	种子（果实）、茎、叶	窄
30	P150522065	通辽市	科尔沁左翼后旗	营根毛毛谷	地方品种	当地	一年生	有性	5月上旬	9月中旬	优质，抗旱，耐贫瘠		多年留种选育而成的品质优良农家种，须根粗大，食用口感好	食用、饲用	种子（果实）、茎、叶	窄
31	P150522066	通辽市	科尔沁左翼后旗	营根黑米	地方品种	当地	一年生	有性	5月上旬	9月中旬	优质，抗旱，耐贫瘠		多年留种选育而成的品质优良农家种。籽粒灰黑色，米质口感好	食用、饲用	种子（果实）、茎、叶	窄
32	P150522068	通辽市	科尔沁左翼后旗	梅林小谷	地方品种	当地	一年生	有性	5月上旬	9月中旬	高产，优质，抗旱，耐贫瘠		多年留种选育而成的品质优良农家种。粒大，米白，幼苗绿色，结实性好，谷穗松紧适中	食用	种子（果实）	窄
33	P150521025	通辽市	科尔沁左翼中旗	毛毛谷	地方品种	当地	一年生	有性	5月中旬	9月下旬	高产，优质，抗虫，抗旱		多年留种育成的品质优良农家种，食用口感好	食用	种子（果实）	窄
34	P150521033	通辽市	科尔沁左翼中旗	宝山谷子	地方品种	当地	一年生	有性	5月上旬	9月下旬	高产，优质，抗旱，耐寒，耐贫瘠		多年留种育成的品质优良农家种。抗旱，米粒黄色，食用口感好，味浓香	食用、饲用	种子（果实）、茎、叶	窄

（续表）

序号	样品编号	盟（市）	旗（县、市、区）	种质名称	种质类型	种质来源	生长习性	繁殖习性	播种期	收获期	主要特性	其他特性	主要特性详细描述	种质用途	利用部位	种质分布
35	P150524005	通辽市	库伦旗	宝古台谷子	地方品种	当地	一年生	有性	5月上旬	9月下旬	优质，抗旱，耐贫瘠		优质，抗逆，米质香	食用	种子（果实）、茎、叶	窄
36	P150524006	通辽市	库伦旗	达林稿一号（白米）	地方品种	当地	一年生	有性	5月上旬	9月中旬	优质，抗旱		优质，早熟，米质香	食用	种子（果实）、茎、叶	窄
37	P150524007	通辽市	库伦旗	达林稿二号（黑米）	地方品种	当地	一年生	有性	5月上旬	9月下旬	高产，优质		优质，抗倒伏，米质好	食用	种子（果实）、茎、叶	窄
38	P150524008	通辽市	库伦旗	达林稿三号（绿米）	地方品种	当地	一年生	有性	5月上旬	9月下旬	高产，优质，耐贫瘠，其他		早熟，优质，耐瘠薄	食用	种子（果实）、茎、叶	窄
39	P150524046	通辽市	库伦旗	莫德谷子	地方品种	当地	一年生	有性	5月中旬	9月中旬	优质，抗旱，耐寒，耐贫瘠		农家老品种，该品种已有50多年的种植历史，品质好	食用、饲用	种子（果实）、茎、叶	窄
40	P150525028	通辽市	奈曼旗	本地谷子	地方品种	当地	一年生	有性	5月中旬	9月中旬	优质，抗旱，耐贫瘠		多年留种育成的品质优良农家种，早熟，米质好	食用	种子（果实）	窄
41	P150525038	通辽市	奈曼旗	本地谷子	地方品种	当地	一年生	有性	5月中旬	9月下旬	优质，抗旱，耐贫瘠		多年留种育成的品质优良农家种，品质好，不倒伏	食用	种子（果实）	窄
42	P150525039	通辽市	奈曼旗	山咀谷子	地方品种	当地	一年生	有性	5月上旬	9月中旬	优质，抗旱		多年留种育成的品质优良农家种，早熟，米香	食用	种子（果实）	窄

（续表）

序号	样品编号	盟（市）	旗（县、市、区）	种质名称	种质类型	种质来源	生长习性	繁殖习性	播种期	收获期	主要特性	其他特性	主要特性详细描述	种质用途	利用部位	种质分布
43	P150525050	通辽市	奈曼旗	大米谷子	地方品种	当地	一年生	有性	5月中旬	9月中旬	优质，抗病，耐盐碱，抗旱，耐贫瘠		农家多年种植老品种。抗倒伏，产量较高，食用口感好，加工品质好，谷草品质好	食用、饲用	种子（果实）、茎、叶	窄
44	P150526031	通辽市	扎鲁特旗	香山白毛毛谷	地方品种	当地	一年生	有性	5月中旬	9月下旬	高产，优质，抗旱		多年留种选育而成的品质优良农家种	食用	种子（果实）	窄
45	P150526043	通辽市	扎鲁特旗	毛毛谷	地方品种	当地	一年生	有性	5月上旬	9月下旬	高产，优质，抗病，抗虫，抗旱，耐寒		多年留种育成的品质优良农家种，食用口感好	食用	种子（果实）	窄
46	P150403005	赤峰市	元宝山区	金镶玉小白米	地方品种	当地	一年生	有性	5月下旬	9月上旬	优质，抗病，抗旱，耐贫瘠	高抗白发病，高抗谷瘟病	苗色绿，叶鞘色绿，生育期115d左右，棍棒穗形	食用、饲用	种子（果实）、茎、叶	窄
47	P150403007	赤峰市	元宝山区	黄苗谷	地方品种	当地	一年生	有性	5月下旬	9月上旬	优质，抗病，抗旱，耐贫瘠	高抗白发病，高抗谷瘟病，倾斜而不倒伏	苗色绿，叶鞘色紫，生育期112d左右，纺锤穗形	食用、饲用	种子（果实）、茎、叶	窄
48	P150403008	赤峰市	元宝山区	大黄苗	地方品种	当地	一年生	有性	5月下旬	9月上旬	优质，抗病，抗旱，耐贫瘠	高抗白发病，高抗谷瘟病	苗色绿，叶鞘色紫，生育期114d左右，圆筒穗形	食用、饲用	种子（果实）、茎、叶	窄
49	P150403012	赤峰市	元宝山区	绳子紧	地方品种	当地	一年生	有性	5月下旬	9月上旬	优质，抗病，抗旱，耐贫瘠	高抗白发病，高抗谷瘟病	苗色绿，叶鞘色绿，生育期118d左右，纺锤穗形	食用、饲用	种子（果实）、茎、叶	窄

（续表）

序号	样品编号	盟（市）	旗(县、市、区)	种质名称	种质类型	种质来源	生长习性	繁殖习性	播种期	收获期	主要特性	其他特性	主要特性详细描述	种质用途	利用部位	种质分布
50	P150403015	赤峰市	元宝山区	牛头沟	地方品种	当地	一年生	有性	5月中旬	9月下旬	优质，抗病，抗旱，耐贫瘠	高抗白发病，高抗谷瘟病	苗色绿，叶鞘色紫，生育期115d左右，纺锤穗形	食用、饲用	种子(果实)、茎、叶	窄
51	P150403017	赤峰市	元宝山区	红白苗谷子	地方品种	当地	一年生	有性	5月下旬	9月上旬	优质，抗病，抗旱，耐贫瘠	高抗白发病，高抗谷瘟病	苗色绿，叶鞘色紫，生育期121d左右，纺锤穗形	食用、饲用	种子(果实)、茎、叶	窄
52	P150404032	赤峰市	松山区	气死风	地方品种	当地	一年生	有性	5月上旬	9月下旬	优质，抗旱		地方乡村种植的品种，传统品种，品质好，但是产量不高，长势强，抗倒伏	食用	种子（果实）	窄
53	P150404033	赤峰市	松山区	黄金谷	地方品种	当地	一年生	有性	5月上旬	9月下旬	优质，抗旱		松山区乡镇地方品种，品质好，但是产量不高，长势强，抗倒伏	食用、饲用	种子(果实)、茎、叶	窄
54	P150404045	赤峰市	松山区	大金苗	地方品种	当地	一年生	有性	5月上旬	9月下旬				食用	种子（果实）	窄
55	P150404046	赤峰市	松山区	山西红谷	地方品种	当地	一年生	有性	5月上旬	9月下旬				食用	种子（果实）	窄
56	P150404047	赤峰市	松山区	红苗红谷	地方品种	当地	一年生	有性	5月上旬	9月下旬				食用	种子（果实）	窄
57	P150404048	赤峰市	松山区	大黄米谷	地方品种	当地	一年生	有性	5月上旬	9月下旬				食用	种子（果实）	窄
58	P150404049	赤峰市	松山区	黄毛谷	地方品种	当地	一年生	有性	5月上旬	9月下旬				食用	种子（果实）	窄

（续表）

序号	样品编号	盟（市）	旗（县、市、区）	种质名称	种质类型	种质来源	生长习性	繁殖习性	播种期	收获期	主要特性	其他特性	主要特性详细描述	种质用途	利用部位	种质分布
59	P150404050	赤峰市	松山区	小黄米谷	地方品种	当地	一年生	有性	5月上旬	9月下旬				食用	种子（果实）	窄
60	P150404051	赤峰市	松山区	黄八叉	地方品种	当地	一年生	有性	5月上旬	9月下旬				食用	种子（果实）	窄
61	P150404053	赤峰市	松山区	红小谷	地方品种	当地	一年生	有性	5月上旬	9月下旬	优质，抗旱		松山区乡镇地方品种，品质好，但是产量不高，长势强，抗倒伏	食用	种子（果实）	窄
62	P150421017	赤峰市	阿鲁科尔沁	青苗金苗谷子	地方品种	当地	一年生	有性	5月中旬	9月下旬	优质，抗病，抗旱	抗旱，特抗病，食用口感好	苗色绿，叶鞘色绿，生育期112d左右，纺锤穗形，高抗白发病，高抗谷瘟病	食用	种子（果实）	窄
63	P150421019	赤峰市	阿鲁科尔沁	毛毛粮（谷子）	地方品种	当地	一年生	有性	5月上旬	9月中旬	高产，优质，抗病，抗虫，抗旱，耐贫瘠		苗色绿，叶鞘色绿，生育期121d左右，圆筒穗形，高抗白发病，高抗谷瘟病，抗倒伏。一般山地亩产100～150kg，雨水充沛时亩产可达250～350kg，青苗，不掉粒，株高1.50m，黄壳白米，口感好，比大米好吃	食用	种子（果实）	窄
64	P150421022	赤峰市	阿鲁科尔沁	大白毛（谷子）	地方品种	当地	一年生	有性	5月下旬	9月中旬	优质		苗色绿，叶鞘色绿，生育期114d左右，纺锤穗形，高抗白发病，高抗谷瘟病，倾斜而不倒伏	食用	种子（果实）	窄

（续表）

序号	样品编号	盟（市）	旗（县、市、区）	种质名称	种质类型	种质来源	生长习性	繁殖习性	播种期	收获期	主要特性	其他特性	主要特性详细描述	种质用途	利用部位	种质分布
65	P150422006	赤峰市	巴林左旗	散穗毛毛谷	地方品种	当地	一年生	有性	5月中旬	9月下旬	优质，抗病，抗旱，耐贫瘠	高抗白发病，高抗谷瘟病，抗倒伏	苗色绿，叶鞘色绿，生育期112d左右，棍棒穗形	食用、加工原料	种子（果实）、茎	窄
66	P150422007	赤峰市	巴林左旗	红苗细穗	地方品种	当地	一年生	有性	5月中旬	9月下旬	优质，抗病，抗旱，耐贫瘠	高抗白发病，高抗谷瘟病，抗倒伏	苗色绿，叶鞘色绿，生育期112d左右，棍棒穗形	食用	种子（果实）	窄
67	P150422009	赤峰市	巴林左旗	小白米毛毛谷	地方品种	当地	一年生	有性	5月中旬	9月下旬	优质，抗病，抗旱，耐贫瘠	高抗白发病，高抗谷瘟病，抗倒伏	苗色绿，叶鞘色绿，生育期114d左右，圆筒穗形	食用	种子（果实）	窄
68	P150422042	赤峰市	巴林左旗	六十天还仓谷子	地方品种	当地	一年生	有性	5月下旬	9月上旬	优质，耐贫瘠			食用、加工原料	种子（果实）	窄
69	P150423032	赤峰市	巴林右旗	大白谷	地方品种	当地	一年生	有性	5月中旬	9月上旬	优质，抗旱			食用	种子（果实）、根	窄
70	P150424016	赤峰市	林西县	红谷子	地方品种	当地	一年生	有性	5月中旬	9月下旬	优质，抗病，抗旱，耐贫瘠	高抗白发病，高抗谷瘟病	苗色绿，叶鞘色绿，生育期112d左右，纺锤穗形	食用	种子（果实）	窄

（续表）

序号	样品编号	盟（市）	旗（县、市、区）	种质名称	种质类型	种质来源	生长习性	繁殖习性	播种期	收获期	主要特性	其他特性	主要特性详细描述	种质用途	利用部位	种质分布
71	P150425013	赤峰市	克什克腾旗	绿谷子	野生资源	当地	一年生	有性	5月上旬	9月上旬	优质，抗病，耐贫瘠	高抗白发病，高抗谷瘟病，倾斜而不倒伏	苗色绿，叶鞘色绿，生育期114d左右，圆筒穗形	食用、保健药用	种子（果实）	窄
72	P150426011	赤峰市	翁牛特旗	小白米	地方品种	当地	一年生	有性	4月中旬	9月下旬	抗病，耐盐碱，抗旱，耐贫瘠	高抗白发病，高抗谷瘟病	菌色绿，叶鞘色绿，生育期115d左右，纺锤穗形	食用	种子（果实）	窄
73	P150426054	赤峰市	翁牛特旗	小黑谷	地方品种	当地	一年生	有性	5月下旬	9月中旬	抗旱，其他			食用	种子（果实）	窄
74	P150426055	赤峰市	翁牛特旗	朱沙谷	地方品种	当地	一年生	有性	5月中旬	9月下旬	优质			食用	种子（果实）	窄
75	P150426056	赤峰市	翁牛特旗	八三〇八(第六代)	地方品种	当地	一年生	有性	5月中旬	9月下旬	抗旱，耐贫瘠			食用，其他	种子（果实）	窄
76	P150426058	赤峰市	翁牛特旗	小红谷	地方品种	当地	一年生	有性	5月中旬	10月上旬	其他			食用，其他	种子（果实）	窄
77	P150428003	赤峰市	翁牛特旗	小红苗	地方品种	当地	一年生	有性	5月下旬	9月上旬	优质，抗旱		米是黄色的，好吃	食用	种子（果实）	窄
78	P150428010	赤峰市	喀喇沁旗	金玉小白米	地方品种	当地	一年生	有性	5月上旬	9月下旬	优质，抗旱		口感好	食用	种子（果实）	窄

（续表）

序号	样品编号	盟（市）	旗（县、市、区）	种质名称	种质类型	种质来源	生长习性	繁殖习性	播种期	收获期	主要特性	其他特性	主要特性详细描述	种质用途	利用部位	种质分布
79	P150428034	赤峰市	喀喇沁旗	小白米	地方品种	当地	一年生	有性	5月中旬	9月中旬	优质，抗旱		口感好，做米饭松软	食用	种子（果实）	窄
80	P150428038	赤峰市	喀喇沁旗	金香玉谷子	地方品种	当地	一年生	有性	5月中旬	9月中旬	优质		好吃	食用	种子（果实）	窄
81	P150428040	赤峰市	喀喇沁旗	猫爪子小白米	地方品种	当地	一年生	有性	5月中旬	9月中旬	优质		口感好	食用	种子（果实）	窄
82	P150429047	赤峰市	宁城县	毛毛谷	地方品种	当地	一年生	有性	5月中旬	9月下旬	抗病，耐盐碱，抗旱，耐贫瘠	高抗白发病，高抗谷瘟病，抗倒伏	苗色绿，叶鞘色绿，生育期117d左右，圆筒穗形	食用	种子（果实）	窄
83	P150429051	赤峰市	宁城县	朱砂谷	地方品种	当地	一年生	有性	5月中旬	9月下旬	抗病，耐盐碱，抗旱，耐贫瘠	高抗白发病，高抗谷瘟病	苗色绿，叶鞘色紫，生育期119d左右，纺锤穗形	食用	种子（果实）	窄
84	P150429066	赤峰市	宁城县	谷子	地方品种	当地	一年生	有性	6月下旬	9月中旬	其他			食用	种子（果实）	窄
85	P150430014	赤峰市	敖汉旗	黑皮黑谷	地方品种	当地	一年生	有性	5月中旬	9月下旬	抗旱，耐贫瘠	高抗白发病，高抗谷瘟病	苗色绿，叶鞘色绿，生育期115d左右，纺锤穗形	食用	种子（果实）	窄
86	P150430015	赤峰市	敖汉旗	一尺红	地方品种	当地	一年生	有性	5月中旬	9月下旬	抗旱，耐贫瘠	高抗白发病，高抗谷瘟病	苗色绿，叶鞘色绿，生育期115d左右，纺锤穗形	食用	种子（果实）	窄

（续表）

序号	样品编号	盟（市）	旗（县、市、区）	种质名称	种质类型	种质来源	生长习性	繁殖习性	播种期	收获期	主要特性	其他特性	主要特性详细描述	种质用途	利用部位	种质分布
87	P150430017	赤峰市	敖汉旗	压塌楼	地方品种	当地	一年生	有性	5月中旬	9月下旬	抗旱，耐贫瘠	高抗白发病，高抗谷瘟病	苗色绿，叶鞘色绿，生育期127d左右，纺锤穗形	食用	种子（果实）	窄
88	P150430022	赤峰市	敖汉旗	老虎尾	地方品种	当地	一年生	有性	5月中旬	9月下旬	抗旱，耐贫瘠	高抗白发病，高抗谷瘟病	苗色绿，叶鞘色紫，生育期116d左右，棍棒穗形	食用	种子（果实）	窄
89	P150430025	赤峰市	敖汉旗	60天还仓	地方品种	当地	一年生	有性	5月上旬	9月下旬	抗旱，耐贫瘠	高抗白发病，高抗谷瘟病，倾斜而不倒伏	苗色绿，叶鞘色紫，生育期122d左右，猫爪穗形	食用	种子（果实）	窄
90	P150430036	赤峰市	敖汉旗	叉子红	地方品种	当地	一年生	有性	5月中旬	9月下旬	优质，抗旱，耐贫瘠		生育期108d，株高125cm，穗长28cm，红皮白米，亩产210kg	食用	种子（果实）	窄
91	P150430037	赤峰市	敖汉旗	毛毛谷	地方品种	当地	一年生	有性	5月中旬	9月下旬	高产，优质，抗旱，耐贫瘠		生育期116d，株高121cm，穗长28cm，黄皮黄米，亩产250kg	食用	种子（果实）	窄
92	P150430039	赤峰市	敖汉旗	小红谷	地方品种	当地	一年生	有性	5月中旬	9月下旬	优质，抗旱，耐贫瘠		生育期105d，株高108cm，穗长22cm，红皮白米，亩产190kg	食用	种子（果实）	窄
93	P150430040	赤峰市	敖汉旗	大散穗	地方品种	当地	一年生	有性	5月下旬	9月下旬	优质，抗旱，耐贫瘠		生育期108d，株高150cm，穗长25cm，红皮白米，亩产70kg	食用	种子（果实）	窄

（续表）

序号	样品编号	盟（市）	旗（县、市、区）	种质名称	种质类型	种质来源	生长习性	繁殖习性	播种期	收获期	主要特性	其他特性	主要特性详细描述	种质用途	利用部位	种质分布
94	P150430041	赤峰市	敖汉旗	红黏谷	地方品种	当地	一年生	有性	5月下旬	9月中旬	优质，抗旱，耐贫瘠		生育期102d，株高104cm，穗长20cm，红皮白米，亩产150kg	食用	种子（果实）	窄
95	P150430042	赤峰市	敖汉旗	朱砂谷	地方品种	当地	一年生	有性	6月上旬	9月中旬	优质，抗旱，耐贫瘠		生育期90d，株高102cm，穗长17cm，绿皮绿米，亩产80kg	食用	种子（果实）	窄
96	P150430043	赤峰市	敖汉旗	七尺高	地方品种	当地	一年生	有性	5月上旬	9月下旬	优质，抗旱，耐贫瘠		生育期115d，株高140cm，穗长30cm，白皮黄米，亩产220kg	食用	种子（果实）	窄
97	P150430046	赤峰市	敖汉旗	老来白	地方品种	当地	一年生	有性	5月中旬	9月下旬	抗旱，耐贫瘠		生育期112d，株高112cm，穗长22cm，白皮黄米，穗筒形，亩产180kg	食用	种子（果实）	窄
98	P152526053	锡林郭勒盟	西乌珠穆沁旗	青谷子	地方品种	当地	一年生	有性	5月中旬	9月中旬	抗病			饲用	种子（果实）、根、茎、叶	窄
99	P150923010	乌兰察布市	商都县	黄谷子	地方品种	当地	一年生	有性	5月上旬	9月中旬	高产，抗病，抗旱，耐寒，耐贫瘠			食用	种子（果实）	窄
100	P150924006	乌兰察布市	兴和县	小红谷子	地方品种	当地	一年生	有性	5月上旬	9月上旬	优质			食用	种子（果实）	广
101	P150924020	乌兰察布市	兴和县	大红谷	地方品种	当地	一年生	有性	5月下旬	9月中旬	高产，优质，抗病，抗旱			食用、饲用	种子（果实）	窄

（续表）

序号	样品编号	盟（市）	旗（县、市、区）	种质名称	种质类型	种质来源	生长习性	繁殖习性	播种期	收获期	主要特性	其他特性	主要特性详细描述	种质用途	利用部位	种质分布
102	P150924052	乌兰察布市	兴和县	大白皮谷子	地方品种	当地	一年生	有性	5月下旬	9月中旬	优质，抗病，抗旱		一年生草本，秆粗壮	食用	种子（果实）	窄
103	P150925017	乌兰察布市	凉城县	红谷子	地方品种	当地	一年生	有性	5月上旬	9月下旬	优质，抗旱，耐贫瘠			食用	种子（果实）	窄
104	P150925065	乌兰察布市	凉城县	九头黄谷子	地方品种	当地	一年生	有性	5月上旬	9月下旬	优质			食用	种子（果实）	窄
105	P150925066	乌兰察布市	凉城县	矮秆谷子	地方品种	当地	一年生	有性	5月上旬	9月下旬	优质			食用	种子（果实）	窄
106	P150925067	乌兰察布市	凉城县	西厢谷子	地方品种	当地	一年生	有性	5月上旬	9月下旬	优质			食用	种子（果实）	窄
107	P150927012	乌兰察布市	察哈尔右翼中旗	谷子	地方品种	当地	一年生	有性	5月中旬	9月下旬	优质，抗旱			食用	种子（果实）	广
108	P152628049	乌兰察布市	丰镇市	小红谷子	地方品种	当地	一年生	有性	5月中旬	9月下旬	优质，抗病，抗虫，耐盐碱，抗旱，耐寒，耐贫瘠		株高87cm，穗长21cm，籽粒红色，较小	食用	种子（果实）	窄
109	P152630005	乌兰察布市	察哈尔右翼前旗	黄谷子	地方品种	当地	一年生	有性	4月下旬	9月下旬	高产，抗旱，广适，耐寒，耐贫瘠，耐热		籽粒金黄色，产量高，适应广，米质优	食用	种子（果实）、茎、叶	广

（续表）

序号	样品编号	盟（市）	旗（县、市、区）	种质名称	种质类型	种质来源	生长习性	繁殖习性	播种期	收获期	主要特性	其他特性	主要特性详细描述	种质用途	利用部位	种质分布
110	P152630008	乌兰察布市	察哈尔右翼前旗	红谷子	地方品种	当地	一年生	有性	5月上旬	9月中旬	高产，抗旱，广适，耐寒，耐贫瘠，耐热		谷粒红色，色泽鲜艳，产量高，籽粒富含钙、铁等矿物质	食用、加工原料	种子（果实）	广
111	P150627035	鄂尔多斯市	伊金霍洛旗	谷子	地方品种	当地	一年生	有性	3月下旬	9月下旬	优质，抗旱			食用	种子（果实）	窄
112	P150621006	鄂尔多斯市	达拉特旗	谷子	地方品种	当地	一年生	有性	4月下旬	10月下旬	优质，抗病，抗虫，耐贫瘠		植株较高，抗倒性一般	食用、饲用	种子（果实）、茎、叶	广
113	P150626002	鄂尔多斯市	乌审旗	软香谷子	地方品种	当地	一年生	有性	5月上旬	9月上旬	耐盐碱，抗旱，广适		糯性，可蒸饭	食用、饲用	种子（果实）、茎、叶	广
114	P150626003	鄂尔多斯市	乌审旗	硬香谷子	地方品种	当地	一年生	有性	5月上旬	9月上旬	耐盐碱，抗旱，广适		糯性，可熬稀粥	食用、饲用	种子（果实）、茎、叶	广
115	P150626021	鄂尔多斯市	乌审旗	谷子	地方品种	当地	一年生	有性	5月上旬	9月上旬	耐盐碱，抗旱，广适		糯性，可熬稀粥	食用、饲用	种子（果实）、茎、叶	广
116	P150622020	鄂尔多斯市	准格尔旗	谷子	地方品种	当地	一年生	有性	5月中旬	10月上旬	耐热		是耐热的品种	食用、饲用、保健药用	种子（果实）、茎、叶	窄

（续表）

序号	样品编号	盟（市）	旗（县、市、区）	种质名称	种质类型	种质来源	生长习性	繁殖习性	播种期	收获期	主要特性	其他特性	主要特性详细描述	种质用途	利用部位	种质分布
117	P150622037	鄂尔多斯市	准格尔旗	七月黄谷子	地方品种	当地	一年生	有性	5月下旬	9月下旬	高产，优质，抗病，抗旱，耐贫瘠			食用、饲用、保健药用、加工原料，其他	种子（果实）	广
118	P150824027	巴彦淖尔市	乌拉特中旗	石哈河谷子	地方品种	当地	一年生	有性	5月上旬	9月下旬	高产，优质，抗旱，耐贫瘠	适应性强	高产、稳产性好，抗逆性强	食用、饲用	种子（果实）、茎、叶	广
119	P150826021	巴彦淖尔市	杭锦后旗	三道桥黄谷子	地方品种	当地	一年生	有性	5月中旬	9月中旬	优质		生育期116d左右，株高140cm，有分蘖，幼苗绿色，穗呈棒锤形，穗码紧密，一般穗长25cm左右，籽粒黄红色，有光泽，中等土壤均可种植，每亩保苗4万苗	食用	种子（果实）	窄
120	P150826026	巴彦淖尔市	杭锦后旗	太阳庙黄红谷子	地方品种	当地	一年生	有性	5月中旬	9月中旬	优质		生育期是115d左右，株高150cm，有分蘖，幼苗绿色，穗呈棒锤形，穗码紧密，一般穗长28cm左右，籽粒黄红色，有光泽，中等土壤均可种植，每亩保苗3.5万苗	食用	种子（果实）	窄

（续表）

序号	样品编号	盟（市）	旗（县、市、区）	种质名称	种质类型	种质来源	生长习性	繁殖习性	播种期	收获期	主要特性	其他特性	主要特性详细描述	种质用途	利用部位	种质分布
121	P150826025	巴彦淖尔市	杭锦后旗	太阳庙小黄谷子	地方品种	当地	一年生	有性	5月中旬	9月上旬	优质		生育期116d左右，株高160cm，有分蘖，幼苗绿色，穗呈棒锤形，穗码紧密，一般穗长22cm左右，籽粒黄红色，有光泽，中等土壤均可种植，每亩保苗3.5万苗	食用	种子（果实）、茎	窄
122	P152921030	阿拉善盟	阿拉善左旗	谷子	地方品种	当地	一年生	有性	4月下旬	9月上旬	优质，抗旱，耐贫瘠		富含蛋白质、维生素B_2，是中国北方人民的主要粮食之一	食用	种子（果实）	窄
123	P152921033	阿拉善盟	阿拉善左旗	野谷子	野生资源	当地	一年生	有性	4月下旬	9月上旬	优质，抗旱，耐寒，耐贫瘠		富含蛋白质、维生素的优质牧草	饲用	种子（果实）、茎、叶	窄

3. 荞麦种质资源目录

荞麦（*Fagopyrum esculentum*）是蓼科（Polygonaceae）荞麦属（*Fagopyrum*）一年生或多年生草本植物，荞麦喜凉爽湿润的气候，不耐高温、干旱、大风，畏霜冻，喜日照，需水较多。共计收集到种质资源94份，分布在10个盟（市）的49个旗（县、市、区）（表2-21）。

表2-21 荞麦种质资源目录

序号	样品编号	盟（市）	旗（县、市、区）	种质名称	种质类型	种质来源	生长习性	繁殖习性	播种期	收获期	主要特性	其他特性	主要特性详细描述	种质用途	利用部位	种质分布
1	P150105021	呼和浩特市	赛罕区	农家荞麦	地方品种	当地	一年生	有性	5月上旬	9月下旬	高产，优质，抗病，耐盐碱，抗旱，耐寒，耐贫瘠		适应性广，口感好	食用	种子（果实）	广

（续表）

序号	样品编号	盟（市）	旗（县、市、区）	种质名称	种质类型	种质来源	生长习性	繁殖习性	播种期	收获期	主要特性	其他特性	主要特性详细描述	种质用途	利用部位	种质分布
2	P150105043	呼和浩特市	赛罕区	小荞麦	地方品种	当地	一年生	有性	5月上旬	9月下旬	高产，优质，抗病，耐盐碱，抗旱，耐寒，耐贫瘠		适应性广，产量高，抗寒，耐盐碱，口感好	食用	种子（果实）	广
3	P150122024	呼和浩特市	托克托县	本地荞麦	地方品种	当地	一年生	有性	5月下旬	9月上旬	优质，抗旱，广适，耐寒，耐贫瘠		生育期比较短，产量低，是抢救性种植作物，荞面口感好，营养成分高	食用、保健药用	种子（果实）	广
4	P150123014	呼和浩特市	和林格尔县	野荞麦	野生资源	当地	多年生	无性	5月上旬	9月上旬	优质，抗病，耐寒		株高50～150cm。野荞麦又称开金锁，是国家Ⅱ级重点保护野生植物。花期9—10月，果期10—11月	食用、保健药用、加工原料	种子（果实）、根、茎	窄
5	P150123034	呼和浩特市	和林格尔县	大棱荞麦	地方品种	当地	一年生	有性	5月下旬	9月中旬	高产，优质，抗旱，耐寒，耐贫瘠			食用、加工原料	种子（果实）、茎、叶	广
6	P150124017	呼和浩特市	清水河县	小荞麦	地方品种	当地	一年生	有性	6月上旬	9月上旬	抗病，抗旱，耐涝，耐贫瘠			食用	种子（果实）	窄
7	P150124037	呼和浩特市	清水河县	荞麦	地方品种	当地	一年生	有性	5月上旬	9月上旬	优质，抗病，抗虫，抗旱，耐贫瘠		产量一般，质量好，适宜加工	食用	种子（果实）	窄
8	P150125048	呼和浩特市	武川县	武川荞麦	地方品种	当地	一年生	有性	5月下旬	8月下旬	优质，抗旱，耐寒，耐贫瘠		地方品种，种植多年，适应性强，生育期短，荞麦面营养价值高，适口性好	食用、加工原料	种子（果实）	广
9	P150202031	包头市	东河区	东河荞麦	地方品种	当地	一年生	有性	6月上旬	9月上旬	优质，抗病，广适，耐寒			食用	种子（果实）	广

（续表）

序号	样品编号	盟（市）	旗（县、市、区）	种质名称	种质类型	种质来源	生长习性	繁殖习性	播种期	收获期	主要特性	其他特性	主要特性详细描述	种质用途	利用部位	种质分布
10	P150205021	包头市	石拐区	石拐荞麦	地方品种	当地	一年生	有性	6月上旬	9月上旬	高产，优质，抗病，抗虫，耐盐碱，抗旱，广适，耐寒，耐贫瘠			食用	种子（果实）	广
11	P150206011	包头市	白云区	白云荞麦	地方品种	当地	一年生	有性	5月下旬	8月中旬	高产，优质，抗病，抗虫，耐盐碱，抗旱，广适，耐寒，耐贫瘠		茎直立，株高45cm，上部分枝，茎秆红色，具纵棱，于一侧沿纵棱具乳头状突起。叶三角形，长2.5～7cm，宽2～5cm，顶端渐尖，基部心形，两面沿叶脉具乳头状突起。单株粒数50～55粒，千粒重27～29g	食用	种子（果实）	广
12	P150222021	包头市	固阳县	固阳荞麦	地方品种	当地	一年生	有性	6月上旬	9月上旬	优质，抗旱，广适			食用、保健药用	种子（果实）	广
13	P150222035	包头市	固阳县	卜塔亥荞麦	地方品种	当地	一年生	有性	5月下旬	8月中旬	高产，优质，抗病，抗虫，耐盐碱，抗旱，广适，耐寒，耐贫瘠		茎直立，高40cm，上部分枝，茎秆红色，具纵棱，无毛，于一侧沿纵棱具乳头状突起。叶三角形，长2.5～7cm，宽2～5cm，顶端渐尖，基部心形，两面沿叶脉具乳头状突起。单株粒数50～55粒，千粒重27～29g	食用	种子（果实）	广

（续表）

序号	样品编号	盟（市）	旗（县、市、区）	种质名称	种质类型	种质来源	生长习性	繁殖习性	播种期	收获期	主要特性	其他特性	主要特性详细描述	种质用途	利用部位	种质分布
14	P150223005	包头市	达尔罕茂明安联合旗	达茂荞麦	地方品种	当地	一年生	有性	5月下旬	8月中旬	高产，优质，抗病，抗虫，耐盐碱，抗旱，广适，耐寒，耐贫瘠			食用	种子（果实）	广
15	P152201022	兴安盟	乌兰浩特市	荞麦	地方品种	当地	一年生	有性	6月上旬	9月中旬	优质，抗病，抗虫，耐盐碱，抗旱，耐寒，耐贫瘠，耐热			食用、保健药用、加工原料	种子（果实）、茎	窄
16	P152222001	兴安盟	科尔沁右翼中旗	荞麦	地方品种	当地	一年生	有性	6月上旬	9月下旬	抗旱，耐贫瘠		相对其他作物抗旱，耐贫瘠，加工的荞面口感好	食用	种子（果实）	窄
17	P152222012	兴安盟	科尔沁右翼中旗	荞麦	地方品种	当地	一年生	有性	6月上旬	10月上旬	优质，耐贫瘠		含有丰富的膳食纤维，其含量是一般精制大米的10倍；荞麦含有的铁、锰、锌等微量元素也比一般谷物丰富	食用	种子（果实）	窄
18	P152222026	兴安盟	科尔沁右翼中旗	荞麦	地方品种	当地	一年生	有性	5月下旬	9月下旬	优质，抗旱，耐贫瘠		适应性广，相对抗旱，耐贫瘠，产品品质好，加工的荞面口感好	食用	种子（果实）	窄
19	P152222034	兴安盟	科尔沁右翼中旗	荞麦	地方品种	当地	一年生	有性	6月上旬	9月下旬	优质，耐盐碱，广适，耐贫瘠		一年生草本，茎直立、花白色，适应性广，耐贫瘠，品质好，加工的荞麦口感好	食用	种子（果实）	广

（续表）

序号	样品编号	盟（市）	旗（县、市、区）	种质名称	种质类型	种质来源	生长习性	繁殖习性	播种期	收获期	主要特性	其他特性	主要特性详细描述	种质用途	利用部位	种质分布
20	P152222041	兴安盟	科尔沁右翼中旗	荞麦	地方品种	当地	一年生	有性	6月上旬	9月下旬	优质，抗旱，耐贫瘠			食用	种子（果实）	窄
21	P152222060	兴安盟	科尔沁右翼中旗	荞麦	地方品种	当地	一年生	有性	6月上旬	9月下旬	优质		适应性广，产品品质优	食用	种子（果实）	窄
22	P150581030	通辽市	霍林郭勒市	荞麦	地方品种	当地	一年生	有性	5月下旬	9月下旬	高产，优质，抗旱，耐寒，耐贫瘠		农家多年种植，自留品种，品质好，产量高	食用	种子（果实）	窄
23	P150523026	通辽市	开鲁县	小街基荞麦	地方品种	当地	一年生	有性	6月上旬	9月中旬	优质，抗病，抗旱，耐贫瘠		经过多年留种选择而成的优良农家种。品质优，耐瘠薄，营养丰富，品质好，口感好	食用	种子（果实）	窄
24	P150502111	通辽市	科尔沁区	一根听荞麦	地方品种	当地	一年生	有性	6月上旬	9月下旬	优质，抗病，抗虫，抗旱，耐寒，耐贫瘠		经过多年留种选择而成的优良农家种。品质优，耐瘠薄，营养丰富，品质好，口感好	食用	种子（果实）	窄
25	P150522023	通辽市	科尔沁左翼后旗	本地荞麦	地方品种	当地	一年生	有性	7月上旬	9月中旬	高产，优质，抗旱		粒大，皮薄，粉白，抗倒伏	食用	种子（果实）	窄
26	P150522034	通辽市	科尔沁左翼后旗	小粒荞麦	地方品种	当地	一年生	有性	6月中旬	9月中旬	优质，抗旱		茎直立，多分枝，光滑，红褐色，花白色，籽粒褐色，光滑，粒小	食用	种子（果实）	窄

（续表）

序号	样品编号	盟（市）	旗（县、市、区）	种质名称	种质类型	种质来源	生长习性	繁殖习性	播种期	收获期	主要特性	其他特性	主要特性详细描述	种质用途	利用部位	种质分布
27	P150522044	通辽市	科尔沁左翼后旗	查干荞麦	地方品种	当地	一年生	有性	6月中旬	9月下旬	优质，抗旱，耐寒，耐贫瘠		食用口感好，抗旱性强，适应性广。茎直立，多分枝，光滑，红褐色，叶心脏形，花白色，果实褐色，粒大	食用	种子（果实）	窄
28	P150522057	通辽市	科尔沁左翼后旗	达林荞麦	地方品种	当地	一年生	有性	6月上旬	9月中旬	优质，抗旱，耐贫瘠		产量高，粒大，皮薄	食用	种子（果实）	窄
29	P150522067	通辽市	科尔沁左翼后旗	哈伦小荞麦	地方品种	当地	一年生	有性	5月上旬	9月中旬	优质，抗旱，耐贫瘠		多年留种选育而成的品质优良农家种。茎直立，株高30～90cm，上部分枝，绿色或红色，具纵棱，无毛或于一侧沿纵棱具乳头状突起。叶三角形或卵状三角形，长2.5～7cm，宽2～5cm，顶端渐尖，基部心形，两面沿叶脉具乳头状突起	食用	种子（果实）	窄
30	P150521026	通辽市	科尔沁左翼中旗	大粒荞麦	地方品种	当地	一年生	有性	7月上旬	9月下旬	高产，优质，抗虫，抗旱		多年留种育成的品质优良农家种，籽粒大	食用	种子（果实）	窄
31	P150521032	通辽市	科尔沁左翼中旗	宝山荞麦	地方品种	当地	一年生	有性	7月上旬	9月下旬	优质，抗旱，耐寒，耐贫瘠		多年留种育成的品质优良农家种	食用	种子（果实）	窄

（续表）

序号	样品编号	盟（市）	旗（县、市、区）	种质名称	种质类型	种质来源	生长习性	繁殖习性	播种期	收获期	主要特性	其他特性	主要特性详细描述	种质用途	利用部位	种质分布
32	P150524001	通辽市	库伦旗	库伦大三棱	地方品种	当地	一年生	有性	6月中旬	9月下旬	高产，优质，抗旱，耐贫瘠		粒大，皮薄	食用	种子（果实）	窄
33	P150524004	通辽市	库伦旗	宝古台荞麦	地方品种	当地	一年生	有性	5月上旬	9月中旬	高产，优质，抗旱，耐贫瘠		粒大，皮薄	食用	种子（果实）	窄
34	P150524009	通辽市	库伦旗	本地小粒荞麦	地方品种	当地	一年生	有性	6月中旬	9月下旬	高产，优质，抗旱		皮薄，粉白，米香	食用	种子（果实）	窄
35	P150524014	通辽市	库伦旗	本地荞麦	地方品种	当地	一年生	有性	6月中旬	9月下旬	优质，抗旱		粒大，皮薄，粉白	食用	种子（果实）	窄
36	P150524028	通辽市	库伦旗	小粒荞麦	地方品种	当地	一年生	有性	6月中旬	9月下旬	优质，抗旱，耐贫瘠		粒小，皮薄，千粒重高，粉白，面质优	食用	种子（果实）	窄
37	P150524039	通辽市	库伦旗	小三棱荞麦	地方品种	当地	一年生	有性	6月上旬	9月中旬	优质，抗旱，耐贫瘠			食用	种子（果实）	窄
38	P150524047	通辽市	库伦旗	西塔荞麦	地方品种	当地	一年生	有性	6月上旬	9月下旬	优质，抗旱，耐寒，耐贫瘠		农家老品种，多年留种育成的品质优良农家种，籽粒大	食用	种子（果实）	窄
39	P150524051	通辽市	库伦旗	杏小粒荞麦	地方品种	当地	一年生	有性	6月上旬	9月中旬	高产，优质，抗虫，抗旱，耐寒，耐贫瘠		农家多年种植老品种，品质好，抗旱性好	食用	种子（果实）	窄

（续表）

序号	样品编号	盟（市）	旗（县、市、区）	种质名称	种质类型	种质来源	生长习性	繁殖习性	播种期	收获期	主要特性	其他特性	主要特性详细描述	种质用途	利用部位	种质分布
40	P150525012	通辽市	奈曼旗	六号荞麦	地方品种	当地	一年生	有性	7月上旬	9月下旬	高产，优质，耐盐碱，抗旱，耐贫瘠		多年留种育成的品质优良农家种，粒大，皮薄，粉白	食用、保健药用	种子（果实）	窄
41	P150525027	通辽市	奈曼旗	本地甜荞麦	地方品种	当地	一年生	有性	7月上旬	9月下旬	优质，抗旱		多年留种育成的品质优良农家种，粒大，皮薄，粉白	食用	种子（果实）	窄
42	P150525035	通辽市	奈曼旗	山咀荞麦	地方品种	当地	一年生	有性	6月上旬	9月下旬	优质，抗旱，耐贫瘠		多年留种育成的品质优良农家种，粒大，粉白，皮薄	食用	种子（果实）	窄
43	P150526017	通辽市	扎鲁特旗	平安荞麦	地方品种	当地	一年生	有性	6月中旬	9月下旬	高产，优质，抗病，抗虫，抗旱		多年留种选育而成的品质优良农家种，为甜荞，茎直立，株高95cm，主茎红色，上部分枝顶端绿色；喜凉爽湿润的气候，不耐高温、大风，畏霜冻，喜日照	食用	种子（果实）	窄
44	P150526049	通辽市	扎鲁特旗	保安荞麦	地方品种	当地	一年生	有性	6月中旬	9月下旬	高产，优质，抗病，抗虫，抗旱，耐寒		经过多年留种选育而成的优良农家种。粒大，皮薄，粉白，抗倒伏	食用	种子（果实）	窄
45	P150403014	赤峰市	元宝山区	小粒荞麦	地方品种	当地	一年生	有性	6月中旬	9月中旬	其他		株高118.3cm，幼苗绿色，花序伞状紧密，花色白色，主茎节数16.4节，分枝5.3个，叶柄互生，籽粒褐色、楔形，生育期97d，千粒重26.1g，亩产78.9kg	食用	种子（果实）	广

（续表）

序号	样品编号	盟（市）	旗（县、市、区）	种质名称	种质类型	种质来源	生长习性	繁殖习性	播种期	收获期	主要特性	其他特性	主要特性详细描述	种质用途	利用部位	种质分布
46	P150403018	赤峰市	元宝山区	苦荞	地方品种	当地	一年生	有性	6月下旬	8月上旬	其他		株高107.5cm，幼苗绿色，花色绿色，主茎节数17.5节，分枝4.3个，叶柄互生，生育期97d，千粒重18.1g，亩产69.4kg	食用	种子（果实）	窄
47	P150403025	赤峰市	元宝山区	荞麦	地方品种	当地	一年生	有性	5月中旬	9月中旬	其他		株高118.3cm，幼苗绿色，花序伞状紧密，花色白色，主茎节数16.4节，分枝5.3个，叶柄互生，籽粒褐色、楔形，生育期97d，千粒重26.1g，亩产78.9kg	食用	种子（果实）	窄
48	P150421037	赤峰市	阿鲁科尔沁	荞麦	地方品种	当地	一年生	有性	7月上旬	9月中旬	高产，抗病，抗虫，抗旱		株高107.5cm，幼苗绿色，花色绿色，主茎节数17.5节，分枝4.3个，叶柄互生，生育期97d，千粒重18.1g，亩产69.4kg。该品种生育期70d左右，抗病，抗虫，抗旱，现在种植表现籽粒越来越小	食用	种子（果实）	窄
49	P150421088	赤峰市	阿鲁科尔沁	黑荞麦	地方品种	当地	一年生	有性	6月下旬	9月中旬	优质，抗病，抗虫，广适，耐贫瘠，耐热	食用口感好，属于抢灾作物，救命粮	株高50cm左右	食用、保健药用	种子（果实）	广

（续表）

序号	样品编号	盟（市）	旗（县、市、区）	种质名称	种质类型	种质来源	生长习性	繁殖习性	播种期	收获期	主要特性	其他特性	主要特性详细描述	种质用途	利用部位	种质分布
50	P150422043	赤峰市	巴林左旗	大粒荞麦	地方品种	当地	一年生	有性	5月下旬	9月上旬	优质，耐贫瘠			食用、加工原料	种子（果实）	窄
51	P150423014	赤峰市	巴林右旗	小粒荞麦	地方品种	当地	一年生	有性	6月下旬	9月上旬	优质，抗病，抗虫，抗旱，耐寒，耐涝，耐贫瘠，耐热		株高149.6cm，幼苗绿色，花序伞状紧密，花色白色，主茎节数15节，分枝5.4个，叶柄互生，籽粒褐色、楔形，生育期95d，千粒重31.7g，亩产88.5kg	食用	种子（果实）	广
52	P150424002	赤峰市	林西县	小粒荞麦	地方品种	当地	一年生	有性	6月中旬	9月中旬	抗旱，耐寒，耐贫瘠		株高112.3cm，幼苗绿色，花序伞状紧密，花色白色，主茎节数16.5节，分枝4.9个，叶柄互生，籽粒褐色、楔形，生育期93d，千粒重26.1g，亩产77.5kg	食用	种子（果实）	窄
53	P150424017	赤峰市	林西县	大粒荞麦	地方品种	当地	一年生	有性	6月上旬	9月上旬	抗旱，耐贫瘠		株高111.3cm，幼苗绿色，花序伞状紧密，花色白色，主茎节数16.8节，分枝4.3个，叶柄互生，籽粒褐色、楔形，生育期95d，千粒重34.9g，亩产85.2kg	食用	种子（果实）	窄
54	P150424040	赤峰市	林西县	野荞麦	地方品种	当地	一年生	有性	6月中旬	9月中旬	抗旱，耐贫瘠		与选育品种比较，口感好，耐瘠薄，抗旱	食用	种子（果实）	窄

（续表）

序号	样品编号	盟（市）	旗（县、市、区）	种质名称	种质类型	种质来源	生长习性	繁殖习性	播种期	收获期	主要特性	其他特性	主要特性详细描述	种质用途	利用部位	种质分布
55	P150424044	赤峰市	林西县	苦荞	地方品种	当地	一年生	有性	6月下旬	9月中旬	抗旱，耐贫瘠			食用、加工原料	种子（果实）	窄
56	P150425012	赤峰市	克什克腾旗	苦荞麦	野生资源	当地	一年生	有性	5月上旬	9月上旬	优质，抗病，耐贫瘠		株高118.5cm，幼苗绿色，花色绿色，主茎节数16.5节，分枝6.5个，叶柄互生，生育期96d，千粒重19.8g，亩产75.3kg	食用、保健药用	种子（果实）	窄
57	P150425015	赤峰市	克什克腾旗	小粒甜荞麦	野生资源	当地	一年生	有性	6月上旬	9月上旬	优质，耐热		株高109.8cm，幼苗绿色，花序伞状紧密，花色白色，主茎节数16.4节，分枝4.6个，叶柄互生，植株紧凑，籽粒褐色、楔形，生育期98d，千粒重26.1g，亩产74.1kg	食用、保健药用、加工原料	种子（果实）	窄
58	P150425049	赤峰市	克什克腾旗	小粒苦荞	地方品种	外地	一年生	有性	5月上旬	8月中旬	优质，抗旱，耐寒，耐贫瘠			其他	种子（果实）、茎、叶	窄
59	P150426062	赤峰市	翁牛特旗	大粒荞麦	地方品种	当地	一年生	有性	6月中旬	10月上旬	其他			食用，其他	种子（果实）	窄
60	P150428039	赤峰市	喀喇沁旗	小粒荞麦	地方品种	当地	一年生	有性	5月中旬	9月中旬	优质		营养价值高，口感好	食用	种子（果实）	窄

（续表）

序号	样品编号	盟（市）	旗（县、市、区）	种质名称	种质类型	种质来源	生长习性	繁殖习性	播种期	收获期	主要特性	其他特性	主要特性详细描述	种质用途	利用部位	种质分布
61	P150429033	赤峰市	宁城县	苦荞	地方品种	当地	一年生	有性	6月下旬	9月中旬	其他		株高115.2cm，幼苗绿色，主茎节数18.6节，分枝5.0个，叶柄互生，植株紧凑，籽粒灰色，生育期95d，千粒重19.1g，亩产65.2kg	食用	种子（果实）	窄
62	P150430029	赤峰市	敖汉旗	大粒荞麦	地方品种	当地	一年生	有性	5月上旬	9月下旬	抗旱，耐贫瘠		株高113.5cm，幼苗绿色，花序伞状紧密，花色白色，主茎节数16.2节，分枝4.8个，叶柄互生，植株紧凑，籽粒褐色、楔形，生育期98d，千粒重26.2g，亩产80.2kg	食用	种子（果实）	窄
63	P150430030	赤峰市	敖汉旗	小粒荞麦	地方品种	当地	一年生	有性	5月上旬	9月下旬	抗旱，耐贫瘠		株高113.5cm，幼苗绿色，花序伞状紧密，花色白色，主茎节数16.2节，分枝4.8个，叶柄互生，植株紧凑，籽粒褐色、楔形，生育期98d，千粒重26.2g，亩产80.2kg	食用	种子（果实）	窄
64	P152527022	锡林郭勒盟	太仆寺旗	苦荞	野生资源	当地	一年生	有性	6月上旬	9月下旬	广适		具有丰富的营养价值；种子供食用或饲用。根及全草入药，能除湿止痛，解毒消肿、健胃	饲用、保健药用	种子（果实）、根、茎、叶	广

（续表）

序号	样品编号	盟（市）	旗（县、市、区）	种质名称	种质类型	种质来源	生长习性	繁殖习性	播种期	收获期	主要特性	其他特性	主要特性详细描述	种质用途	利用部位	种质分布
65	P152527041	锡林郭勒盟	太仆寺旗	苦荞	野生资源	当地	一年生	有性	6月上旬	9月下旬	优质			饲用、保健药用	种子（果实）、根、茎、叶	广
66	P152530010	锡林郭勒盟	正蓝旗	苦荞	野生资源	当地	一年生	有性	6月上旬	9月下旬	优质			食用、饲用、保健药用	种子（果实）	广
67	P150923014	乌兰察布市	商都县	本地荞麦	地方品种	当地	一年生	有性	6月下旬	9月上旬	抗病，抗旱，耐寒，耐贫瘠			食用、饲用	种子（果实）、茎、叶	窄
68	P150923023	乌兰察布市	商都县	苦荞	野生资源	当地	一年生	有性	5月上旬	9月上旬	耐贫瘠			饲用	种子（果实）、茎、叶	窄
69	P150924016	乌兰察布市	兴和县	本地小荞麦	地方品种	当地	一年生	有性	6月下旬	8月下旬	优质，抗旱			食用	种子（果实）	窄
70	P150924031	乌兰察布市	兴和县	粉花荞麦	选育品种	当地	一年生	有性	5月下旬	9月下旬	高产，优质，抗旱			饲用	种子（果实）	窄
71	P150924056	乌兰察布市	兴和县	本地小荞麦	地方品种	当地	一年生	有性	6月下旬	8月下旬	优质，抗病，抗旱，耐寒，耐贫瘠		具纵棱，无毛，叶三角形	食用	种子（果实）	窄

（续表）

序号	样品编号	盟（市）	旗（县、市、区）	种质名称	种质类型	种质来源	生长习性	繁殖习性	播种期	收获期	主要特性	其他特性	主要特性详细描述	种质用途	利用部位	种质分布
72	P150925005	乌兰察布市	凉城县	胡实子	地方品种	当地	一年生	有性	6月下旬	9月中旬	优质	备荒		食用、饲用、保健药用	种子（果实）	窄
73	P150927005	乌兰察布市	察哈尔右翼中旗	荞麦	地方品种	当地	一年生	有性	6月上旬	9月下旬	抗旱			食用	种子（果实）	广
74	P150928011	乌兰察布市	察哈尔右翼后旗	野生荞麦	野生资源	当地	一年生	有性	6月上旬	9月下旬	耐盐碱，抗旱，耐贫瘠，其他			饲用	种子（果实）	广
75	P150928039	乌兰察布市	察哈尔右翼后旗	小棱荞麦	地方品种	当地	一年生	有性	6月上旬	9月中旬	抗旱，耐寒，耐贫瘠，其他		株高70～74cm，主茎粗壮，分枝2～3个，茎秆紫色，花为白色，粒大，圆形，棱小，皮薄，种皮黑褐色，品质好，出粉率高，千粒重28.2g。生育期80～90d，抗旱、抗寒、不倒伏	食用	种子（果实）	窄
76	P150929003	乌兰察布市	四子王旗	温莎荞麦	地方品种	当地	一年生	有性	6月上旬	9月上旬	优质，抗病，抗旱，耐贫瘠		株高65～80cm，叶片绿色，桃形，白花，有限花序，一级分枝4.4～8.4个，二级分枝2.4个，株型松散，高产，抗旱，抗腐，单株粒重2.86g，千粒重30～40g，籽粒黑褐色，三棱形，皮壳率为20%左右，生育期70～75d	食用、饲用	种子（果实）	广

（续表）

序号	样品编号	盟（市）	旗（县、市、区）	种质名称	种质类型	种质来源	生长习性	繁殖习性	播种期	收获期	主要特性	其他特性	主要特性详细描述	种质用途	利用部位	种质分布
77	P150929034	乌兰察布市	四子王旗	苦荞麦	野生资源	当地	一年生	有性	6月上旬	9月下旬	抗旱，耐寒，耐贫瘠		花期6—9月，果期8—10月	食用、饲用	种子（果实）、根花	广
78	P152624008	乌兰察布市	卓资县	荞麦	地方品种	当地	一年生	有性	6月下旬	8月上旬	优质，抗旱，耐贫瘠		抗旱能力强，对土壤要求不严格	食用	种子（果实）	广
79	P152624025	乌兰察布市	卓资县	荞麦	地方品种	当地	一年生	有性	6月上旬	8月下旬	抗旱，耐寒	皮薄，出粉率高，食用	开白粉花，成熟时茎部变为红色	食用	种子（果实）	窄
80	P152628002	乌兰察布市	丰镇市	小荞麦	地方品种	当地	一年生	有性	6月上旬	9月上旬	优质，抗病，抗虫，抗旱，耐贫瘠		株高70～100cm，根系发达，茎秆粗壮。叶三角形或卵状形，茎绿色，花白色，籽粒三棱形，种皮黑色光亮，表面光滑.	食用、保健药用	种子（果实）	窄
81	P152628010	乌兰察布市	丰镇市	荞麦	地方品种	当地	一年生	有性	5月下旬	9月上旬	优质，抗病，抗虫，抗旱，耐贫瘠		株高110cm，根系发达，茎秆粗壮。叶三角形或卵状形，茎绿色，花白色，籽粒三棱形，种皮黑色光亮，表面光滑	食用	种子（果实）	窄
82	P152628014	乌兰察布市	丰镇市	大三棱荞麦	地方品种	当地	一年生	有性	5月下旬	9月下旬	优质，抗病，抗虫，抗旱		株高70～100cm，根系发达，茎秆粗壮。叶三角形或卵状形，茎绿色，花白色，籽粒三棱形，种皮黑色光亮，表面光滑	食用	种子（果实）	窄

（续表）

序号	样品编号	盟（市）	旗(县、市、区)	种质名称	种质类型	种质来源	生长习性	繁殖习性	播种期	收获期	主要特性	其他特性	主要特性详细描述	种质用途	利用部位	种质分布
83	P152628019	乌兰察布市	市丰镇	荞麦	地方品种	当地	一年生	有性	5月下旬	9月下旬	优质，抗病，抗虫，抗旱，耐贫瘠		株高70～100cm，根系发达，茎秆粗壮。叶三角形或卵状形，茎绿色，花白色，籽粒三棱形，种皮黑色光亮，表面光滑	食用	种子（果实）	窄
84	P152628042	乌兰察布市	丰镇市	荞麦	地方品种	当地	一年生	有性	7月上旬	9月下旬	优质，抗病，抗虫，耐盐碱，抗旱，耐寒，耐贫瘠		株高62cm，籽粒黑棕色，呈三角状	食用	种子（果实）	窄
85	P152630031	乌兰察布市	察哈尔右翼前旗	荞麦	地方品种	当地	一年生	有性	6月下旬	8月下旬	耐寒，耐贫瘠		适应性广，对土壤要求不高，种子是很好的保健食品	食用、保健药用、加工原料	种子（果实）	广
86	P152630032	乌兰察布市	察哈尔右翼前旗	金荞麦	野生资源	当地	一年生	有性	6月上旬	8月下旬	耐寒，耐涝，耐贫瘠，耐热		自然界药食两用作物，可以对人体起到自然补充硒的作用	食用、保健药用	种子（果实）	广
87	P150627029	鄂尔多斯市	伊金霍洛旗	荞麦	地方品种	当地	一年生	有性	3月下旬	9月下旬	优质，抗旱		花期5—9月，果期6—10月	食用	种子（果实）	窄
88	P150621007	鄂尔多斯市	达拉特旗	荞麦	地方品种	当地	一年生	有性	6月下旬	9月下旬	优质，抗病，抗虫，广适，耐贫瘠		加工品具有很好的保健作用	食用、饲用	种子（果实）	广
89	P150625017	鄂尔多斯市	杭锦旗	荞麦	地方品种	当地	一年生	有性	6月中旬	9月下旬	优质，抗旱，耐贫瘠			食用、饲用	种子（果实）、茎、叶	窄

（续表）

序号	样品编号	盟（市）	旗（县、市、区）	种质名称	种质类型	种质来源	生长习性	繁殖习性	播种期	收获期	主要特性	其他特性	主要特性详细描述	种质用途	利用部位	种质分布
90	P150626019	鄂尔多斯市	乌审旗	荞麦	地方品种	当地	一年生	有性	5月下旬	8月中旬	广适		喜凉爽湿润气候，不耐高温	食用、饲用	种子（果实）、根、茎、叶	广
91	P150623025	鄂尔多斯市	鄂托克前旗	荞麦	地方品种	当地	一年生	有性	4月中旬	9月下旬	抗旱，耐寒，耐贫瘠				种子（果实）、根、茎、叶	窄
92	P150622007	鄂尔多斯市	准格尔旗	荞麦	地方品种	当地	一年生	有性	6月中旬	9月下旬	高产，优质，抗病，抗虫，抗旱，广适			食用、保健药用	种子（果实）	广
93	P150824016	巴彦淖尔市	乌拉中旗	石哈河荞麦	地方品种	当地	一年生	有性	5月中旬	9月下旬	抗病，抗虫，广适，耐贫瘠	可以在酸性土壤中生长	主根较粗，有侧根和毛根，不耐高温，干旱，大风，畏霜冻，喜雨水，茎高30～90cm，成熟期75d	食用、饲用、加工原料	种子（果实）	广
94	P150303024	乌海市	海南区	巴农荞麦	地方品种	当地	一年生	有性	5月中旬	9月下旬	优质，抗病，抗虫，广适，耐贫瘠		粒大，皮薄，面白，产量低	食用	种子（果实）	广

4. 高粱种质资源目录

高粱（*Sorghum bicolor*）是禾本科（Gramineae）高粱属（*Sorghum*）一年生高大草本植物，高粱富含多种营养物质，主要用于酿酒、制作食品，还可作饲料。中医认为，高粱性味甘平，微寒，具有凉血、解毒之功，可入药，用于防治多种疾病。共计收集到种质资源63份，分布在9个盟（市）的32个旗（县、市、区）（表2-22）。

表2-22　高粱种质资源目录

序号	样品编号	盟（市）	旗(县、市、区)	种质名称	种质类型	种质来源	生长习性	繁殖习性	播种期	收获期	主要特性	其他特性	主要特性详细描述	种质用途	利用部位	种质分布
1	P150105003	呼和浩特市	赛罕区	扫帚高粱	地方品种	当地	一年生	有性	5月上旬	9月下旬	耐寒，耐贫瘠		株型高大，茎秆粗壮，耐旱，是做扫帚以及各种编织物的优良材料	其他	种子(果实)、茎	窄
2	P150121032	呼和浩特市	土默特左旗	扫帚高粱	地方品种	当地	一年生	有性	5月上旬	9月下旬	优质，抗病，抗虫，耐盐碱，抗旱，广适，耐贫瘠		圆锥花序疏松，主轴裸露，长15～45cm，宽4～10cm，总梗直立或微弯曲，像扫帚	食用	种子(果实)、茎	广
3	P150122028	呼和浩特市	托克托县	狼尾高粱	地方品种	当地	一年生	有性	4月下旬	9月中旬	优质，抗旱，耐贫瘠		本地品种，主要用于制作编织品	加工原料	种子(果实)、茎	广
4	P150221044	包头市	土默特右旗	甜秆高粱	选育品种	当地	一年生	有性	5月中旬	9月中旬	高产，优质，广适，耐热		叶鞘无毛或稍有白粉、叶舌硬膜质，先端圆，边缘有纤毛。性喜温暖，抗旱、耐涝。按性状及用途可分为食用高粱、糖用高粱、帚用高粱等	食用	种子（果实）	广
5	P152201007	兴安盟	乌兰浩特市	绕子高粱	地方品种	当地	一年生	有性	5月中旬	9月下旬	优质，抗病，抗虫，耐盐碱，抗旱，耐寒，耐涝，耐贫瘠，耐热		本品种主要打捆用，优质，抗病虫害强，弹性好，无污染，耐用	食用、饲用、加工原料	种子(果实)、茎	窄

（续表）

序号	样品编号	盟（市）	旗(县、市、区)	种质名称	种质类型	种质来源	生长习性	繁殖习性	播种期	收获期	主要特性	其他特性	主要特性详细描述	种质用途	利用部位	种质分布
6	P152201021	兴安盟	乌兰浩特市	甜高粱	地方品种	当地	一年生	有性	5月中旬	9月中旬	优质，抗病，抗虫，耐盐碱，抗旱，耐寒，耐贫瘠，耐热		甜高粱可作为粮食，还能用于酿酒、加工酒精和味精，也可以作饲料，茎秆含糖量高可直接食用，深受小朋友的喜爱	食用、饲用、加工原料	种子(果实)、茎	窄
7	P152222007	兴安盟	科尔沁右翼中旗	白高粱	地方品种	当地	一年生	有性	5月下旬	10月上旬	优质，耐盐碱，耐贫瘠		籽粒白色，食用高粱，耐盐碱，耐贫瘠，加工的高粱米品质好	食用	种子（果实）	窄
8	P152222040	兴安盟	科尔沁右翼中旗	甜秆高粱	地方品种	当地	一年生	有性	5月下旬	9月下旬	优质，耐盐碱，抗旱，耐贫瘠		株高一般为250cm左右，其茎、根部和玉米外形相似，但是以青绿色为主，穗和高粱相似。茎髓部含有甜的生汁	食用	种子（果实）	窄
9	P152223001	兴安盟	扎赉特旗	歪脖高粱	地方品种	当地	一年生	有性	5月上旬	10月中旬	优质，耐盐碱，耐贫瘠		秆粗壮，喜温、耐盐碱，亩产超300kg，做成高粱米口感好，营养丰富，补钙促消化、降血糖。酿造本地酒，味道香醇可口	食用	种子（果实）	窄
10	P152223040	兴安盟	扎赉特旗	笤帚高粱	地方品种	当地	一年生	有性	5月中旬	10月上旬	优质，耐热		笤帚高粱民间又称笤帚糜子，去掉果实的笤帚高粱，其茎穗是制作笤帚的绝好材料。笤帚高粱碾下的米可做成米饭，压成面也可做糕米、做黏豆包、腊八粥，黏度好，抗饥饿，口感香甜	食用、加工原料	种子(果实)、茎	窄

（续表）

序号	样品编号	盟（市）	旗（县、市、区）	种质名称	种质类型	种质来源	生长习性	繁殖习性	播种期	收获期	主要特性	其他特性	主要特性详细描述	种质用途	利用部位	种质分布
11	P152224002	兴安盟	突泉县	老来变高粱	地方品种	当地	一年生	有性	5月中旬	10月中旬	优质，抗旱，耐寒	茅台酒、汾酒等名酒，主要以高粱为原料	高粱味甘性温，食疗价值相当高。可以用来治疗食积、消化不良、湿热、下沥、小便不利、妇女倒经、胎产不下等	食用	种子（果实）	窄
12	P152224041	兴安盟	突泉县	甜高粱	地方品种	当地	一年生	有性	5月上旬	9月上旬	优质，抗旱，耐寒	甜高粱可以生食、制糖、制酒，也可以加工成优质饲料	叶子可作饲草喂牲口，高粱穗脱粒以后所剩的苗子还可以制作笤帚、扫帚、炊帚，真可谓全身是宝。甜高粱，也叫“二代甘蔗”。因为它上边长粮食，下边长甘蔗，所以又叫高粱甘蔗。甜高粱株高5m，最粗的茎秆直径为4～5cm，茎秆含糖量很高，因而甘甜可口，可与南方甘蔗媲美	食用、饲用、加工原料	种子（果实）、茎	窄
13	P152224049	兴安盟	突泉县	绕子高粱	地方品种	当地	一年生	有性	5月上旬	9月下旬	抗病，耐盐碱，耐寒，耐涝，耐贫瘠，其他	性喜温暖，抗旱、耐涝	帚用高粱穗可制笤帚或炊帚；嫩叶阴干青贮，或晒干后可作饲料；颖果能入药，能燥湿祛痰，宁心安神	食用、加工原料	种子（果实）、茎、叶	窄
14	P150523008	通辽市	开鲁县	黑壳大白脸高粱	地方品种	当地	一年生	有性	5月上旬	9月下旬	优质，抗旱，抗病，其他	食用口感好	农家品种，经过多年留种选择育成的品质优良的资源，食用口感好	食用、饲用	种子（果实）	窄
15	P150523011	通辽市	开鲁县	高秆笨高粱	地方品种	当地	一年生	有性	5月上旬	9月下旬	优质，抗病，耐盐碱，其他	食用口感好，秸秆可用于搭棚顶	农家品种，经过多年留种选择育成的品质优良的资源	食用、饲用，其他	种子（果实）	窄

（续表）

序号	样品编号	盟（市）	旗（县、市、区）	种质名称	种质类型	种质来源	生长习性	繁殖习性	播种期	收获期	主要特性	其他特性	主要特性详细描述	种质用途	利用部位	种质分布
16	P150523013	通辽市	开鲁县	散穗高粱	地方品种	当地	一年生	有性	5月上旬	9月下旬	优质，抗病，其他	秸秆可作农舍建筑材料或作编织及农家厨房用具，谷粒可酿酒	农家品种，经过多年留种选育成的品质优良的资源。圆锥花序主轴较短，但分枝开展而较疏松，其下部分枝与主轴等长或过之，着生于主轴顶端的分枝较密集，近伞形或伞房状排列，弯曲，微下垂	食用、饲用，其他	种子（果实）、茎	窄
17	P150523014	通辽市	开鲁县	笤帚高粱	地方品种	当地	一年生	有性	5月上旬	9月下旬	优质，抗病，其他	种子着生在直而长的分枝顶端，收获干燥后，可将这些硬芒加工、束缚，做成扫帚头和刷子	农家品种，经过多年留种选育成的品质优良的资源，加工笤帚的好品种	食用、饲用，其他	种子（果实）、茎	窄
18	P150523070	通辽市	开鲁县	本地高粱	地方品种	当地	一年生	有性	5月上旬	9月下旬	高产，优质，抗病，抗旱，耐贫瘠		多年留种育成的品质优良农家种。耐逆境能力较强，出米率高，食用口感好	食用，其他	种子（果实）、茎、叶	窄
19	P150502043	通辽市	科尔沁区	笤帚糜子	地方品种	当地	一年生	有性	5月中旬	9月下旬	高产，优质，抗病，抗虫，抗旱，广适	主要帚用	经过多年留种选育而成的优良农家种。碾下的米可做成米饭，压成面也可做糕。去掉果实的笤帚糜子，其茎穗是制作笤帚的绝好材料，小穗轴韧性好	食用、加工原料	种子（果实）、茎，其他	窄

（续表）

序号	样品编号	盟（市）	旗（县、市、区）	种质名称	种质类型	种质来源	生长习性	繁殖习性	播种期	收获期	主要特性	其他特性	主要特性详细描述	种质用途	利用部位	种质分布
20	P150502106	通辽市	科尔沁区	黏掉牙高粱	地方品种	当地	一年生	有性	5月上旬	9月中旬	高产，优质，抗病，抗旱，耐寒		农家品种，经过多年留种选择育成的品质优良的资源。黏性好，是熬高粱粥的好品种，深受爱食高粱者的喜爱	食用，其他	种子（果实）、茎，其他	窄
21	P150502116	通辽市	科尔沁区	歪脖张	地方品种	当地	一年生	有性	5月上旬	9月下旬	优质，抗病，抗虫，抗旱，耐寒，耐贫瘠		农家品种，品质优良，糯性好	食用	种子（果实）	窄
22	P150522022	通辽市	科尔沁左翼后旗	甜高粱	地方品种	当地	一年生	有性	5月上旬	9月下旬	优质，抗旱		抗旱、糖多汁多	食用	种子（果实）、茎、叶	窄
23	P150522075	通辽市	科尔沁左翼后旗	黑壳笤帚秆	地方品种	当地	一年生	有性	5月上旬	9月下旬	优质，抗旱，耐贫瘠		多年留种育成的品质优良农家种，加工性状好	食用、加工原料	种子（果实），其他	窄
24	P150521016	通辽市	科尔沁左翼中旗	扫帚糜子	地方品种	当地	一年生	有性	5月中旬	9月下旬	高产，优质，抗病，抗虫，抗旱		多年留种育成的品质优良农家种，加工性状好	食用、加工原料	种子（果实）、茎	窄
25	P150521035	通辽市	科尔沁左翼中旗	蛇眼高粱	地方品种	当地	一年生	有性	5月上旬	9月下旬	高产，优质，抗旱，耐寒，耐贫瘠		多年留种育成的品质优良农家种，耐逆境能力较强，出米率高，食用口感好	食用	种子（果实）	窄
26	P150521036	通辽市	科尔沁左翼中旗	蛇眼高粱白粒	地方品种	当地	一年生	有性	5月上旬	9月下旬	高产，优质，抗旱，耐寒，耐贫瘠		多年留种育成的品质优良农家种，食用口感好	食用	种子（果实）	窄

（续表）

序号	样品编号	盟（市）	旗（县、市、区）	种质名称	种质类型	种质来源	生长习性	繁殖习性	播种期	收获期	主要特性	其他特性	主要特性详细描述	种质用途	利用部位	种质分布
27	P150521046	通辽市	科尔沁左翼中旗	红黏高粱	地方品种	当地	一年生	有性	5月上旬	9月上旬	高产，优质，抗病，抗旱		籽粒红色，糯性好	食用	种子（果实）	窄
28	P150525077	通辽市	奈曼旗	黄壳高粱	地方品种	当地	一年生	有性	5月中旬	9月上旬	优质，抗病，耐盐碱，抗旱，耐贫瘠		农家多年种植老品种，颖壳黄色，籽粒淡褐色，小穗分枝短，穗紧实，食用口感好	食用、饲用	种子（果实）	窄
29	P150526036	通辽市	扎鲁特旗	散穗大白脸	地方品种	当地	一年生	有性	5月上旬	9月下旬	高产，优质，抗虫，抗旱，广适，耐寒		多年留种育成的品质优良农家种，耐逆境能力较强，出米率高，食用口感好	食用	叶	广
30	P150526048	通辽市	扎鲁特旗	笤帚糜子	地方品种	当地	一年生	有性	5月上旬	9月下旬	高产，优质，抗病，抗虫，抗旱，耐寒		经过多年留种选育而成的优良农家种，碾下的米可做成米饭，压成面也可做糕。去过果实的笤帚糜子，其茎穗是制作笤帚的绝好材料，小穗轴韧性好	食用	种子（果实）	窄
31	P150403013	赤峰市	元宝山区	贼不偷	地方品种	当地	一年生	有性	5月下旬	9月上旬	抗病，耐盐碱，抗旱，耐贫瘠	籽粒用于酿造	幼苗绿色，芽鞘绿色；株高145cm，穗长30.0cm，穗纺锤形，中紧穗；籽粒黄色，椭圆形，颖壳褐色，1/3包被。生育期119d，属于中熟品种	食用、饲用	种子（果实）、茎、叶	窄

（续表）

序号	样品编号	盟（市）	旗（县、市、区）	种质名称	种质类型	种质来源	生长习性	繁殖习性	播种期	收获期	主要特性	其他特性	主要特性详细描述	种质用途	利用部位	种质分布
32	P150421016	赤峰市	阿鲁科尔沁	甜高粱	地方品种	当地	一年生	有性	5月中旬	9月下旬	抗病，抗虫		幼苗紫色，芽鞘紫色；株高266cm，穗长29.3cm，穗纺锤形；籽粒红色，圆形，颖壳褐色，1/3包被。生育期112d，属于中熟品种	食用	种子（果实）	窄
33	P150421023	赤峰市	阿鲁科尔沁	大黑壳子（高粱）	地方品种	当地	一年生	有性	5月中旬	9月下旬	优质，抗旱	籽粒用于酿造	幼苗绿色，芽鞘绿色；株高281cm，穗长30.3cm，穗纺锤形，中散穗；籽粒黄色，椭圆形，颖壳黑色，1/3包被。生育期100d，属于早熟品种	食用	种子（果实）	窄
34	P150422001	赤峰市	巴林左旗	敖包黄苗	地方品种	当地	一年生	有性	5月中旬	9月中旬	抗虫，抗旱，耐贫瘠	用于加工笤帚、工艺制品	幼苗浅紫色，芽鞘浅紫色；株高237cm，穗长53.0cm，穗侧散，帚形；籽粒黄色，椭圆形，颖壳黄色，4/5包被。生育期92d，属于早熟品种	加工原料	种子（果实）、茎	窄
35	P150422002	赤峰市	巴林左旗	长纤维一号	地方品种	当地	一年生	有性	5月中旬	9月中旬	优质，抗旱，耐贫瘠	用于加工笤帚，籽粒酿酒	幼苗绿色，芽鞘紫色；株高141cm，穗长57.3cm，穗侧散，帚形；籽粒黄色，椭圆形，颖壳黄色，3/4包被。生育期102d，属于早熟品种	食用、加工原料	种子（果实）、茎	窄
36	P150422004	赤峰市	巴林左旗	齐头红	地方品种	当地	一年生	有性	5月中旬	9月中旬	优质，抗旱，耐贫瘠	用于加工笤帚，籽粒酿酒	幼苗绿色，芽鞘紫色；株高246cm，穗长61.3cm，穗侧散，帚形；籽粒黄色，椭圆形，颖壳橙红色，4/5包被。生育期92d，属于早熟品种	食用、加工原料	种子（果实）、茎	窄

（续表）

序号	样品编号	盟（市）	旗（县、市、区）	种质名称	种质类型	种质来源	生长习性	繁殖习性	播种期	收获期	主要特性	其他特性	主要特性详细描述	种质用途	利用部位	种质分布
37	P150422005	赤峰市	巴林左旗	笤帚苗	地方品种	当地	一年生	有性	5月中旬	9月下旬	优质，抗旱，耐贫瘠	用于加工笤帚	幼苗绿色，芽鞘紫色；株高188cm，穗长45.3cm，穗侧散，帚形；籽粒黄色，椭圆形，颖壳黑色，4/5包被。生育期97d，属于早熟品种	食用、加工原料	种子（果实）、茎	窄
38	P150424013	赤峰市	林西县	笤帚苗子（小黑人）	地方品种	当地	一年生	有性	5月中旬	10月上旬	耐贫瘠		幼苗绿色，芽鞘绿色；株高151cm，穗长48.3cm，穗侧散，帚形；籽粒红色，椭圆形，颖壳红色，3/4包被。生育期93d，属于早熟品种	食用	种子（果实）	窄
39	P150424015	赤峰市	林西县	黏高粱	地方品种	当地	一年生	有性	5月中旬	9月下旬	抗病，耐盐碱，抗旱，耐贫瘠		幼苗绿色，芽鞘紫色；株高190cm，穗长28.3cm，穗纺锤形，中紧穗；籽粒黄色，圆形，颖壳红色，1/3包被。生育期107d，属于早熟品种	食用	种子（果实）	窄
40	P150426005	赤峰市	翁牛特旗	笤帚苗子	地方品种	当地	一年生	有性	5月上旬	9月下旬	抗病，耐盐碱，抗旱，耐贫瘠	加工笤帚、工艺制品	幼苗绿色，芽鞘紫色；株高350cm，穗长53.3cm，穗侧散，帚形；籽粒黄色，椭圆形，颖壳黄色，4/5包被。生育期117d，属于中熟品种	其他	茎	窄
41	P150426008	赤峰市	翁牛特旗	炊帚苗子	地方品种	当地	一年生	有性	5月上旬	9月下旬	抗病，耐盐碱，抗旱，耐贫瘠，其他	落粒严重，籽粒成熟需要马上采收；主要加工炊帚等	幼苗绿色，芽鞘绿色；株高271cm，穗长58.3cm，穗侧散，帚形；籽粒黄色，椭圆形，颖壳红色，4/5包被。生育期91d，属于早熟品种	其他	茎	窄

（续表）

序号	样品编号	盟（市）	旗（县、市、区）	种质名称	种质类型	种质来源	生长习性	繁殖习性	播种期	收获期	主要特性	其他特性	主要特性详细描述	种质用途	利用部位	种质分布
42	P150426057	赤峰市	翁牛特旗	八月齐（小高粱）	地方品种	当地	一年生	有性	5月中旬	10月上旬	优质			食用，其他	种子（果实）	窄
43	P150428047	赤峰市	喀喇沁旗	大黄苗	地方品种	当地	一年生	有性	5月中旬	9月中旬	耐贫瘠		穗长，做笤帚	其他	其他	窄
44	P150428048	赤峰市	喀喇沁旗	歪脖子张高粱	地方品种	当地	一年生	有性	5月中旬	9月中旬	高产		穗头大，紧实	加工原料	种子（果实）	窄
45	P150428051	赤峰市	喀喇沁旗	米高粱	地方品种	当地	一年生	有性	5月中旬	9月中旬	高产		口感好	食用	种子（果实）	窄
46	P150429015	赤峰市	宁城县	扫帚苗	地方品种	当地	一年生	有性	5月中旬	9月下旬	抗病，耐盐碱，抗旱，耐贫瘠		幼苗绿色，芽鞘紫色；株高373cm，穗长50.7cm，穗侧散，帚形；籽粒黄色，椭圆形，颖壳红色，3/4包被。生育期116d，属于中熟品种	食用	种子（果实）	窄
47	P150429043	赤峰市	宁城县	扫帚苗子	地方品种	当地	一年生	有性	5月中旬	9月下旬	其他		幼苗绿色，芽鞘紫色；株高299cm，穗长51.7cm，穗侧散，帚形；籽粒黄色，椭圆形，颖壳红色，2/3包被。生育期115d，属于中熟品种	食用	种子（果实）	窄
48	P150429055	赤峰市	宁城县	高粱	地方品种	当地	一年生	有性	5月上旬	9月下旬	其他			食用	种子（果实）	窄

（续表）

序号	样品编号	盟（市）	旗（县、市、区）	种质名称	种质类型	种质来源	生长习性	繁殖习性	播种期	收获期	主要特性	其他特性	主要特性详细描述	种质用途	利用部位	种质分布
49	P150430023	赤峰市	敖汉旗	小白色（高粱）	地方品种	当地	一年生	有性	5月中旬	9月下旬	抗旱，耐贫瘠	籽粒食用为主	幼苗绿色，芽鞘绿色；株高219cm，穗长24.3cm，穗纺锤形，紧穗；籽粒白色，圆形，颖壳红色，1/3包被。生育期125d，属于晚熟品种	食用	种子（果实）	窄
50	P150430047	赤峰市	敖汉旗	高粱红	地方品种	当地	一年生	有性	5月中旬	9月下旬	优质，抗旱，耐贫瘠		株高220cm，穗长21cm，生育期118d，籽粒红皮，亩产400kg	加工原料	种子（果实）	窄
51	P150627039	鄂尔多斯市	伊金霍洛旗	高粱	地方品种	当地	一年生	有性	3月下旬	9月中旬	优质		秆较粗壮，直立，株高3～5m，横径2～5cm，基部节上具支撑根。叶鞘无毛或稍有白粉；叶舌硬膜质，先端圆，边缘有纤毛；叶片线形至线状披针形，长40～70cm，宽3～8cm，先端渐尖，基部圆或微呈耳形，表面暗绿色，背面淡绿色或有白粉，两面无毛，边缘软骨质，具微细小刺毛，中脉较宽，白色	食用、加工原料	种子（果实）	窄
52	P150622003	鄂尔多斯市	准格尔旗	高粱	地方品种	当地	一年生	有性	5月上旬	10月上旬	高产，优质，耐贫瘠，耐热			食用、保健药用、加工原料	种子（果实）	窄

（续表）

序号	样品编号	盟（市）	旗（县、市、区）	种质名称	种质类型	种质来源	生长习性	繁殖习性	播种期	收获期	主要特性	其他特性	主要特性详细描述	种质用途	利用部位	种质分布
53	P150802007	巴彦淖尔市	临河区	老高粱	地方品种	当地	一年生	有性	4月下旬	9月下旬	优质，耐盐碱，抗旱，耐贫瘠，耐热		秆较粗壮，直立。叶片线形至线状披针形。圆锥花序疏松，总梗弯曲，果实两面平凸，淡红色。耐高温、耐旱	食用、饲用、加工原料	种子（果实）	窄
54	P150802022	巴彦淖尔市	临河区	笤帚高粱	地方品种	当地	一年生	有性	5月上旬	9月下旬	抗虫，耐盐碱，耐贫瘠		秆较粗壮，直立。叶片线形至线状披针形。圆锥花序疏松，总梗弯曲，果实两面平凸，淡红色。耐高温、耐旱	食用、饲用、加工原料	种子（果实）	窄
55	P150802023	巴彦淖尔市	临河区	马尾高粱	地方品种	当地	一年生	有性	5月上旬	9月下旬	抗病，耐盐碱，耐贫瘠		秆较粗壮，直立。叶片线形至线状披针形。圆锥花序疏松，形状像马尾，总梗弯曲，果实两面平凸，淡红色。耐高温、耐旱	食用、饲用、加工原料	种子（果实）	窄
56	P150821027	巴彦淖尔市	五原县	黑皮高粱	地方品种	当地	一年生	有性	5月上旬	9月下旬	耐盐碱，耐贫瘠，其他		茎秆直立的，呈圆筒形，表面光滑。同一植株各节间长度亦不一样，一般是基部的节间短，越往上越长，最长的节间是着生高粱穗的穗柄。穗柄长的变异度很大，长者可达120cm，短者仅20cm左右	食用、饲用、加工原料	种子（果实）、茎、叶	窄
57	P150822036	巴彦淖尔市	磴口县	扫帚高粱	地方品种	当地	一年生	有性	4月下旬	9月中旬	耐贫瘠		花序生在直而长的分枝顶端，收获、干燥后，可将这些硬芒加工、束缚，做成扫帚头和刷子	加工原料	种子（果实）、茎	广

（续表）

序号	样品编号	盟（市）	旗（县、市、区）	种质名称	种质类型	种质来源	生长习性	繁殖习性	播种期	收获期	主要特性	其他特性	主要特性详细描述	种质用途	利用部位	种质分布
58	P150825072	巴彦淖尔市	乌拉特后旗	高粱	地方品种	当地	一年生	无性	6月上旬	9月下旬	广适			食用、保健药用	种子（果实）	广
59	P150826002	巴彦淖尔市	杭锦后旗	黄河镇扫帚高粱	地方品种	当地	一年生	有性	5月上旬	9月中旬	优质，耐涝		生育期125d，株高280cm，穗长50cm，籽粒深红色，卵圆形，百粒重29g	饲用、加工原料	种子（果实）、根	窄
60	P150826022	巴彦淖尔市	杭锦后旗	太阳庙扫帚高粱	地方品种	当地	一年生	有性	5月上旬	9月上旬	优质，抗病，抗旱		生育期123d，株高270cm，穗长50cm，籽粒褐红色，卵圆形，百粒重28g	饲用、加工原料	种子（果实）	窄
61	P152921002	阿拉善盟	阿拉善左旗	扫帚高粱	地方品种	当地	一年生	有性	4月下旬	10月上旬	抗旱，耐贫瘠，其他		直立变种	其他	茎	窄
62	P152923006	阿拉善盟	额济纳旗	高粱	地方品种	当地	一年生	有性	5月上旬	9月上旬	优质，耐盐碱，抗旱，耐涝，耐贫瘠	耐高温	额济纳旗当地种植的高粱具有抗旱、耐涝、耐盐碱、耐瘠薄的特性，主要作饲用，羊、骆驼等喜食茎叶，适口性较好	饲用，其他	种子（果实）、茎、叶	窄
63	P150722070	呼伦贝尔市	莫力达瓦达斡尔族自治旗	农家笤帚糜子	地方品种	当地	一年生	有性	5月上旬	10月上旬	优质，抗病	制作笤帚专用	株高2m左右，茎粗15mm左右，全株光滑。叶片线形，长50～70cm，宽15～30mm。穗状花序，顶生，顶端下垂。种子纺锤形，橘黄色，千粒重19g	加工原料	其他	窄

5. 燕麦种质资源目录

燕麦（*Avena nuda*）是禾本科（Gramineae）燕麦属（*Avena*）一年生草本植物，燕麦具有明显的降低低密度胆固醇的作用，也具有一定的升高血清高密度胆固醇的作用，降血脂效果非常明显。燕麦还被广泛地应用在其他行业，如化妆品和药品行业。共计收集到种质资源50份，分布在8个盟（市）的26个旗（县、市、区）（表2-23）。

表2-23　燕麦种质资源目录

序号	样品编号	盟（市）	旗（县、市、区）	种质名称	种质类型	种质来源	生长习性	繁殖习性	播种期	收获期	主要特性	其他特性	主要特性详细描述	种质用途	利用部位	种质分布
1	P150105033	呼和浩特市	赛罕区	小莜麦	地方品种	当地	一年生	有性	5月上旬	9月中旬	高产，优质，抗旱，耐寒		生育期短，植株矮小，籽粒灌浆速度快，产量偏低，莜麦面粉口感好	食用、饲用	种子（果实）	窄
2	P150121021	呼和浩特市	土默特左旗	野莜麦	野生资源	当地	一年生	有性	5月中旬	9月中旬	优质，抗病，抗虫，耐盐碱，抗旱，耐寒，耐贫瘠		喜寒凉，耐干旱，抗盐碱，生长期短，茎秆粗壮，根系发达，分蘖力强，穗型长大，粒大饱满，而且面白、味美、耐瘠薄	饲用、加工原料	种子（果实）	窄
3	P150123037	呼和浩特市	和林格尔县	小莜麦	地方品种	当地	一年生	有性	5月上旬	9月中旬	高产，优质，抗旱，耐寒		地方品种，适应性好，耐寒，耐旱，籽粒短小，产量高，莜面品质好	食用、加工原料	种子（果实）、茎、叶	广
4	P150125009	呼和浩特市	武川县	武川莜麦	地方品种	当地	一年生	有性	5月上旬	8月中旬	高产，优质，抗旱，耐寒，耐贫瘠		地方品种，长期种植，适应当地气候，产量一般，抗逆性强，出粉率较高，莜面色泽好看，口感好	食用、饲用、加工原料	种子（果实）、茎、叶	窄
5	P150124036	呼和浩特市	清水河县	本地莜麦	地方品种	当地	一年生	有性	5月上旬	9月上旬	高产，抗病，抗虫，抗旱，耐贫瘠		抗旱耐瘠薄，产量高，口感好	食用	种子（果实）	窄

（续表）

序号	样品编号	盟（市）	旗（县、市、区）	种质名称	种质类型	种质来源	生长习性	繁殖习性	播种期	收获期	主要特性	其他特性	主要特性详细描述	种质用途	利用部位	种质分布
6	P150205019	包头市	石拐区	五当召莜麦	地方品种	当地	一年生	有性	5月下旬	8月中旬	高产，优质，抗病，抗虫，耐盐碱，抗旱，广适，耐寒，耐贫瘠		叶鞘松弛，鞘缘透明膜质；叶舌透明膜质，叶片扁平，质软，微粗糙。圆锥花序疏松开展，分枝纤细，小穗含小花，穗轴细且坚韧，无毛，颖草质，外稃无毛，内稃甚短于外稃，颖果与稃体分离	食用	种子（果实）	广
7	P150222011	包头市	固阳县	固阳莜麦	地方品种	当地	一年生	有性	5月下旬	9月上旬	优质，广适		秆直立，高可达100cm，叶鞘松弛，鞘缘透明膜质；叶舌透明膜质，叶片扁平，质软，微粗糙。圆锥花序疏松开展，分枝纤细，小穗含小花，穗轴细且坚韧，无毛，颖草质，外稃无毛，内稃甚短于外稃，颖果与稃体分离	食用	种子（果实）	广
8	P150222032	包头市	固阳县	下湿壕燕麦	地方品种	当地	一年生	有性	5月上旬	9月下旬	抗旱，广适			食用	种子（果实）	广
9	P150223004	包头市	达尔罕茂明安联合旗	达茂莜麦	地方品种	当地	一年生	有性	5月下旬	8月中旬	高产，优质，抗旱，广适，耐寒，耐贫瘠		株高58cm，芒细弱，长形，白粒，生长期为101d。该品种为中晚熟种，抗寒、抗旱，抗倒伏，单株粒重0.022g，每穗粒重0.66g，千粒重22g，亩产53.2kg	食用	种子（果实）	广

（续表）

序号	样品编号	盟（市）	旗（县、市、区）	种质名称	种质类型	种质来源	生长习性	繁殖习性	播种期	收获期	主要特性	其他特性	主要特性详细描述	种质用途	利用部位	种质分布
10	P150223023	包头市	达尔罕茂明安联合旗	野燕麦	野生资源	当地	一年生	有性	5月中旬	9月下旬	高产，优质，抗病，耐盐碱，抗旱，广适，耐寒，耐贫瘠		达茂旗野燕麦生于田间、路旁，为当地主要田间杂草，可作家畜饲料	食用	种子（果实）	广
11	P152221037	兴安盟	科尔沁右翼前旗	燕麦	地方品种	当地	一年生	有性	4月上旬	7月下旬	耐盐碱，耐寒，耐贫瘠		草原牧区的传统栽培品种，是草原牧区的高蛋白优质饲料，抗病性好，耐盐碱，饲草产量高，易栽培	食用、饲用	种子（果实）	广
12	P150581018	通辽市	霍林郭勒市	野燕麦	野生资源	当地	一年生	有性	4月下旬	9月中旬	优质，耐盐碱，抗旱，广适，耐贫瘠，其他		野生近源种，生长在海拔800～1 200m的山地草原中，表现出极强的抗旱性和耐贫瘠性，也是优质的牧草	食用、饲用	种子（果实）、茎、叶其他	广
13	P150581020	通辽市	霍林郭勒市	可汗山燕麦	地方品种	当地	一年生	有性	4月下旬	9月上旬	优质，抗病，抗旱，耐寒，耐贫瘠		生长在海拔800～1 200m的霍林河山地上，处于夏季短促凉爽的环境中，表现出了优质、抗病、耐寒、抗旱的优点	饲用	种子（果实）、茎、叶	窄
14	P150581046	通辽市	霍林郭勒市	合河莜麦	地方品种	当地	一年生	有性	4月下旬	9月下旬	高产，优质，抗旱，耐寒，耐贫瘠		农家多年种植，自留品种	食用	种子（果实）	窄
15	P150423008	赤峰市	巴林右旗	莜麦	地方品种	当地	一年生	有性	5月中旬	7月中旬	优质，抗病，耐寒，耐贫瘠		生育期99d，幼苗直立，叶片深绿色，株高89.5cm；侧散形穗，穗长16.4cm；粒黄色、长卵圆形；千粒重24.6g	食用、饲用	种子（果实）	窄

（续表）

序号	样品编号	盟（市）	旗（县、市、区）	种质名称	种质类型	种质来源	生长习性	繁殖习性	播种期	收获期	主要特性	其他特性	主要特性详细描述	种质用途	利用部位	种质分布
16	P150424026	赤峰市	林西县	旱莜麦	地方品种	当地	一年生	有性	6月上旬	9月下旬	抗旱		生育期99d，幼苗直立，叶片深绿色，株高85.4cm；侧散形穗，穗长15.3cm；粒黄色、长卵圆形；千粒重25.1g	食用	种子（果实）	窄
17	P150424028	赤峰市	林西县	小粒莜麦	地方品种	当地	一年生	有性	6月中旬	9月中旬	抗旱，耐寒，耐贫瘠		生育期97d，幼苗直立，叶片深绿色，株高87.2cm；侧散形穗，穗长15.8cm；粒黄色、长卵圆形；千粒重22.8g	食用	种子（果实）	窄
18	P150425009	赤峰市	克什克腾旗	小粒莜麦	野生资源	当地	一年生	有性	5月上旬	8月下旬	优质，抗病，耐盐碱，耐寒		生育期97d，幼苗直立，叶片深绿色，株高81.2cm；侧散形穗，穗长14.7cm；粒黄色、长卵圆形；千粒重23.8g	食用、饲用、保健药用	种子（果实）、茎、叶	广
19	P150922002	乌兰察布市	化德县	三分三莜麦	地方品种	当地	一年生	有性	5月下旬	9月中旬	耐盐碱，抗旱，耐寒		茎秆粗壮，根系发达，分蘖力强，穗大而长，粒大饱满	食用	种子（果实）	广
20	P150922004	乌兰察布市	化德县	品五莜麦	地方品种	当地	一年生	有性	5月下旬	9月中旬	高产，耐盐碱，抗旱，耐寒		高产稳产，抗逆性强，增产潜力大	食用	种子（果实）	广
21	P150923005	乌兰察布市	商都县	五寨莜麦	地方品种	当地	一年生	有性	5月上旬	8月上旬	抗病，抗旱，耐寒，耐贫瘠			食用	种子（果实）	窄
22	P150923015	乌兰察布市	商都县	三分三莜麦	地方品种	当地	一年生	有性	5月上旬	8月上旬	抗病，抗旱，耐寒，耐贫瘠	口感好、出面率高、莜麦味道浓		食用	种子（果实）	窄

（续表）

序号	样品编号	盟（市）	旗（县、市、区）	种质名称	种质类型	种质来源	生长习性	繁殖习性	播种期	收获期	主要特性	其他特性	主要特性详细描述	种质用途	利用部位	种质分布
23	P150923018	乌兰察布市	商都县	野莜麦	野生资源	当地	一年生	有性	4月下旬	9月上旬	抗病，耐寒			饲用	种子（果实）、茎、叶	广
24	P150923021	乌兰察布市	商都县	大莜麦	地方品种	当地	一年生	有性	5月上旬	8月上旬	抗病，抗旱，耐寒，耐贫瘠			食用	种子（果实）	广
25	P150923022	乌兰察布市	商都县	芷芨莜麦	地方品种	当地	一年生	有性	5月上旬	8月上旬	抗病，抗旱，耐寒，耐贫瘠			食用	种子（果实）	窄
26	P150923029	乌兰察布市	商都县	小粒莜麦	地方品种	当地	一年生	有性	5月上旬	9月上旬	抗病，抗旱，耐寒，耐贫瘠			食用、饲用	种子（果实）	广
27	P150924003	乌兰察布市	兴和县	黄丰莜麦	地方品种	当地	一年生	有性	5月中旬	9月下旬	耐寒		须根外面常具沙套。秆直立，丛生，株高60～100cm，通常具2～4节。叶鞘松弛，基生者长于节间，常被微毛，鞘缘透明膜质；叶舌透明膜质，长约3mm，顶端钝圆或微齿裂；叶片扁平，质软，长8～40cm，宽3～16mm，微粗糙	食用	种子（果实）	窄
28	P150924008	乌兰察布市	兴和县	五寨莜麦	地方品种	当地	一年生	有性	6月上旬	9月下旬	优质，抗病		当地莜麦品种	食用	种子（果实）	窄
29	P150924017	乌兰察布市	兴和县	庆丰莜麦	地方品种	当地	一年生	有性	5月下旬	9月下旬	高产，优质，抗病，抗旱			食用、加工原料	种子（果实）	广

（续表）

序号	样品编号	盟（市）	旗（县、市、区）	种质名称	种质类型	种质来源	生长习性	繁殖习性	播种期	收获期	主要特性	其他特性	主要特性详细描述	种质用途	利用部位	种质分布
30	P150924036	乌兰察布市	兴和县	和丰莜麦	地方品种	当地	一年生	有性	5月中旬	9月下旬	高产，优质，抗病，抗旱			食用	种子（果实）	窄
31	P150924045	乌兰察布市	兴和县	本地莜麦	地方品种	当地	一年生	有性	5月中旬	9月下旬	高产，优质，抗旱			食用	种子（果实）	窄
32	P150924051	乌兰察布市	兴和县	本地小莜麦	地方品种	当地	一年生	有性	5月中旬	9月下旬	高产，优质，抗旱			食用	种子（果实）	窄
33	P150925010	乌兰察布市	凉城县	野燕麦	野生资源	当地	一年生	有性	5月中旬	9月上旬	抗旱，耐寒		花果期5—9月	饲用	种子（果实）、茎	广
34	P150925038	乌兰察布市	凉城县	莜麦	地方品种	当地	一年生	有性	5月中旬	9月中旬	优质，耐寒，耐贫瘠		籽粒顶端被淡棕色茸毛，腹面具纵沟，长7～10mm。花果期7—8月	食用、饲用	种子（果实）	窄
35	P150927038	乌兰察布市	察哈尔右翼中旗	本地燕麦	地方品种	当地	一年生	有性	4月下旬	8月下旬	耐盐碱，抗旱，耐寒		一年生草本植物，秆直立，光滑无毛	食用、加工原料	种子（果实）	广
36	P150928001	乌兰察布市	察哈尔右翼后旗	野生燕麦	野生资源	当地	一年生	有性	5月中旬	9月上旬	耐盐碱，抗旱，广适，耐贫瘠，其他	成熟早、易落粒		饲用	种子（果实）、茎	广
37	P150928005	乌兰察布市	察哈尔右翼后旗	秃莜麦	地方品种	当地	一年生	有性	5月中旬	8月下旬	抗旱，耐贫瘠，其他		茎秆不强，易倒伏，易落粒，锈病较轻，抗旱、抗寒性较强	食用、饲用	种子（果实）、茎	窄

（续表）

序号	样品编号	盟（市）	旗（县、市、区）	种质名称	种质类型	种质来源	生长习性	繁殖习性	播种期	收获期	主要特性	其他特性	主要特性详细描述	种质用途	利用部位	种质分布
38	P150928034	乌兰察布市	察哈尔右翼后旗	赫波1号	地方品种	当地	一年生	有性	5月中旬	8月下旬	高产，优质，抗病，抗旱，耐贫瘠，其他		株高90～100cm，幼苗直立，生长势强，叶片深绿色，茎秆较粗壮，坚韧，穗周散性，较紧凑	食用	种子（果实）	窄
39	P150929050	乌兰察布市	四子王旗	野燕麦	野生资源	当地	一年生	有性	5月中旬	9月上旬	抗虫，抗旱，耐寒，耐贫瘠			饲用	种子（果实）、茎、叶	广
40	P152624004	乌兰察布市	卓资县	燕麦	地方品种	当地	一年生	有性	5月下旬	9月中旬	优质，耐贫瘠			食用、饲用、保健药用	种子（果实）	广
41	P152628009	乌兰察布市	丰镇市	莜麦	地方品种	当地	一年生	有性	5月中旬	9月上旬	优质，抗病，抗虫，抗旱，耐贫瘠		株高120cm，穗长15cm，茎绿色，籽粒长，种皮黄色，表面有茸毛	食用	种子（果实）	窄
42	P152628039	乌兰察布市	丰镇市	莜麦	地方品种	当地	一年生	有性	6月上旬	10月上旬	优质，抗病，抗虫，耐盐碱，抗旱，耐寒，耐贫瘠，耐热		株高87cm，穗长20cm，籽粒白色，籽粒较小	食用	种子（果实）	窄
43	P152628050	乌兰察布市	丰镇市	莜麦	地方品种	当地	一年生	有性	6月上旬	10月上旬	优质，抗病，抗虫，耐盐碱，抗旱，耐寒，耐涝，耐贫瘠		株高89cm，穗长21cm，籽粒白色，较小	食用	种子（果实）	窄

（续表）

序号	样品编号	盟（市）	旗（县、市、区）	种质名称	种质类型	种质来源	生长习性	繁殖习性	播种期	收获期	主要特性	其他特性	主要特性详细描述	种质用途	利用部位	种质分布
44	P152628053	乌兰察布市	丰镇市	直稷莜麦	地方品种	当地	一年生	有性	5月下旬	9月下旬	优质，抗病，抗虫，耐盐碱，抗旱，耐贫瘠		株高120cm，穗长15cm，茎绿色，籽粒长，种皮黄色，表面有茸毛	食用	种子（果实）	窄
45	P152628054	乌兰察布市	丰镇市	莜麦	地方品种	当地	一年生	有性	5月下旬	9月中旬	优质，抗病，抗虫，耐盐碱，抗旱，耐贫瘠		株高120cm，穗长118cm，茎绿色，籽粒长，种皮黄色，表面有茸毛	食用	种子（果实）	窄
46	P152630002	乌兰察布市	察哈尔右翼前旗	小莜麦	地方品种	当地	一年生	有性	5月上旬	9月中旬	抗旱，耐寒，耐贫瘠，耐热		生育期短，作为干旱年份补救作物	食用、饲用	种子（果实）、茎、叶	窄
47	P152630009	乌兰察布市	察哈尔右翼前旗	莜麦	地方品种	当地	一年生	有性	6月中旬	9月下旬	抗旱，耐寒，耐贫瘠，耐热			食用、饲用	种子（果实）、茎、叶	窄
48	P150622030	鄂尔多斯市	准格尔旗	莜麦	地方品种	当地	一年生	有性	5月中旬	10月中旬	耐盐碱，抗旱，耐寒		生育期短，遍布高原	食用、加工原料，其他	种子（果实）	广
49	P150822007	巴彦淖尔市	磴口县	燕麦	地方品种	当地	一年生	有性	3月中旬	7月下旬	优质，抗旱，耐寒		耐寒，抗旱，对土壤的适应性很强，能自播繁衍	食用	种子（果实）	窄
50	P150825068	巴彦淖尔市	乌拉特后旗	西补隆燕麦	地方品种	当地	一年生	有性	4月上旬	9月下旬	广适			食用、保健药用、加工原料	种子（果实）	广

6. 大麦种质资源目录

大麦（*Hordeum vulgare*）是禾本科（Gramineae）大麦属（*Hordeum*）一年生草本植物，是中国主要作物之一。麦芽是大麦的成熟果实经发芽干燥所形成的炮制加工品。共计收集到种质资源14份，分布在5个盟（市）的11个旗（县、市、区）（表2-24）。

表2-24　大麦种质资源目录

序号	样品编号	盟（市）	旗（县、市、区）	种质名称	种质类型	种质来源	生长习性	繁殖习性	播种期	收获期	主要特性	其他特性	主要特性详细描述	种质用途	利用部位	种质分布
1	P150122040	呼和浩特市	托克托县	大麦	地方品种	当地	一年生	有性	4月上旬	7月下旬	高产，优质，抗病，抗旱，耐贫瘠		种植广泛，产量高，质量优，抗病性强，抗旱，耐贫瘠，秆很粗壮	食用、饲用、加工原料	种子（果实）	广
2	P150125035	呼和浩特市	武川县	大麦	地方品种	当地	一年生	有性	4月下旬	9月上旬	高产，抗旱，耐寒，耐贫瘠		抗旱、耐寒、耐贫瘠、产量高、适口性好，多用作牧草	饲用、保健药用	种子（果实）	窄
3	P150426051	赤峰市	翁牛特旗	大麦	地方品种	当地	一年生	有性	3月下旬	7月中旬	抗病，抗旱，耐寒，其他		生育期93d，株高96cm，长芒，穗长7.4cm，千粒重48.2g	食用	种子（果实）	窄
4	P150925032	乌兰察布市	凉城县	大麦	地方品种	当地	一年生	有性	4月下旬	7月中旬	优质，抗旱			饲用、加工原料	种子（果实）	窄
5	P150927010	乌兰察布市	察哈尔右翼中旗	大麦	地方品种	当地	一年生	有性	4月下旬	8月下旬	抗旱		秆粗壮，光滑无毛，直立。叶鞘松弛抱茎，多无毛或基部具柔毛；两侧有两披针形叶耳	食用、加工原料	种子（果实）	广
6	P150927037	乌兰察布市	察哈尔右翼中旗	草麦	地方品种	当地	一年生	有性	4月下旬	8月下旬	耐盐碱，抗旱，耐寒		秆粗壮，光滑无毛，直立，籽粒饱满	加工原料	种子（果实）	广

（续表）

序号	样品编号	盟（市）	旗（县、市、区）	种质名称	种质类型	种质来源	生长习性	繁殖习性	播种期	收获期	主要特性	其他特性	主要特性详细描述	种质用途	利用部位	种质分布
7	P150928010	乌兰察布市	察哈尔右翼后旗	二棱大麦	地方品种	当地	一年生	有性	5月中旬	8月下旬	抗旱，耐贫瘠		植株较高，茎粗壮，穗大芒长，麦芒略呈二道眉，穗扁平或二棱状，粒大无茸毛，颖青黄色，皮薄品质好。生育期100d左右，较晚熟，耐水肥，不倒伏，不易落粒，病虫为害轻	饲用	种子（果实）	广
8	P150929035	乌兰察布市	四子王旗	洋草麦	地方品种	外地	一年生	有性	5月下旬	12月上旬	高产，抗旱，耐贫瘠			饲用、加工原料	种子（果实）、茎、叶	窄
9	P152624023	乌兰察布市	卓资县	二棱大麦	地方品种	当地	一年生	有性	5月中旬	9月上旬	高产	麦芽香，做啤酒好喝	抗倒伏，株高50～60cm	饲用、加工原料	种子（果实）	窄
10	P152630027	乌兰察布市	察哈尔右翼前旗	大麦	地方品种	当地	一年生	有性	5月上旬	8月中旬	高产，抗病，抗旱，耐贫瘠		植株高大，茎秆粗壮，是良好的饲料和加工原料	饲用、加工原料	种子（果实）	窄
11	P150822064	巴彦淖尔市	磴口县	大麦	地方品种	当地	一年生	有性	4月中旬	7月下旬	优质，耐盐碱，抗旱，广适，耐寒，耐贫瘠，耐热			食用、饲用、保健药用	种子（果实）	广
12	P150822065	巴彦淖尔市	磴口县	黑大麦	地方品种	当地	一年生	有性	4月中旬	7月下旬	优质，耐盐碱，抗旱，广适，耐寒，耐贫瘠，耐热			食用、饲用、保健药用	种子（果实）	广

（续表）

序号	样品编号	盟（市）	旗（县、市、区）	种质名称	种质类型	种质来源	生长习性	繁殖习性	播种期	收获期	主要特性	其他特性	主要特性详细描述	种质用途	利用部位	种质分布
13	P152921010	阿拉善盟	阿拉善左旗	青稞	野生资源	当地	一年生	有性	3月中旬	7月中旬	高产，耐寒	早熟、生长期短		食用、饲用、保健药用	种子（果实）	广
14	P152921012	阿拉善盟	阿拉善左旗	大麦	地方品种	当地	一年生	有性	4月中旬	7月上旬	广适			饲用、加工原料	种子（果实）	广

7. 甜高粱种质资源目录

甜高粱（*Sorghum bicolor* cv. *dochna*）是禾本科（Gramineae）高粱属（*Sorghum*）一年生植物，甜高粱的用途十分广泛，它不仅产粮食，也能产糖和糖浆，还可以做酒、酒精和味精，纤维还可以造纸。共计收集到种质资源10份，分布在1个盟（市）的7个旗（县、市、区）（表2-25）。

表2-25　糖高粱种质资源目录

序号	样品编号	盟（市）	旗（县、市、区）	种质名称	种质类型	种质来源	生长习性	繁殖习性	播种期	收获期	主要特性	其他特性	主要特性详细描述	种质用途	利用部位	种质分布
1	P150581028	通辽市	霍林郭勒市	小粒甜秆	地方品种	当地	一年生	有性	5月中旬	9月下旬	高产，优质，抗旱，耐寒，耐贫瘠		农家多年种植，自留品种，籽粒褐色，籽粒较小，穗小	食用、饲用	种子（果实）、茎	窄
2	P150523067	通辽市	开鲁县	甜秆秸	地方品种	当地	一年生	有性	5月上旬	9月下旬	高产，优质，抗病，抗旱，耐贫瘠		抗旱、甜、汁多	食用、加工原料，其他	种子（果实）、茎	窄

（续表）

序号	样品编号	盟（市）	旗（县、市、区）	种质名称	种质类型	种质来源	生长习性	繁殖习性	播种期	收获期	主要特性	其他特性	主要特性详细描述	种质用途	利用部位	种质分布
3	P150502042	通辽市	科尔沁区	甜高粱	地方品种	当地	一年生	有性	5月中旬	9月下旬	高产，优质，抗病，抗虫，抗旱		经过多年留种选育而成的优良农家种。不仅产粮食，也产糖、糖浆，还可以做酒、酒精和味精，纤维还可以造纸。作为饲料，具有较强的生物学优势，各项营养指标均优于玉米，含糖量比青贮玉米高2倍；无氮浸出物和粗灰分比玉米高	食用、饲用、加工原料	种子（果实）、茎、叶	窄
4	P150502053	通辽市	科尔沁区	甜秆	地方品种	当地	一年生	有性	5月中旬	9月中旬	高产，优质，抗病，抗旱	子叶绿色，种脐较小、白色，种皮黑色，光亮	经过多年留种选育而成的优良农家种，多汁、含糖量高，农家园子种植，多作为零食，是很好的能源作物，也可作为饲料	食用、饲用	种子（果实）、茎、叶	窄
5	P150502081	通辽市	科尔沁区	小粒红甜高粱	地方品种	当地	一年生	有性	5月上旬	9月上旬	高产，抗旱	籽粒红色	多年留种育成的农家种。多汁、含糖量高，小孩喜嚼食。饲用品质好，产量高	食用、饲用	种子（果实）、茎、叶	窄
6	P150522058	通辽市	科尔沁左翼后旗	老甜秆	地方品种	当地	一年生	有性	5月上旬	9月下旬	优质，抗旱，耐贫瘠		红粒、紧穗，秸秆汁液多，糖分含量高。多年留种育成的品质优良农家种	食用、饲用、加工原料	种子（果实）、茎、叶	窄

（续表）

序号	样品编号	盟（市）	旗（县、市、区）	种质名称	种质类型	种质来源	生长习性	繁殖习性	播种期	收获期	主要特性	其他特性	主要特性详细描述	种质用途	利用部位	种质分布
7	P150522073	通辽市	科尔沁左翼后旗	甜秆秸	地方品种	当地	一年生	有性	5月上旬	9月下旬	优质，抗旱，耐贫瘠		经过多年留种选育而成的优良农家种，散穗、红色。不仅产粮食，也能产糖和糖浆，还可以做酒、酒精和味精	食用、饲用	种子（果实）、茎、叶	窄
8	P150521029	通辽市	科尔沁左翼中旗	黑壳甜高粱	地方品种	当地	一年生	有性	5月上旬	9月下旬	高产，优质，抗病，耐盐碱，抗旱		多年留种育成的品质优良农家种。颖壳黑色，甜度高、汁多	食用	种子（果实）	窄
9	P150524048	通辽市	库伦旗	仁斯甜秆	地方品种	当地	一年生	有性	5月上旬	9月下旬	优质，抗旱，耐寒，耐贫瘠		多年留种的老品种，品质优良农家种。颖壳红色，秆细，甜度高、汁多	食用、加工原料	种子（果实）、茎	窄
10	P150525096	通辽市	奈曼旗	甜秆甘蔗	地方品种	当地	一年生	有性	5月中旬	9月下旬	优质，抗病，耐盐碱，抗旱，耐贫瘠		农家多年种植老品种。茎秆汁多，糖分含量高	食用、饲用	种子（果实）、茎	窄

8. 藜麦种质资源目录

藜麦（*Chenopodium quinoa*）是藜科（Chenopodiaceae）藜属（*Chenopodium*）植物。藜麦富含的维生素、多酚、类黄酮类、皂苷和植物甾醇类物质具有多种健康功效。共计收集到种质资源8份，分布在3个盟（市）的4个旗（县、市、区）（表2-26）。

表2-26 藜麦种质资源目录

序号	样品编号	盟（市）	旗（县、市、区）	种质名称	种质类型	种质来源	生长习性	繁殖习性	播种期	收获期	主要特性	其他特性	主要特性详细描述	种质用途	利用部位	种质分布
1	P150927001	乌兰察布市	察哈尔右翼中旗	灰藜麦	地方品种	当地	一年生	有性	4月下旬	10月上旬	优质		穗部可呈红色、紫色、黄色，植株形状类似灰灰菜，成熟后穗部类似高粱穗。植株高矮受环境及遗传因素影响较大，从0.3～3m不等，茎部质地较硬，可分枝可不分。单叶互生，叶片呈鸭掌状，叶缘分为全缘型与锯齿缘型。藜麦花两性，花序呈伞状、穗状、圆锥状，藜麦种子较小，呈小圆药片状	食用	种子（果实）	窄
2	P150927015	乌兰察布市	察哈尔右翼中旗	白藜麦	地方品种	当地	一年生	有性	4月下旬	10月上旬	优质			食用	种子（果实）	窄
3	P150927016	乌兰察布市	察哈尔右翼中旗	黑藜麦	地方品种	当地	一年生	有性	4月下旬	10月上旬	优质		植株形状类似灰灰菜，成熟后穗部类似高粱穗	食用	种子（果实）	窄
4	P150927017	乌兰察布市	察哈尔右翼中旗	红藜麦	地方品种	当地	一年生	有性	4月下旬	10月上旬	优质			食用	种子（果实）	窄
5	P152624024	乌兰察布市	卓资县	藜麦	地方品种	当地	一年生	有性	5月上旬	10月下旬	抗旱，耐寒	焖糜熬粥，低脂肪，高蛋白	苗期形态像灰灰菜，成熟期茎变为黑色	食用、加工原料	种子（果实）	窄

（续表）

序号	样品编号	盟（市）	旗（县、市、区）	种质名称	种质类型	种质来源	生长习性	繁殖习性	播种期	收获期	主要特性	其他特性	主要特性详细描述	种质用途	利用部位	种质分布
6	P150824021	巴彦淖尔市	乌拉特中旗	德岭山彩藜麦	地方品种	当地	一年生	有性	4月下旬	9月下旬	耐盐碱，抗旱，耐寒	茎部质地较硬，可分枝可不分	藜麦穗部可呈红色、紫色、黄色，植株形状类似灰灰菜，成熟后穗部类似高粱穗	食用	种子（果实）	广
7	P150824041	巴彦淖尔市	乌拉特中旗	德岭山白藜麦	地方品种	当地	一年生	有性	4月下旬	9月中旬	耐贫瘠	口感好，营养价值高	藜麦对盐碱、干旱、霜冻、病虫害等的抗性能力很强，根系庞大，根须多而密	食用	种子（果实）	窄
8	P150304013	乌海市	乌达区	乌达半野生藜麦	野生资源	当地	一年生	有性	4月下旬	9月下旬	高产，耐盐碱，抗旱，耐寒		穗部可呈红色、紫色、黄色，植株形状类似灰灰菜，成熟后穗部类似高粱穗。茎部质地较硬，可分枝可不分。单叶互生，叶片呈鸭掌状，叶缘分为全缘型与锯齿缘型	食用、保健药用、加工原料	种子（果实）	窄

9. 青稞种质资源目录

青稞（*Hordeum vulgare* var. *coeleste*）是禾本科（Gramineae）大麦属（*Hordeum*）一年生草本植物，是中国藏区居民主要食粮、燃料和牲畜饲料，而且也是啤酒、医药和保健品生产的原料。共计收集到种质资源2份，分布在2个盟（市）的2个旗（县、市、区）（表2-27）。

表2-27 青稞种质资源目录

序号	样品编号	盟（市）	旗（县、市、区）	种质名称	种质类型	种质来源	生长习性	繁殖习性	播种期	收获期	主要特性	其他特性	主要特性详细描述	种质用途	利用部位	种质分布
1	P150425036	赤峰市	克什克腾旗	青稞	地方品种	当地	一年生	有性	5月下旬	8月上旬	抗虫，耐寒，耐涝，耐贫瘠		茎秆直立，光滑，株高可达100cm，叶鞘光滑，两侧具两叶耳，互相抱茎；叶舌膜质，叶片微粗糙	食用、饲用	种子（果实）	窄

（续表）

序号	样品编号	盟（市）	旗（县、市、区）	种质名称	种质类型	种质来源	生长习性	繁殖习性	播种期	收获期	主要特性	其他特性	主要特性详细描述	种质用途	利用部位	种质分布
2	P152628045	乌兰察布市	丰镇市	大麦	地方品种	当地	一年生	有性	4月下旬	9月下旬	抗病，抗虫，耐盐碱，抗旱，耐寒，耐贫瘠		株高97cm，穗长13cm，籽粒较大	饲用	种子（果实）	窄

四、薯类作物种质资源目录

马铃薯种质资源目录

马铃薯（*Solanum tuberosum*）是茄科（Solanaceae）茄属（*Solanum*）一年生草本植物，马铃薯味甘，性平。归胃、大肠经。有益气、健脾、和胃、解毒、消肿等功效。共计收集到种质资源22份，分布在3个盟（市）的5个旗（县、市、区）（表2-28）。

表2-28　马铃薯种质资源目录

序号	样品编号	盟（市）	旗（县、市、区）	种质名称	种质类型	种质来源	生长习性	繁殖习性	播种期	收获期	主要特性	其他特性	主要特性详细描述	种质用途	利用部位	种质分布
1	P152221040	兴安盟	科尔沁右翼前旗	马铃薯（黄麻子）	地方品种	当地	一年生	无性	5月中旬	10月中旬	抗病，抗虫，耐贫瘠		该品种为麻皮，黄皮黄肉品种，口感风味俱佳，淀粉含量高，薯形椭圆形，生育期适中，是具有悠久栽培历史的农家马铃薯品种，但由于产量没有引入品种高，目前该品种已接近灭绝	食用	茎	广
2	P150922033	乌兰察布市	化德县	德薯7	地方品种	当地	一年生	无性	6月中旬	9月下旬	高产，优质，抗病，抗旱		植株直立，叶形不规则，白花，生长势强，株高60cm，花冠白色，天然结实性强	食用	茎	窄

（续表）

序号	样品编号	盟（市）	旗（县、市、区）	种质名称	种质类型	种质来源	生长习性	繁殖习性	播种期	收获期	主要特性	其他特性	主要特性详细描述	种质用途	利用部位	种质分布
3	P150922034	乌兰察布市	化德县	德薯KFJ	地方品种	当地	一年生	无性	6月中旬	9月下旬	高产，优质，抗病，抗旱		植株直立，生长势强，株高70cm，茎和根紫色，花冠白色	食用	茎	窄
4	P150928013	乌兰察布市	察哈尔右翼后旗	后旗红	地方品种	当地	一年生	无性	5月上旬	10月上旬	高产，优质，抗病，抗虫，广适，其他		中晚熟品种，生育期105d左右。株型直立，株高85cm左右，分枝多，茎紫色，复叶4.5对，叶色深绿，花冠紫红色，块茎椭圆形，红皮黄肉，薯皮粗糙，芽眼较浅。淀粉含量18%～25%，蛋白质含量1.5%～2.3%	食用、加工原料	茎	广
5	P150928014	乌兰察布市	察哈尔右翼后旗	冀张薯12号	选育品种	当地	一年生	无性	5月上旬	10月上旬	高产，优质，广适，其他		中晚熟鲜食品种，株型直立，株高66.7cm左右，分枝少，茎绿色，叶绿色，花冠浅紫色，天然结实中等，薯块长卵圆形，淡黄皮白肉（浅黄肉），薯皮光滑，芽眼浅	食用、加工原料	茎	广
6	P150928015	乌兰察布市	察哈尔右翼后旗	希森6号	选育品种	当地	一年生	无性	5月上旬	10月上旬	高产，优质，广适，其他		中熟品种，生育期90d左右。株型直立，株高60～70cm，分枝多，茎绿色，复叶3.5对，叶绿色，花冠白色，天然结实性少，薯形长椭圆，黄皮黄肉，薯皮光滑，芽眼浅	食用、加工原料	茎	广
7	P150928016	乌兰察布市	察哈尔右翼后旗	大西洋	选育品种	当地	一年生	无性	5月上旬	10月上旬	高产，优质，广适，其他		中熟品种，生育期90d。株型直立，株高75cm，茎基部有分布不规则的紫色斑点，叶亮绿色，紧凑，花冠淡兰紫色，花期较长，天然结实性弱，块茎圆形，麻皮，有轻微网纹，薯肉白色，芽眼浅，结薯集中	食用、加工原料	茎	广

（续表）

序号	样品编号	盟（市）	旗（县、市、区）	种质名称	种质类型	种质来源	生长习性	繁殖习性	播种期	收获期	主要特性	其他特性	主要特性详细描述	种质用途	利用部位	种质分布
8	P150928017	乌兰察布市	察哈尔右翼后旗	民丰12	选育品种	当地	一年生	无性	5月上旬	10月上旬	高产，优质，广适，其他		生育期103d。株型直立，株高85cm左右，茎叶绿色，花冠白色，薯形椭圆形，薯皮表面光滑，黄皮深黄肉，芽眼浅，结薯集中，结薯早	食用、加工原料	茎	广
9	P150928018	乌兰察布市	察哈尔右翼后旗	民丰红	选育品种	当地	一年生	无性	5月上旬	10月上旬	高产，优质，广适，其他		生育期110d，株型直立，株高120cm左右，分枝多，茎深绿色有紫斑，复叶3.5对，叶深绿色，花冠紫色，天然结实少，块茎椭圆形，薯皮深紫色，薯肉淡黄色，芽眼较深	食用、加工原料	茎	广
10	P150928019	乌兰察布市	察哈尔右翼后旗	荷兰15（民丰优选）	选育品种	当地	一年生	无性	5月上旬	10月上旬	高产，优质，广适，其他		早熟品种，生育期65～70d。株型直立，株高70cm左右，分枝少，茎紫褐色，复叶大，叶绿色，花冠蓝紫色，天然结实，浆果大，块茎长椭圆形，皮色淡黄，肉色深黄，表皮光滑，芽眼少而浅	食用	茎	广
11	P150928020	乌兰察布市	察哈尔右翼后旗	希森3号	选育品种	当地	一年生	无性	5月上旬	10月上旬	高产，优质，广适，其他		早熟品种，生育期70～80d。株型直立，株高60～70cm，分枝多，茎绿色，复叶大，复叶3.5对，叶绿色，花冠淡紫色，不能天然结实，块茎长椭圆形，黄皮黄肉，表皮光滑，芽眼浅	食用、加工原料	茎	广
12	P150928021	乌兰察布市	察哈尔右翼后旗	夏波蒂	选育品种	当地	一年生	无性	5月上旬	10月上旬	高产，优质，广适，其他		中熟品种，生育期90d左右。茎绿色，粗壮，分枝多，株高60～80cm，叶片较大且密，浅绿色。结薯较早且集中。薯块大，长形，白皮白肉，表皮光滑，芽眼极浅	食用、加工原料	茎	广

（续表）

序号	样品编号	盟（市）	旗（县、市、区）	种质名称	种质类型	种质来源	生长习性	繁殖习性	播种期	收获期	主要特性	其他特性	主要特性详细描述	种质用途	利用部位	种质分布
13	P150928022	乌兰察布市	察哈尔右翼后旗	红美	选育品种	当地	一年生	无性	5月上旬	10月上旬	优质，广适，其他		中早熟品种，生育期75～80d。植株半直立，株高50～55cm，茎绿色带紫节结呈红紫色标记，叶色深绿，叶柄深紫色，花冠白色，薯块红皮红肉，表皮较粗糙，长椭圆形，芽眼浅、耐储性好	食用	茎	广
14	P150928023	乌兰察布市	察哈尔右翼后旗	晋薯16	选育品种	外地	一年生	无性	5月上旬	10月上旬	高产，优质，抗病，抗旱，广适，其他		中晚熟品种，生育期110d左右。株形直立，株高106cm左右，茎绿色，叶深绿色，花冠白色，天然结实少，薯形卵圆形，黄皮淡黄肉，薯皮光滑，结薯集中，块茎形休眠期中等，抗旱	食用、加工原料	茎	广
15	P150928024	乌兰察布市	察哈尔右翼后旗	青薯9号	选育品种	外地	一年生	无性	5月上旬	10月上旬	高产，优质，抗病，抗虫，抗旱，广适，其他		晚熟品种，生育期115d左。株型直立，株高89cm，分枝多，茎绿色带褐色，基部紫褐色，复叶4.5对，叶深绿色，花冠紫色，天然结实少，块茎长圆形，红皮黄肉，成熟后表皮有网纹，沿维管束有红纹，芽眼少而浅	食用、加工原料	茎	广
16	P150928025	乌兰察布市	察哈尔右翼后旗	塞丰2号	选育品种	当地	一年生	无性	5月上旬	10月上旬	高产，广适，其他		中熟品种，生育期90d左右。株型直立，生长势强，株高72cm左右，分枝数少。茎与叶均绿色，花冠白色，花繁茂性中等，天然结实性中等。薯形短椭圆形，薯块大且整齐，淡黄皮淡黄肉，薯皮光滑，芽眼浅，单株结薯数为5～6块	食用	茎	广

（续表）

序号	样品编号	盟（市）	旗（县、市、区）	种质名称	种质类型	种质来源	生长习性	繁殖习性	播种期	收获期	主要特性	其他特性	主要特性详细描述	种质用途	利用部位	种质分布
17	P150928026	乌兰察布市	察哈尔右翼后旗	黑美	选育品种	当地	一年生	无性	5月上旬	10月上旬	优质，其他		中熟品种，生育期90d左右。薯形卵圆形，黑皮紫肉，表皮光滑，芽眼较浅，匍匐茎多而长，结薯多而相对集中。块茎休眠期60d左右，耐储藏	食用、加工原料	茎	广
18	P150928027	乌兰察布市	察哈尔右翼后旗	龙珠红颜	选育品种	当地	一年生	无性	5月上旬	10月上旬	抗病，抗旱，耐贫瘠，其他		生育期100d，株高70cm。植株粗壮，抗旱抗贫瘠，抗病性强。花紫色，花香浓郁，红皮橙黄肉，淀粉含量高，水旱地皆可种植	食用	茎	广
19	P150928028	乌兰察布市	察哈尔右翼后旗	川引2号	选育品种	外地	一年生	无性	5月上旬	10月上旬	高产，优质，抗病，广适，其他		中熟品种，生育期100d。株型直立，株高70cm。茎紫色，叶深绿色，花冠紫色，薯形椭圆形，红皮黄肉，休眠期中等	食用	茎	广
20	P150722071	呼伦贝尔市	莫力达瓦达斡尔族自治旗	农家鬼子红土豆	地方品种	当地	一年生	无性	5月上旬	9月中旬	优质，抗病	抗马铃薯晚疫病	生育期90d左右，株高50～70cm。地上茎呈菱形，有毛。马铃薯长椭圆形，皮紫红色，粗糙，肉浅黄色	食用	其他	窄
21	P150784061	呼伦贝尔市	额尔古纳市	极早熟俄罗斯红土豆	地方品种	当地	一年生	无性	5月中旬	8月下旬	高产，优质，抗病，耐寒		生育期70d左右，株高60～70cm。马铃薯长扁圆形，皮浅红色，粗糙，肉浅黄色	食用	其他	窄
22	P150784062	呼伦贝尔市	额尔古纳市	极早熟俄罗斯紫土豆	地方品种	当地	一年生	无性	5月中旬	8月下旬	高产，优质，抗病，耐寒	高抗晚疫病，淀粉含量高，口感面，不回生	生育期70d左右，株高40～70cm。马铃薯长扁圆形，皮紫色，光滑，肉紫色	食用	其他	窄

第三章　经济作物种质资源目录

一、蔬菜作物种质资源目录

1. 南瓜种质资源目录

南瓜（*Cucurbita moschata*）是葫芦科（Cucurbitaceae）南瓜属（*Cucurbita*）一年生蔓生草本植物。南瓜可促进肠胃蠕动，帮助食物消化，还可做多种食物和保健品，经济效益高，是农户种植比较普遍的经济作物之一。共计收集到种质资源42份，分布在10个盟（市）的29个旗（县、市、区）（表3-1）。

表3-1　南瓜种质资源目录

序号	样品编号	盟（市）	旗（县、市、区）	种质名称	种质类型	种质来源	生长习性	繁殖习性	播种期	收获期	主要特性	其他特性	主要特性详细描述	种质用途	利用部位	种质分布
1	P150104026	呼和浩特市	玉泉区	本地绿南瓜	地方品种	当地	一年生	有性	5月下旬	9月中旬	高产，优质，抗病，广适		一年生蔓生草本。茎常节部生根，伸长达2～3m	食用、饲用	种子（果实）	广
2	P150125054	呼和浩特市	武川县	绿皮打籽南瓜	地方品种	当地	一年生	有性	5月下旬	9月下旬	抗旱，耐贫瘠			食用、保健药用	种子（果实）	广
3	P150522048	通辽市	科尔沁左翼后旗	南瓜	地方品种	当地	一年生	有性	4月中旬	7月中旬	优质，抗旱		食用口感好，产量高	食用	种子（果实）	窄
4	P150521024	通辽市	科尔沁左翼中旗	绿皮南瓜	地方品种	当地	一年生	有性	5月上旬	7月下旬	高产，优质，抗病，抗虫，抗旱		多年留种育成品质优良农家种。果皮绿色，果肉厚实，食用口感好，面。喜温，耐旱性强	食用	种子（果实）	窄

（续表）

序号	样品编号	盟（市）	旗(县、市、区)	种质名称	种质类型	种质来源	生长习性	繁殖习性	播种期	收获期	主要特性	其他特性	主要特性详细描述	种质用途	利用部位	种质分布
5	P150521041	通辽市	科尔沁左翼中旗	金黄面瓜	地方品种	当地	一年生	有性	5月上旬	9月上旬	高产，优质，抗病，抗旱		幼嫩时果皮绿色，熟后果皮金黄色。淀粉含量多，口感好，甜、面	食用	种子（果实）	窄
6	P150521052	通辽市	科尔沁左翼中旗	绿皮倭瓜	地方品种	当地	一年生	有性	5月上旬	9月上旬	高产，优质，抗病，抗旱		多年种植留种，食用口感好，甜、面	食用	种子（果实）	窄
7	P150525026	通辽市	奈曼旗	六号南瓜	地方品种	当地	一年生	有性	5月上旬	8月中旬	优质，抗旱，耐贫瘠		多年留种育成的品质优良农家种。果肉厚，肉质细腻味甜，较耐储运	食用	种子（果实）	窄
8	P150423013	赤峰市	巴林右旗	新立倭瓜	地方品种	当地	一年生	有性	4月下旬	9月下旬	高产，优质，抗病，抗虫，抗旱，耐贫瘠		结果多，口感好，皮灰黑色，瓜瓤黄色	食用	种子（果实）	窄
9	P150423021	赤峰市	巴林右旗	落花胭	地方品种	当地	一年生	有性	5月下旬	9月下旬				食用	种子（果实）、根	窄
10	P150424038	赤峰市	林西县	落花面笨瓜	地方品种	当地	一年生	有性	6月中旬	9月下旬	高产，抗旱，耐寒，耐贫瘠		口感好，连续种植十几年	食用	种子（果实）	窄
11	P150429025	赤峰市	宁城县	白皮南瓜	地方品种	当地	一年生	有性	5月中旬	8月中旬				食用	种子（果实）	窄
12	P150429026	赤峰市	宁城县	黄南瓜	地方品种	当地	一年生	有性	5月中旬	8月下旬				食用	种子（果实）	窄
13	P150429056	赤峰市	宁城县	窝瓜	地方品种	当地	一年生	有性	5月上旬	9月下旬				食用	种子（果实）	窄

（续表）

序号	样品编号	盟（市）	旗（县、市、区）	种质名称	种质类型	种质来源	生长习性	繁殖习性	播种期	收获期	主要特性	其他特性	主要特性详细描述	种质用途	利用部位	种质分布
14	P152524020	锡林郭勒盟	苏尼特右旗	窝瓜	地方品种	当地	一年生	有性	5月中旬	9月中旬	高产，其他		属于古老品种	食用	其他	窄
15	P150925047	乌兰察布市	凉城县	绿皮南瓜	地方品种	当地	一年生	有性	5月中旬	9月中旬	抗旱，耐贫瘠			食用	种子（果实）	窄
16	P152628012	乌兰察布市	丰镇市	葫芦	地方品种	当地	一年生	有性	5月下旬	8月上旬	高产，优质，抗病，抗虫，抗旱，耐贫瘠		果实外表紫黑色，内瓤黄色，籽粒长圆形、白黄色、表皮光滑	食用	种子（果实）	窄
17	P152630015	乌兰察布市	察哈尔右翼前旗	蕃瓜	地方品种	当地	一年生	有性	5月下旬	8月下旬	优质，耐涝，耐贫瘠		口味绵甜，保健食品	食用	种子（果实）	广
18	P150627037	鄂尔多斯市	伊金霍洛旗	饭瓜	地方品种	当地	一年生	有性	3月下旬	9月下旬	优质			食用	种子（果实），其他	窄
19	P150621010	鄂尔多斯市	达拉特旗	东葫芦	地方品种	当地	一年生	有性	5月上旬	9月上旬	高产，优质，耐涝，耐贫瘠		根系非常发达，茎中空，茎淡绿色，一般蔓长6m左右，果实厚扁球形，果皮橙红色，覆乳深绿色	食用、饲用	种子（果实）	窄
20	P150621028	鄂尔多斯市	达拉特旗	南瓜葫芦	地方品种	当地	一年生	有性	5月下旬	9月中旬	高产，优质，耐盐碱，耐贫瘠			食用、饲用、保健药用、加工原料	种子（果实）	广

（续表）

序号	样品编号	盟（市）	旗（县、市、区）	种质名称	种质类型	种质来源	生长习性	繁殖习性	播种期	收获期	主要特性	其他特性	主要特性详细描述	种质用途	利用部位	种质分布
21	P150626025	鄂尔多斯市	乌审旗	无定河南瓜1	地方品种	当地	一年生	有性	4月下旬	9月上旬	广适		南瓜的果实作肴馔，亦可代粮食。全株各部可供药用	食用、饲用、保健药用	种子（果实）、茎、叶	广
22	P150626026	鄂尔多斯市	乌审旗	无定河南瓜2	地方品种	当地	一年生	有性	3月上旬	8月下旬	广适		南瓜的果实作肴馔，亦可代粮食。全株各部可供药用	食用、饲用、保健药用	种子（果实）、茎、叶	广
23	P150802054	巴彦淖尔市	临河区	歪脖葫芦	地方品种	当地	一年生	有性	5月中旬	8月下旬	优质，抗病，耐贫瘠		果实长形弯曲状。种子卵形，白色	食用	种子（果实）	窄
24	P150802059	巴彦淖尔市	临河区	面葫芦	地方品种	当地	一年生	有性	5月上旬	9月中旬	优质，抗病，耐贫瘠		果实扁圆形，直径21cm，绿色。种子卵形，白色	食用	种子（果实）	窄
25	P150802060	巴彦淖尔市	临河区	红柴葫芦	地方品种	当地	一年生	有性	5月中旬	9月下旬	优质，抗病，耐贫瘠		果实扁圆形，直径26cm，灰色。种子卵形，白色	食用	种子（果实）	窄
26	P150821038	巴彦淖尔市	五原县	农家面葫芦	地方品种	当地	一年生	有性	5月中旬	9月下旬	耐盐碱，抗旱，广适，耐贫瘠		茎有棱沟，叶柄粗壮，叶片质硬，挺立，卷须稍粗壮；雌雄同株，雄花单生；果实圆形较大，种子白色	食用、保健药用	种子（果实）	广
27	P150822053	巴彦淖尔市	磴口县	磴口窝瓜	地方品种	当地	一年生	有性	4月下旬	9月下旬	高产，优质			食用	种子（果实）	广
28	P150304001	乌海市	乌达区	南瓜	地方品种	当地	一年生	有性	4月上旬	10月上旬	高产，优质，抗病，抗虫，抗旱		果实完全成熟后绵，口感佳，果实个体偏小	食用	种子（果实）	窄

（续表）

序号	样品编号	盟（市）	旗（县、市、区）	种质名称	种质类型	种质来源	生长习性	繁殖习性	播种期	收获期	主要特性	其他特性	主要特性详细描述	种质用途	利用部位	种质分布
29	P152921016	阿拉善盟	阿拉善左旗	红皮葫芦	地方品种	当地	一年生	有性	4月下旬	9月中旬	抗旱，耐贫瘠			食用，其他	种子（果实）	广
30	P152921041	阿拉善盟	阿拉善左旗	绿皮南瓜	地方品种	当地	一年生	有性	5月上旬	9月下旬	高产，抗病，耐盐碱，耐寒，耐贫瘠			食用、饲用	种子（果实），其他	窄
31	P152922020	阿拉善盟	阿拉善右旗	甜面南瓜	地方品种	当地	一年生	有性	4月下旬	9月中旬	优质，抗旱，耐贫瘠，耐热			食用	种子（果实）、茎、叶	窄
32	P150723040	呼伦贝尔市	鄂伦春自治旗	农家西葫芦	地方品种	当地	一年生	有性	5月中旬	6月下旬	高产，优质，抗病，耐寒	种子可直接食用，保健	结瓜早，早春蔬菜	食用	种子（果实）	窄
33	P150725035	呼伦贝尔市	陈巴尔虎旗	农家角瓜	地方品种	当地	一年生	有性	5月下旬	7月上旬	高产，优质，抗病，广适	种子可榨油，食用保健		食用	种子（果实）	广
34	P150725052	呼伦贝尔市	陈巴尔虎旗	极早熟农家大灰倭瓜	地方品种	当地	一年生	有性	5月下旬	8月下旬	高产，优质，抗病，耐寒	耐存储		食用	种子（果实）	窄
35	P150724049	呼伦贝尔市	鄂温克族自治旗	早熟农家绿面瓜	地方品种	当地	一年生	有性	5月下旬	8月下旬	高产，优质，抗病，耐寒	口感好，耐存储		食用	种子（果实）	窄
36	P150726044	呼伦贝尔市	新巴尔虎左旗	农家大白籽绿倭瓜	地方品种	当地	一年生	有性	5月下旬	9月上旬	高产，优质，抗病，耐寒	耐存储；种子大，可直接食用，保健	倭瓜甜、面，口感好	食用	种子（果实）	窄

（续表）

序号	样品编号	盟（市）	旗（县、市、区）	种质名称	种质类型	种质来源	生长习性	繁殖习性	播种期	收获期	主要特性	其他特性	主要特性详细描述	种质用途	利用部位	种质分布
37	P150726045	呼伦贝尔市	新巴尔虎左旗	早熟农家小绿倭瓜	地方品种	当地	一年生	有性	5月下旬	8月下旬	高产，优质，抗病，耐寒			食用	种子（果实）	窄
38	P150727042	呼伦贝尔市	新巴尔虎右旗	早熟农家大黄面瓜	地方品种	当地	一年生	有性	5月下旬	9月上旬	高产，优质，抗病，耐寒			食用	种子（果实）	窄
39	P150727043	呼伦贝尔市	新巴尔虎右旗	早熟农家大绿倭瓜	地方品种	当地	一年生	有性	5月下旬	9月上旬	高产，优质，抗病，耐寒			食用	种子（果实）	窄
40	P150782055	呼伦贝尔市	牙克石市	早熟红黑花面瓜	地方品种	当地	一年生	有性	5月下旬	9月上旬	高产，优质，抗病，耐寒			食用	种子（果实）	窄
41	P150784057	呼伦贝尔市	额尔古纳市	早熟农家圆球灰倭瓜	地方品种	当地	一年生	有性	5月下旬	9月上旬	高产，优质，抗病，耐寒			食用	种子（果实）	窄
42	P150785053	呼伦贝尔市	根河市	极早熟农家长把小灰面瓜	地方品种	当地	一年生	有性	5月下旬	8月中旬	高产，优质，抗病，耐寒			食用	种子（果实）	窄

2. 葱种质资源目录

葱（*Allium fistulosum*）是百合科（Liliaceae）葱属（*Allium*）二年生或多年生草本植物，一般长100 ~ 150cm。大葱常作为一种很普遍的香料调味品或蔬菜食用。共计收集到种质资源34份，分布在10个盟（市）的28个旗（县、市、区）（表3-2）。

表3-2　葱种质资源目录

序号	样品编号	盟（市）	旗（县、市、区）	种质名称	种质类型	种质来源	生长习性	繁殖习性	播种期	收获期	主要特性	其他特性	主要特性详细描述	种质用途	利用部位	种质分布
1	P150104031	呼和浩特市	玉泉区	本地大葱	地方品种	当地	二年生	无性	5月中旬	9月下旬	高产，优质，抗病，广适			食用	根、茎、叶、花	广
2	P150121039	呼和浩特市	土默特左旗	本地大葱	地方品种	当地	二年生	有性	3月上旬	10月上旬	优质，抗病，抗虫，耐盐碱，抗旱，耐寒，耐贫瘠		由一点红大葱连续种植多年，衍生出来的品种，适合当地种植	食用、加工原料	根、茎、叶	广
3	P150121042	呼和浩特市	土默特左旗	农家大葱	地方品种	当地	二年生	有性	3月下旬	9月下旬	优质，抗病，抗虫，耐盐碱，抗旱，广适，耐寒，耐贫瘠		抗寒能力强，可越冬，当地种植年限较长，适合当地种植，葱白长，口感好	食用	茎、叶	广
4	P150122021	呼和浩特市	托克托县	本地大葱	地方品种	当地	二年生	有性	4月下旬	9月上旬	优质，广适，耐寒		本地种植大葱，葱白短，口感辣，产量一般，种植广泛	食用、加工原料	种子（果实）、茎、叶	广
5	P150205022	包头市	石拐区	石拐大葱	地方品种	当地	二年生	有性	6月上旬	9月上旬	优质，广适，耐贫瘠			食用	茎、叶	广
6	P152224003	兴安盟	突泉县	本地小葱	地方品种	当地	二年生	有性	2月中旬	8月下旬	高产	大葱的食疗功效很高	小葱虽小，但志气不小，它的功效不比大葱少，小葱具有解热、祛痰功效，具有刺激身体汗腺，达到发汗散热的作用；葱油刺激上呼吸道，使黏痰易于咯出。它有一股辛辣味可以刺激脾胃，起到促进消化吸收的作用	食用，其他	种子（果实）、茎、花	窄

（续表）

序号	样品编号	盟（市）	旗（县、市、区）	种质名称	种质类型	种质来源	生长习性	繁殖习性	播种期	收获期	主要特性	其他特性	主要特性详细描述	种质用途	利用部位	种质分布
7	P150581043	通辽市	霍林郭勒市	大葱	地方品种	当地	二年生	有性	4月上旬	9月下旬	高产，优质，抗旱，耐寒		葱白中等，较辣	食用	根、叶	窄
8	P150523021	通辽市	开鲁县	大葱	地方品种	当地	二年生	有性	4月上旬	10月上旬	高产，优质，抗病，抗旱，耐寒，其他	味道好，有葱香味，叶宽	农家品种，经过多年留种、选择育成的品质优良的资源	食用	茎、叶	窄
9	P150502048	通辽市	科尔沁区	葱	地方品种	当地	二年生	有性	4月上旬	9月下旬	高产，优质，抗病，抗旱		经过多年留种选育而成的优良农家种，味浓香	食用	根、叶	窄
10	P150522037	通辽市	科尔沁左翼后旗	本地大葱	地方品种	当地	二年生	有性	4月上旬	10月中旬	优质，抗旱		植株直立，须根系，叶簇生，管状，表面披蜡粉，葱白长	食用	茎、叶	窄
11	P150522049	通辽市	科尔沁左翼后旗	查干大葱	地方品种	当地	二年生	兼性	4月上旬	10月中旬	优质，抗旱		植株直立，须根系，叶簇生，管状，中空，先端尖，叶表面披蜡粉，葱白长	食用	茎、叶	窄
12	P150524024	通辽市	库伦旗	本地大葱	地方品种	当地	二年生	有性	4月上旬	10月中旬	高产，优质，抗旱		葱白长、叶厚	食用	茎、叶	窄
13	P150403033	赤峰市	元宝山	葱	地方品种	当地	二年生	有性	4月中旬	5月下旬	高产，耐寒			食用	茎、叶	窄
14	P150403041	赤峰市	元宝山	葱	地方品种	当地	二年生	有性	4月中旬	5月下旬	高产，耐寒			食用	茎、叶	窄
15	P150422013	赤峰市	巴林左旗	林东大葱	地方品种	当地	二年生	有性	5月上旬	9月上旬	优质，耐贫瘠			食用	茎	窄
16	P150422018	赤峰市	巴林左旗	山葱	地方品种	当地	二年生	有性	5月下旬	9月上旬	抗旱，耐贫瘠			加工原料	茎	窄

（续表）

序号	样品编号	盟（市）	旗（县、市、区）	种质名称	种质类型	种质来源	生长习性	繁殖习性	播种期	收获期	主要特性	其他特性	主要特性详细描述	种质用途	利用部位	种质分布
17	P150423012	赤峰市	巴林右旗	新立大葱	地方品种	当地	二年生	有性	5月上旬	9月下旬	高产，优质，抗病，抗虫，耐盐碱，抗旱，耐寒			食用	茎	窄
18	P150424020	赤峰市	林西县	四叶齐	地方品种	当地	二年生	有性	6月上旬	8月中旬	优质，耐贫瘠			食用	茎	广
19	P150424024	赤峰市	林西县	旱葱	地方品种	当地	二年生	有性	6月上旬	9月上旬	抗旱，耐贫瘠			食用	根	广
20	P150927027	乌兰察布市	察哈尔右翼中旗	本地葱	地方品种	当地	二年生	有性	7月下旬	5月上旬	优质			食用	根、茎、叶	广
21	P152628024	乌兰察布市	丰镇市	199大葱	地方品种	当地	二年生	有性	2月下旬	9月上旬	高产，优质，抗病，抗虫，抗旱，耐贫瘠		株高90cm，茎绿色，花白色。籽粒黑小，色泽光亮	食用、保健药用	茎、叶	窄
22	P150824048	巴彦淖尔市	乌拉特中旗	石哈河大葱	地方品种	当地	二年生	有性	4月下旬	8月下旬	优质，抗病，抗虫，抗旱，耐寒，耐贫瘠	味道鲜美	株高50cm。雌雄同体，通常簇生，折断有辣味和黏液。须根丛生，白色，可做调味品	食用、保健药用	茎、叶	窄
23	P150825079	巴彦淖尔市	乌拉特后旗	巴音宝力格大葱	地方品种	当地	二年生	有性	4月上旬	7月下旬	广适			食用	叶	广
24	P150826039	巴彦淖尔市	杭锦后旗	头道桥白葱	地方品种	当地	二年生	有性	4月中旬	7月中旬				食用、保健药用、加工原料	种子（果实）、茎、叶	窄

（续表）

序号	样品编号	盟（市）	旗（县、市、区）	种质名称	种质类型	种质来源	生长习性	繁殖习性	播种期	收获期	主要特性	其他特性	主要特性详细描述	种质用途	利用部位	种质分布
25	P150303010	乌海市	海南区	独秆白葱	地方品种	当地	二年生	有性	9月中旬	10月中旬	高产，优质，抗病，抗旱，广适，耐寒，耐热		根系短，质地脆嫩，辣味稍淡，微露清甜，葱白很大，适易久藏	食用	茎、叶	广
26	P150304003	乌海市	乌达区	大葱	地方品种	当地	二年生	有性	9月上旬	10月上旬	高产，抗病，耐盐碱，抗旱，耐寒		株高30～40cm，葱白长，绿叶短，微辣	食用	茎、叶	广
27	P152921044	阿拉善盟	阿拉善左旗	白葱	地方品种	当地	二年生	有性	4月中旬	7月中旬	优质，抗病，耐寒，耐贫瘠			食用	茎	窄
28	P152923031	阿拉善盟	额济纳旗	巴彦陶来辣味大葱	地方品种	当地	二年生	有性	3月上旬	5月下旬	优质		农户自留种，每年少量种植。具有品质佳、辣味浓厚等特点	食用	茎、叶	窄
29	P150785020	呼伦贝尔市	根河市	农家葱	地方品种	当地	二年生	有性	6月上旬	9月下旬	高产，优质，广适，耐寒			食用	茎、叶	广
30	P150725044	呼伦贝尔市	陈巴尔虎旗	农家高寒红皮大葱	地方品种	当地	二年生	有性	6月上旬	9月下旬	高产，优质，耐寒	幼苗耐寒，返青早。收获后高寒地区冬储干葱	鳞茎单生，圆柱状；鳞茎外皮红色，膜质至薄革质，不破裂。叶圆筒状，中空；花葶圆柱状，中空，中部以下膨大，向顶端渐狭；总苞膜质，伞形花序球状，多花，较疏散；种子黑色，半圆状。千粒重1.9g	食用	茎、叶	窄

（续表）

序号	样品编号	盟（市）	旗（县、市、区）	种质名称	种质类型	种质来源	生长习性	繁殖习性	播种期	收获期	主要特性	其他特性	主要特性详细描述	种质用途	利用部位	种质分布
31	P150782049	呼伦贝尔市	牙克石市	高寒鸡腿大葱	地方品种	当地	二年生	有性	5月上旬	9月下旬	高产，优质，广适，耐寒	幼苗耐寒，返青早。收获后高寒地区冬储干葱	鳞茎单生，圆柱状；鳞茎外皮白色，膜质至薄革质，不破裂。叶圆筒状，中空；花葶圆柱状，中空，中部以下膨大，向顶端渐狭；总苞膜质，伞形花序球状，多花，较疏散；种子黑色，半圆状。千粒重1.8g	食用	茎、叶	广
32	P150703052	呼伦贝尔市	扎赉诺尔区	农家小香葱	地方品种	当地	二年生	有性	5月上旬	7月上旬	高产，优质，抗病，耐寒	幼苗耐寒，返青早。收获后高寒地区冬储干葱	鳞茎单生，圆柱状；鳞茎外皮白色，膜质至薄革质，不破裂。叶圆筒状，中空；花葶圆柱状，中空，中部以下膨大，向顶端渐狭；总苞膜质，伞形花序球状，多花，较疏散；种子黑色，半圆状。千粒重3.5g	食用	茎、叶	窄
33	P150722068	呼伦贝尔市	莫力达瓦达斡尔族自治旗	农家牛腿火葱	地方品种	当地	二年生	有性	6月上旬	9月下旬	高产，优质，耐寒	幼苗耐寒，返青早。收获后高寒地区冬储干葱	鳞茎单生，圆柱状；鳞茎外皮白色，膜质至薄革质，不破裂。叶圆筒状，中空；花葶圆柱状，中空，中部以下膨大，向顶端渐狭；总苞膜质，伞形花序球状，多花，较疏散；种子黑色，半圆状。千粒重1.8g		茎、叶	窄

（续表）

序号	样品编号	盟（市）	旗（县、市、区）	种质名称	种质类型	种质来源	生长习性	繁殖习性	播种期	收获期	主要特性	其他特性	主要特性详细描述	种质用途	利用部位	种质分布
34	P150722057	呼伦贝尔市	莫力达瓦达斡尔族自治旗	达斡尔小萝葱	地方品种	当地	二年生	有性	8月下旬	5月中旬	高产，优质，耐寒	长不大，微辣，口感好	株高40cm左右。鳞茎单生，圆柱状；鳞茎外皮白色，膜质至薄革质，不破裂。叶圆筒状，中空；花葶圆柱状，中空，中部以下膨大，向顶端渐狭；总苞膜质，伞形花序球状，多花，较疏散；种子黑色，半圆状。千粒重2.0g	食用	茎、叶	窄

3. 韭菜种质资源目录

韭菜（*Allium tuberosum*）是百合科（Liliaceae）葱属（*Allium*）多年生草本植物，具特殊强烈气味，叶、花葶和花均作蔬菜食用；种子等可入药，具有补肾、健胃、提神、止汗固涩等功效。共计收集到种质资源44份，分布在12个盟（市）的33个旗（县、市、区）（表3-3）。

表3-3 韭菜种质资源目录

序号	样品编号	盟（市）	旗（县、市、区）	种质名称	种质类型	种质来源	生长习性	繁殖习性	播种期	收获期	主要特性	其他特性	主要特性详细描述	种质用途	利用部位	种质分布
1	P150123018	呼和浩特市	和林格尔县	野韭菜	野生资源	当地	多年生	有性	4月上旬	9月上旬	优质，抗病，抗虫，抗旱，耐寒，耐贫瘠			食用、保健药用	种子（果实）、茎、花	窄
2	P150223027	包头市	达尔罕茂明安联合旗	达茂韭菜	地方品种	当地	多年生	有性	5月中旬	9月中旬	优质，抗病，广适			食用	茎、叶	广
3	P152202017	兴安盟	阿尔山市	野韭菜	野生资源	当地	多年生	有性	4月中旬	10月上旬	耐寒		野生种，耐寒能力极好，在阿尔山表现出了良好的环境适应性	食用	叶	广

（续表）

序号	样品编号	盟（市）	旗（县、市、区）	种质名称	种质类型	种质来源	生长习性	繁殖习性	播种期	收获期	主要特性	其他特性	主要特性详细描述	种质用途	利用部位	种质分布
4	P152221036	兴安盟	科尔沁右翼前旗	野韭菜	野生资源	当地	多年生	有性	4月下旬	10月上旬	抗病，抗虫，耐贫瘠		野生近缘种，生长于草原、山脚下。当地农户制成的韭菜花酱独具风味特色，是搭配牛、羊肉的传统美食	食用	茎、叶	广
5	P152224028	兴安盟	突泉县	本地小叶韭菜	地方品种	当地	多年生	有性	5月中旬	8月中旬	优质，抗病，耐寒，其他	韭菜适应性强，抗寒、耐热	叶、花葶和花均作蔬菜食用，能起到预防和治疗动脉硬化、冠心病等疾病的作用	食用、保健药用、加工原料	种子（果实）、叶、花	窄
6	P150581005	通辽市	霍林郭勒市	阔叶野韭菜	野生资源	当地	多年生	兼性	5月中旬	9月上旬	优质，抗旱，耐寒，耐贫瘠		野生蔬菜，生长在海拔800～1 200m的山地草原中。	食用、饲用	种子（果实）、茎、叶花	窄
7	P150581024	通辽市	霍林郭勒市	马莲韭菜	地方品种	当地	多年生	兼性	5月上旬	9月下旬	高产，优质，抗旱，耐寒		农家多年种植，叶片宽厚，如马莲叶	食用	叶、花	窄
8	P150523057	通辽市	开鲁县	龙江韭菜	地方品种	当地	多年生	兼性	4月上旬	8月中旬	高产，优质，抗病，抗旱		农家品种，经过多年留种、选育而成的品质优良的资源，叶片宽厚	食用	叶	窄
9	P150522046	通辽市	科尔沁左翼后旗	查干韭菜	地方品种	当地	多年生	兼性	4月上旬	8月中旬	优质，抗旱，耐寒，耐贫瘠		须根系，分布浅，叶基生，条形，花白色，种子黑色，倒卵形	食用	茎、叶、花	窄
10	P150524023	通辽市	库伦旗	本地韭菜	地方品种	当地	多年生	兼性	4月上旬	8月中旬	高产，抗虫，耐贫瘠		叶厚、叶嫩	食用	茎、叶、花	窄
11	P150525018	通辽市	奈曼旗	东明韭菜	地方品种	当地	多年生	兼性	4月中旬	8月上旬	高产，优质		多年留种育成的品质优良农家种。叶片宽厚、柔嫩	食用	茎、叶、花	窄

（续表）

序号	样品编号	盟（市）	旗(县、市、区)	种质名称	种质类型	种质来源	生长习性	繁殖习性	播种期	收获期	主要特性	其他特性	主要特性详细描述	种质用途	利用部位	种质分布
12	P150422033	赤峰市	巴林左旗	马莲韭菜	地方品种	当地	多年生	有性	5月中旬	7月中旬	优质，抗病，抗旱，广适，耐贫瘠			食用	叶	广
13	P150424033	赤峰市	林西县	马莲韭菜	地方品种	当地	多年生	有性	6月上旬	9月上旬				食用	茎、叶	窄
14	P152528041	锡林郭勒盟	镶黄旗	野韭菜	野生资源	当地	多年生	有性	4月上旬	10月上旬	耐寒，耐贫瘠		鳞茎外皮破裂，呈网状纤维状；叶三棱状条形，中空；花葶高20～55cm，总苞单侧开裂或2裂；伞形花序半球状至球状，花多数；花被片6片，白色，稀粉色，常具红色中脉，先端具短尖头；花丝短于花被片；花柱内藏	食用、饲用	茎、叶、花	窄
15	P150922027	乌兰察布市	化德县	沙葱	地方品种	当地	多年生	有性	4月中旬	9月中旬	抗旱，耐寒，耐贫瘠			食用	叶	窄
16	P150923020	乌兰察布市	商都县	野韭菜	野生资源	当地	多年生	有性	5月上旬	9月上旬	优质，抗病，抗旱，耐寒，耐贫瘠		开花漂亮，味道辣，当地人民喜欢用来做韭菜包子，拌韭菜凉菜食用	食用、饲用	根、茎、叶、花	广
17	P150929022	乌兰察布市	四子王旗	蒙古韭（塘淖尔）	野生资源	当地	多年生	有性	4月中旬	10月上旬	优质，抗旱，耐寒，耐贫瘠			饲用	种子（果实）、茎、叶	广
18	P150929023	乌兰察布市	四子王旗	细叶韭	野生资源	当地	多年生	有性	4月中旬	10月上旬	优质，抗旱，耐寒			饲用	种子（果实）、茎、叶	广

（续表）

序号	样品编号	盟（市）	旗（县、市、区）	种质名称	种质类型	种质来源	生长习性	繁殖习性	播种期	收获期	主要特性	其他特性	主要特性详细描述	种质用途	利用部位	种质分布
19	P150929024	乌兰察布市	四子王旗	野韭	野生资源	当地	多年生	有性	4月中旬	10月上旬	优质，抗旱，耐寒			饲用、保健药用	种子（果实）、茎、叶	广
20	P150929029	乌兰察布市	四子王旗	蒙古韭（沙葱葱）	野生资源	当地	多年生	有性	4月中旬	10月上旬	抗旱，耐寒，耐贫瘠			饲用	种子（果实）、茎、叶	窄
21	P152628028	乌兰察布市	丰镇市	韭菜	地方品种	当地	多年生	有性	2月下旬	3月下旬	高产，优质，抗病，抗虫，抗旱，耐贫瘠，耐热		株高40～50cm，花锥形总苞包被的伞形花序，内有小花20～30朵。小花为两性花，花冠白色，花被片6片，雄蕊6枚。子房上位，异花授粉。果实为蒴果，子房3室，每室内有胚珠两枚。成熟种子黑色，盾形。千粒重为4～6g	食用、保健药用	茎、叶	窄
22	P152630035	乌兰察布市	察哈尔右翼前旗	野韭菜	野生资源	当地	多年生	有性	8月下旬	8月下旬	耐盐碱，抗旱，耐寒，耐贫瘠，耐热		可食用，也可作药用，益肾，生毛发	食用、保健药用	种子（果实）	广
23	P150627026	鄂尔多斯市	伊金霍洛旗	沙葱	野生资源	当地	多年生	有性	3月中旬	8月下旬	广适			食用、保健药用、加工原料	根、茎、叶、花	广
24	P150627036	鄂尔多斯市	伊金霍洛旗	韭菜	地方品种	当地	多年生	有性	3月下旬	8月中旬	优质		子房上位，异花授粉	食用	茎、叶	广

（续表）

序号	样品编号	盟（市）	旗（县、市、区）	种质名称	种质类型	种质来源	生长习性	繁殖习性	播种期	收获期	主要特性	其他特性	主要特性详细描述	种质用途	利用部位	种质分布
25	P150621023	鄂尔多斯市	达拉特旗	沙葱	野生资源	当地	多年生	有性	4月中旬	9月中旬	优质，抗虫，耐盐碱，耐寒		凉拌有很好的适口性	食用、保健药用	茎	广
26	P150625006	鄂尔多斯市	杭锦旗	蒙古韭	野生资源	当地	多年生	有性	4月中旬	9月中旬	抗旱，耐贫瘠			食用、饲用	种子（果实）、茎、叶、花	广
27	P150623010	鄂尔多斯市	鄂托克前旗	沙葱	野生资源	当地	多年生	有性	4月中旬	9月上旬	优质，抗病，耐盐碱，耐贫瘠			食用	种子（果实）、茎	广
28	P150624018	鄂尔多斯市	鄂托克旗	细叶韭	野生资源	当地	多年生	有性	4月下旬	9月中旬	抗旱，广适			食用、饲用	种子（果实）、茎、叶、花	广
29	P150802002	巴彦淖尔市	临河区	老韭菜	地方品种	当地	多年生	有性	5月上旬	9月下旬	优质，耐盐碱，耐寒，耐贫瘠，耐热		具特殊强烈气味，簇生；伞形花序，顶生。叶、花均作蔬菜食用	食用	茎、叶、花	窄
30	P150822034	巴彦淖尔市	磴口县	沙葱	野生资源	当地	多年生	有性	4月中旬	8月下旬	优质，抗旱，耐贫瘠			食用	种子（果实）、叶、花	广
31	P150824006	巴彦淖尔市	乌拉特中旗	沙葱	野生资源	当地	多年生	有性	3月下旬	9月中旬	高产，优质，抗病，抗旱，广适，耐涝，耐贫瘠，耐热		生于沙地，干旱山坡、草地，叶及花可食用。茎圆柱状，各种牲畜均喜欢食吃	食用、饲用	种子（果实）	广

（续表）

序号	样品编号	盟（市）	旗（县、市、区）	种质名称	种质类型	种质来源	生长习性	繁殖习性	播种期	收获期	主要特性	其他特性	主要特性详细描述	种质用途	利用部位	种质分布
32	P150824007	巴彦淖尔市	乌拉特中旗	扎蒙	野生资源	当地	多年生	有性	3月下旬	9月中旬	优质，抗病，广适，耐涝，耐贫瘠，耐热	须根系，且根系发达，耐旱、耐寒、生长能力强	生长在山坡草地上，叶和花可食用，各种牲畜都喜欢吃	食用	种子（果实）	广
33	P150824047	巴彦淖尔市	乌拉特中旗	石哈河韭菜	地方品种	当地	多年生	有性	4月下旬	9月下旬	优质，抗病，抗虫，抗旱，耐寒，耐涝，耐贫瘠	味道鲜美	韭菜的根为弦状根，在一年生的植株上着生在鳞茎的茎盘基部，鳞茎着生在根状茎上，新的须根着生在茎盘及根状茎一侧。老根年年枯死，新根不断增生	食用	茎、叶、花	广
34	P150304010	乌海市	乌达区	扎蒙	野生资源	当地	多年生	有性	4月上旬	9月中旬	耐盐碱，耐寒，耐旱，耐贫瘠，耐热		须根系，且根系发达，生长能力强	食用、加工原料	种子（果实）、花	窄
35	P152921006	阿拉善盟	阿拉善左旗	沙葱	野生资源	当地	多年生	有性	4月上旬	6月上旬	抗旱，耐寒，耐贫瘠		叶片鲜嫩多汁，营养丰富，风味独特。茎叶针状，花紫色，叶、茎、花均有辛辣味，性属温，可凉拌、炒食、做馅、腌制、调味等，属于纯天然绿色保健食品	食用、饲用、保健药用	种子（果实）、茎、叶、花	广
36	P152921021	阿拉善盟	阿拉善左旗	孟和哈日根韭菜	地方品种	当地	多年生	有性	4月上旬	7月下旬	高产，耐寒，耐热			食用、保健药用	根、茎、叶	广

（续表）

序号	样品编号	盟（市）	旗（县、市、区）	种质名称	种质类型	种质来源	生长习性	繁殖习性	播种期	收获期	主要特性	其他特性	主要特性详细描述	种质用途	利用部位	种质分布
37	P152921047	阿拉善盟	阿拉善左旗	浩坦淖尔韭菜	地方品种	当地	多年生	有性	4月上旬	9月下旬	抗病，耐寒，耐贫瘠	味浓		食用、保健药用	茎、叶	窄
38	P152922011	阿拉善盟	阿拉善右旗	沙葱	野生资源	当地	多年生	无性	4月中旬	9月上旬	优质，抗旱，耐热		当地优质、广泛生长的野生的人、畜都爱食用的特色品种	食用、饲用	茎、叶、花	广
39	P152922003	阿拉善盟	阿拉善右旗	韭菜	地方品种	当地	多年生	无性	4月下旬	6月上旬	优质，抗病		当地优质品种，因不抗虫、产量低等原因不适宜广泛种植	食用	种子（果实）、根、茎、叶、花	窄
40	P152923003	阿拉善盟	额济纳旗	沙葱	地方品种	当地	多年生	有性	5月上旬	9月上旬	优质，耐盐碱，抗旱	耐风蚀	叶及花可食用，地上部分可入药，各种牲畜均喜食，为优等饲用植物。具有耐风蚀、耐干旱、耐瘠薄的特点	食用、饲用	叶、花	窄
41	P152923025	阿拉善盟	额济纳旗	巴彦陶来韭菜	地方品种	当地	多年生	有性	5月上旬	8月上旬	抗旱，耐寒		农户自留种，每年少量种植。其叶、花葶和花均作蔬菜食用	食用	种子（果实）、叶、花	窄
42	P150725032	呼伦贝尔市	陈巴尔虎旗	野韭菜	野生资源	当地	多年生	兼性	5月中旬	9月中旬	高产，优质，抗病，广适，耐寒		采集野韭菜种子，直接种植，无需驯化，即为家韭菜。韭菜味道浓厚，口感好，美味。当地加工野韭菜花食用	食用、保健药用、加工原料	种子（果实）、叶、花	广
43	P150785021	呼伦贝尔市	根河市	农家韭菜	地方品种	当地	多年生	有性	6月上旬	5月下旬	高产，优质，抗病，广适，耐寒		性喜冷凉，耐寒也耐热。中等光照强度，耐阴性强。地下根部能耐较低温度	食用、加工原料	茎、叶、花	广

（续表）

序号	样品编号	盟（市）	旗（县、市、区）	种质名称	种质类型	种质来源	生长习性	繁殖习性	播种期	收获期	主要特性	其他特性	主要特性详细描述	种质用途	利用部位	种质分布
44	P150782045	呼伦贝尔市	牙克石市	农家马莲韭菜	地方品种	当地	多年生	兼性	5月上旬	8月下旬	高产，优质，抗病，广适，耐寒			食用、加工原料	茎、叶、花	广

4. 番茄种质资源目录

番茄（*Solanum lycopersicum*）是茄科（Solanaceae）茄属（*Solanum*）一年生草本植物，番茄含有丰富的胡萝卜素、维生素C和B族维生素，营养价值高，既可作为蔬菜也可作为水果，既可生食也可熟食。共计收集到种质资源31份，分布在8个盟（市）的17个旗（县、市、区）（表3-4）。

表3-4 番茄种质资源目录

序号	样品编号	盟（市）	旗（县、市、区）	种质名称	种质类型	种质来源	生长习性	繁殖习性	播种期	收获期	主要特性	其他特性	主要特性详细描述	种质用途	利用部位	种质分布
1	P150202003	包头市	东河区	贼不偷西红柿	地方品种	当地	一年生	有性	5月下旬	8月上旬	高产，优质，抗病		耐储存，适应性强	食用	种子（果实）	窄
2	P150202007	包头市	东河区	苹果青	地方品种	当地	一年生	有性	5月上旬	8月中旬	优质，广适，耐贫瘠		植株抗逆性强，产量高	食用	种子（果实）	广
3	P150202018	包头市	东河区	真红柿子	地方品种	当地	一年生	有性	5月中旬	9月下旬	高产，优质		果实椭圆形，口感极上等，易着色，早果性、丰产性、抗病性均好	食用	种子（果实）	窄
4	P150206003	包头市	白云区	九园大黄	地方品种	当地	一年生	有性	5月上旬	8月中旬	优质，广适		无限生长型，中熟，果实圆形，金黄色，口味佳，果脐小，果肉厚，单果重250～300g，耐储运，坐果率高	食用	种子（果实）	广

（续表）

序号	样品编号	盟（市）	旗（县、市、区）	种质名称	种质类型	种质来源	生长习性	繁殖习性	播种期	收获期	主要特性	其他特性	主要特性详细描述	种质用途	利用部位	种质分布
5	P150206032	包头市	白云区	白果强丰	地方品种	当地	一年生	有性	5月上旬	8月中旬	优质，抗病，广适		无限生长型，中早熟品种。果实近圆形，成熟前白绿色，着色后粉红色，果面光滑，果脐小	食用	种子（果实）	广
6	P150222004	包头市	固阳县	固阳番茄	其他	当地	一年生	有性	4月下旬	9月下旬	抗病，广适		全株生黏质腺毛，茎易倒伏，叶羽状复叶或羽状深裂，花萼、花冠辐状，浆果扁球状或近球状，肉质且多汁液，种子黄色	食用	种子（果实）	广
7	P152201028	兴安盟	乌兰浩特市	贼不偷	地方品种	当地	一年生	有性	5月上旬	7月中旬	优质，抗病，抗虫，抗旱，耐热		成熟仍然是绿色，口感比红色、黄色柿子好，果肉青色，成熟脐部略有变色，果味甜，风味独特，是特菜生产中的珍惜品种	食用、保健药用、加工原料	种子（果实）	广
8	P152201034	兴安盟	乌兰浩特市	四平小桃	地方品种	当地	一年生	有性	5月上旬	7月中旬	优质，抗病，抗虫，抗旱，耐寒，耐热		成熟时暗红色，口感好，果肉厚，果味甜，风味独特，属于珍惜品种	食用、加工原料	种子（果实）	广
9	P152201035	兴安盟	乌兰浩特市	黄太郎	地方品种	当地	一年生	有性	5月上旬	7月中旬	优质，抗病，抗虫，抗旱，耐热		果实椭圆形，鲜黄色，外观艳丽。品质好，味甘酸，果实硬度高，耐储藏。含多种营养元素，增加人体抵抗力，延缓人的衰老	食用、加工原料，其他	种子（果实）	广
10	P152201036	兴安盟	乌兰浩特市	花皮球	地方品种	当地	一年生	有性	5月上旬	7月中旬	优质，抗病，抗虫，抗旱，广适，耐热		中晚熟品种，果实甜度高、皮厚，硬度高，果肉爽脆耐储存。还富含维生素C、番茄红素等营养成分	食用、加工原料	种子（果实）	广

（续表）

序号	样品编号	盟（市）	旗（县、市、区）	种质名称	种质类型	种质来源	生长习性	繁殖习性	播种期	收获期	主要特性	其他特性	主要特性详细描述	种质用途	利用部位	种质分布
11	P152224009	兴安盟	突泉县	苹果番茄	地方品种	当地	一年生	有性	4月中旬	8月中旬	高产，优质，其他		果实营养丰富，具特殊风味。可以生食、煮食、加工制成番茄酱、汁或整果罐藏	食用	种子（果实）	窄
12	P152224044	兴安盟	突泉县	贼不偷	地方品种	当地	一年生	有性	5月中旬	8月下旬	优质，其他		成熟了仍是绿的	食用	种子（果实）	窄
13	P150523040	通辽市	开鲁县	八个棱柿子	地方品种	当地	一年生	有性	4月中旬	8月中旬	优质，抗病，抗旱，耐寒，其他			食用、加工原料	种子（果实）	窄
14	P150403021	赤峰市	元宝山区	黄柿子	地方品种	当地	一年生	有性	4月上旬	7月中旬	其他			食用	种子（果实）	窄
15	P150404016	赤峰市	松山区	老大黄番茄	地方品种	当地	一年生	有性	4月上旬	7月中旬	其他			食用	种子（果实）	窄
16	P150421010	赤峰市	阿鲁科尔沁	桔黄柿子	地方品种	当地	一年生	有性	4月上旬	7月中旬	其他			食用	种子（果实）	窄
17	P150621008	鄂尔多斯市	达拉特旗	西红柿（红色）	地方品种	当地	一年生	有性	3月下旬	7月中旬	高产，优质		容易裂果，不易储存	食用、加工原料	种子（果实）	窄
18	P150621009	鄂尔多斯市	达拉特旗	西红柿（黄色）	地方品种	当地	一年生	有性	3月下旬	7月中旬	高产，优质		单果重200～250g，颜色金黄色，个大肉厚，含水量少，沙甜可口	食用	种子（果实）	窄

（续表）

序号	样品编号	盟（市）	旗（县、市、区）	种质名称	种质类型	种质来源	生长习性	繁殖习性	播种期	收获期	主要特性	其他特性	主要特性详细描述	种质用途	利用部位	种质分布
19	P150621031	鄂尔多斯市	达拉特旗	白糖柿子	地方品种	当地	一年生	有性	5月下旬	7月下旬	高产，优质，抗病，耐盐碱，耐贫瘠		果实红色，圆形，个头中等，口感如吃白糖，故名白糖柿子	食用	种子（果实）	广
20	P150621046	鄂尔多斯市	达拉特旗	白柿子	地方品种	当地	一年生	有性	5月上旬	8月上旬	优质		果实皮薄、汁多、甜度高	食用	种子（果实）	窄
21	P150821004	巴彦淖尔市	五原县	五原黄柿子	地方品种	当地	一年生	有性	4月下旬	7月下旬	高产，优质，耐热		地方特色品种，植株无限生长型，中晚熟品种，长势强。果实近圆形，单果重200～250g，熟果金黄色，个大肉厚，含水量少，沙甜可口，营养丰富	食用、加工原料	种子（果实）	窄
22	P150821022	巴彦淖尔市	五原县	白果强丰	地方品种	当地	一年生	有性	5月上旬	8月下旬	高产，优质		中熟品种，无限生长型，植株长势强，较耐热，抗病，适应性广，果实粉红色，近圆球形，皮厚不易裂果，风味酸甜，口感好，耐储运，平均单果重200g左右，一般亩产5 000kg左右	食用	种子（果实）	窄
23	P150826018	巴彦淖尔市	杭锦后旗	蛮会黄柿子	地方品种	当地	一年生	有性	4月中旬	8月上旬	高产，优质		茎易倒伏，果实深黄带浅红，近扁球状，该品种对土壤要求不严格，适应性强，丰产性好	食用、加工原料	种子（果实）	广
24	P150303001	乌海市	海南区	巴镇大黄柿	地方品种	当地	一年生	有性	2月中旬	6月中旬	高产，优质，抗病，抗虫		成熟后色泽金黄鲜艳，口感酸甜品质好，果实硬度高，耐储存，单果重100～200g	食用	种子（果实）	窄

（续表）

序号	样品编号	盟（市）	旗(县、市、区)	种质名称	种质类型	种质来源	生长习性	繁殖习性	播种期	收获期	主要特性	其他特性	主要特性详细描述	种质用途	利用部位	种质分布
25	P150725045	呼伦贝尔市	陈巴尔虎旗	农家早熟矮秆粉柿子	地方品种	当地	一年生	有性	4月上旬	7月上旬	优质，抗病	味甜，口感好	株高70cm左右，自封顶，浆果近球状，肉质且多汁液，粉色，光滑。种子扁椭圆形，灰色。千粒重14g	食用	种子（果实）	窄
26	P150725055	呼伦贝尔市	陈巴尔虎旗	农家白绿柿子	地方品种	当地	一年生	有性	5月上旬	8月上旬	高产，优质，抗病	抗晚疫病	株高120cm左右，半直立。浆果长卵形，光滑，成熟时基部绿色，上部白绿色，肉质厚且多汁液。种子扁椭圆形，黄绿色。千粒重2.7g	食用	种子（果实）	窄
27	P150783048	呼伦贝尔市	扎兰屯市	农家大粉柿子	地方品种	当地	一年生	有性	4月上旬	7月上旬	高产	味甜，口感好	株高1.2m左右，浆果近球状，肉质且多汁液，粉色，光滑；种子扁椭圆形，灰色。千粒重10g	食用	种子（果实）	窄
28	P150726050	呼伦贝尔市	新巴尔虎左旗	农家贼不偷柿子	地方品种	当地	一年生	有性	4月下旬	8月上旬	高产，优质，抗病	抗晚疫病	株高150cm左右，半直立。浆果圆形，光滑，成熟时白绿色，肉质厚且多汁液。种子扁椭圆形，黄绿色。千粒重2.0g	食用	种子（果实）	窄
29	P150726051	呼伦贝尔市	新巴尔虎左旗	农家大黑柿子	地方品种	当地	一年生	有性	5月上旬	7月中旬	高产，优质，抗病	抗晚疫病	株高120cm左右，半直立。浆果圆形，光滑，个大，直径7cm左右，未成熟时绿色，成熟时黑红色，肉质厚且多汁液	食用	种子（果实）	窄
30	P150727050	呼伦贝尔市	新巴尔虎右旗	农家黄花红球柿子	地方品种	当地	一年生	有性	4月下旬	8月上旬	高产，优质，抗病	抗晚疫病	株高150cm左右，半直立。浆果卵圆形，未成熟白绿色，绿花纹；成熟黑红色，花纹黄色，光滑，肉质厚且多汁液	食用	种子（果实）	窄

（续表）

序号	样品编号	盟（市）	旗（县、市、区）	种质名称	种质类型	种质来源	生长习性	繁殖习性	播种期	收获期	主要特性	其他特性	主要特性详细描述	种质用途	利用部位	种质分布
31	P150727051	呼伦贝尔市	新巴尔虎右旗	农家绿花紫球柿子	地方品种	当地	一年生	有性	4月下旬	8月上旬	高产，优质，抗病，耐寒	抗轻霜冻，抗晚疫病	株高120cm左右，半直立。浆果卵圆形，未成熟白绿色，绿花纹；成熟紫红色，花纹绿色，光滑，肉质厚且多汁液	食用	种子（果实）	窄

5. 辣椒种质资源目录

辣椒（*Capsicum annuum*）是茄科（Solanaceae）辣椒属（*Capsicum*）一年生或有限多年生草本植物，每百克辣椒维生素C含量高达198mg，居蔬菜之首位。维生素B、胡萝卜素以及钙、铁等矿物质含量亦较丰富。共计收集到种质资源31份，分布在8个盟（市）的19个旗（县、市、区）（表3–5）。

表3–5　辣椒种质资源目录

序号	样品编号	盟（市）	旗（县、市、区）	种质名称	种质类型	种质来源	生长习性	繁殖习性	播种期	收获期	主要特性	其他特性	主要特性详细描述	种质用途	利用部位	种质分布
1	P150121025	呼和浩特市	土默特左旗	本地辣椒	地方品种	当地	一年生	有性	6月上旬	8月中旬	优质，抗病，抗虫，耐盐碱，抗旱，广适		植株粗壮且高大。叶矩圆形或卵形，长10～13cm。基部截形且常稍向内凹入，味不辣	食用	果实	广
2	P150122002	呼和浩特市	托克托县	辣椒托县红（红灯笼）	地方品种	当地	一年生	有性	5月上旬	8月下旬	优质，抗旱，耐热		别名“红灯笼”，其色鲜、肉厚，以香而不辣著称	食用、加工原料	种子（果实）	窄
3	P150202002	包头市	东河区	沙尔沁红辣椒	地方品种	当地	一年生	有性	5月下旬	9月中旬	优质，耐寒		成熟的果实辣椒素物质含量高，辣度高	食用	种子（果实）	窄
4	P150202013	包头市	东河区	兔嘴青椒	地方品种	当地	一年生	有性	5月上旬	9月下旬	高产，优质			食用	种子（果实）	窄

（续表）

序号	样品编号	盟（市）	旗（县、市、区）	种质名称	种质类型	种质来源	生长习性	繁殖习性	播种期	收获期	主要特性	其他特性	主要特性详细描述	种质用途	利用部位	种质分布
5	P150202035	包头市	东河区	四方椒	地方品种	当地	一年生	有性	5月上旬	9月下旬	优质，抗病			食用、加工原料	种子（果实）、叶	窄
6	P150202036	包头市	东河区	厚皮甜椒	地方品种	当地	一年生	有性	5月上旬	9月下旬	优质，抗病			食用、加工原料	种子（果实）、叶	窄
7	P150207027	包头市	九原区	哈林格尔甜椒	地方品种	当地	一年生	有性	7月下旬	10月下旬	抗病		植株壮且高大，叶矩形或卵形，长10～13cm，果实近球状、圆柱状或扁球状	食用	种子（果实）	窄
8	P150207028	包头市	九原区	哈林格尔羊角椒	地方品种	当地	一年生	有性	7月下旬	10月下旬	抗病		羊角椒色泽紫红光滑，椒果较为细长，尖上带钩，形若羊角，味香，辣度适中，椒果中富含辣椒素和维生素C。其特点是皮薄、肉厚、色鲜、味香、辣度适中	食用	种子（果实）	窄
9	P150207029	包头市	九原区	哈林格尔巴彦椒	地方品种	当地	一年生	有性	7月下旬	10月下旬	抗病		早熟薄皮大甜椒，果色翠绿，味甜质脆。横径8cm，纵径10cm，皮厚0.4cm，单株结果10个左右	食用	种子（果实）	窄
10	P150221001	包头市	土默特右旗	土右辣椒	地方品种	当地	一年生	有性	5月上旬	8月中旬	优质，广适	皮薄、口感好	叶色绿，有果肩，胎座大小中等，外果皮薄，形态一致，种皮黄色，品质上等，耐储存性中等	食用	种子（果实）	广
11	P150221006	包头市	土默特右旗	美岱召辣椒	地方品种	外地	一年生	有性	5月上旬	8月下旬	优质		株高70～80cm，展开度70～80cm，叶片绿色，中早熟，果实羊角形，辣味浓，商品果绿色	食用、加工原料	种子（果实）	广

（续表）

序号	样品编号	盟（市）	旗（县、市、区）	种质名称	种质类型	种质来源	生长习性	繁殖习性	播种期	收获期	主要特性	其他特性	主要特性详细描述	种质用途	利用部位	种质分布
12	P150223041	包头市	达尔罕茂明安联合旗	樱桃辣椒	地方品种	当地	一年生	有性	5月上旬	8月上旬	高产，优质，耐贫瘠		花单生或有时数朵聚生于叶腋，花梗直立或下倾，花萼短，宽钟状至杯状，雄蕊5枚，贴生于花冠基部，花药并行，纵缝裂开；花盘不显著。果为少汁液的浆果，内有空腔	食用	种子（果实）	窄
13	P152201020	兴安盟	乌兰浩特市	古城红辣椒	地方品种	当地	一年生	有性	5月中旬	10月上旬	优质，抗病，抗虫，耐盐碱，抗旱，耐寒，耐贫瘠，耐热		辣椒微辣、口感好，色泽鲜红亮丽，嫩叶可加工鲜族风味的咸菜，该品种高抗病虫害，适应性强。可做优质调料，制作口红的原料	食用、加工原料	种子（果实）	窄
14	P152224038	兴安盟	突泉县	本地红尖椒	地方品种	当地	一年生	有性	5月中旬	9月下旬	高产，优质，耐寒，其他	我国已有数百年栽培历史，为重要的蔬菜和调味品，种子油可食用、果亦有驱虫和发汗之药效	果实通常呈圆锥形或长圆形，未成熟时呈绿色，成熟后变成鲜红色、绿色或紫色，以红色最为常见。辣椒的果实因果皮含有辣椒素而有辣味，能增进食欲。辣椒中维生素C的含量在蔬菜中居第一位；当作火锅配料，可口美味，促进食欲	食用、加工原料	种子（果实）	广
15	P150502056	通辽市	科尔沁区	七寸红辣椒	地方品种	当地	一年生	有性	4月中旬	9月下旬	高产，优质，抗旱		多年留种，果实较长，辣香	食用	种子（果实）	窄

（续表）

序号	样品编号	盟（市）	旗（县、市、区）	种质名称	种质类型	种质来源	生长习性	繁殖习性	播种期	收获期	主要特性	其他特性	主要特性详细描述	种质用途	利用部位	种质分布
16	P150521040	通辽市	科尔沁左翼中旗	七寸红	地方品种	当地	一年生	有性	4月中旬	7月中旬	高产，优质，抗病，抗旱		多年留种育成的品质优良农家种。皮薄，香辣	食用	种子（果实）	窄
17	P150404017	赤峰市	松山区	老牛角椒	地方品种	当地	一年生	有性	3月下旬	7月中旬			半直立生长，无限生长，株高111.5cm，最大叶长16.6cm，最大叶宽8.4cm。果实牛角形，果面较光滑，有光泽，青熟果绿色，老熟果红色，单果重79g，果实纵径16.5cm，横径3.5cm，味辣，心室数3个	食用	种子（果实）	窄
18	P150425018	赤峰市	克什克腾旗	笨辣椒	地方品种	当地	一年生	有性	3月下旬	7月中旬			半直立生长，无限生长，株高124.5cm，最大叶长14.2cm，最大叶宽6.0cm。果实短锥形，果面皱，青熟果绿色，老熟果红色，单果重12.3g，果实纵径6.8cm，横径3.3cm，味辣，心室数3个	食用	种子（果实）	窄
19	P150429008	赤峰市	宁城县	赤峰牛角椒	地方品种	当地	一年生	有性	5月中旬	9月上旬			半直立生长，无限生长，株高114.5cm，最大叶长17.3cm，最大叶宽8.1cm。果实牛角形，果面较光滑，青熟果绿色，老熟果红色，单果重87g，果实纵径18.5cm，横径4.5cm，味辣，心室数2～3个	食用	种子（果实）	窄

（续表）

序号	样品编号	盟（市）	旗（县、市、区）	种质名称	种质类型	种质来源	生长习性	繁殖习性	播种期	收获期	主要特性	其他特性	主要特性详细描述	种质用途	利用部位	种质分布
20	P150429010	赤峰市	宁城县	黄皮羊角	地方品种	当地	一年生	有性	5月下旬	7月下旬			半直立生长，无限生长，株高123cm，最大叶长19.8cm，最大叶宽10.1cm。果实羊角形，果面光滑，有光泽，青熟黄绿色，老熟果红色，单果重62g，果实纵径21.8cm，横径3.5cm，味辣，心室数2～3个	食用	种子（果实）	窄
21	P150825065	巴彦淖尔市	乌拉特后旗	巴音辣椒	地方品种	当地	多年生	无性	5月上旬	11月下旬	广适		重要的蔬菜和调味品，种子油可食用，果亦有驱虫和发汗之药效	保健药用、加工原料	种子（果实）	广
22	P152921025	阿拉善盟	阿拉善左旗	孟和哈日根辣椒	地方品种	当地	一年生	有性	4月中旬	8月上旬	高产，优质		辣椒对水分条件要求严格，既不耐旱也不耐涝，喜欢比较干爽的空气条件	食用	种子（果实）	广
23	P150703018	呼伦贝尔市	扎赉诺尔区	农家小辣椒	地方品种	当地	一年生	有性	5月上旬	7月下旬	高产，广适	性味热、辛。温中健胃、散寒燥湿	单叶互生。花两性，辐射对称，花冠合瓣。未成熟时为淡绿色，成熟为红色	食用	种子（果实）	广
24	P150721043	呼伦贝尔市	阿荣旗	大灯笼辣椒	地方品种	当地	一年生	有性	4月上旬	7月上旬	高产，优质，抗病	蔬菜与观赏兼用，食用口感好，微辣，味鲜，美食。抗叶斑病	株高50cm左右。未成熟时绿色，成熟鲜红色。种子扁肾形，黄色，长3mm左右	食用	种子（果实）	窄

（续表）

序号	样品编号	盟（市）	旗（县、市、区）	种质名称	种质类型	种质来源	生长习性	繁殖习性	播种期	收获期	主要特性	其他特性	主要特性详细描述	种质用途	利用部位	种质分布
25	P150721056	呼伦贝尔市	阿荣旗	农家短锥朝天小辣椒	地方品种	当地	一年生	有性	5月上旬	7月下旬	高产，广适	辣味好	株高50cm左右。辣椒朝天生长，短锥状，未成熟时为绿色，成熟时为红色。种质近扁圆形，金黄色	食用	种子（果实）、叶	广
26	P150783030	呼伦贝尔市	扎兰屯市	灯笼辣椒	地方品种	当地	一年生	有性	4月上旬	8月上旬	优质，抗病	蔬菜与观赏兼用，食用口感好。抗叶斑病	果实灯笼状，成熟鲜红色。种子扁肾形，黄色，长3mm左右	食用	种子（果实）	窄
27	P150783033	呼伦贝尔市	扎兰屯市	朝鲜小辣椒	地方品种	当地	一年生	有性	4月上旬	7月上旬	高产，优质，抗病	鲜、干辣椒，够辣，味道好。制干辣椒，脱水快，易干燥	果实圆锥状，长5～10cm，顶端急剧变尖且不常弯曲，未成熟时绿色，常有紫色斑，成熟后红色，味辣。花果期5—9月	食用、加工原料	种子（果实）	窄
28	P150783041	呼伦贝尔市	扎兰屯市	朝鲜大辣椒	地方品种	当地	一年生	有性	4月上旬	7月上旬	高产，优质，抗病	微辣，味鲜，口感好	株高50～60cm。果实长指状，长10～15cm，顶端渐尖且常弯曲，未成熟时绿色，成熟后红色。花果期5—9月	食用	种子（果实）	窄
29	P150783042	呼伦贝尔市	扎兰屯市	朝鲜水果辣椒	地方品种	当地	一年生	有性	4月上旬	7月上旬	高产，优质，抗病	朝鲜族使用此品种辣椒腌制泡菜，微辣，味鲜，口感好	株高40～60cm。果实纺锤形，长7～10cm，顶端齐头，常有缺刻，未成熟时绿色，常有紫色斑，成熟后红色。花果期6—10月	食用	种子（果实）	窄

（续表）

序号	样品编号	盟（市）	旗（县、市、区）	种质名称	种质类型	种质来源	生长习性	繁殖习性	播种期	收获期	主要特性	其他特性	主要特性详细描述	种质用途	利用部位	种质分布
30	P150783056	呼伦贝尔市	扎兰屯市	朝鲜辣酱小辣椒	地方品种	当地	一年生	有性	4月上旬	8月上旬	高产，优质，抗病	味辣，味道鲜美，口感好。脱水快，易干燥。腌制辣酱、泡菜专用	株高50～70cm。果实圆锥状，长8～12cm，顶端急剧变尖，稍弯曲，未成熟时绿色，成熟后红色，味辣。花果期6—9月	食用、加工原料	种子（果实）	窄
31	P150784039	呼伦贝尔市	额尔古纳市	农家大辣椒	地方品种	当地	一年生	有性	5月上旬	7月上旬	高产，优质，抗病	果肉较厚，味甜，食用口感好。抗叶斑病	生育期90d左右。株高50cm左右，果实方形，3～4心室，长6～9cm，横径5～7cm。果色较深绿，熟果转红色，果面光亮。果肉较厚，味甜。花果期6—9月	食用	种子（果实）	窄

6. 西葫芦种质资源目录

西葫芦（*Cucurbita pepo*）是葫芦科（Cucurbitaceae）南瓜属（*Cucurbita*）一年生蔓生草本植物，含有较多维生素C、葡萄糖等营养物质，具有除烦止渴、润肺止咳、清热利尿、消肿散结的功效。果实作蔬菜。共计收集到种质资源30份，分布在5个盟（市）的6个旗（县、市、区）（表3-6）。

表3-6　美洲南瓜种质资源目录

序号	样品编号	盟（市）	旗（县、市、区）	种质名称	种质类型	种质来源	生长习性	繁殖习性	播种期	收获期	主要特性	其他特性	主要特性详细描述	种质用途	利用部位	种质分布
1	P150104025	呼和浩特市	玉泉区	菜葫芦	地方品种	当地	一年生	有性	5月下旬	7月下旬	高产，优质，抗病，广适			食用、饲用	种子（果实）	广
2	P150525034	通辽市	奈曼旗	馅角瓜	地方品种	当地	一年生	有性	4月下旬	7月上旬	优质，抗旱，耐贫瘠		多年留种育成的品质优良农家种。做饺子、包子馅的品种，食用口感好	食用	种子（果实）	窄

（续表）

序号	样品编号	盟（市）	旗（县、市、区）	种质名称	种质类型	种质来源	生长习性	繁殖习性	播种期	收获期	主要特性	其他特性	主要特性详细描述	种质用途	利用部位	种质分布
3	P150525067	通辽市	奈曼旗	土城角瓜	地方品种	当地	一年生	有性	5月中旬	7月下旬	优质，抗病，耐盐碱，抗旱，耐贫瘠		农家多年种植老品种。产量高，食用口感好	食用	种子（果实）	窄
4	P150927035	乌兰察布市	察哈尔右翼中旗	西葫芦	地方品种	当地	一年生	有性	5月中旬	7月中旬	优质		叶片卵状三角形，边缘有不规则的锐齿，瓜长椭圆形	食用	种子（果实）	广
5	P150823003	巴彦淖尔市	乌拉特前旗	白皮西葫芦	地方品种	当地	一年生	有性	4月下旬	8月下旬	高产，抗病		短蔓，叶片缺刻浅，叶片无白斑，成熟瓜黄白色，中长筒形	食用	种子（果实）	窄
6	P150823013	巴彦淖尔市	乌拉特前旗	东北高圆西葫芦	地方品种	当地	一年生	有性	5月中旬	8月下旬	耐热	茎浅色	短蔓，叶片缺刻浅，叶片无白斑，成熟瓜白色，中长筒形	食用	种子（果实）	窄
7	P150823014	巴彦淖尔市	乌拉特前旗	东北梨形西葫芦	地方品种	当地	一年生	有性	5月中旬	8月下旬	耐热	茎浅色	短蔓，叶片缺刻浅，叶片无白斑，成熟瓜黄白色，中长筒形	食用	种子（果实）	窄
8	P150823016	巴彦淖尔市	乌拉特前旗	美洲白西葫芦	地方品种	当地	一年生	有性	5月中旬	8月下旬	耐贫瘠，耐热	茎浅色	短蔓，叶片缺刻浅，叶片无白斑，嫩瓜浅绿色，成熟瓜白色，中长筒形	食用	种子（果实）	窄
9	P150823020	巴彦淖尔市	乌拉特前旗	酒泉金塔西葫芦	地方品种	当地	一年生	有性	5月中旬	8月下旬	高产，抗病，耐热	茎浅色	短蔓，叶片缺刻浅，叶片无白斑，成熟瓜黄白色，中长筒形	食用	种子（果实）	窄
10	P150823021	巴彦淖尔市	乌拉特前旗	东北圆白皮西葫芦	地方品种	当地	一年生	有性	5月中旬	8月下旬	耐热	茎浅色	短蔓，叶片缺刻浅，叶片无白斑，成熟瓜黄白色，短筒形	食用	种子（果实）	窄

（续表）

序号	样品编号	盟（市）	旗（县、市、区）	种质名称	种质类型	种质来源	生长习性	繁殖习性	播种期	收获期	主要特性	其他特性	主要特性详细描述	种质用途	利用部位	种质分布
11	P150823022	巴彦淖尔市	乌拉特前旗	东北小圆扁西葫芦	地方品种	当地	一年生	有性	5月中旬	8月下旬	耐热	茎浅色	长蔓，叶片缺刻浅，叶片无白斑，成熟瓜黄色，圆形	食用	种子（果实）	窄
12	P150823023	巴彦淖尔市	乌拉特前旗	早青西葫芦	地方品种	当地	一年生	有性	5月中旬	8月下旬	耐热	茎浅色	短蔓，叶片缺刻浅，叶片无白斑，成熟瓜黄白色，中长筒形	食用	种子（果实）	窄
13	P150823025	巴彦淖尔市	乌拉特前旗	东北中长蔓西葫芦	地方品种	当地	一年生	有性	5月中旬	8月下旬	耐贫瘠，耐热	茎浅色	中长蔓，叶片缺刻浅，叶片无白斑，成熟瓜白色，短筒形	食用	种子（果实）	窄
14	P150823026	巴彦淖尔市	乌拉特前旗	美洲长条西葫芦	地方品种	当地	一年生	有性	5月中旬	8月下旬	耐热	茎深绿色	短蔓，叶片缺刻浅，叶片白斑少，成熟瓜黄白色，长柱形	食用	种子（果实）	窄
15	P150823027	巴彦淖尔市	乌拉特前旗	美洲长棒白西葫芦	地方品种	当地	一年生	有性	5月中旬	8月下旬	广适，耐热	茎浅色	短蔓，叶片缺刻中，叶片白斑中，成熟瓜黄色，长柱形	食用	种子（果实）	广
16	P150823028	巴彦淖尔市	乌拉特前旗	酒泉圆白西葫芦	地方品种	当地	一年生	有性	5月中旬	8月下旬	广适，耐热	茎浅色	短蔓，叶片缺刻浅，叶片无白斑，成熟瓜白色，短筒形	食用	种子（果实）	广
17	P150823032	巴彦淖尔市	乌拉特前旗	酒泉长白西葫芦	地方品种	当地	一年生	有性	5月中旬	8月下旬	耐热	茎浅色	短蔓，叶片缺刻浅，叶片无白斑，成熟瓜黄白色，中长柱形	食用	种子（果实）	窄
18	P150823033	巴彦淖尔市	乌拉特前旗	金塔短圆西葫芦	地方品种	当地	一年生	有性	5月中旬	8月下旬	耐热	茎浅色	短蔓，叶片缺刻中，叶片白斑少，嫩瓜绿色有白斑，成熟瓜黄白色，短筒形	食用	种子（果实）	窄

（续表）

序号	样品编号	盟（市）	旗（县、市、区）	种质名称	种质类型	种质来源	生长习性	繁殖习性	播种期	收获期	主要特性	其他特性	主要特性详细描述	种质用途	利用部位	种质分布
19	P150823035	巴彦淖尔市	乌拉特前旗	东北短黄西葫芦	地方品种	当地	一年生	有性	5月中旬	8月下旬	耐热	茎浅色	短蔓，叶片缺刻中，叶片白斑少，成熟瓜黄白色，短筒形	食用	种子（果实）	窄
20	P150823036	巴彦淖尔市	乌拉特前旗	美洲浅花皮西葫芦	地方品种	当地	一年生	有性	5月中旬	8月下旬	耐热	茎浅色	短蔓，叶片缺刻中，叶片白斑多，成熟瓜黄白色有绿斑，中长柱形	食用	种子（果实）	窄
21	P150823041	巴彦淖尔市	乌拉特前旗	荷兰西葫芦	地方品种	当地	一年生	有性	5月中旬	8月下旬	耐热	茎浅色	短蔓，叶片缺刻中，叶片白斑多，成熟瓜黄白色，中长筒形	食用	种子（果实）	窄
22	P150823042	巴彦淖尔市	乌拉特前旗	荷兰短圆西葫芦	地方品种	当地	一年生	有性	5月中旬	8月下旬	耐热	茎浅色	短蔓，叶片缺刻浅，叶片无白斑，成熟瓜黄白色，短筒形	食用	种子（果实）	窄
23	P150823043	巴彦淖尔市	乌拉特前旗	酒泉长棒西葫芦	地方品种	当地	一年生	有性	5月中旬	8月下旬	耐热	茎浅色	短蔓，叶片缺刻浅，叶片白斑少，成熟瓜黄白色，短筒形	食用	种子（果实）	窄
24	P150823044	巴彦淖尔市	乌拉特前旗	酒泉花皮西葫芦	地方品种	当地	一年生	有性	5月中旬	8月下旬	耐热	茎浅色	短蔓，叶片缺刻中，叶片白斑少，成熟瓜黄白色，长柱形	食用	种子（果实）	窄
25	P150823047	巴彦淖尔市	乌拉特前旗	短蔓中片西葫芦	地方品种	当地	一年生	有性	5月中旬	8月下旬	耐热	茎浅色	短蔓，叶片缺刻浅，叶片无白斑，成熟瓜黄白色，中长筒形	食用	种子（果实）	窄
26	P150823049	巴彦淖尔市	乌拉特前旗	山西西葫芦	地方品种	当地	一年生	有性	5月中旬	8月下旬	耐热	茎浅色	短蔓，叶片缺刻浅，叶片无白斑，成熟瓜黄白色，中长筒形	食用	种子（果实）	窄

（续表）

序号	样品编号	盟（市）	旗(县、市、区)	种质名称	种质类型	种质来源	生长习性	繁殖习性	播种期	收获期	主要特性	其他特性	主要特性详细描述	种质用途	利用部位	种质分布
27	P150823055	巴彦淖尔市	乌拉特前旗	山西短圆西葫芦	地方品种	当地	一年生	有性	5月中旬	8月下旬	耐热	茎浅色	短蔓，叶片缺刻浅，叶片无白斑，成熟瓜黄白色，短筒形	食用	种子（果实）	窄
28	P150823056	巴彦淖尔市	乌拉特前旗	新安西葫芦	地方品种	当地	一年生	有性	5月中旬	8月下旬	耐热	茎浅色	短蔓，叶片缺刻浅，叶片无白斑，成熟瓜黄白色，短筒形	食用	种子（果实）	窄
29	P150285082	巴彦淖尔市	乌拉特后旗	蒙汉西葫芦	地方品种	当地	一年生	有性	5月中旬	8月下旬	广适			食用	种子（果实）	广
30	P152922019	阿拉善盟	阿拉善右旗	金丝瓜（丝葫芦）	地方品种	当地	一年生	有性	4月下旬	9月上旬	优质		瓜椭圆形，皮淡黄色，表皮光滑，柄短，肉浅黄色，单瓜重2～3kg，生长期80d左右	食用	种子（果实）	窄

7. 萝卜种质资源目录

萝卜（*Raphanus sativus*）是十字花科（Brassicaceae）萝卜属（*Raphanus*）一年生或二年生草本植物，萝卜能消食化热，去邪热气，还能清热生津止渴，可用于热病口渴或消渴多饮，可防止胆结石形成。共计收集到种质资源28份，分布在8个盟（市）的18个旗（县、市、区）（表3-7）。

表3-7　萝卜种质资源目录

序号	样品编号	盟（市）	旗(县、市、区)	种质名称	种质类型	种质来源	生长习性	繁殖习性	播种期	收获期	主要特性	其他特性	主要特性详细描述	种质用途	利用部位	种质分布
1	P150202029	包头市	东河区	东河心里美	地方品种	当地	一年生	有性	5月下旬	8月中旬	优质，抗病，广适，耐寒		直根肉质，长圆形、球形或圆锥形，外皮绿色、白色或红色，茎有分枝，无毛，稍具粉霜	食用	根	广

（续表）

序号	样品编号	盟（市）	旗（县、市、区）	种质名称	种质类型	种质来源	生长习性	繁殖习性	播种期	收获期	主要特性	其他特性	主要特性详细描述	种质用途	利用部位	种质分布
2	P150202030	包头市	东河区	沙尔沁青萝卜	地方品种	当地	一年生	有性	5月下旬	8月中旬	优质，抗病，广适，耐寒		长圆形、球形或圆锥形，外皮绿色、白色或红色，茎有分枝，无毛，稍具粉霜。总状花序顶生及腋生，花白色或粉红色，果梗长1～1.5cm	食用	根	广
3	P150206017	包头市	白云区	白云白萝卜	地方品种	当地	一年生	有性	5月下旬	8月中旬	优质，抗病，广适，耐寒		长圆形、球形或圆锥形，外皮白色，茎有分枝，无毛，稍具粉霜。总状花序顶生及腋生，花白色或粉红色，果梗长1～1.5cm	食用	根	广
4	P150206018	包头市	白云区	白云水萝卜	地方品种	当地	一年生	有性	5月下旬	8月中旬	优质，抗病，广适，耐寒		圆锥形，外皮红色，茎有分枝，有毛。总状花序顶生及腋生，花白色或粉红色，果梗长1～1.5cm	食用	根	广
5	P150206033	包头市	白云区	小五樱水萝卜	地方品种	当地	一年生	有性	5月上旬	8月中旬	优质，抗病，广适		长圆形、球形或圆锥形，外皮白色，茎有分枝，无毛，稍具粉霜。总状花序顶生及腋生，花白色或粉红色，果梗长1～1.5cm	食用	种子（果实）、茎	广
6	P150206034	包头市	白云区	南畔洲水萝卜	地方品种	当地	一年生	有性	5月上旬	8月中旬	优质，抗病，广适		长圆形、球形或圆锥形，外皮白色，茎有分枝，无毛，稍具粉霜。总状花序顶生及腋生，花白色或粉红色，果梗长1～1.5cm	食用	种子（果实）、茎	广

（续表）

序号	样品编号	盟（市）	旗（县、市、区）	种质名称	种质类型	种质来源	生长习性	繁殖习性	播种期	收获期	主要特性	其他特性	主要特性详细描述	种质用途	利用部位	种质分布
7	P150207003	包头市	九原区	心里美	其他	外地	二年生	有性	7月中旬	9月下旬	高产，优质，广适，耐寒	口感好、商品性好	直根肉质，长圆形、球形或圆锥形，外皮绿色、白色或红色，茎有分枝，无毛，稍具粉霜。总状花序顶生及腋生，花白色或粉红色，果梗长1～1.5cm，花期4—5月，果期5—6月	食用	根	广
8	P150207004	包头市	九原区	哈林格尔青萝卜	其他	外地	二年生	有性	7月中旬	9月下旬	高产，优质，广适，耐寒	口感好，商品性好	直根肉质，长圆形、球形或圆锥形，外皮绿色、白色或红色，茎有分枝，无毛，稍具粉霜。总状花序顶生及腋生，花白色或粉红色，果梗长1～1.5cm，花期4—5月，果期5—6月	食用	根	广
9	P150221045	包头市	土默特右旗	小水萝卜	地方品种	当地	一年生	有性	5月中旬	9月上旬	抗病，抗旱，耐贫瘠		株高20～100cm，直根肉质，长圆形、球形或圆锥形，外皮绿色、白色或红色，茎有分枝，无毛，稍具粉霜。总状花序顶生及腋生，花白色或粉红色，果梗长1～1.5cm，花期4—5月，果期5—6月	食用	根、茎	广
10	P150581049	通辽市	霍林郭勒市	水萝卜	地方品种	当地	一年生	有性	6月上旬	8月上旬	优质，耐寒，耐贫瘠		农家品种，肉质根圆柱形，外皮鲜红，光滑，肉质白色，食用脆嫩爽口，不宜糠心	食用	根	窄
11	P150404026	赤峰市	松山区	冈水萝卜	地方品种	当地	一年生	有性	5月上旬	8月下旬				食用	根	窄

（续表）

序号	样品编号	盟（市）	旗（县、市、区）	种质名称	种质类型	种质来源	生长习性	繁殖习性	播种期	收获期	主要特性	其他特性	主要特性详细描述	种质用途	利用部位	种质分布
12	P150404038	赤峰市	松山区	翘头青萝卜	地方品种	当地	一年生	有性	5月上旬	9月下旬	优质，抗旱		地方品种，品质好，但是产量不高，长势强，抗倒伏	食用、饲用	种子（果实）、茎、叶	窄
13	P150404039	赤峰市	松山区	冈水萝卜	地方品种	当地	一年生	有性	5月上旬	11月下旬	优质，抗旱		地方品种，品质好，但是产量不高，长势强，抗倒伏	食用、饲用	种子（果实）、茎、叶	窄
14	P150404041	赤峰市	松山区	白长萝卜	地方品种	当地	一年生	有性	5月上旬	9月下旬	优质，抗旱		地方品种，品质好，但是产量不高	食用、饲用	种子（果实）、茎、叶	窄
15	P150422019	赤峰市	巴林左旗	心里美萝卜	地方品种	当地	一年生	有性	5月下旬	9月上旬	高产，优质，耐贫瘠			食用	根	窄
16	P150927026	乌兰察布市	察哈尔右翼中旗	小五叶水萝卜	地方品种	当地	二年生	有性	5月中旬	7月中旬	优质			食用	种子（果实）、根	广
17	P150822043	巴彦淖尔市	磴口县	磴口心里美	地方品种	当地	一年生	有性	7月下旬	10月中旬	优质，广适，耐寒			食用	种子（果实）、根、茎、叶	广
18	P150822047	巴彦淖尔市	磴口县	磴口青萝卜	地方品种	当地	二年生	有性	7月下旬	10月下旬	优质，广适		叶丛较开张，植株生长势强。大头羽状裂叶，叶色深绿，裂叶大而厚。肉质根长圆柱形，长30cm左右，入土部分外皮白色。肉质淡绿色，质地较松脆，微甜，辣味小	食用	种子（果实）	广

（续表）

序号	样品编号	盟（市）	旗(县、市、区)	种质名称	种质类型	种质来源	生长习性	繁殖习性	播种期	收获期	主要特性	其他特性	主要特性详细描述	种质用途	利用部位	种质分布
19	P150824035	巴彦淖尔市	乌拉特中旗	石哈河胡萝卜	地方品种	当地	一年生	有性	4月上旬	7月下旬	优质，抗病，抗虫，抗旱，耐寒，耐贫瘠		根肉质，长圆锥形，呈淡黄色	食用、饲用、保健药用	种子（果实）、根、茎、叶	广
20	P150825081	巴彦淖尔市	乌拉特后旗	水萝卜	地方品种	当地	一年生	有性	4月上旬	7月下旬	广适			食用	种子（果实）	广
21	P150303008	乌海市	海南区	青萝卜	地方品种	当地	一年生	有性	5月中旬	9月中旬	高产，耐盐碱，广适，耐贫瘠，耐热		细长圆筒形，皮翠绿色，尾端白色，口感脆嫩，耐储存	食用	根	广
22	P152921024	阿拉善盟	阿拉善左旗	红皮萝卜	地方品种	当地	一年生	有性	5月中旬	6月下旬	优质，广适，耐热			食用、饲用	根、茎	广
23	P150784033	呼伦贝尔市	额尔古纳市	农家大水萝卜	地方品种	当地	一年生	有性	5月上旬	6月中旬	高产，优质，抗病，广适，耐寒			食用	根、叶	广
24	P150725043	呼伦贝尔市	陈巴尔虎旗	农家红萝卜	地方品种	外地	一年生	有性	7月上旬	9月下旬	高产	抗病，耐储存		食用	根、叶	窄
25	P150727039	呼伦贝尔市	新巴尔虎右旗	农家绊倒驴高桩绿萝卜	地方品种	外地	一年生	有性	6月下旬	9月下旬	高产	耐储存	肉质根长圆柱形，上绿下白，果肉白色	食用、饲用	根、叶	窄
26	P150781029	呼伦贝尔市	满洲里市	翠青萝卜	选育品种	当地	一年生	有性	8月中旬	10月中旬	高产		萝卜适应性强，生长快，种植管理较易，生产成本低	食用	根	广

（续表）

序号	样品编号	盟（市）	旗（县、市、区）	种质名称	种质类型	种质来源	生长习性	繁殖习性	播种期	收获期	主要特性	其他特性	主要特性详细描述	种质用途	利用部位	种质分布
27	P150703056	呼伦贝尔市	扎赉诺尔区	农家小红水萝卜	地方品种	当地	一年生	有性	5月上旬	6月中旬	优质，抗病，耐寒			食用	根、叶	窄
28	P150784053	呼伦贝尔市	额尔古纳市	农家翘头青萝卜	地方品种	外地	一年生	有性	6月下旬	9月下旬	高产	高产，耐储存	肉质根长圆柱形，上部绿色，土中白色，果肉白色	食用	根、叶	窄

8. 芫荽种质资源目录

芫荽（*Coriandrum sativum*）是伞形科（Apiaceae）芫荽属（*Coriandrum*）一年生或二年生草本植物，株高20～100cm。茎叶作蔬菜和调香料，并有健胃消食作用；果实可提芳香油；种子含油约20%。共计收集到种质资源22份，分布在9个盟（市）的21个旗（县、市、区）（表3-8）。

表3-8 芫荽种质资源目录

序号	样品编号	盟（市）	旗（县、市、区）	种质名称	种质类型	种质来源	生长习性	繁殖习性	播种期	收获期	主要特性	其他特性	主要特性详细描述	种质用途	利用部位	种质分布
1	P150202014	包头市	东河区	东河香菜	地方品种	当地	一年生	有性	5月下旬	9月下旬	高产，优质			食用、加工原料	茎、叶	窄
2	P150206001	包头市	白云区	白云香菜	地方品种	当地	一年生	有性	5月上旬	7月中旬	优质，广适		生长迅速，特耐抽薹。株高25cm，叶柄白绿色有光泽，叶绿色近圆齿有光泽，香味特浓，纤维少	食用	茎、叶	广
3	P150221041	包头市	土默特右旗	大叶香菜	地方品种	当地	一年生	有性	5月下旬	9月中旬	高产，优质，耐热			食用	种子（果实）	窄

（续表）

序号	样品编号	盟（市）	旗（县、市、区）	种质名称	种质类型	种质来源	生长习性	繁殖习性	播种期	收获期	主要特性	其他特性	主要特性详细描述	种质用途	利用部位	种质分布
4	P150222003	包头市	固阳县	固阳香菜	地方品种	当地	一年生	有性	5月上旬	7月中旬	优质，广适		根纺锤形，细长，有多数纤细的支根，茎圆柱形，直立有分枝，有条纹，通常光滑	食用	茎、叶	广
5	P150223026	包头市	达尔罕茂明安联合旗	达茂香菜	地方品种	当地	一年生	有性	5月中旬	9月中旬	优质，抗病，广适		营养生长期内茎短缩，呈短圆柱状，根出叶丛生，叶丛半直立，叶为一至二回羽状全裂叶，互生，叶柄绿色或淡紫色	食用	茎、叶	广
6	P150223034	包头市	达尔罕茂明安联合旗	乌兰香菜	地方品种	当地	一年生	有性	5月中旬	9月中旬	优质，抗病，广适		营养生长期内茎短缩，呈短圆柱状，根出叶丛生，叶丛半直立，叶为一至二回羽状全裂叶，互生，叶柄绿色或淡紫色	食用	茎、叶	广
7	P152224036	兴安盟	突泉县	本地香菜	地方品种	当地	一年生	有性	4月中旬	9月中旬	高产，优质，抗病，抗虫，耐寒，耐涝，其他			食用、加工原料，其他	种子（果实）、根、茎、叶、花	广
8	P150523001	通辽市	开鲁县	香菜	地方品种	当地	一年生	有性	5月上旬	6月上旬	高产，优质，抗病，抗虫，抗旱		农家品种，经过多年留种选育而成的品质优良的资源，香味浓重	食用	茎、叶	窄
9	P150525001	通辽市	奈曼旗	香菜	地方品种	当地	一年生	有性	5月上旬	6月中旬	高产，优质，抗病，耐寒，耐贫瘠		多年留种育成品质优良农家种。叶厚、叶大、香味浓	食用	茎、叶	广

（续表）

序号	样品编号	盟（市）	旗（县、市、区）	种质名称	种质类型	种质来源	生长习性	繁殖习性	播种期	收获期	主要特性	其他特性	主要特性详细描述	种质用途	利用部位	种质分布
10	P150403042	赤峰市	元宝山区	香菜	地方品种	当地	二年生	有性	5月下旬	7月下旬	优质		口感好	食用	根、茎、叶	窄
11	P150424032	赤峰市	林西县	小叶香菜	地方品种	当地	二年生	有性	6月上旬	9月上旬	抗旱，耐寒			食用	茎、叶	广
12	P150923044	乌兰察布市	商都县	芫荽	地方品种	当地	一年生	有性	5月上旬	9月上旬	优质，抗病，抗旱，耐寒，耐贫瘠			食用	种子（果实）、茎、叶	窄
13	P150927030	乌兰察布市	察哈尔右翼中旗	芫荽	地方品种	当地	一年生	有性	5月中旬	9月下旬	优质			食用	茎、叶	广
14	P150821020	巴彦淖尔市	五原县	香菜	地方品种	当地	一年生	有性	4月下旬	6月中旬	高产，优质			食用、保健药用	种子（果实）、茎、叶	窄
15	P150822041	巴彦淖尔市	磴口县	磴口香菜	地方品种	当地	一年生	有性	4月中旬	7月中旬	广适，耐寒，耐贫瘠			食用、保健药用	茎、叶	广
16	P150824038	巴彦淖尔市	乌拉特中旗	石哈河香菜	地方品种	当地	一年生	有性	5月上旬	8月中旬	优质，抗虫，抗旱，耐寒	含多种维生素和矿物质		食用	茎、叶	广

（续表）

序号	样品编号	盟（市）	旗（县、市、区）	种质名称	种质类型	种质来源	生长习性	繁殖习性	播种期	收获期	主要特性	其他特性	主要特性详细描述	种质用途	利用部位	种质分布
17	P150826033	巴彦淖尔市	杭锦后旗	头道桥香菜	地方品种	当地	一年生	有性	3月下旬	7月上旬	优质，广适			食用、保健药用	种子（果实）、茎、叶	广
18	P150303022	乌海市	海南区	巴农香菜	地方品种	当地	一年生	有性	5月中旬	6月中旬	优质，抗病，抗虫，广适，耐寒		株矮叶小，香味浓，产量低	食用	茎、叶	广
19	P152921017	阿拉善盟	阿拉善左旗	芫荽	地方品种	当地	一年生	有性	5月上旬	9月中旬	优质，抗病，抗虫			食用	茎、叶、花	广
20	P152922029	阿拉善盟	阿拉善右旗	芫荽（香菜）	地方品种	当地	一年生	有性	4月下旬	10月下旬	抗虫			食用、保健药用		窄
21	P150703021	呼伦贝尔市	扎赉诺尔区	农家香菜	地方品种	当地	一年生	有性	5月上旬	6月上旬	高产，广适		茎圆柱形，直立，多分枝，有条纹，通常光滑	食用	茎、叶	广
22	P150783046	呼伦贝尔市	扎兰屯市	农家大叶香菜	地方品种	当地	一年生	有性	5月上旬	6月上旬	高产，广适，耐寒	抗病，抗虫		食用	茎、叶	广

9. 胡萝卜种质资源目录

胡萝卜（*Daucus carota* var. *sativa*）是伞形科（Apiaceae）胡萝卜属（*Daucus*）一年生或二年生草本植物，具有健脾和中，滋肝明目，化痰止咳，清热解毒的功效。胡萝卜的木质素也有提高机体抗癌免疫力和间接消灭癌细胞的功能。共计收集到种质资源21份，分布在9个盟（市）的14个旗（县、市、区）（表3-9）。

表3-9 胡萝卜种质资源目录

序号	样品编号	盟（市）	旗（县、市、区）	种质名称	种质类型	种质来源	生长习性	繁殖习性	播种期	收获期	主要特性	其他特性	主要特性详细描述	种质用途	利用部位	种质分布
1	P150104017	呼和浩特市	玉泉区	黄胡萝卜	地方品种	当地	二年生	有性	5月下旬	9月下旬	高产，优质，抗病，广适		根粗壮，长圆锥形，呈黄色	食用、饲用	根、茎、叶	广
2	P150104018	呼和浩特市	玉泉区	红胡萝卜	地方品种	当地	二年生	有性	5月下旬	9月下旬	高产，优质，抗病，广适		根粗壮，长圆锥形，呈橙红色	食用、饲用	根、茎、叶	广
3	P150202016	包头市	东河区	真红胡萝卜	地方品种	当地	一年生	有性	5月中旬	9月下旬	高产，优质	中熟		食用	根	窄
4	P150205001	包头市	石拐区	橙红萝卜	地方品种	当地	一年生	有性	5月上旬	9月下旬	优质，耐热		地上部一致性好，肉质根一致性好，肉质根入土程度中，肉质根肉色橙红，风味中，甜度中	食用	根	窄
5	P150205028	包头市	石拐区	石拐胡萝卜	地方品种	当地	一年生	有性	5月上旬	9月下旬	优质，广适，耐贫瘠			食用	根	广
6	P150207015	包头市	九原区	红萝卜	地方品种	当地	二年生	有性	5月下旬	9月中旬	高产，优质，抗病，广适，耐寒，耐热	口感好，商品性好		食用	根	广
7	P150207040	包头市	九原区	三红胡萝卜	地方品种	当地	二年生	有性	5月下旬	9月中旬	高产，优质，抗病，广适，耐寒，耐热	口感好，商品性好		食用	根	广
8	P150207041	包头市	九原区	黄胡萝卜	地方品种	当地	二年生	有性	5月下旬	9月中旬	高产，优质，抗病，广适，耐寒，耐热	口感好，商品性好		食用	根	广
9	P150207042	包头市	九原区	老白萝卜	地方品种	当地	二年生	有性	5月下旬	9月中旬	高产，优质，抗病，广适，耐寒，耐热	口感好，商品性好		食用	根	广

（续表）

序号	样品编号	盟（市）	旗（县、市、区）	种质名称	种质类型	种质来源	生长习性	繁殖习性	播种期	收获期	主要特性	其他特性	主要特性详细描述	种质用途	利用部位	种质分布
10	P150223003	包头市	达尔罕茂明安联合旗	齐头黄	地方品种	当地	一年生	有性	5月上旬	9月下旬	优质，广适		肉质根膨大盛期，本种质群体中所有植株地上部的叶片形状、叶片长度及叶片数等指标的一致性程度较好；肉质根采收期，本种质群体中所有肉质根的形状、大小、颜色、光滑度等指标的一致性程度较好	食用	根	广
11	P150581047	通辽市	霍林郭勒市	胡萝卜	地方品种	当地	一年生	有性	5月中旬	9月下旬	高产，优质		农家品种，主要用于鲜食，根锥形，表面光滑，不粘泥土，容易清洗；肉质细嫩、品质好	食用	根	窄
12	P150927029	乌兰察布市	察哈尔右翼中旗	黄萝卜	地方品种	当地	二年生	有性	5月中旬	9月中旬	优质		叶片大，浅绿色；根长圆锥形，外皮及根肉均为黄色，根肉质脆，水分多	食用	根	广
13	P152628027	乌兰察布市	丰镇市	露八分萝卜	地方品种	当地	一年生	有性	5月上旬	9月中旬	高产，优质，抗病，抗虫，抗旱，耐贫瘠		株高30～40cm，肉质直根外皮黄色	食用	根	窄
14	P150621014	鄂尔多斯市	达拉特旗	胡萝卜（黄萝卜）	地方品种	当地	二年生	有性	6月上旬	8月上旬	高产，抗病，抗虫，其他			食用、饲用	根	窄
15	P150822048	巴彦淖尔市	磴口县	磴口黄萝卜	地方品种	当地	二年生	有性	4月下旬	10月中旬	优质，广适			食用	种子（果实）	广
16	P150303011	乌海市	海南区	黄萝卜	地方品种	当地	一年生	无性	5月下旬	9月中旬	优质，抗病，耐盐碱，抗旱，耐贫瘠，耐热		根长圆锥形，根肉质脆，水分多宜熟食	食用	根	广

（续表）

序号	样品编号	盟（市）	旗（县、市、区）	种质名称	种质类型	种质来源	生长习性	繁殖习性	播种期	收获期	主要特性	其他特性	主要特性详细描述	种质用途	利用部位	种质分布
17	P150303015	乌海市	海南区	红萝卜	地方品种	当地	一年生	有性	5月下旬	9月中旬	高产，优质，耐盐碱，广适，耐寒		根直筒形，耐裂根，田间保持力好；根色浓，皮红红心，表皮光滑	食用	根	广
18	P150303019	乌海市	海南区	巴香黄萝卜	地方品种	当地	一年生	有性	5月下旬	9月中旬	高产，优质，广适		根长圆锥形，根肉质脆，水分多宜熟食，耐热，抗病，较耐旱	食用	根	广
19	P152921040	阿拉善盟	阿拉善左旗	胡萝卜	地方品种	当地	二年生	有性	5月上旬	10月上旬	高产，抗病，耐盐碱，抗旱，广适，耐涝，耐贫瘠	果形不规则，顶部粗大，下端细小	株高20～120cm，茎直立，块根呈倒锥形	食用、饲用	根	广
20	P152922006	阿拉善盟	阿拉善右旗	黄萝卜	地方品种	当地	一年生	无性	5月上旬	9月下旬	优质，抗旱，耐热			食用	种子（果实）、根	窄
21	P150702027	呼伦贝尔市	海拉尔区	农家黄胡萝	地方品种	当地	二年生	有性	6月下旬	9月下旬	高产，优质，抗病，广适	根作蔬菜食用，并含多种维生素B、维生素C及胡萝卜素。补肝明目，清热解毒	株高40～120cm。茎单生，有白色粗硬毛。复伞形花序，花序有糙硬毛；总苞有多数苞片，呈叶状，羽状分裂；伞辐多数，结果时外缘的伞辐向内弯曲；花通常白色，有时带淡红色。果实圆卵形，棱上有白色刺毛。根茎粗壮，黄色，长约20cm	食用、加工原料	根	广

10. 菠菜种质资源目录

菠菜（*Spinacia oleracea*）是黎科（Chenopodiaceae）菠菜属（*Spinacia*）一年生或二年生草本绿叶类蔬菜，菠菜口感清甜软滑，含有较高的蛋白质、维生素、胡萝卜素、铁等营养物质，其叶中含有的铬和一种类胰岛素物质，能使人体血糖保持稳定，具有食疗的作用。共计收集到种质资源16份，分布在6个盟（市）的15个旗（县、市、区）（表3-10）。

表3-10　菠菜种质资源目录

序号	样品编号	盟（市）	旗（县、市、区）	种质名称	种质类型	种质来源	生长习性	繁殖习性	播种期	收获期	主要特性	其他特性	主要特性详细描述	种质用途	利用部位	种质分布
1	P150202011	包头市	东河区	东河小叶菠菜	地方品种	当地	一年生	有性	5月上旬	9月下旬	优质，抗病		茎直立，无毛；叶互生，三角状卵形或戟形，全缘或有齿，有叶柄；花单性，雌雄异株；雄花通常构成顶生的穗状花序或圆锥花序；花被片4～5片；雄蕊4～5片，伸出于花被外；雌花无花被，数朵成簇，腋生，具小苞片2～4片；子房球形；柱头4～5片；胞果圆形；种子胚球形，胚乳丰富，粉质	食用、加工原料	茎、叶	窄
2	P150205002	包头市	石拐区	大叶菠菜	地方品种	当地	一年生	有性	5月上旬	6月上旬	优质，广适，耐热		形态一致性好，涩味中，耐储藏性中，耐热性优良，适应性强，叶厚适中	食用	叶	广
3	P150205027	包头市	石拐区	石拐尖叶菠菜	地方品种	当地	一年生	有性	5月上旬	9月下旬	优质，广适，耐贫瘠		茎直立，无毛；叶互生，三角状卵形或戟形，全缘或有齿，有叶柄；花单性，雌雄异株；雄花通常构成顶生的穗状花序或圆锥花序	食用	茎、叶	广

（续表）

序号	样品编号	盟（市）	旗（县、市、区）	种质名称	种质类型	种质来源	生长习性	繁殖习性	播种期	收获期	主要特性	其他特性	主要特性详细描述	种质用途	利用部位	种质分布
4	P150222002	包头市	固阳县	大叶菠菜	地方品种	当地	一年生	有性	5月上旬	7月上旬	广适，耐寒		植物高可达1m，根圆锥状，带红色，较少为白色，叶戟形至卵形，鲜绿色，全缘或有少数牙齿状裂片	食用	茎、叶	广
5	P150223035	包头市	达尔罕茂明安联合旗	乌兰菠菜	地方品种	当地	一年生	有性	5月中旬	9月中旬	优质，抗病，广适		花单性，雌雄异株；雄花通常构成顶生的穗状花序或圆锥花序；花被片4～5片；雄蕊4～5片，伸出于花被外；雌花无花被，数朵成簇，腋生，具小苞片2～4片；子房球形；柱头4～5个；胞果圆形；种子胚球形，胚乳丰富，粉质	食用	茎、叶	广
6	P152224046	兴安盟	突泉县	冻根菠菜	地方品种	当地	二年生	有性	9月上旬	5月中旬	优质，耐寒		菠菜属耐寒蔬菜，种子在4℃时即可萌发，最适为15～20℃，营养生长适宜的温度15～20℃，25℃以上生长不良，地上部能耐-8～-6℃的低温	食用，其他	种子（果实）、茎、叶	广
7	P150422012	赤峰市	巴林左旗	老根菠菜	地方品种	当地	一年生	有性	5月下旬	9月上旬	优质，耐贫瘠			食用	叶	窄
8	P150927031	乌兰察布市	察哈尔右翼中旗	大叶菠菜	地方品种	当地	一年生	有性	5月上旬	9月下旬	优质		根圆锥状，带红色，较少为白色。茎直立，中空，脆弱多汁，不分枝或有少数分枝。叶戟形至卵形，鲜绿色，柔嫩多汁，稍有光泽，全缘或有少数牙齿状裂片。雄花集成球形团伞花序，再于枝和茎的上部排列成有间断的穗状圆锥花序	食用	茎、叶	广

（续表）

序号	样品编号	盟（市）	旗（县、市、区）	种质名称	种质类型	种质来源	生长习性	繁殖习性	播种期	收获期	主要特性	其他特性	主要特性详细描述	种质用途	利用部位	种质分布
9	P150821009	巴彦淖尔市	五原县	圆叶菠菜	地方品种	当地	一年生	有性	4月上旬	6月中旬	高产，优质		生育期60d左右。株高25～30cm，主根粉红色，根出叶丛生呈半直立状，叶片长椭圆形，叶肉厚嫩，叶面微皱，纤维少，品质佳。耐热性强，耐寒性弱。适于春秋露地及保护地栽培，亩产2 500kg左右	食用	叶	窄
10	P150822050	巴彦淖尔市	磴口县	磴口菠菜	地方品种	当地	一年生	有性	4月中旬	6月上旬	广适，耐寒		株高可达1m。根圆锥状，带红色，较少为白色。茎直立，中空，脆弱多汁，不分枝或有少数分枝。叶戟形至卵形，鲜绿色，柔嫩多汁，稍有光泽，全缘或有少数牙齿状裂片。雄花集成球形团伞花序，再于枝和茎的上部排列成有间断的穗状圆锥花序；花被片通常4片，花丝丝形，扁平，花药不具附属物；雌花团集于叶腋；小苞片两侧稍扁，顶端残留2小齿，背面通常各具1棘状附属物；子房球形，柱头4个或5个，外伸。胞果卵形或近圆形，直径约2.5mm，两侧扁；果皮褐色	食用	茎、叶	广

（续表）

序号	样品编号	盟（市）	旗（县、市、区）	种质名称	种质类型	种质来源	生长习性	繁殖习性	播种期	收获期	主要特性	其他特性	主要特性详细描述	种质用途	利用部位	种质分布
11	P150824049	巴彦淖尔市	乌拉特中旗	石哈河菠菜	地方品种	当地	一年生	有性	5月上旬	9月上旬	优质，抗病，抗虫，抗旱，耐寒，耐贫瘠	味道鲜美	根圆锥状，带红色，较少为白色，叶片鲜绿色，全圆或少数牙齿状裂片	食用	种子（果实）、茎、叶	窄
12	P150722041	呼伦贝尔市	莫力达瓦达斡尔族自治旗	刺菠菜	地方品种	当地	一年生	有性	4月下旬	5月中旬	高产，优质，抗病，耐寒	幼苗耐低温，早春蔬菜，上市早，效益好。刺菠菜甘、凉，含有叶绿素，草酸，多种维生素及磷、铁	株高可达1m。根圆锥状，带红色。茎直立，中空，脆弱多汁，不分枝或有少数分枝。叶卵圆形或戟形，长4～6mm，宽3mm左右，鲜绿色，柔嫩多汁，稍有光泽，全缘或有少数牙齿状裂片。雄花集成球形团伞花序，枝和茎的上部排列成有间断的穗状圆锥花序；雌雄异株；花被片通常4片，扁平，花药不具附属物；雌花团集于叶腋；小苞片两侧稍扁，顶端残留2小齿，背面通常各具1棘状附属物；子房球形，柱头4个或5个，外伸。胞果卵形，浅黄色，两侧扁，直径3～4mm，刺呈羊角形，角度较大，刺长2～3mm。千粒重12g	食用	茎、叶	窄

（续表）

序号	样品编号	盟（市）	旗(县、市、区)	种质名称	种质类型	种质来源	生长习性	繁殖习性	播种期	收获期	主要特性	其他特性	主要特性详细描述	种质用途	利用部位	种质分布
13	P150702047	呼伦贝尔市	海拉尔区	高寒越冬大叶菠菜	地方品种	当地	一年生	有性	4月下旬	5月中旬	高产，优质，抗病，耐寒	可秋季种植，高寒地区越冬，幼苗耐低温，返青早，早春蔬菜，上市早，效益好	株高可达1m。根圆锥状，带红色。茎直立，中空，脆弱多汁，不分枝或有少数分枝。叶卵圆形，长6～8cm，宽4cm左右，鲜绿色，柔嫩多汁，稍有光泽，全缘。雄花集成球形团伞花序，枝和茎的上部排列成有间断的穗状圆锥花序；雌雄异株；花被片通常4片，扁平；雌花团集于叶腋；小苞片两侧稍扁，顶端残留2小齿，子房球形，柱头4片或5片，外伸。胞果卵形，浅黄色，两侧扁，直径3～4mm。千粒重11g	食用	茎、叶	窄
14	P150782051	呼伦贝尔市	牙克石市	农家高寒越冬大叶刺菠菜	地方品种	当地	一年生	有性	4月下旬	5月中旬	高产，优质，抗病，耐寒	可秋季种植，高寒地区越冬，幼苗耐低温，返青早，早春蔬菜，上市早，效益好	株高可达80cm左右。根圆锥状，茎直立，中空，脆弱多汁，不分枝或有少数分枝。叶卵圆形，鲜绿色，柔嫩多汁，稍有光泽，全缘。雄花集成球形团伞花序，枝和茎的上部排列成有间断的穗状圆锥花序；雌雄异株；花被片通常4片，扁平；雌花团集于叶腋；小苞片两侧稍扁，顶端残留2小齿，子房球形两侧扁，直径3～4mm。千粒重12g	食用	茎、叶	窄

（续表）

序号	样品编号	盟（市）	旗（县、市、区）	种质名称	种质类型	种质来源	生长习性	繁殖习性	播种期	收获期	主要特性	其他特性	主要特性详细描述	种质用途	利用部位	种质分布
15	P150781018	呼伦贝尔市	满洲里市	春秋大叶菠菜	选育品种	当地	一年生	有性	4月上旬	6月上旬	耐寒			食用	根，叶	广
16	P150727052	呼伦贝尔市	新巴尔虎右旗	农家越冬小戟叶刺菠菜	地方品种	当地	一年生	有性	9月上旬	5月中旬	高产，优质，抗病，耐寒	可秋季种植，高寒地区越冬，幼苗耐低温，返青早，早春蔬菜，上市早，效益好	株高80cm左右。根圆锥状，带红色。茎直立，中空，脆弱多汁，分枝。叶戟形，长5～7cm，宽3～4cm，鲜绿色，柔嫩多汁，稍有光泽，全缘。雄花集成球形团伞花序，枝和茎的上部排列成有间断的穗状圆锥花序；雌雄异株；花被片通常4片，扁平；雌花团集于叶腋；小苞片两侧稍扁，顶端残留2小齿，子房球形，柱头4个或5个，外伸。胞果卵形，黄褐色，两侧扁，直径3～4mm，顶端牛角状尖刺2～4mm。千粒重12g	食用	茎、叶	窄

11. 黄瓜种质资源目录

黄瓜（*Cucumis sativus*）是葫芦科（Cucurbitaceae）黄瓜属（*Cucumis*）一年生攀缘草本植物，黄瓜中含有的葫芦素C具有提高人体免疫功能的作用，可达到抗肿瘤的目的，还可治疗慢性肝炎。共计收集到种质资源16份，分布在4个盟（市）的14个旗（县、市、区）（表3-11）。

表3-11 黄瓜种质资源目录

序号	样品编号	盟（市）	旗（县、市、区）	种质名称	种质类型	种质来源	生长习性	繁殖习性	播种期	收获期	主要特性	其他特性	主要特性详细描述	种质用途	利用部位	种质分布
1	P150202008	包头市	东河区	沙尔沁黄瓜	地方品种	外地	一年生	有性	5月上旬	8月上旬	高产，优质，广适			食用	种子（果实）	广
2	P150206031	包头市	白云区	白云黄瓜	地方品种	当地	一年生	有性	5月上旬	8月中旬	优质，抗病，广适		茎、枝有棱沟，密被白色或稍黄色的糙硬毛。卷须纤细，不分歧。叶片近圆形、肾形或心状卵形，不分裂或3～7浅裂，具锯齿，两面粗糙，被短刚毛	食用	种子（果实）	广
3	P150221042	包头市	土默特右旗	土右黄瓜	地方品种	当地	一年生	有性	5月上旬	8月上旬	高产，优质，广适，耐热			食用	种子（果实）	广
4	P150223040	包头市	达尔罕茂明安联合旗	达茂翠绿黄瓜	地方品种	当地	一年生	有性	5月上旬	8月上旬	高产，优质，抗旱，广适，耐贫瘠			食用	种子（果实）	广
5	P152223032	兴安盟	扎赉特旗	老黄瓜	地方品种	当地	一年生	有性	5月上旬	8月中旬	优质，耐热		优质耐热喜温，发芽温度为25～30℃，果实长形，种子扁平，椭圆形，果肉厚，果实可口多汁，味美清新，营养价值高	食用、保健药用	种子（果实）	窄
6	P152224048	兴安盟	突泉县	本地旱黄瓜	地方品种	当地	一年生	有性	5月上旬	8月中旬	优质，抗旱，其他			食用、保健药用，其他	种子（果实）	广

（续表）

序号	样品编号	盟（市）	旗（县、市、区）	种质名称	种质类型	种质来源	生长习性	繁殖习性	播种期	收获期	主要特性	其他特性	主要特性详细描述	种质用途	利用部位	种质分布
7	P150522012	通辽市	科尔沁左翼后旗	老黄瓜	地方品种	当地	一年生	有性	5月上旬	9月下旬	高产，优质，抗病，抗旱		多年种植留种选育出的优良品质农家种。瓜条短棒形，色泽嫩绿，口感甜脆适口，清香味浓	食用	种子（果实）	窄
8	P150581052	通辽市	霍林郭勒市	旱黄瓜	地方品种	当地	一年生	有性	5月上旬	7月中旬	优质，抗旱，耐寒，耐贫瘠		农家品种，食用清香、脆爽	食用	种子（果实）	窄
9	P150724043	呼伦贝尔市	鄂温克族自治旗	农家早收笨黄瓜	地方品种	当地	一年生	有性	5月上旬	6月下旬	优质，抗病	早熟，早收，抗病	茎、枝伸长，有棱沟。卷须细。叶柄稍粗糙，有糙硬毛；叶片宽卵状心形，膜质，裂片三角形，有齿。雄花常数朵在叶腋簇生；花冠黄白色，花冠裂片长圆状披针形。雌花单生或稀簇生；花梗粗壮，被柔毛；子房粗糙。果实圆柱形，熟时黄褐色，表面粗糙。种子狭卵形，白色，无边，两端近急尖。千粒重23g	食用	种子（果实）	窄
10	P150724056	呼伦贝尔市	鄂温克族自治旗	农家多籽黄瓜	地方品种	当地	一年生	有性	5月上旬	9月上旬	优质，抗病	不吃黄瓜，收籽，吃黄瓜籽粉补钙，抗叶斑病	株高180cm左右，茎、分枝有棱沟，卷须细。叶片心形，叶柄稍粗糙，有糙硬毛；雌雄花，单生，花冠黄色，花冠裂片长圆状披针形；花梗粗壮，被柔毛；子房粗糙。果实圆柱形，幼嫩黄瓜绿色，生长中期开始出现局部深红色，老时铁锈色，表面粗糙。种子狭卵形，白色，顶端急尖。千粒重23g	食用	种子（果实）	窄

（续表）

序号	样品编号	盟（市）	旗（县、市、区）	种质名称	种质类型	种质来源	生长习性	繁殖习性	播种期	收获期	主要特性	其他特性	主要特性详细描述	种质用途	利用部位	种质分布
11	P150781025	呼伦贝尔市	满洲里市	旱王三号	选育品种	当地	一年生	有性	3月下旬	6月上旬	耐热		长势强，耐弱光	食用	种子（果实）	广
12	P150703045	呼伦贝尔市	扎赉诺尔区	农家长香旱黄瓜	地方品种	当地	一年生	有性	5月上旬	7月上旬	高产，优质，抗病	结瓜早，黄瓜长，香味浓，口感好。抗叶斑病	株高200cm左右，茎、分枝有棱沟，卷须细。叶片心形，叶柄稍粗糙，有糙硬毛；雌雄花，单生，花冠黄色，花冠裂片长圆状披针形；花梗粗壮，被柔毛；子房粗糙。黄瓜三棱长条形，嫩黄瓜绿色，有刺，老时淡黄色，表面光滑，长38cm左右。种子狭卵形，白色，顶端急尖。千粒重32.7g	食用	种子（果实）	窄
13	P150725056	呼伦贝尔市	陈巴尔虎旗	农家一生绿黄瓜	地方品种	当地	一年生	有性	5月上旬	7月上旬	高产，优质，抗病	清香，口感好，抗叶斑病	株高200cm左右，茎、分枝有棱沟，卷须细。叶片心形，叶柄稍粗糙，有糙硬毛；雌雄花，单生，花冠黄色，花冠裂片长圆状披针形；花梗粗壮，被柔毛；子房粗糙。果实圆柱形，嫩黄瓜绿色，老时白绿色，表面光滑。种子狭卵形，白色，顶端急尖。千粒重23g	食用	种子（果实）	窄
14	P150725060	呼伦贝尔市	陈巴尔虎旗	农家叶三香黄瓜	地方品种	当地	一年生	有性	5月上旬	7月上旬	高产，优质，抗病	三叶结瓜，清香味浓，口感好，抗叶斑病	株高180cm左右，茎、分枝有棱沟，卷须细。叶片心形，叶柄稍粗糙，有糙硬毛；雌雄花，单生，花冠黄色，花冠裂片长圆状披针形；花梗粗壮，被柔毛；子房粗糙。果实圆柱形，黄瓜绿色，表面光滑。种子狭卵形，白色，顶端急尖。千粒重23g	食用	种子（果实）	窄

（续表）

序号	样品编号	盟（市）	旗（县、市、区）	种质名称	种质类型	种质来源	生长习性	繁殖习性	播种期	收获期	主要特性	其他特性	主要特性详细描述	种质用途	利用部位	种质分布
15	P150726049	呼伦贝尔市	新巴尔虎左旗	农家三棱黄瓜	地方品种	当地	一年生	有性	5月上旬	7月上旬	高产，优质，抗病	黄瓜结的早，清香，口感好，抗叶斑病	株高200cm左右，茎、分枝有棱沟，卷须细。叶片心形，叶柄稍粗糙，有糙硬毛；雌雄花，单生，花冠黄色，花冠裂片长圆状披针形；花梗粗壮，被柔毛；子房粗糙。果实三棱状，细长形，嫩黄瓜绿色，老时黄色，表面光滑。种子狭卵形，白色，顶端急尖。千粒重60g	食用	种子（果实）	窄
16	P150727049	呼伦贝尔市	新巴尔虎右旗	农家老来白黄瓜	地方品种	当地	一年生	有性	5月上旬	7月上旬	高产，优质，抗病	黄瓜结的早，清香，口感好，抗叶斑病		食用	种子（果实）	窄

12. 茴香种质资源目录

茴香（*Foeniculum vulgare*）是伞形科（Apiaceae）茴香属（*Foeniculum*）草本。茴香具有祛寒止痛、理气和胃的功效，主治胃病、消化不良、腹痛、肺结核、肺炎咳嗽等症。共计收集到种质资源16份，分布在8个盟（市）的14个旗（县、市、区）（表3-12）。

表3-12　茴香种质资源目录

序号	样品编号	盟（市）	旗（县、市、区）	种质名称	种质类型	种质来源	生长习性	繁殖习性	播种期	收获期	主要特性	其他特性	主要特性详细描述	种质用途	利用部位	种质分布
1	P150122004	呼和浩特市	托克托县	茴香	地方品种	当地	多年生	有性	5月上旬	9月中旬	高产，优质，抗旱，耐寒，耐热		新鲜的茴香茎叶具有特殊香辛味，可作为蔬菜食用。种子是重要的香料，能温肾散寒、和胃理气，可帮助消化，促进新陈代谢	食用、保健药用	种子（果实）	窄

（续表）

序号	样品编号	盟（市）	旗（县、市、区）	种质名称	种质类型	种质来源	生长习性	繁殖习性	播种期	收获期	主要特性	其他特性	主要特性详细描述	种质用途	利用部位	种质分布
2	P150207031	包头市	九原区	哈林格尔小茴香	地方品种	当地	一年生	有性	5月中旬	9月中旬	抗病		常绿灌木，初夏开花，果实为8～9个木蓇葖，轮生呈星芒状，香气浓烈，可作香料、佐料，供药用。其同名的干燥果实是中国菜和东南亚地区烹饪的调味料之一。为生长在湿润、温暖半阴环境中的常绿乔木，高可至20m。主要分布于中国大陆南方。果实在秋冬季采摘，干燥后呈红棕色或黄棕色。气味芳香而甜。全果或磨粉使用	食用	种子（果实）、茎、叶	窄
3	P150222001	包头市	固阳县	小茴香	地方品种	当地	多年生	有性	5月中旬	7月中旬	优质，抗旱，广适，耐寒		全株表面有粉霜，无毛，具有强烈香气，茎直立，光滑，灰绿色或苍白色，有分枝，三至四回羽状复叶，最终小叶片线形，基部成鞘状抱茎	食用、保健药用	种子（果实）、茎、叶	广
4	P150223038	包头市	达尔罕茂明安联合旗	乌克茴香	地方品种	当地	一年生	有性	5月中旬	7月中旬	优质，抗旱，广适，耐寒		全株表面有粉霜，无毛，具有强烈香气，茎直立，光滑，灰绿色或苍白色，有分枝，三至四回羽状复叶，最终小叶片线形，基部成鞘状抱茎	食用	种子（果实）	广

（续表）

序号	样品编号	盟（市）	旗（县、市、区）	种质名称	种质类型	种质来源	生长习性	繁殖习性	播种期	收获期	主要特性	其他特性	主要特性详细描述	种质用途	利用部位	种质分布
5	P152224045	兴安盟	突泉县	本地茴香	地方品种	当地	一年生	有性	5月中旬	8月下旬	高产，优质，耐涝，其他	嫩叶可作蔬菜食用或作调味用。果实入药，有驱风祛痰、散寒、健胃和止痛之效		食用、保健药用、加工原料，其他	种子（果实）、茎、叶	窄
6	P150422035	赤峰市	巴林左旗	大茴香	地方品种	当地	一年生	有性	5月中旬	7月上旬	优质，抗病，抗旱，耐贫瘠			食用，其他	种子（果实）、茎、叶	窄
7	P150422036	赤峰市	巴林左旗	小茴香	地方品种	当地	一年生	有性	5月中旬	7月上旬	优质，耐贫瘠			食用、保健药用，其他	种子（果实）、茎、叶	窄
8	P150821003	巴彦淖尔市	五原县	割茬菜茴香	地方品种	当地	一年生	有性	5月上旬	9月上旬	高产，优质		生长势强，叶片深绿色，二回羽状复叶，小叶裂成针状，从播种到采收56d左右，适于春、秋两季和保护地栽培，耐热，品质脆嫩。全生育期露地可收割两茬以上，保护地可收割3茬以上	食用、饲用	种子（果实）、茎、叶	窄
9	P150822044	巴彦淖尔市	磴口县	磴口茴香	地方品种	当地	一年生	有性	4月中旬	9月下旬	耐盐碱，抗旱，广适			食用、保健药用	种子（果实）、茎、叶	广

（续表）

序号	样品编号	盟（市）	旗(县、市、区)	种质名称	种质类型	种质来源	生长习性	繁殖习性	播种期	收获期	主要特性	其他特性	主要特性详细描述	种质用途	利用部位	种质分布
10	P150826034	巴彦淖尔市	杭锦后旗	头道桥茴香	地方品种	当地	一年生	有性	4月上旬	9月中旬	优质，耐贫瘠			食用、保健药用	种子（果实）、茎、叶	窄
11	P150826023	巴彦淖尔市	杭锦后旗	团结茴香	地方品种	当地	一年生	有性	5月中旬	9月上旬	优质		株高0.4～2m。茎直立，光滑，灰绿色，多分枝。较下部的茎生叶柄长5～15cm，叶鞘边缘膜质；复伞形花序顶生，小伞形花序花柄纤细，不等长；无萼齿；花柱基圆锥形，花柱极短，向外叉开，果实长形，长4～6mm，宽1.5～2.2mm；胚乳腹面近平直，田间前期做好中耕除草工作，中后期做好水肥管理，适时收获，防止种子脱落	食用、保健药用、加工原料	种子（果实）、茎	窄
12	P150304018	乌海市	乌达区	乌达特香茴香	地方品种	当地	一年生	有性	4月中旬	6月中旬	高产，抗病，抗虫，广适，耐寒，耐热		叶羽状分裂，裂片线形。夏季开黄色花，复伞形花序。果椭圆形，黄绿色。性喜温暖，适于沙壤土生长；忌在黏土及过湿之地栽种	食用、保健药用	种子（果实）、茎、叶	广
13	P152922005	阿拉善盟	阿拉善右旗	茴香	地方品种	当地	一年生	无性	4月上旬	9月上旬	优质，抗虫		因产量低、不耐贫瘠等原因不适宜广泛种植。株高60～150cm，全株表面有粉霜，无毛，具强烈香气。茎直立，有分枝。三至四回羽状复叶，最终小叶片线形	加工原料	种子（果实）	窄

（续表）

序号	样品编号	盟（市）	旗（县、市、区）	种质名称	种质类型	种质来源	生长习性	繁殖习性	播种期	收获期	主要特性	其他特性	主要特性详细描述	种质用途	利用部位	种质分布
14	P152923024	阿拉善盟	额济纳旗	巴彦陶来茴香	地方品种	当地	一年生	有性	5月上旬	9月下旬	耐盐碱，抗旱			食用	种子（果实）、茎、叶	窄
15	P150782048	呼伦贝尔市	牙克石市	农家高寒小叶茴香	地方品种	当地	一年生	有性	4月中旬	5月下旬	优质，抗病，耐寒	幼苗耐寒。适合露天种植，亦适合大棚种植		食用	叶	窄
16	P150781021	呼伦贝尔市	满洲里市	禾硕割茬茴香	选育品种	当地	一年生	有性	4月下旬	9月下旬	耐弱光		长日照作物，较耐弱光，在土壤肥沃、氮肥充足和灌水条件下，能获得较高的产量和良好的品质	食用	种子（果实）	广

13. 茄子种质资源目录

茄子（*Solanum melongena*）是茄科（Solanaceae）茄属（*Solanum*）直立分枝草本至亚灌木植物。茄子的营养丰富，具有清热、活血化瘀、利尿消肿、宽肠之功效。共计收集到种质资源15份，分布在7个盟（市）的12个旗（县、市、区）（表3-13）。

表3-13　茄子种质资源目录

序号	样品编号	盟（市）	旗（县、市、区）	种质名称	种质类型	种质来源	生长习性	繁殖习性	播种期	收获期	主要特性	其他特性	主要特性详细描述	种质用途	利用部位	种质分布
1	P150202017	包头市	东河区	东河大茄子	地方品种	当地	一年生	有性	5月中旬	9月下旬	高产，优质	中熟	草本植物、亚灌木、灌木至小乔木，有时为藤本。无刺或有刺，无毛或被单毛，腺毛，树枝状毛、星状毛及具柄星状毛。叶互生，稀双生，全缘，波状或各种分裂，稀为复叶	食用	种子（果实）	窄

（续表）

序号	样品编号	盟（市）	旗（县、市、区）	种质名称	种质类型	种质来源	生长习性	繁殖习性	播种期	收获期	主要特性	其他特性	主要特性详细描述	种质用途	利用部位	种质分布
2	P150207030	包头市	九原区	哈林格尔二茛茄	地方品种	当地	一年生	有性	7月下旬	10月下旬	抗病		中熟种，果实圆球形稍扁，表皮紫色，果顶部略浅，有光泽，果肉白色致密细嫩，种子较少，品质优	食用	种子（果实）	窄
3	P150221003	包头市	土默特右旗	二茛茄	地方品种	当地	一年生	有性	5月上旬	8月中旬	优质，广适		中熟种，果实圆球形稍扁，表皮紫色，果顶部略浅，有光泽。单果重750g以上，最大果实可达1 500g。果肉白色致密细嫩，种子较少，品质优，一般亩产5 000kg左右	食用	种子（果实）	广
4	P150221038	包头市	土默特右旗	美岱召茄子	地方品种	当地	一年生	有性	5月中旬	8月中旬	抗病，耐热		果实圆球形稍扁，表皮紫色，果顶部略浅，有光泽，果肉白色致密细嫩	食用	种子（果实）	广
5	P150221043	包头市	土默特右旗	紫美茄子	地方品种	当地	一年生	有性	5月上旬	8月中旬	优质，抗病，耐热		果实长形，果皮黑紫色，有光泽，品质好，耐老化，抗黄萎病和绵疫病，适宜露地栽培	食用	种子（果实）	窄
6	P152223027	兴安盟	扎赉特旗	老茄子	地方品种	当地	一年生	有性	5月下旬	10月上旬	优质，耐热		老品种，能孕花单生，喜高温，喜光照，皮薄肉厚，皮为紫色，椭圆形。食用味美清甜。百姓多晒茄干，冬季做菜食用。茄秆多用来冬季泡水治冻疮效果好	食用、保健药用	种子（果实）、茎	窄

（续表）

序号	样品编号	盟（市）	旗（县、市、区）	种质名称	种质类型	种质来源	生长习性	繁殖习性	播种期	收获期	主要特性	其他特性	主要特性详细描述	种质用途	利用部位	种质分布
7	P152224034	兴安盟	突泉县	本地绿皮茄子	地方品种	当地	一年生	有性	5月上旬	8月上旬	高产，优质，抗病，耐涝，其他			食用、保健药用，其他	种子（果实）	窄
8	P150523068	通辽市	开鲁县	永进绿茄	地方品种	当地	一年生	有性	4月中旬	8月中旬	高产，优质，抗病，抗旱，耐贫瘠		多年留种育成品质优良农家种。紫花、果实皮薄、口感好	食用，其他	种子（果实）	窄
9	P150502108	通辽市	科尔沁区	园头茄子	地方品种	当地	一年生	有性	4月中旬	7月中旬	高产，优质，抗病，抗旱，耐寒		经过多年留种选育而成的优良农家种。营养丰富，含有蛋白质、脂肪、碳水化合物、维生素以及钙、磷、铁等多种营养成分	食用	种子（果实）	窄
10	P150802016	巴彦淖尔市	临河区	白茄子	地方品种	当地	一年生	有性	5月上旬	9月下旬	高产，优质，抗病，抗虫，耐贫瘠，耐热		直立分枝草本，株高0.6m，小枝，叶柄有分枝，小枝多为绿色。叶大，长圆状卵形，叶柄长约5cm。果长圆形状，颜色有白色	食用	种子（果实）	窄
11	P150303004	乌海市	海南区	瓜茄	地方品种	当地	一年生	有性	2月中旬	7月上旬	高产，优质，抗虫		果椭圆形，皮紫色，单果较大	食用	种子（果实）	窄

（续表）

序号	样品编号	盟（市）	旗（县、市、区）	种质名称	种质类型	种质来源	生长习性	繁殖习性	播种期	收获期	主要特性	其他特性	主要特性详细描述	种质用途	利用部位	种质分布
12	P152921029	阿拉善盟	阿拉善左旗	牛心茄	地方品种	当地	一年生	有性	5月上旬	6月下旬	高产，优质，抗病，耐盐碱，抗旱，耐贫瘠			食用、保健药用	种子（果实）、根、茎、叶	窄
13	P152921043	阿拉善盟	阿拉善左旗	长茄子	地方品种	当地	一年生	有性	4月下旬	9月下旬	抗病，耐寒，耐贫瘠		株高43～59cm，叶柄及花梗均被6～10个分枝，平贴或具短柄的星状茸毛，小枝多为紫色，渐老则毛被逐渐脱落。叶小，长圆状卵形，叶柄长。能孕花单生，花柄长1～1.8cm，毛被较密。果长形弯曲，红色、紫色	食用	种子（果实）	广
14	P150703058	呼伦贝尔市	扎赉诺尔区	农家老来黄茄子	地方品种	当地	一年生	有性	5月上旬	7月上旬	优质，抗病，耐寒	茄味浓香，口感好	株高70cm左右，果长圆形，浅紫色，稍有弯曲。种子扁圆形，黄色。千粒重2.1g	食用	种子（果实）	窄
15	P150724064	呼伦贝尔市	鄂温克族自治旗	农家茄子	地方品种	当地	一年生	有性	5月上旬	7月上旬	优质，抗病，耐寒	早熟，茄味浓香，口感好	株高70cm左右，直立，上部分枝较多，光滑，紫绿色。星状茸毛，柱头浅裂。果长圆形，浅紫色，稍有弯曲。种子扁圆形，黄色。千粒重2.2g	食用	种子（果实）	窄

14. 苏子种质资源目录

苏子（*Perilla frutescens*）是唇形科（Labiatae）紫苏属（*Perilla*）一年生或多年生草本植物，具有特殊芳香。有紫苏和白苏之分，紫苏多为药用，白苏既可食用也可榨油，以白苏种植为多。共计收集到种质资源13份，分布在5个盟（市）的11个旗（县、市、区）（表3-14）。

表3-14 苏子种质资源目录

序号	样品编号	盟（市）	旗（县、市、区）	种质名称	种质类型	种质来源	生长习性	繁殖习性	播种期	收获期	主要特性	其他特性	主要特性详细描述	种质用途	利用部位	种质分布
1	P150122034	呼和浩特市	托克托县	苏子	地方品种	当地	一年生	有性	4月下旬	9月中旬	优质，抗病，抗旱，耐贫瘠		对土壤要求不严	食用、加工原料	种子（果实）	广
2	P152221014	兴安盟	科尔沁右翼前旗	野苏子	地方品种	当地	多年生	有性	4月下旬	9月下旬	优质，耐贫瘠		本地的一种特殊调味料，常用于炖肉和其他面食制品，味道好，而且更耐贫瘠，在山坡岗地均有野生资源	食用、保健药用	种子（果实）、叶	窄
3	P152224004	兴安盟	突泉县	紫苏子	地方品种	当地	一年生	有性	4月中旬	10月下旬	高产，优质，抗旱，其他	具有特殊芳香。茎直立，多分枝，紫色、绿紫色或绿色，钝四棱形，密被长柔毛	降气消痰，止咳平喘，润肠通便。用于痰壅气逆、咳嗽气喘、肠燥便秘	食用	种子（果实）、叶	窄
4	P150523036	通辽市	开鲁县	苏子	地方品种	当地	一年生	有性	5月上旬	9月下旬	高产，优质，抗病，抗旱，耐寒，耐贫瘠		农家多年种植品种	食用、加工原料，其他	种子（果实）、叶	窄

（续表）

序号	样品编号	盟（市）	旗（县、市、区）	种质名称	种质类型	种质来源	生长习性	繁殖习性	播种期	收获期	主要特性	其他特性	主要特性详细描述	种质用途	利用部位	种质分布
5	P150502032	通辽市	科尔沁区	白苏子	地方品种	当地	一年生	有性	4月中旬	9月下旬	高产，优质，抗虫，抗病，抗旱		经过多年留种选育而成的农家种。叶片宽大肉厚，是蒸豆包垫底的好原料，嫩叶是腌咸菜的调剂原料，籽粒食用醇香	食用，其他	种子（果实）、叶	窄
6	P150502114	通辽市	科尔沁区	豆包苏子	地方品种	当地	一年生	有性	5月上旬	9月下旬	高产，优质，抗病，抗虫，抗旱，耐寒，耐贫瘠		多年种植农家品种，叶片大，蒸豆包垫底的好材料，籽粒也可食用	食用，其他	种子（果实）、叶	窄
7	P150502117	通辽市	科尔沁区	包宝绿苏子	地方品种	当地	一年生	有性	5月上旬	9月下旬	优质，抗病，抗虫，抗旱，耐寒，耐贫瘠		多年种植农家品种，籽粒颜色不一致，紫色中有少量白色粒	食用，其他	种子（果实）、叶	窄
8	P150522071	通辽市	科尔沁左翼后旗	白苏子	地方品种	当地	一年生	有性	5月上旬	9月下旬	高产，优质，抗虫，抗病，抗旱，耐贫瘠		经过多年留种选育而成的农家种。叶片宽大肉厚，是蒸豆包垫底的好原料，嫩叶是腌咸菜的调剂原料，籽粒食用醇香	食用，其他	种子（果实）、叶	窄
9	P150581048	通辽市	霍林郭勒市	灰苏子	地方品种	当地	一年生	有性	5月中旬	9月下旬	优质，抗虫，耐寒，耐贫瘠		农家品种，食用香味浓烈，叶片肥大，是蒸豆包垫底的好材料	食用，其他	种子（果实）、叶	窄
10	P150422034	赤峰市	巴林左旗	黑苏子	地方品种	当地	一年生	有性	5月中旬	7月中旬	优质，抗病，抗旱，耐贫瘠			食用，其他	种子（果实）、茎、叶	窄

（续表）

序号	样品编号	盟（市）	旗（县、市、区）	种质名称	种质类型	种质来源	生长习性	繁殖习性	播种期	收获期	主要特性	其他特性	主要特性详细描述	种质用途	利用部位	种质分布
11	P150429073	赤峰市	宁城县	苏籽	地方品种	当地	一年生	有性	5月中旬	9月中旬				食用	种子（果实）	窄
12	P150721038	呼伦贝尔市	阿荣旗	农家赤苏	地方品种	当地	一年生	有性	5月中旬	9月中旬	优质，抗病，广适		株高常超过1m；茎绿色，方柱形，被长柔毛。叶对生，草质，阔卵形或近圆形，叶上面绿紫色，叶下面紫色。长7~13cm，宽4.5~10cm，顶端短尖或骤尖，被疏柔毛，叶柄长3~5cm。花7月下旬开放，紫红色，排成腋生、密花、偏侧的总状花序。籽粒圆形，褐色。千粒重1.1g	食用、保健药用、加工原料	种子（果实）、叶	广
13	P150783002	呼伦贝尔市	扎兰屯市	朝鲜苏子	地方品种	国外	一年生	有性	5月中旬	9月下旬	高产，优质，耐寒		全生育期120d左右。株高200cm左右，叶对生，绿色，茎直立，抗倒性好，多分枝，花萼钟状，花冠唇形。叶片可直接食用和用来腌制朝鲜族苏子叶咸菜，种子可榨油。该品种叶片产量较高，食用味道较好	食用、加工原料	种子（果实）、叶	窄

15. 蔓菁种质资源目录

蔓菁（*Brassica rapa*）是十字花科（Brassicaceae）芸薹属（*Brassica*）二年生草本植物。根以及叶子都可食用，肥大的肉质根柔嫩、致密，供炒食、煮食或腌渍。共计收集到种质资源11份，分布在4个盟（市）的9个旗（县、市、区）（表3-15）。

表3-15　蔓菁种质资源目录

序号	样品编号	盟（市）	旗（县、市、区）	种质名称	种质类型	种质来源	生长习性	繁殖习性	播种期	收获期	主要特性	其他特性	主要特性详细描述	种质用途	利用部位	种质分布
1	P150202028	包头市	东河区	东河白蔓菁	地方品种	当地	二年生	有性	5月下旬	8月中旬	优质，抗病，广适，耐寒		叶片上面有少数散生刺毛，下面有白色尖锐刺毛；总状花序顶生；萼片长圆形，花瓣鲜黄色，长角果线形，种子球形	食用	根	广
2	P150207010	包头市	九原区	白蔓菁	地方品种	当地	二年生	有性	7月下旬	9月下旬	高产，优质，广适	口感好，商品性好	株高可达100cm；块根肉质，球形、扁形或长圆形，外皮白色、根肉质白色	食用	根	广
3	P150207011	包头市	九原区	蔓菁	地方品种	当地	二年生	有性	7月下旬	9月下旬	高产，优质，广适	口感好，商品性好	叶片上面有少数散生刺毛，下面有白色尖锐刺毛；叶柄有小裂片；总状花序顶生；萼片长圆形，花瓣鲜黄色，倒披针形，长角果线形，种子球形	食用	根	广
4	P150223030	包头市	达尔罕茂明安联合旗	达茂芜菁	地方品种	当地	二年生	有性	5月中旬	10月中旬	优质，抗病，广适		株高可达100cm；块根肉质，无辣味；茎直立，基生叶片大头羽裂或为复叶，顶裂片或小叶很大，边缘波状或浅裂，上面有少数散生刺毛，下面有白色尖锐刺毛；总状花序顶生；萼片长圆形，花瓣鲜黄色，倒披针形，长角果线形	食用	根	广

（续表）

序号	样品编号	盟（市）	旗（县、市、区）	种质名称	种质类型	种质来源	生长习性	繁殖习性	播种期	收获期	主要特性	其他特性	主要特性详细描述	种质用途	利用部位	种质分布
5	P150822045	巴彦淖尔市	磴口县	磴口蔓菁	地方品种	当地	二年生	有性	7月下旬	10月中旬	广适，耐寒			食用	种子（果实）	广
6	P150824036	巴彦淖尔市	乌拉特中旗	乌加河蔓菁	地方品种	当地	二年生	有性	4月下旬	6月下旬	高产，优质，抗病，耐寒，耐涝，耐贫瘠		块茎可以腌制酸菜，也可作饲料，促进当地农牧业发展	饲用	根、茎、叶	广
7	P150825067	巴彦淖尔市	乌拉特后旗	巴音蔓菁	地方品种	当地	二年生	无性	3月上旬	6月下旬	广适		块根熟食或用来泡酸菜，或作饲料。高寒山区用以代粮	食用、保健药用、加工原料	种子（果实）	广
8	P150303009	乌海市	海南区	蔓菁	地方品种	当地	二年生	有性	8月上旬	10月上旬	优质，抗病，抗虫，耐盐碱，耐寒		根短圆锥形，扁球形，肉质柔软致密，肥大	食用	根	窄
9	P150303018	乌海市	海南区	青蔓菁	地方品种	当地	二年生	有性	7月中旬	10月上旬	高产，优质，抗病，抗虫，耐盐碱，广适，耐寒		根短圆锥形，扁球形，肉质柔软致密，肥大	食用	根	广
10	P150304007	乌海市	乌达区	乌达脆甜蔓菁	地方品种	当地	二年生	有性	7月中旬	10月上旬	高产，优质，抗虫，耐盐碱，抗旱，耐寒，耐贫瘠		性喜冷凉，不耐暑热，生育适温15～22℃。块根肉质呈白色或黄色，球形、扁圆形或有时长椭圆形，须根多生于块根下的直根上。球根成熟后脆嫩多汁	食用、饲用、加工原料	茎、叶，其他	广
11	P152921022	阿拉善盟	阿拉善左旗	饲用蔓菁	地方品种	当地	二年生	有性	7月中旬	10月上旬	高产，抗病，抗旱，耐寒，耐贫瘠			饲用	根	窄

16. 芹菜种质资源目录

芹菜（*Apium graveolens*）是伞形科（Apiaceae）芹属（*Apium*）一年生至多年生草本植物，我国南北各地均有栽培，供作蔬菜。果实可提取芳香油，作调合香精。共计收集到种质资源10份，分布在7个盟（市）的10个旗（县、市、区）（表3-16）。

表3-16　芹菜种质资源目录

序号	样品编号	盟（市）	旗（县、市、区）	种质名称	种质类型	种质来源	生长习性	繁殖习性	播种期	收获期	主要特性	其他特性	主要特性详细描述	种质用途	利用部位	种质分布
1	P150524042	通辽市	库伦旗	本地芹菜	地方品种	当地	一年生	有性	4月中旬	7月中旬	高产，优质，抗虫，抗病		香气浓、脆而嫩	食用	茎、叶	窄
2	P150422011	赤峰市	巴林左旗	大白根	地方品种	当地	一年生	有性	5月上旬	9月下旬	优质，耐贫瘠			食用	茎	窄
3	P152526019	锡林郭勒盟	西乌珠穆沁旗	山芹菜	野生资源	当地	二年生	有性	5月上旬	9月下旬	耐寒	祛肾寒，敛黄水	茎直立，多分枝，下部被长柔毛；叶三至四回羽状全裂；复伞形花序；花小，花瓣5，白色	食用、饲用、保健药用	根、茎、叶	窄
4	P150923036	乌兰察布市	商都县	本地胡芹	地方品种	当地	二年生	有性	4月中旬	9月中旬	抗病，抗旱，耐寒，耐贫瘠，耐热			食用	茎、叶	窄
5	P150927032	乌兰察布市	察哈尔右翼中旗	芹菜	地方品种	当地	一年生	有性	5月中旬	8月中旬	优质		茎具匍匐性，走茎发达，茎细长，花分散于走茎的叶腋处，秆为实秆	食用	茎	广
6	P150821002	巴彦淖尔市	五原县	实秆芹菜	地方品种	当地	一年生	有性	4月中旬	7月上旬	高产，优质		株高80cm左右，茎秆细长，颜色深绿，实心，腹沟宽而浅，叶为二回羽状复叶，生长速度快，辛香味浓，抗热耐低温，抗病性强，适应性广，生育期80d左右，亩产2 500kg左右	食用、保健药用	种子（果实）	窄

（续表）

序号	样品编号	盟（市）	旗（县、市、区）	种质名称	种质类型	种质来源	生长习性	繁殖习性	播种期	收获期	主要特性	其他特性	主要特性详细描述	种质用途	利用部位	种质分布
7	P152921039	阿拉善盟	阿拉善左旗	小芹菜	地方品种	当地	二年生	有性	4月下旬	10月上旬	抗病，抗虫，耐盐碱，耐寒，耐贫瘠	口感好，味浓	根系较发达，为浅根性蔬菜，植株矮小。茎秆细、叶小，耐旱	食用	根、茎、叶	窄
8	P150782029	呼伦贝尔市	牙克石市	农家实心芹菜	地方品种	当地	一年生	有性	5月上旬	6月下旬	高产，优质，抗病，广适	耐寒，耐储，抗叶斑病	茎直立，高达80cm以上，绿色，具棱条。伞形花序几乎无柄，具6~12个伞梗，无总苞及小总苞，花白色，萼齿不明显。果实小，卵状球形。叶暗绿色，单羽裂或二回羽裂，小叶有柄或无柄，边缘缺刻状，具齿牙。叶柄较长，40~50cm，白绿色，髓腔很小，腹沟深而窄。适宜陆地和保护地栽培	食用	叶	广
9	P150726040	呼伦贝尔市	新巴尔虎左旗	农家空心脆芹菜	地方品种	当地	一年生	有性	4月上旬	6月下旬	高产，优质，抗病	耐寒，耐储，抗叶斑病	茎直立，高达80cm左右，绿色，具棱条。伞形花序几乎无柄，具6~12个伞梗，无总苞及小总苞，花白色，萼齿不明显。叶暗绿色，单羽裂或二回羽裂，小叶有柄，边缘缺刻状，具齿牙。叶柄较长，40~50cm，白绿色，髓腔较大，腹沟浅而宽。果实小，卵状球形。千粒重0.4g	食用	叶	窄

（续表）

序号	样品编号	盟（市）	旗（县、市、区）	种质名称	种质类型	种质来源	生长习性	繁殖习性	播种期	收获期	主要特性	其他特性	主要特性详细描述	种质用途	利用部位	种质分布
10	P150781022	呼伦贝尔市	满洲里市	浪峰芹菜	选育品种	当地	一年生	有性	4月中旬	8月上旬	耐寒，耐弱光			食用	茎、叶	广

17. 大白菜种质资源目录

大白菜（*Brassica pekinensis*）是十字花科（Brassicaceae）芸薹属（*Brassica*）二年生草本植物。白菜的鲜叶和根可入药，中药名为黄芽白菜，具有通利肠胃、养胃和中、利小便的功效。共计收集到种质资源8份，分布在5个盟（市）的7个旗（县、市、区）（表3-17）。

表3-17 大白菜种质资源目录

序号	样品编号	盟（市）	旗（县、市、区）	种质名称	种质类型	种质来源	生长习性	繁殖习性	播种期	收获期	主要特性	其他特性	主要特性详细描述	种质用途	利用部位	种质分布
1	P150202015	包头市	东河区	老东河大白菜	地方品种	当地	二年生	有性	5月中旬	9月中旬	高产，优质	中熟	无毛或有单毛；根细或成呈块状。基生叶常呈莲座状，茎生有柄或抱茎。总状花序伞房状，结果时伸长；花中等大，黄色，少数白色；萼片近相等，内轮基部囊状；侧蜜腺柱状，中蜜腺近球形、长圆形或丝状。子房有5～45个胚珠。长角果线形或长圆形，圆筒状，少有近压扁，常稍扭曲，喙多为锥状，喙部有1～3粒种子或无种子；果瓣无毛，有1明显中脉，柱头头状，近2裂；隔膜完全，透明。种子每室1行，球形或少数卵形，棕色，子叶对折	食用	茎、叶	窄

（续表）

序号	样品编号	盟（市）	旗(县、市、区)	种质名称	种质类型	种质来源	生长习性	繁殖习性	播种期	收获期	主要特性	其他特性	主要特性详细描述	种质用途	利用部位	种质分布
2	P150927023	乌兰察布市	察哈尔右翼中旗	二黄白	地方品种	当地	二年生	有性	5月中旬	9月下旬	优质		全株稍有白粉，无毛，有时叶下面中脉上有少数刺毛。基生叶大，倒卵状长圆形至倒卵形，顶端圆钝，边缘皱缩，波状，有时具不显明牙齿，中脉白色，很宽；有多数粗壮的侧脉，叶柄白色，扁平，边缘有具缺刻的宽薄翅；上部茎生叶长圆状卵形、长圆披针形至长披针形，顶端圆钝至短急尖，全缘或有裂齿，有柄或抱茎，耳状，有粉霜	食用	种子(果实)、茎、叶	广
3	P150927036	乌兰察布市	察哈尔右翼中旗	青麻叶	地方品种	当地	二年生	有性	6月上旬	10月中旬	优质		包心呈现为圆形直筒形状，叶子竖直向上生长。叶色深绿，叶面皱缩，叶缘锯齿状	食用	茎、叶	广
4	P150621030	鄂尔多斯市	达拉特旗	兴源大白菜	地方品种	当地	二年生	有性	7月下旬	10月上旬	高产，优质，抗病，耐盐碱，耐贫瘠		适合达拉特旗沿滩地区小麦收获后复种	食用、饲用	茎	广
5	P150822051	巴彦淖尔市	磴口县	磴口青麻叶	地方品种	当地	二年生	有性	7月中旬	10月下旬	优质，广适，耐寒			食用	种子(果实)、茎、叶	广

（续表）

序号	样品编号	盟（市）	旗（县、市、区）	种质名称	种质类型	种质来源	生长习性	繁殖习性	播种期	收获期	主要特性	其他特性	主要特性详细描述	种质用途	利用部位	种质分布
6	P150702033	呼伦贝尔市	海拉尔区	农家长白菜	地方品种	当地	二年生	有性	6月下旬	9月下旬	高产，优质，抗病，广适	益胃生津，清热除烦。主治通利肠胃，除胸烦，解酒毒	高桩直筒形，株高40～60cm，常全株无毛，叶柄宽，肉质状，有时叶下面中脉上有少数刺毛。供腌制食用，耐储存。花茎高80～120cm，上部叶抱茎，无叶柄；茎粗1.2～1.5cm，瓣长9～12mm，花黄色，植株绿色。荚果，含8～15粒种子，种子卵圆形、褐色。千粒重1.9g	食用、饲用	叶	广
7	P150722045	呼伦贝尔市	莫力达瓦达斡尔族自治旗	二牛心白菜	地方品种	当地	二年生	有性	7月中旬	9月下旬	高产，优质，抗病	益胃生津，清热除烦。主治通利肠胃，除胸烦，解酒毒	制种株高1.5m左右，花黄色，角果，籽粒卵圆形，红褐色，千粒重1.9g。食用株高45cm左右，常全株无毛，有时叶下面中脉上有少数刺毛。以柔嫩的叶球、莲座叶供食用	食用、饲用	叶	窄
8	P150725042	呼伦贝尔市	陈巴尔虎旗	农家大青帮白菜	地方品种	当地	二年生	有性	7月上旬	9月下旬	高产，优质，抗病	耐存储	制种株高1.5m左右，花黄色，角果，籽粒卵圆形，红褐色，千粒重1.8g。食用株高35cm左右，常全株无毛，叶柄浅绿色	食用、饲用	叶	窄

18. 芥菜（根用芥菜、叶用芥菜、籽用芥菜）种质资源目录

芥菜（*Brassica juncea*）是十字花科（Brassicaceae）芸薹属（*Brassica*）二年生草本植物。芥菜的食用部位是肥嫩的花薹和嫩叶，芥菜也被用于炒食、煮汤等，风味独特，而且芥菜有一种特殊的香气，可以促进人体的新陈代谢。共计收集到种质资源24份，分布在9个盟（市）的15个旗（县、市、区）（表3-18）。

表3-18　芥菜种质资源目录

序号	样品编号	盟（市）	旗(县、市、区)	种质名称	种质类型	种质来源	生长习性	繁殖习性	播种期	收获期	主要特性	其他特性	主要特性详细描述	种质用途	利用部位	种质分布
1	P150104014	呼和浩特市	玉泉区	小花缨芥菜	地方品种	当地	二年生	有性	5月下旬	8月下旬	高产，优质，抗病，广适		株高可达150cm，幼茎及叶具刺毛，有辣味；茎直立，肉质根圆锥形，单株重250g左右，肉质根1/2露出地面，出土部分为绿色，表面光滑，肉质细密，品质好，是食叶和加工腌渍的理想品种	食用、饲用	根、茎、叶	广
2	P150104019	呼和浩特市	玉泉区	蔓菁	地方品种	当地	二年生	有性	5月下旬	8月中旬	高产，优质，抗病，广适		株高可达100cm，块根肉质，球形、扁圆形或长圆形，外皮白色、黄色或红色，根肉质白色或黄色，无辣味	食用、饲用	根、茎、叶	广
3	P150207006	包头市	九原区	牛毛芥菜	地方品种	当地	二年生	有性	7月下旬	9月下旬	高产，优质，抗病，广适，耐寒	口感好，商品性好	株高可达150cm，幼茎及叶具刺毛，有辣味；茎直立，叶片柄具小裂片；茎下部叶较小，边缘有缺刻或牙齿，茎上部叶窄披针形，边缘具不明显疏齿或全缘。总状花序顶生，花后延长；花黄色，萼片淡黄色，长圆状椭圆形，直立开展；花瓣倒卵形，长角果线形，种子球形，紫褐色	食用	根	广

（续表）

序号	样品编号	盟（市）	旗（县、市、区）	种质名称	种质类型	种质来源	生长习性	繁殖习性	播种期	收获期	主要特性	其他特性	主要特性详细描述	种质用途	利用部位	种质分布
4	P150207009	包头市	九原区	大牛毛芥菜	地方品种	当地	二年生	有性	7月下旬	9月下旬	高产，优质，抗病，广适，耐寒		株高可达150cm，幼茎及叶具刺毛，有辣味；茎直立，叶片柄具小裂片；茎下部叶较小，边缘有缺刻或牙齿，茎上部叶窄披针形，边缘具不明显疏齿或全缘。总状花序顶生，花后延长；花黄色，萼片淡黄色，长圆状椭圆形，直立开展；花瓣倒卵形，长角果线形，种子球形，紫褐色	食用	根	广
5	P150207013	包头市	九原区	花叶牛毛芥菜	地方品种	当地	二年生	有性	7月下旬	9月下旬	优质，广适	口感好，商品性好	株高30～150cm，常无毛，带粉霜，有辣味；茎直立，有分枝；基生叶宽卵形至倒卵形，顶端圆钝，基部楔形，边缘均有缺刻或牙齿，具小裂片；茎下部叶较小，不抱茎；茎上部叶窄	食用	根	广
6	P150207036	包头市	九原区	金皇后	地方品种	当地	二年生	有性	5月中旬	9月中旬	抗病		茎直立，叶片柄具小裂片；茎下部叶较小，边缘有缺刻或牙齿，茎上部叶窄披针形，边缘具不明显疏齿或全缘。总状花序顶生，花后延长；花黄色，萼片淡黄色，长圆状椭圆形，直立开展；花瓣倒卵形，长角果线形，种子球形，紫褐色	食用	茎	窄
7	P150207039	包头市	九原区	光头芥菜	地方品种	当地	二年生	有性	7月下旬	9月下旬	高产，优质，抗病，广适，耐寒	口感好，商品性好	茎下部叶较小，边缘有缺刻或牙齿，茎上部叶窄披针形，边缘具不明显疏齿或全缘。总状花序顶生，花后延长；花黄色，萼片淡黄色，长圆状椭圆形，直立开展；花瓣倒卵形，长角果线形，种子球形，紫褐色	食用	根	广

（续表）

序号	样品编号	盟（市）	旗（县、市、区）	种质名称	种质类型	种质来源	生长习性	繁殖习性	播种期	收获期	主要特性	其他特性	主要特性详细描述	种质用途	利用部位	种质分布
8	P150223028	包头市	达尔罕茂明安联合旗	达茂芥菜	地方品种	当地	二年生	有性	5月中旬	10月中旬	优质，抗病，广适		株高30～150cm，幼茎及叶片具有刺毛和辣味，基生叶呈宽卵形至倒卵形，长15～35cm，顶端圆钝，基部呈楔形；茎下部的叶片较小，边缘有缺刻，茎上部的叶片为披针形，边缘具有不明显的疏齿或全缘	食用	根、茎	广
9	P150502047	通辽市	科尔沁区	花叶芥菜	地方品种	当地	二年生	有性	5月中旬	9月下旬	高产，优质，抗病，抗旱		经过多年留种选育而成的优良农家种。块根盐腌或酱渍供食用	食用	根、叶	窄
10	P150403034	赤峰市	元宝山区	芥菜	地方品种	当地	二年生	有性	7月中旬	10月中旬	高产，耐寒		叶子小，口感好	食用	根	窄
11	P150422014	赤峰市	巴林左旗	芥蒿菜	地方品种	当地	二年生	有性	5月上旬	9月下旬	优质，耐贫瘠			食用	叶	窄
12	P150422016	赤峰市	巴林左旗	小叶芥菜	地方品种	当地	二年生	有性	5月上旬	9月下旬	高产，优质，耐贫瘠			食用	茎	窄
13	P150422031	赤峰市	巴林左旗	雪里红	地方品种	当地	二年生	有性	7月下旬	9月下旬	优质，抗病，抗旱，耐贫瘠			食用	茎、叶	窄
14	P150922013	乌兰察布市	化德县	花叶芥菜	地方品种	当地	二年生	有性	6月下旬	9月上旬				食用	根	窄

（续表）

序号	样品编号	盟（市）	旗（县、市、区）	种质名称	种质类型	种质来源	生长习性	繁殖习性	播种期	收获期	主要特性	其他特性	主要特性详细描述	种质用途	利用部位	种质分布
15	P150923035	乌兰察布市	商都县	本地芥菜	地方品种	当地	二年生	有性	5月中旬	9月中旬	高产，抗病，抗旱，耐寒，耐贫瘠，耐热			饲用	茎、叶	窄
16	P150927025	乌兰察布市	察哈尔右翼中旗	芥菜	地方品种	当地	二年生	有性	5月中旬	8月中旬	优质		株高30～150cm，常无毛，有时幼茎及叶具刺毛，带粉霜，有辣味；茎直立，有分枝。基生叶宽卵形至倒卵形，顶端圆钝，基部楔形，总状花序顶生，花后延长；花黄色，种子球形	食用	种子（果实）、根	广
17	P150822049	巴彦淖尔市	磴口县	磴口芥菜	地方品种	当地	二年生	有性	7月中旬	10月下旬	优质，广适，耐寒			食用	种子（果实）	广
18	P150822052	巴彦淖尔市	磴口县	磴口雪里蕻	地方品种	当地	二年生	有性	7月下旬	10月中旬	优质，广适，耐寒			食用	种子（果实）	广
19	P150303028	乌海市	海南区	东农花叶芥菜	地方品种	当地	二年生	有性	5月中旬	10月中旬	抗病，抗虫，耐盐碱，抗旱，广适，耐寒，耐贫瘠，耐热			食用、保健药用	根、茎、叶	广

（续表）

序号	样品编号	盟（市）	旗（县、市、区）	种质名称	种质类型	种质来源	生长习性	繁殖习性	播种期	收获期	主要特性	其他特性	主要特性详细描述	种质用途	利用部位	种质分布
20	P152921045	阿拉善盟	阿拉善左旗	芥末	地方品种	当地	二年生	有性	4月下旬	6月中旬	抗病，耐寒，耐贫瘠		株高50～150cm，茎有分枝，基生叶长15～35cm，宽5～17cm，先端圆钝，不分裂或大头羽裂，边缘有缺刻。籽粒黄色或黑色	食用	种子（果实）	窄
21	P150727036	呼伦贝尔市	新巴尔虎右旗	农家芥菜	地方品种	当地	二年生	有性	7月上旬	9月下旬	高产，优质，抗病，广适		植体灰绿色，花黄色，茎粗1.5～2cm。叶片羽状分裂，边缘有不整齐的大牙齿或缺刻，茎上部无叶柄，不抱茎。	食用	叶	广
22	P150783040	呼伦贝尔市	扎兰屯市	雪里红	地方品种	当地	二年生	有性	7月中旬	9月上旬	高产，优质，抗病，广适	传统腌制菜，口感好，美食	花黄色，茎粗1.5cm左右。叶片羽状深分裂，边缘不整齐，叶片绿色，有辛辣味。叶片高度30～40cm。直根系，不膨大，较细，不食用。种子卵圆形，褐红色，千粒重1.8g	食用	叶	广
23	P150783047	呼伦贝尔市	扎兰屯市	农家大根头芥菜	地方品种	当地	二年生	有性	7月上旬	9月下旬	高产，优质，抗病，广适	耐存储	植体灰绿色，花黄色，茎粗1.5～2cm。叶片羽状分裂，边缘有不整齐的大牙齿或缺刻，茎上部无叶柄，不抱茎。叶片高度30～50cm，叶片不食用。块根较大，卵圆形，有辣味。种子卵圆形，褐色，千粒重1.5g	食用	叶	广
24	P150781024	呼伦贝尔市	满洲里市	特选小花缨	选育品种	当地	二年生	有性	7月下旬	9月下旬	耐寒			食用	根、茎	广

19. 莴苣种质资源目录

莴苣（*Lactuca sativa*）是菊科（Asteraceae）莴苣属（*Lactuca*）一年生或二年生草本植物。茎叶均可食用，莴苣中含有多种维生素和矿物质，具有调节神经系统功能的作用，可做家常菜食用。共计收集到种质资源14份，分布在8个盟（市）的12个旗（县、市、区）（表3-19）。

表3-19 莴苣种质资源目录

序号	样品编号	盟（市）	旗(县、市、区)	种质名称	种质类型	种质来源	生长习性	繁殖习性	播种期	收获期	主要特性	其他特性	主要特性详细描述	种质用途	利用部位	种质分布
1	P150121048	呼和浩特市	土默特左旗	生菜	地方品种	当地	一年生	有性	5月下旬	6月下旬	优质，抗病，抗虫，耐盐碱，抗旱，广适，耐寒，耐贫瘠		可在大棚或露地种植，生长周期短	食用	茎、叶	广
2	P150205005	包头市	石拐区	石拐莴苣	地方品种	当地	一年生	有性	5月上旬	8月上旬	优质，广适		叶色较绿，叶披针形，叶柄色绿，结球性散生，肉质茎皮颜色绿，肉质茎肉颜色翠绿，种皮黑褐色，形态一致性好	食用	叶	广
3	P150206004	包头市	白云区	白云生菜	地方品种	当地	一年生	有性	5月上旬	6月中旬	优质，广适		植株生长紧密。散叶型，叶片多皱，倒卵形，叶缘波状，叶色嫩绿。生长速度快，生育期45d左右，品质甜脆，无纤维，不易抽薹。抗叶灼病，耐寒性强	食用	叶	广
4	P150526024	通辽市	扎鲁特旗	抱心生菜	地方品种	当地	一年生	有性	5月上旬	6月下旬	高产，优质，抗虫，抗旱，耐寒		多年留种选育而成的品质优良农家种。茎直立，单生，上部圆锥状花序分枝，全部茎枝白色。基生叶及下部茎叶大，不分裂。根系发达，叶面有蜡质，耐旱力颇强，但在肥沃湿润的土壤上栽培，产量高，品质好。不结球。基生叶叶片长卵圆形，叶柄较长，叶缘波状有缺刻或深裂，叶面皱缩，簇生的叶丛有如大花朵一般	食用	叶	窄

（续表）

序号	样品编号	盟（市）	旗（县、市、区）	种质名称	种质类型	种质来源	生长习性	繁殖习性	播种期	收获期	主要特性	其他特性	主要特性详细描述	种质用途	利用部位	种质分布
5	P150502119	通辽市	科尔沁区	生菜	地方品种	当地	一年生	有性	5月上旬	6月下旬	高产，优质，耐贫瘠，耐热		农家优质品种，食用品质好，脆嫩，无纤维，生、熟均宜	食用	叶	窄
6	P150403035	赤峰市	元宝山区	家生菜	地方品种	当地	一年生	有性	4月中旬	5月下旬	高产，抗病，抗虫，耐寒			食用	叶	窄
7	P150403037	赤峰市	元宝山区	苣买菜生菜	地方品种	当地	一年生	有性	4月中旬	5月下旬	高产，抗病，抗虫，耐寒			食用	叶	窄
8	P150421107	赤峰市	阿鲁科尔沁	紫生菜	地方品种	当地	一年生	有性	5月下旬	6月下旬	优质，抗病，抗虫，耐盐碱，耐寒，耐热		叶片长20cm，宽4cm，抗病虫能力强，叶片紫色，口感好	食用	叶	窄
9	P150626023	鄂尔多斯市	乌审旗	莴苣	地方品种	当地	一年生	有性	5月上旬	8月下旬	抗旱，广适，耐贫瘠，耐热			食用	茎	广
10	P150821010	巴彦淖尔市	五原县	玻璃生菜	地方品种	当地	一年生	有性	4月上旬	6月上旬	高产，优质		株高25cm左右，叶簇直立生长，叶片黄绿色，散生，倒卵形，有皱褶，带光泽，叶缘波状，中柱白色，叶群向内微抱，脆嫩爽口，品质佳。单株重350g左右，春、秋均可栽培，定植后40d采收，一般亩产1 500kg左右	食用	茎、叶	窄
11	P150821034	巴彦淖尔市	五原县	大速生菜	地方品种	当地	一年生	有性	3月上旬	5月上旬	高产，优质			食用	种子（果实）	窄
12	P152923032	阿拉善盟	额济纳旗	皱叶莴苣	地方品种	当地	一年生	有性	3月上旬	5月下旬	优质，耐寒		为农户自留种，每年少量种植。具有脆嫩爽口、略甜等特性	食用	茎、叶	窄

（续表）

序号	样品编号	盟（市）	旗（县、市、区）	种质名称	种质类型	种质来源	生长习性	繁殖习性	播种期	收获期	主要特性	其他特性	主要特性详细描述	种质用途	利用部位	种质分布
13	P150727030	呼伦贝尔市	新巴尔虎右旗	农家绿叶生菜	地方品种	当地	一年生	有性	4月中旬	5月中旬	高产，优质，广适，耐寒	含有花青素、胡萝卜素、维生素E、维生素B_1、维生素B_2、维生素B_6	茎秆粗壮。散叶，叶片皱曲，紫色美观，随收获期临近，红色逐渐加深，喜光，较耐热，成熟期早。冠毛白色，瘦果，两面各有7～8条纵肋，喙长	食用	叶	广
14	P150782032	呼伦贝尔市	牙克石市	农家紫叶生菜	地方品种	当地	一年生	有性	4月下旬	5月下旬	高产，优质，抗病，广适	含有花青素，胡萝卜素，维生素E，维生素B_1、维生素B_2、维生素B_6	茎秆粗壮。散叶，叶片皱曲，紫色美观，随收获期临近，红色逐渐加深，喜光，较耐热，成熟期早。头状花序，花白色，冠毛白色，瘦果，两面各有7～8条纵肋，喙长	食用	叶	广

20. 冬瓜种质资源目录

冬瓜（*Benincasa hispida*）是葫芦科（Cucurbitaceae）冬瓜属（*Benincasa*）一年生蔓生或架生草本植物。主要的食用部位是果实中的中果皮，冬瓜是不含脂肪的蔬菜，含糖量极低，其所含的丙醇二酸可抑制糖类物质转化为脂肪，有利水消肿的功效。共计收集到种质资源6份，分布在4个盟（市）的6个旗（县、市、区）（表3-20）。

表3-20 冬瓜种质资源目录

序号	样品编号	盟（市）	旗(县、市、区)	种质名称	种质类型	种质来源	生长习性	繁殖习性	播种期	收获期	主要特性	其他特性	主要特性详细描述	种质用途	利用部位	种质分布
1	P150207038	包头市	九原区	九原大冬瓜	地方品种	当地	一年生	有性	5月中旬	9月中旬	抗病		叶片掌状浅裂，叶柄无腺体。花大型，黄色，通常雌雄同株，单独腋生。雄花花萼筒宽钟状，裂片近叶状，有锯齿，反折；花冠辐状，雄蕊离生，着生在花被筒上，花丝短粗，花药药室多回折曲，药隔宽；退化子房腺体状。雌花花萼和花冠同雄花；子房卵珠状，胚珠多数；果实大型，具多数种子，种子圆形	食用	种子（果实）	窄
2	P150523023	通辽市	开鲁县	花纹冬瓜	地方品种	当地	一年生	有性	5月上旬	8月下旬	高产，优质，抗病，抗旱		农家品种，经过多年留种、选择育成的品质优良的资源，是一种新型珍贵的菜用瓜，外表和西瓜非常相似，但内瓤是冬瓜，有淡淡的西瓜味；绿肉实心，富含有维生素，营养十分丰富，味清香、食味鲜美。喜温暖气候，耐热，怕涝，忌低温	食用	种子（果实）	窄
3	P150524019	通辽市	库伦旗	本地冬瓜	地方品种	当地	一年生	有性	4月中旬	7月上旬	高产，优质，抗旱		果实中等	食用	种子（果实）	窄
4	P150525015	通辽市	奈曼旗	东明冬瓜	地方品种	当地	一年生	有性	5月上旬	9月中旬	高产，优质，抗旱		多年留种育成品质优良农家种。个大、皮薄	食用	种子（果实）	窄

（续表）

序号	样品编号	盟（市）	旗（县、市、区）	种质名称	种质类型	种质来源	生长习性	繁殖习性	播种期	收获期	主要特性	其他特性	主要特性详细描述	种质用途	利用部位	种质分布
5	P150430024	赤峰市	敖汉旗	冬瓜	地方品种	当地	一年生	有性	5月上旬	9月下旬			茎被白刺，有棱沟，叶片绿色，呈心脏形，沿主叶脉呈羽状缺刻，雌雄花同株，果色浅绿，有浅黄绿色斑点状花纹，果椭圆形，果实纵径29.0cm，横径23.7cm，单果重6.12kg，种子千粒重151.6g	食用	种子（果实）	窄
6	P150304002	乌海市	乌达区	冬瓜	地方品种	当地	一年生	有性	4月上旬	10月上旬	高产，抗病，抗虫，耐盐碱，抗旱，耐寒		皮厚耐光，个体适中	食用	种子（果实）	广

21. 茼蒿种质资源目录

茼蒿（*Glebionis coronaria*）是菊科（Asteraceae）茼蒿属（*Glebionis*）一年生或二年生草本植物。茼蒿含有丰富的维生素及多种氨基酸，有养心安神、降压补脑等功效。共计收集到种质资源6份，分布在5个盟（市）的6个旗（县、市、区）（表3-21）。

表3-21　茼蒿种质资源目录

序号	样品编号	盟（市）	旗（县、市、区）	种质名称	种质类型	种质来源	生长习性	繁殖习性	播种期	收获期	主要特性	其他特性	主要特性详细描述	种质用途	利用部位	种质分布
1	P150207037	包头市	九原区	茼蒿	地方品种	当地	一年生	有性	5月中旬	9月中旬	抗病		叶互生，长形羽状分裂，花黄色或白色。瘦果棱，茎叶嫩时可食，亦可入药	食用、保健药用	种子（果实）、茎、叶	窄
2	P150581044	通辽市	霍林郭勒市	茼蒿	地方品种	当地	一年生	有性	5月下旬	6月中旬	高产，优质，抗旱，耐寒		农户多年种植留种，叶互生，长形羽状分裂，主要食用嫩茎叶	食用	茎、叶	窄

（续表）

序号	样品编号	盟（市）	旗（县、市、区）	种质名称	种质类型	种质来源	生长习性	繁殖习性	播种期	收获期	主要特性	其他特性	主要特性详细描述	种质用途	利用部位	种质分布
3	P150422032	赤峰市	巴林左旗	蒿子秆	地方品种	当地	一年生	有性	5月下旬	7月中旬	优质，抗病，抗旱，耐贫瘠			食用	茎、叶	窄
4	P150821023	巴彦淖尔市	五原县	光秆茼蒿	地方品种	当地	一年生	有性	5月上旬	7月上旬	高产，优质		株高30cm左右，茎秆直立，白绿色，实心，叶小而薄，叶长12cm左右，叶缘缺刻较深，嫩株鲜绿有清香味，生长速度快，适应性广，抗逆性强，从播种到采收40d左右，亩产2 500kg左右	食用、保健药用	茎、叶	窄
5	P150703020	呼伦贝尔市	扎赉诺尔区	茼蒿	地方品种	当地	一年生	有性	5月上旬	6月中旬	高产，广适	性味甘、辛、平，无毒，有安心气，养脾胃，消痰饮，利肠胃之功效	叶互生，长形羽状分裂，花黄色或白色。瘦果棱，株高30～80cm，茎叶嫩时可食，亦可入药。各地亦有花园观赏栽培	食用	茎、叶	广
6	P150782043	呼伦贝尔市	牙克石市	农家小叶茼蒿	地方品种	当地	一年生	有性	5月上旬	6月中旬	优质，抗病，抗虫	早春蔬菜，有香味，口感好。有安心气、养脾胃、消痰饮、利肠胃之功效	株高40～50cm。叶互生，长形羽状分裂，叶片较细，茎叶嫩时可食，亦可入药。头状花序，花黄色。瘦果，黄褐色，种子扁矩形，顶端一侧具短刺。千粒重2.2g	食用	茎、叶	窄

22. 擘蓝种质资源目录

擘蓝（*Brassica caulorapa*）是十字花科（Brassicaceae）芸薹属（*Brassica*）二年生草本植物，以膨大的肉质球茎和嫩叶为食用部位，球茎脆嫩、清香爽口，嫩叶营养丰富，含钙量很高，并具有消食积、去痰的保健功效。共计收集到种质资源10份，分布在5个盟（市）的8个旗（县、市、区）（表3-22）。

表3-22　球茎甘蓝种质资源目录

序号	样品编号	盟（市）	旗（县、市、区）	种质名称	种质类型	种质来源	生长习性	繁殖习性	播种期	收获期	主要特性	其他特性	主要特性详细描述	种质用途	利用部位	种质分布
1	P150202033	包头市	东河区	大苤蓝	地方品种	当地	二年生	有性	5月下旬	10月上旬	优质，抗病，广适，耐寒		茎短，外皮通常淡绿色，内部的肉白色；花黄白色，排列成长的总状花序；子房上位，角果长圆柱形；种子小，球形，花期春季	食用	根、茎	广
2	P150223029	包头市	达尔罕茂明安联合旗	达茂大青苤	地方品种	当地	二年生	有性	5月中旬	10月中旬	优质，抗病，广适		株高30～60cm，茎短；外皮通常淡绿色，内部的肉白色；叶长20～40cm，叶片卵形或卵状矩圆形；花黄白色，排列成长的总状花序；子房上位，角果长圆柱形；种子小，球形，花期春季	食用	根、茎	广
3	P150223042	包头市	达尔罕茂明安联合旗	达茂青苤蓝	地方品种	当地	二年生	有性	5月中旬	10月中旬	优质，抗病，广适		外皮通常淡绿色，内部的肉白色；叶片卵形或卵状矩圆形；花黄白色，排列成长的总状花序；子房上位，角果长圆柱形；种子小，球形，花期春季	食用	根、茎	广
4	P150207002	包头市	九原区	兰桂芋头	其他	外地	二年生	有性	4月下旬	9月下旬	高产，优质	口感好、商品性好		食用	茎	窄
5	P150207005	包头市	九原区	板芋头	地方品种	当地	二年生	有性	4月下旬	9月下旬	高产，优质，抗病，耐寒	口感好，商品性好		食用	茎	窄

（续表）

序号	样品编号	盟（市）	旗（县、市、区）	种质名称	种质类型	种质来源	生长习性	繁殖习性	播种期	收获期	主要特性	其他特性	主要特性详细描述	种质用途	利用部位	种质分布
6	P150221034	包头市	土默特右旗	土右甘蓝	地方品种	当地	二年生	有性	7月下旬	9月下旬	抗旱，耐贫瘠，耐热		下部叶大，大头羽状深裂，有柄；顶裂片大，顶端圆形，抱茎，所有叶肉质	食用	茎、叶	窄
7	P152628025	乌兰察布市	丰镇市	黑金圆白菜	地方品种	当地	二年生	有性	4月下旬	9月中旬	高产，优质，抗病，抗虫，抗旱，耐贫瘠		株高约30cm，外表乳白色，籽粒黑小，色泽光亮	食用	茎、叶	窄
8	P150822046	巴彦淖尔市	磴口县	磴口芋头	地方品种	当地	二年生	有性	7月下旬	10月下旬	优质，耐涝		株高30～60cm	食用、保健药用	种子（果实）	广
9	P152921026	阿拉善盟	阿拉善左旗	茄莲	地方品种	当地	二年生	有性	5月上旬	9月下旬	高产，抗病，耐盐碱，耐贫瘠		株高30～60cm。全株光滑无毛，茎短，离地面2～4cm	食用、饲用、加工原料	根	窄
10	P150726042	呼伦贝尔市	新巴尔虎左旗	农家绿苤蓝	地方品种	当地	二年生	有性	6月下旬	9月下旬	优质，抗病，耐寒	抗逆性较强，可鲜食、熟食或腌制	株高50cm左右。种子小，球形，千粒重2g	食用	茎	窄

23. 不结球白菜种质资源目录

不结球白菜（*Brassica campestris* ssp. *chinensis*）是十字花科（Brassicaceae）芸薹属（*Brassica*）一年生或二年生草本植物。不结球白菜中富含矿物质、膳食纤维、维生素，对调节人体酸碱平衡、新陈代谢及预防疾病具有重要作用。共计收集到种质资源5份，分布在3个盟（市）的5个旗（县、市、区）（表3-23）。

表3-23 不结球白菜种质资源目录

序号	样品编号	盟（市）	旗（县、市、区）	种质名称	种质类型	种质来源	生长习性	繁殖习性	播种期	收获期	主要特性	其他特性	主要特性详细描述	种质用途	利用部位	种质分布
1	P150104009	呼和浩特市	玉泉区	小白菜	地方品种	当地	一年生	有性	5月下旬	6月下旬	优质，抗病，广适			食用、饲用	茎、叶	广
2	P152923033	阿拉善盟	额济纳旗	小白菜	地方品种	当地	一年生	有性	3月上旬	5月下旬	优质			食用	茎、叶	窄
3	P150725046	呼伦贝尔市	陈巴尔虎旗	农家春不老小白菜	地方品种	当地	一年生	有性	4月下旬	5月中旬	高产，抗病，耐寒		株高20～30cm，常全株无毛，有时叶下面中脉上有少数刺毛。不结球，莲座叶供食用。种株株高1.2m左右，花黄色，角果，籽粒卵圆形，褐色。千粒重2.2g	食用、饲用	叶	广
4	P150727038	呼伦贝尔市	新巴尔虎右旗	农家绿梗不老小白菜	地方品种	当地	一年生	有性	4月中旬	5月上旬	高产，抗病，耐寒	抗根腐病、叶斑病	株高20～30cm，常全株无毛，有时叶下面中脉上有少数刺毛，叶柄浅绿色。不结球，莲座叶供食用。种株株高1.2m左右，花黄色，角果，籽粒卵圆形，褐色。千粒重1.9g	食用	叶	窄
5	P150781028	呼伦贝尔市	满洲里市	速绿小白菜	选育品种	当地	一年生	有性	4月下旬	6月下旬	广适		小白菜对土壤的适应性较强，对水分要求较高	食用	茎、叶	广

24. 芜菁甘蓝种质资源目录

芜菁甘蓝（*Brassica napus* var. *napobrassica*）是十字花科（Brassicaceae）芸薹属（*Brassica*）二年生草本植物。块根作蔬菜食用，可盐腌或酱渍供食用，又可炒食或煮食，也可生食，还可以入药，根、叶也是很好的饲料。共计收集到种质资源3份，分布在3个盟（市）的3个旗（县、市、区）（表3-24）。

表3-24　芜菁甘蓝种质资源目录

序号	样品编号	盟（市）	旗（县、市、区）	种质名称	种质类型	种质来源	生长习性	繁殖习性	播种期	收获期	主要特性	其他特性	主要特性详细描述	种质用途	利用部位	种质分布
1	P150222006	包头市	固阳县	固阳蔓菁	地方品种	当地	二年生	有性	8月中旬	10月中旬	优质，广适，耐寒		块根肉质，呈白色或黄色，球形、扁圆形或有时长椭圆形，须根多生于块根下的直根上。茎直立，上部有分枝，基生叶绿色，羽状深裂	食用、饲用，其他	根	广
2	P152202004	兴安盟	阿尔山市	卜留克	地方品种	国外	二年生	有性	5月上旬	10月上旬	高产，抗旱，耐寒		阿尔山市获得农产品地理标识认证的优质作物，适宜生长在高纬度、气候冷凉地区，在我国只有阿尔山等大兴安岭地区种植，具有独特的地域生长习性，亩产可达3 500kg	食用	根	广
3	P150785026	呼伦贝尔市	根河市	农家卜留克	地方品种	当地	二年生	有性	6月下旬	9月下旬	高产，优质，广适，耐寒		根部肥大，呈球形或纺锤形，单根重0.5～3.5kg。叶色深绿，叶面有白粉，叶肉厚，叶片裂刻深。总状花序，花黄色。种子略呈球形，深褐色，千粒重3.3g左右。种子能在2～3℃时发芽，生长适温为13～18℃，幼苗能耐-2～-1℃低温。幼苗的耐旱性较强	食用、饲用、加工原料	根、叶	广

25. 其他蔬菜种质资源目录

（1）丝瓜（*Luffa cylindrica*）是葫芦科（Cucurbitaceae）丝瓜属（*Luffa*）一年生攀缘藤本植物。丝瓜含蛋白质、脂肪、碳水化合物、钙、磷、铁及维生素B_1、维生素C，还有皂苷、植物黏液、木糖胶、丝瓜苦味质、瓜氨酸等。共计收集到种质资源3份，分布在2个盟（市）的3个旗（县、市、区）（表3-25）。

表3-25 丝瓜种质资源目录

序号	样品编号	盟（市）	旗（县、市、区）	种质名称	种质类型	种质来源	生长习性	繁殖习性	播种期	收获期	主要特性	其他特性	主要特性详细描述	种质用途	利用部位	种质分布
1	P150821035	巴彦淖尔市	五原县	丝瓜	地方品种	当地	一年生	有性	5月上旬	9月中旬	高产，优质		茎、枝粗糙，有棱沟，被微柔毛，枝具棱，光滑或棱上有粗毛，有卷须。茎须粗壮，被短柔毛，通常2～4枝。单叶互生，有长柄，叶片掌状心形，长8～30cm，宽稍大于长，边缘有波状浅齿，两面均光滑无毛。叶柄粗糙，长10～12cm，具有不明显的沟，近无毛。叶片三角形或近圆形，长、宽均为10～20cm，通常掌状5～7裂，裂片三角形，中间的较长，长8～12cm，顶端急尖或渐尖，边缘有锯齿，基部深心形，弯缺深2～3cm，宽2～2.5cm，上面深绿色，粗糙，下面浅绿色，有短柔毛，脉掌状，具有白色的短柔毛。夏季叶腋开单性花	食用、保健药用	种子（果实）	窄
2	P150822057	巴彦淖尔市	磴口县	丝瓜	地方品种	当地	一年生	有性	4月下旬	9月下旬	优质，广适		茎、枝粗糙，有棱沟，被微柔毛。卷须稍粗壮，被短柔毛，通常2～4歧。叶柄粗糙，长10～12cm，具不明显的沟，近无毛；叶片三角形或近圆形，长、宽均为10～20cm，通常掌状5～7裂，裂片三角形，中间的较长，长8～12cm，顶端急尖或渐尖，边缘有锯齿，基部深心形，弯缺深2～3cm，宽2～2.5cm，上面深绿色，粗糙，有疣点，下面浅绿色，有短柔毛，脉掌状，具白色的短柔毛	食用	种子（果实）	广

（续表）

序号	样品编号	盟（市）	旗（县、市、区）	种质名称	种质类型	种质来源	生长习性	繁殖习性	播种期	收获期	主要特性	其他特性	主要特性详细描述	种质用途	利用部位	种质分布
3	P150304008	乌海市	乌达区	乌达耐旱丝瓜	地方品种	当地	一年生	有性	4月上旬	7月中旬	高产，抗病，抗虫，耐盐碱		果实圆柱状，直或稍弯，表面平滑，通常有深色纵条纹，未熟时肉质，成熟后干燥，里面呈网状纤维。种子多数，黑色，卵形，平滑，边缘狭翼状。花果期夏、秋季	食用、加工原料	种子（果实）	广

（2）洋葱（*Allium cepa*）是百合科（Liliaceae）葱属（*Allium*）二年生草本植物。洋葱有降胆固醇、软化血管、益胃利肠、抗寒杀菌等功效。共计收集到种质资源3份，分布在2个盟（市）的3个旗（县、市、区）（表3-26）。

表3-26　洋葱种质资源目录

序号	样品编号	盟（市）	旗（县、市、区）	种质名称	种质类型	种质来源	生长习性	繁殖习性	播种期	收获期	主要特性	其他特性	主要特性详细描述	种质用途	利用部位	种质分布
1	P150221004	包头市	土默特右旗	将军尧洋葱	地方品种	当地	二年生	有性	5月上旬	9月中旬	优质		叶色绿，假茎横切面圆形，形态一致性好，有性繁殖，储存期较长，抗病性强	食用	茎	窄
2	P152921027	阿拉善盟	阿拉善左旗	洋葱	地方品种	当地	二年生	有性	4月下旬	9月上旬	高产，优质，耐盐碱，耐寒		肉质柔嫩，汁多辣味淡，品质佳，适于生食	食用	茎	窄
3	P152922004	阿拉善盟	阿拉善右旗	洋葱	地方品种	当地	二年生	无性	4月中旬	9月中旬	优质		当地优质品种，多年生草本，鳞茎粗大，近球状；纸质至薄革质，内皮厚肥，肉质，叶片圆筒状，中空	食用	种子（果实）、根、茎、叶	窄

（3）栝楼（*Trichosanthes kirilowii*）是葫芦科（Cucurbitaceae）栝楼属（*Trichosanthes*）多年生攀缘草质藤本植物，栝楼的不同部位均有很高的药用价值。共计收集到种质资源2份，分布在1个盟（市）的1个旗（县、市、区）（表3-27）。

表3-27 栝楼种质资源目录

序号	样品编号	盟（市）	旗（县、市、区）	种质名称	种质类型	种质来源	生长习性	繁殖习性	播种期	收获期	主要特性	其他特性	主要特性详细描述	种质用途	利用部位	种质分布
1	P150430011	赤峰市	敖汉旗	食用葫芦	地方品种	当地	多年生	有性	5月上旬	8月下旬			茎蔓生，有卷须，叶片绿色，呈心脏形，雌雄花同株，果嫩绿色，葫芦形，果实纵径42cm，横径25cm，单果重5.2kg，种子千粒重203g	食用	种子（果实）	窄
2	P150430012	赤峰市	敖汉旗	吊瓜	地方品种	当地	多年生	有性	5月中旬	9月下旬			茎蔓生，叶片绿色，呈心脏形，有缺刻，果深绿色，长条葫芦形，果实纵径38cm，横径15cm，单果重2.9kg，种子千粒重140.2g	食用	种子（果实）	窄

（4）苣荬菜（*Sonchus wightianus*）是菊科（Asteraceae）苦苣菜属（*Sonchus*）一年生草本植物。苣荬菜可供药用，有清热解毒、凉血化瘀之效。共计收集到种质资源2份，分布在2个盟（市）的2个旗（县、市、区）（表3-28）。

表3-28 苣荬菜种质资源目录

序号	样品编号	盟（市）	旗（县、市、区）	种质名称	种质类型	种质来源	生长习性	繁殖习性	播种期	收获期	主要特性	其他特性	主要特性详细描述	种质用途	利用部位	种质分布
1	P150523059	通辽市	开鲁县	家青麻菜	地方品种	当地	一年生	兼性	5月上旬	7月中旬	高产，优质，抗病，抗旱		农家品种，经过多年留种选育而成的品质优良的资源，叶片宽厚主要食用幼叶。根垂直直伸，多少有根状茎。茎直立，高30～150cm，有细条纹，上部或顶部有伞房状花序分枝，花序分枝与花序梗被稠密的头状具柄的腺毛。基生叶多数，与中下部茎叶全形倒披针形或长椭圆形	食用	叶	窄

（续表）

序号	样品编号	盟（市）	旗（县、市、区）	种质名称	种质类型	种质来源	生长习性	繁殖习性	播种期	收获期	主要特性	其他特性	主要特性详细描述	种质用途	利用部位	种质分布
2	P152921015	阿拉善盟	阿拉善左旗	苣荬菜	野生资源	当地	一年生	无性	4月上旬	7月上旬	广适		根垂直直伸，茎直立，高可达150cm，有细条纹。基生叶多数，叶片偏斜半椭圆形、椭圆形、卵形、偏斜卵形、偏斜三角形、半圆形或耳状，顶裂片稍大，长卵形、椭圆形或长卵状椭圆形。头状花序在茎枝顶端排成伞房状花序。总苞钟状，苞片外层披针形，舌状小花多数，黄色。瘦果稍压扁，长椭圆形，冠毛白色，1—9月开花结果	食用、饲用、保健药用	根、茎、叶	广

（5）黄秋葵（*Abelmoschus moschatus*）是锦葵科（Malvaceae）秋葵属（*Abelmoschus*）一年生或二年生草本植物，可清热利湿，拔毒排脓。共计收集到种质资源2份，分布在2个盟（市）（表3-29）。

表3-29　黄秋葵种质资源目录

序号	样品编号	盟（市）	旗（县、市、区）	种质名称	种质类型	种质来源	生长习性	繁殖习性	播种期	收获期	主要特性	其他特性	主要特性详细描述	种质用途	利用部位	种质分布
1	P150121045	呼和浩特市	土默特左旗	秋葵	地方品种	当地	一年生	有性	5月下旬	8月中旬	优质，抗病，抗虫，抗旱，广适，耐寒，耐贫瘠			食用	种子（果实）	广
2	P150523039	通辽市	开鲁县	黄秋葵	地方品种	当地	一年生	有性	5月上旬	8月中旬	优质，抗病，抗旱，耐寒，其他		多年留种选育而成的品质优良农家种。食用口感好，产量高	食用	种子（果实）	窄

二、麻类作物种质资源目录

1. 大麻种质资源目录

大麻（*Cannabis sativa*）是大麻科（Cannabinaceae）大麻属（*Cannabis*）一年生直立草木植物，大麻茎皮纤维长而坚韧，可用以织麻布或纺线、编织渔网、造纸；种子可榨油，供作油漆、涂料等。共计收集到种质资源24份，分布在9个盟（市）的21个旗（县、市、区）（表3-30）。

表3-30 大麻种质资源目录

序号	样品编号	盟（市）	旗（县、市、区）	种质名称	种质类型	种质来源	生长习性	繁殖习性	播种期	收获期	主要特性	其他特性	主要特性详细描述	种质用途	利用部位	种质分布
1	P150105023	呼和浩特市	赛罕区	野生麻子	地方品种	当地	一年生	有性	5月上旬	9月上旬	高产，优质，抗病，抗虫，耐盐碱，抗旱		相比较农家品种，植株矮小，产量偏低，但是抗性较强	食用、加工原料	种子（果实）、茎	窄
2	P150122030	呼和浩特市	托克托县	麻子	地方品种	当地	一年生	有性	4月下旬	9月中旬	高产，优质，抗旱，耐贫瘠		植株高大，抗性好，籽粒可榨油，茎秆可做麻类制品	食用、加工原料	种子（果实）、茎	广
3	P150125042	呼和浩特市	武川县	麻子	地方品种	当地	一年生	有性	5月上旬	9月下旬	高产，抗旱，耐贫瘠		一种古老的栽培作物，抗病性强，耐寒，作用多样	食用、保健药用、加工原料	种子（果实）、茎	窄
4	P150202010	包头市	东河区	王氏麻子	地方品种	当地	一年生	有性	5月中旬	9月下旬	优质，抗病，广适		形似芝麻，株高1m以上，喜温暖湿润气候，对土壤要求不严，以土层深厚、疏松肥沃、排水良好的沙质土壤或黏质土壤为宜	食用	种子（果实）	广

（续表）

序号	样品编号	盟（市）	旗(县、市、区)	种质名称	种质类型	种质来源	生长习性	繁殖习性	播种期	收获期	主要特性	其他特性	主要特性详细描述	种质用途	利用部位	种质分布
5	P152201008	兴安盟	乌兰浩特市	线麻籽	地方品种	当地	一年生	有性	6月上旬	10月上旬	优质，抗病，抗虫，耐盐碱，抗旱，耐寒，耐贫瘠，耐热			食用、饲用、保健药用、加工原料	种子（果实）、茎	窄
6	P152223041	兴安盟	扎赉特旗	大麻籽	地方品种	当地	一年生	有性	5月中旬	10月中旬	优质，抗虫，耐热			保健药用、加工原料	种子（果实）、茎	窄
7	P150422029	赤峰市	巴林左旗	小麻籽	地方品种	当地	一年生	有性	5月上旬	9月下旬	优质，耐贫瘠			食用	种子（果实）	窄
8	P150423016	赤峰市	巴林右旗	小麻籽	地方品种	当地	一年生	有性	6月上旬	9月上旬	广适			食用、饲用	种子（果实）、根	广
9	P150423036	赤峰市	巴林右旗	小麻籽（家）	地方品种	当地	一年生	有性	4月下旬	8月下旬	优质，抗病，抗虫，抗旱			食用	种子（果实）	窄
10	P150424047	赤峰市	林西县	野生麻籽	野生资源	当地	一年生	有性	5月中旬	8月中旬	抗旱，耐寒，耐贫瘠			食用	种子（果实）	窄
11	P150428050	赤峰市	喀喇沁旗	小麻籽	地方品种	当地	一年生	有性	5月中旬	9月上旬	优质		榨油，做麻籽豆腐，做麻绳	食用，其他	种子（果实）、茎	窄

（续表）

序号	样品编号	盟（市）	旗（县、市、区）	种质名称	种质类型	种质来源	生长习性	繁殖习性	播种期	收获期	主要特性	其他特性	主要特性详细描述	种质用途	利用部位	种质分布
12	P150429014	赤峰市	宁城县	线麻籽	地方品种	当地	一年生	有性	5月中旬	8月中旬				食用	种子（果实）	窄
13	P150429031	赤峰市	宁城县	线麻子	地方品种	当地	一年生	有性	5月上旬	9月上旬				食用	种子（果实）	窄
14	P152523038	锡林郭勒盟	苏尼特左旗	野麻子	野生资源	当地	一年生	有性	5月上旬	9月上旬	抗旱		株高1～2m，根木质化。茎直立，皮层富纤维，灰绿色，具纵沟密被短柔毛。叶互生或下部的对生，掌状复叶	饲用、加工原料	种子（果实）、茎、叶	窄
15	P152527058	锡林郭勒盟	太仆寺旗	野麻子	野生资源	当地	一年生	有性	5月上旬	9月上旬	抗旱		株高1～2m，根木质化。茎直立，皮层富纤维，灰绿色，具纵沟，密被短柔毛。叶互生或下部的对生，掌状复叶	饲用	种子（果实）、茎、叶	窄
16	P152630045	乌兰察布市	察哈尔右翼前旗	麻子	野生资源	当地	一年生	有性	5月上旬	9月上旬	高产，抗旱，耐贫瘠		植株高大，抗倒性强，茎秆纤维含量高	食用、加工原料	种子（果实）	窄
17	P150627010	鄂尔多斯市	伊金霍洛旗	汉麻	地方品种	当地	一年生	有性	3月上旬	8月下旬				加工原料	茎、叶	广
18	P150625031	鄂尔多斯市	杭锦旗	大麻	地方品种	当地	一年生	有性	5月中旬	9月下旬	抗旱，耐贫瘠		榨出来的油味道香甜，食多会嗜睡	食用	种子（果实）	窄
19	P152922002	阿拉善盟	阿拉善右旗	麻籽	地方品种	当地	一年生	有性	6月中旬	9月下旬	优质，抗虫，耐盐碱，抗旱		当地优质植物油原料，但因产量低、不耐寒等原因当地农民小面积种植	食用、加工原料	种子（果实）	窄

（续表）

序号	样品编号	盟（市）	旗（县、市、区）	种质名称	种质类型	种质来源	生长习性	繁殖习性	播种期	收获期	主要特性	其他特性	主要特性详细描述	种质用途	利用部位	种质分布
20	P150722031	呼伦贝尔市	莫力达瓦达斡尔族自治旗	野大麻	野生资源	当地	一年生	有性	5月中旬	8月上旬	高产，优质，抗病，抗虫，耐寒		株高2m左右。茎直立，有分枝，茎具纵沟，皮层多纤维。瘦果扁卵形，褐色，有黑色花纹，边成熟边脱落。花果期8—9月	加工原料	茎	广
21	P150783029	呼伦贝尔市	扎兰屯市	紫野大麻	野生资源	当地	一年生	有性	5月中旬	8月上旬	高产，优质，抗病，耐寒		株高2m左右。茎直立，紫绿色有分枝。花果期8—9月	加工原料	茎	窄
22	P150783053	呼伦贝尔市	扎兰屯市	农家汉麻	地方品种	当地	一年生	有性	5月中旬	9月中旬	高产，优质，抗病，抗虫，耐寒		株高1.8m左右。瘦果扁卵形，褐色或灰色，有网状花纹。千粒重24g	加工原料	茎	窄
23	P150724057	呼伦贝尔市	鄂温克族自治旗	早熟农家线麻	地方品种	当地	一年生	有性	5月上旬	8月下旬	高产，优质，抗病，抗虫，耐寒		株高2m左右，千粒重70g，花果期8—9月	饲用、加工原料	茎、叶	窄
24	P150726056	呼伦贝尔市	新巴尔虎左旗	早熟农家紫穗线麻	地方品种	当地	一年生	有性	5月上旬	8月下旬	高产，优质，抗病，耐寒	幼苗耐轻霜冻	株高2m左右，花果期8—9月	饲用、加工原料	茎	窄

2. 茼蒿种质资源目录

茼蒿（*Glebionis coronaria*）是菊科（Asteraceae）茼蒿属（*Glebionis*）一年生草本植物。共计收集到种质资源6份，分布在5个盟（市）的6个旗（县、市、区）（表3-31）。

表3-31 茼蒿种质资源目录

序号	样品编号	盟（市）	旗(县、市、区)	种质名称	种质类型	种质来源	生长习性	繁殖习性	播种期	收获期	主要特性	其他特性	主要特性详细描述	种质用途	利用部位	种质分布
1	P150207037	包头市	九原区	茼蒿	地方品种	当地	一年生	有性	5月中旬	9月中旬	抗病		叶互生，长形羽状分裂，花黄色或白色，与野菊花很像。瘦果，株高60～90cm，茎叶嫩时可食，亦可入药	食用、保健药用	种子(果实)、茎、叶	窄
2	P150581044	通辽市	霍林郭勒市	茼蒿	地方品种	当地	一年生	有性	5月下旬	6月中旬	高产，优质，抗旱，耐寒		农户多年种植留种，叶互生，长形羽状分裂，主要食用嫩茎叶	食用	茎、叶	窄
3	P150422032	赤峰市	巴林左旗	蒿子秆	地方品种	当地	一年生	有性	5月下旬	7月中旬	优质，抗病，抗旱，耐贫瘠			食用	茎、叶	窄
4	P150821023	巴彦淖尔市	五原县	光秆茼蒿	地方品种	当地	一年生	有性	5月上旬	7月上旬	高产，优质		株高30cm左右，茎秆直立，白绿色，实心，叶小而薄，叶长12cm左右，播种到采收40d左右，亩产2 500kg左右	食用、保健药用	茎、叶	窄
5	P150703020	呼伦贝尔市	扎赉诺尔区	茼蒿	地方品种	当地	一年生	有性	5月上旬	6月中旬	高产，广适		花黄色或白色。瘦果，株高30～80cm，茎叶嫩时可食	食用	茎、叶	广
6	P150782043	呼伦贝尔市	牙克石市	农家小叶茼蒿	地方品种	当地	一年生	有性	5月上旬	6月中旬	优质，抗病，抗虫		株高40～50cm。头状花序，花黄色。瘦果，黄褐色，种子扁矩形，顶端一侧具短刺。千粒重2.2g	食用	茎、叶	窄

3. 苘麻种质资源目录

苘麻（*Abutilon theophrasti*）是锦葵科（Malvaceae）苘麻属（*Abutilon*）一年生亚灌木状草本植物。苘麻可以清热利湿，解毒开窍，用于痢疾、中耳炎、耳鸣、耳聋等，且经济价值广泛。共计收集到种质资源2份，分布在1个盟（市）的2个旗（县、市、区）（表3-32）。

表3-32 苘麻种质资源目录

序号	样品编号	盟（市）	旗(县、市、区)	种质名称	种质类型	种质来源	生长习性	繁殖习性	播种期	收获期	主要特性	其他特性	主要特性详细描述	种质用途	利用部位	种质分布
1	P152222050	兴安盟	科尔沁右翼中旗	苘麻	野生资源	当地	一年生	有性	5月上旬	9月上旬	抗病，耐盐碱，抗旱，耐寒		亚灌木状草本，株高达1～2m	保健药用，其他	种子（果实）、茎	广
2	P152224042	兴安盟	突泉县	苘麻	地方品种	当地	一年生	有性	5月上旬	9月上旬			茎皮纤维色白，具光泽，可编织麻袋、搓绳索、编麻鞋等纺织材料。种子含油量15%～16%	食用、保健药用、加工原料	种子（果实）	窄

4. 红麻种质资源目录

红麻（*Hibiscus cannabinus*）是锦葵科（Malvaceae）木槿属（*Hibiscus*）一年生草本韧皮纤维作物，具有秆高、麻皮厚、纤维韧、耐拉力强等特点。共计收集到种质资源1份，分布在1个盟（市）的1个旗（县、市、区）（表3-33）。

表3-33 红麻种质资源目录

序号	样品编号	盟（市）	旗（县、市、区）	种质名称	种质类型	种质来源	生长习性	繁殖习性	播种期	收获期	主要特性	其他特性	主要特性详细描述	种质用途	利用部位	种质分布
1	P150621044	鄂尔多斯市	达拉特旗	麻子	地方品种	当地	一年生	有性	4月下旬	10月上旬	抗旱，耐贫瘠		茎秆可用于加工纤维	食用	种子（果实）	窄

三、糖类作物种质资源目录

甜菜种质资源目录

甜菜（*Beta vulgaris*）是藜科（Chenopodiaceae）甜菜属（*Beta*）二年生草本植物，甜菜的根部糖分含量很高。共计收集到种质资源7份，分布在4个盟（市）的7个旗（县、市、区）（表3-34）。

表3-34　甜菜种质资源目录

序号	样品编号	盟（市）	旗（县、市、区）	种质名称	种质类型	种质来源	生长习性	繁殖习性	播种期	收获期	主要特性	其他特性	主要特性详细描述	种质用途	利用部位	种质分布
1	P150202034	包头市	东河区	牛头甜菜	地方品种	当地	二年生	有性	5月上旬	9月下旬	优质，抗病		上面皱缩不平，略有光泽，下面有粗壮凸出的叶脉，全缘或略呈波状，先端钝，基部楔形、截形或略呈心形；叶柄粗壮，下面凸，上面平或具槽；茎生叶互生，较小，卵形或披针状矩圆形，先端渐尖，基部渐狭呈一短柄	食用、加工原料	根、茎、叶	窄
2	P150822037	巴彦淖尔市	磴口县	甜菜	地方品种	当地	二年生	有性	4月中旬	10月下旬	耐盐碱，广适，耐寒	喜温	根圆锥状至纺锤状，多汁。茎直立，多少有分枝。长20～30cm，宽10～15cm。花期5—6月，果期7月	食用、饲用、加工原料	种子（果实）、叶	广
3	P150824051	巴彦淖尔市	乌拉特中旗	德岭山甜菜	地方品种	当地	二年生	有性	4月下旬	8月中旬	高产，优质，抗病，抗虫，抗旱，耐寒	抗虫、抗病性强	根圆锥状或纺锤状，多汁，茎直立，基生叶矩圆形，长叶柄。可用作饲料，也可以制作糖料	饲用、加工原料	根、茎、叶	窄
4	P150825063	巴彦淖尔市	乌拉特后旗	甜菜	地方品种	当地	二年生	无性	5月上旬	7月下旬	广适			食用、加工原料	种子（果实）	广
5	P152921031	阿拉善盟	阿拉善左旗	糖萝卜	地方品种	当地	二年生	有性	4月下旬	10月上旬	高产，优质，抗病，耐盐碱		根供制糖，叶可作蔬菜或作猪的青饲料	食用、饲用、加工原料	根、茎、叶	窄

（续表）

序号	样品编号	盟（市）	旗（县、市、区）	种质名称	种质类型	种质来源	生长习性	繁殖习性	播种期	收获期	主要特性	其他特性	主要特性详细描述	种质用途	利用部位	种质分布
6	P150104016	呼和浩特市	玉泉区	白甜菜	地方品种	当地	二年生	有性	5月中旬	9月下旬	高产，优质，广适，耐寒		根圆锥状至纺锤状，多汁。茎直立，基生叶矩圆形	食用、饲用	根、茎、叶	广
7	P150121052	呼和浩特市	土默特左旗	紫甜菜	地方品种	当地	二年生	有性	5月上旬	9月下旬	高产，优质，抗病，抗虫，耐盐碱，抗旱，广适，耐贫瘠			食用、饲用、加工原料	种子（果实）、根、茎、叶	广

四、油料类作物种质资源目录

1. 向日葵种质资源目录

向日葵（*Helianthus annuus*）是菊科（Asteraceae）向日葵属（*Helianthus*）一年生草本植物。向日葵全株可入药，具有祛风、平肝、清热利湿、解毒排脓等功效。向日葵籽可作为干果炒熟后食用。共计收集到种质资源54份，分布在7个盟（市）的26个旗（县、市、区）（表3-35）。

表3-35　向日葵种质资源目录

序号	样品编号	盟（市）	旗（县、市、区）	种质名称	种质类型	种质来源	生长习性	繁殖习性	播种期	收获期	主要特性	其他特性	主要特性详细描述	种质用途	利用部位	种质分布
1	P150221033	包头市	土默特右旗	三道眉葵花	地方品种	当地	一年生	有性	5月中旬	9月中旬	优质，抗旱		茎直立，圆形多棱角，质硬，被白色粗硬毛。直径10~30cm，单生于茎顶或枝端	食用	种子（果实）	广

（续表）

序号	样品编号	盟（市）	旗（县、市、区）	种质名称	种质类型	种质来源	生长习性	繁殖习性	播种期	收获期	主要特性	其他特性	主要特性详细描述	种质用途	利用部位	种质分布
2	P152201038	兴安盟	乌兰浩特市	三道眉	地方品种	当地	一年生	无性	5月中旬	9月下旬	优质，抗病，抗虫，耐盐碱，抗旱，耐寒，耐贫瘠		种子皮壳上黑白相间，所以形象地称为“三道眉”。植株高大、粗壮、叶片多、花盘大、籽粒长锥形。皮壳较厚，经烤炒后外观不变样，商品性好，品质优，适于做炒货	食用、饲用、加工原料	种子（果实）、茎	窄
3	P152223017	兴安盟	扎赉特旗	三道门瓜子	地方品种	当地	一年生	有性	5月下旬	10月上旬	优质，耐涝，耐干旱		株高2.5～3m，果粒较大，黑皮间有三道白条纹，营养价值高，炒熟吃，果香味浓，榨油出油量大	食用、加工原料	种子（果实）	窄
4	P152224011	兴安盟	突泉县	本地三道白葵花	地方品种	当地	一年生	有性	5月上旬	10月中旬	优质，其他		种子含油量很高，为半干性油，味香可口，供食用。花穗、种子皮壳及茎秆可作饲料及工业原料，如制人造丝及纸浆等，花穗也供药用	食用、加工原料	种子（果实）	窄
5	P150522010	通辽市	科尔沁左翼后旗	阿木塔嘎老毛嗑	地方品种	当地	一年生	有性	6月中旬	9月下旬	优质，抗虫，抗旱		多年种植留种选育出的优良品质农家种。炒食口感好	食用	种子（果实）	窄
6	P150521037	通辽市	科尔沁左翼中旗	三道纹	地方品种	当地	一年生	有性	6月上旬	9月下旬	高产，优质，抗旱，耐寒，耐贫瘠		多年留种育成品质优良农家种。炒食，香味浓烈，食用口感好	食用	种子（果实）	窄

（续表）

序号	样品编号	盟（市）	旗（县、市、区）	种质名称	种质类型	种质来源	生长习性	繁殖习性	播种期	收获期	主要特性	其他特性	主要特性详细描述	种质用途	利用部位	种质分布
7	P150521047	通辽市	科尔沁左翼中旗	灰白大嗑	地方品种	当地	一年生	有性	6月上旬	9月上旬	高产，优质，抗病，抗旱		食用口感好	食用	种子（果实）	窄
8	P150526054	通辽市	扎鲁特旗	大白嗑	地方品种	当地	一年生	有性	6月上旬	9月下旬	高产，优质，抗病，抗虫，抗旱，耐寒		食用口感好，品质好	食用	种子（果实）	窄
9	P150403010	赤峰市	元宝山区	小瓜子	地方品种	当地	一年生	有性	5月下旬	9月下旬	抗旱，耐寒		生育期122d，株高330cm，籽粒灰色，百粒重7.21g	食用	种子（果实）	窄
10	P150424036	赤峰市	林西县	黑葵花	地方品种	当地	一年生	有性	6月中旬	9月下旬	抗病		抗菌核病	食用	种子（果实）	窄
11	P150424037	赤峰市	林西县	白籽葵花	地方品种	当地	一年生	有性	6月下旬	9月下旬	抗病，抗虫，耐盐碱	口感好		食用	种子（果实）	窄
12	P150426050	赤峰市	翁牛特旗	油葵	地方品种	当地	一年生	有性	3月下旬	7月中旬	抗旱，耐寒，其他		生育期117d，株高259cm，籽粒黑色，百粒重8.06g	食用	种子（果实）	窄
13	P150621012	鄂尔多斯市	达拉特旗	向日葵（黑大片）	地方品种	当地	一年生	有性	4月中旬	9月下旬	高产，优质，耐盐碱，抗旱			食用	种子（果实）	窄
14	P150626027	鄂尔多斯市	乌审旗	葵花	地方品种	当地	一年生	有性	4月上旬	8月下旬	耐盐碱，广适，耐热			食用、饲用	种子（果实）、茎、叶	广
15	P150802010	巴彦淖尔市	临河区	黑星火	地方品种	当地	一年生	有性	4月下旬	9月下旬	优质，耐盐碱，抗旱，耐贫瘠，耐热		茎直立，株高3.6m。叶互生，卵圆形。头状花盘，直径34cm。花期9d，果期32d	食用、加工原料	种子（果实）	窄

（续表）

序号	样品编号	盟（市）	旗（县、市、区）	种质名称	种质类型	种质来源	生长习性	繁殖习性	播种期	收获期	主要特性	其他特性	主要特性详细描述	种质用途	利用部位	种质分布
16	P150802036	巴彦淖尔市	临河区	白星火	地方品种	当地	一年生	有性	5月上旬	9月中旬	优质，耐盐碱，耐贫瘠		茎直立，株高3.1m。叶互生，卵圆形。头状花盘，直径25cm。花期8d，果期32d	食用、加工原料	种子（果实）	窄
17	P150802037	巴彦淖尔市	临河区	老油葵	地方品种	当地	一年生	有性	5月上旬	9月中旬	耐盐碱，耐贫瘠		茎直立，株高3.1m。叶互生，卵圆形。头状花盘，直径25cm。花期8d，果期32d。果实为瘦果，果皮多为黑色，皮薄	食用、加工原料	种子（果实）	窄
18	P150825085	巴彦淖尔市	乌拉特后旗	五支渠葵花	地方品种	当地	一年生	有性	5月中旬	8月下旬	高产			食用、饲用、加工原料	种子（果实）	广
19	P150826005	巴彦淖尔市	杭锦后旗	二道桥白向日葵	地方品种	当地	一年生	有性	4月中旬	9月中旬	优质，耐盐碱，耐贫瘠		生育期130～135d，株高260～300cm，叶色深绿，舌状花冠黄色，果盘直径一般28cm左右，籽粒白色，有少许细黑条纹	食用	种子（果实）	窄
20	P150826011	巴彦淖尔市	杭锦后旗	二道桥黑花向日葵	地方品种	当地	一年生	有性	4月中旬	9月中旬	优质，耐盐碱，耐贫瘠		生育期130～135d，株高260～300cm，果盘直径一般28cm左右，籽粒黑灰色，有黑色条纹	食用	种子（果实）	窄

（续表）

序号	样品编号	盟（市）	旗(县、市、区)	种质名称	种质类型	种质来源	生长习性	繁殖习性	播种期	收获期	主要特性	其他特性	主要特性详细描述	种质用途	利用部位	种质分布
21	P150826004	巴彦淖尔市	杭锦后旗	蛮会星火黑乌鸦	地方品种	当地	一年生	有性	4月上旬	9月中旬	优质，耐盐碱，耐贫瘠		生育期130～135d，株高是200～340cm，果盘直径一般30cm左右，籽粒黑色，色泽鲜亮	食用	种子（果实）	窄
22	P150826007	巴彦淖尔市	杭锦后旗	三道桥星火花葵	地方品种	当地	一年生	有性	4月上旬	9月中旬	优质，耐盐碱，广适，耐贫瘠		生育期130～135d，株高290～340cm，果盘直径一般28cm左右	食用、饲用	种子（果实）、花	广
23	P150826010	巴彦淖尔市	杭锦后旗	头道桥桥三道眉向日葵	地方品种	当地	一年生	有性	4月上旬	9月上旬	优质，耐贫瘠		生育期128～132d，株高260～290cm，果盘直径一般28cm左右	食用、饲用	种子（果实）、花	窄
24	P150826027	巴彦淖尔市	杭锦后旗	二道桥星火黑乌鸦	地方品种	当地	一年生	有性	4月中旬	9月中旬	优质，耐贫瘠		生育期130～135d，株高260～300cm，果盘直径一般28cm左右	食用	种子（果实）	窄
25	P150702042	呼伦贝尔市	海拉尔区	早熟白瓜子	地方品种	当地	一年生	有性	5月下旬	9月中旬	高产，优质，抗病，耐盐碱，耐寒	早熟，苗期耐寒，高抗菌核病	生育期85d左右。株高1.m左右，茎直立，粗壮，圆形多棱角，为白色粗硬毛。果盘直径25cm左右，单生于茎顶。千粒重260g	食用、加工原料	种子（果实）	窄
26	P150702043	呼伦贝尔市	海拉尔区	早熟大黑瓜子	地方品种	当地	一年生	有性	5月下旬	9月下旬	高产，优质，抗病，耐盐碱，耐寒	早熟，苗期耐寒，抗菌核病	生育期85d左右。株高1.8m左右，果盘直径28cm左右，单生于茎顶，常下倾。千粒重270g	食用、加工原料	种子（果实）	窄

（续表）

序号	样品编号	盟（市）	旗（县、市、区）	种质名称	种质类型	种质来源	生长习性	繁殖习性	播种期	收获期	主要特性	其他特性	主要特性详细描述	种质用途	利用部位	种质分布
27	P150702054	呼伦贝尔市	海拉尔区	极早熟昂头大灰瓜子	地方品种	当地	一年生	有性	5月下旬	9月上旬	高产，优质，抗病，耐盐碱，耐寒	高抗菌核病	株高1.7m左右，茎直立，粗壮，圆形多棱角，被白色粗硬毛。千粒重230g	食用、加工原料	种子（果实）	窄
28	P150702055	呼伦贝尔市	海拉尔区	极早农家矮秆三道眉	地方品种	当地	一年生	有性	5月下旬	9月上旬	高产，优质，抗病，耐盐碱，耐寒	抗菌核病	株高1.9m左右，茎直立，粗壮，圆形多棱角，被白色粗硬毛。千粒重210g	食用、加工原料	种子（果实）	窄
29	P150702056	呼伦贝尔市	海拉尔区	早熟矮秆黑眉瓜子	地方品种	当地	一年生	有性	5月下旬	9月中旬	高产，优质，抗病，耐盐碱，耐寒	抗菌核病	株高1.7m左右。千粒重190g	食用、加工原料	种子（果实）	窄
30	P150722033	呼伦贝尔市	莫力达瓦达斡尔族自治旗	大黑瓜子	地方品种	当地	一年生	有性	5月上旬	10月上旬	高产，优质，抗病，耐盐碱，耐寒	种子较大，食用口感好，高抗菌核病	株高2m左右，茎直立，粗壮，圆形多棱角，为白色粗硬毛。果盘直径30cm左右，单生于茎顶。千粒重230g	食用、加工原料	种子（果实）	窄
31	P150722042	呼伦贝尔市	莫力达瓦达斡尔族自治旗	三道眉瓜子	地方品种	当地	一年生	有性	5月上旬	10月上旬	高产，优质，耐盐碱，耐寒	种子较大，食用口感好，生长期易感菌核病	株高1.9m左右，茎直立，粗壮，圆形多棱角，为白色粗硬毛。果盘直径30cm左右。千粒重170g	食用、加工原料	种子（果实）	窄
32	P150723028	呼伦贝尔市	鄂伦春自治旗	早熟瓜子	地方品种	当地	一年生	有性	5月下旬	9月中旬	高产，优质，抗病，耐盐碱，耐寒	种子短粗胖，食用口感好，高抗菌核病	生育期85d左右。株高1.8m左右，果盘直径30cm左右。千粒重255g	食用、加工原料	种子（果实）	窄
33	P150723039	呼伦贝尔市	鄂伦春自治旗	早熟全黑瓜子	地方品种	当地	一年生	有性	5月下旬	9月中旬	高产，优质，抗病，耐盐碱，耐寒	早熟，苗期耐寒，高抗菌核病	生育期85d左右。株高1.8m左右，果盘直径30cm左右。千粒重190g	食用、加工原料	种子（果实）	窄

（续表）

序号	样品编号	盟（市）	旗（县、市、区）	种质名称	种质类型	种质来源	生长习性	繁殖习性	播种期	收获期	主要特性	其他特性	主要特性详细描述	种质用途	利用部位	种质分布
34	P150724042	呼伦贝尔市	鄂温克族自治旗	早熟圆瓜子	地方品种	当地	一年生	有性	5月上旬	9月下旬	高产，优质，抗病，耐盐碱，耐寒	早熟，苗期耐寒，高抗菌核病	生育期85d左右。株高1.8m左右，果盘直径30cm左右，单生于茎顶，常下倾。千粒重170g	食用、加工原料	种子（果实）	窄
35	P150724048	呼伦贝尔市	鄂温克族自治旗	农家早熟小香瓜子	地方品种	当地	一年生	有性	5月下旬	9月中旬	高产，优质，抗病，耐盐碱，耐寒	早熟，苗期耐寒，高抗菌核病	生育期90d左右。株高1.7m左右。千粒重120g	食用	种子（果实）	窄
36	P150782041	呼伦贝尔市	牙克石市	早熟大瓜子	地方品种	当地	一年生	有性	5月下旬	9月中旬	高产，优质，抗病，耐盐碱，耐寒	早熟，苗期耐寒，生长期高抗菌核病	生育期85d左右。株高1.8m左右。千粒重210g	食用、加工原料	种子（果实）	窄
37	P150782052	呼伦贝尔市	牙克石市	早熟农家大宽瓜子	地方品种	当地	一年生	有性	5月下旬	9月中旬	高产，优质，抗病，耐盐碱，耐寒	幼苗耐寒，抗菌核病	株高1.9m左右。果盘直径30cm左右。千粒重220g	食用、加工原料	种子（果实）	窄
38	P150782053	呼伦贝尔市	牙克石市	早熟小嗑香黑瓜子	地方品种	当地	一年生	有性	5月下旬	9月中旬	高产，优质，抗病，耐盐碱，耐寒	幼苗耐轻霜冻，高抗菌核病	株高1.7m左右。果盘直径30cm左右。千粒重190g	食用、加工原料	种子（果实）	窄
39	P150782054	呼伦贝尔市	牙克石市	早熟大嗑香黑瓜子	地方品种	当地	一年生	有性	5月下旬	9月中旬	高产，优质，抗病，耐盐碱，耐寒	种子较大，瓜仁饱满，食用口感好，高抗菌核病	株高1.7m左右。果盘直径30cm左右。千粒重240g	食用、加工原料	种子（果实）	窄

（续表）

序号	样品编号	盟（市）	旗（县、市、区）	种质名称	种质类型	种质来源	生长习性	繁殖习性	播种期	收获期	主要特性	其他特性	主要特性详细描述	种质用途	利用部位	种质分布
40	P150784041	呼伦贝尔市	额尔古纳市	早熟黑瓜子	地方品种	当地	一年生	有性	5月下旬	9月下旬	高产，优质，抗病，耐盐碱，耐寒	早熟，苗期耐寒，高抗菌核病	生育期80d左右。千粒重150g	食用、加工原料	种子（果实）	窄
41	P150784042	呼伦贝尔市	额尔古纳市	早熟白眉瓜子	地方品种	当地	一年生	有性	5月下旬	9月中旬	高产，优质，抗病，耐盐碱，耐寒	早熟，苗期耐寒，生长期高抗菌核病	生育期85d左右。千粒重240g	食用	种子（果实）	窄
42	P150784047	呼伦贝尔市	额尔古纳市	极早熟矮秆白眉瓜子	地方品种	当地	一年生	有性	5月下旬	9月上旬	高产，优质，抗病，耐盐碱，耐寒	幼苗耐轻霜冻，高抗菌核病	株高1.7m左右。果盘直径30cm左右。千粒重170g	食用	种子（果实）	窄
43	P150784048	呼伦贝尔市	额尔古纳市	极早熟矮秆小黑瓜子	地方品种	当地	一年生	有性	5月下旬	9月上旬	高产，优质，抗病，耐盐碱，耐寒	幼苗耐轻霜冻，高抗菌核病	株高1.7m左右。果盘直径30cm左右。千粒重190g	食用	种子（果实）	窄
44	P150784049	呼伦贝尔市	额尔古纳市	极早熟大仁香小黑瓜子	地方品种	当地	一年生	有性	5月下旬	9月上旬	高产，优质，抗病，耐盐碱，耐寒	幼苗耐轻霜冻，高抗菌核病	株高1.8m左右。果盘直径30cm左右。千粒重160g	食用	种子（果实）	窄
45	P150784067	呼伦贝尔市	额尔古纳市	极早熟矮秆大黑瓜子	地方品种	当地	一年生	有性	5月下旬	9月上旬	高产，优质，抗病，耐盐碱，耐寒	幼苗耐轻霜冻，高抗菌核病	株高1.7m左右。果盘直径30cm左右。千粒重230g	食用	种子（果实）	窄
46	P150703036	呼伦贝尔市	扎赉诺尔区	早熟农家矮秆全黑瓜子	地方品种	当地	一年生	有性	5月下旬	9月上旬	高产，优质，抗病，耐盐碱，耐寒	种子较大，食用口感好，高抗菌核病	株高1.7m左右，茎直立，粗壮，圆形多棱角，被白色粗硬毛。千粒重190g	食用	种子（果实）	窄

（续表）

序号	样品编号	盟（市）	旗（县、市、区）	种质名称	种质类型	种质来源	生长习性	繁殖习性	播种期	收获期	主要特性	其他特性	主要特性详细描述	种质用途	利用部位	种质分布
47	P150703037	呼伦贝尔市	扎赉诺尔区	早熟农家大灰葵花籽	地方品种	当地	一年生	有性	5月下旬	9月上旬	高产，优质，抗病，耐盐碱，耐寒	种子较大，食用口感好，高抗菌核病	株高1.7m左右，果盘直径35cm左右。千粒重180g	食用	种子（果实）	窄
48	P150703038	呼伦贝尔市	扎赉诺尔区	极早熟农家小黑宽瓜子	地方品种	当地	一年生	有性	5月下旬	8月下旬	高产，优质，抗病，耐盐碱，耐寒	高抗菌核病	株高1.8m左右，茎直立，粗壮，果盘直径38cm左右。千粒重200g	食用	种子（果实）	窄
49	P150725050	呼伦贝尔市	陈巴尔虎旗	早熟农家矮秆灰瓜子	地方品种	当地	一年生	有性	5月下旬	9月上旬	高产，优质，抗病，耐盐碱，耐寒	高抗菌核病	生育期85d左右。株高1.7m左右。千粒重200g	食用	种子（果实）	窄
50	P150725051	呼伦贝尔市	陈巴尔虎旗	早熟农家矮秆昂头圆瓜子	地方品种	当地	一年生	有性	5月下旬	9月中旬	高产，优质，抗病，耐盐碱，耐寒	高抗菌核病	生育期85d左右。株高1.5m左右，果盘直径30cm左右。千粒重190g	食用、加工原料	种子（果实）	窄
51	P150726066	呼伦贝尔市	新巴尔虎左旗	极早熟灰眉大仁小瓜子	地方品种	当地	一年生	有性	5月下旬	8月下旬	高产，优质，抗病，耐盐碱，耐寒	幼苗耐轻霜冻，高抗菌核病	株高1.8m左右。千粒重150g	食用、加工原料	种子（果实）	窄
52	P150727041	呼伦贝尔市	新巴尔虎右旗	农家矮秆昂头长粒香	地方品种	当地	一年生	有性	5月下旬	9月上旬	高产，优质，抗病，耐盐碱，耐寒	幼苗耐轻霜冻，高抗菌核病	株高1.7m左右。果盘直径30cm左右。千粒重210g	食用	种子（果实）、花	窄

（续表）

序号	样品编号	盟（市）	旗（县、市、区）	种质名称	种质类型	种质来源	生长习性	繁殖习性	播种期	收获期	主要特性	其他特性	主要特性详细描述	种质用途	利用部位	种质分布
53	P150727064	呼伦贝尔市	新巴尔虎右旗	早熟农家矮秆小圆瓜子	地方品种	当地	一年生	有性	5月下旬	9月上旬	高产，优质，抗病，耐盐碱，耐寒	幼苗耐轻霜冻，高抗菌核病	生育期90d左右。株高1.7m左右，果盘直径27cm左右。千粒重170g	食用	种子(果实)、花	窄
54	P150783055	呼伦贝尔市	扎兰屯市	农家大嗑香葵花	地方品种	当地	一年生	有性	5月上旬	9月下旬	高产，优质，抗病，耐盐碱，耐寒	种子较大，食用口感好，高抗菌核病	株高2m左右。果盘直径30cm左右。千粒重260g	食用、加工原料	种子（果实）	窄

2. 油菜种质资源目录

油菜（*Brassica napus*）是十字花科（Brassicaceae）芸薹属（*Brassica*）一年生草本植物，主要油料植物之一，种子含油量40%左右，油供食用；嫩茎叶和总花梗作蔬菜；种子药用，能行血散结消肿；叶可外敷痈肿。共计收集到种质资源40份，分布在8个盟（市）的27个旗（县、市、区）（表3-36）。

表3-36　油菜种质资源目录

序号	样品编号	盟（市）	旗（县、市、区）	种质名称	种质类型	种质来源	生长习性	繁殖习性	播种期	收获期	主要特性	其他特性	主要特性详细描述	种质用途	利用部位	种质分布
1	P150121054	呼和浩特市	土默特左旗	油菜籽	地方品种	当地	一年生	有性	5月上旬	9月下旬	高产，优质，抗病，抗虫，耐盐碱，抗旱，广适，耐贫瘠		出油率高	食用、加工原料	种子（果实）	广
2	P150122015	呼和浩特市	托克托县	油菜籽	地方品种	当地	一年生	有性	5月上旬	9月中旬	高产，优质，耐寒，耐贫瘠		地方品种，抗旱性强，出油率高	食用、加工原料，其他	种子（果实）	广

（续表）

序号	样品编号	盟（市）	旗（县、市、区）	种质名称	种质类型	种质来源	生长习性	繁殖习性	播种期	收获期	主要特性	其他特性	主要特性详细描述	种质用途	利用部位	种质分布
3	P150124025	呼和浩特市	清水河县	黄芥	地方品种	当地	一年生	有性	5月上旬	9月上旬	抗病，耐寒，抗旱，耐贫瘠			食用、加工原料	种子（果实）	窄
4	P150125033	呼和浩特市	武川县	芥菜性黄油菜	地方品种	当地	一年生	有性	5月下旬	9月下旬	抗旱，耐贫瘠		出油率高、品质好、适口性好、售价高	加工原料	种子（果实）	广
5	P150125043	呼和浩特市	武川县	绿鹦哥	地方品种	当地	一年生	有性	5月上旬	10月上旬	高产，优质，抗旱，耐寒，耐贫瘠		地方品种，植株矮壮，结荚能力强，分枝多，产量高，出油率高	加工原料	种子（果实）	窄
6	P150125044	呼和浩特市	武川县	高秆油菜	地方品种	当地	一年生	有性	5月上旬	9月下旬	优质，抗虫，耐盐碱，耐寒		双低高含油品种，植株高大，结荚能力强，产量高，提前采收，容易裂荚	饲用、加工原料	种子（果实）	广
7	P150125050	呼和浩特市	武川县	黑粒油菜	地方品种	当地	一年生	有性	5月上旬	9月上旬	优质，抗旱，耐寒，耐贫瘠		高秆黑籽油菜，结荚能力一般，出油率高，出油品质一般，发黑，产量一般，多年种植，成熟期比较短	加工原料	种子（果实）	窄
8	P150125051	呼和浩特市	武川县	野油菜	野生资源	当地	一年生	有性	5月上旬	8月下旬	抗病，抗旱，耐寒，耐贫瘠		当地品种掉落，野外自己繁殖多年，植株矮小，分枝少，但是适应性非常好，在恶劣环境中正常生长，结荚量少	加工原料	种子（果实）	窄
9	P150202005	包头市	东河区	油菜	其他	当地	一年生	有性	5月下旬	7月下旬	优质		优质高产，在田间正常成熟情况下，主轴上成熟角果抗开裂性能较强，正常成熟种子的种皮颜色呈棕褐色	食用	种子（果实）	窄

（续表）

序号	样品编号	盟（市）	旗（县、市、区）	种质名称	种质类型	种质来源	生长习性	繁殖习性	播种期	收获期	主要特性	其他特性	主要特性详细描述	种质用途	利用部位	种质分布
10	P150205006	包头市	石拐区	石拐油菜	地方品种	当地	一年生	有性	5月上旬	6月中旬	耐盐碱，广适		耐盐碱，株型直立，叶色绿，叶脉鲜明度明显，叶缘翻卷平直，叶柄色绿，种皮红褐色	食用	叶	广
11	P150206019	包头市	白云区	白云油菜	地方品种	当地	一年生	有性	5月下旬	8月中旬	优质，抗病，广适，耐寒		在田间正常成熟情况下，主轴上成熟角果抗开裂性能较强，正常成熟种子的种皮颜色呈棕褐色	食用	种子（果实）、茎	广
12	P150206039	包头市	白云区	小油菜	地方品种	当地	一年生	有性	5月上旬	8月中旬	优质，抗病，广适			食用	茎、叶	广
13	P150222009	包头市	固阳县	大黄油菜	地方品种	当地	一年生	有性	5月中旬	8月下旬	优质，广适，其他		其茎颜色深绿，花朵为黄色	食用	种子（果实）	广
14	P150222034	包头市	固阳县	兴顺西油菜	地方品种	当地	一年生	有性	5月上旬	8月中旬	抗旱，广适		长角果圆柱形，顶端具长喙。种子每室1列，近球形，子叶纵折	食用	种子（果实）	广
15	P150223009	包头市	达尔罕茂明安联合旗	达茂春油菜1	地方品种	当地	一年生	有性	5月上旬	8月中旬	高产，优质，抗病，抗虫，耐盐碱，抗旱，广适，耐寒，耐贫瘠		主茎叶数少，一般株高80～120cm，一次有效分枝3～5个，单株着果70个，每角粒数14粒，千粒重3.7g	食用	种子（果实）	广
16	P150223010	包头市	达尔罕茂明安联合旗	达茂春油菜2	地方品种	当地	一年生	有性	5月上旬	8月中旬	高产，优质，抗病，抗虫，耐盐碱，抗旱，广适，耐寒，耐贫瘠		主茎叶数少，一般株高85cm，一次有效分枝3～5个，单株着果70个，每角粒数14粒，千粒重3.7g	食用	种子（果实）	广

（续表）

序号	样品编号	盟（市）	旗（县、市、区）	种质名称	种质类型	种质来源	生长习性	繁殖习性	播种期	收获期	主要特性	其他特性	主要特性详细描述	种质用途	利用部位	种质分布
17	P150581029	通辽市	霍林郭勒市	油菜籽	地方品种	当地	一年生	有性	5月中旬	9月下旬	高产，优质，抗旱，耐寒，耐贫瘠		农家多年种植，自留品种，品质好，早熟	食用	种子（果实）	窄
18	P150423052	赤峰市	巴林右旗	芥花	地方品种	当地	一年生	有性	5月中旬	9月中旬	优质，抗病，抗旱			食用	种子（果实）	窄
19	P150425034	赤峰市	克什克腾旗	三黄油菜	地方品种	当地	一年生	有性	5月中旬	9月上旬	抗虫，耐寒，耐贫瘠		株高90～200cm，具粉霜；茎直立，有分枝，总状花序伞房状	食用、饲用	种子（果实）	窄
20	P152527028	锡林郭勒盟	太仆寺旗	柳生菜籽	野生资源	当地	一年生	有性	5月中旬	9月上旬	广适		营养丰富，其中维生素C含量很高，菜籽可以榨油	食用、饲用	种子（果实）、叶	广
21	P152529045	锡林郭勒盟	正镶白旗	大黄菜籽	地方品种	当地	一年生	有性	5月中旬	9月上旬	抗旱		种子榨油供食用	食用、饲用	种子（果实）、茎、叶	广
22	P150922022	乌兰察布市	化德县	大黄油菜籽	地方品种	当地	一年生	有性	4月下旬	9月中旬	抗旱			食用、加工原料	种子（果实）	窄
23	P150922031	乌兰察布市	化德县	黑菜籽	地方品种	当地	一年生	有性	4月下旬	9月中旬	优质，抗旱			食用	种子（果实）	窄
24	P150923039	乌兰察布市	商都县	三牛尾油菜	地方品种	当地	一年生	有性	5月上旬	9月上旬	抗病，抗旱，耐寒，耐贫瘠			食用	种子（果实）	窄
25	P150924050	乌兰察布市	兴和县	本地大黄菜籽	地方品种	当地	一年生	有性	5月上旬	9月上旬	高产，抗病，抗旱			加工原料	种子（果实）	窄

（续表）

序号	样品编号	盟（市）	旗（县、市、区）	种质名称	种质类型	种质来源	生长习性	繁殖习性	播种期	收获期	主要特性	其他特性	主要特性详细描述	种质用途	利用部位	种质分布
26	P150927011	乌兰察布市	察哈尔右翼中旗	大黄油菜籽	地方品种	当地	一年生	有性	5月上旬	9月上旬	抗旱			食用、加工原料	种子（果实）	广
27	P150927028	乌兰察布市	察哈尔右翼中旗	油菜	地方品种	当地	一年生	有性	5月中旬	7月中旬	优质			食用	茎、叶	广
28	P150928004	乌兰察布市	察哈尔右翼后旗	三牛衣菜籽	地方品种	当地	一年生	有性	5月中旬	9月中旬	抗旱，广适，耐贫瘠，其他		株高150～170cm，秆粗，分蘖多，叶浓绿色，单株结荚300～700个，每荚16～18粒，千粒重2.2～2.6g，含油量39%，生育期100d左右	食用	种子（果实）	广
29	P150928007	乌兰察布市	察哈尔右翼后旗	大黄油菜籽	地方品种	当地	一年生	有性	5月中旬	9月中旬	耐盐碱，抗旱，耐贫瘠		株高110～140cm，秆粗，分蘖多，单株结角数130～520个，每角12～14粒，千粒重2.4～2.6g。生育期100d左右	食用、加工原料，其他	种子（果实）	广
30	P150929025	乌兰察布市	四子王旗	大黄油菜籽	地方品种	当地	一年生	有性	5月下旬	9月上旬	优质，抗旱，耐贫瘠			食用、加工原料	种子（果实）、茎、叶	广
31	P150929072	乌兰察布市	四子王旗	小黄油菜籽	地方品种	当地	一年生	有性	6月上旬	9月下旬	抗旱，耐寒，耐贫瘠		幼苗直立，颜色浅绿，株高115cm左右，花呈黄色，籽粒小，生育期90～95d	食用、加工原料	种子（果实）、茎、叶	窄

（续表）

序号	样品编号	盟（市）	旗（县、市、区）	种质名称	种质类型	种质来源	生长习性	繁殖习性	播种期	收获期	主要特性	其他特性	主要特性详细描述	种质用途	利用部位	种质分布
32	P150929073	乌兰察布市	四子王旗	本地黑油菜籽	地方品种	当地	一年生	有性	6月中旬	9月中旬	抗旱，耐贫瘠		株型直立，颜色绿色，株高90cm左右，黄色花蕾，籽粒呈褐黑色，生育期70d左右	食用、饲用、加工原料	种子（果实）、茎、叶	窄
33	P152630007	乌兰察布市	察哈尔右翼前旗	油菜籽	地方品种	当地	一年生	有性	5月上旬	9月中旬	抗旱，广适，耐寒，耐贫瘠，耐热		适应性广，抗逆性强，可以在任何地块种植	食用、加工原料	种子（果实）	广
34	P150625030	鄂尔多斯市	杭锦旗	黄芥	地方品种	当地	一年生	有性	6月中旬	9月下旬	抗旱		榨出的油香味浓郁	食用	种子（果实）	窄
35	P150622029	鄂尔多斯市	准格尔旗	小黄芥	地方品种	当地	一年生	有性	5月中旬	9月下旬	高产，抗旱，耐寒，耐贫瘠，耐热		生长适应性广，不但耐寒、耐高温且适合山区及昼夜温差较大地区种植	食用、饲用、加工原料，其他	种子（果实）	广
36	P150622034	鄂尔多斯市	准格尔旗	油菜籽	地方品种	当地	一年生	有性	3月下旬	5月下旬	高产，抗旱，耐寒，耐贫瘠		耐寒性强、生长周期短	食用、加工原料，其他	种子（果实）	窄
37	P150822042	巴彦淖尔市	磴口县	磴口油菜	地方品种	当地	一年生	有性	4月中旬	7月下旬	广适，耐寒			食用、保健药用	种子（果实）、茎、叶	广
38	P150823065	巴彦淖尔市	乌拉特前旗	明安菜籽	地方品种	当地	一年生	有性	5月上旬	8月下旬	抗旱，耐贫瘠			食用	种子（果实）	窄

（续表）

序号	样品编号	盟（市）	旗(县、市、区)	种质名称	种质类型	种质来源	生长习性	繁殖习性	播种期	收获期	主要特性	其他特性	主要特性详细描述	种质用途	利用部位	种质分布
39	P150824002	巴彦淖尔市	乌拉特中旗	石哈河油菜籽	地方品种	当地	一年生	有性	5月下旬	8月中旬	高产，优质，抗病，抗旱，耐寒，耐贫瘠	高产、优质	在当地大面积种植，可直接用于生产，株高30～90cm	食用、饲用、加工原料	种子（果实）	广
40	P150826017	巴彦淖尔市	杭锦后旗	蚕会油菜	地方品种	当地	一年生	有性	4月中旬	8月中旬	高产，优质，耐贫瘠		株高150cm左右，该品种适应性强，丰产性好	食用	叶	广

3. 亚麻种质资源目录

亚麻（*Linum usitatissimum*）是亚麻科（Linaceae）亚麻属（*Linum*）是一年生或多年生草本植物。亚麻是纯天然纤维，由于其具有吸汗、透气性良好和对人体无害等显著特点，越来越被人们所重视。共计收集到种质资源26份，分布在9个盟（市）的18个旗（县、市、区）（表3-37）。

表3-37 亚麻种质资源目录

序号	样品编号	盟（市）	旗(县、市、区)	种质名称	种质类型	种质来源	生长习性	繁殖习性	播种期	收获期	主要特性	其他特性	主要特性详细描述	种质用途	利用部位	种质分布
1	P150105011	呼和浩特市	赛罕区	北路胡麻	地方品种	当地	一年生	有性	5月中旬	9月下旬	高产，抗病，抗虫，耐盐碱，抗旱，耐寒，耐贫瘠，其他		出油率高，可以入药，是很好的保健食品	食用，其他	种子（果实）	窄
2	P150125010	呼和浩特市	武川县	小胡麻	地方品种	当地	一年生	有性	5月上旬	9月中旬	优质，抗旱，耐寒，耐贫瘠		种子年限久远，产量一般，出油率高，当地主栽品种，植株矮小，分枝较多	食用、加工原料	种子（果实）、茎	窄
3	P150125046	呼和浩特市	武川县	本地胡麻	地方品种	当地	一年生	有性	4月下旬	9月中旬	优质，抗病，抗旱，耐寒，耐贫瘠		地方栽培品种，连续种植多年，适应性强，产量一般，抗性好，出油率高	加工原料	种子（果实）	窄

（续表）

序号	样品编号	盟（市）	旗（县、市、区）	种质名称	种质类型	种质来源	生长习性	繁殖习性	播种期	收获期	主要特性	其他特性	主要特性详细描述	种质用途	利用部位	种质分布
4	P150123051	呼和浩特市	和林格尔县	白胡麻	地方品种	当地	一年生	有性	4月下旬	9月中旬	优质，抗旱，耐寒，耐贫瘠		当地种植多年，加工品质好，适口性好，出油率高	食用、保健药用、加工原料	种子（果实）	广
5	P150123052	呼和浩特市	和林格尔县	红胡麻	地方品种	当地	一年生	有性	4月下旬	9月中旬	优质，抗旱，耐寒，耐贫瘠		当地种植多年，加工品质好，出油率高	食用、保健药用、加工原料	种子（果实）	广
6	P150222008	包头市	固阳县	金山胡麻	其他	外地	一年生	有性	5月上旬	9月中旬	优质，广适			食用、加工原料	种子（果实）	广
7	P150222024	包头市	固阳县	兴顺胡麻	地方品种	当地	一年生	有性	5月中旬	9月下旬	抗病，耐热		茎中空或具有白色髓部，叶微有毛，叶子矩圆形或卵形	食用	种子（果实）	广
8	P150222025	包头市	固阳县	银号胡麻	地方品种	当地	一年生	有性	5月中旬	9月中旬	优质，抗病，广适，耐热		叶子矩圆形或卵形	食用	种子（果实）	广
9	P150581034	通辽市	霍林郭勒市	额仑胡麻	地方品种	当地	一年生	有性	5月中旬	9月下旬	高产，优质，抗旱，耐寒，耐贫瘠		农家多年种植，自留品种，早熟，籽粒黄色，植株较矮	食用	种子（果实）	窄
10	P150423009	赤峰市	巴林右旗	小粒红胡麻	地方品种	当地	一年生	有性	6月上旬	9月上旬	优质，抗病，抗旱，耐贫瘠		当地种植亩产100～150kg	食用、饲用	种子（果实）	窄
11	P150423022	赤峰市	巴林右旗	小粒红胡麻	地方品种	当地	一年生	有性	5月下旬	9月下旬	优质，抗病，抗虫			食用	种子（果实）	窄

（续表）

序号	样品编号	盟（市）	旗（县、市、区）	种质名称	种质类型	种质来源	生长习性	繁殖习性	播种期	收获期	主要特性	其他特性	主要特性详细描述	种质用途	利用部位	种质分布
12	P150428002	赤峰市	翁牛特旗	胡麻	地方品种	当地	一年生	有性	4月下旬	9月下旬	优质，抗旱		出油率高	食用	种子（果实）	窄
13	P152529048	锡林郭勒盟	正镶白旗	野生胡麻	野生资源	当地	多年生	有性	5月上旬	9月上旬	抗病	种子可榨油，茎可作纤维材料	株高20～70cm，茎丛生，直立或斜升，由基部分枝；叶互生，条形至条状披针形；聚伞花序，花通常多数；萼片5；花瓣5，蓝色或浅蓝色；蒴果近球形。花期6—8月	食用、饲用、加工原料	种子（果实）、茎、叶	窄
14	P150922030	乌兰察布市	化德县	胡麻49	地方品种	当地	一年生	有性	5月上旬	9月中旬	优质，抗病，抗旱		抗倒伏	食用	种子（果实）	窄
15	P150923008	乌兰察布市	商都县	多籽胡麻	地方品种	当地	一年生	有性	5月上旬	9月上旬	高产，抗病，抗旱，耐寒，耐贫瘠			食用	种子（果实）	窄
16	P150924018	乌兰察布市	兴和县	本地大胡麻	地方品种	当地	一年生	有性	5月下旬	9月上旬	高产，优质，抗旱			食用、加工原料	种子（果实）	窄
17	P150924033	乌兰察布市	兴和县	四平头胡麻（49-99）	地方品种	当地	一年生	有性	5月下旬	9月上旬	高产，优质，抗旱			食用	种子（果实）	窄
18	P150924044	乌兰察布市	兴和县	本地小胡麻	地方品种	当地	一年生	有性	5月下旬	9月上旬	高产，优质，抗旱			食用	种子（果实）	窄
19	P150927013	乌兰察布市	察哈尔右翼中旗	胡麻	地方品种	当地	一年生	有性	5月上旬	9月上旬	优质			食用、加工原料	种子（果实）	广

（续表）

序号	样品编号	盟（市）	旗（县、市、区）	种质名称	种质类型	种质来源	生长习性	繁殖习性	播种期	收获期	主要特性	其他特性	主要特性详细描述	种质用途	利用部位	种质分布
20	P150929060	乌兰察布市	四子王旗	野亚麻	野生资源	当地	一年生	有性	5月上旬	8月下旬	抗旱，耐贫瘠			饲用，其他	种子(果实)、茎、叶	窄
21	P152624003	乌兰察布市	卓资县	胡麻	地方品种	当地	一年生	有性	5月下旬	9月下旬	优质，抗旱，耐寒，耐贫瘠		种子具有在较低温度下发芽的特点；胡麻发芽时所需的吸水量较其他作物少；对土壤要求不太严格	食用、饲用	种子（果实）	广
22	P152624018	乌兰察布市	卓资县	野生胡麻	野生资源	当地	一年生	有性	1月下旬	9月下旬	抗病，抗旱		株高40～50cm		种子（果实）	窄
23	P152628047	乌兰察布市	丰镇市	小胡麻	地方品种	当地	一年生	有性	5月中旬	9月下旬	抗病，抗虫，耐盐碱，抗旱，耐寒，耐贫瘠		株高53cm，花色为紫色，籽粒棕色较小	加工原料	种子（果实）	窄
24	P150623028	鄂尔多斯市	鄂托克前旗	胡麻	地方品种	当地	一年生	有性	6月上旬	9月中旬	耐盐碱，抗旱，广适			食用、饲用	种子(果实)、茎、叶	广
25	P150822009	巴彦淖尔市	磴口县	胡麻	地方品种	当地	一年生	有性	5月中旬	7月下旬	优质			食用、加工原料	种子（果实）	广
26	P152921038	阿拉善盟	阿拉善左旗	白胡麻	地方品种	当地	一年生	有性	5月上旬	9月上旬	优质，耐盐碱，耐寒，耐贫瘠			食用、加工原料	种子(果实)、茎、叶	窄

4. 芝麻种质资源目录

芝麻（*Sesamum indicum*）是芝麻科（Pedaliaceae）芝麻属（*Sesamum*）一年生或多年生草本植物。芝麻有补血生津、润肠、延缓细胞衰老之功效，可用于肾亏虚引起的头晕眼花、须发早白等症。共计收集到种质资源19份，分布在4个盟（市）的13个旗（县、市、区）（表3-38）。

表3-38 芝麻种质资源目录

序号	样品编号	盟（市）	旗（县、市、区）	种质名称	种质类型	种质来源	生长习性	繁殖习性	播种期	收获期	主要特性	其他特性	主要特性详细描述	种质用途	利用部位	种质分布
1	P150122033	呼和浩特市	托克托县	白芝麻	地方品种	当地	一年生	有性	4月下旬	9月中旬	优质，抗病，抗旱，耐贫瘠	地方种植多年，耐盐碱，口感好，芝麻油特别香	株高60～150cm，分枝或不分枝，茎中空或具有白色髓部，叶微有毛；叶子矩圆形或卵形，长3～10cm，宽2.5～4cm，下部叶常掌状3裂，中部叶有齿缺，上部叶近全缘，叶柄长1～5cm	食用、保健药用、加工原料	种子（果实）	广
2	P150523058	通辽市	开鲁县	黑金香芝麻	地方品种	当地	一年生	有性	5月上旬	9月中旬	高产，优质，抗病，抗旱		农家品种，经过多年留种选择而成的品质优良的资源。籽粒可用作烹饪原料，如作糕点的馅料，点心、烧饼的面料，亦可作菜肴辅料；籽粒榨出的油脂气味芳香，作为香油，也可用作食用油	食用	种子（果实）	窄

（续表）

序号	样品编号	盟（市）	旗（县、市、区）	种质名称	种质类型	种质来源	生长习性	繁殖习性	播种期	收获期	主要特性	其他特性	主要特性详细描述	种质用途	利用部位	种质分布
3	P150502084	通辽市	科尔沁区	白芝麻	地方品种	当地	一年生	有性	5月上旬	9月上旬	高产，优质，抗旱	籽粒白色	多年育成农家种。籽粒可用作烹饪原料，如作糕点的馅料，点心、烧饼的面料，亦可作菜肴辅料；籽粒榨出的油脂气味芳香，作为香油，也可用作食用油	食用	种子（果实）	窄
4	P150524055	通辽市	库伦旗	东地黑芝麻	地方品种	当地	一年生	有性	5月上旬	9月中旬	优质，抗虫，抗旱，耐寒，耐贫瘠		农家多年种植老品种	食用	种子（果实）	窄
5	P150525003	通辽市	奈曼旗	白芝麻	地方品种	当地	一年生	有性	5月上旬	9月上旬	优质，抗病，抗虫		多年留种育成的品质优良农家种。粒大，白色，香味浓烈	食用	种子（果实）	窄
6	P150525004	通辽市	奈曼旗	黑芝麻	地方品种	当地	一年生	有性	5月上旬	9月上旬	优质，抗病，抗虫		多年留种育成的品质优良农家种。粒大，黑色，品质好，抗旱	食用、保健药用	种子（果实）	窄
7	P150525069	通辽市	奈曼旗	八筒白芝麻	地方品种	当地	一年生	有性	5月中旬	9月上旬	优质，抗病，耐盐碱，抗旱，耐贫瘠		农家多年种植老品种。食用香味浓烈	食用、加工原料	种子（果实），其他	窄
8	P150525081	通辽市	奈曼旗	本地芝麻	地方品种	当地	一年生	有性	5月上旬	9月上旬	优质，抗病，耐盐碱，抗旱，耐贫瘠		农家多年种植老品种。高产，香味浓烈，食用口感好	食用、饲用	种子（果实）	窄
9	P150403036	赤峰市	元宝山区	芝麻	地方品种	当地	一年生	有性	5月下旬	8月中旬	高产，抗病，抗虫，耐寒			食用	种子（果实）	窄

（续表）

序号	样品编号	盟（市）	旗（县、市、区）	种质名称	种质类型	种质来源	生长习性	繁殖习性	播种期	收获期	主要特性	其他特性	主要特性详细描述	种质用途	利用部位	种质分布
10	P150421029	赤峰市	阿鲁科尔沁	白芝麻	地方品种	当地	一年生	有性	6月上旬	9月下旬		有70多年历史	生育期110d左右	食用	种子（果实）	窄
11	P150425006	赤峰市	克什克腾旗	白胡麻	野生资源	当地	多年生	有性	5月中旬	8月下旬	优质，耐寒	雌雄异株	油品质好，耐寒性强	食用、加工原料	种子（果实）	窄
12	P150425020	赤峰市	克什克腾旗	小粒胡麻	地方品种	当地	一年生	有性	5月中旬	8月下旬	优质，抗旱		营养价值高，品质好	食用、加工原料	种子（果实）	窄
13	P150428045	赤峰市	喀喇沁旗	白芝麻	地方品种	当地	一年生	有性	5月下旬	9月中旬	优质		好吃	食用	种子（果实）	广
14	P150429022	赤峰市	宁城县	黑芝麻	地方品种	当地	一年生	有性	6月上旬	9月中旬				食用	种子（果实）	窄
15	P150429057	赤峰市	宁城县	芝麻	地方品种	当地	一年生	有性	4月中旬	9月中旬				食用	种子（果实）	窄
16	P150430033	赤峰市	敖汉旗	芝麻	地方品种	当地	一年生	有性	5月中旬	9月下旬	耐旱，耐寒，耐贫瘠			食用	种子（果实）	窄
17	P150627038	鄂尔多斯市	伊金霍洛旗	白芝麻	地方品种	当地	一年生	有性	3月下旬	9月下旬	优质			食用、保健药用	种子（果实）、茎	窄
18	P150622004	鄂尔多斯市	准格尔旗	黑芝麻	地方品种	当地	一年生	有性	5月下旬	9月下旬	高产，优质，抗病，抗虫，抗旱，耐贫瘠			食用、保健药用、加工原料	种子（果实）	窄

（续表）

序号	样品编号	盟（市）	旗（县、市、区）	种质名称	种质类型	种质来源	生长习性	繁殖习性	播种期	收获期	主要特性	其他特性	主要特性详细描述	种质用途	利用部位	种质分布
19	P150622042	鄂尔多斯市	准格尔旗	白芝麻	地方品种	当地	一年生	有性	5月下旬	9月下旬	高产，优质，抗旱，耐贫瘠	具有抗衰老、养血、乌发、美容等作用		食用、保健药用、加工原料，其他	种子（果实）	广

5. 蓖麻种质资源目录

蓖麻（*Ricinus communis*）是大戟科（Euphorbiaceae）蓖麻属（*Ricinus*）一年生粗壮草本或草质灌木。蓖麻油在工业上用途广，在医药上作缓泻剂，有润肠通便的功效。共计收集到种质资源6份，分布在5个盟（市）的5个旗（县、市、区）（表3-39）。

表3-39　蓖麻种质资源目录

序号	样品编号	盟（市）	旗（县、市、区）	种质名称	种质类型	种质来源	生长习性	繁殖习性	播种期	收获期	主要特性	其他特性	主要特性详细描述	种质用途	利用部位	种质分布
1	P150121051	呼和浩特市	土默特左旗	红蓖麻	地方品种	当地	一年生	有性	5月上旬	9月下旬	高产，优质，抗病，抗虫，耐盐碱，抗旱，广适，耐贫瘠			食用、加工原料	种子（果实）、茎	广
2	P150121055	呼和浩特市	土默特左旗	绿蓖麻	地方品种	当地	一年生	有性	5月上旬	9月下旬	高产，优质，抗病，抗虫，耐盐碱，抗旱，广适，耐贫瘠		出油率高	食用、加工原料	种子（果实）、茎	广
3	P150221032	包头市	土默特右旗	土右麻子	地方品种	当地	一年生	有性	5月上旬	9月中旬	耐贫瘠，耐热		喜高温，不耐霜，酸碱适应性强	食用	种子（果实）	窄

（续表）

序号	样品编号	盟（市）	旗（县、市、区）	种质名称	种质类型	种质来源	生长习性	繁殖习性	播种期	收获期	主要特性	其他特性	主要特性详细描述	种质用途	利用部位	种质分布
4	P152223025	兴安盟	扎赉特旗	蓖麻大麻籽	地方品种	当地	一年生	有性	5月上旬	10月中旬	优质			食用、保健药用、加工原料	种子（果实）、根、叶	窄
5	P150622035	鄂尔多斯市	准格尔旗	准格尔旗红秆蓖麻	地方品种	当地	一年生	有性	5月上旬	8月下旬	高产，抗病，抗旱，耐贫瘠			保健药用、加工原料	种子（果实）	广
6	P152921035	阿拉善盟	阿拉善左旗	阿拉腾塔拉蓖麻	地方品种	当地	一年生	有性	4月下旬	10月上旬	优质，抗病，抗旱，耐贫瘠			保健药用、加工原料	种子（果实）、根、叶	窄

五、嗜好类作物种质资源目录

1. 烟草种质资源目录

烟草（*Nicotiana tabacum*）是茄科（Solanaceae）烟草属（*Nicotiana*）一年生或有限多年生草本，作烟草工业的原料，全株也可作农药杀虫剂，亦可药用，作麻醉、发汗、镇静和催吐剂。共计收集到种质资源13份，分布在5个盟（市）的9个旗（县、市、区）（表3-40）。

表3-40 烟草种质资源目录

序号	样品编号	盟（市）	旗（县、市、区）	种质名称	种质类型	种质来源	生长习性	繁殖习性	播种期	收获期	主要特性	其他特性	主要特性详细描述	种质用途	利用部位	种质分布
1	P152221001	兴安盟	科尔沁右翼前旗	烟叶	地方品种	当地	一年生	有性	5月中旬	10月中旬	高产，优质，抗旱		具有悠久的栽培历史，为本地特有品种，烟叶产量较高，一般一亩地可产160kg干烟叶。劲儿大，香味浓郁，口感柔和。十分的抗旱，被本地人称为旱烟叶	加工原料	叶	窄

（续表）

序号	样品编号	盟（市）	旗（县、市、区）	种质名称	种质类型	种质来源	生长习性	繁殖习性	播种期	收获期	主要特性	其他特性	主要特性详细描述	种质用途	利用部位	种质分布
2	P152221007	兴安盟	科尔沁右翼前旗	延边红	地方品种	当地	一年生	有性	5月上旬	10月上旬	高产，优质，抗病，抗虫		劲儿大，味道对比其他烟叶较重。在当地是非常优质高产的农家品种，而且抗病，抗虫性好，无须打药和施用化肥，依然可以保持很高的产量	加工原料	叶	窄
3	P152224023	兴安盟	突泉县	烟草	地方品种	当地	一年生	有性	6月中旬	9月中旬	高产			加工原料，其他	种子（果实）、叶	窄
4	P150523010	通辽市	开鲁县	烤烟	地方品种	当地	一年生	有性	5月上旬	8月下旬	高产，优质，抗病，抗旱		农家品种，经过多年留种选育而成的品质优良的资源。叶片较大，烤后叶片颜色为橘黄色，色泽较鲜亮，厚薄适中。吸食有典型的烤烟香气，吸味柔和，劲头适中	加工原料	叶	窄
5	P150523063	通辽市	开鲁县	糊脖子烟	地方品种	当地	一年生	有性	5月上旬	9月下旬	高产，优质，抗病，抗旱		农家品种，经过多年留种选育而成的品质优良的资源，烟香浓烈，吐烟后烟雾围绕脖子，很香	加工原料，其他	叶	窄
6	P150523065	通辽市	开鲁县	葵葵烟	地方品种	当地	一年生	有性	4月上旬	9月下旬	高产，优质，抗病，抗旱		农家品种，经过多年留种选育而成的品质优良的资源。叶片较大，烤后叶片颜色为橘黄色，色泽较鲜亮，厚薄适中。吸食有典型的烤烟香气，吸味柔和，劲头适中。产量高，加工品质好。烟农喜好	加工原料，其他	叶	窄

（续表）

序号	样品编号	盟（市）	旗（县、市、区）	种质名称	种质类型	种质来源	生长习性	繁殖习性	播种期	收获期	主要特性	其他特性	主要特性详细描述	种质用途	利用部位	种质分布
7	P150502115	通辽市	科尔沁区	蛤蟆烟	地方品种	当地	一年生	有性	4月下旬	8月下旬	优质，抗病，抗虫，抗旱，耐寒，耐贫瘠		多年种植农家品种，品质好，烟香浓烈，比较有劲，产量高	加工原料，其他	茎、叶	窄
8	P150421053	赤峰市	阿鲁科尔沁旗	千层塔旱烟	地方品种	当地	一年生	有性	4月上旬	9月上旬	优质，抗病，抗虫		当地庭院种植，不耐寒，在农历白露前收获，有霜冻影响口感，全旗5～10户种植	食用	根、叶	窄
9	P150422017	赤峰市	巴林左旗	葵花叶烟	地方品种	当地	一年生	有性	5月下旬	9月上旬	优质，耐贫瘠			加工原料	叶	窄
10	P150430007	赤峰市	敖汉旗	葵花烟	地方品种	当地	一年生	有性	5月上旬	9月上旬	抗旱，耐贫瘠			其他	叶	窄
11	P150823004	巴彦淖尔市	乌拉特前旗	圐圙补隆烟叶	地方品种	当地	一年生	有性	4月下旬	7月中旬	优质		茎直立，高1.2m左右。花黄色	加工原料	叶	窄
12	P150823009	巴彦淖尔市	乌拉特前旗	烟叶	地方品种	当地	一年生	有性	4月下旬	7月中旬	高产，抗病		茎直立，高1.5m左右。花黄色	加工原料	叶	窄
13	P150722069	呼伦贝尔市	莫力达瓦达斡尔族自治旗	达斡尔小护脖香	地方品种	当地	一年生	有性	4月中旬	8月下旬	优质，抗病，抗虫		达斡尔族祖传特有品种	其他	叶	窄

2. 葫芦种质资源目录

葫芦（*Lagenaria siceraria*）是葫芦科（Cucurbitaceae）葫芦属（*Lagenaria*）一年生攀缘草本植物。新鲜的葫芦皮嫩绿，果肉白色，果实也被称为葫芦，可以在未成熟的时候收割作为蔬菜食用。共计收集到种质资源1份，分布在1个盟（市）的1个旗（县、市、区）（表3-41）。

表3-41　葫芦种质资源目录

序号	样品编号	盟（市）	旗(县、市、区)	种质名称	种质类型	种质来源	生长习性	繁殖习性	播种期	收获期	主要特性	其他特性	主要特性详细描述	种质用途	利用部位	种质分布
1	P152921046	阿拉善盟	阿拉善左旗	吊葫芦	地方品种	当地	一年生	有性	5月上旬	10月中旬	抗病，耐寒，耐贫瘠		有软毛，夏秋开白色花，雌雄同株，葫芦的藤可达15m长，果子长度可以从10cm至1m不等，最重的可达1kg	加工原料，其他	种子（果实），其他	窄

六、其他作物种质资源目录

1. 西甜瓜种质资源目录

（1）甜瓜（*Cucumis melo*）是葫芦科（Cucurbitaceae）黄瓜属（*Cucumis*）一年生匍匐或攀缘草本。甜瓜中含有大量的碳水化合物及营养物质，口感多汁，能帮人们清暑热，解烦渴。共计收集到种质资源21份，分布在6个盟（市）的10个旗（县、市、区）（表3-42）。

表3-42　西甜瓜种质资源目录

序号	样品编号	盟（市）	旗(县、市、区)	种质名称	种质类型	种质来源	生长习性	繁殖习性	播种期	收获期	主要特性	其他特性	主要特性详细描述	种质用途	利用部位	种质分布
1	P150124001	呼和浩特市	清水河县	小甜瓜	地方品种	当地	一年生	有性	5月中旬	8月上旬	优质，抗病，抗旱，耐贫瘠			食用	种子（果实）	窄

（续表）

序号	样品编号	盟（市）	旗（县、市、区）	种质名称	种质类型	种质来源	生长习性	繁殖习性	播种期	收获期	主要特性	其他特性	主要特性详细描述	种质用途	利用部位	种质分布
2	P150202027	包头市	东河区	东河灯笼红	地方品种	当地	一年生	有性	5月下旬	8月中旬	优质，抗病，广适，耐寒		平均果重400g左右，果皮灰绿色，皮薄肉厚、香脆爽甜，维生素C含量为22～32mg/100g，产品有促进消化、抑制多种细菌的作用	食用	种子（果实）	广
3	P150221002	包头市	土默特右旗	灯笼红香瓜	地方品种	当地	一年生	有性	5月上旬	7月上旬	优质，广适		平均果重400g左右，果皮灰绿色，皮薄肉厚、香脆爽甜，维生素C含量为22～32mg/100g，含钾量为150～200mg/100g，可溶性固形物含量为8%～14%，能量为140～200kJ/100g，果面无网纹，果皮绿色	食用	种子（果实）	广
4	P150221005	包头市	土默特右旗	虎皮脆香瓜	地方品种	当地	一年生	有性	5月上旬	7月中旬	优质		果柄深绿色，果柄脱落性难，果实卵状，无果面瘤，无果面皱纹，果面沟浅，果面底色黄绿色，果面覆纹形状斑点	食用	种子（果实）	窄
5	P150421018	赤峰市	阿鲁科尔沁旗	脆皮花梢瓜	地方品种	当地	一年生	有性	4月下旬	8月中旬	优质，抗病，抗旱		果色绿，长椭圆形，有纵长白线条，果肉微黄色，果实纵径38.6cm，横径9.2cm，果肉厚1.5～1.8cm，单果重3.87kg，种子千粒重16.52g	食用	种子（果实）	窄
6	P152628013	乌兰察布市	丰镇市	大甜瓜	地方品种	当地	一年生	有性	5月中旬	7月下旬	高产，优质，抗病，抗虫，抗旱，耐贫瘠		果实大，口感好，外表黄青，籽粒小，表皮白色，光滑	食用	种子（果实）	窄

（续表）

序号	样品编号	盟（市）	旗（县、市、区）	种质名称	种质类型	种质来源	生长习性	繁殖习性	播种期	收获期	主要特性	其他特性	主要特性详细描述	种质用途	利用部位	种质分布
7	P150621029	鄂尔多斯市	达拉特旗	灯笼红香瓜	地方品种	当地	一年生	有性	5月下旬	7月下旬	优质，抗病，耐盐碱，耐贫瘠		多年老品种，外形酷似灯笼，口感甜脆，现仍有大面积种植，缺点是产量低	食用	种子（果实）	广
8	P150621041	鄂尔多斯市	达拉特旗	黄绵甜瓜	地方品种	当地	一年生	有性	5月下旬	8月上旬	抗旱，耐贫瘠		口感绵甜，不耐储存	食用	种子（果实）	窄
9	P150622040	鄂尔多斯市	准格尔旗	黄花皮香瓜	地方品种	当地	一年生	有性	5月中旬	7月中旬	高产，优质	清热解暑、利尿，保护肝脏		食用、饲用、保健药用，其他	种子（果实）	广
10	P150821001	巴彦淖尔市	五原县	虎皮脆	地方品种	当地	一年生	有性	5月上旬	7月下旬	优质，抗旱		中早熟品种，生育期75d左右，植株分枝性强，子蔓结瓜为主，每株结瓜3～4个，果实长卵圆形，熟瓜皮色黄绿相间，覆有不规则墨绿斑点，肉浅绿色，酥脆香甜，一般亩产2 000kg左右	食用	种子（果实）	窄
11	P150821006	巴彦淖尔市	五原县	灯笼红甜瓜	地方品种	当地	一年生	有性	5月上旬	8月中旬			外形酷似灯笼，平均果重400g左右	食用	种子（果实）	窄

（续表）

序号	样品编号	盟（市）	旗（县、市、区）	种质名称	种质类型	种质来源	生长习性	繁殖习性	播种期	收获期	主要特性	其他特性	主要特性详细描述	种质用途	利用部位	种质分布
12	P150821007	巴彦淖尔市	五原县	网纹蜜瓜	地方品种	当地	一年生	有性	5月上旬	8月中旬	高产，优质		从河套蜜瓜变异植株中经系统选育而成，生育期90d左右，植株平伏蔓生，长势强，耐热，耐旱，孙蔓结瓜为主，开花到果实成熟35d左右，果实高圆形或椭圆形，熟瓜皮色黄绿有网纹，单瓜重1～1.5kg，果肉浅绿色，多汁，有芳香味，含糖量高，一般亩产2 000～3 000kg	食用	种子（果实）	窄
13	P150821024	巴彦淖尔市	五原县	蛤蟆皮甜瓜	地方品种	当地	一年生	有性	5月上旬	7月中旬	高产，优质		中早熟品种，生育期75d左右，分枝性强，子蔓结瓜为主，青面翠花斑点，皮脆瓤沙，香甜可口，气味浓郁，单株结瓜3～4个，亩产2 500～3 500kg	食用	种子（果实）	窄
14	P150821036	巴彦淖尔市	五原县	老哈密	地方品种	当地	一年生	有性	5月中旬	8月上旬	耐贫瘠，其他		属于蜜瓜的一种，是一类优良甜瓜品种。果圆形或卵圆形，瓜瓤沙甜，果实中等，能利尿、止渴，还能缓解烦热、解暑等	食用，其他	种子（果实）	窄
15	P150822001	巴彦淖尔市	磴口县	华莱士瓜	地方品种	当地	一年生	有性	4月下旬	7月中旬	优质，抗病，抗虫，抗旱		果实柠檬形，成熟后果皮呈金黄色，香气浓郁，折光含糖量14%～17%	食用	种子（果实）	窄
16	P150822054	巴彦淖尔市	磴口县	麻纹华莱士	地方品种	当地	一年生	有性	4月下旬	7月中旬	优质，抗病，抗虫，抗旱		果实柠檬形，成熟后果皮呈麻纹状，香气浓郁，折光含糖量14%～17%	食用	种子（果实）	窄

（续表）

序号	样品编号	盟（市）	旗（县、市、区）	种质名称	种质类型	种质来源	生长习性	繁殖习性	播种期	收获期	主要特性	其他特性	主要特性详细描述	种质用途	利用部位	种质分布
17	P150822055	巴彦淖尔市	磴口县	黄籽华莱士	地方品种	当地	一年生	有性	4月下旬	7月中旬	优质，抗病，抗虫，抗旱		果实柠檬形，成熟后果皮呈金黄色，籽粒黄色，香气浓郁，折光含糖量14%～17%	食用	种子（果实）	窄
18	P150822056	巴彦淖尔市	磴口县	杏味华莱士	地方品种	当地	一年生	有性	4月下旬	7月中旬	优质，抗病，抗虫，抗旱		果实柠檬形，成熟后果皮呈金黄色，香气浓郁，有杏味口感，折光含糖量14%～17%	食用	种子（果实）	窄
19	P150823061	巴彦淖尔市	乌拉特前旗	小瓜子	地方品种	当地	一年生	有性	5月中旬	8月下旬		浅茬	长蔓，生长整齐，成熟瓜甜脆	食用	种子（果实）	窄
20	P150823063	巴彦淖尔市	乌拉特前旗	麻苏瓜	地方品种	当地	一年生	有性	5月中旬	8月下旬		浅茬	长蔓，成熟瓜绵甜	食用	种子（果实）	窄
21	P150823064	巴彦淖尔市	乌拉特前旗	大有功小瓜子	地方品种	当地	一年生	有性	5月中旬	8月下旬		浅茬	长蔓，易感白粉病，成熟瓜甜脆	食用	种子（果实）	窄

（2）西瓜（*Citrullus lanatus*）是葫芦科（Cucurbitaceae）西瓜属（*Citrullus*）一年生蔓生藤本植物。西瓜富含多种维生素，具有平衡血压、调节心脏功能的作用。共计收集到种质资源19份，分布在8个盟（市）的13个旗（县、市、区）（表3-43）。

表3-43　西瓜种质资源目录

序号	样品编号	盟（市）	旗（县、市、区）	种质名称	种质类型	种质来源	生长习性	繁殖习性	播种期	收获期	主要特性	其他特性	主要特性详细描述	种质用途	利用部位	种质分布
1	P150122016	呼和浩特市	托克托县	红小片	地方品种	当地	一年生	有性	5月上旬	9月中旬	高产，优质，耐盐碱，耐寒		适应性强，瓜子口感好	食用、加工原料	种子（果实）	窄

（续表）

序号	样品编号	盟（市）	旗（县、市、区）	种质名称	种质类型	种质来源	生长习性	繁殖习性	播种期	收获期	主要特性	其他特性	主要特性详细描述	种质用途	利用部位	种质分布
2	P150221028	包头市	土默特右旗	土右红玉西瓜	地方品种	当地	一年生	有性	7月上旬	9月下旬	抗旱		茎、枝粗壮，卷须较粗壮，具短柔毛，叶柄粗，密被柔毛，叶片纸质，轮廓三角状卵形，叶片白绿色，果实大型，近于球形或椭圆形，肉质，多汁，果皮光滑	食用	种子（果实）	广
3	P152222014	兴安盟	科尔沁右翼中旗	大瓜子（打瓜）	地方品种	当地	一年生	有性	6月上旬	9月中旬	优质，耐盐碱，耐贫瘠		瓜瓤黄色，果肉香而不甜，多汁，瓜子黑边白心，颗粒饱满，瓜子较大。耐瘠薄，是当地条件不好的耕地备选作物之一	食用	种子（果实）	窄
4	P150523028	通辽市	开鲁县	打瓜	地方品种	当地	一年生	有性	7月上旬	9月中旬	优质，抗病，抗旱，耐贫瘠		经过多年留种选择而成的优良农家种。品质优，营养丰富，品质好，口感好，籽粒较多	食用	种子（果实）	窄
5	P150523066	通辽市	开鲁县	老打瓜	地方品种	当地	一年生	有性	6月下旬	9月下旬	高产，优质，抗病，抗旱		多年种植留种选育出的优良品质农家种。瓜圆形，表皮光滑，浅绿，有深绿色条纹，瓜内色白，较甜。除食用瓜瓤外，也可用于获取瓜子，瓜子具有食用等经济价值	食用、加工原料，其他	种子（果实）	窄
6	P150430009	赤峰市	敖汉旗	顶心白（打瓜）	地方品种	当地	一年生	有性	5月上旬	9月上旬	优质		茎蔓生，有卷须，叶片绿色，三角状卵形，沿主叶脉呈羽状缺刻，雌雄花同株，果皮深绿色，果实圆形，有浅绿色条纹，果肉微黄色，果实纵径15.5cm，横径15.5cm，单果重2.01kg，千粒重129.4g	食用	种子（果实）	窄

（续表）

序号	样品编号	盟（市）	旗（县、市、区）	种质名称	种质类型	种质来源	生长习性	繁殖习性	播种期	收获期	主要特性	其他特性	主要特性详细描述	种质用途	利用部位	种质分布
7	P150625024	鄂尔多斯市	杭锦旗	三白西瓜	地方品种	当地	一年生	有性	5月中旬	8月上旬	优质，抗病，抗旱，其他		含糖量低（9%左右）	食用	种子（果实）	窄
8	P150623015	鄂尔多斯市	鄂托克前旗	东瓜	地方品种	当地	一年生	有性	5月上旬	9月中旬	优质，抗病，抗虫，耐盐碱，抗旱，耐贫瘠			食用	种子（果实）	窄
9	P150622005	鄂尔多斯市	准格尔旗	三白瓜	地方品种	当地	一年生	有性	5月上旬	7月上旬	高产，优质，抗病，抗虫，抗旱，耐贫瘠			食用、保健药用	种子（果实）	窄
10	P150622031	鄂尔多斯市	准格尔旗	猪饲料瓜	地方品种	当地	一年生	有性	5月下旬	9月下旬	高产，耐盐碱，抗旱，耐贫瘠		喜温暖、不耐寒	饲用、加工原料，其他	种子（果实）	窄
11	P150802012	巴彦淖尔市	临河区	黑籽瓜	地方品种	当地	一年生	有性	5月中旬	8月中旬	优质，耐盐碱，耐贫瘠			食用、加工原料	种子（果实）	窄
12	P150802013	巴彦淖尔市	临河区	红籽瓜	地方品种	当地	一年生	有性	5月上旬	8月下旬	优质，耐盐碱，抗旱，耐贫瘠			食用、加工原料	种子（果实）	窄
13	P150821026	巴彦淖尔市	五原县	红小片	地方品种	当地	一年生	有性	5月上旬	8月中旬	高产，优质，抗病，耐盐碱，耐贫瘠			食用、保健药用	种子（果实）	窄
14	P150821030	巴彦淖尔市	五原县	黑小片	地方品种	当地	一年生	有性	5月上旬	8月上旬	高产，优质，抗病，耐盐碱，耐贫瘠			食用、保健药用	种子（果实）	窄

（续表）

序号	样品编号	盟（市）	旗（县、市、区）	种质名称	种质类型	种质来源	生长习性	繁殖习性	播种期	收获期	主要特性	其他特性	主要特性详细描述	种质用途	利用部位	种质分布
15	P150821033	巴彦淖尔市	五原县	本地黑中片	地方品种	当地	一年生	有性	5月中旬	8月下旬	高产，优质，抗病，耐盐碱，耐贫瘠			食用	种子（果实）	窄
16	P150821037	巴彦淖尔市	五原县	红中片	地方品种	当地	一年生	有性	5月中旬	8月下旬	高产，优质，耐盐碱，耐贫瘠			食用、保健药用	种子（果实）	窄
17	P150822038	巴彦淖尔市	磴口县	三白瓜	地方品种	当地	一年生	有性	4月中旬	8月上旬	优质		千粒重大籽类型100～150g、中籽类型40～60g、小籽类型20～25g。瓜重150～200g	食用	种子（果实）	窄
18	P150826006	巴彦淖尔市	杭锦后旗	二道桥三白瓜	地方品种	当地	一年生	有性	5月中旬	8月下旬	优质，耐盐碱，耐贫瘠		幼苗出土快，整齐，生长健壮，易坐果，果实圆形，果皮乳白绿色，果肉浅黄乳白色，籽粒白色，耐运输，易储存，露地栽培土壤温度在12℃以上播种，亩保苗1 000～1 300株，三蔓整枝，第二雌花留瓜，加强田间管理和病虫害防治，低温情况下要人工辅助授粉	食用	种子（果实）	窄
19	P152922001	阿拉善盟	阿拉善右旗	红籽西瓜	地方品种	当地	一年生	有性	5月上旬	8月上旬	优质		当地农民自己食用的优质品种。种子多而大，种皮鲜红色，干后色泽不减	食用	种子（果实）	窄

2. 果树种质资源目录

（1）杏（*Prunus armeniaca*）是蔷薇科（Rosaceae）李属（*Prunus*）落叶乔木。杏种子味苦、微温；有小毒；归肺、大肠经；具降气止咳平喘、润肠通便之功效。共计收集到种质资源11份，分布在4个盟（市）的6个旗（县、市、区）（表3-44）。

表3-44　杏种质资源目录

序号	样品编号	盟（市）	旗（县、市、区）	种质名称	种质类型	种质来源	生长习性	繁殖习性	播种期	收获期	主要特性	其他特性	主要特性详细描述	种质用途	利用部位	种质分布
1	P150221016	包头市	土默特右旗	兰州大金杏	选育品种	外地	多年生	无性	5月中旬	6月下旬	高产，优质，抗病，广适，耐寒	早熟	树势强健，树姿半开张。抗寒，抗旱，适应性强，丰产性好。成年树株产果140～210kg，果实长卵圆形，果个匀称。平均单果重84g，最大果重180g。果面黄色，阳面红色，并有明显的朱砂点；果肉金黄色，肉质细，柔软多汁，味甜香浓郁，纤维少。可溶性固形物含量达14.5%，品质极佳；果实在常温下可存放5～7d。离核或半离核，甜仁，仁饱满，单仁重0.69g，出仁率为23.8%，甜脆质优。果实生育期71d左右	食用	种子（果实）	广
2	P150221017	包头市	土默特右旗	陕西大金杏	选育品种	外地	多年生	无性	5月中旬	7月上旬	高产，优质，抗病，广适，耐寒	中熟	果实平均单果重52g，大果重60g以上。果实扁圆形或近圆形，果顶微凹或稍平，缝合线浅，较明显。果面乳黄色，阳面具紫红色斑点。果肉橙黄色，肉质细软，汁液多，味甜，具芳香，可溶性固形物含量9.5%～12%，品质上等。离核，甜仁。较耐储运，为优良的鲜食品种。树势较强，树姿开张，树冠呈半圆形。萌芽力高，成枝力低，冠内枝条稀疏，层性明显。以短果枝结果为主，雌蕊败育花率40%，自花不实。早果性较好，定植第3～4年结果，丰产，20年生树株产可达80kg。喜土层深厚的土壤栽培，抗逆性较强	食用	种子（果实）	广

（续表）

序号	样品编号	盟（市）	旗（县、市、区）	种质名称	种质类型	种质来源	生长习性	繁殖习性	播种期	收获期	主要特性	其他特性	主要特性详细描述	种质用途	利用部位	种质分布
3	P150221018	包头市	土默特右旗	金杏	地方品种	当地	多年生	无性	5月中旬	6月下旬	高产，优质，抗病，抗虫，广适，耐寒	早熟	幼龄时树冠圆头形，成龄后半圆形；树势强壮，树姿开张或半开张。主干粗糙，树皮条状裂，暗灰色，多年生枝灰褐色。一年生枝粗壮，自然斜生，阳面红褐色，背面黄褐色，新梢红黄色，光滑无毛，节间长2.3cm，皮孔小，少，浅黄色，近圆形。叶片近圆形，叶尖突尖，基部圆形，叶长10.9cm，宽9.2cm，厚薄中等，绿色，有光泽，叶背茸毛少，叶脉黄绿色，叶缘较整齐，单锯齿，圆钝。叶柄绿色，长5.0cm。花芽鳞片紧，暗褐色；花瓣白色，5瓣，离生，花冠径3.3cm，蜜盘黄色，雌蕊1枚，雄蕊28.8枚。雌蕊高于雄蕊的花占41.7%，雌蕊与雄蕊等高的花占33.9%，雌蕊低于雄蕊的花为零，退化花占24.4%	食用	种子（果实）	广
4	P152221022	兴安盟	科尔沁右翼前旗	杏	野生资源	当地	多年生	兼性	5月上旬	8月下旬	高产，抗病，抗旱，广适，耐寒，耐贫瘠		口感偏酸，色泽黄，成熟后兼顾观赏和食用，当地村民打杏核卖给外地来的商人，可获得较为可观的收入，每户创收近千元	食用、加工原料	种子（果实）	广
5	P152222030	兴安盟	科尔沁右翼中旗	杏	野生资源	当地	多年生	有性	5月上旬	9月上旬	抗旱，广适，耐寒，耐贫瘠		灌木或小乔木，落叶，适应性强，喜光，根系发达，深入地下。选育耐寒杏品种的优良原始材料。种仁供药用，可作扁桃的代用品，并可榨油	食用	种子（果实）	广

（续表）

序号	样品编号	盟（市）	旗（县、市、区）	种质名称	种质类型	种质来源	生长习性	繁殖习性	播种期	收获期	主要特性	其他特性	主要特性详细描述	种质用途	利用部位	种质分布
6	P150627003	鄂尔多斯市	伊金霍洛旗	本地杏	地方品种	当地	多年生	有性	3月中旬	7月上旬	抗病		乔木，株高5～12m；树冠圆形、扁圆形或长圆形；树皮灰褐色，纵裂；多年生枝浅褐色，皮孔大而横生，一年生枝浅红褐色，有光泽，无毛，具多数小皮孔	食用	种子（果实）	广
7	P150627048	鄂尔多斯市	伊金霍洛旗	山杏	野生资源	当地	多年生	有性	3月下旬	7月中旬	抗旱，耐贫瘠		小乔木，株高3.5m，果近球形，直径约2cm，果肉薄，干燥，杏的近缘种	饲用	种子（果实）、茎、叶	窄
8	P150627049	鄂尔多斯市	伊金霍洛旗	杏	野生资源	当地	多年生	有性	3月下旬	7月中旬	抗旱，耐贫瘠		乔木，株高7m；树皮灰褐色，纵裂；多年生枝浅褐色，皮孔大而横生，一年生枝浅红褐色，有光泽，无毛，具多数小皮孔	饲用	种子（果实）、茎、叶	窄
9	P150622045	鄂尔多斯市	准格尔旗	杏	野生资源	当地	多年生	有性	3月下旬	7月中旬	抗旱		乔木，株高7m；树皮灰褐色，纵裂；多年生枝浅褐色，皮孔大而横生，一年生枝浅红褐色，有光泽，无毛，具多数小皮孔。果实较大	食用	种子（果实）、茎、叶	窄
10	P150622046	鄂尔多斯市	准格尔旗	杏	野生资源	当地	多年生	有性	3月下旬	7月中旬	抗旱		乔木，株高6.5m；树枝浅红褐色，有光泽，无毛，具多数小皮孔。果实较小	食用	种子（果实）、茎、叶	窄
11	P152922030	阿拉善盟	阿拉善右旗	杏	地方品种	当地	多年生	有性	5月上旬	9月上旬	优质，耐寒，耐热			食用、保健药用	种子（果实）	窄

（2）李（*Prunus salicina*）是蔷薇科（Rosaceae）李属（*Prunus*）落叶乔木，李子能促进胃酸和胃消化酶的分泌，有助于改善食欲、促进消化，对肝硬化有辅助治疗作用。共计收集到种质资源10份，分布在2个盟（市）的6个旗（县、市、区）（表3-45）。

表3-45 李种质资源目录

序号	样品编号	盟（市）	旗（县、市、区）	种质名称	种质类型	种质来源	生长习性	繁殖习性	播种期	收获期	主要特性	其他特性	主要特性详细描述	种质用途	利用部位	种质分布
1	P150202026	包头市	东河区	桃李	地方品种	当地	多年生	有性	5月中旬	8月中旬	优质，抗病，广适，耐寒		近球形核果，表面有茸毛，肉质可食，为橙黄色泛红色，直径7.5cm，有带深麻点和沟纹的核，内含白色种子	食用	种子（果实）	广
2	P150207024	包头市	九原区	秋红李	地方品种	当地	多年生	无性	5月中旬	8月中旬	高产，优质，抗病，抗虫，广适，耐寒	中熟	大果型李品种。果实扁圆形，横径6.19cm，纵径4.88cm，果形指数0.79；果梗粗短；平均单果重89g，最大112g。果实底色黄色，果面鲜红色或紫红色，果粉厚。果肉黄色，硬肉；含可溶性固形物在14%左右，口味酸甜适口，充分成熟的时候带有香味。适应性强，耐瘠薄，李子的生长比较旺盛而且极性生长强，成枝力强，丰产	食用	种子（果实）	广
3	P150207025	包头市	九原区	绥棱李	选育品种	外地	多年生	无性	5月中旬	8月中旬	高产，优质，抗病，耐寒	中熟	果实圆形，平均单果重48.6g，最大76.5g。果皮底色黄绿色，着鲜红色或紫红色。皮薄，易剥离；果粉深，灰白色；果肉黄色，质细致密，纤维多而细，汁多，味甜酸，浓香，含可溶性固形物13.9%。黏核，核较小。可食率97.5%。在常温下果实可储放5d左右。果实于7月下旬初期成熟。该品种抗寒和抗旱能力强，在冬季-35.6℃低温下可安全越冬。丰产性强。适应性广，对栽培技术要求不严格，是优良的鲜食品种	食用	种子（果实）	窄

（续表）

序号	样品编号	盟（市）	旗（县、市、区）	种质名称	种质类型	种质来源	生长习性	繁殖习性	播种期	收获期	主要特性	其他特性	主要特性详细描述	种质用途	利用部位	种质分布
4	P150207026	包头市	九原区	血丝李	选育品种	外地	多年生	无性	5月中旬	9月中旬	高产，优质，抗病	晚熟	口感酸甜，其果色泽艳丽，肉质细嫩，纤维少，果核小，一口咬下去汁水要爆出来的节奏，香气四溢，富含丰富的维生素	食用	种子（果实）	窄
5	P150221014	包头市	土默特右旗	紫李	地方品种	当地	多年生	无性	5月中旬	8月上旬	高产，优质，抗病，广适，耐寒	中熟	叶面绿色，果实较对称，果粉厚度中	食用	种子（果实）	广
6	P150221015	包头市	土默特右旗	玉皇李	地方品种	当地	多年生	无性	5月中旬	7月下旬	高产，优质，抗病，广适，耐寒	早熟	果实平均单果重60g左右，大果85g以上；圆形或近圆形，顶部圆或微凹，缝合线浅，梗洼中深；果实黄色，果粉较多，银灰色。果肉黄色，细腻，纤维少，味甜微酸，香气浓，含可溶性固形物10%～14%，总糖11.6%，可滴定酸1.0%，维生素C 57.7mg/kg，品质上等。离核，核小，可食率97%	食用	种子（果实）	广
7	P152202002	兴安盟	阿尔山市	稠李子	野生资源	当地	多年生	有性	5月上旬	9月上旬	广适，耐寒，其他		喜光耐阴，抗寒力较强，−30℃气温下可以越冬。分蘖力强，病虫害少，在阿尔山山地及林区不稳定的小气候影响下，仍能正常生长。含鞣质，具有涩肠止泻功效且无毒副作用；果可食用，种子含油量达20.4%。开花期形态优美，在本地也被当成景观植物	食用、保健药用	种子（果实）	广

（续表）

序号	样品编号	盟（市）	旗（县、市、区）	种质名称	种质类型	种质来源	生长习性	繁殖习性	播种期	收获期	主要特性	其他特性	主要特性详细描述	种质用途	利用部位	种质分布
8	P152221010	兴安盟	科尔沁右翼前旗	臭李子	野生资源	当地	多年生	兼性	4月下旬	9月中旬	高产，优质，抗病，抗虫，抗旱，耐寒，耐贫瘠		果实色泽黑透，可食用，口感独特，直接食用略带苦涩，放入冰箱中冷冻后不再苦涩，口感很甜。清热解毒；泻下杀虫；止咳祛痰，内服或泡酒均可	食用、保健药用	种子（果实）	窄
9	P152224022	兴安盟	突泉县	本地李子	地方品种	当地	多年生	有性	5月中旬	8月下旬	优质，耐寒			食用	种子（果实）	窄
10	P152224024	兴安盟	突泉县	臭李子	地方品种	当地	多年生	有性	4月上旬	8月中旬	抗旱，耐寒，耐涝	树形优美，花叶精致，常被用于园林景区当中，是很常见的观赏性植物	具有很好的药用价值，主要入药的部分，就是它的叶子。入药后可以起到止咳化痰的作用，除此之外，还能够起到清虫的作用，把人体的寄生虫消灭掉。果实也富含很多营养物质，对人身体有益	食用	种子（果实）、叶、花	广

（3）苹果（*Malus pumila*）是蔷薇科（Rosaceae）苹果属（*Malus*）落叶乔木。苹果具有很高的营养价值，果熟后可生食，也可加工成果酱、果脯、果干或罐头，也可用于酿酒。共计收集到种质资源9份，分布在1个盟（市）的3个旗（县、市、区）（表3-46）。

表3-46 苹果种质资源目录

序号	样品编号	盟（市）	旗（县、市、区）	种质名称	种质类型	种质来源	生长习性	繁殖习性	播种期	收获期	主要特性	其他特性	主要特性详细描述	种质用途	利用部位	种质分布
1	P150202020	包头市	东河区	和平	地方品种	当地	多年生	无性	5月中旬	9月上旬	高产，优质，抗病，抗虫，抗旱	中熟	耐寒，耐高温	食用、加工原料	种子（果实）	窄
2	P150202021	包头市	东河区	国光	地方品种	当地	多年生	无性	5月中旬	10月上旬	高产，优质，抗病，抗虫，耐寒	极晚熟	果实大小中等，扁圆形，大小整齐，底色黄绿，果粉多。果肉白色或淡黄色，肉质脆，较细，汁多，味酸甜。适应性、抗逆性强。但结果晚，味道偏酸，果实较小、果实着色欠佳	食用、加工原料	种子（果实）	窄
3	P150205008	包头市	石拐区	小帅	地方品种	当地	多年生	无性	5月中旬	9月上旬	高产，优质，抗病，抗虫，耐寒	中熟	植物生长势强，叶片颜色绿色，连续结果能力强，丰产，嫁接亲和力中	食用	种子（果实）	窄
4	P150205009	包头市	石拐区	黄太平	地方品种	当地	多年生	无性	5月中旬	8月上旬	高产，优质，抗病，抗虫，抗旱，广适，耐寒，耐贫瘠，耐热	早熟	嫁接亲和力中，抗病性强，耐贫瘠性强，叶片颜色绿色，扦插生根性中，生长势强	食用、加工原料	种子（果实）	广
5	P150205010	包头市	石拐区	金冠	地方品种	当地	多年生	无性	5月中旬	9月下旬	高产，优质，抗病，抗虫，耐寒，耐贫瘠	极晚熟	生长势强，叶片颜色绿色，抗虫性高，抗病性好，扦插生根性强	食用	种子（果实）	窄

（续表）

序号	样品编号	盟（市）	旗（县、市、区）	种质名称	种质类型	种质来源	生长习性	繁殖习性	播种期	收获期	主要特性	其他特性	主要特性详细描述	种质用途	利用部位	种质分布
6	P150206006	包头市	白云区	沈农二号	地方品种	当地	多年生	无性	5月中旬	8月下旬	高产，优质，广适，耐寒	中熟	果实长卵形，单果重100～120g，幼树期的果实较大者150g以上。果实成熟时果面底色黄绿色，阳面为鲜艳的淡紫红色，接近梗洼有断续条纹，萼片宿存，萼部突出，没有萼洼。果实质地脆嫩多汁，可溶性固形物含量为11%～15%，并有浓郁的香味，无后熟期。在包头东郊沿山前一带4月初萌芽，4月下旬开花结果，8月底至9月初成熟，较耐储藏	食用	种子（果实）	广
7	P150206007	包头市	白云区	金红	地方品种	当地	多年生	无性	5月中旬	8月中旬	高产，优质，抗病，抗虫，广适，耐寒	中熟	果形美观，味道酸甜可口，平均果重75g，汁多、味美、芳香，品质上等。果实呈卵圆形，果皮黄红鲜艳，除含85%的水分、10%～14.2%的糖和0.38%～0.60%的苹果酸外，每千克苹果果实含蛋白质1 600mg、脂肪0.80mg、抗坏血酸40mg、尼克酸0.8mg、胡萝卜素0.64mg、硫胺素0.08mg、钙90mg、磷74mg、铁2.4mg等多种人体所需的微量元素	食用	种子（果实）	广

（续表）

序号	样品编号	盟（市）	旗（县、市、区）	种质名称	种质类型	种质来源	生长习性	繁殖习性	播种期	收获期	主要特性	其他特性	主要特性详细描述	种质用途	利用部位	种质分布
8	P150206008	包头市	白云区	七月鲜	地方品种	当地	多年生	无性	5月中旬	7月中旬	高产，优质，抗病，广适，耐寒	早熟	树势较强，幼树直立，结果后渐开张。幼树萌发力、成枝力均强，随树龄增大而成枝力明显减弱。定植后3年结果，初结果多腋花芽结实，渐转入短果枝结果为主，果枝连续结实能力强，坐果率高，丰产、稳产。果实成熟不一致，采前落果较重。树冠椭圆形。多年生枝光滑，绿黄色；新梢光滑无茸毛，浅紫褐色，脆硬；叶片黄绿色，长椭圆形，叶缘微向外卷，复锯齿，钝。果实卵圆形，平均单果重30g，颜色鲜艳，外观美，肉质松脆多汁，风味甜酸，有香气。可鲜食，也可榨汁	食用	种子（果实）	广
9	P150206009	包头市	白云区	鸡心果	选育品种	外地	多年生	无性	5月中旬	9月上旬	高产，优质，抗病，抗虫，抗旱，耐寒，耐贫瘠，耐热		叶厚、果形秀美、口感香甜脆且具有一定酸度。果均重80g，果实酸甜适口，有香气	食用、加工原料	种子（果实）	窄

（4）酸浆（*Physalis alkekengi*）是茄科（Solanaceae）酸浆属（*Physalis*）多年生草本，基部常匍匐生根，无毛或被柔毛，稀有星芒状柔毛，浆果球状多汁。共计收集到种质资源6份，分布在2个盟（市）的4个旗（县、市、区）（表3-47）。

表3-47 酸浆种质资源目录

序号	样品编号	盟（市）	旗(县、市、区)	种质名称	种质类型	种质来源	生长习性	繁殖习性	播种期	收获期	主要特性	其他特性	主要特性详细描述	种质用途	利用部位	种质分布
1	P152201001	兴安盟	乌兰浩特市	红姑娘	地方品种	当地	多年生	有性	5月上旬	8月中旬	优质，抗病，抗虫，耐盐碱，抗旱，耐寒，耐贫瘠，耐热		橙红色或橙黄色灯笼状，果实味甘、微酸，清热解毒、利咽、化痰、利尿，有药用价值	保健药用、加工原料	种子（果实）	窄
2	P152224015	兴安盟	突泉县	红菇娘	地方品种	当地	多年生	有性	4月中旬	6月下旬	高产，优质，抗病，耐涝，其他	成熟后富含营养，味道鲜美，口感像牛奶，也有点像草莓，甜甜的，淡淡的	具有清热、解毒、利尿、降压、强心、抑菌等功能。主治热咳、咽痛、音哑、急性扁桃体炎、小便不利和水肿等病	食用、保健药用	种子（果实）	窄
3	P150722043	呼伦贝尔市	莫力达瓦达斡尔族自治旗	大菇娘	地方品种	当地	多年生	有性	4月中旬	7月中旬	高产，优质，抗病，抗旱，广适，耐寒		株高80～100cm，植株被短柔毛；叶片长卵圆形，长5cm左右，宽3cm左右。花淡黄色，呈萼钟状。花萼包裹浆果，下垂，未成熟时花萼及浆果绿色，成熟时花萼及浆果黄色，浆果横径14mm左右	食用、保健药用	种子（果实）	广
4	P150722044	呼伦贝尔市	莫力达瓦达斡尔族自治旗	小菇娘	地方品种	当地	多年生	有性	4月中旬	7月中旬	优质，抗病		株高60～80cm，植株被短柔毛；叶片长卵圆形，长4cm左右，宽2.5cm左右。花淡黄色，呈萼钟状。花萼包裹浆果，下垂，未成熟时花萼及浆果绿色，成熟时花萼及浆果黄色，浆果横径10mm左右	食用、保健药用	种子（果实）	窄

（续表）

序号	样品编号	盟（市）	旗（县、市、区）	种质名称	种质类型	种质来源	生长习性	繁殖习性	播种期	收获期	主要特性	其他特性	主要特性详细描述	种质用途	利用部位	种质分布
5	P150722072	呼伦贝尔市	莫力达瓦达斡尔族自治旗	莫力达瓦小菇娘	地方品种	当地	多年生	有性	4月中旬	7月中旬	优质，抗病	食用与药用为一体的高级新型营养保健“草本水果”	株高60～80cm，植株被短柔毛；叶片长卵圆形，长3cm左右，宽2cm左右。花淡黄色，呈萼钟状。花萼包裹浆果，下垂，未成熟时花萼及浆果绿色，成熟时花萼及浆果黄色，浆果横径10mm左右，种子椭圆形，黄色。千粒重0.6g	食用	种子（果实）	窄
6	P150724047	呼伦贝尔市	鄂温克族自治旗	高寒越冬红灯笼菇娘	地方品种	当地	多年生	兼性	5月中旬	10月中旬	高产，优质，抗病，抗旱，耐寒		株高60～80cm，地上茎常不分枝，有纵棱，茎节膨大，幼茎被有较密的柔毛。根状茎乳黄色，横卧地下，多分枝，节部有不定根。叶互生，每节生有1～2片叶，叶有短柄，叶片卵形，先端渐尖，基部宽楔形，边缘有不整齐的粗锯齿或呈波状。花单生于叶腋内，每株5～10朵，白色。果实外包革质薄皮，成熟果实鲜红色。种子扁平肾形，淡黄色。千粒重1.2g	食用、保健药用	种子（果实）	窄

（5）葡萄（*Vitis vinifera*）是葡萄科（Vitaceae）葡萄属（*Vitis*）高大缠绕藤本，幼茎秃净或略被绵毛，葡萄具有补气血、舒筋络、利小便的功效。共计收集到种质资源5份，分布在2个盟（市）的4个旗（县、市、区）（表3-48）。

表3-48 葡萄种质资源目录

序号	样品编号	盟（市）	旗(县、市、区)	种质名称	种质类型	种质来源	生长习性	繁殖习性	播种期	收获期	主要特性	其他特性	主要特性详细描述	种质用途	利用部位	种质分布
1	P152221016	兴安盟	科尔沁右翼前旗	野葡萄	野生资源	当地	多年生	有性	5月上旬	9月下旬	高产，抗病，抗虫，抗旱，耐寒，耐贫瘠		比普通栽植葡萄更耐寒，耐瘠薄，抗虫，果实较为酸涩，果实7—9月由深绿色变蓝黑色。常作为葡萄嫁接的砧木，嫁接后可以增加葡萄的抗性	食用、保健药用	种子（果实）、根、茎	窄
2	P152224019	兴安盟	突泉县	野生葡萄	地方品种	当地	多年生	有性	5月下旬	8月中旬	抗病，抗旱，耐寒		小枝圆柱形，无毛，嫩枝疏被蛛丝状茸毛。卷须2～3分枝，每隔2节间断与叶对生	食用	种子（果实）	窄
3	P150303005	乌海市	海南区	乌海一号	地方品种	当地	多年生	无性	4月中旬	8月下旬	高产，优质，抗病，抗虫，抗旱		早熟，糖度高，果实长圆形	食用	种子（果实）	窄
4	P150304005	乌海市	乌达区	奥尼一号	地方品种	当地	多年生	无性	4月下旬	9月下旬	抗旱，耐寒		叶片大，生长快，果实糖度偏高	食用	种子（果实）	窄
5	P150304031	乌海市	乌达区	乌达白香蕉葡萄变异种	地方品种	当地	多年生	无性	4月中旬	10月上旬	高产，优质，抗病，抗旱，耐贫瘠，耐热		味淡，果圆形	食用，其他	种子（果实）	窄

（6）梨（*Pyrus* spp.）是蔷薇科（Rosaceae）梨属（*Pyrus*）乔木植物。梨有润肺、祛痰化咳、通便秘、利消化、生津止渴、润肺止咳的作用，可以提高机体免疫力。共计收集到种质资源4份，分布在1个盟（市）的2个旗（县、市、区）（表3-49）。

表3-49 梨种质资源目录

序号	样品编号	盟（市）	旗（县、市、区）	种质名称	种质类型	种质来源	生长习性	繁殖习性	播种期	收获期	主要特性	其他特性	主要特性详细描述	种质用途	利用部位	种质分布
1	P150202022	包头市	东河区	早酥梨	选育品种	外地	多年生	无性	5月中旬	8月中旬	高产，优质，抗病，抗虫，耐盐碱，广适，耐寒		果实多呈卵圆形或长卵形，平均单果重约250g；果皮黄绿色或绿黄色，果面光滑，有光泽，并具棱状突起，果皮薄而脆；果点小，不明显；果心较小；果肉白色，质细，酥脆爽口，石细胞少，汁特多，味甜稍淡。树势强，连续结果能力强，丰产、稳产	食用、加工原料	种子（果实）	广
2	P150202023	包头市	东河区	南果梨	地方品种	当地	多年生	无性	5月中旬	9月中旬	高产，优质，抗病，抗虫，耐盐碱，广适，耐寒		幼树枝干呈暗黄褐色，皮孔较稀疏。成年树树皮呈灰褐色，光亮，果梗短粗，果心较小，果肉乳白色。果实采收后，果肉稍硬，甜脆可食，果肉变黄白色，肉质细，柔软多汁，石细胞少；果皮薄，甜酸适度，芳香浓厚，品质极上。果实耐运输储藏。花芽为混合芽，属伞房花序	食用	种子（果实）	广
3	P150202024	包头市	东河区	朝鲜洋梨	地方品种	当地	多年生	无性	5月中旬	9月中旬	高产，优质，抗病，抗虫，耐盐碱，耐寒		外观艳丽，结果早、丰产。适应性强，较抗梨黑星病、黑斑病。耐储	食用	种子（果实）	窄

（续表）

序号	样品编号	盟（市）	旗(县、市、区)	种质名称	种质类型	种质来源	生长习性	繁殖习性	播种期	收获期	主要特性	其他特性	主要特性详细描述	种质用途	利用部位	种质分布
4	P150221019	包头市	土默特右旗	苹果梨	地方品种	当地	多年生	无性	5月中旬	9月下旬	高产，优质，抗病，抗虫，耐盐碱，广适，耐寒		果实扁圆形，果面带有点状红晕，酷似苹果，果实爽口甜美、品质优良、储藏性强，梨果大，平均单果重254.31～238.78g，最大者可达700g。果皮黄绿色，储后转为鲜黄色，阳面有鲜红晕，黄红相映，整个果面多杂浅色锈斑	食用	种子（果实）	广

（7）山楂（*Crataegus pinnatifida*）是蔷薇科（Rosaceae）山楂属（*Crataegus*）落叶乔木。山楂可栽培作绿篱和观赏树，秋季结果累累，经久不凋，颇为美观。共计收集到种质资源3份，分布在1个盟（市）的3个旗（县、市、区）（表3-50）。

表3-50 山楂种质资源目录

序号	样品编号	盟（市）	旗(县、市、区)	种质名称	种质类型	种质来源	生长习性	繁殖习性	播种期	收获期	主要特性	其他特性	主要特性详细描述	种质用途	利用部位	种质分布
1	P152221031	兴安盟	科尔沁右翼前旗	野山楂	野生资源	当地	多年生	兼性	5月上旬	10月上旬	高产，优质，抗病，抗虫，抗旱，耐寒，耐贫瘠		果实深亮红色，有浅色斑点；小核3～5粒，口感酸甜，生津止渴；耐寒、抗风，平原、山坡都能栽培。土壤条件以沙性为好，黏重土则生长较差	食用、保健药用	种子（果实）	窄

（续表）

序号	样品编号	盟（市）	旗（县、市、区）	种质名称	种质类型	种质来源	生长习性	繁殖习性	播种期	收获期	主要特性	其他特性	主要特性详细描述	种质用途	利用部位	种质分布
2	P152222032	兴安盟	科尔沁右翼中旗	山楂	野生资源	当地	多年生	有性	5月上旬	9月下旬	优质，耐寒		株高可达6m；枝刺细，小枝粗壮，圆柱形，当年生枝条紫红色，有光泽，二年生枝条暗紫色，冬芽卵形，叶片宽卵形，先端急尖或短渐尖，基部楔形或宽楔形，裂片卵形至卵状披针形，上下两面无毛；叶柄无毛；托叶草质，边缘有粗腺齿，伞房花序，多花，总花梗和花梗均无毛，苞片膜质，线形，萼筒钟状，萼片三角卵形，花瓣宽倒卵形，白色；果实球形，红色，果微酸；5—6月开花，7—8月结果	食用	种子（果实）	窄
3	P152224026	兴安盟	突泉县	山里红	野生资源	当地	多年生	有性	5月中旬	9月下旬	抗病，抗旱，耐寒	株高6～8m，是果树，也是观赏植物	果实酸甜可口，能生津止渴，亦可入药，入药归脾、胃、肝经，有消食化积、活血散瘀的功效。耐寒，生命力强，经定植后4～5年就开始结果，结出无数球形、梨形的小果实，肉厚皮红，使满山遍野绿色丛中悬挂着红艳艳的小果实，十分艳丽，它又有“红果”的别名，又名山楂	食用	种子（果实）	窄

（8）蒙桑（*Morus mongolica*）是桑科（Moraceae）桑属（*Morus*）落叶乔木或灌木。茎皮纤维造高级纸，脱胶后作混纺和单纺原料；根皮入药，为消炎利尿剂；果实可食，也可加工成桑葚酒、桑葚干、桑葚蜜等。共计收集到种质资源2份，分布在1个盟（市）的1个旗（县、市、区）（表3-51）。

表3-51 蒙桑种质资源目录

序号	样品编号	盟（市）	旗(县、市、区)	种质名称	种质类型	种质来源	生长习性	繁殖习性	播种期	收获期	主要特性	其他特性	主要特性详细描述	种质用途	利用部位	种质分布
1	P152221017	兴安盟	科尔沁右翼前旗	野桑葚	野生资源	当地	多年生	兼性	4月下旬	9月下旬	抗病，抗虫，抗旱，耐寒，耐涝，耐贫瘠，耐热	具有观赏价值	抗病、抗虫性表现极好，但是树种保存量极少，据调查仅存数量不超过20棵。此树种还可以作为绿化树种，具有较好的观赏价值	食用、保健药用	种子(果实)、根、茎	窄
2	P152221035	兴安盟	科尔沁右翼前旗	野桑葚	野生资源	当地	多年生	兼性	4月下旬	9月下旬	抗病，抗虫，抗旱，耐寒，耐涝，耐贫瘠，耐热	具有观赏价值	抗病、抗虫性表现极好，但是树种保存量极少，现存量较少。此树种还可以作为绿化树种，具有较好的观赏价值	食用、保健药用	种子（果实）、根、茎	窄

（9）桃（*Prunus persica*）是蔷薇科（Rosaceae）李属（*Prunus*）落叶小乔木。花可以观赏，果实多汁，可以生食或制桃脯、罐头等，核仁也可以食用。共计收集到种质资源2份，分布在1个盟（市）的2个旗（县、市、区）（表3-52）。

表3-52 桃种质资源目录

序号	样品编号	盟（市）	旗(县、市、区)	种质名称	种质类型	种质来源	生长习性	繁殖习性	播种期	收获期	主要特性	其他特性	主要特性详细描述	种质用途	利用部位	种质分布
1	P152222043	兴安盟	科尔沁右翼中旗	桃	地方品种	当地	多年生	兼性	5月上旬	9月上旬	优质，抗旱，耐寒		果球形或卵形，直径5～7cm，表面有短毛，白绿色，夏末成熟；果实性温，熟果带粉红色，肉厚，多汁，气香，味甜或微甜酸。核扁心形，极硬	食用	种子（果实）	窄
2	P152224021	兴安盟	突泉县	本地小毛桃	地方品种	当地	多年生	有性	4月中旬	8月中旬	优质，抗旱，耐寒	叶片多为狭卵状披针形或椭圆状披针形，花单生，先于叶开放，花为淡粉红色或白色		食用	种子（果实）	窄

（10）枣（*Ziziphus jujuba*）是鼠李科（Rhamnaceae）枣属（*Ziziphus*）落叶小乔木，稀灌木。枣含有丰富的维生素C、维生素P，除供鲜食外，常可以制成蜜枣、红枣等。共计收集到种质资源2份，分布在1个盟（市）的2个旗（县、市、区）（表3-53）。

表3-53　枣种质资源目录

序号	样品编号	盟（市）	旗(县、市、区)	种质名称	种质类型	种质来源	生长习性	繁殖习性	播种期	收获期	主要特性	其他特性	主要特性详细描述	种质用途	利用部位	种质分布
1	P152222033	兴安盟	科尔沁右翼中旗	枣	野生资源	当地	多年生	有性	5月上旬	10月上旬	优质，耐寒		株高1～3m。托叶刺有2种，一种直伸，长达3cm，另一种常弯曲。叶片椭圆形至卵状披针形，长1.5～3.5cm，宽0.6～1.2cm，边缘有细锯齿，基部3出脉。花黄绿色，2～3朵簇生于叶腋。核果小，熟时红褐色，近球形或长圆形，长0.7～1.5cm，味酸，核两端钝。花期4—5月，果期8—9月	食用	种子（果实）	窄
2	P152224001	兴安盟	突泉县	本地小枣	地方品种	当地	多年生	有性	5月中旬	9月下旬	耐寒，耐涝，耐贫瘠		枣树耐旱、耐涝性较强，但开花期要求较高的空气湿度，否则不利授粉坐果。另外，枣喜光性强，对光反应较敏感，对土壤适应性强，耐贫瘠、耐盐碱。但怕风，所以在建园过程中应注意避开风口处	食用，其他	种子（果实）	窄

（11）沙枣（*Elaeagnus angustifolia*）是胡颓子科（Elaeagnaceae）胡颓子属（*Elaeagnus*）落叶乔木。沙枣具有很高的药食同源价值，果实味酸、微甘、凉，有健脾止泻的功效；树皮酸、微苦、凉；茎干、根含生物碱类；叶及干枝尚含有儿茶精及表儿茶精。共计收集到种质资源2份，分布在1个盟（市）的2个旗(县、市、区)(表3-54)。

表3-54 沙枣种质资源目录

序号	样品编号	盟（市）	旗(县、市、区)	种质名称	种质类型	种质来源	生长习性	繁殖习性	播种期	收获期	主要特性	其他特性	主要特性详细描述	种质用途	利用部位	种质分布
1	P150824053	巴彦淖尔市	乌拉特中旗	海流图沙枣	野生资源	当地	多年生	有性	4月中旬	10月下旬	优质，抗病，抗虫，耐盐碱，耐寒，耐贫瘠		生命力强，山地、平原、沙滩、荒漠就能生长，对土壤、温度、湿度要求不高。在当地有防风、固土的作用	食用	种子（果实）	窄
2	P150825008	巴彦淖尔市	乌拉特后旗	沙枣	野生资源	当地	多年生	有性	5月上旬	7月中旬	耐盐碱，抗旱		乌拉特后旗各地均有栽培，为优良防风固沙树种。果实可食用，叶为良好饲料，树皮及果实入药	食用、饲用、加工原料	种子（果实）、叶，其他	广

（12）地梢瓜（*Cynanchum thesioides*）是夹竹桃科（Apocynaceae）鹅绒藤属（*Cynanchum*）直立半灌木。地梢瓜幼果可食；全株含橡胶、树脂量高，可作工业原料；种毛可作填充料，具有一定经济价值。共计收集到种质资源7份，分布在2个盟（市）的6个旗（县、市、区）（表3-55）。

表3-55 地梢瓜种质资源目录

序号	样品编号	盟（市）	旗(县、市、区)	种质名称	种质类型	种质来源	生长习性	繁殖习性	播种期	收获期	主要特性	其他特性	主要特性详细描述	种质用途	利用部位	种质分布
1	P150929010	乌兰察布市	四子王旗	地梢瓜	野生资源	当地	多年生	有性	5月上旬	9月下旬	抗旱		地下茎单轴横生，茎自基部多分枝。叶对生或近对生，线形，长3～5cm，宽2～5mm，叶背中脉隆起。伞形聚伞花序腋生；花萼外面被柔毛；花冠绿白色；副花冠杯状，裂片三角状披针形，渐尖。蓇葖纺锤形，先端渐尖，中部膨大，长5～6cm，直径2cm。种子扁平，暗褐色；种毛白色绢质，长2cm。花期5—8月，果期8—10月	饲用	种子（果实）、茎、叶	窄

（续表）

序号	样品编号	盟（市）	旗(县、市、区)	种质名称	种质类型	种质来源	生长习性	繁殖习性	播种期	收获期	主要特性	其他特性	主要特性详细描述	种质用途	利用部位	种质分布
2	P152522037	锡林郭勒盟	阿巴嘎旗	地梢瓜	野生资源	当地	多年生	有性	5月上旬	8月下旬	抗旱	带果实的全草入药，能益气，消炎止痛。种子作蒙药用，主治功能同连翘。可作工业原料；幼果可食	株高10～30cm。根细长，褐色，具横行绳状的支根。茎自基部多分枝，直立，圆柱形，具纵细棱，密被短硬毛。叶对生，条形，先端渐尖，全缘，基部楔形，上面绿色，下面淡绿色；伞状聚散花序腋生	食用、饲用、保健药用	茎、叶	窄
3	P152531035	锡林郭勒盟	多伦县	地梢瓜	野生资源	当地	多年生	有性	5月上旬	8月下旬	优质	带果实的全草入药，能益气，消炎止痛。种子作蒙药用，主治功能同连翘。可作工业原料；幼果可食	株高10～30cm。根细长，褐色，具横行绳状的支根。茎自基部多分枝，直立，圆柱形，具纵细棱，密被短硬毛。叶对生，条形，先端渐尖，全缘，基部楔形，上面绿色，下面淡绿色；伞状聚散花序腋生	食用、饲用	种子（果实）、茎、叶	广
4	P152531006	锡林郭勒盟	多伦县	地梢瓜	野生资源	当地	多年生	有性	5月上旬	8月下旬	抗旱，耐寒，耐贫瘠		适应性很强，具有抗寒、耐热、耐肥、耐贫瘠、耐旱、耐强光、易管理等特点	食用、饲用、保健药用	种子（果实）、根、茎、叶	窄

（续表）

序号	样品编号	盟（市）	旗（县、市、区）	种质名称	种质类型	种质来源	生长习性	繁殖习性	播种期	收获期	主要特性	其他特性	主要特性详细描述	种质用途	利用部位	种质分布
5	P152523022	锡林郭勒盟	苏尼特左旗	地梢瓜	野生资源	当地	多年生	有性	5月上旬	8月下旬	优质	带果实的全草入药，能益气，消炎止痛。种子作蒙药用，主治功能同连翘。可作工业原料；幼果可食	株高10～30cm；地下茎单轴横生，地上茎多自基部分枝，铺散或倾斜，密被白色短硬毛。叶对生或近对生，线形，先端尖，基部楔形，全缘，向背面反卷，两面被短硬毛，中脉在背面明显隆起，近无柄；长3～5cm，宽2～5mm	食用、饲用、保健药用	种子（果实）、根、茎、叶	窄
6	P152530032	锡林郭勒盟	正蓝旗	地梢瓜	野生资源	当地	多年生	有性	5月上旬	8月下旬	抗旱		直立半灌木；地下茎单轴横生；茎自基部多分枝。叶对生或近对生，线形，长3～5cm，宽2～5mm，叶背中脉隆起。伞形聚伞花序腋生；花萼外面被柔毛；花冠绿白色；副花冠杯状，裂片三角状披针形，渐尖，高过药隔的膜片	饲用	种子（果实）、茎、叶	广
7	P152526041	锡林郭勒盟	西乌珠穆沁旗	地梢瓜	野生资源	当地	多年生	有性	5月上旬	8月下旬	优质	带果实的全草入药，能益气，消炎止痛。种子作蒙药用，主治功能同连翘。可作工业原料；幼果可食	株高10～30cm。根细长，褐色，具横行绳状的支根。茎自基部多分枝，直立，圆柱形，具纵细棱，密被短硬毛。叶对生，条形，先端渐尖，全缘，基部楔形，上面绿色，下面淡绿色；伞状聚散花序腋生	饲用	种子（果实）、茎、叶、花	广

（13）胡枝子（*Lespedeza bicolor*）是豆科（Fabaceae）胡枝子属（*Lespedeza*）直立灌木。胡枝子枝叶秀美，开花繁茂，适应性强，是良好的园林绿化与荒山绿化树种。共计收集到种质资源1份，分布在1个盟（市）的1个旗（县、市、区）（表3-56）。

表3-56 胡枝子种质资源目录

序号	样品编号	盟（市）	旗（县、市、区）	种质名称	种质类型	种质来源	生长习性	繁殖习性	播种期	收获期	主要特性	其他特性	主要特性详细描述	种质用途	利用部位	种质分布
1	P150925059	乌兰察布市	凉城县	达乌里胡枝子	野生资源	当地	多年生	兼性	5月上旬	9月下旬	抗旱，耐贫瘠		小灌木，高达1m。茎通常稍斜升，单一或数个簇生；老枝黄褐色或赤褐色，被短柔毛或无毛，幼枝绿褐色，有细棱，被白色短柔毛。羽状复叶具3小叶；托叶线形，长2～4mm；叶柄长1～2cm；小叶长圆形或狭长圆形，长2～5cm，宽5～16mm，先端圆形或微凹，有小刺尖，基部圆形，上面无毛，下面被贴伏的短柔毛；顶生小叶较大	饲用、保健药用	种子（果实）、茎	窄

（14）榛（*Corylus heterophylla*）是桦木科（Betulaceae）榛属（*Corylus*）灌木或小乔木。榛子是营养极其丰富的坚果，其中含有大量维生素和多种矿物质，为矿物质的极佳膳食来源。共计收集到种质资源1份，分布在1个盟（市）的1个旗（县、市、区）（表3-57）。

表3-57 榛种质资源目录

序号	样品编号	盟（市）	旗（县、市、区）	种质名称	种质类型	种质来源	生长习性	繁殖习性	播种期	收获期	主要特性	其他特性	主要特性详细描述	种质用途	利用部位	种质分布
1	P152221013	兴安盟	科尔沁右翼前旗	榛子	野生资源	当地	多年生	兼性	5月上旬	10月上旬	高产，优质，抗病，抗旱，耐寒，耐贫瘠		尤其耐寒、耐瘠薄，沙地、山岗地均有分布。抗病能力强，含油丰富，口感好	食用、保健药用	种子（果实）	窄

第四章　绿肥与饲料作物种质资源目录

1. 驴食草种质资源目录

驴食草（*Onobrychis viciifolia*）是豆科（Fabaceae）驴食草属（*Onobrychis*）多年生草本植物。茎秆柔软，适口性好，营养丰富，蛋白质含量高，因含丹宁，家畜采食后不得臌胀病。共计收集到种质资源1份，分布在1个盟（市）的1个旗（县、市、区）（表4-1）。

表4-1　驴食草种质资源目录

序号	样品编号	盟（市）	旗（县、市、区）	种质名称	种质类型	种质来源	生长习性	繁殖习性	播种期	收获期	主要特性	其他特性	主要特性详细描述	种质用途	利用部位	种质分布
1	P150104028	呼和浩特市	玉泉区	野生红豆草	野生资源	当地	多年生	有性	5月中旬	8月下旬	高产，优质，抗病，抗旱，广适，耐寒		株高40～80cm。茎直立，中空，被向上贴伏的短柔毛。小叶13～19片，小叶片长圆状披针形或披针形，长20～30mm，宽4～10mm，上面无毛，下面被贴伏柔毛。总状花序腋生，明显超出叶层；花多数，长9～11mm，具lmm左右的短花梗；萼钟状，长6～8mm，萼齿披针状钻形，长为萼筒的2～2.5倍，下萼齿较短；花冠玫瑰紫色，旗瓣倒卵形，翼瓣长为旗瓣的1/4；子房密被贴伏柔毛。荚果具1个节荚，节荚半圆形，上部边缘具或尖或钝的刺	饲用	种子（果实）、茎、叶、花	广

2. 碱茅种质资源目录

碱茅（*Puccinellia distans*）是禾本科（Gramineae）碱茅属（*Puccinellia*）多年生草本植物。碱茅是家畜喜食的牧草。共计收集到种质资源9份，分布在2个盟（市）的9个旗（县、市、区）（表4-2）。

表4-2 碱茅种质资源目录

序号	样品编号	盟（市）	旗(县、市、区)	种质名称	种质类型	种质来源	生长习性	繁殖习性	播种期	收获期	主要特性	其他特性	主要特性详细描述	种质用途	利用部位	种质分布
1	P150104030	呼和浩特市	玉泉区	野生碱茅草	野生资源	当地	多年生	有性	5月中旬	8月下旬	优质，抗病，耐盐碱，抗旱，广适，耐寒		株高20～30cm，叶片线形扁平，叶鞘平滑无毛。圆锥花序有2～5个分枝，小穗有4～7朵花。颖果纺锤形，长约1.2mm	饲用	种子（果实）、茎、叶、花	广
2	P152502041	锡林郭勒盟	锡林浩特市	碱茅	野生资源	当地	多年生	有性	5月上旬	9月上旬	耐盐碱，抗旱		生长在海拔200～3 000m的轻度盐碱性湿润草地、田边、水溪、河谷、低草甸盐化沙地	饲用	茎、叶	广
3	P152529050	锡林郭勒盟	正镶白旗	碱茅	野生资源	当地	多年生	有性	5月上旬	9月上旬	耐盐碱，抗旱		株高15～50cm；秆丛生，直立或基部膝曲，叶片扁平或内卷；圆锥花序开展，下部分枝通常于成熟后水平开展或下伸；小穗含3～7朵小花；颖先端钝；外稃先端钝或截平，基部被短毛；花期5—6月。生长在盐化低湿地和草甸	饲用	茎、叶	广
4	P152524025	锡林郭勒盟	苏尼特右旗	碱茅	野生资源	当地	多年生	有性	5月上旬	9月上旬	耐盐碱，抗旱		株高15～50cm；秆丛生，直立或基部膝曲，叶片扁平或内卷；圆锥花序开展，下部分枝通常于成熟后水平开展或下伸；小穗含3～7朵小花；颖先端钝；外稃先端钝或截平，基部被短毛；花期5—6月。生长在盐化低湿地和草甸	饲用	茎、叶	广

（续表）

序号	样品编号	盟（市）	旗（县、市、区）	种质名称	种质类型	种质来源	生长习性	繁殖习性	播种期	收获期	主要特性	其他特性	主要特性详细描述	种质用途	利用部位	种质分布
5	P152523040	锡林郭勒盟	苏尼特左旗	碱茅	野生资源	当地	多年生	有性	5月上旬	9月上旬	耐盐碱，抗旱		株高15～50cm；秆丛生，直立或基部膝曲，叶片扁平或内卷；圆锥花序开展，下部分枝通常于成熟后水平开展或下伸；小穗含3～7朵小花；颖先端钝；外稃先端钝或截平，基部被短毛；花期5—6月。生长在盐化低湿地和草甸	饲用	茎、叶	广
6	P152525063	锡林郭勒盟	东乌珠穆沁旗	碱茅	野生资源	当地	多年生	有性	5月上旬	9月上旬	耐盐碱，抗旱		株高15～50cm；秆丛生，直立或基部膝曲，叶片扁平或内卷；圆锥花序开展，下部分枝通常于成熟后水平开展或下伸；小穗含3～7朵小花；颖先端钝；外稃先端钝或截平，基部被短毛；花期5—6月。生长在盐化低湿地和草甸	饲用、保健药用	种子（果实）、根、茎、叶	广
7	P152528045	锡林郭勒盟	镶黄旗	碱茅	野生资源	当地	多年生	有性	5月上旬	9月上旬	耐盐碱，抗旱		株高15～50cm；秆丛生，直立或基部膝曲，叶片扁平或内卷；圆锥花序开展，下部分枝通常于成熟后水平开展或下伸；小穗含3～7朵小花；颖先端钝；外稃先端钝或截平，基部被短毛；花期5—6月。生长在盐化低湿地和草甸	饲用	茎、叶	广

（续表）

序号	样品编号	盟（市）	旗（县、市、区）	种质名称	种质类型	种质来源	生长习性	繁殖习性	播种期	收获期	主要特性	其他特性	主要特性详细描述	种质用途	利用部位	种质分布
8	P152530051	锡林郭勒盟	正蓝旗	碱茅	野生资源	当地	多年生	有性	5月上旬	9月上旬	耐盐碱，抗旱		株高15～50cm；秆丛生，直立或基部膝曲，叶片扁平或内卷；圆锥花序开展，下部分枝通常于成熟后水平开展或下伸；小穗含3～7朵小花；颖先端钝；外稃先端钝或截平，基部被短毛；花期5—6月。生长在盐化低湿地和草甸	饲用	茎、叶	广
9	P152501003	锡林郭勒盟	二连浩特市	碱茅	野生资源	当地	多年生	有性	4月上旬	8月中旬	耐盐碱，抗旱，耐寒，耐贫瘠，耐热			饲用	种子（果实）、茎	广

3. 披碱草种质资源目录

披碱草（*Elymus dahuricus*）是禾本科（Gramineae）披碱草属（*Elymus*）多年生牧草植物。披碱草是一种适应性强的多年生牧草，耐寒，易栽培，由于植株高大、叶量丰富、穗长、结实多，深受家畜的喜食，因此它是一种非常有经济利用价值的优良牧草。共计收集到种质资源36份，分布在7个盟（市）的25个旗（县、市、区）（表4-3）。

表4-3 披碱草种质资源目录

序号	样品编号	盟（市）	旗（县、市、区）	种质名称	种质类型	种质来源	生长习性	繁殖习性	播种期	收获期	主要特性	其他特性	主要特性详细描述	种质用途	利用部位	种质分布
1	P150105031	呼和浩特市	赛罕区	毛披碱草	野生资源	当地	多年生	有性	4月下旬	9月下旬	高产，优质，抗病，耐盐碱，抗旱，广适，耐贫瘠		耐寒，耐旱，耐盐碱，耐风沙，枝条丰富，饲用价值高	饲用	种子（果实）、茎、叶	广

（续表）

序号	样品编号	盟（市）	旗（县、市、区）	种质名称	种质类型	种质来源	生长习性	繁殖习性	播种期	收获期	主要特性	其他特性	主要特性详细描述	种质用途	利用部位	种质分布
2	P150125049	呼和浩特市	武川县	长芒披碱草	野生资源	当地	多年生	有性	5月上旬	9月下旬	高产，优质，抗旱，耐寒，耐贫瘠		芒较长，株高1m左右，籽粒小，适口性好，根系发达，分蘖能力强，是一种优质牧草	饲用	种子（果实）、茎、叶	窄
3	P150581036	通辽市	霍林郭勒市	垂穗披碱草	野生资源	当地	多年生	有性	5月上旬	9月上旬	高产，优质，抗旱，耐寒，耐贫瘠			饲用	茎、叶	广
4	P152525062	锡林郭勒盟	东乌珠穆沁旗	披碱草	野生资源	当地	多年生	有性	5月上旬	9月上旬	优质	披碱草营养枝条较多，饲用价值中等偏上，各种家畜均喜采食，抽穗期至始花期刈割调制的青干草，家畜亦喜食	秆疏丛，直立，株高70～140cm，基部膝曲。叶鞘光滑无毛；叶片扁平，稀可内卷，上面粗糙，下面光滑，有时呈粉绿色，长15～25cm，宽5～9mm	饲用	茎、叶	广
5	P152524035	锡林郭勒盟	苏尼特右旗	直穗披碱草	野生资源	当地	多年生	有性	5月上旬	9月上旬	广适		饲用价值中等偏上；株高60～140cm；秆疏丛生，直立或基部膝曲；叶片扁平，干后内卷；穗状花序直立，紧密，穗轴每节具2个小穗；小穗含3～5朵小花；颖披针形，粗糙，稀被短毛；外稃披针形，密被短小糙毛；花期7—8月	饲用	茎、叶	广
6	P152523013	锡林郭勒盟	苏尼特左旗	披碱草	野生资源	当地	多年生	有性	5月上旬	9月上旬	耐盐碱，抗旱，耐寒	披碱草是一种很好的护坡、水土保持和固沙的植物	除饲喂马、牛、羊外，还可制成草粉喂猪，青刈可直接饲喂牲畜或调制青贮饲料	饲用	叶	广

（续表）

序号	样品编号	盟（市）	旗（县、市、区）	种质名称	种质类型	种质来源	生长习性	繁殖习性	播种期	收获期	主要特性	其他特性	主要特性详细描述	种质用途	利用部位	种质分布
7	P152523046	锡林郭勒盟	苏尼特左旗	垂穗披碱草	野生资源	当地	多年生	有性	5月上旬	9月上旬	耐寒，耐贫瘠	粗蛋白含量高、适口性好，广泛应用于高寒退化草场的改良和人工草地的建设	秆直立，基部稍呈膝曲状，株高50～70cm；基部和根出的叶鞘具柔毛；叶片扁平或内卷，穗状花序下垂，穗轴每节具2个小穗；小穗略偏于穗轴一侧，含3～4朵小花；颖矩圆形，脉粗糙，先端渐尖或具短芒；外稃矩圆状披针形，被微毛，芒长10～20mm，反曲	饲用	茎、叶	窄
8	P152526048	锡林郭勒盟	西乌珠穆沁旗	直穗披碱草	野生资源	当地	多年生	有性	5月上旬	9月上旬	广适		秆疏丛，直立，株高70～140cm，基部膝曲。叶鞘光滑无毛；叶片扁平，稀可内卷，上面粗糙，下面光滑，有时呈粉绿色，长15～25cm，宽5～9mm	饲用	茎、叶	广
9	P152526044	锡林郭勒盟	西乌珠穆沁旗	披碱草	野生资源	当地	多年生	有性	5月上旬	9月上旬	优质	营养枝条较多，饲用价值中等偏上，各种家畜均喜采食，抽穗期至始花期刈割调制的青干草，家畜亦喜食	秆疏丛，直立，株高70～140cm，基部膝曲。叶鞘光滑无毛；叶片扁平，稀可内卷，上面粗糙，下面光滑，有时呈粉绿色，长15～25cm，宽5～9mm	饲用	茎、叶	广

（续表）

序号	样品编号	盟（市）	旗（县、市、区）	种质名称	种质类型	种质来源	生长习性	繁殖习性	播种期	收获期	主要特性	其他特性	主要特性详细描述	种质用途	利用部位	种质分布
10	P152502044	锡林郭勒盟	锡林浩特市	直穗披碱草	野生资源	当地	多年生	有性	5月上旬	9月上旬	广适		饲用价值中等偏上；株高60～140cm；秆疏丛生，直立或基部膝曲；叶片扁平，干后内卷；穗状花序直立，紧密，穗轴每节具2个小穗；小穗含3～5朵小花；颖披针形，粗糙，稀被短毛；外稃披针形，密被短小糙毛；花期7—8月	饲用	茎、叶	广
11	P152502029	锡林郭勒盟	锡林浩特市	垂穗披碱草	野生资源	当地	多年生	有性	5月上旬	9月上旬	耐寒，耐贫瘠	粗蛋白含量高、适口性好，广泛应用于高寒退化草场的改良和人工草地的建设	秆直立，基部稍呈膝曲状，株高50～70cm；基部和根出的叶鞘具柔毛；叶片扁平，上面有时疏生柔毛，下面粗糙或平滑，长6～8cm，宽3～5mm	饲用	茎、叶	广
12	P152522014	锡林郭勒盟	阿巴嘎旗	披碱草	野生资源	当地	多年生	有性	5月上旬	9月上旬	耐盐碱，抗旱，耐寒		秆疏丛，直立，株高70～140cm，基部膝曲。叶鞘光滑无毛；叶片扁平，稀可内卷，上面粗糙，下面光滑，有时呈粉绿色，长15～25cm，宽5～9mm	饲用	茎、叶	广
13	P152522022	锡林郭勒盟	阿巴嘎旗	垂穗披碱草	野生资源	当地	多年生	有性	5月上旬	9月上旬	优质	植株生长茂盛，粗蛋白含量高、适口性好，广泛应用于高寒退化草场的改良和人工草地的建设	秆直立，基部稍呈膝曲状，株高50～70cm。基部和根出的叶鞘具柔毛；叶片扁平，上面有时疏生柔毛，下面粗糙或平滑，长6～8cm，宽3～5mm	饲用	茎、叶	广

（续表）

序号	样品编号	盟（市）	旗（县、市、区）	种质名称	种质类型	种质来源	生长习性	繁殖习性	播种期	收获期	主要特性	其他特性	主要特性详细描述	种质用途	利用部位	种质分布
14	P152527053	锡林郭勒盟	太仆寺旗	垂穗披碱草	野生资源	当地	多年生	有性	5月上旬	9月上旬	耐盐碱	植株生长茂盛，粗蛋白含量高、适口性好，广泛应用于高寒退化草场的改良和人工草地的建设	秆直立，基部稍呈膝曲状，株高50～70cm；基部和根出的叶鞘具柔毛；叶片扁平或内卷，穗状花序下垂，穗轴每节具2个小穗；小穗略偏于穗轴一侧，含3～4朵小花；颖矩圆形，脉粗糙，先端渐尖或具短芒；外稃矩圆状披针形，被微毛，芒长10～20mm，反曲	饲用	茎、叶	窄
15	P152527042	锡林郭勒盟	太仆寺旗	披碱草	野生资源	当地	多年生	有性	5月上旬	9月上旬	优质	营养枝条较多，饲用价值中等偏上，各种家畜均喜采食，抽穗期至始花期刈割调制的青干草，家畜亦喜食	秆疏丛，直立，株高70～140cm，基部膝曲。叶鞘光滑无毛；叶片扁平，稀可内卷，上面粗糙，下面光滑，有时呈粉绿色，长15～25cm，宽5～9mm	饲用	茎、叶	广
16	P152501018	锡林郭勒盟	二连浩特市	披碱草	野生资源	当地	多年生	有性	5月上旬	8月中旬	抗虫，耐盐碱，抗旱，耐寒，耐贫瘠，耐热			饲用	种子（果实）、茎	广
17	P152531014	锡林郭勒盟	多伦县	披碱草	野生资源	当地	多年生	有性	5月上旬	9月上旬	耐盐碱，抗旱，耐寒			饲用	茎、叶	广
18	P152528008	锡林郭勒盟	镶黄旗	披碱草	野生资源	当地	多年生	有性	5月上旬	9月上旬	优质，耐盐碱，抗旱，耐寒			饲用	茎、叶	广

（续表）

序号	样品编号	盟（市）	旗（县、市、区）	种质名称	种质类型	种质来源	生长习性	繁殖习性	播种期	收获期	主要特性	其他特性	主要特性详细描述	种质用途	利用部位	种质分布
19	P152528044	锡林郭勒盟	镶黄旗	垂穗披碱草	野生资源	当地	多年生	有性	5月上旬	9月上旬	耐寒，耐贫瘠	植株生长茂盛，粗蛋白含量高、适口性好，广泛应用于高寒退化草场的改良和人工草地的建设	秆直立，基部稍呈膝曲状，株高50～70cm；基部和根出的叶鞘具柔毛；叶片扁平或内卷，穗状花序下垂，穗轴每节具2个小穗；小穗略偏于穗轴一侧，含3～4朵小花；颖矩圆形，脉粗糙，先端渐尖或具短芒；外稃矩圆状披针形，被微毛，芒长10～20mm，反曲	饲用	茎、叶	窄
20	P152529018	锡林郭勒盟	正镶白旗	披碱草	野生资源	当地	多年生	有性	5月上旬	9月上旬	广适		饲用价值中等偏上	饲用	茎、叶	广
21	P152530031	锡林郭勒盟	正蓝旗	垂穗披碱草	野生资源	当地	多年生	有性	5月上旬	9月上旬		植株生长茂盛，粗蛋白含量高、适口性好，广泛应用于高寒退化草场的改良和人工草地的建设	秆直立，基部稍呈膝曲状，株高50～70cm。基部和根出的叶鞘具柔毛；叶片扁平，上面有时疏生柔毛，下面粗糙或平滑，长6～8cm，宽3～5mm	饲用	茎、叶	窄
22	P152630030	乌兰察布市	察哈尔右翼前旗	披碱草	野生资源	当地	多年生	有性	5月上旬	8月下旬	优质，耐盐碱，抗旱，耐寒，耐涝，耐贫瘠，耐热		可割两茬，抗逆性强，是保持水土的优良品种	饲用	种子（果实）、茎、叶	广
23	P150626014	鄂尔多斯市	乌审旗	披碱草	野生资源	当地	多年生	有性	4月上旬	7月中旬	耐盐碱，耐热		可饲用，营养枝条较多，饲用价值中等偏上	饲用	茎、叶	广

（续表）

序号	样品编号	盟（市）	旗（县、市、区）	种质名称	种质类型	种质来源	生长习性	繁殖习性	播种期	收获期	主要特性	其他特性	主要特性详细描述	种质用途	利用部位	种质分布
24	P150825075	巴彦淖尔市	乌拉特后旗	披碱草	野生资源	当地	多年生	有性	6月上旬	8月中旬	耐盐碱，抗旱			饲用	叶、花	广
25	P150824012	巴彦淖尔市	乌拉特中旗	披碱草	野生资源	当地	多年生	有性	5月上旬	8月下旬	高产，优质，抗病，抗虫，耐盐碱，抗旱，广适，耐寒，耐涝，耐贫瘠，耐热	疏丛型，须根状，根深可达100cm	秆直立，上部紧接花序部分被短柔毛或无毛，株高70～140cm，叶片长15～25cm，宽5～9mm，质较硬而粗糙	饲用	种子（果实）	广
26	P150782063	呼伦贝尔市	牙克石市	纤毛披碱草	野生资源	当地	多年生	兼性	5月中旬	7月下旬	高产，抗旱，耐寒	良等饲用植物	秆单生或疏丛，株高40～70cm，直立，无毛；叶片扁平，长8～13cm，宽3～7mm，两面均无毛。穗状花序下垂，长7～16cm；小穗通常绿色，长12～21mm，含5～11朵小花；颖椭圆状披针形，先端常具短尖头，具5～7粗壮的脉，第一颖长6～7mm，第二颖长7～8mm；外稃矩圆状披针形，上部具明显5脉，边缘具长而硬的纤毛，第一外稃长8～9mm，顶端具7～22mm反曲的芒；内稃矩圆状倒卵形，长为外稃的2/3，先端钝头；花果期7—8月	饲用	茎、叶	窄

（续表）

序号	样品编号	盟（市）	旗（县、市、区）	种质名称	种质类型	种质来源	生长习性	繁殖习性	播种期	收获期	主要特性	其他特性	主要特性详细描述	种质用途	利用部位	种质分布
27	P150782064	呼伦贝尔市	牙克石市	直穗披碱草	野生资源	当地	多年生	兼性	5月中旬	7月下旬	高产，抗旱，耐寒	良等饲用植物	秆疏丛，株高70～110cm，直立；叶片质软而扁平，长11～20cm，宽3.5～5mm，上面被细纤毛，下面无毛。穗状花序直立，长8.5～13.5cm；小穗常偏于一侧，黄绿色或微带青紫色，长14～17mm，含5～7朵小花；颖披针形，先端尖，具3～5粗壮的脉，第一颖长8～10mm，第二颖长10～12mm；外稃披针形上部具明显5脉，第一外稃长9～11mm，先端具粗糙反曲的芒，芒长16～40mm；内稃与外稃近等长；花果期7—9月	饲用	茎、叶	窄
28	P150782062	呼伦贝尔市	牙克石市	紫芒披碱草	野生资源	当地	多年生	兼性	5月中旬	7月下旬	高产，抗旱，耐寒	良等饲用植物	茎秆粗壮，株高110～160cm，直立，秆、叶均被白色蜡质层；叶片常内卷，长15～25cm，宽2.5～4mm，上面微粗糙，下面平滑。穗状花序直立，较紧密，微紫色，长8～15cm，宽4～6mm；小穗粉绿而微带紫色，长10～12mm，含2～3朵小花；颖披针形，长7～10mm，先端具约1mm短芒，具3脉，带紫红色小点；外稃矩圆状披针形，背部全体被毛，亦具紫红色小点，顶端芒长7～15mm，带紫色，直立，第一外稃长6～9mm；内稃与外稃近等长；花果期7—9月	饲用	茎、叶	窄

（续表）

序号	样品编号	盟（市）	旗（县、市、区）	种质名称	种质类型	种质来源	生长习性	繁殖习性	播种期	收获期	主要特性	其他特性	主要特性详细描述	种质用途	利用部位	种质分布
29	P150724032	呼伦贝尔市	鄂温克族自治旗	圆柱披碱草	地方品种	当地	多年生	兼性	5月中旬	7月中旬	高产，抗病，广适，耐寒	常见于田边、路旁	秆细弱，株高70～110cm。叶鞘无毛，叶片扁平，叶长5～15cm，宽4～5mm，上面粗糙，下面无毛而平滑。穗状花序直立，长6～8cm，宽5～8mm；小穗绿色或带紫色，长7～10mm，含2～3朵小花，仅1～2朵小花发育；颖条状披针形，长7～8mm，3～5脉，脉明显而粗糙，先端具芒长2～3mm；外稃披针形，第一外稃7～8.5mm；内稃与外稃等长，先端钝圆。花果期7—9月	饲用	茎、叶	广
30	P150724031	呼伦贝尔市	鄂温克族自治旗	垂穗披碱草	地方品种	当地	多年生	兼性	5月中旬	7月下旬	高产，优质，抗病，广适，耐寒	生于山地森林草原的林下、林缘、草甸、田边、路旁	秆直立，基部稍膝曲，株高50～100cm。叶片线形，扁平或内卷，上面粗糙或疏生柔毛，下面平滑或有时粗糙，长7～12cm，宽3～5mm。穗状花序，曲折而下垂，长5～9cm，穗轴边缘粗糙或具小纤毛；小穗排列较紧密且多偏于一侧，绿色，成熟后带紫色，长12～18cm，含3～4朵小花。颖矩圆形，长3～4mm。外稃矩圆状披针形，背部全被微小短毛，先端芒粗糙，向外反曲，长10～20cm，第一外稃长7～10mm。花果期6—8月	饲用	茎、叶	广

（续表）

序号	样品编号	盟（市）	旗（县、市、区）	种质名称	种质类型	种质来源	生长习性	繁殖习性	播种期	收获期	主要特性	其他特性	主要特性详细描述	种质用途	利用部位	种质分布
31	P150724031	呼伦贝尔市	鄂温克族自治旗	垂穗披碱草	地方品种	当地	多年生	兼性	5月中旬	7月下旬	高产，优质，抗病，广适，耐寒	生于山地森林草原的林下、林缘、草甸、田边、路旁	秆直立，基部稍膝曲，株高50～100cm。叶片线形，扁平或内卷，上面粗糙或疏生柔毛，下面平滑或有时粗糙，长7～12cm，宽3～5mm。穗状花序，曲折而下垂，长5～9cm，穗轴边缘粗糙或具小纤毛；小穗排列较紧密且多偏于一侧，绿色，成熟后带紫色，长12～18cm，含3～4朵小花。颖矩圆形，长3～4mm。外稃矩圆状披针形，背部全被微小短毛，先端芒粗糙，向外反曲，长10～20cm，第一外稃长7～10mm。花果期6—8月	饲用	茎、叶	广
32	P150703057	呼伦贝尔市	扎赉诺尔区	大芒披碱草	野生资源	当地	多年生	兼性	5月中旬	7月下旬	高产，抗旱，耐寒	良等饲用植物	茎秆粗壮，秆疏丛，株高70～120cm，直立；叶片质软而扁平，长11～20cm，宽3.5～5mm，上面被细纤毛，下面无毛。穗状花序直立，长8.5～13.5cm；小穗常偏于一侧，黄绿色或微带青紫色，长14～17mm，含5～7朵小花；颖披针形，先端尖，两颖几近等长；外稃披针形上部具明显5脉，第一外稃长9～11mm，先端具粗糙反曲的芒，芒长40mm左右；内稃与外稃近等长；花果期7—9月	饲用	茎、叶	窄

（续表）

序号	样品编号	盟（市）	旗（县、市、区）	种质名称	种质类型	种质来源	生长习性	繁殖习性	播种期	收获期	主要特性	其他特性	主要特性详细描述	种质用途	利用部位	种质分布
33	P150784063	呼伦贝尔市	额尔古纳市	紫穗披碱草	野生资源	当地	多年生	兼性	5月中旬	7月下旬	高产，抗旱，耐寒	良等饲用植物	株高60～80cm。秆单生或呈疏丛，直立，全株绿色；叶鞘疏松，光滑无毛；叶片扁平，上被细纤毛，下面无毛，长9～21cm，宽2.5～4.5mm。穗状花序下垂，长12～16cm；小穗稍带紫色，长13～17.9mm，含4～7朵小花；颖矩圆状披针形，先端尖锐，具3～5脉；外稃披针形，具明显5脉；第一外稃长10～12mm，芒粗壮，紫色，反曲，芒长17～30mm；内稃与外稃近等长。花果期7—8月	饲用	茎、叶	广
34	P150781041	呼伦贝尔市	满洲里市	披碱草	野生资源	当地	多年生	有性	5月上旬	9月上旬	高产，抗旱，耐寒			饲用	种子（果实）、叶	广
35	P150781042	呼伦贝尔市	满洲里市	披碱草	野生资源	当地	多年生	有性	5月上旬	9月上旬	高产，抗旱，耐寒			饲用	种子（果实）、叶	广

（续表）

序号	样品编号	盟（市）	旗（县、市、区）	种质名称	种质类型	种质来源	生长习性	繁殖习性	播种期	收获期	主要特性	其他特性	主要特性详细描述	种质用途	利用部位	种质分布
36	P150726064	呼伦贝尔市	新巴尔虎左旗	肥披碱草	野生资源	当地	多年生	兼性	5月中旬	7月下旬	高产，优质，抗病，抗旱，耐寒	良等饲用植物	株高65～150cm，秆高大粗壮。叶鞘无毛；叶片扁平，常带粉绿色，长19～35cm，宽7～11mm，两面粗糙；穗状花序，粗壮直立，长10～15cm，宽11～14mm，每节具2～3个小穗，小穗含4～5朵小花；颖狭披针形，脉明显而粗糙，先端具芒，长4～8mm；外稃矩圆状披针形，顶端芒粗糙，反曲，长15～30mm；内稃稍短于外稃。花果期6—9月	饲用	茎、叶	广

4. 蒙古黄芪种质资源目录

蒙古黄芪（*Astragalus membranaceus* var. *mongholicus*）是豆科（Fabaceae）黄耆属（*Astragalus*）多年生草本植物，别名黄耆。以其根入药，有补气固表、利尿脱毒、排脓和敛疮生肌之功效。在保护心肌、调节血压、提高人体免疫力等方面具有很好的疗效。共计收集到种质资源23份，分布在7个盟（市）的16个旗（县、市、区）（表4-4）。

表4–4　蒙古黄芪种质资源目录

序号	样品编号	盟（市）	旗（县、市、区）	种质名称	种质类型	种质来源	生长习性	繁殖习性	播种期	收获期	主要特性	其他特性	主要特性详细描述	种质用途	利用部位	种质分布
1	P152201015	兴安盟	乌兰浩特市	土黄芪	地方品种	当地	多年生	有性	4月中旬	10月中旬	优质，抗病，抗虫，耐盐碱，抗旱，耐寒，耐涝，耐贫瘠，耐热		本品种作物是药材，浑身都是宝，生于向阳草地及山坡，具有缓解老年便秘，补气固表，脱毒排脓，利尿、生肌等功效，可用于治疗久泻脱肛，自汗、水肿，慢性肾炎，糖尿病，创口不愈合等	保健药用、加工原料	根	窄
2	P152527014	锡林郭勒盟	太仆寺旗	黄芪	野生资源	当地	多年生	有性	5月上旬	8月下旬			具有增强机体免疫功能，保肝、利尿、抗衰老、抗应激、降压和较广泛的抗菌作用	饲用、保健药用	根、叶	窄
3	P152501024	锡林郭勒盟	二连浩特市	花棒	野生资源	当地	多年生	有性	5月上旬	8月中旬	抗虫，耐盐碱，抗旱，耐寒，耐贫瘠，耐热			饲用	种子（果实）	广
4	P152522032	锡林郭勒盟	阿巴嘎旗	草木樨状黄芪	野生资源	当地	多年生	有性	5月上旬	8月下旬	抗旱	全草入药，能祛湿	中上等豆科牧草。春季幼嫩时，为马、牛喜食；山、绵羊喜食其茎上部和叶子。茎直立或斜生，株高30～50cm，多分枝，具条棱	饲用、保健药用	根、茎、叶	窄

（续表）

序号	样品编号	盟（市）	旗（县、市、区）	种质名称	种质类型	种质来源	生长习性	繁殖习性	播种期	收获期	主要特性	其他特性	主要特性详细描述	种质用途	利用部位	种质分布
5	P152522028	锡林郭勒盟	阿巴嘎旗	蒙古黄芪	野生资源	当地	多年生	有性	5月上旬	8月下旬	耐寒		株高50～100cm，茎直立，上部多分枝，有细棱，被白色柔毛	饲用、保健药用	根、茎、叶	窄
6	P152525033	锡林郭勒盟	东乌珠穆沁旗	山岩黄芪	野生资源	当地	多年生	有性	5月上旬	8月下旬			良等饲用植物。开花前牛、马、羊均喜食其茎、叶；夏季以后，茎、叶变得粗糙、老化，叶片易脱落，适口性下降，羊采食	饲用	茎、叶	窄
7	P152526028	锡林郭勒盟	西乌珠穆沁旗	大黄芩	野生资源	当地	多年生	有性	5月上旬	8月下旬	优质，其他	以其根入药，有补气固表、利尿排毒、排脓和敛疮生肌之功效	主根深长而粗壮，棒状，稍带木质。茎直立，上部多分枝，被长柔毛。单数羽状复叶互生；小叶25～37片，下面被柔毛；总状花序具花10～20朵；蝶形花冠黄色或淡黄色；荚果膨胀，薄膜质，无毛	饲用、保健药用	根、茎、叶	窄
8	P152526057	锡林郭勒盟	西乌珠穆沁旗	蒙古黄芪	野生资源	当地	多年生	有性	5月上旬	8月下旬	优质	以其根入药，有补气固表、利尿排毒、排脓和敛疮生肌之功效	主根深长而粗壮，棒状，稍带木质。茎直立，上部多分枝，被长柔毛。单数羽状复叶互生；小叶25～37片，下面被柔毛；总状花序具花10～20朵；蝶形花冠黄色或淡黄色；荚果膨胀，薄膜质，无毛	饲用、保健药用	根、茎、叶	窄
9	P152502030	锡林郭勒盟	锡林浩特市	蒙古黄芪	野生资源	当地	多年生	有性	5月上旬	8月下旬	优质	以其根入药，有补气固表、利尿排毒、排脓和敛疮生肌之功效	主根深长而粗壮，棒状，稍带木质。茎直立，上部多分枝，被长柔毛。单数羽状复叶互生；小叶12～18对，小叶片阔椭圆形，长5～10mm，宽3～5mm，先端钝尖，具短尖头，基部全缘，两面密生白色长柔毛；托叶披针形	饲用、保健药用	根、茎、叶	窄

（续表）

序号	样品编号	盟（市）	旗(县、市、区)	种质名称	种质类型	种质来源	生长习性	繁殖习性	播种期	收获期	主要特性	其他特性	主要特性详细描述	种质用途	利用部位	种质分布
10	P150625044	鄂尔多斯市	杭锦旗	岩黄芪	野生资源	当地	多年生	有性	3月下旬	7月中旬	抗旱，耐贫瘠		具有抗旱性，较好的灌木类饲料	饲用	种子(果实)、茎、叶	窄
11	P150625049	鄂尔多斯市	杭锦旗	变异黄芪	野生资源	当地	多年生	有性	3月下旬	7月中旬	优质，抗旱，耐贫瘠		当地的毒害草之一，青鲜状态各种家畜均喜食	饲用	种子(果实)、茎、叶	窄
12	P150625021	鄂尔多斯市	杭锦旗	塔落岩黄芪	野生资源	当地	多年生	有性	3月下旬	7月中旬	抗旱，耐寒，耐贫瘠			饲用	种子(果实)、茎、叶	广
13	P150624003	鄂尔多斯市	鄂托克旗	草木樨状黄芪	野生资源	当地	多年生	有性	4月上旬	9月下旬	耐盐碱，抗旱，广适		中旱性植物	饲用	茎、叶	广
14	P150624022	鄂尔多斯市	鄂托克旗	细枝岩黄芪	野生资源	当地	多年生	有性	3月中旬	10月中旬	抗旱，广适，耐寒	旱生、沙生半灌木	优良的固沙先锋植物，羊和骆驼喜食枝叶	饲用	种子(果实)、茎、叶、花	广

（续表）

序号	样品编号	盟（市）	旗（县、市、区）	种质名称	种质类型	种质来源	生长习性	繁殖习性	播种期	收获期	主要特性	其他特性	主要特性详细描述	种质用途	利用部位	种质分布
15	P150623021	鄂尔多斯市	鄂托克前旗	细枝岩黄耆	野生资源	当地	多年生	有性	4月中旬	9月下旬	抗旱，耐寒，耐贫瘠，耐热		半灌木，株高80～300cm。茎直立，多分枝，幼枝绿色或淡黄绿色，被疏长柔毛，茎皮亮黄色，呈纤维状剥落。托叶卵状披针形，褐色干膜质，长5～6mm，下部合生，易脱落。茎下部叶具小叶7～11片，上部的叶通常具小叶3～5片，最上部的叶轴完全无小叶或仅具1片顶生小叶；小叶片灰绿色，线状长圆形或狭披针形，长15～30mm，宽3～6mm，无柄或近无柄，先端锐尖，具短尖头，基部楔形，表面被短柔毛或无毛，背面被较密的长柔毛。总状花序腋生，上部明显超出叶，总花梗被短柔毛；花少数，长15～20mm，外展或平展，疏散排列；苞片卵形，长1～1.5mm；具2～3mm的花梗；花萼钟状，长5～6mm，被短柔毛，萼齿长为萼筒的2/3，上萼齿宽三角形，稍短于下萼齿；花冠紫红色，旗瓣倒卵形或倒卵圆形，长14～19mm，顶端钝圆，微凹，翼瓣线形，长为旗瓣的一半，龙骨瓣通常稍短于旗瓣；子房线形，被短柔毛。荚果2～4节，节荚宽卵形，长5～6mm，宽3～4mm，两侧膨大，具明显细网纹和白色密毡毛；种子圆肾形，长2～3mm，淡棕黄色，光滑。花期6—9月，果期8—10月	饲用，其他	种子（果实）、茎、叶、花	广

（续表）

序号	样品编号	盟（市）	旗（县、市、区）	种质名称	种质类型	种质来源	生长习性	繁殖习性	播种期	收获期	主要特性	其他特性	主要特性详细描述	种质用途	利用部位	种质分布
16	P150822060	巴彦淖尔市	磴口县	花棒	野生资源	当地	多年生	有性	5月上旬	9月下旬	耐盐碱，抗旱，耐寒，耐贫瘠，耐热		半灌木，株高80～300cm。茎直立，多分枝，幼枝绿色或淡黄绿色，被疏长柔毛，茎皮亮黄色，呈纤维状剥落。托叶卵状披针形，褐色干膜质，长5～6mm，下部合生，易脱落。茎下部叶具小叶7～11片，上部的叶通常具小叶3～5片，最上部的叶轴完全无小叶或仅具1片顶生小叶；小叶片灰绿色，线状长圆形或狭披针形，长15～30mm，宽3～6mm，无柄或近无柄，先端锐尖，具短尖头，基部楔形，表面被短柔毛或无毛，背面被较密的长柔毛。总状花序腋生，上部明显超出叶，总花梗被短柔毛；花少数，长15～20mm，外展或平展，疏散排列；苞片卵形，长1～1.5mm；具2～3mm的花梗；花萼钟状，长5～6mm，被短柔毛，萼齿长为萼筒的2/3，上萼齿宽三角形，稍短于下萼齿；花冠紫红色，旗瓣倒卵形或倒卵圆形，长14～19mm，顶端钝圆，微凹，翼瓣线形，长为旗瓣的一半，龙骨瓣通常稍短于旗瓣；子房线形，被短柔毛	饲用、加工原料	种子（果实）、茎、叶	广

（续表）

序号	样品编号	盟（市）	旗（县、市、区）	种质名称	种质类型	种质来源	生长习性	繁殖习性	播种期	收获期	主要特性	其他特性	主要特性详细描述	种质用途	利用部位	种质分布
17	P150824014	巴彦淖尔市	乌拉特中旗	斜茎黄耆	野生资源	当地	多年生	有性	4月上旬	10月上旬	优质，抗虫，抗旱，广适，耐寒，耐贫瘠		根粗，暗褐色，有时有长主根，茎多数丛生，直立或斜上，有毛，小叶9～25片，果期8—10月	饲用	种子（果实）	广
18	P150824011	巴彦淖尔市	乌拉特中旗	草木樨状黄耆	地方品种	当地	多年生	有性	4月上旬	9月下旬	抗旱，广适，耐贫瘠，耐热		主根粗壮，茎直立或斜生，株高30～50cm，多分枝，具条棱，被白色短柔毛或近无毛。花期7—8月，果期8—9月	饲用	种子（果实）	广
19	P150304014	乌海市	乌达区	乌达沙生黄芪	野生资源	当地	多年生	有性	4月中旬	8月下旬	耐盐碱，抗旱，耐寒，耐贫瘠，耐热		主根粗壮，入土深2～4m，根系幅度可达1.5～4m，着生大量根瘤，防风固沙	饲用，其他	种子（果实）、根、茎、叶	广
20	P152923014	阿拉善盟	额济纳旗	细枝岩黄耆（花棒）	选育品种	外地	多年生	有性	4月上旬	9月下旬	优质，抗旱，耐寒		沙生、耐旱、喜光树种，它适于流沙环境，喜沙埋，抗风蚀，耐严寒酷热，枝叶茂盛，萌蘖力强，防风固沙作用大。当地牧民常作为饲草料使用	饲用	茎、叶	窄

（续表）

序号	样品编号	盟（市）	旗（县、市、区）	种质名称	种质类型	种质来源	生长习性	繁殖习性	播种期	收获期	主要特性	其他特性	主要特性详细描述	种质用途	利用部位	种质分布
21	P152922012	阿拉善盟	阿拉善右旗	细枝岩黄芪	野生资源	当地	多年生	无性	5月上旬	8月下旬	优质，耐盐碱，抗旱，耐贫瘠，耐热		覆沙地的优良牧草，可作为防风固沙造林树种。灌木，株高90～300cm，最高可达5m，丛幅达3～5m。树皮深黄色或淡黄色，常呈纤维状剥落，枝灰黄色或灰绿色。单数羽状复叶，植株下部有小叶7～11片，上部具少数小叶，最上部的叶轴常无小叶，小叶披针形、条状披针形、稀条状长圆形，长15～43mm，宽1～3mm，全缘，灰绿色，叶轴有毛	饲用	种子（果实）、茎、叶	窄
22	P150785060	呼伦贝尔市	根河市	斜茎黄耆	野生资源	当地	多年生	兼性	5月上旬	8月上旬	抗病，耐寒	良等饲用植物	株高30～60cm。根较粗壮，暗褐色。茎多数丛生，斜升，稍有毛。单数羽状复叶，具小叶7～23片；小叶卵状椭圆形，长15～30mm，宽4～8mm，先端钝或圆，基部近圆形，全缘，上面无毛，下面有白色毛。总状花序于茎上部腋生，花序矩圆状，花多数，密集；花蓝紫色，长11～15mm。荚果矩圆形，长7～15mm，具3棱，稍侧扁，分隔2室；种子椭圆形，稍扁，深褐色。花期7—8月，果期8—9月	饲用	种子（果实）、茎、叶	窄

（续表）

序号	样品编号	盟（市）	旗（县、市、区）	种质名称	种质类型	种质来源	生长习性	繁殖习性	播种期	收获期	主要特性	其他特性	主要特性详细描述	种质用途	利用部位	种质分布
23	P150785061	呼伦贝尔市	根河市	山岩黄耆	野生资源	当地	多年生	兼性	5月上旬	8月中旬	高产，优质，抗病，耐寒	优等饲用植物	株高60～100cm。茎直立，具纵沟。单数羽状复叶，小叶9～21片；小叶卵状矩圆形，长15～30mm，宽4～10mm，全缘，上面无毛，下面疏生短柔毛。总状花序腋生，花蓝紫色，花多数，长13～17mm，稍下垂，荚果有荚节2～4节，荚节近扁平，荚果椭圆形，两面具网状脉纹，无毛。花期7月，果期8月	饲用	种子（果实）、茎、叶	窄

5. 黄芩种质资源目录

黄芩（*Scutellaria baicalensis*）是唇形科（Labiatae）黄芩属（*Scutellaria*）多年生草本植物，主治温热病、上呼吸道感染、肺热咳嗽、湿热黄胆、肺炎、痢疾、咳血、目赤、胎动不安、高血压、痈肿疖疮等症。共计收集到种质资源5份，分布在2个盟（市）的5个旗（县、市、区）（表4-5）。

表4-5 黄岑种质资源目录

序号	样品编号	盟（市）	旗（县、市、区）	种质名称	种质类型	种质来源	生长习性	繁殖习性	播种期	收获期	主要特性	其他特性	主要特性详细描述	种质用途	利用部位	种质分布
1	P152201014	兴安盟	乌兰浩特市	黄芩	地方品种	当地	多年生	有性	4月中旬	10月中旬	优质，抗病，抗虫，耐盐碱，抗旱，耐寒，耐涝，耐贫瘠，耐热		肉质根茎肥厚，叶坚纸质，花冠紫色、紫红色至蓝色，根入药，味苦、性寒，具清热燥湿、泻火解毒、止血、安胎等功效	保健药用、加工原料	根	窄

（续表）

序号	样品编号	盟（市）	旗（县、市、区）	种质名称	种质类型	种质来源	生长习性	繁殖习性	播种期	收获期	主要特性	其他特性	主要特性详细描述	种质用途	利用部位	种质分布
2	P152525056	锡林郭勒盟	东乌珠穆沁旗	小黄芩	野生资源	当地	多年生	有性	5月上旬	9月下旬	抗旱	根茎入药，具有清热、消炎、解毒之功	生态幅度较广的中旱生植物，多生于山地、丘陵的砾石坡地及沙质土上，为草甸草原及山地草原的常见种	饲用、保健药用	根、茎	广
3	P152524033	锡林郭勒盟	苏尼特右旗	野生并头黄芩	野生资源	当地	多年生	有性	5月上旬	9月下旬	广适	全草入药，具有清热燥湿的功效	茎直立，株高12～36cm，四棱形，基部粗1～2mm，常带紫色，在棱上疏被上曲的微柔毛，或几无毛，不分枝，或具或多或少或长或短的分枝	饲用、保健药用	种子（果实）、根、茎、叶	广
4	P152528023	锡林郭勒盟	镶黄旗	黄芩草	野生资源	当地	多年生	有性	5月上旬	9月下旬	广适	根茎入药，具有清热、消炎、解毒之功	生态幅度较广的中旱生植物，多生于山地、丘陵的砾石坡地及沙质土上，为草甸草原及山地草原的常见种	饲用、保健药用	根、叶	广
5	P152527049	锡林郭勒盟	太仆寺旗	黄芩	野生资源	当地	多年生	有性	5月上旬	9月下旬	抗旱	根茎入药，具有清热、消炎、解毒之功	生态幅度较广的中旱生植物，多生于山地、丘陵的砾石坡地及沙质土上，为草甸草原及山地草原的常见种	饲用、保健药用	根、茎、叶	广

6. 草木樨种质资源目录

草木樨（*Melilotus suaveolens*）是豆科（Fabaceae）草木樨属（*Melilotus*）一年生草本植物。草木樨可全草入药，味苦、性凉，有清陈热、杀黏、解毒、消炎的功效，主治虫、蛇咬伤，食物中毒，咽喉肿痛，陈热症，脾脏病等症。共计收集到种质资源21份，分布在6个盟（市）的18个旗（县、市、区）（表4-6）。

表4-6 草木樨种质资源目录

序号	样品编号	盟（市）	旗（县、市、区）	种质名称	种质类型	种质来源	生长习性	繁殖习性	播种期	收获期	主要特性	其他特性	主要特性详细描述	种质用途	利用部位	种质分布
1	P150121063	呼和浩特市	土默特左旗	黄花草木樨	野生资源	当地	一年生	有性	4月中旬	9月中旬	高产，优质，耐盐碱，抗旱，耐寒，耐贫瘠		高产优质牧草，耐盐碱，地上部分还可以入药	饲用、保健药用	种子（果实）、茎、叶、花	窄
2	P150121064	呼和浩特市	土默特左旗	白花草木樨	野生资源	当地	一年生	有性	4月中旬	9月中旬	高产，优质，耐盐碱，抗旱，耐寒，耐贫瘠		高产优质牧草，耐盐碱，地上部分还可以入药	饲用、保健药用	种子（果实）、茎、叶、花	窄
3	P150105034	呼和浩特市	赛罕区	黄花草木樨	野生资源	当地	一年生	有性	4月中旬	9月中旬	高产，优质，耐盐碱，抗旱，耐寒，耐贫瘠		高产优质牧草，耐盐碱，地上部分还可以入药	饲用、保健药用	种子（果实）、茎、叶、花	窄
4	P150206027	包头市	白云区	白云草木樨	地方品种	当地	一年生	有性	5月下旬	8月上旬	优质，抗病，广适		根系发达，越冬的主根为肉质，入土可达2m以上；侧根分布在耕层内，着生根瘤呈扇状；根系吸收磷酸盐能力强，有富集养分的作用	饲用	茎、叶	广

（续表）

序号	样品编号	盟（市）	旗（县、市、区）	种质名称	种质类型	种质来源	生长习性	繁殖习性	播种期	收获期	主要特性	其他特性	主要特性详细描述	种质用途	利用部位	种质分布
5	P152501008	锡林郭勒盟	二连浩特市	草木樨	野生资源	当地	一年生	有性	4月上旬	8月中旬	耐盐碱，抗旱，耐寒，耐贫瘠，耐热			饲用	种子（果实）、茎	广
6	P152530009	锡林郭勒盟	正蓝旗	白花草木樨	野生资源	当地	一年生	有性	4月上旬	7月下旬	优质		适应中国北方气候，生长旺盛，是优良的饲料与绿肥植物	饲用	茎、叶	窄
7	P152529049	锡林郭勒盟	正镶白旗	草木樨	野生资源	当地	一年生	有性	4月上旬	7月下旬	耐盐碱		株高40～200cm；茎直立，多分枝；羽状三出复叶；小叶边缘疏生浅齿；总状花序细长，花小；蝶形花冠黄色；荚果表面具网纹	饲用、保健药用	茎、叶	广
8	P152528043	锡林郭勒盟	镶黄旗	草木犀	野生资源	当地	一年生	有性	4月上旬	7月下旬	耐盐碱		株高40～200cm；茎直立，多分枝；羽状三出复叶；小叶边缘疏生浅齿；总状花序细长，花小；蝶形花冠黄色；荚果表面具网纹	食用、饲用、保健药用	茎、叶	窄
9	P152525009	锡林郭勒盟	东乌珠穆沁旗	草木犀	野生资源	当地	一年生	有性	4月上旬	7月下旬	耐盐碱		株高50～120cm，最高可达2m以上，茎直立，多分枝；羽状三出复叶，小叶椭圆形或倒披针形，长1～1.5cm，宽3～6mm，先端钝，基部楔形，叶缘有疏齿，托叶条形。具清热解毒、消炎的功效	饲用、保健药用	茎、叶	广
10	P152526055	锡林郭勒盟	西乌珠穆沁旗	草木犀	野生资源	当地	一年生	有性	4月上旬	7月下旬	耐盐碱		株高40～200cm；茎直立，多分枝；羽状三出复叶；小叶边缘疏生浅齿；总状花序细长，花小；蝶形花冠黄色；荚果表面具网纹	饲用	茎、叶	广

（续表）

序号	样品编号	盟（市）	旗（县、市、区）	种质名称	种质类型	种质来源	生长习性	繁殖习性	播种期	收获期	主要特性	其他特性	主要特性详细描述	种质用途	利用部位	种质分布
11	P152522043	锡林郭勒盟	阿巴嘎旗	草木樨	野生资源	当地	一年生	有性	4月上旬	7月下旬	耐盐碱	花期比其他种早半个多月，耐碱性土壤，为常见牧草	株高40～200cm；茎直立，多分枝；羽状三出复叶；小叶边缘疏生浅齿；总状花序细长，花小；蝶形花冠黄色；荚果表面具网纹	饲用、保健药用	茎、叶	广
12	P150925060	乌兰察布市	凉城县	黄花草木樨	野生资源	当地	一年生	有性	4月上旬	7月下旬	耐盐碱，耐贫瘠		株高可达150cm。茎直立，粗壮，多分枝，羽状三出复叶；托叶镰状线形，叶柄细长；小叶片倒卵形、阔卵形、倒披针形至线形，上面无毛，粗糙，下面散生短柔毛，顶生小叶稍大，总状花序腋生，具花，初时稠密，花开后渐疏松，苞片刺毛状，花梗与苞片等长或稍长；萼钟形，萼齿三角状披针形，花冠黄色，旗瓣倒卵形，荚果卵形，种子卵形，黄褐色，平滑	饲用、保健药用	种子（果实）、茎	广
13	P152630012	乌兰察布市	察哈尔右翼前旗	野生草木樨	野生资源	当地	一年生	有性	6月上旬	8月下旬	广适，耐寒，耐贫瘠，耐热		种子生命力强，适应性强，是优质的豆科牧草	饲用	种子（果实）	广

（续表）

序号	样品编号	盟（市）	旗（县、市、区）	种质名称	种质类型	种质来源	生长习性	繁殖习性	播种期	收获期	主要特性	其他特性	主要特性详细描述	种质用途	利用部位	种质分布
14	P150627008	鄂尔多斯市	伊金霍洛旗	草木樨状黄耆	野生资源	当地	一年生	有性	3月下旬	7月下旬	优质		株高40～100（250）cm。茎直立，粗壮，多分枝，具纵棱，微被柔毛。羽状三出复叶；托叶镰状线形，长3～5（7）mm，中央有1条脉纹，全缘或基部有1尖齿；叶柄细长；小叶倒卵形、阔卵形、倒披针形至线形，长15～25（30）mm，宽5～15mm，先端钝圆或截形，基部阔楔形，边缘具不整齐疏浅齿，上面无毛，粗糙，下面散生短柔毛，侧脉8～12对，平行直达齿尖，两面均不隆起，顶生小叶稍大，具较长的小叶柄，侧小叶的小叶柄短	食用	种子（果实）	广
15	P150627054	鄂尔多斯市	伊金霍洛旗	草木樨	野生资源	当地	一年生	有性	3月下旬	7月中旬	抗旱，耐贫瘠		伊金霍洛旗野生分布，具有抗旱、优质的特征，是重要的牧草植物	饲用	种子（果实）、茎、叶	窄
16	P150626040	鄂尔多斯市	乌审旗	白花草木樨	野生资源	当地	一年生	有性	3月上旬	7月中旬	抗旱，耐贫瘠		乌审旗野生分布，具有抗旱、优质的特征，是重要的牧草植物	饲用	种子（果实）、茎、叶	窄
17	P150622043	鄂尔多斯市	准格尔旗	白花草木樨	野生资源	当地	一年生	有性	3月下旬	7月中旬			零星分布，具有一定的抗旱性，容易建植，较为优良的牧草作物	饲用	种子（果实）、茎、叶	窄
18	P150622047	鄂尔多斯市	准格尔旗	草木樨	野生资源	当地	一年生	有性	5月下旬	7月中旬			准格尔旗野生分布，具有抗旱、优质的特征，是当地重要的牧草植物	饲用	种子（果实）、茎、叶	窄

（续表）

序号	样品编号	盟（市）	旗（县、市、区）	种质名称	种质类型	种质来源	生长习性	繁殖习性	播种期	收获期	主要特性	其他特性	主要特性详细描述	种质用途	利用部位	种质分布
19	P150702065	呼伦贝尔市	海拉尔区	白花草木樨	野生资源	当地	一年生	有性	5月下旬	7月下旬	高产，优质，耐寒	优等饲用植物	株高60～120cm。茎直立，粗壮，多分枝，光滑无毛。叶为羽状三出复叶，托叶条状披针形；小叶倒卵形，长15～27mm，宽4～7mm，先端钝，基部楔形边缘有不整齐的疏锯齿。总状花序细长，腋生，花多数；花白色，花萼钟形；旗瓣椭圆形，先端圆，基部楔形，翼瓣比旗瓣短，与龙骨瓣略等长；子房卵状矩圆形，无柄，花柱细长；荚果小，卵形，成熟时近黑色，内含种子1粒，种子近圆形，稍扁，黄色。花期6—8月，果期7—9月	饲用	种子（果实）、茎、叶	广
20	P150727061	呼伦贝尔市	新巴尔虎右旗	黄花草木樨	野生资源	当地	一年生	有性	4月下旬	7月下旬	高产，优质，耐寒	优等饲用植物	株高60～120cm。茎直立，粗壮，多分枝，光滑无毛。叶为羽状三出复叶，托叶条状披针形；小叶倒卵形，长15～27mm，宽4～7mm，先端钝，基部楔形边缘有不整齐的疏锯齿。总状花序细长，腋生，花多数；花鲜黄色，花萼钟形；旗瓣椭圆形，先端圆，基部楔形，翼瓣比旗瓣短，与龙骨瓣略等长；子房卵状矩圆形，无柄，花柱细长；荚果小，卵形，成熟时近黑色，内含种子1粒，种子近圆形，稍扁，黄色。花期6—8月，果期7—9月	饲用	种子（果实）、茎、叶	广

（续表）

序号	样品编号	盟（市）	旗（县、市、区）	种质名称	种质类型	种质来源	生长习性	繁殖习性	播种期	收获期	主要特性	其他特性	主要特性详细描述	种质用途	利用部位	种质分布
21	P150726063	呼伦贝尔市	新巴尔虎左旗	细齿草木樨	野生资源	当地	一年生	有性	5月下旬	7月下旬	高产，优质，耐寒	优等饲用植物	株高30～60cm。茎直立，有分枝，光滑无毛。叶为羽状三出复叶，托叶条状披针形；小叶倒卵形，长15～27mm，宽4～10mm，先端圆，基部楔形边缘具密的细锯齿。总状花序细长，腋生，花多数；花鲜黄色，花萼钟形；旗瓣椭圆形，先端圆，基部楔形，翼瓣比旗瓣短，与龙骨瓣略等长；子房卵状矩圆形，无柄，花柱细长；荚果小，卵形，成熟时近黑色，内含种子1粒，种子近圆形，稍扁，黄色。花期6—8月，果期7—9月	饲用	种子（果实）、茎、叶	广

7. 前胡种质资源目录

前胡（*Peucedanum praeruptorum*）是伞形科（Apiaceae）前胡属（*Peucedanum*）多年生草本植物。前胡中的前胡甲素对原发性血小板凝集有促进作用，前胡煎剂能增加呼吸道分泌液，且作用时间较长，营养价值较高。共计收集到种质资源1份，分布在1个盟（市）的1个旗（县、市、区）（表4-7）。

表4-7　前胡种质资源目录

序号	样品编号	盟（市）	旗（县、市、区）	种质名称	种质类型	种质来源	生长习性	繁殖习性	播种期	收获期	主要特性	其他特性	主要特性详细描述	种质用途	利用部位	种质分布
1	P150125040	呼和浩特市	武川县	前胡	野生资源	当地	多年生	有性	3月上旬	9月中旬	抗病，抗旱，耐寒，耐贫瘠		生长于山崖边，或路旁半阴性草坡中，不宜过涝	保健药用	种子（果实）、根	窄

8. 霞草种质资源目录

霞草（*Gypsophila desertorum*）是石竹科（Caryophyllaceae）石头花属（*Gypsophila*）多年生宿根花卉。由于它花型小、浅色、花姿蓬松具立体感，气质高雅清秀，给人以朦胧感，花序群体效果极佳，是重要的陪衬花材，为当今流行的切花之一。共计收集到种质资源1份，分布在1个盟（市）的1个旗（县、市、区）（表4-8）。

表4-8 霞草种质资源目录

序号	样品编号	盟（市）	旗(县、市、区)	种质名称	种质类型	种质来源	生长习性	繁殖习性	播种期	收获期	主要特性	其他特性	主要特性详细描述	种质用途	利用部位	种质分布
1	P150125055	呼和浩特市	武川县	草原霞草	野生资源	当地	多年生	有性	4月中旬	8月下旬	高产，优质，抗旱，耐寒，耐贫瘠		多年生轴根牧草。根系人土较深，可达100cm的土层中，根幅常因土质而变化，一般在砾石质地，其根幅较窄，而在较松软的沙质地，侧根常斜向下伸，根幅宽可达50cm左右。在干旱地区复杂多变的气候条件下，种子往往成熟不良	保健药用、加工原料	种子（果实）、根、茎	窄

9. 冰草种质资源目录

冰草（*Agropyron cristatum*）是禾本科（Gramineae）冰草属（*Agropyron*）多年生草本植物。冰草是一种优良牧草，青鲜时马和羊最喜食，牛与骆驼亦喜食，营养价值较高，是中等催肥饲料。共计收集到种质资源48份，分布在6个盟（市）的25个旗（县、市、区）（表4-9）。

表4-9 冰草种质资源目录

序号	样品编号	盟（市）	旗(县、市、区)	种质名称	种质类型	种质来源	生长习性	繁殖习性	播种期	收获期	主要特性	其他特性	主要特性详细描述	种质用途	利用部位	种质分布
1	P150206022	包头市	白云区	白云冰草	地方品种	当地	多年生	有性	5月下旬	8月上旬	优质，抗病，广适		叶片长5～15（20）cm，宽2～5mm，质较硬且粗糙，常内卷，上面叶脉强烈隆起成纵沟，脉上密被微小短硬毛。穗状花序较粗壮，矩圆形或两端微窄，长2～6cm，宽8～15mm；小穗紧密平行排列成两行，整齐呈蓖齿状，含（3）5～7朵小花，长6～9（12）mm；颖舟形，脊上连同背部脉间被长柔毛，第一颖长2～3mm，第二颖长3～4mm，具略短于颖体的芒；外稃被有稠密的长柔毛或显著地被稀疏柔毛，顶端具短芒，长2～4mm；内稃脊上具短小刺毛	饲用	茎、叶	广

（续表）

序号	样品编号	盟（市）	旗（县、市、区）	种质名称	种质类型	种质来源	生长习性	繁殖习性	播种期	收获期	主要特性	其他特性	主要特性详细描述	种质用途	利用部位	种质分布
2	P152502013	锡林郭勒盟	锡林浩特市	冰草	野生资源	当地	多年生	有性	4月上旬	8月下旬	优质		秆疏丛状，上部紧接花序部分被短柔毛或无毛，株高20～60cm，有时分蘖横走或下伸生长达10cm的根茎。叶片长5～15cm，宽2～5mm，质较硬且粗糙，常内卷，上面叶脉强烈隆起成纵沟，脉上密被微小短硬毛	饲用	茎、叶	窄
3	P152502049	锡林郭勒盟	锡林浩特市	扁穗冰草	野生资源	当地	多年生	有性	4月上旬	8月下旬	优质		株高60～80cm，根系发达，须根密生，具沙套。茎秆直立，2～3节，基部节呈膝曲状，上被短柔毛。叶披针形，长7～15cm，宽0.4～0.7cm，叶背光滑，叶面密生茸毛；叶稍短于节间，紧包茎；叶舌不明显。穗状花序，长5～7cm，呈矩形或两端微窄，有小穗30～50个；小穗无柄，紧密排列于穗轴两侧，呈蓖齿状，颖不对称，外颖长5～7mm，尖端芒状，长3～4mm。外稃有毛，顶端具短芒	饲用	茎、叶	广
4	P152501022	锡林郭勒盟	二连浩特市	细茎冰草	野生资源	当地	多年生	有性	5月上旬	8月中旬	抗虫，耐盐碱，抗旱，耐寒，耐贫瘠，耐热			饲用	种子（果实）、茎	广

（续表）

序号	样品编号	盟（市）	旗（县、市、区）	种质名称	种质类型	种质来源	生长习性	繁殖习性	播种期	收获期	主要特性	其他特性	主要特性详细描述	种质用途	利用部位	种质分布
5	P152501006	锡林郭勒盟	二连浩特市	冰草	野生资源	当地	多年生	有性	5月上旬	8月中旬	抗虫，耐盐碱，抗旱，耐寒，耐贫瘠，耐热			饲用	种子（果实）	广
6	P152526038	锡林郭勒盟	西乌珠穆沁旗	冰草	野生资源	当地	多年生	有性	4月上旬	8月下旬	优质	冰草为优良牧草，青鲜时马和羊最喜食，牛与骆驼亦喜食，营养价值很好，是中等催肥饲料	株高60～80cm，根系发达，须根密生，具沙套。茎秆直立，2～3节，基部节呈膝曲状，上被短柔毛。叶披针形，长7～15cm，宽0.4～0.7cm，叶背光滑，叶面密生茸毛；叶稍短于节间，紧包茎；叶舌不明显。穗状花序，长5～7cm，呈矩形或两端微窄，有小穗30～50个；小穗无柄，紧密排列于穗轴两侧，呈蓖齿状，颖不对称，外颖长5～7mm，尖端芒状，长3～4mm。外稃有毛，顶端具短芒	饲用	茎、叶	广
7	P152526049	锡林郭勒盟	西乌珠穆沁旗	扁穗冰草	野生资源	当地	多年生	有性	4月上旬	8月下旬	优质	根作蒙药用，能止血、利尿等	株高60～80cm，土壤肥沃、水肥条件好时可达100cm以上。根系发达，须根密生，具沙套，有时有短根茎。茎秆直立，2～3节，基部节呈膝曲状，上被短柔毛。为优良牧草，青鲜时马和羊最喜食，牛与骆驼亦喜食，营养价值很好，是中等催肥饲料。由于品质好，营养丰富，适口性好，各种家畜均喜食；又因返青早，能较早地为放牧家畜提供青饲料	饲用	茎、叶	广

（续表）

序号	样品编号	盟（市）	旗（县、市、区）	种质名称	种质类型	种质来源	生长习性	繁殖习性	播种期	收获期	主要特性	其他特性	主要特性详细描述	种质用途	利用部位	种质分布
8	P152526056	锡林郭勒盟	西乌珠穆沁旗	根茎冰草	野生资源	当地	多年生	有性	4月上旬	8月下旬	优质	饲用价值较高的优良牧草	株高20～80cm；秆单生，直立或基部膝曲；叶片扁平或内卷；穗状花序矩圆形或矩圆状披针形；穗轴节间长约1mm；小穗近于篦齿状排列，含5～9朵小花；颖和外稃均为舟形，被长毛，先端具长2～3mm的芒尖或短芒	饲用	茎、叶	窄
9	P152529003	锡林郭勒盟	正镶白旗	扁穗冰草	野生资源	当地	多年生	有性	4月上旬	8月下旬	广适		因其茎叶嫩脆，粗蛋白质含量高，营养丰富，适口性好，所以马、牛、羊等均喜食	饲用	茎、叶	广
10	P152529017	锡林郭勒盟	正镶白旗	沙生冰草	野生资源	当地	多年生	有性	4月上旬	8月下旬	抗旱，耐寒	为各种家畜喜食，发达的根系使沙生冰草成为防风固沙、保持水土的兼用植物，根作蒙药用		饲用、保健药用	根、茎、叶	广
11	P152523002	锡林郭勒盟	苏尼特左旗	沙生冰草	野生资源	当地	多年生	有性	4月上旬	8月下旬	抗旱，耐寒	根作蒙药用	鲜草草质柔软，为各种家畜喜食，尤以马、牛更喜食；属典型的草原型广幅旱生植物，具有极强的抗旱、抗寒和固沙能力	饲用、保健药用	根、茎、叶	广

（续表）

序号	样品编号	盟（市）	旗(县、市、区)	种质名称	种质类型	种质来源	生长习性	繁殖习性	播种期	收获期	主要特性	其他特性	主要特性详细描述	种质用途	利用部位	种质分布
12	P152523029	锡林郭勒盟	苏尼特左旗	扁穗冰草	野生资源	当地	多年生	有性	4月上旬	8月下旬	优质	适口性好，营养价值很好，是良等催肥饲料。根作蒙药用，能止血、利尿等	株高60～80cm，土壤肥沃、水肥条件好时可达100cm以上。根系发达，须根密生，具沙套，有时有短根茎。茎秆直立，2～3节，基部节呈膝曲状，上被短柔毛	饲用、保健药用	根、茎、叶	广
13	P152522023	锡林郭勒盟	阿巴嘎旗	沙生冰草	野生资源	当地	多年生	有性	4月上旬	8月下旬	抗旱，耐寒	为各种家畜喜食，发达的根系使沙生冰草成为防风固沙、保持水土的兼用植物，根作蒙药用	秆疏丛状，直立，光滑或紧接花序下被柔毛，株高20～70cm。叶片长5～10cm，宽1～3mm，多内卷成锥状	饲用、保健药用	根、茎、叶	广
14	P152522017	锡林郭勒盟	阿巴嘎旗	冰草	野生资源	当地	多年生	有性	4月上旬	8月下旬	优质，耐寒	优良牧草，青鲜时马和羊最喜食，牛与骆驼亦喜食，营养价值很好，是中等催肥饲料	秆疏丛状，上部紧接花序部分被短柔毛或无毛，株高20～60cm，有时分蘖横走或下伸生长达10cm的根茎。叶片长5～15cm，宽2～5mm，质较硬且粗糙，常内卷，上面叶脉强烈隆起成纵沟，脉上密被微小短硬毛	饲用，其他	茎、叶	窄

（续表）

序号	样品编号	盟（市）	旗(县、市、区)	种质名称	种质类型	种质来源	生长习性	繁殖习性	播种期	收获期	主要特性	其他特性	主要特性详细描述	种质用途	利用部位	种质分布
15	P152522045	锡林郭勒盟	阿巴嘎旗	扁穗冰草	野生资源	当地	多年生	有性	4月上旬	8月下旬	优质，抗旱，耐寒，耐盐碱	适口性好，营养价值很好，是良等催肥饲料。根作蒙药用，能止血、利尿等	株高60～80cm，土壤肥沃、水肥条件好时可达100cm以上。根系发达，须根密生，具沙套，有时有短根茎。茎秆直立，2～3节，基部节呈膝曲状，上被短柔毛	饲用	茎、叶	广
16	P152527003	锡林郭勒盟	太仆寺旗	冰草	野生资源	当地	多年生	有性	4月上旬	8月下旬	广适		秆疏丛状，上部紧接花序部分被短柔毛或无毛，株高20～60cm，叶片长5～15cm，质较硬且粗糙，结实性好，种子的产量和质量都高	饲用	茎、叶	广
17	P152527055	锡林郭勒盟	太仆寺旗	扁穗冰草	野生资源	当地	多年生	有性	4月上旬	8月下旬	耐盐碱，抗旱，耐寒	适口性好，营养价值很好，是良等催肥饲料。根作蒙药用，能止血、利尿等	株高60～80cm，土壤肥沃、水肥条件好时可达100cm以上。根系发达，须根密生，具沙套，有时有短根茎。茎秆直立，2～3节，基部节呈膝曲状，上被短柔毛	饲用	种子（果实）、茎、叶	广
18	P152528053	锡林郭勒盟	镶黄旗	扁穗冰草	野生资源	当地	多年生	有性	4月上旬	8月下旬	优质，抗旱，耐寒，耐盐碱	适口性好，营养价值很好，是良等催肥饲料。根作蒙药用，能止血、利尿等	株高60～80cm，土壤肥沃、水肥条件好时可达100cm以上。根系发达，须根密生，具沙套，有时有短根茎。茎秆直立，2～3节，基部节呈膝曲状，上被短柔毛	饲用，其他	茎、叶、花	广

（续表）

序号	样品编号	盟（市）	旗（县、市、区）	种质名称	种质类型	种质来源	生长习性	繁殖习性	播种期	收获期	主要特性	其他特性	主要特性详细描述	种质用途	利用部位	种质分布
19	P152528017	锡林郭勒盟	镶黄旗	冰草	野生资源	当地	多年生	有性	4月上旬	8月下旬	优质	根作蒙药用，能止血、利尿等	优良牧草，青鲜时马和羊最喜食，牛与骆驼亦喜食，营养价值很好，是中等催肥饲料。由于品质好，营养丰富，适口性好，各种家畜均喜食；又因返青早，能较早地为放牧家畜提供青饲料	饲用、保健药用	根、茎、叶	广
20	P152528040	锡林郭勒盟	镶黄旗	沙生冰草	野生资源	当地	多年生	有性	4月上旬	8月下旬	优质	为各种家畜喜食，发达的根系使沙生冰草成为防风固沙、保持水土的兼用植物。根作蒙药用	秆疏丛状，直立，光滑或紧接花序下被柔毛，株高20～70cm。叶片长5～10cm，宽1～3mm，多内卷成锥状	饲用、保健药用	根、茎、叶	广
21	P152531049	锡林郭勒盟	多伦县	扁穗冰草	野生资源	当地	多年生	有性	4月上旬	8月下旬	优质		株高60～80cm，根系发达，须根密生，具沙套。茎秆直立，2～3节，基部节呈膝曲状，上被短柔毛。叶披针形，长7～15cm，宽0.4～0.7cm，叶背光滑，叶面密生茸毛；叶稍短于节间，紧包茎；叶舌不明显。穗状花序，长5～7cm，呈矩形或两端微窄，有小穗30～50个；小穗无柄，紧密排列于穗轴两侧，呈篦齿状，颖不对称，外颖长5～7mm，尖端芒状，长3～4mm。外稃有毛，顶端具短芒	饲用	茎、叶	广

（续表）

序号	样品编号	盟（市）	旗（县、市、区）	种质名称	种质类型	种质来源	生长习性	繁殖习性	播种期	收获期	主要特性	其他特性	主要特性详细描述	种质用途	利用部位	种质分布
22	P152531040	锡林郭勒盟	多伦县	根茎冰草	野生资源	当地	多年生	有性	4月上旬	8月下旬	优质	价值较高的优良牧草	株高20～80cm；秆单生，直立或基部膝曲；叶片扁平或内卷；穗状花序矩圆形或矩圆状披针形；穗轴节间长约1mm；小穗近于篦齿状排列，含5～9朵小花；颖和外稃均为舟形，被长毛，先端具长2～3mm的芒尖或短芒	饲用	茎、叶	窄
23	P152531001	锡林郭勒盟	多伦县	多伦扁穗冰草	野生资源	当地	多年生	有性	4月上旬	8月下旬	抗旱，耐寒	为优良牧草，青鲜时马和羊最喜食，牛与骆驼亦喜食，营养价值很好，是中等催肥饲料。由于品质好，营养丰富，适口性好，各种家畜均喜食；又因返青早，能较早地为放牧家畜提供青饲料		饲用	茎、叶	窄

（续表）

序号	样品编号	盟（市）	旗（县、市、区）	种质名称	种质类型	种质来源	生长习性	繁殖习性	播种期	收获期	主要特性	其他特性	主要特性详细描述	种质用途	利用部位	种质分布
24	P152525059	锡林郭勒盟	东乌珠穆沁旗	冰草	野生资源	当地	多年生	有性	4月上旬	8月下旬	优质	优良牧草，青鲜时马和羊最喜食，牛与骆驼亦喜食，营养价值很好，是中等催肥饲料	秆疏丛状，上部紧接花序部分被短柔毛或无毛，株高20～60cm，有时分蘖横走或下伸生长达10cm的根茎。叶片长5～15cm，宽2～5mm，质较硬且粗糙，常内卷，上面叶脉强烈隆起成纵沟，脉上密被微小短硬毛	饲用	茎、叶	广
25	P152530035	锡林郭勒盟	正蓝旗	沙生冰草	野生资源	当地	多年生	有性	4月上旬	8月下旬	耐盐碱，抗旱，耐寒	为各种家畜喜食，发达的根系使沙生冰草成为防风固沙、保持水土的兼用植物，根作蒙药用	秆疏丛状，直立，光滑或紧接花序下被柔毛，株高20～70cm。叶片长5～10cm，宽1～3mm，多内卷成锥状	饲用、保健药用	根、茎、叶	广
26	P152530013	锡林郭勒盟	正蓝旗	冰草	野生资源	当地	多年生	有性	4月上旬	8月下旬	优质	优良牧草，青鲜时马和羊最喜食，牛与骆驼亦喜食，营养价值很好，是中等催肥饲料		饲用	茎、叶	广

（续表）

序号	样品编号	盟（市）	旗(县、市、区)	种质名称	种质类型	种质来源	生长习性	繁殖习性	播种期	收获期	主要特性	其他特性	主要特性详细描述	种质用途	利用部位	种质分布
27	P152530053	锡林郭勒盟	正蓝旗	扁穗冰草	野生资源	当地	多年生	有性	4月上旬	8月上旬	优质	根作蒙药用，能止血、利尿等	株高60～80cm，土壤肥沃、水肥条件好时可达100cm以上。根系发达，须根密生，具沙套，有时有短根茎。茎秆直立，2～3节，基部节呈膝曲状，上被短柔毛。为优良牧草，青鲜时马和羊最喜食，牛与骆驼亦喜食，营养价值很好，是中等催肥饲料。由于品质好，营养丰富，适口性好，各种家畜均喜食；又因返青早，能较早地为放牧家畜提供青饲料	饲用	茎、叶	广
28	P152524039	锡林郭勒盟	苏尼特右旗	扁穗冰草	野生资源	当地	多年生	有性	4月上旬	8月下旬	广适	适口性好，营养价值很好，是良等催肥饲料。根作蒙药用，能止血、利尿等	株高60～80cm，土壤肥沃、水肥条件好时可达100cm以上。根系发达，须根密生，具沙套，有时有短根茎。茎秆直立，2～3节，基部节呈膝曲状，上被短柔毛	饲用	茎、叶	广
29	P152524011	锡林郭勒盟	苏尼特右旗	沙生冰草	野生资源	当地	多年生	有性	4月上旬	8月下旬	广适	为各种家畜喜食，发达的根系使沙生冰草成为防风固沙、保持水土的兼用植物。根作蒙药用	植株疏丛生，根外具沙套，叶鞘无毛，叶片多内卷成锥形	饲用、保健药用	根、茎、叶	广

（续表）

序号	样品编号	盟（市）	旗（县、市、区）	种质名称	种质类型	种质来源	生长习性	繁殖习性	播种期	收获期	主要特性	其他特性	主要特性详细描述	种质用途	利用部位	种质分布
30	P150929016	乌兰察布市	四子王旗	冰草	野生资源	当地	多年生	有性	4月上旬	8月下旬	耐寒		株高40～50cm，叶片长5～15cm，宽2～5mm，质较硬且粗糙，常内卷，上面叶脉强烈隆起成纵沟，脉上密被微小短硬毛	饲用	种子（果实）、茎、叶、花	窄
31	P150925055	乌兰察布市	凉城县	蒙古冰草	野生资源	当地	多年生	兼性	4月上旬	8月下旬	抗旱，耐贫瘠		具根状茎，秆直立，株高20～50cm，有时基部横卧而节上生根呈匍茎状，具2～3节。叶鞘短于节间，叶舌长0.5mm；叶片长10～15cm，宽2～3mm，无毛，边常内卷成针状。穗状花序长3～9cm，宽5～7mm，穗轴节间长3～5mm；小穗向上斜开，长8～14mm；含3～8朵小花；小穗轴节间长0.5～1mm；第一颖长3～6mm，第二颖长4～7mm（连同短尖头）；外稃无毛或具微毛，基盘钝圆，第一外稃长6～7mm。颖果椭圆形，长4mm	饲用	茎	广
32	P152630010	乌兰察布市	察哈尔右翼前旗	冰草	野生资源	当地	多年生	有性	4月上旬	8月中旬	抗旱，耐寒，耐涝，耐贫瘠，耐热		抗逆性强，易出苗，易保苗	饲用	茎、叶	广
33	P150624044	鄂尔多斯市	鄂托克旗	冰草	野生资源	当地	多年生	有性	3月上旬	7月中旬	高产，优质，抗旱，耐贫瘠		重要的小麦近缘种，具有较好的抗旱性，重要的牧草作物	饲用	种子（果实）、茎、叶	窄

（续表）

序号	样品编号	盟（市）	旗（县、市、区）	种质名称	种质类型	种质来源	生长习性	繁殖习性	播种期	收获期	主要特性	其他特性	主要特性详细描述	种质用途	利用部位	种质分布
34	P150624042	鄂尔多斯市	鄂托克旗	西伯利亚冰草	野生资源	当地	多年生	有性	3月上旬	7月中旬	抗旱，耐贫瘠		野生分布，具有抗旱、高产、优质的特征，是重要的牧草植物	饲用	种子（果实）、茎、叶	窄
35	P150623040	鄂尔多斯市	鄂托克前旗	冰草	野生资源	当地	多年生	有性	3月上旬	7月中旬	优质，抗旱，耐贫瘠		重要的小麦近缘种，具有较好的抗旱性，重要的牧草作物	饲用	种子（果实）、茎、叶	窄
36	P150623042	鄂尔多斯市	鄂托克前旗	冰草	野生资源	当地	多年生	有性	3月上旬	7月中旬	优质，抗旱，耐贫瘠		重要的小麦近缘种，具有较好的抗旱性，重要的牧草作物	饲用	种子（果实）、茎、叶	窄
37	P150623043	鄂尔多斯市	鄂托克前旗	西伯利亚冰草	野生资源	当地	多年生	有性	3月上旬	7月中旬	优质，抗旱，耐贫瘠		重要的小麦近缘种，具有较好的抗旱性，种子产量较高，重要的牧草作物	饲用	种子（果实）、茎、叶	窄
38	P150623046	鄂尔多斯市	鄂托克前旗	毛稃西伯利亚冰草	野生资源	当地	多年生	有性	3月上旬	7月中旬	优质，抗旱，耐贫瘠		优质牧草，小麦重要的近缘种，极具抗旱性	饲用	种子（果实）、茎、叶	窄
39	P150626009	鄂尔多斯市	乌审旗	蒙古冰草	野生资源	当地	多年生	有性	4月上旬	7月中旬	耐盐碱，抗旱，耐贫瘠，耐热		生于干燥草原、沙地，为良好的牧草，各种家畜均喜食	饲用	茎、叶	广
40	P150626011	鄂尔多斯市	乌审旗	西伯利亚冰草	野生资源	当地	多年生	有性	4月上旬	7月中旬	耐盐碱，抗旱，耐寒		生长于草原，为沙土地典型植物	饲用	茎、叶	广

（续表）

序号	样品编号	盟（市）	旗（县、市、区）	种质名称	种质类型	种质来源	生长习性	繁殖习性	播种期	收获期	主要特性	其他特性	主要特性详细描述	种质用途	利用部位	种质分布
41	P150627051	鄂尔多斯市	伊金霍洛旗	西伯利亚冰草	野生资源	当地	多年生	有性	3月下旬	7月中旬	高产，优质，抗旱，耐贫瘠		伊金霍洛旗野生分布，具有抗旱、高产、优质的特征，是重要的牧草植物	饲用	种子（果实）、茎、叶	窄
42	P150825044	巴彦淖尔市	乌拉特后旗	冰草	野生资源	当地	多年生	有性	6月中旬	10月下旬	抗旱		优良牧草，青鲜时马和羊最喜食，牛与骆驼亦喜食，营养价值很好，是中等催肥饲料	饲用	茎、叶，其他	广
43	P150825050	巴彦淖尔市	乌拉特后旗	沙生冰草	野生资源	当地	多年生	有性	5月中旬	8月下旬	优质		鲜草草质柔软，为各种家畜喜食，尤以马、牛更喜食。据测定，沙生冰草在反刍动物中，有机物质消化率较高。沙生冰草属典型的草原型广幅旱生植物，具有极强的抗旱、抗寒和固沙能力，这是因为它具有发达的根系，而且根系外有沙套保护，叶片窄小且内卷，干旱时气孔闭合。干旱严重时虽然生长停滞，但叶片仍能保持绿色，一遇雨水即可迅速恢复生长。它也是中国栽培植物中最耐干旱的禾本科牧草之一。沙生冰草是防风固沙、保持水土等兼用植物	饲用，其他	种子（果实）	广
44	P150781047	呼伦贝尔市	满洲里市	沙生冰草	野生资源	当地	多年生	有性	4月上旬	8月下旬	高产，抗旱，广适，耐寒			饲用	种子（果实）、叶	广
45	P150781046	呼伦贝尔市	满洲里市	冰草	野生资源	当地	多年生	有性	4月上旬	8月下旬	高产，抗旱，广适，耐寒			饲用	种子（果实）、叶	广

（续表）

序号	样品编号	盟（市）	旗（县、市、区）	种质名称	种质类型	种质来源	生长习性	繁殖习性	播种期	收获期	主要特性	其他特性	主要特性详细描述	种质用途	利用部位	种质分布
46	P150727025	呼伦贝尔市	新巴尔虎右旗	冰草	地方品种	当地	多年生	有性	5月中旬	7月下旬	抗病，抗旱，广适	生于干旱草场	须根稠密，秆疏生或密丛，直立，株高30～75cm。叶鞘紧密裹茎，叶舌膜质，顶端截平而微有细齿；叶片线形，粗糙被蜡质，边缘常内卷，长4～18cm，宽3～5cm。穗状花序紧密而粗壮，矩圆形，长4～7cm，宽8～15mm，穗轴生短毛，节间短，长0.5～1mm；小穗紧密排列成两行，含5～7朵小花；颖舟形，第一颖长2～4mm，第二颖长4～4.5mm，外稃舟形，边缘狭膜质，被短刺毛，第一外稃长4.5～6mm，顶芒长2～4mm。内稃与外稃略等长，先端尖且2裂，被具短小刺毛。花果期6—8月	饲用	茎、叶	广
47	P150726065	呼伦贝尔市	新巴尔虎左旗	多花冰草	野生资源	当地	多年生	有性	5月中旬	7月下旬	高产，优质，抗病，抗旱		须根稠密，秆疏生或密丛，直立，株高30～75cm。叶鞘紧密裹茎，叶舌膜质；叶片线形，粗糙被蜡质，边缘常内卷，长4～18cm，宽3～5cm。穗状花序紧密而粗壮，矩圆形，长4～7cm，宽10～15mm，节间短，长0.5～1mm；有17～22个小穗；小穗紧密排列成两行，含7～15朵小花；颖舟形，外稃舟形，边缘狭膜质，被短刺毛，第一外稃长4.5～6mm，顶芒长2～4mm。花果期6—8月	饲用	茎、叶	广

（续表）

序号	样品编号	盟（市）	旗（县、市、区）	种质名称	种质类型	种质来源	生长习性	繁殖习性	播种期	收获期	主要特性	其他特性	主要特性详细描述	种质用途	利用部位	种质分布
48	P150725061	呼伦贝尔市	陈巴尔虎旗	根茎冰草	野生资源	当地	多年生	有性	5月中旬	7月下旬	高产，优质，抗病，抗旱	优等饲用植物	具多分枝的根茎，秆丛生，直立，平滑无毛，株高40～70cm。叶片线形，扁平，边缘常内卷，先端呈尖刺状，长3～9cm，宽2～4cm。穗状花序宽扁，矩圆形，长4～7cm，宽9～14mm；小穗灰绿色，紧密而呈覆瓦状排列，长3～5.5mm，含5～7朵小花；颖背部脊上被长毛，先端具长2～3mm的芒尖，第一颖长2.5～3.5mm，第二颖长3～4mm；外稃披针形，先端芒长2mm左右，第一外稃长5～7mm；内外稃等长。花果期7—8月	饲用	种子（果实）、茎、叶	窄

10. 锦鸡儿种质资源目录

锦鸡儿（*Caragana sinica*）是豆科（Fabaceae）锦鸡儿属（*Caragana*）植物，灌木。枝叶秀丽，花色鲜艳，在园林绿化中可孤植、丛植于路旁、坡地或假山岩石旁，也可用来制作盆景。共计收集到种质资源26份，分布在6个盟（市）的15个旗（县、市、区）（表4-10）。

表4-10　锦鸡儿种质资源目录

序号	样品编号	盟（市）	旗(县、市、区)	种质名称	种质类型	种质来源	生长习性	繁殖习性	播种期	收获期	主要特性	其他特性	主要特性详细描述	种质用途	利用部位	种质分布
1	P150206026	包头市	白云区	白云柠条	地方品种	当地	多年生	有性	5月下旬	8月上旬	优质，抗病，广适		落叶灌木，有时为小乔木，有刺或无刺；偶数羽状复叶；总轴顶常有一刺或刺毛；花单生，很少为2～3朵组成小伞形花序，着生于老枝的节上或腋生于幼枝的基部；萼背部稍偏肿，裂齿近相等或上面2枚较小；花冠黄色，稀白带红色，旗瓣卵形或近圆形，直展，边微卷，基部渐狭为长柄，翼瓣斜长圆形，龙骨瓣直，钝头	饲用	茎、叶	广
2	P150223014	包头市	达尔罕茂明安联合旗	小叶锦鸡儿	野生资源	当地	多年生	有性	5月上旬	8月下旬	高产，优质，抗病，抗虫，耐盐碱，抗旱，广适，耐寒，耐贫瘠		株高40～70cm，分布于干草原和荒漠草原地区，或田间、地埂。良好饲用植物，绵羊、山羊采食其嫩枝，春天喜食其花，马和牛不乐意采食，是阴山北麓退耕还草水土保持的优良植物	饲用	种子(果实)、茎、叶、花	广
3	P150581053	通辽市	霍林郭勒市	锦鸡儿	野生资源	当地	多年生	兼性	5月上旬	9月下旬	优质，抗旱，耐寒，耐贫瘠		野生资源，嫩叶、枝条是优质牧草	饲用	茎、叶	窄
4	P152522016	锡林郭勒盟	阿巴嘎旗	狭叶锦鸡儿	野生资源	当地	多年生	有性	4月上旬	8月下旬	抗旱，耐寒，耐贫瘠		良好的固沙和水土保持植物	饲用，其他	茎、叶	窄

（续表）

序号	样品编号	盟（市）	旗（县、市、区）	种质名称	种质类型	种质来源	生长习性	繁殖习性	播种期	收获期	主要特性	其他特性	主要特性详细描述	种质用途	利用部位	种质分布
5	P152522029	锡林郭勒盟	阿巴嘎旗	柠条锦鸡儿	野生资源	当地	多年生	有性	4月上旬	8月下旬	抗旱	全草入药，有滋阴补血，活血的功效；抗炎作用	抗旱能力强，喜生沙地或半固定沙丘上	饲用、保健药用	根、茎、叶	广
6	P152502035	锡林郭勒盟	锡林浩特市	小叶锦鸡儿	野生资源	当地	多年生	有性	4月上旬	8月下旬	抗旱	该植物有防风、固沙作用，同时有抗炎、镇痛、抑菌的作用	株高40～100cm；老枝灰黄色；偶数羽状复叶，托叶针刺状，小叶倒卵形或近圆形，近革质，绿色；花单生；蝶形花冠黄色；荚果深红褐色，顶端斜长渐尖。花期5—6月	饲用	茎、叶	广
7	P152502048	锡林郭勒盟	锡林浩特市	柠条锦鸡儿	野生资源	当地	多年生	有性	4月上旬	8月下旬	广适	春末夏初，连叶带花都是牲畜的好饲料	株高1～4m；老枝金黄色，有光泽；嫩枝被白色柔毛	饲用	茎、叶	广
8	P152523020	锡林郭勒盟	苏尼特左旗	大白柠条	野生资源	当地	多年生	有性	4月上旬	8月下旬	抗旱，耐贫瘠		枝叶可作绿肥和饲料。茎皮可制“毛条麻”，供搓绳、织麻袋等用。起防风、固沙作用，防止草地沙漠化	饲用	茎、叶	广

（续表）

序号	样品编号	盟（市）	旗（县、市、区）	种质名称	种质类型	种质来源	生长习性	繁殖习性	播种期	收获期	主要特性	其他特性	主要特性详细描述	种质用途	利用部位	种质分布
9	P152523032	锡林郭勒盟	苏尼特左旗	小叶锦鸡儿	野生资源	当地	多年生	有性	4月上旬	8月下旬	抗旱	有防风、固沙作用，同时有抗炎、镇痛、抑菌的作用	株高0～100cm；老枝灰黄色；偶数羽状复叶，托叶针刺状，小叶倒卵形或近圆形，近革质，绿色；花单生；蝶形花冠黄色；荚果深红褐色，顶端斜长渐尖。花期5—6月	饲用	茎、叶	广
10	P152524002	锡林郭勒盟	苏尼特右旗	柠条锦鸡儿	野生资源	当地	多年生	有性	4月上旬	8月下旬	抗旱	春末夏初，连叶带花都是牲畜的好饲料，防风、固沙，保持水土	稀小乔木状灌木，老枝金黄色，有光泽；嫩枝被白色柔毛；羽状复叶，托叶在长枝者硬化成针刺，小叶披针形或狭长圆形，有刺尖，基部宽楔形	饲用	叶、花	广
11	P152524013	锡林郭勒盟	苏尼特右旗	中间锦鸡儿	野生资源	当地	多年生	有性	4月上旬	8月下旬		入药，花能降压，主治高血压	优良的水土保持树种。其中含粗蛋白质15%，粗脂肪2.62%，粗纤维11.89%，是一种优质的牲畜饲料	饲用、保健药用	根、茎、叶、花	窄
12	P152530052	锡林郭勒盟	正蓝旗	柠条锦鸡儿	野生资源	当地	多年生	有性	4月上旬	8月下旬	抗旱		春末夏初，连叶带花都是牲畜的好饲料，防风、固沙，保持水土	饲用	叶、花	广
13	P152531044	锡林郭勒盟	多伦县	柠条锦鸡儿	野生资源	当地	多年生	有性	4月上旬	8月下旬		春末夏初，连叶带花都是牲畜的好饲料	株高1～4m；老枝金黄色，有光泽；嫩枝被白色柔毛	饲用	茎、叶	窄

（续表）

序号	样品编号	盟（市）	旗（县、市、区）	种质名称	种质类型	种质来源	生长习性	繁殖习性	播种期	收获期	主要特性	其他特性	主要特性详细描述	种质用途	利用部位	种质分布
14	P152529028	锡林郭勒盟	正镶白旗	大白柠条	野生资源	当地	多年生	有性	4月上旬	8月下旬	抗旱		开花期鲜草干物质含粗蛋白质15.1%、粗脂肪2.6%、粗纤维39.7%，无氮浸出物37.2%，粗灰分5.4%。其中钙2.31%，磷0.32%。产草量高，但适口性较差。春季萌芽早，枝梢柔嫩，羊和骆驼喜食；春末夏初，连叶带花都是牲畜的好饲料；夏、秋季采食较少，初霜期后又喜食；冬季更是驼、羊的“救命草”；也是优良沤绿肥原料	饲用	茎、叶	广
15	P152529052	锡林郭勒盟	正镶白旗	柠条锦鸡儿	野生资源	当地	多年生	有性	4月上旬	8月下旬	抗旱	可作绿肥	喜生沙地或半固定沙丘上。株高1～4m；老枝金黄色，有光泽；嫩枝被白色柔毛	饲用，其他	根、茎、叶	广
16	P152529013	锡林郭勒盟	正镶白旗	小叶锦鸡儿	野生资源	当地	多年生	有性	4月上旬	8月下旬	抗旱		枝条可作绿肥，嫩枝叶可作饲草，是固沙和水土保持植物	饲用	茎、叶	广
17	P152501012	锡林郭勒盟	二连浩特市	大白柠条	野生资源	当地	多年生	有性	5月上旬	8月中旬	抗虫，耐盐碱，抗旱，耐寒，耐贫瘠，耐热			饲用	茎	广

（续表）

序号	样品编号	盟（市）	旗（县、市、区）	种质名称	种质类型	种质来源	生长习性	繁殖习性	播种期	收获期	主要特性	其他特性	主要特性详细描述	种质用途	利用部位	种质分布
18	P152501013	锡林郭勒盟	二连浩特市	小叶锦鸡儿	野生资源	当地	多年生	有性	4月上旬	8月中旬	耐盐碱，抗旱，耐寒，耐贫瘠，耐热			饲用	种子（果实）、茎	广
19	P152528018	锡林郭勒盟	镶黄旗	大白柠条	野生资源	当地	多年生	有性	4月上旬	8月下旬	抗旱，耐贫瘠		起防风、固沙作用，防止草地沙漠化；枝叶可作绿肥和饲料	饲用	茎、叶	广
20	P152528050	锡林郭勒盟	镶黄旗	小叶锦鸡儿	野生资源	当地	多年生	有性	4月上旬	8月下旬	抗旱	有防风、固沙作用，同时有抗炎、镇痛、抑菌的作用	株高40～100cm；老枝灰黄色；偶数羽状复叶，托叶针刺状，小叶倒卵形或近圆形，近革质，绿色；花单生；蝶形花冠黄色；荚果深红褐色，顶端斜长渐尖。花期5—6月	饲用	茎、叶	广
21	P152528010	锡林郭勒盟	镶黄旗	中间锦鸡儿	野生资源	当地	多年生	有性	4月上旬	8月下旬	优质，抗旱，耐寒	入药，花能降压，主治高血压	优良的水土保持树种。其中含粗蛋白质15%，粗脂肪2.62%，粗纤维11.89%，是一种优质的牲畜饲料	饲用、保健药用	根、茎、叶、花	窄
22	P150625001	鄂尔多斯市	杭锦旗	狭叶锦鸡儿	野生资源	当地	多年生	有性	3月下旬	7月中旬	抗旱，耐寒，耐贫瘠			饲用	种子（果实）、茎、叶	广
23	P150625012	鄂尔多斯市	杭锦旗	柠条锦鸡儿	野生资源	当地	多年生	有性	3月中旬	7月中旬	抗旱，耐寒			饲用	种子（果实）、茎、叶	广
24	P150625016	鄂尔多斯市	杭锦旗	中间锦鸡儿	野生资源	当地	多年生	有性	3月下旬	6月上旬	抗旱，耐寒，耐贫瘠			饲用	种子（果实）、茎、叶	广

（续表）

序号	样品编号	盟（市）	旗（县、市、区）	种质名称	种质类型	种质来源	生长习性	繁殖习性	播种期	收获期	主要特性	其他特性	主要特性详细描述	种质用途	利用部位	种质分布
25	P150303026	乌海市	海南区	柠条	地方品种	当地	多年生	有性	4月下旬	9月上旬	高产，优质，抗病，抗虫，耐盐碱，抗旱，广适，耐寒，耐贫瘠，耐热		适应性强，成活率高，耐旱，抗风沙，固沙，保水	饲用，其他	茎、花	广
26	P152922013	阿拉善盟	阿拉善右旗	柠条锦鸡儿	野生资源	当地	多年生	无性	4月上旬	8月下旬	抗病，抗虫，抗旱，耐寒，耐热		生于固定沙丘的优良牧草，具有很好的防风、固沙作用。灌木，株高1.5～2m。根系发达，一般入土深达5～6m，最深的可达9m左右，水平伸展可达20余米。树皮金黄色，有光泽，小枝灰黄色，具条棱，密被绢状柔毛。羽状复叶，具小叶12～16片，倒披针形或矩圆状倒披针形，两面密生绢毛。花单生，花萼钟状，花冠黄色，蝶形，子房疏被短柔毛	饲用、保健药用、加工原料	种子（果实）、根	窄

11. 胡枝子种质资源目录

胡枝子（*Lespedeza bicolor*）是豆科（Fabaceae）胡枝子属（*Lespedeza*）直立灌木，多分枝。胡枝子枝叶秀美，开花繁茂，适应性强，是良好的园林绿化与荒山绿化树种。共计收集到种质资源13份，分布在3个盟（市）的13个旗（县、市、区）（表4-11）。

表4-11 胡枝子种质资源目录

（续表）

序号	样品编号	盟（市）	旗（县、市、区）	种质名称	种质类型	种质来源	生长习性	繁殖习性	播种期	收获期	主要特性	其他特性	主要特性详细描述	种质用途	利用部位	种质分布
1	P150581021	通辽市	霍林郭勒市	胡枝子	野生资源	当地	多年生	兼性	5月中旬	9月下旬	优质，抗病，抗旱，耐寒，耐贫瘠		生长在海拔800～1 200m的山地草原中，为天然牧草。耐旱、耐瘠薄、耐酸性、耐盐碱、耐刈割。对土壤适应性强，耐寒性很强，在高寒区以主根茎之腋芽越冬	食用、饲用、保健药用	种子（果实）、茎、叶	窄
2	P150526002	通辽市	扎鲁特旗	大叶胡枝子	野生资源	当地	多年生	兼性	5月上旬	9月下旬	优质，抗病，抗旱，耐寒，耐贫瘠，其他		鲜嫩茎叶丰富，是马、牛、羊、猪等家畜的优质青饲料，带有花序或荚果的干茎秆是家畜冬春的好青贮饲料。枝叶茂盛和根系发达，可有效地保持水土，减少地表径流和改善土壤结构。胡枝子耐旱、耐瘠薄、耐酸性、耐盐碱、耐刈割。对土壤适应性强，耐寒性很强，在坝上高寒区以主根茎之腋芽越冬	食用、饲用、保健药用	种子（果实）、茎、叶	窄
3	P152502047	锡林郭勒盟	锡林浩特市	胡枝子	野生资源	当地	多年生	有性	4月上旬	8月下旬	优质	全草入药，能解表散寒，主治感冒发热，咳嗽	优等饲用植物，幼嫩枝条为各种家畜所乐食。草本状半灌木，株高20～50cm。茎单一或数个簇生，通常稍斜升	饲用、保健药用	种子（果实）、根、茎、叶、花	窄
4	P152529010	锡林郭勒盟	正镶白旗	胡枝子	野生资源	当地	多年生	有性	4月上旬	8月下旬		全草入药，能解表散寒，主治感冒发热，咳嗽	优等饲用植物，幼嫩枝条为各种家畜所乐食。草本状半灌木，株高20～50cm。茎单一或数个簇生，通常稍斜升	饲用、保健药用	种子（果实）、根、茎、叶、花	窄

（续表）

序号	样品编号	盟（市）	旗（县、市、区）	种质名称	种质类型	种质来源	生长习性	繁殖习性	播种期	收获期	主要特性	其他特性	主要特性详细描述	种质用途	利用部位	种质分布
5	P152522044	锡林郭勒盟	阿巴嘎旗	胡枝子	野生资源	当地	多年生	有性	4月上旬	8月下旬	耐盐碱，抗旱，耐贫瘠	全草入药，能解表散寒，主治感冒发热，咳嗽	优等饲用植物，幼嫩枝条为各种家畜所乐食。草本状半灌木，株高20～50cm。茎单一或数个簇生，通常稍斜升	饲用、保健药用	种子（果实）、根、茎、叶、花	窄
6	P152524042	锡林郭勒盟	苏尼特右旗	胡枝子	野生资源	当地	多年生	有性	4月上旬	8月下旬	优质，抗旱	全草入药，能解表散寒，主治感冒发热，咳嗽	优等饲用植物，幼嫩枝条为各种家畜所乐食。草本状半灌木，株高20～50cm。茎单一或数个簇生，通常稍斜升	饲用、保健药用	种子（果实）、根、茎、叶、花	窄
7	P152527039	锡林郭勒盟	太仆寺旗	胡枝子	野生资源	当地	多年生	有性	4月上旬	8月下旬	优质	全草入药，能解表散寒，主治感冒发热，咳嗽	优等饲用植物，幼嫩枝条为各种家畜所乐食。草本状半灌木，株高20～50cm。茎单一或数个簇生，通常稍斜升	饲用、保健药用	种子（果实）、根、茎、叶、花	窄
8	P152528014	锡林郭勒盟	镶黄旗	胡枝子	野生资源	当地	多年生	有性	4月上旬	8月下旬	优质	全草入药，能解表散寒，主治感冒发热，咳嗽	优等饲用植物，幼嫩枝条为各种家畜所乐食。草本状半灌木，株高20～50cm。茎单一或数个簇生，通常稍斜升	饲用、保健药用	种子（果实）、根、茎、叶、花	窄
9	P152530030	锡林郭勒盟	正蓝旗	胡枝子	野生资源	当地	多年生	有性	4月上旬	8月下旬	耐盐碱，抗旱，耐贫瘠	全草入药，能解表散寒，主治感冒发热，咳嗽	优等饲用植物，幼嫩枝条为各种家畜所乐食。草本状半灌木，株高20～50cm。茎单一或数个簇生，通常稍斜升	饲用、保健药用	种子（果实）、根、茎、叶、花	窄

（续表）

序号	样品编号	盟（市）	旗(县、市、区)	种质名称	种质类型	种质来源	生长习性	繁殖习性	播种期	收获期	主要特性	其他特性	主要特性详细描述	种质用途	利用部位	种质分布
10	P152523028	锡林郭勒盟	苏尼特左旗	胡枝子	野生资源	当地	多年生	有性	4月上旬	8月下旬	耐盐碱，抗旱，耐贫瘠	全草入药，主治感冒发热，咳嗽	优等饲用植物，根据在草场上观察，在开花前为各种家畜所喜食，尤其马、牛、羊、驴最喜食，花期亦喜食，其适口性最好的部分为花、叶及嫩枝梢，开花以后，茎枝木质化，质地粗硬，适口性则大大下降，故利用宜早	饲用、保健药用	种子（果实）、根、茎、叶	窄
11	P152531011	锡林郭勒盟	多伦县	达乌里胡枝子	野生资源	当地	多年生	有性	4月上旬	8月下旬	抗旱	全草入药，主治感冒发热，咳嗽	优等饲用植物，根据在草场上观察，在开花前为各种家畜所喜食，尤其马、牛、羊、驴最喜食，花期亦喜食，其适口性最好的部分为花、叶及嫩枝梢，开花以后，茎枝木质化，质地粗硬，适口性则大大下降，故利用宜早	饲用、保健药用	种子（果实）、茎、叶	窄
12	P150781035	呼伦贝尔	满洲里市	胡枝子	野生资源	当地	多年生	有性	4月上旬	8月下旬	高产，抗旱，广适，耐寒			饲用	种子（果实）、叶	广

（续表）

序号	样品编号	盟（市）	旗（县、市、区）	种质名称	种质类型	种质来源	生长习性	繁殖习性	播种期	收获期	主要特性	其他特性	主要特性详细描述	种质用途	利用部位	种质分布
13	P150723064	呼伦贝尔市	鄂伦春自治旗	胡枝子	野生资源	当地	多年生	有性	5月上旬	8月中旬	高产，优质，耐寒	优等饲用植物，枝条可编织特色农产品	直立灌木，株高80～150cm，老枝灰褐色，新枝黄褐色，有细棱。羽状三出复叶，互生；托叶2，条形，长3～4mm，褐色；顶生小叶较大，椭圆形，长2～5cm，宽1～2cm，先端钝圆，微凹，基部楔形具短炳。总状花序腋生，总花梗较长，长4～10cm，花梗长2～3mm；花萼环状，紫褐色，萼片卵状披针形；花冠紫色，旗瓣倒卵形，长10～12mm，顶端圆形，翼瓣矩圆形，长约10mm，顶端钝，龙骨瓣与旗瓣等长。子房条形，有毛。荚果卵形，两面微凹，长5～7mm，宽3～5mm，基部有柄，网脉明显，褐色，千粒重8g。花果期7—9月	饲用、加工原料	种子（果实）、茎、叶、花	广

12. 苋种质资源目录

苋（*Amaranthus tricolor*）是苋科（Amaranthaceae）苋属（*Amaranthus*）一年生草本植物。苋主治补气除热，通九窍。凉拌具有清热利湿、涩肠止泻的功效。适于有大肠湿热泄泻的人群食用。共计收集到种质资源1份，分布在1个盟（市）的1个旗（县、市、区）（表4-12）。

表4-12 苋种质资源目录

序号	样品编号	盟（市）	旗(县、市、区)	种质名称	种质类型	种质来源	生长习性	繁殖习性	播种期	收获期	主要特性	其他特性	主要特性详细描述	种质用途	利用部位	种质分布
1	P150522030	通辽市	科尔沁左翼后旗	籽粒苋	地方品种	当地	一年生	有性	5月上旬	9月中旬	高产，抗旱，广适，耐贫瘠		植株高大、茎直立粗壮具分枝，具有明显的沟棱，呈浅红色，叶互生，宽大而繁茂，有长叶柄	饲用	种子（果实）、茎、叶	广

13. 车前种质资源目录

车前（*Plantago asiatica*）是车前科（Plantaginaceae）车前属（*Plantago*）多年生草本植物。车前产内蒙古各地，有利尿、降压作用，还有镇咳作用。共计收集到种质资源9份，分布在4个盟（市）的9个旗（县、市、区）（表4-13）。

表4-13 车前种质资源目录

序号	样品编号	盟（市）	旗(县、市、区)	种质名称	种质类型	种质来源	生长习性	繁殖习性	播种期	收获期	主要特性	其他特性	主要特性详细描述	种质用途	利用部位	种质分布
1	P150581031	通辽市	霍林郭勒市	车前子	野生资源	当地	多年生	有性	5月下旬	9月下旬	高产，优质，抗旱，耐寒，耐贫瘠		野生牧草，生长在海拔800～1 200m的山地草原中，为天然优质牧草，抗旱、耐贫瘠能力极强	饲用，其他	种子（果实）、茎、叶	窄
2	P150624040	鄂尔多斯市	鄂托克旗	条叶车前	野生资源	当地	多年生	有性	3月上旬	7月中旬	高产，抗旱			饲用	种子（果实）、茎、叶	窄
3	P150923033	乌兰察布市	商都县	车前子	野生资源	当地	多年生	有性	4月下旬	9月上旬	耐盐碱，耐寒，耐贫瘠			食用、保健药用、加工原料	茎、叶	广

（续表）

序号	样品编号	盟（市）	旗（县、市、区）	种质名称	种质类型	种质来源	生长习性	繁殖习性	播种期	收获期	主要特性	其他特性	主要特性详细描述	种质用途	利用部位	种质分布
4	P152531030	锡林郭勒盟	多伦县	车前	野生资源	当地	多年生	有性	4月上旬	9月下旬	广适	全草可药用，具有利尿、清热、明目、祛痰的功效	具须根；叶基生，直立、斜升或平铺，椭圆形、宽椭圆形或卵状椭圆形；花葶少数，直立或斜升，被疏短柔毛；穗状花序圆柱形，具多花，上部较密集	食用、饲用、保健药用	茎、叶	广
5	P152530041	锡林郭勒盟	正蓝旗	车前子	野生资源	当地	多年生	有性	4月上旬	9月下旬	抗病	全草可药用，具有利尿、清热、明目、祛痰的功效	具须根；叶基生，直立、斜升或平铺，椭圆形、宽椭圆形或卵状椭圆形；花葶少数，直立或斜升，被疏短柔毛；穗状花序圆柱形，具多花，上部较密集	饲用、保健药用	根、茎、叶	广
6	P152523005	锡林郭勒盟	苏尼特左旗	条叶车前	野生资源	当地	多年生	有性	4月上旬	9月下旬	广适		株高4～19cm，全株密被长柔毛，具细长黑褐色的根。叶全部基生，平铺地面，条形、狭条形或宽条形。花葶少数至多数，斜升或直立	饲用	茎、叶	广
7	P152526021	锡林郭勒盟	西乌珠穆沁旗	车前子	野生资源	当地	多年生	有性	4月上旬	9月下旬	抗旱，耐寒	全草可药用，具有利尿、清热、明目、祛痰的功效	具须根；叶基生，直立、斜升或平铺，椭圆形、宽椭圆形或卵状椭圆形；花葶少数，直立或斜升，被疏短柔毛；穗状花序圆柱形，具多花，上部较密集	饲用、保健药用	根、茎、叶	窄
8	P152529029	锡林郭勒盟	正镶白旗	车前子	野生资源	当地	多年生	有性	4月上旬	9月下旬	抗旱，耐寒	全草可药用，具有利尿、清热、明目、祛痰的功效	具须根；叶基生，直立、斜升或平铺，椭圆形、宽椭圆形或卵状椭圆形；花葶少数，直立或斜升，被疏短柔毛；穗状花序圆柱形，具多花，上部较密集	饲用、保健药用	根、茎、叶	广

（续表）

序号	样品编号	盟（市）	旗（县、市、区）	种质名称	种质类型	种质来源	生长习性	繁殖习性	播种期	收获期	主要特性	其他特性	主要特性详细描述	种质用途	利用部位	种质分布
9	P152527011	锡林郭勒盟	太仆寺旗	车前子	野生资源	当地	多年生	有性	4月上旬	9月下旬	广适	全草可药用，具有利尿、清热、明目、祛痰的功效	具须根；叶基生，直立、斜升或平铺，椭圆形、宽椭圆形或卵状椭圆形；花葶少数，直立或斜升，被疏短柔毛；穗状花序圆柱形，具多花，上部较密集	饲用、保健药用	茎、叶	广

14. 雀麦种质资源目录

雀麦（*Bromus japonicus*）是禾本科（Gramineae）雀麦属（*Bromus*）一年生草本植物。雀麦的全草药用，性味甘，平，无毒，有止汗、催产之功效。主治汗出不止、难产。共计收集到种质资源8份，分布在4个盟（市）的8个旗（县、市、区）（表4-14）。

表4-14　雀麦种质资源目录

序号	样品编号	盟（市）	旗（县、市、区）	种质名称	种质类型	种质来源	生长习性	繁殖习性	播种期	收获期	主要特性	其他特性	主要特性详细描述	种质用途	利用部位	种质分布
1	P150125047	呼和浩特市	武川县	无芒麦	地方品种	当地	一年生	有性	4月中旬	8月中旬	高产，优质，抗旱，耐寒，耐贫瘠		优良的牧草，营养价值高，适口性好，耐寒旱，耐放牧，环保固沙	饲用	种子（果实）、茎、叶	广
2	P150581037	通辽市	霍林郭勒市	无芒雀麦	野生资源	当地	一年生	有性	5月中旬	9月中旬	高产，优质，抗旱，耐寒，耐贫瘠		野生优质牧草。秸秆柔软，牲畜喜食	饲用	茎、叶	广
3	P152531012	锡林郭勒盟	多伦县	沙地雀麦	野生资源	当地	一年生	无性	4月上旬	9月下旬	抗旱		根状茎横走，繁殖力强，为沙地草场改良的先锋植物，也是培育耐旱、抗风沙、固定沙丘的良好材料，供饲用，产量大、耐牧	饲用	茎	窄

（续表）

序号	样品编号	盟（市）	旗（县、市、区）	种质名称	种质类型	种质来源	生长习性	繁殖习性	播种期	收获期	主要特性	其他特性	主要特性详细描述	种质用途	利用部位	种质分布
4	P152501025	锡林郭勒盟	二连浩特市	无芒雀麦	野生资源	当地	一年生	有性	5月上旬	8月中旬	抗虫，耐盐碱，抗旱，耐寒，耐贫瘠，耐热			饲用	种子（果实）、茎	广
5	P152502002	锡林郭勒盟	锡林浩特市	无芒雀麦	野生资源	当地	一年生	有性	4月上旬	9月下旬	优质，耐寒		优良牧草，营养价值高，适口性好，耐放牧，是建立人工草场和环保固沙的主要草种	饲用	种子（果实）、茎、叶	窄
6	P152528009	锡林郭勒盟	镶黄旗	无芒雀麦	野生资源	当地	一年生	有性	4月上旬	9月下旬	耐寒		优良牧草，营养价值高，适口性好，耐放牧，是建立人工草场和环保固沙的主要草种	饲用	茎、叶	窄
7	P150724029	呼伦贝尔市	鄂温克族自治旗	无芒雀麦	地方品种	当地	一年生	兼性	5月中旬	7月下旬	高产，优质，抗病，广适，耐寒	生于草甸、林缘、山间谷地、河边及路旁	具短横走根状茎。秆直立，株高50～100cm，叶片扁平，长5～25cm，宽5～10mm，无毛。圆锥花序展开，长10～20cm，每节具2～5个分枝，分枝细长，微粗糙，着生2～5个小穗，小穗长15～30mm，含7～10朵小花。颖披针形，先端渐尖，第一颖长5～7mm，具1脉，第二颖长6～9mm，具3脉。外稃宽披针形，具5～7脉，通常无芒或稀具1～2mm短芒，第一外稃长8～11mm。内稃稍短于外稃，膜质，脊具纤毛。花果期7—8月	饲用	茎、叶	广

（续表）

序号	样品编号	盟（市）	旗（县、市、区）	种质名称	种质类型	种质来源	生长习性	繁殖习性	播种期	收获期	主要特性	其他特性	主要特性详细描述	种质用途	利用部位	种质分布
8	P150782060	呼伦贝尔市	牙克石市	缘毛雀麦	野生资源	当地	一年生	有性	5月上旬	7月下旬	抗旱，耐寒	良等饲用植物	具地下根茎。茎秆直立或基部斜升，株高60～120cm。叶片扁平，长10～20cm，宽5～10mm，稀被疏柔毛。圆锥花序，长10～20cm，于花期展开，每节着生1～4个分枝，分枝常弯曲，较长，长达12cm，着生1～3个小穗，小穗长15～25mm，含3～7朵小花；颖披针形，无毛，第一颖长5～7mm，具1脉，第二颖长8～10mm，具3脉；外稃披针形，长9～12mm，具5～7脉；内稃膜质，长9～12mm；花果期7—8月	饲用	种子（果实）、茎、叶	窄

15. 早熟禾种质资源目录

早熟禾（*Poa annua*）是禾本科（Gramineae）早熟禾属（*Poa*）一年生或冬性禾草。早熟禾具有清热解毒、利湿消肿、止咳、降血糖等功效，可用于治疗湿疹、跌打损伤、咳嗽等。共计收集到种质资源23份，分布在4个盟（市）的19个旗（县、市、区）（表4-15）。

表4-15 早熟禾种质资源目录

序号	样品编号	盟（市）	旗(县、市、区)	种质名称	种质类型	种质来源	生长习性	繁殖习性	播种期	收获期	主要特性	其他特性	主要特性详细描述	种质用途	利用部位	种质分布
1	P150581040	通辽市	霍林郭勒市	早熟禾	野生资源	当地	一年生	有性	5月中旬	9月中旬	高产，优质，抗旱，耐寒，耐贫瘠		野生优质牧草。生长在海拔800～1 200m的霍林河山地上，生长于夏季短促凉爽的环境中。秆直立或倾斜，质软，株高可达30cm，平滑无毛。叶鞘稍压扁，叶片扁平或对折，质地柔软，常有横脉纹，顶端急尖呈船形，边缘微粗糙。圆锥花序宽卵形，小穗卵形，含小花，绿色；颖质薄，外稃卵圆形，顶端与边缘宽膜质，花药黄色，颖果纺锤形	饲用	茎、叶	广
2	P152524041	锡林郭勒盟	苏尼特右旗	早熟禾	野生资源	当地	一年生	有性	4月上旬	9月下旬	耐贫瘠		株高20～60cm；秆密丛生，直立，近花序处稍粗糙；叶片扁平；圆锥花序紧缩；小穗含3～6朵小花；颖披针形；外稃披针形，脊下部2/3及边脉下部1/2被柔毛，基盘被适量绵毛。花期6月	饲用	茎	窄
3	P152528048	锡林郭勒盟	镶黄旗	早熟禾	野生资源	当地	一年生	有性	4月上旬	9月下旬	耐贫瘠		株高20～60cm；秆密丛生，直立，近花序处稍粗糙；叶片扁平；圆锥花序紧缩；小穗含3～6小花；颖披针形；外稃披针形，脊下部2/3及边脉下部1/2被柔毛，基盘被适量绵毛。花期6月	饲用	茎、叶	窄
4	P152525071	锡林郭勒盟	东乌珠穆沁旗	早熟禾	野生资源	当地	一年生	有性	4月上旬	9月下旬	耐贫瘠		株高20～60cm；秆密丛生，直立，近花序处稍粗糙；叶片扁平；圆锥花序紧缩；小穗含3～6朵小花；颖披针形；外稃披针形，脊下部2/3及边脉下部1/2被柔毛，基盘被适量绵毛。花期6月	饲用	茎、叶	窄

（续表）

序号	样品编号	盟（市）	旗（县、市、区）	种质名称	种质类型	种质来源	生长习性	繁殖习性	播种期	收获期	主要特性	其他特性	主要特性详细描述	种质用途	利用部位	种质分布
5	P152531023	锡林郭勒盟	多伦县	早熟禾	野生资源	当地	一年生	有性	4月上旬	9月下旬	耐贫瘠		株高20～60cm；秆密丛生，直立，近花序处稍粗糙；叶片扁平；圆锥花序紧缩；小穗含3～6朵小花；颖披针形；外稃披针形，脊下部2/3及边脉下部1/2被柔毛，基盘被适量绵毛。花期6月	饲用	茎、叶	窄
6	P152529047	锡林郭勒盟	正镶白旗	早熟禾	野生资源	当地	一年生	有性	4月上旬	9月下旬	耐贫瘠		株高20～60cm；秆密丛生，直立，近花序处稍粗糙；叶片扁平；圆锥花序紧缩；小穗含3～6朵小花；颖披针形；外稃披针形，脊下部2/3及边脉下部1/2被柔毛，基盘被适量绵毛。花期6月	饲用	茎、叶	窄
7	P152527057	锡林郭勒盟	太仆寺旗	早熟禾	野生资源	当地	一年生	有性	4月上旬	9月下旬	抗病		株高20～60cm；秆密丛生，直立，近花序处稍粗糙；叶片扁平；圆锥花序紧缩；小穗含3～6朵小花；颖披针形；外稃披针形，脊下部2/3及边脉下部1/2被柔毛，基盘被适量绵毛。花期6月	饲用	根、茎、叶	窄
8	P152502042	锡林郭勒盟	锡林浩特市	早熟禾	野生资源	当地	一年生	有性	4月上旬	9月下旬	抗病		株高20～60cm；秆密丛生，直立，近花序处稍粗糙；叶片扁平；圆锥花序紧缩；小穗含3～6朵小花；颖披针形；外稃披针形，脊下部2/3及边脉下部1/2被柔毛，基盘被适量绵毛。花期6月	饲用	茎、叶	窄
9	P152501023	锡林郭勒盟	二连浩特市	早熟禾	野生资源	当地	一年生	有性	5月上旬	8月中旬	抗虫，耐盐碱，抗旱，耐寒，耐贫瘠，耐热			饲用	种子（果实）、茎	广

（续表）

序号	样品编号	盟（市）	旗（县、市、区）	种质名称	种质类型	种质来源	生长习性	繁殖习性	播种期	收获期	主要特性	其他特性	主要特性详细描述	种质用途	利用部位	种质分布
10	P152526059	锡林郭勒盟	西乌珠穆沁旗	早熟禾	野生资源	当地	一年生	有性	4月上旬	9月下旬	抗病		株高20～60cm；秆密丛生，直立，近花序处稍粗糙；叶片扁平；圆锥花序紧缩；小穗含3～6朵小花；颖披针形；外稃披针形，脊下部2/3及边脉下部1/2被柔毛，基盘被适量绵毛。花期6月	饲用	茎、叶	窄
11	P152523042	锡林郭勒盟	苏尼特左旗	早熟禾	野生资源	当地	一年生	有性	4月上旬	9月下旬	抗病		株高20～60cm；秆密丛生，直立，近花序处稍粗糙；叶片扁平；圆锥花序紧缩；小穗含3～6朵小花；颖披针形；外稃披针形，脊下部2/3及边脉下部1/2被柔毛，基盘被适量绵毛。花期6月	饲用	茎、叶	窄
12	P152522035	锡林郭勒盟	阿巴嘎旗	早熟禾	野生资源	当地	一年生	有性	4月上旬	9月下旬	耐贫瘠		株高20～60cm；秆密丛生，直立，近花序处稍粗糙；叶片扁平；圆锥花序紧缩；小穗含3～6朵小花；颖披针形；外稃披针形，脊下部2/3及边脉下部1/2被柔毛，基盘被适量绵毛。花期6月	饲用	茎、叶	窄
13	P150626045	鄂尔多斯市	乌审旗	硬质早熟禾	野生资源	当地	一年生	有性	3月上旬	7月中旬	高产，抗旱，耐贫瘠		优质牧草，较好的抗旱性，适应范围较广	饲用	种子（果实）、茎、叶	窄

（续表）

序号	样品编号	盟（市）	旗（县、市、区）	种质名称	种质类型	种质来源	生长习性	繁殖习性	播种期	收获期	主要特性	其他特性	主要特性详细描述	种质用途	利用部位	种质分布
14	P150702061	呼伦贝尔市	海拉尔区	早熟禾	野生资源	当地	一年生	兼性	5月上旬	8月上旬	高产，抗病，耐寒	良等饲用植物	秆直立或基部稍倾斜，丛生，平滑无毛，株高20～30cm。叶鞘中部以下闭合，短于节间，平滑无毛；叶舌膜质，钝圆；叶片狭条形，扁平，柔软，两面无毛，长3～11cm，宽1～3mm。圆锥花序，卵形，长3～7cm，每节具1～2个分枝；小穗绿色，有的稍带紫色，长4～5mm，含3～5朵小花；颖质薄，先端钝，第一颖长1.5～2mm，第二颖长2～2.5mm；外稃卵圆形，先端钝，具明显5脉，第一外稃长约3mm，内稃稍短于外稃。花果期6—7月	饲用	种子（果实）、茎、叶	窄
15	P150781034	呼伦贝尔	满洲里市	早熟禾	野生资源	当地	一年生	有性	4月上旬	9月下旬	高产，优质，广适			饲用，其他	种子（果实）、叶	广
16	P150781043	呼伦贝尔市	满洲里市	草地早熟禾	野生资源	当地	一年生	有性	4月上旬	9月下旬	高产，优质，耐寒			饲用	种子（果实）、叶	广
17	P150724058	呼伦贝尔市	鄂温克族自治旗	泽地早熟禾	野生资源	当地	一年生	兼性	5月上旬	7月下旬	抗病，耐寒	良等饲用植物	须根纤细。秆直立，疏丛生，株高60～80cm。叶鞘松弛裹茎，稍粗糙；叶片扁平，粗糙，长8～15cm，宽2～4mm。圆锥花序矩圆形，开展，每节具5～10分个枝；小穗披针形，长4～6mm，含3～5朵小花。颖披针形，先端尖锐，长2.5～3mm；外稃矩圆形稍呈青铜色，第一外稃长约3mm；内稃等长于外稃。花果期6—8月	饲用	种子（果实）、茎、叶	窄

（续表）

序号	样品编号	盟（市）	旗（县、市、区）	种质名称	种质类型	种质来源	生长习性	繁殖习性	播种期	收获期	主要特性	其他特性	主要特性详细描述	种质用途	利用部位	种质分布
18	P150724059	呼伦贝尔市	鄂温克族自治旗	硬质早熟禾	野生资源	当地	一年生	兼性	5月上旬	7月下旬	抗病，耐寒	良等饲用植物	须根纤细。秆直立，密丛生，株高30～60cm。叶鞘长于节间，无毛，基部常呈淡紫色；叶片条形，扁平，稍粗糙，长3～9cm，宽1～1.5mm。圆锥花序紧缩，长3～10cm，宽1cm，每节具2～5个分枝；小穗绿色，成熟后草黄色，长5～7mm，含3～6朵小花。颖披针形，先端尖锐，第一颖长约2.5mm，第二颖长约3mm；内稃稍短于外稃，先端微凹。花果期6—7月	饲用	种子（果实）、茎、叶	窄
19	P150725062	呼伦贝尔市	陈巴尔虎旗	细叶早熟禾	野生资源	当地	一年生	兼性	5月上旬	7月下旬	抗病，耐寒	良等饲用植物	秆直立，丛生，株高30～60cm，光滑。叶鞘短于节间，无毛；叶片条形，扁平，长3～11cm，宽2mm左右。圆锥花序较紧缩，矩圆形，长2～10cm，宽1～3cm，每节具3～5个分枝；小穗卵圆形，长3.5～5mm，含2～5朵小花，绿色或稍带紫色。颖披针形，先端尖锐，长2～3mm；外稃先端尖而具狭膜质，第一外稃长约3mm；内稃等长于外稃。花果期7—8月	饲用	种子（果实）、茎、叶	窄

（续表）

序号	样品编号	盟（市）	旗（县、市、区）	种质名称	种质类型	种质来源	生长习性	繁殖习性	播种期	收获期	主要特性	其他特性	主要特性详细描述	种质用途	利用部位	种质分布
20	P150782061	呼伦贝尔市	牙克石市	散穗早熟禾	野生资源	当地	一年生	兼性	5月上旬	8月上旬	高产，抗病，耐寒	良等饲用植物	具粗壮根茎，秆直立，光滑，疏丛生，株高30～70cm。叶鞘松弛裹茎，光滑无毛；叶片条形，扁平，长3～21cm，宽2～5mm。圆锥花序，大而舒展，长10～25cm，宽10～23cm，每节具2～3个分枝，粗糙；小穗卵形，稍带紫色，长7～9mm，含3～5朵小花；颖宽披针形，第一颖长3～4.5mm，具1脉，第二颖长4～5.5mm，具3脉；外稃宽披针形，第一外稃长4～6mm；内外稃近等长；花果期6—7月	饲用	种子（果实）、茎、叶	窄
21	P150785058	呼伦贝尔市	根河市	高株早熟禾	野生资源	当地	一年生	兼性	5月上旬	8月上旬	高产，抗病，耐寒	良等饲用植物	秆直立，疏丛生，株高70～120cm，柔软。叶鞘短于节间，无毛；叶舌膜质，长0.3～0.5mm，先端平截；叶片条形，扁平，上面粗糙，下面无毛，长3～15cm，宽2～3mm。圆锥花序展开，长10～20cm；小穗尖端稍带紫色，长4～5.6mm，含2～3朵小花，小穗轴无毛。花果期7—8月	饲用	种子（果实）、茎、叶	窄
22	P150785047	呼伦贝尔市	根河市	草地早熟禾	野生资源	当地	一年生	兼性	5月上旬	7月下旬	抗病，耐寒	优等饲用植物	秆单生或丛生，直立，株高30～80cm。叶鞘疏松裹茎，具纵条纹，光滑；叶舌膜质，先端平截，长0.5～3mm；叶片条形，扁平，上面粗糙，下面光滑，长6～15cm。圆锥花序，长10～20cm，宽2～5cm，每节具3～5个分枝；小穗卵圆形，稍带紫色，成熟后浅黄色，长4～6mm，含2～5朵小花。花果期7—8月	饲用	种子（果实）、茎、叶	广

（续表）

序号	样品编号	盟（市）	旗（县、市、区）	种质名称	种质类型	种质来源	生长习性	繁殖习性	播种期	收获期	主要特性	其他特性	主要特性详细描述	种质用途	利用部位	种质分布
23	P150785059	呼伦贝尔市	根河市	林地早熟禾	野生资源	当地	一年生	兼性	5月上旬	7月中旬	抗病，耐寒	良等饲用植物。东北乌拉草	秆细弱，疏丛生，株高40～70cm，花序下部稍粗糙。叶鞘平滑，基部稍带紫色；叶片狭条形，扁平，上面稍粗糙，下面平滑，长3～7cm，宽1～2mm。圆锥花序较展开，长10～20cm，宽3～5cm，每节具1～3个分枝；小穗披针形，灰绿色，长4～5mm，含2～5朵小花。花果期6—7月	饲用	种子（果实）、茎、叶	窄

16. 苜蓿种质资源目录

苜蓿（*Medicago sativa*）是豆科（Fabaceae）苜蓿属（*Medicago*）植物的通称，其中最著名的是作为牧草的紫花苜蓿。苜蓿种类繁多，多是野生的草本植物。营养价值很高，具有清脾胃、利大小肠、下膀胱结石的功效。共计收集到种质资源18份，分布在6个盟（市）的16个旗（县、市、区）（表4-16）。

表4-16　苜蓿种质资源目录

序号	样品编号	盟（市）	旗（县、市、区）	种质名称	种质类型	种质来源	生长习性	繁殖习性	播种期	收获期	主要特性	其他特性	主要特性详细描述	种质用途	利用部位	种质分布
1	P150222027	包头市	固阳县	紫花苜蓿	地方品种	当地	多年生	有性	6月下旬	9月下旬	抗虫，耐寒，耐贫瘠		株型多为直立，轴根型，根系主根粗而长，侧根少，分枝数较多，叶片较小	饲用	茎、叶、花	广
2	P152502006	锡林郭勒盟	锡林浩特市	蒙古黄花苜蓿	野生资源	当地	多年生	有性	4月上旬	9月下旬	高产，优质，耐盐碱，抗旱，耐寒		适应能力强，抗病虫害，是营养价值很高的野生牧草	饲用	茎、叶	窄

（续表）

序号	样品编号	盟（市）	旗（县、市、区）	种质名称	种质类型	种质来源	生长习性	繁殖习性	播种期	收获期	主要特性	其他特性	主要特性详细描述	种质用途	利用部位	种质分布
3	P152531026	锡林郭勒盟	多伦县	紫花苜蓿	选育品种	当地	多年生	有性	5月上旬	8月下旬	耐贫瘠		具有药用价值，含有多种有效成分，可以降低胆固醇和血脂含量，消退动脉粥样硬化斑块，调节免疫、抗氧化、防衰老功能；也可以作牧草。同时，还具有食用价值和生态价值，再生能力强，实为山区优良的水土保持植物	饲用	茎、叶	窄
4	P152523014	锡林郭勒盟	苏尼特左旗	紫苜蓿	选育品种	当地	多年生	有性	5月上旬	9月上旬	抗旱，耐寒		优良饲料植物，又可作绿肥，种子含油10%左右	饲用、保健药用	叶	广
5	P152528013	锡林郭勒盟	镶黄旗	紫花苜蓿	选育品种	当地	多年生	有性	5月中旬	9月中旬	优质		粗蛋白含量高，维生素含量较多	饲用	茎、叶	窄
6	P152524015	锡林郭勒盟	苏尼特右旗	紫花苜蓿	选育品种	当地	多年生	有性	5月中旬	9月中旬	优质		具有药用价值，含有多种有效成分，可以降低胆固醇和血脂含量，消退动脉粥样硬化斑块，调节免疫、抗氧化、防衰老功能；也可以作牧草。同时，还具有食用价值和生态价值，再生能力强，实为山区优良的水土保持植物	饲用	茎、叶	广

（续表）

序号	样品编号	盟（市）	旗（县、市、区）	种质名称	种质类型	种质来源	生长习性	繁殖习性	播种期	收获期	主要特性	其他特性	主要特性详细描述	种质用途	利用部位	种质分布
7	P150929036	乌兰察布市	四子王旗	紫苜蓿	地方品种	当地	多年生	有性	4月上旬	9月下旬	优质，抗旱，耐寒		株高30～100cm。根粗壮，深入土层，根茎发达。茎直立、丛生以至平卧，四棱形，无毛或微被柔毛，枝叶茂盛。羽状三出复叶；托叶大，卵状披针形，先端锐尖，基部全缘或具1～2齿裂，脉纹清晰；叶柄比小叶短；小叶长卵形、倒长卵形至线状卵形，等大，或顶生小叶稍大，长（5）10～25（40）mm，宽3～10mm，纸质，先端钝圆，具由中脉伸出的长齿尖，基部狭窄，楔形，边缘1/3以上具锯齿，上面无毛，深绿色，下面被贴伏柔毛，侧脉8～10对，与中脉呈锐角，在近叶边处略有分叉；顶生小叶柄比侧生小叶柄略长。花序总状或头状，长1～2.5cm，具花5～30朵；总花梗挺直，比叶长；苞片线状锥形，比花梗长或等长；花长6～12mm；花梗短，长约2mm；萼钟形，长3～5mm，萼齿线状锥形，比萼筒长，被贴伏柔毛；花冠淡黄色、深蓝色至暗紫色，花瓣均具长瓣柄，旗瓣长圆形，先端微凹，明显较翼瓣和龙骨瓣长，翼瓣较龙骨瓣稍长；子房线形，具柔毛，花柱短阔，上端细尖，柱头点状，胚珠多数荚果螺旋状紧卷2～6圈，中央无孔或近无孔，径5～9mm，被柔毛或渐脱落，脉纹细，不清晰，熟时棕色；有种子10～20粒。种子卵形，长1～2.5mm，平滑，黄色或棕色。花期5—7月，果期6—8月	饲用、保健药用	种子（果实）、茎、叶	窄

（续表）

序号	样品编号	盟（市）	旗（县、市、区）	种质名称	种质类型	种质来源	生长习性	繁殖习性	播种期	收获期	主要特性	其他特性	主要特性详细描述	种质用途	利用部位	种质分布
8	P150623003	鄂尔多斯市	鄂托克前旗	紫花苜蓿	野生资源	当地	多年生	有性	4月中旬	9月下旬	耐寒		株高30～100cm。根粗壮，深入土层，根茎发达。茎直立、丛生以至平卧，四棱形，无毛或微被柔毛，枝叶茂盛。羽状三出复叶；托叶大，卵状披针形，先端锐尖，基部全缘或具1～2齿裂，脉纹清晰；叶柄比小叶短；小叶长卵形、倒长卵形至线状卵形，等大，或顶生小叶稍大，长（5）10～25（40）mm，宽3～10mm，纸质，先端钝圆，具由中脉伸出的长齿尖，基部狭窄，楔形，边缘1/3以上具锯齿，上面无毛，深绿色，下面被贴伏柔毛，侧脉8～10对，与中脉呈锐角，在近叶边处略有分叉；顶生小叶柄比侧生小叶柄略长。花序总状或头状，长1～2.5cm，具花5～30朵；总花梗挺直，比叶长；苞片线状锥形，比花梗长或等长；花长6～12mm；花梗短，长约2mm；萼钟形，长3～5mm，萼齿线状锥形，比萼筒长，被贴伏柔毛；花冠淡黄色、深蓝色至暗紫色，花瓣均具长瓣柄，旗瓣长圆形，先端微凹，明显较翼瓣和龙骨瓣长，翼瓣较龙骨瓣稍长；子房线形，具柔毛，花柱短阔，上端细尖，柱头点状，胚珠多数。荚果螺旋状紧卷2～6圈，中央无孔或近无孔，直径5～9mm，被柔毛或渐脱落，脉纹细，不清晰，熟时棕色；有种子10～20粒。种子卵形，长1～2.5mm，平滑，黄色或棕色。花期5—7月，果期6—8月	饲用、保健药用，其他	根、茎、叶、花，其他	广

（续表）

序号	样品编号	盟（市）	旗（县、市、区）	种质名称	种质类型	种质来源	生长习性	繁殖习性	播种期	收获期	主要特性	其他特性	主要特性详细描述	种质用途	利用部位	种质分布
9	P150627055	鄂尔多斯市	伊金霍洛旗	苜蓿	野生资源	当地	多年生	有性	3月下旬	7月中旬	高产，优质		野生分布，具有抗旱、高产、优质的特征，是重要的牧草植物	饲用	种子（果实）、茎、叶	窄
10	P150627052	鄂尔多斯市	伊金霍洛旗	紫花苜蓿	野生资源	当地	多年生	有性	3月下旬	7月中旬	高产，优质		野生分布，具有抗旱、高产、优质的特征，是重要的牧草植物	饲用	种子（果实）、茎、叶	窄
11	P150626041	鄂尔多斯市	乌审旗	紫花苜蓿	野生资源	当地	多年生	有性	3月上旬	7月中旬	高产，优质，抗旱		野生分布，重要牧草，具有一定的抗旱性	饲用	种子（果实）、茎、叶	窄
12	P150622051	鄂尔多斯市	准格尔旗	紫花苜蓿	野生资源	当地	多年生	有性	4月中旬	7月中旬	高产，优质		野生分布，具有抗旱、高产、优质的特征，是重要的牧草植物	饲用	种子（果实）、茎、叶	窄
13	P152923007	阿拉善盟	额济纳旗	苜蓿	地方品种	当地	多年生	有性	4月上旬	5月下旬	高产，优质，抗旱		具有耐干旱、产量高、质优的特性，当地种植的苜蓿不仅可以改良土壤，还被牧民作为牧草，羊、骆驼等喜食其嫩茎叶，收获后可储存作为冬季饲草料	食用、饲用	茎、叶	广

（续表）

序号	样品编号	盟（市）	旗（县、市、区）	种质名称	种质类型	种质来源	生长习性	繁殖习性	播种期	收获期	主要特性	其他特性	主要特性详细描述	种质用途	利用部位	种质分布
14	P150702038	呼伦贝尔市	海拉尔区	紫花苜蓿	野生资源	当地	多年生	兼性	5月上旬	7月下旬	高产，优质，抗病，抗旱，广适，耐寒	生于草原沙质土壤、沟谷等生境中。返青早，优质牧草。优质野菜，食用可补钙	茎斜升或平卧，多分枝。羽状三出复叶，边缘上部有锯齿，下部全缘，长6～10mm，宽4～6mm。总状花序密集呈头状，腋生，通常具花5～20朵；花紫色，长6～9mm，花梗长约2mm，有毛；苞片条状锥形，长约1.5mm；花萼钟状，密被柔毛；萼齿狭三角形；旗瓣倒卵形，翼瓣比旗瓣短，耳较长，龙骨瓣与翼瓣近等长；子房宽条形，稍弯曲或近直立，花柱向内弯曲，柱头头状。荚果螺旋形，含种子2～3粒。花期7—8月，果期8—9月	食用、饲用	茎、叶	广
15	P150702038	呼伦贝尔市	海拉尔区	紫花苜蓿	野生资源	当地	多年生	兼性	5月上旬	7月下旬	高产，优质，抗病，抗旱，广适，耐寒	生于草原沙质土壤、沟谷等生境中。返青早，优质牧草。优质野菜，食用可补钙	茎斜升或平卧，多分枝。羽状三出复叶，边缘上部有锯齿，下部全缘，长6～10mm，宽4～6mm。总状花序密集呈头状，腋生，通常具花5～20朵；花紫色，长6～9mm，花梗长约2mm，有毛；苞片条状锥形，长约1.5mm；花萼钟状，密被柔毛；萼齿狭三角形；旗瓣倒卵形，翼瓣比旗瓣短，耳较长，龙骨瓣与翼瓣近等长；子房宽条形，稍弯曲或近直立，花柱向内弯曲，柱头头状。荚果螺旋形，含种子2～3粒。花期7—8月，果期8—9月	食用、饲用	茎、叶	广

（续表）

序号	样品编号	盟（市）	旗（县、市、区）	种质名称	种质类型	种质来源	生长习性	繁殖习性	播种期	收获期	主要特性	其他特性	主要特性详细描述	种质用途	利用部位	种质分布
16	P150784064	呼伦贝尔市	额尔古纳市	野生直立紫花苜蓿	野生资源	当地	多年生	有性	5月上旬	8月上旬	高产，优质，耐盐碱，抗旱，耐寒	优等饲用植物。优等野生蔬菜	直根系，主根明显。小叶倒卵形；茎直立；总状花序，花紫色；荚果，螺旋形，成熟时荚呈黑色，每荚含种子2～6粒，种子呈肾形，黄色，少数褐色。千粒重2.3g	饲用	茎、叶	窄
17	P150727001	呼伦贝尔市	新巴尔虎右旗	辉腾原苜蓿	地方品种	当地	多年生	有性	5月中旬	9月上旬	高产，优质，耐盐碱，抗旱，广适，耐寒	含钙量0.48%，维生素C、维生素B也相当丰富。食用可补钙。	直根系，主根明显，入土深，根茎和越冬芽受冻后，根茎下端或根的上端能产生新芽，并形成枝条。茎直立或半直立，花色杂，同时表现出叶量丰富，越冬率高，牧草产量高，生命力强。千粒重2.8g	食用、饲用、保健药用、加工原料	茎、叶	广
18	P150724034	呼伦贝尔市	鄂温克族自治旗	黄花苜蓿	地方品种	当地	多年生	有性	5月中旬	7月下旬	高产，优质，抗病，抗旱，广适，耐寒	生于草原沙质土壤，多见于河滩、沟谷等低湿生境中	茎斜升或平卧，多分枝。羽状三出复叶，边缘上部有锯齿，下部全缘，长6～10mm，宽4～6mm。总状花序密集呈头状，腋生，通常具花5～20朵；花黄色，长6～9mm，花梗长约2mm，有毛；苞片条状锥形，长约1.5mm；花萼钟状，密被柔毛；萼齿狭三角形；旗瓣倒卵形，翼瓣比旗瓣短，耳较长，龙骨瓣与翼瓣近等长；子房宽条形，稍弯曲或近直立，花柱向内弯曲，柱头头状。荚果螺旋形，含种子2～3粒。花期7—8月，果期8—9月	食用、饲用	茎、叶	广

17. 羽茅种质资源目录

羽茅（*Achnatherum sibiricum*）是禾本科（Gramineae）芨芨草属（*Achnatherum*）多年生草本植物。羽茅是优良的饲用禾草，马、牛最喜食，在幼嫩时羊也喜食。共计收集到种质资源8份，分布在2个盟（市）的7个旗（县、市、区）（表4-17）。

表4-17　羽茅种质资源目录

序号	样品编号	盟（市）	旗（县、市、区）	种质名称	种质类型	种质来源	生长习性	繁殖习性	播种期	收获期	主要特性	其他特性	主要特性详细描述	种质用途	利用部位	种质分布
1	P152502009	锡林郭勒盟	锡林浩特市	羽茅	野生资源	当地	多年生	有性	4月上旬	9月下旬			优良的饲用禾草，马、牛最喜食，在幼嫩时羊也喜食	饲用	茎、叶	窄
2	P152531016	锡林郭勒盟	多伦县	羽茅	野生资源	当地	多年生	有性	4月上旬	9月下旬	抗旱		优良的饲用禾草，马、牛最喜食，在幼嫩时羊也喜食	饲用	根、茎、叶	窄
3	P152501001	锡林郭勒盟	二连浩特市	芨芨草	野生资源	当地	多年生	有性	4月上旬	8月中旬	抗虫，耐盐碱，抗旱，耐寒，耐贫瘠，耐热			饲用	种子（果实）、茎	广
4	P152501041	锡林郭勒盟	二连浩特市	羽茅	野生资源	当地	多年生	有性	4月中旬	8月中旬	高产，耐盐碱，广适			饲用	种子（果实）、茎	广
5	P152522010	锡林郭勒盟	阿巴嘎旗	西伯利亚羽茅	野生资源	当地	多年生	有性	4月上旬	9月下旬			优良的饲用禾草，马、牛最喜食，在幼嫩时羊也喜食	饲用	茎	窄
6	P152529040	锡林郭勒盟	正镶白旗	羽茅	野生资源	当地	多年生	有性	4月上旬	9月下旬	抗旱		优良的饲用禾草，马、牛最喜食，在幼嫩时羊也喜食	饲用	茎、叶	窄

（续表）

序号	样品编号	盟（市）	旗(县、市、区)	种质名称	种质类型	种质来源	生长习性	繁殖习性	播种期	收获期	主要特性	其他特性	主要特性详细描述	种质用途	利用部位	种质分布
7	P152524040	锡林郭勒盟	苏尼特右旗	羽茅	野生资源	当地	多年生	有性	4月上旬	9月下旬	广适	全草可作造纸原料	须根较粗。秆直立，平滑，疏丛，株高60～150cm，具3～4节，基部具鳞芽。叶鞘松弛，光滑，上部者短于节间；叶舌厚膜质，长0.5～2mm，平截，顶端具裂齿；叶片扁平或边缘内卷，质地较硬，上面与边缘粗糙，下面平滑，长20～60cm，宽3～7mm	饲用	茎、叶	广
8	P150781037	呼伦贝尔市	满洲里市	羽茅	野生资源	当地	多年生	有性	4月上旬	9月下旬	高产，耐盐碱，广适			饲用	种子（果实）、叶	广

18. 克氏针茅种质资源目录

克氏针茅（*Stipa krylovii*）是禾本科（Gramineae）针茅属（*Stipa*）多年生密丛型草本植物，是典型草原的建群种之一。共计收集到种质资源7份，分布在1个盟（市）的5个旗（县、市、区）（表4-18）。

表4-18 克氏针茅种质资源目录

序号	样品编号	盟（市）	旗(县、市、区)	种质名称	种质类型	种质来源	生长习性	繁殖习性	播种期	收获期	主要特性	其他特性	主要特性详细描述	种质用途	利用部位	种质分布
1	P152502017	锡林郭勒盟	锡林浩特市	克氏针茅	野生资源	当地	多年生	有性	4月上旬	9月下旬	优质，抗旱	一种良好的牧草，营养价值较高，含有较高的粗蛋白质和粗脂肪，春季和夏季抽穗前牛、马、羊均喜食		饲用、保健药用	茎、叶	广

（续表）

序号	样品编号	盟（市）	旗（县、市、区）	种质名称	种质类型	种质来源	生长习性	繁殖习性	播种期	收获期	主要特性	其他特性	主要特性详细描述	种质用途	利用部位	种质分布
2	P152502018	锡林郭勒盟	锡林浩特市	大针茅	野生资源	当地	多年生	有性	4月上旬	9月下旬	优质	优良牧草，开花前各家畜均喜食，尤其是春季		饲用、保健药用	茎、叶	窄
3	P152523021	锡林郭勒盟	苏尼特左旗	大针茅	野生资源	当地	多年生	有性	4月上旬	9月下旬	优质	优良牧草，开花前各家畜均喜食，尤其是春季	株高50～100cm，具3～4节，基部宿存枯萎叶鞘。叶鞘粗糙或老时变平滑，下部者通常长于节间；基生叶舌长0.5～1mm，钝圆，缘具睫毛，披针形；叶片纵卷似针状，上面具微毛，下面光滑，基生叶长可达50cm	饲用	茎、叶	窄
4	P152523033	锡林郭勒盟	苏尼特左旗	克氏针茅	野生资源	当地	多年生	有性	4月上旬	9月下旬	优质，抗旱，广适	一种良好的牧草，营养价值较高，含有较高的粗蛋白质和粗脂肪，春季和夏季抽穗前牛、马、羊均喜食	秆直立，株高30～60cm。叶鞘光滑；叶舌披针形，白色，膜质；基生叶长达30cm，茎生叶长10～20cm	饲用	茎、叶	广
5	P152530044	锡林郭勒盟	正蓝旗	克氏针茅	野生资源	当地	多年生	有性	4月上旬	9月下旬		一种良好的牧草，营养价值较高，含有较高的粗蛋白质和粗脂肪，春季和夏季抽穗前牛、马、羊均喜食	秆直立，株高30～60cm。叶鞘光滑；叶舌披针形，白色，膜质；基生叶长达30cm，茎生叶长10～20cm	饲用	茎、叶	窄

（续表）

序号	样品编号	盟（市）	旗（县、市、区）	种质名称	种质类型	种质来源	生长习性	繁殖习性	播种期	收获期	主要特性	其他特性	主要特性详细描述	种质用途	利用部位	种质分布
6	P152526043	锡林郭勒盟	西乌珠穆沁旗	克氏针茅	野生资源	当地	多年生	有性	4月上旬	9月下旬	优质，抗旱	一种良好的牧草，营养价值较高，含有较高的粗蛋白质和粗脂肪，春季和夏季抽穗前牛、马、羊均喜食	秆直立，株高30～60cm。叶鞘光滑；叶舌披针形，白色，膜质；基生叶长达30cm，茎生叶长10～20cm	饲用	茎、叶	广
7	P152529006	锡林郭勒盟	正镶白旗	克氏针茅	野生资源	当地	多年生	有性	4月上旬	9月下旬	优质，抗旱	一种良好的牧草，营养价值较高，含有较高的粗蛋白质和粗脂肪，春季和夏季抽穗前牛、马、羊均喜食		饲用	茎、叶	窄

19. 射干种质资源目录

射干（*Belamcanda chinensis*）鸢尾科（Iridaceae）射干属（*Belamcanda*），共计收集到种质资源8份，分布在3个盟（市）的7个旗（县、市、区）（表4-19）。

表4-19 射干种质资源目录

序号	样品编号	盟（市）	旗（县、市、区）	种质名称	种质类型	种质来源	生长习性	繁殖习性	播种期	收获期	主要特性	其他特性	主要特性详细描述	种质用途	利用部位	种质分布
1	P152502019	锡林郭勒盟	锡林浩特市	射干鸢尾	野生资源	当地	多年生	有性	4月上旬	9月下旬	优质	根状茎药用，能清热解毒、散结消炎、消肿止痛、止咳化痰，用于治疗扁桃腺炎及腰痛等症		饲用、保健药用	根、茎、叶	窄

（续表）

序号	样品编号	盟（市）	旗（县、市、区）	种质名称	种质类型	种质来源	生长习性	繁殖习性	播种期	收获期	主要特性	其他特性	主要特性详细描述	种质用途	利用部位	种质分布
2	P152527013	锡林郭勒盟	太仆寺旗	野鸢尾	野生资源	当地	多年生	有性	4月上旬	9月下旬		根状茎药用，能清热解毒、散结消炎、消肿止痛、止咳化痰，用于治疗扁桃体炎及腰痛等症	株高40～100cm，茎上部叉状分枝；基生叶剑形，扁平，基部套折；总苞干膜质，宽卵状；聚伞花序具花3～15朵；花被片6，2轮，淡紫红色或中间白色，具紫褐色斑点和黄褐色斑纹；花柱分枝3个，花瓣状；种子具翼	饲用、保健药用，其他	根、茎、花	窄
3	P152525051	锡林郭勒盟	东乌珠穆沁旗	鸢尾射干	野生资源	当地	多年生	有性	4月上旬	10月下旬	优质	药用可活血祛瘀，祛风利湿，解毒，消积；也可观赏用	耐寒性较强。生长于海拔800～1 800m的灌木林缘、阳坡地、林缘及水边湿地，在庭园已久经栽培	饲用、保健药用，其他	根、茎、花	窄
4	P152522042	锡林郭勒盟	阿巴嘎旗	鸢尾	野生资源	当地	多年生	有性	4月上旬	10月下旬	优质	根状茎药用，能清热解毒、散结消炎、消肿止痛、止咳化痰，用于治疗扁桃体炎及腰痛等症	株高40～100cm，茎上部叉状分枝；基生叶剑形，扁平，基部套折；总苞干膜质，宽卵状；聚伞花序具花3～15朵；花被片6，2轮，淡紫红色或中间白色，具紫褐色斑点和黄褐色斑纹；花柱分枝3个，花瓣状；种子具翼	饲用、保健药用	根、茎、叶	窄
5	P152528027	锡林郭勒盟	镶黄旗	野鸢尾	野生资源	当地	多年生	有性	4月上旬	10月下旬			主治咽喉肿痛，痄腮，齿龈肿痛，肝炎，肝脾肿大，胃痛，支气管炎，跌打损伤	饲用、保健药用	根、茎、叶	窄

（续表）

序号	样品编号	盟（市）	旗(县、市、区)	种质名称	种质类型	种质来源	生长习性	繁殖习性	播种期	收获期	主要特性	其他特性	主要特性详细描述	种质用途	利用部位	种质分布
6	P152528051	锡林郭勒盟	镶黄旗	野鸢尾	野生资源	当地	多年生	有性	4月上旬	10月下旬		根状茎药用，能清热解毒、散结消炎、消肿止痛、止咳化痰，用于治疗扁桃体炎及腰痛等症	株高40～100cm，茎上部叉状分枝；基生叶剑形，扁平，基部套折；总苞干膜质，宽卵状；聚伞花序具花3～15朵；花被片6，2轮，淡紫红色或中间白色，具紫褐色斑点和黄褐色斑纹；花柱分枝3个，花瓣状；种子具翼	饲用、保健药用，其他	根、茎、花	窄
7	P150626017	鄂尔多斯市	乌审旗	大苞鸢尾	野生资源	当地	多年生	有性	5月下旬	9月上旬	抗旱，耐贫瘠	花叶较美，有一定的观赏价值，也可作饲用		饲用	茎、叶	窄
8	P150781045	呼伦贝尔市	满洲里市	射干鸢尾	野生资源	当地	多年生	有性	4月上旬	9月下旬	抗旱，广适，耐寒			饲用，其他	种子(果实)、叶、花	广

20. 知母种质资源目录

知母（*Anemarrhena asphodeloides*）是百合科（Liliaceae）知母属（*Anemarrhena*）多年生草本的干燥根茎，知母性味苦，寒；归肺、胃、肾经，具有清热泻火、滋阴润燥的功效。共计收集到种质资源5份，分布在1个盟（市）的5个旗（县、市、区）（表4-20）。

表4-20　知母种质资源目录

序号	样品编号	盟（市）	旗(县、市、区)	种质名称	种质类型	种质来源	生长习性	繁殖习性	播种期	收获期	主要特性	其他特性	主要特性详细描述	种质用途	利用部位	种质分布
1	P152502022	锡林郭勒盟	锡林浩特市	知母	野生资源	当地	多年生	有性	4月上旬	9月下旬		主要功效为清热泻火，滋阴润燥		饲用、保健药用	根、叶	窄

（续表）

序号	样品编号	盟（市）	旗（县、市、区）	种质名称	种质类型	种质来源	生长习性	繁殖习性	播种期	收获期	主要特性	其他特性	主要特性详细描述	种质用途	利用部位	种质分布
2	P152529012	锡林郭勒盟	正镶白旗	知母	野生资源	当地	多年生	有性	4月上旬	9月下旬		主要功效为清热泻火，滋阴润燥		饲用、保健药用	根、叶	窄
3	P152528038	锡林郭勒盟	镶黄旗	知母	野生资源	当地	多年生	有性	4月上旬	9月下旬	优质	具药用价值，滋阴降火，润燥滑肠	根状茎粗0.5～1.5cm，为残存的叶鞘所覆盖。叶长15～60cm，宽1.5～11mm，向先端渐尖而成近丝状，基部渐宽而成鞘状，具多条平行脉，没有明显的中脉。花葶比叶长得多；总状花序通常较长，可达20～50cm；苞片小，卵形或卵圆形，先端长渐尖；花粉红色、淡紫色至白色；花被片条形，长5～10mm，中央具3脉，宿存。蒴果狭椭圆形，长8～13mm，宽5～6mm，顶端有短喙。种子长7～10mm。花果期6—9月	饲用、保健药用	茎、叶	窄
4	P152527046	锡林郭勒盟	太仆寺旗	知母	野生资源	当地	多年生	有性	4月上旬	9月下旬		具药用价值，滋阴降火，润燥滑肠	根状茎粗0.5～1.5cm，为残存的叶鞘所覆盖。叶长15～60cm，宽1.5～11mm，向先端渐尖而成近丝状，基部渐宽而成鞘状，具多条平行脉，没有明显的中脉。花葶比叶长得多；总状花序通常较长，可达20～50cm；苞片小，卵形或卵圆形，先端长渐尖；花粉红色、淡紫色至白色；花被片条形，长5～10mm，中央具3脉，宿存。蒴果狭椭圆形，长8～13mm，宽5～6mm，顶端有短喙。种子长7～10mm。花果期6—9月	饲用、保健药用	茎、叶	窄

（续表）

序号	样品编号	盟（市）	旗（县、市、区）	种质名称	种质类型	种质来源	生长习性	繁殖习性	播种期	收获期	主要特性	其他特性	主要特性详细描述	种质用途	利用部位	种质分布
5	P152524031	锡林郭勒盟	苏尼特右旗	知母	野生资源	当地	多年生	有性	4月上旬	9月下旬	抗旱，耐寒	具药用价值，滋阴降火，润燥滑肠	根状茎粗0.5～1.5cm，为残存的叶鞘所覆盖。叶长15～60cm，宽1.5～11mm，向先端渐尖而成近丝状，基部渐宽而成鞘状，具多条平行脉，没有明显的中脉。花葶比叶长得多；总状花序通常较长，可达20～50cm；苞片小，卵形或卵圆形，先端长渐尖；花粉红色、淡紫色至白色；花被片条形，长5～10mm，中央具3脉，宿存。蒴果狭椭圆形，长8～13mm，宽5～6mm，顶端有短喙。种子长7～10mm。花果期6—9月	饲用、保健药用	茎、叶	窄

21. 红柴胡种质资源目录

红柴胡（*Bupleurum scorzonerifolium*）是伞形科（Apiaceae）柴胡属（*Bupleurum*）多年生草本植物。红柴胡可以除肝家邪热、痨热、行肝经逆结之气，止左肋肝气疼痛。共计收集到种质资源3份，分布在2个盟（市）的3个旗（县、市、区）（表4-21）。

表4-21　红柴胡种质资源目录

序号	样品编号	盟（市）	旗（县、市、区）	种质名称	种质类型	种质来源	生长习性	繁殖习性	播种期	收获期	主要特性	其他特性	主要特性详细描述	种质用途	利用部位	种质分布
1	P152502023	锡林郭勒盟	锡林浩特市	柴胡	野生资源	当地	多年生	有性	4月上旬	9月下旬			主根红褐色；茎直立，常单一，稍呈“之”字形弯曲；根入药，用于感冒发热、寒热往来、胸胁胀痛、月经不调、子宫脱垂、脱肛	饲用、保健药用	根、茎、叶	窄

（续表）

序号	样品编号	盟（市）	旗（县、市、区）	种质名称	种质类型	种质来源	生长习性	繁殖习性	播种期	收获期	主要特性	其他特性	主要特性详细描述	种质用途	利用部位	种质分布
2	P152525054	锡林郭勒盟	东乌珠穆沁旗	柴胡	野生资源	当地	多年生	有性	4月上旬	9月下旬	优质	野生于海拔1 500m以下山区、丘陵、荒坡、草丛、路边和林中隙地。喜温喜光，喜潮湿气候，较能耐寒、耐旱，忌高温和滞洼积水，以向阳、排水良好、疏松的沙质土壤、壤土或腐殖土为佳	主根红褐色；茎直立，常单一，稍呈“之”字形弯曲；根入药，用于感冒发热、寒热往来、胸胁胀痛、月经不调、子宫脱垂、脱肛	饲用、保健药用	根、叶	窄
3	P150923038	乌兰察布	商都	黑柴胡	野生资源	当地	多年生	有性	4月下旬	9月下旬	耐盐碱，耐寒，耐贫瘠		.	食用、饲用、保健药用	根、茎、叶、花	广

22. 黄花葱种质资源目录

黄花葱（*Allium condensatum*）是百合科（Liliaceae）葱属（*Allium*）多年生草本，叶圆柱状或半圆柱状，上面具沟槽，中空，花葶圆柱状，伞形花序球状，具多而密集的花，花淡黄色或白色，幼叶可供食用。共计收集到种质资源4份，分布在1个盟（市）的4个旗（县、市、区）（表4-22）。

表4-22 黄花葱种质资源目录

序号	样品编号	盟（市）	旗（县、市、区）	种质名称	种质类型	种质来源	生长习性	繁殖习性	播种期	收获期	主要特性	其他特性	主要特性详细描述	种质用途	利用部位	种质分布
1	P152502025	锡林郭勒盟	锡林浩特市	黄花葱	野生资源	当地	多年生	有性	4月上旬	8月下旬	优质		幼叶可供食用	食用、饲用	茎、叶	窄

（续表）

序号	样品编号	盟（市）	旗（县、市、区）	种质名称	种质类型	种质来源	生长习性	繁殖习性	播种期	收获期	主要特性	其他特性	主要特性详细描述	种质用途	利用部位	种质分布
2	P152527015	锡林郭勒盟	太仆寺旗	大葱	野生资源	当地	多年生	有性	4月上旬	9月下旬	抗旱		鳞茎狭卵状柱形至近圆柱状，粗1～2cm；鳞茎外皮红褐色，薄革质，有光泽，条裂。叶圆柱状或半圆柱状，上面具沟槽，中空，比花葶短，粗1～2.5mm	饲用	茎、叶	广
3	P152528026	锡林郭勒盟	镶黄旗	蒙古葱	野生资源	当地	多年生	有性	4月上旬	8月下旬	优质，耐寒，耐贫瘠		鳞茎狭卵状柱形至近圆柱状，粗1～2cm；鳞茎外皮红褐色，薄革质，有光泽，条裂。叶圆柱状或半圆柱状，上面具沟槽，中空，比花葶短，粗1～2.5mm	食用、饲用	茎、叶	广
4	P152530043	锡林郭勒盟	正蓝旗	黄花葱	野生资源	当地	多年生	有性	4月上旬	8月下旬	抗旱		鳞茎狭卵状柱形至近圆柱状，粗1～2cm；鳞茎外皮红褐色，薄革质，有光泽，条裂。叶圆柱状或半圆柱状，上面具沟槽，中空，比花葶短，粗1～2.5mm	饲用	茎、叶	广

23. 沙芦草种质资源目录

沙芦草（*Agropyron mongolicum*）是禾本科（Gramineae）冰草属（*Agropyron*）多年生草本植物。沙芦草是良好的固沙植物，也是良好的牧草，是各种家畜均喜食植物。共计收集到种质资源23份，分布在2个盟（市）的16个旗（县、市、区）（表4-23）。

表4-23　沙芦草种质资源目录

序号	样品编号	盟（市）	旗（县、市、区）	种质名称	种质类型	种质来源	生长习性	繁殖习性	播种期	收获期	主要特性	其他特性	主要特性详细描述	种质用途	利用部位	种质分布
1	P152502031	锡林郭勒盟	锡林浩特市	沙芦草	野生资源	当地	多年生	有性	3月上旬	7月下旬	优质，抗旱，耐寒	良好的牧草，是各种家畜均喜食植物	秆成疏丛，直立，株高20～60cm，有时基部横卧而节生根成匍茎状，具2～6节。叶片长5～15cm，宽2～3mm，内卷成针状，叶脉隆起成纵沟，脉上密被微细刚毛	饲用	茎、叶	窄

（续表）

序号	样品编号	盟（市）	旗（县、市、区）	种质名称	种质类型	种质来源	生长习性	繁殖习性	播种期	收获期	主要特性	其他特性	主要特性详细描述	种质用途	利用部位	种质分布
2	P152525065	锡林郭勒盟	东乌珠穆沁旗	蒙古冰草	野生资源	当地	多年生	有性	3月上旬	7月下旬		良好的牧草，是各种家畜均喜食植物，固沙	秆成疏丛，直立或基部膝曲，株高20～60cm，有时基部横卧而节生根成匍茎状，具2～6节。叶片内卷；穗状花序条形；穗轴节间长3～10mm；小穗排列疏松，斜升，含2～8朵小花；颖两侧不对称，无毛；外稃无毛或被微毛，边缘膜质	饲用	茎、叶	窄
3	P152528042	锡林郭勒盟	镶黄旗	沙芦草	野生资源	当地	多年生	有性	3月上旬	7月下旬	抗旱，耐寒	良好的牧草，是各种家畜均喜食植物，固沙	秆成疏丛，直立或基部膝曲，株高20～60cm，有时基部横卧而节生根成匍茎状，具2～6节。叶片内卷；穗状花序条形；穗轴节间长3～10mm；小穗排列疏松，斜升，含2～8朵小花；颖两侧不对称，无毛；外稃无毛或被微毛，边缘膜质	食用、饲用	茎、叶	窄
4	P152522039	锡林郭勒盟	阿巴嘎旗	沙芦草	野生资源	当地	多年生	有性	3月上旬	7月下旬	优质，抗旱	沙芦草是良好的牧草，是各种家畜均喜食植物	秆成疏丛，直立，株高20～60cm，有时基部横卧而节生根成匍茎状，具2～6节。叶片长5～15cm，宽2～3mm，内卷成针状，叶脉隆起成纵沟，脉上密被微细刚毛	饲用	茎、叶	窄
5	P152530001	锡林郭勒盟	正蓝旗	沙芦草	野生资源	当地	多年生	有性	3月上旬	7月下旬	抗旱，耐寒		不仅产量高，抗逆性强，而且草质好，营养价值高	饲用	茎、叶	窄

（续表）

序号	样品编号	盟（市）	旗（县、市、区）	种质名称	种质类型	种质来源	生长习性	繁殖习性	播种期	收获期	主要特性	其他特性	主要特性详细描述	种质用途	利用部位	种质分布
6	P152526052	锡林郭勒盟	西乌珠穆沁旗	沙芦草	野生资源	当地	多年生	有性	3月上旬	7月下旬	优质，抗旱，耐寒	良好的牧草，是各种家畜均喜食植物	秆成疏丛，直立或基部膝曲，株高20～60cm，有时基部横卧而节生根成匍茎状，具2～6节。叶片内卷；穗状花序条形；穗轴节间长3～10mm；小穗排列疏松，斜升，含2～8朵小花；颖两侧不对称，无毛；外稃无毛或被微毛，边缘膜质	饲用	茎、叶	窄
7	P152523037	锡林郭勒盟	苏尼特左旗	沙芦草	野生资源	当地	多年生	有性	3月上旬	7月下旬	抗旱，耐寒	良好的牧草，是各种家畜均喜食植物，固沙，根作蒙药用	秆成疏丛，直立或基部膝曲，株高20～60cm，有时基部横卧而节生根成匍茎状，具2～6节。叶片内卷；穗状花序条形；穗轴节间长3～10mm；小穗排列疏松，斜升，含2～8朵小花；颖两侧不对称，无毛；外稃无毛或被微毛，边缘膜质	饲用	根、茎、叶	窄
8	P152524005	锡林郭勒盟	苏尼特右旗	蒙古冰草	野生资源	当地	多年生	有性	3月上旬	7月下旬		良好的牧草，是各种家畜均喜食植物，固沙	秆成疏丛，直立或基部膝曲，株高20～60cm，有时基部横卧而节生根成匍茎状，具2～6节。叶片内卷；穗状花序条形；穗轴节间长3～10mm；小穗排列疏松，斜升，含2～8朵小花；颖两侧不对称，无毛；外稃无毛或被微毛，边缘膜质	饲用	茎、叶	窄

（续表）

序号	样品编号	盟（市）	旗（县、市、区）	种质名称	种质类型	种质来源	生长习性	繁殖习性	播种期	收获期	主要特性	其他特性	主要特性详细描述	种质用途	利用部位	种质分布
9	P152529053	锡林郭勒盟	正镶白旗	沙芦草	野生资源	当地	多年生	有性	3月上旬	7月下旬	抗旱，耐寒	良好的牧草，是各种家畜均喜食植物。有固沙作用	秆成疏丛，直立，株高20～60cm，有时基部横卧而节生根成匍茎状，具2～6节。叶片长5～15cm，宽2～3mm，内卷成针状，叶脉隆起成纵沟，脉上密被微细刚毛	饲用	茎、叶	窄
10	P152531043	锡林郭勒盟	多伦县	蒙古冰草	野生资源	当地	多年生	有性	3月上旬	7月下旬	抗旱，耐寒	干旱草原地区的优良牧用禾草之一。早春鲜草为羊、牛、马等各类牲畜所喜食，冬季牧草干枯时牛和羊也喜食。根作蒙药用	秆成疏丛，直立或基部膝曲，株高20～60cm，有时基部横卧而节生根成匍茎状，具2～6节。叶片内卷；穗状花序条形；穗轴节间长3～10mm；小穗排列疏松，斜升，含2～8朵小花；颖两侧不对称，无毛；外稃无毛或被微毛，边缘膜质	饲用	茎、叶	窄
11	P150622053	鄂尔多斯市	准格尔旗	沙芦草	野生资源	当地	多年生	有性	3月下旬	7月中旬	优质，抗旱，耐贫瘠		在库布齐沙地呈群落分布，具有高产、抗旱、固沙的典型特征，国家二级保护植物	饲用	种子（果实）、茎、叶	窄

（续表）

序号	样品编号	盟（市）	旗（县、市、区）	种质名称	种质类型	种质来源	生长习性	繁殖习性	播种期	收获期	主要特性	其他特性	主要特性详细描述	种质用途	利用部位	种质分布
12	P150622049	鄂尔多斯市	准格尔旗	沙芦草	野生资源	当地	多年生	有性	3月下旬	7月中旬	抗旱		在库布齐沙地呈群落分布，具有高产、抗旱、固沙的典型特征，国家二级保护植物	饲用	种子（果实）、茎、叶	窄
13	P150627053	鄂尔多斯市	伊金霍洛旗	沙芦草	野生资源	当地	多年生	有性	3月下旬	7月中旬	优质，抗旱，耐贫瘠		在库布齐沙地呈群落分布，具有高产、抗旱、固沙的典型特征，国家二级保护植物	饲用	种子（果实）、茎、叶	窄
14	P150627047	鄂尔多斯市	伊金霍洛旗	沙芦草	野生资源	当地	多年生	有性	3月下旬	7月中旬	高产，优质，抗旱，耐贫瘠		在库布齐沙地呈群落分布，具有高产、抗旱、固沙的典型特征，国家二级保护植物	饲用	种子（果实）、茎、叶	窄
15	P150627050	鄂尔多斯市	伊金霍洛旗	沙芦草	野生资源	当地	多年生	有性	3月下旬	7月中旬	高产，优质，抗旱，耐贫瘠		在库布齐沙地呈群落分布，具有高产、抗旱、固沙的典型特征，国家二级保护植物	饲用	种子（果实）、茎、叶	窄
16	P150621061	鄂尔多斯市	达拉特旗	沙芦草	野生资源	当地	多年生	有性	3月下旬	7月中旬	优质，抗旱，耐贫瘠		在库布齐沙地呈群落分布，具有高产、抗旱、固沙的典型特征，国家二级保护植物	饲用	种子（果实）、茎、叶	窄
17	P150621064	鄂尔多斯市	达拉特旗	沙芦草	野生资源	当地	多年生	有性	3月下旬	7月中旬	优质，抗旱，耐贫瘠		在库布齐沙地呈群落分布，具有高产、抗旱、固沙的典型特征，国家二级保护植物	饲用	种子（果实）、茎、叶	窄
18	P150621067	鄂尔多斯市	达拉特旗	沙芦草	野生资源	当地	多年生	有性	3月下旬	7月中旬	优质，抗旱，耐贫瘠		在库布齐沙地呈群落分布，具有高产、抗旱、固沙的典型特征，国家二级保护植物	饲用	种子（果实）、茎、叶	窄

（续表）

序号	样品编号	盟（市）	旗（县、市、区）	种质名称	种质类型	种质来源	生长习性	繁殖习性	播种期	收获期	主要特性	其他特性	主要特性详细描述	种质用途	利用部位	种质分布
19	P150621068	鄂尔多斯市	达拉特旗	沙芦草	野生资源	当地	多年生	有性	3月下旬	7月中旬	优质，抗旱，耐贫瘠		在库布齐沙地呈群落分布，具有高产、抗旱、固沙的典型特征，国家二级保护植物	饲用	种子（果实）、茎、叶	窄
20	P150626042	鄂尔多斯市	乌审旗	沙芦草	野生资源	当地	多年生	有性	3月上旬	7月中旬	高产，优质，抗旱，耐贫瘠		在库布齐沙地呈群落分布，具有高产、抗旱、固沙的典型特征，国家二级保护植物	饲用	种子（果实）、茎、叶	窄
21	P150623044	鄂尔多斯市	鄂托克前旗	沙芦草	野生资源	当地	多年生	有性	3月上旬	7月中旬	优质，抗旱，耐贫瘠		在库布齐沙地呈群落分布，具有高产、抗旱、固沙的典型特征，国家二级保护植物	饲用	种子（果实）、茎、叶	窄
22	P150623050	鄂尔多斯市	鄂托克前旗	沙芦草	野生资源	当地	多年生	有性	3月上旬	7月中旬	其他		在库布齐沙地呈群落分布，具有高产、抗旱、固沙的典型特征，国家二级保护植物	饲用	（果实）、茎、叶	窄
23	P150624046	鄂尔多斯市	鄂托克旗	沙芦草	野生资源	当地	多年生	有性	3月上旬	7月中旬	高产，优质，抗旱，耐贫瘠		在库布齐沙地呈群落分布，具有高产、抗旱、固沙的典型特征，国家二级保护植物	饲用	种子（果实）、茎、叶	窄

24. 麻叶荨麻种质资源目录

麻叶荨麻（*Urtica cannabina*）是荨麻科（Urticaceae）荨麻属（*Urtica*）多年生草本植物。茎皮纤维可作纺织原料；全草入药，治风湿、糖尿病，解虫咬等；瘦果含油约20%，供工业用。共计收集到种质资源11份，分布在1个盟（市）的10个旗（县、市、区）（表4-24）。

表4-24　麻叶荨麻种质资源目录

序号	样品编号	盟（市）	旗（县、市、区）	种质名称	种质类型	种质来源	生长习性	繁殖习性	播种期	收获期	主要特性	其他特性	主要特性详细描述	种质用途	利用部位	种质分布
1	P152502032	锡林郭勒盟	锡林浩特市	荨麻	野生资源	当地	多年生	有性	4月上旬	9月下旬	抗旱	全草入药，能祛风、化痞、解毒、温胃，茎皮纤维可作纺织和制绳索的原料，嫩茎叶可作蔬菜食用。青鲜时羊和骆驼喜采食，牛乐吃	株高100～200cm，全株被柔毛和螯毛；茎直立，丛生，具纵棱；单叶对生，掌状3深裂或全裂，裂片羽状深裂或羽状缺刻；穗状聚伞花序腋生；花被片4裂	饲用	茎、叶	广
2	P152522009	锡林郭勒盟	阿巴嘎旗	哈拉海	野生资源	当地	多年生	有性	4月上旬	9月下旬	广适	全草入药，能祛风、化痞、解毒、温胃，茎皮纤维可作纺织和制绳索的原料，嫩茎叶可作蔬菜食用。青鲜时羊和骆驼喜采食，牛乐吃	株高100～200cm，全株被柔毛和螯毛；茎直立，丛生，具纵棱；单叶对生，掌状3深裂或全裂，裂片羽状深裂或羽状缺刻；穗状聚伞花序腋生；花被片4裂	饲用、保健药用	种子（果实）、茎	广
3	P152522024	锡林郭勒盟	阿巴嘎旗	荨麻	野生资源	当地	多年生	有性	4月上旬	9月下旬	耐寒	全草入药，能祛风、化痞、解毒、温胃，茎皮纤维可作纺织和制绳索的原料，嫩茎叶可作蔬菜食用。青鲜时羊和骆驼喜采食，牛乐吃	株高100～200cm，全株被柔毛和螯毛；茎直立，丛生，具纵棱；单叶对生，掌状3深裂或全裂，裂片羽状深裂或羽状缺刻；穗状聚伞花序腋生；花被片4裂	饲用	根、茎、叶	广
4	P152530003	锡林郭勒盟	正蓝旗	荨麻	野生资源	当地	多年生	有性	4月上旬	9月下旬	优质	全草入药，能祛风、化痞、解毒、温胃，茎皮纤维可作纺织和制绳索的原料，嫩茎叶可作蔬菜食用。青鲜时羊和骆驼喜采食，牛乐吃	株高100～200cm，全株被柔毛和螯毛；茎直立，丛生，具纵棱；单叶对生，掌状3深裂或全裂，裂片羽状深裂或羽状缺刻；穗状聚伞花序腋生；花被片4裂	饲用、保健药用	种子（果实）、茎、叶	广

（续表）

序号	样品编号	盟（市）	旗（县、市、区）	种质名称	种质类型	种质来源	生长习性	繁殖习性	播种期	收获期	主要特性	其他特性	主要特性详细描述	种质用途	利用部位	种质分布
5	P152524012	锡林郭勒盟	苏尼特右旗	荨麻	野生资源	当地	多年生	有性	4月上旬	9月下旬	广适	全草入药，能祛风、化痞、解毒、温胃，茎皮纤维可作纺织和制绳索的原料，嫩茎叶可作蔬菜食用。青鲜时羊和骆驼喜采食，牛乐吃	株高100～200cm，全株被柔毛和螯毛；茎直立，丛生，具纵棱；单叶对生，掌状3深裂或全裂，裂片羽状深裂或羽状缺刻；穗状聚伞花序腋生；花被片4裂	饲用、保健药用	种子（果实）、根、茎、叶	广
6	P152523035	锡林郭勒盟	苏尼特左旗	荨麻	野生资源	当地	多年生	有性	5月上旬	8月下旬	广适	全草入药，能祛风、化痞、解毒、温胃，茎皮纤维可作纺织和制绳索的原料，嫩茎叶可作蔬菜食用。青鲜时羊和骆驼喜采食，牛乐吃	株高100～200cm，全株被柔毛和螯毛；茎直立，丛生，具纵棱；单叶对生，掌状3深裂或全裂，裂片羽状深裂或羽状缺刻；穗状聚伞花序腋生；花被片4裂	食用、饲用、保健药用	种子（果实）、根、茎、叶	广
7	P152525058	锡林郭勒盟	东乌珠穆沁旗	荨麻	野生资源	当地	多年生	有性	5月上旬	8月下旬	优质	全草入药，能祛风、化痞、解毒、温胃，茎皮纤维可作纺织和制绳索的原料，嫩茎叶可作蔬菜食用。青鲜时羊和骆驼喜采食，牛乐吃	茎自基部多出，株高40～100cm，四棱形，密生刺毛和被微柔毛，分枝少	饲用、保健药用	种子（果实）、根、茎、叶、花	广
8	P152528054	锡林郭勒盟	镶黄旗	荨麻	野生资源	当地	多年生	有性	5月上旬	8月下旬	广适	全草入药，能祛风、化痞、解毒、温胃，茎皮纤维可作纺织和制绳索的原料，嫩茎叶可作蔬菜食用。青鲜时羊和骆驼喜采食，牛乐吃	株高100～200cm，全株被柔毛和螯毛；茎直立，丛生，具纵棱；单叶对生，掌状3深裂或全裂，裂片羽状深裂或羽状缺刻；穗状聚伞花序腋生；花被片4裂	食用、保健药用	茎、叶	广

（续表）

序号	样品编号	盟（市）	旗（县、市、区）	种质名称	种质类型	种质来源	生长习性	繁殖习性	播种期	收获期	主要特性	其他特性	主要特性详细描述	种质用途	利用部位	种质分布
9	P152526040	锡林郭勒盟	西乌珠穆沁旗	荨麻	野生资源	当地	多年生	有性	4月上旬	9月下旬	优质	全草入药，能祛风、化痞、解毒、温胃，茎皮纤维可作纺织和制绳索的原料，嫩茎叶可作蔬菜食用。青鲜时羊和骆驼喜采食，牛乐吃	株高100～200cm，全株被柔毛和螫毛；茎直立，丛生，具纵棱；单叶对生，掌状3深裂或全裂，裂片羽状深裂或羽状缺刻；穗状聚伞花序腋生；花被片4裂	食用、饲用、保健药用	种子（果实）、茎、叶	广
10	P152527056	锡林郭勒盟	太仆寺旗	荨麻	野生资源	当地	多年生	有性	4月上旬	9月下旬	广适	全草入药，能祛风、化痞、解毒、温胃，茎皮纤维可作纺织和制绳索的原料，嫩茎叶可作蔬菜食用。青鲜时羊和骆驼喜采食，牛乐吃	株高100～200cm，全株被柔毛和螫毛；茎直立，丛生，具纵棱；单叶对生，掌状3深裂或全裂，裂片羽状深裂或羽状缺刻；穗状聚伞花序腋生；花被片4裂	饲用	种子（果实）、茎、叶	广
11	P152531039	锡林郭勒盟	多伦县	荨麻	野生资源	当地	多年生	有性	4月上旬	9月下旬	优质	全草入药，能祛风、化痞、解毒、温胃，茎皮纤维可作纺织和制绳索的原料，嫩茎叶可作蔬菜食用。青鲜时羊和骆驼喜采食，牛乐吃	株高100～200cm，全株被柔毛和螫毛；茎直立，丛生，具纵棱；单叶对生，掌状3深裂或全裂，裂片羽状深裂或羽状缺刻；穗状聚伞花序腋生；花被片4裂	饲用	茎、叶	窄

25. 野黍种质资源目录

野黍（*Eriochloa villosa*）是禾本科（Gramineae）野黍属（*Eriochloa*）一年生草本植物。野黍可作饲料，谷粒含淀粉，可食用。共计收集到种质资源12份，分布在2个盟（市）的10个旗（县、市、区）（表4-25）。

表4-25 野黍种质资源目录

序号	样品编号	盟（市）	旗(县、市、区)	种质名称	种质类型	种质来源	生长习性	繁殖习性	播种期	收获期	主要特性	其他特性	主要特性详细描述	种质用途	利用部位	种质分布
1	P152523024	锡林郭勒盟	苏尼特左旗	野糜子	野生资源	当地	一年生	有性	5月上旬	8月下旬	优质		秆叶可为牲畜饲料	食用、饲用	种子（果实）、茎、叶	窄
2	P152501007	锡林郭勒盟	二连浩特市	野糜子	野生资源	外地	一年生	有性	5月上旬	8月中旬	抗虫，耐盐碱，抗旱，耐寒，耐贫瘠，耐热			饲用	种子（果实）、茎	窄
3	P152530040	锡林郭勒盟	正蓝旗	野黍子	野生资源	当地	一年生	有性	5月上旬	8月下旬	优质，广适	可作饲料、谷粒含淀粉，可食用	秆直立，基部分枝，株高可达100cm。叶鞘松弛包茎，节具髭毛；叶舌具纤毛；叶片扁平，表面具微毛，背面光滑，边缘粗糙	食用、饲用	种子（果实）、茎、叶	广
4	P152530012	锡林郭勒盟	正蓝旗	野糜子	野生资源	当地	一年生	有性	5月上旬	8月下旬			谷粒富含淀粉，秆叶可为牲畜饲料	饲用	种子（果实）、叶	窄
5	P152502033	锡林郭勒盟	锡林浩特市	野糜子	野生资源	当地	一年生	有性	5月上旬	8月下旬	抗旱		谷粒富含淀粉，供食用或酿酒，秆叶可为牲畜饲料	饲用	种子（果实）、茎、叶	窄
6	P152527024	锡林郭勒盟	太仆寺旗	野黍子	野生资源	当地	一年生	有性	5月上旬	8月下旬			黍米中蛋白质含量相当高	食用、饲用	种子（果实）	窄

（续表）

序号	样品编号	盟（市）	旗（县、市、区）	种质名称	种质类型	种质来源	生长习性	繁殖习性	播种期	收获期	主要特性	其他特性	主要特性详细描述	种质用途	利用部位	种质分布
7	P152529042	锡林郭勒盟	正镶白旗	野糜子	野生资源	当地	一年生	有性	5月上旬	8月下旬	抗旱		谷粒富含淀粉，供食用或酿酒，秆叶可为牲畜饲料	食用、饲用，其他	种子（果实）、茎、叶、花	窄
8	P152525068	锡林郭勒盟	东乌珠穆沁旗	野黍子	野生资源	当地	一年生	有性	5月上旬	8月下旬	广适	蛋白质与氨基酸黍米中蛋白质含量相当高	秆丛生，直立或基部斜升，有分枝，下部节有时膝曲，株高50～100cm。叶片披针状条形，边缘粗糙。圆锥花序狭窄，顶生，长达15cm；总状花序少数或多数，长1.5～4.5cm，密生白色长柔毛	食用、饲用	种子（果实）	广
9	P152524023	锡林郭勒盟	苏尼特右旗	野糜子	野生资源	当地	一年生	有性	5月上旬	8月下旬	优质		谷粒富含淀粉，秆叶可为牲畜饲料	饲用	种子（果实）、茎、叶	窄
10	P150721067	呼伦贝尔市	阿荣旗	野黍	野生资源	当地	一年生	有性	5月上旬	8月上旬	高产，抗病，耐寒，耐贫瘠	良等饲用植物	丛生，茎直立或基部斜升。有分枝，株高60～120cm；叶片披针状条形，长5～20cm，宽5～10mm，疏被短柔毛，边缘粗糙。总状花序，长1.5～4.5cm，密生白色长柔毛，排列主轴一侧；小穗卵状披针形，单生，成两行排列于穗轴的一侧，长4～5mm；无芒；颖果卵状椭圆形，边成熟边脱落。花果期7—9月	饲用	茎、叶	窄

（续表）

序号	样品编号	盟（市）	旗（县、市、区）	种质名称	种质类型	种质来源	生长习性	繁殖习性	播种期	收获期	主要特性	其他特性	主要特性详细描述	种质用途	利用部位	种质分布
11	P150702067	呼伦贝尔市	海拉尔区	野稷子	野生资源	当地	一年生	有性	5月中旬	7月下旬	高产，优质，耐寒	优等饲用植物	秆直立或基部稍倾斜，株高60～120cm，有分枝，茎秆光滑；叶片披针状条形，长10～30cm，宽10～15mm，疏生柔毛。圆锥花序展开，直立，长20～30cm，分枝细弱，斜向上升并展开，下部裸露，上部密生小枝和小穗，紫色；小穗卵圆状椭圆形，长3～5mm。颖果椭圆形，浅紫色，长2.5～3.0mm，边成熟边脱落；种子椭圆形，褐色，千粒重3.0g。花果期7—8月	饲用	种子（果实）、茎、叶	窄
12	P150702066	呼伦贝尔市	海拉尔区	野糜子	野生资源	当地	一年生	有性	5月中旬	7月下旬	高产，优质，耐寒	优等饲用植物。种子可救荒食用	秆直立或基部稍倾斜，株高60～120cm，有分枝，节密生须毛，叶鞘疏松，被须毛；叶片披针状条形，长10～30cm，宽10～15mm，疏生长柔毛，边缘粗糙。圆锥花序展开，顶端稍下垂，长20～30cm，分枝细弱，斜向上升并展开，具角棱，有糙毛，下部裸露，上部密生小枝和小穗，绿色；小穗卵圆状椭圆形，长3～5mm。颖果椭圆形，白绿色，长3～3.5mm，边成熟边脱落；种子椭圆形，棕黑色，千粒重4.1g。花果期7—8月	饲用	种子（果实）、茎、叶	窄

26. 防风种质资源目录

防风（*Saposhnikovia divaricata*）是伞形科（Apiaceae）防风属（*Saposhnikovia*）多年生草本植物。防风喜凉爽气候，耐寒，耐干旱，主产于河北、黑龙江、四川、内蒙古等地。防风的根可生用。味辛、甘，性微温。有祛风解表、胜湿止痛、止痉的功效。共计收集到种质资源8份，分布在1个盟（市）的8个旗（县、市、区）（表4-26）。

表4-26 防风种质资源目录

序号	样品编号	盟（市）	旗（县、市、区）	种质名称	种质类型	种质来源	生长习性	繁殖习性	播种期	收获期	主要特性	其他特性	主要特性详细描述	种质用途	利用部位	种质分布
1	P152502034	锡林郭勒盟	锡林浩特市	防风	野生资源	当地	多年生	有性	4月上旬	9月下旬	耐寒	根入药，可祛风解表，胜湿止痛，止痉	株高达80cm，主根圆锥形，淡黄褐色，茎单生，二歧分枝，基部密被纤维状叶鞘，基生叶有长柄，叶鞘宽	饲用	根、茎、叶	窄
2	P152531042	锡林郭勒盟	多伦县	防风	野生资源	当地	多年生	有性	5月上旬	8月下旬		根入药，可祛风解表，胜湿止痛，止痉	株高达80cm，主根圆锥形，淡黄褐色，茎单生，二歧分枝，基部密被纤维状叶鞘，基生叶有长柄，叶鞘宽。叶2～3回羽状深裂；末回裂片狭楔形，顶部常具2～3缺刻状齿。复伞形花序；花瓣白色	饲用、保健药用	茎、叶	窄
3	P152524034	锡林郭勒盟	苏尼特右旗	防风	野生资源	当地	多年生	有性	5月上旬	8月下旬		根入药，可祛风解表，胜湿止痛，止痉	株高达80cm，主根圆锥形，淡黄褐色，茎单生，二歧分枝，基部密被纤维状叶鞘，基生叶有长柄，叶鞘宽	饲用、保健药用	茎、叶	窄
4	P152523036	锡林郭勒盟	苏尼特左旗	防风	野生资源	当地	多年生	有性	5月上旬	8月下旬	耐寒	根入药，可祛风解表，胜湿止痛，止痉	株高达80cm，主根圆锥形，淡黄褐色，茎单生，二歧分枝，基部密被纤维状叶鞘，基生叶有长柄，叶鞘宽	饲用、保健药用	根、茎、叶	窄
5	P152526047	锡林郭勒盟	西乌珠穆沁旗	防风	野生资源	当地	多年生	有性	5月上旬	8月下旬		根入药，可祛风解表，胜湿止痛，止痉	株高达80cm，主根圆锥形，淡黄褐色，茎单生，二歧分枝，基部密被纤维状叶鞘，基生叶有长柄，叶鞘宽。叶2～3回羽状深裂；末回裂片狭楔形，顶部常具2～3缺刻状齿。复伞形花序；花瓣白色	饲用、保健药用	根、茎、叶	窄

（续表）

序号	样品编号	盟（市）	旗（县、市、区）	种质名称	种质类型	种质来源	生长习性	繁殖习性	播种期	收获期	主要特性	其他特性	主要特性详细描述	种质用途	利用部位	种质分布
6	P152525067	锡林郭勒盟	东乌珠穆沁旗	防风	野生资源	当地	多年生	有性	5月上旬	8月下旬	耐寒	根入药，可祛风解表，胜湿止痛，止痉	株高达80cm，主根圆锥形，淡黄褐色，茎单生，二歧分枝，基部密被纤维状叶鞘，基生叶有长柄，叶鞘宽。叶2～3回羽状深裂；末回裂片狭楔形，顶部常具2～3缺刻状齿。复伞形花序；花瓣白色	饲用、保健药用	根、茎、叶	窄
7	P152528002	锡林郭勒盟	镶黄旗	防风	野生资源	当地	多年生	有性	5月上旬	8月下旬	抗旱，耐寒		根供药用，有发汗、祛痰、驱风、发表、镇痛的功效，用于治感冒、头痛、周身关节痛、神经痛等症	饲用、保健药用	根、茎、叶	窄
8	P152522025	锡林郭勒盟	阿巴嘎旗	防风	野生资源	当地	多年生	有性	5月上旬	8月下旬	耐寒	根入药，可祛风解表，胜湿止痛，止痉	株高达80cm，主根圆锥形，淡黄褐色，茎单生，二歧分枝，基部密被纤维状叶鞘，基生叶有长柄，叶鞘宽	饲用、保健药用	根、茎、叶	窄

27. 羊茅种质资源目录

羊茅（*Festuca ovina*）是禾本科（Gramineae）羊茅属（*Festuca*）多年生草本植物。羊茅植物的适口性良好，是羊、马喜食的饲料。共计收集到种质资源6份，分布在1个盟（市）的6个旗（县、市、区）（表4-27）。

表4-27 羊茅种质资源目录

序号	样品编号	盟（市）	旗（县、市、区）	种质名称	种质类型	种质来源	生长习性	繁殖习性	播种期	收获期	主要特性	其他特性	主要特性详细描述	种质用途	利用部位	种质分布
1	P152502036	锡林郭勒盟	锡林浩特市	高羊茅	野生资源	当地	多年生	有性	5月上旬	8月下旬	抗旱，耐贫瘠		秆密丛生，具条棱，株高30～60cm，光滑，仅近花序处具柔毛。叶鞘光滑，基部具有残存叶鞘；圆锥花序穗状，长2～5cm，分枝常偏向一侧，小穗圆形，长4～6mm，3～6朵小花，淡绿色，有时淡紫色	饲用	茎、叶	窄

（续表）

序号	样品编号	盟（市）	旗（县、市、区）	种质名称	种质类型	种质来源	生长习性	繁殖习性	播种期	收获期	主要特性	其他特性	主要特性详细描述	种质用途	利用部位	种质分布
2	P152501021	锡林郭勒盟	二连浩特市	紫羊茅	野生资源	当地	多年生	有性	5月上旬	8月中旬	抗虫，耐盐碱，抗旱，耐寒，耐贫瘠，耐热			饲用	种子（果实）、茎	广
3	P152531050	锡林郭勒盟	多伦县	高羊茅	野生资源	当地	多年生	有性	5月上旬	8月下旬	优质		秆密丛生，具条棱，株高30～60cm，光滑，仅近花序处具柔毛。叶鞘光滑，基部具有残存叶鞘；圆锥花序穗状，长2～5cm，分枝常偏向一侧，小穗圆形，长4～6mm，3～6朵小花，淡绿色，有时淡紫色	饲用	茎、叶	窄
4	P152529054	锡林郭勒盟	正镶白旗	高羊茅	野生资源	当地	多年生	有性	5月上旬	8月下旬	优质		秆密丛生，具条棱，株高30～60cm，光滑，仅近花序处具柔毛。叶鞘光滑，基部具有残存叶鞘；圆锥花序穗状，长2～5cm，分枝常偏向一侧，小穗圆形，长4～6mm，3～6朵小花，淡绿色，有时淡紫色	饲用	茎、叶	窄
5	P152530055	锡林郭勒盟	正蓝旗	高羊茅	野生资源	当地	多年生	有性	5月上旬	8月下旬	优质		秆密丛生，具条棱，株高30～60cm，光滑，仅近花序处具柔毛。叶鞘光滑，基部具有残存叶鞘；圆锥花序穗状，长2～5cm，分枝常偏向一侧，小穗圆形，长4～6mm，3～6朵小花，淡绿色，有时淡紫色	饲用	茎、叶	窄

（续表）

序号	样品编号	盟（市）	旗（县、市、区）	种质名称	种质类型	种质来源	生长习性	繁殖习性	播种期	收获期	主要特性	其他特性	主要特性详细描述	种质用途	利用部位	种质分布
6	P152525070	锡林郭勒盟	东乌珠穆沁旗	高羊茅	野生资源	当地	多年生	有性	5月上旬	8月下旬	优质	优等饲用禾草，适口性好，青鲜时羊和马最喜食，牛采食较少	秆密丛生，具条棱，株高30～60cm，光滑，仅近花序处具柔毛。叶鞘光滑，基部具有残存叶鞘；圆锥花序穗状，长2～5cm，分枝常偏向一侧，小穗圆形，长4～6mm，3～6朵小花，淡绿色，有时淡紫色	饲用，其他	茎	窄

28. 羊草种质资源目录

羊草（*Leymus chinensis*）是禾本科（Gramineae）赖草属（*Leymus*）多年生植物。羊草叶量多，营养价值高，适口性好，各类家禽一年四季均喜食，是优良的放牧场草种。共计收集到种质资源13份，分布在3个盟（市）的12个旗（县、市、区）（表4-28）。

表4-28　羊草种质资源目录

序号	样品编号	盟（市）	旗（县、市、区）	种质名称	种质类型	种质来源	生长习性	繁殖习性	播种期	收获期	主要特性	其他特性	主要特性详细描述	种质用途	利用部位	种质分布
1	P152523043	锡林郭勒盟	苏尼特左旗	羊草	野生资源	当地	多年生	有性	4月上旬	9月下旬	耐盐碱，抗旱，耐寒		直立，株高40～90cm，具根茎；秆单生或疏丛生。叶片革质，扁平或内卷，灰绿色或绿色；穗状花序直立，穗轴每节小穗1～2个；小穗含4～10朵小花；颖锥形，硬质；边缘具微细纤毛；外稃披针形，无毛，边缘狭膜质，先端渐尖或具短尖头。花期6—8月	饲用	茎、叶	广

（续表）

序号	样品编号	盟（市）	旗（县、市、区）	种质名称	种质类型	种质来源	生长习性	繁殖习性	播种期	收获期	主要特性	其他特性	主要特性详细描述	种质用途	利用部位	种质分布
2	P152502050	锡林郭勒盟	锡林浩特市	羊草	野生资源	当地	多年生	有性	4月上旬	7月下旬	耐盐碱，抗旱，耐寒		秆散生，直立，株高40～90cm，具4～5节。叶鞘光滑，基部残留叶鞘呈纤维状，枯黄色；叶舌截平，顶具裂齿，纸质，长0.5～1mm；叶片长7～18cm，宽3～6mm，扁平或内卷，上面及边缘粗糙，下面较平滑	饲用	茎、叶	广
3	P152502027	锡林郭勒盟	锡林浩特市	锡林郭勒羊草	野生资源	当地	多年生	有性	4月上旬	7月下旬	优质，耐盐碱，抗旱，耐寒		优质牧草，适口性好，营养物质丰富，在夏、秋季节是家畜抓膘植物	饲用	茎、叶	广
4	P152528007	锡林郭勒盟	镶黄旗	羊草	野生资源	当地	多年生	有性	4月上旬	7月下旬	优质	一种重要牧草，茎秆也是很好的造纸原料		饲用、加工原料	茎、叶	广
5	P152531034	锡林郭勒盟	多伦县	羊草	野生资源	当地	多年生	有性	4月上旬	7月下旬	耐盐碱，抗旱，耐寒	内蒙古东部天然草场上的重要牧草之一，也可割制干草	秆直立，株高40～90cm，具根茎；秆单生或疏丛生。叶片革质，扁平或内卷，灰绿色或绿色；穗状花序直立，穗轴每节小穗1～2个；小穗含4～10朵小花；颖锥形，硬质；边缘具微细纤毛；外稃披针形，无毛，边缘狭膜质，先端渐尖或具短尖头。花期6—8月	饲用	茎、叶	广

（续表）

序号	样品编号	盟（市）	旗（县、市、区）	种质名称	种质类型	种质来源	生长习性	繁殖习性	播种期	收获期	主要特性	其他特性	主要特性详细描述	种质用途	利用部位	种质分布
6	P152526037	锡林郭勒盟	西乌珠穆沁旗	羊草	野生资源	当地	多年生	有性	4月上旬	7月下旬	耐盐碱，抗旱，耐寒	羊草为内蒙古东部天然草场上的重要牧草之一，也可割制干草。茎秆是很好的造纸原料	秆散生，直立，株高40～90cm，具4～5节。叶鞘光滑，基部残留叶鞘呈纤维状，枯黄色；叶舌截平，顶具裂齿，纸质，长0.5～1mm；叶片长7～18cm，宽3～6mm，扁平或内卷，上面及边缘粗糙，下面较平滑	饲用、加工原料	茎、叶、花	广
7	P152530034	锡林郭勒盟	正蓝旗	羊草	野生资源	当地	多年生	有性	4月上旬	7月下旬	耐盐碱，抗旱，耐寒	内蒙古东部天然草场上的重要牧草之一，也可割制干草	秆散生，直立，株高40～90cm，具4～5节。叶鞘光滑，基部残留叶鞘呈纤维状，枯黄色；叶舌截平，顶具裂齿，纸质，长0.5～1mm；叶片长7～18cm，宽3～6mm，扁平或内卷，上面及边缘粗糙，下面较平滑	饲用	茎、叶	广
8	P152524022	锡林郭勒盟	苏尼特右旗	羊草	野生资源	当地	多年生	有性	4月上旬	7月下旬	优质，耐盐碱，抗旱，耐寒	春季返青早，秋季枯黄晚，能在较长的时间内提供较多的青饲料	须根具沙套；秆散生，直立，株高40～90cm，具4～5节，叶鞘平滑，基部残留叶鞘呈纤维状，枯黄色；叶舌截平，顶端具齿裂，纸质，叶片长7～18cm，宽3～6mm，扁平或内卷，上面及边缘粗糙，下面较平滑	饲用	茎、叶	广

（续表）

序号	样品编号	盟（市）	旗（县、市、区）	种质名称	种质类型	种质来源	生长习性	繁殖习性	播种期	收获期	主要特性	其他特性	主要特性详细描述	种质用途	利用部位	种质分布
9	P152522030	锡林郭勒盟	阿巴嘎旗	羊草	野生资源	当地	多年生	有性	4月上旬	7月下旬	优质，耐盐碱，抗旱，耐寒	内蒙古东部天然草场上的重要牧草之一，也可割制干草	优质牧草，适口性好，营养物质丰富，在夏秋季节是家畜抓膘植物	饲用	茎、叶	广
10	P152529004	锡林郭勒盟	正镶白旗	羊草	野生资源	当地	多年生	有性	4月上旬	7月下旬	优质，耐盐碱，抗旱，耐寒		通常以放牧羊、牛、马为主，幼嫩时期尚可放牧猪和鹅。也可在冬季利用枯草放牧牛、羊、马	饲用	茎、叶	广
11	P152525066	锡林郭勒盟	东乌珠穆沁旗	羊草	野生资源	当地	多年生	有性	4月上旬	7月下旬	耐盐碱，抗旱，耐寒		优质牧草，适口性好，营养物质丰富，在夏秋季节是家畜抓膘植物。直立，株高40~90cm，具根茎；秆单生或疏丛生。叶片革质，扁平或内卷，灰绿色或绿色；穗状花序直立，穗轴每节小穗1~2个；小穗含4~10朵小花；颖锥形，硬质；边缘具微细纤毛；外稃披针形，无毛，边缘狭膜质，先端渐尖或具短尖头。花期6—8月	饲用	根、茎	广
12	P150627045	鄂尔多斯市	伊金霍洛旗	羊草	野生资源	当地	多年生	有性	4月下旬	7月中旬	高产，优质，抗旱，耐贫瘠		重要的牧草资源，同时也是生态恢复的重要草种	饲用	种子（果实）、茎、叶	窄

（续表）

序号	样品编号	盟（市）	旗（县、市、区）	种质名称	种质类型	种质来源	生长习性	繁殖习性	播种期	收获期	主要特性	其他特性	主要特性详细描述	种质用途	利用部位	种质分布
13	P150724030	呼伦贝尔市	鄂温克族自治旗	赖草	地方品种	当地	多年生	兼性	5月中旬	7月中旬	高产，抗病，广适	常见于山坡、田边、路旁	秆单生或疏丛生，质硬，直立，株高60～110cm。叶片扁平，长6～25cm，宽4～6mm。穗状花序直立，灰绿色或浅紫色，长7～16cm，穗轴被短柔毛，每节着生2～4个小穗；小穗长10～17mm，含5～7朵小花；颖锥形，先端尖如芒状，具1脉，第一颖长8～10mm，第二颖长11～14mm；外稃披针形，先端渐尖或具长1～4mm短芒，脉在中部以上明显，第一外稃长8～11mm；内稃与外稃等长，先端具2裂。花果期7—8月	饲用	茎、叶	广

29. 黑麦草种质资源目录

黑麦草（*Lolium perenne*）是禾本科（Gramineae）黑麦草属（*Lolium*）多年生植物。黑麦草是各地普遍引种栽培的优良牧草，生于草甸草场，路旁湿地常见。共计收集到种质资源8份，分布在1个盟（市）的8个旗（县、市、区）（表4–29）。

表4–29　黑麦草种质资源目录

序号	样品编号	盟（市）	旗（县、市、区）	种质名称	种质类型	种质来源	生长习性	繁殖习性	播种期	收获期	主要特性	其他特性	主要特性详细描述	种质用途	利用部位	种质分布
1	P152522046	锡林郭勒盟	阿巴嘎旗	黑麦草	选育品种	当地	多年生	有性	5月上旬	8月下旬		生长快、分蘖多、能耐牧，是优质的放牧用牧草，也是禾本科牧草中可消化物质产量最高的牧草之一	具细弱根状茎。秆丛生，株高30～90cm，具3～4节，质软，基部节上生根。叶舌长约2mm；叶片线形，长5～20cm，宽3～6mm，柔软，具微毛，有时具叶耳	饲用	茎、叶	窄

（续表）

序号	样品编号	盟（市）	旗（县、市、区）	种质名称	种质类型	种质来源	生长习性	繁殖习性	播种期	收获期	主要特性	其他特性	主要特性详细描述	种质用途	利用部位	种质分布
2	P152531048	锡林郭勒盟	多伦县	黑麦草	选育品种	当地	多年生	有性	5月上旬	8月下旬		生长快、分蘖多、能耐牧，是优质的放牧用牧草，也是禾本科牧草中可消化物质产量最高的牧草之一。	多年生，具细弱根状茎。秆丛生，株高30～90cm，具3～4节，质软，基部节上生根。叶舌长约2mm；叶片线形，长5～20cm，宽3～6mm，柔软，具微毛，有时具叶耳	饲用	茎、叶	窄
3	P152526054	锡林郭勒盟	西乌珠穆沁旗	黑麦草	选育品种	当地	多年生	有性	5月上旬	8月下旬		生长快、分蘖多、能耐牧，是优质的放牧用牧草，也是禾本科牧草中可消化物质产量最高的牧草之一		饲用	叶	窄
4	P152529051	锡林郭勒盟	正镶白旗	黑麦草	选育品种	当地	多年生	有性	5月上旬	8月下旬		生长快、分蘖多、能耐牧，是优质的放牧用牧草，也是禾本科牧草中可消化物质产量最高的牧草之一		饲用	叶	窄
5	P152523041	锡林郭勒盟	苏尼特左旗	黑麦草	选育品种	当地	多年生	有性	5月上旬	8月下旬		生长快、分蘖多、能耐牧，是优质的放牧用牧草，也是禾本科牧草中可消化物质产量最高的牧草之一	秆丛生，株高30～90cm，具3～4节，质软，基部节上生根。叶舌长约2mm；叶片线形，长5～20cm，宽3～6mm，柔软，具微毛，有时具叶耳	饲用	叶	窄
6	P152502039	锡林郭勒盟	锡林浩特市	黑麦草	选育品种	当地	多年生	有性	5月上旬	8月下旬		生长快、分蘖多、能耐牧，是优质的放牧用牧草，也是禾本科牧草中可消化物质产量最高的牧草之一	秆丛生，株高30～90cm，具3～4节，质软，基部节上生根。叶舌长约2mm；叶片线形，长5～20cm，宽3～6mm，柔软，具微毛，有时具叶耳	饲用	茎、叶	窄

（续表）

序号	样品编号	盟（市）	旗（县、市、区）	种质名称	种质类型	种质来源	生长习性	繁殖习性	播种期	收获期	主要特性	其他特性	主要特性详细描述	种质用途	利用部位	种质分布
7	P152527029	锡林郭勒盟	太仆寺旗	黑麦草	选育品种	当地	多年生	有性	5月上旬	8月下旬		生长快、分蘖多、能耐牧，是优质的放牧用牧草，也是禾本科牧草中可消化物质产量最高的牧草之一		饲用	叶	窄
8	P152528049	锡林郭勒盟	镶黄旗	黑麦草	选育品种	当地	多年生	有性	5月上旬	8月下旬		生长快、分蘖多、能耐牧，是优质的放牧用牧草，也是禾本科牧草中可消化物质产量最高的牧草之一	多年生，具细弱根状茎。秆丛生，株高30～90cm，具3～4节，质软，基部节上生根。叶舌长约2mm；叶片线形，长5～20cm，宽3～6mm，柔软，具微毛，有时具叶耳	饲用	叶	窄

30. 酸模种质资源目录

酸模（*Rumex acetosa*）是蓼科（Polygonaceae）酸模属（*Rumex*）多年生直立草本植物。酸模在民间一直被用于治疗坏血病，近代药理分析认为，酸模有抑制大孢子霉菌繁殖和生长的作用。酸模能解毒杀虫、凉血止血，主治疮毒、吐血、便血等症。共计收集到种质资源7份，分布在2个盟（市）的7个旗（县、市、区）（表4-30）。

表4-30 酸模种质资源目录

序号	样品编号	盟（市）	旗（县、市、区）	种质名称	种质类型	种质来源	生长习性	繁殖习性	播种期	收获期	主要特性	其他特性	主要特性详细描述	种质用途	利用部位	种质分布
1	P152502046	锡林郭勒盟	锡林浩特市	牛舌草	野生资源	当地	多年生	有性	4月上旬	7月下旬	抗病，抗虫		株高1～1.5m；茎直立，具纵沟纹；叶边缘皱波状或全缘；圆锥花序大型，有分枝；多数花簇状轮生；花被片6，绿色带粉色，内轮花被片有1片具小瘤；瘦果卵状三棱形	饲用、保健药用	根、茎、叶	窄

（续表）

序号	样品编号	盟（市）	旗（县、市、区）	种质名称	种质类型	种质来源	生长习性	繁殖习性	播种期	收获期	主要特性	其他特性	主要特性详细描述	种质用途	利用部位	种质分布
2	P152526023	锡林郭勒盟	西乌珠穆沁旗	牛舌草	野生资源	当地	多年生	有性	4月上旬	8月下旬	抗病，抗虫		株高1～1.5m；茎直立，具纵沟纹；叶边缘皱波状或全缘；圆锥花序大型，有分枝；多数花簇状轮生；花被片6，绿色带粉色，内轮花被片有1片具小瘤；瘦果卵状三棱形	饲用、保健药用	根、茎、叶	窄
3	P152527002	锡林郭勒盟	太仆寺旗	巴天酸模	野生资源	当地	多年生	有性	4月上旬	8月下旬	抗病，抗虫	凉血止血，清热解毒，通便杀虫。用于痢疾，泄泻，肝炎，跌打损伤，大便秘结，痈疮疥癣	株高1～1.5m；茎直立，具纵沟纹；叶边缘皱波状或全缘；圆锥花序大型，有分枝；多数花簇状轮生；花被片6，绿色带粉色，内轮花被片有1片具小瘤；瘦果卵状三棱形	饲用、保健药用	根、茎、叶	窄
4	P150626012	鄂尔多斯市	乌审旗	皱叶酸模	野生资源	当地	多年生	有性	4月上旬	7月中旬	耐盐碱，耐寒	生河滩沟边湿地，可入药		保健药用	茎、叶	广
5	P150624019	鄂尔多斯市	鄂托克旗	巴天酸模	野生资源	当地	多年生	有性	5月上旬	10月上旬	广适	中生植物（主要生长在低湿地、村边和路边）		饲用	茎、叶、花	广

（续表）

序号	样品编号	盟（市）	旗（县、市、区）	种质名称	种质类型	种质来源	生长习性	繁殖习性	播种期	收获期	主要特性	其他特性	主要特性详细描述	种质用途	利用部位	种质分布
6	P150623004	鄂尔多斯市	鄂托克前旗	皱叶酸模	野生资源	当地	多年生	有性	4月中旬	9月下旬	耐寒		根为须根。茎直立，株高40～100cm，具深沟槽，通常不分枝。基生叶和茎下部叶箭形，长3～12cm，宽2～4cm，顶端急尖或圆钝，基部裂片急尖，全缘或微波状；叶柄长2～10cm；茎上部叶较小，具短叶柄或无柄；托叶鞘膜质，易破裂。花序狭圆锥状，顶生，分枝稀疏；花单性，雌雄异株；花梗中部具关节；花被片6，成2轮，雄花内花被片椭圆形，长约3mm，外花被片较小，雄蕊6；雌花内花被片，近圆形，直径3.5～4mm，全缘，基部心形，网脉明显，基部具极小的小瘤，外花被片椭圆形，反折。瘦果椭圆形，具3锐棱，两端尖，长约2mm，黑褐色，有光泽。花期5—7月，果期6—8月	保健药用	根、茎、叶、花	广
7	P150621065	鄂尔多斯市	达拉特旗	酸模	野生资源	当地	多年生	有性	3月下旬	7月中旬	高产	达拉特旗农田野生分布，鲜时具有较高的牧草饲用价值		饲用	种子（果实）、茎、叶	窄

31. 叉分蓼种质资源目录

叉分蓼（*Polygonum divaricatum*）是蓼科（Polygonaceae）蓼属（*Polygonum*）多年生草本。叉分蓼以全草、根入药，全草可用于大小肠积热、瘿瘤、热泻腹痛，根可用于寒疝、阴囊出汗、胃痛、腹泻、痢疾。叉分蓼适口性好，各种畜禽均喜食。共计收集到种质资源4份，分布在1个盟（市）的4个旗（县、市、区）（表4-31）。

表4-31　叉分蓼种质资源目录

序号	样品编号	盟（市）	旗(县、市、区)	种质名称	种质类型	种质来源	生长习性	繁殖习性	播种期	收获期	主要特性	其他特性	主要特性详细描述	种质用途	利用部位	种质分布
1	P152527043	锡林郭勒盟	太仆寺旗	叉分蓼	野生资源	当地	多年生	有性	4月上旬	10月下旬	抗旱，耐寒		株高50～150cm；茎直立或斜升，多分枝；叶披针形至矩圆状条形；大型圆锥花序顶生，开展；花被白色或淡黄色，5深裂；瘦果具3锐棱。花期6—7月	饲用、保健药用	茎、叶	窄
2	P152531024	锡林郭勒盟	多伦县	叉分蓼	野生资源	当地	多年生	有性	4月上旬	10月下旬	耐贫瘠		株高50～150cm；茎直立或斜升，多分枝；叶披针形至矩圆状条形；大型圆锥花序顶生，开展；花被白色或淡黄色，5深裂；瘦果具3锐棱。花期6—7月	饲用、保健药用	根、茎、叶	窄
3	P152502051	锡林郭勒盟	锡林浩特市	叉分蓼	野生资源	当地	多年生	有性	4月上旬	10月下旬	抗旱，耐寒		株高50～150cm；茎直立或斜升，多分枝；叶披针形至矩圆状条形；大型圆锥花序顶生，开展；花被白色或淡黄色，5深裂；瘦果具3锐棱。花期6—7月	饲用、保健药用、加工原料	根、茎、叶	窄
4	P152522034	锡林郭勒盟	阿巴嘎旗	叉分蓼	野生资源	当地	多年生	有性	4月上旬	10月下旬	抗旱，耐寒		株高50～150cm；茎直立或斜升，多分枝；叶披针形至矩圆状条形；大型圆锥花序顶生，开展；花被白色或淡黄色，5深裂；瘦果具3锐棱。花期6—7月	饲用	茎、叶	窄

32. 地榆种质资源目录

地榆（*Sanguisorba officinalis*）是蔷薇科（Rosaceae）地榆属（*Sanguisorba*）多年生草本植物。地榆的根入药，味苦、酸、涩，性寒；归肝、大肠经，有凉血止血、解毒敛疮的功效。用于便血、痔血、血痢、崩漏、水火烫伤、痈肿疮毒。共计收集到种质资源11份，分布在3个盟（市）的10个旗（县、市、区）（表4-32）。

表4-32　地榆种质资源目录

序号	样品编号	盟（市）	旗（县、市、区）	种质名称	种质类型	种质来源	生长习性	繁殖习性	播种期	收获期	主要特性	其他特性	主要特性详细描述	种质用途	利用部位	种质分布
1	P152522008	锡林郭勒盟	阿巴嘎旗	地榆	野生资源	当地	多年生	有性	4月上旬	10月下旬	广适		嫩苗、嫩茎叶或花穗可食用，可作花境背景或供观赏，根入药，具有止血凉血、清热解毒、收敛止泻及抑制多种致病微生物和肿瘤的作用；全株含鞣质，可提取栲胶；根含淀粉，可供酿酒	饲用、保健药用	根、茎、叶	广
2	P152528024	锡林郭勒盟	镶黄旗	地榆	野生资源	当地	多年生	有性	4月上旬	10月下旬	广适		可作为中草药，有凉血止血、清热解毒、培清养阴、消肿敛疮等功效	饲用、保健药用	根、叶	广
3	P152523030	锡林郭勒盟	苏尼特左旗	地榆	野生资源	当地	多年生	有性	4月上旬	10月下旬	广适		嫩苗、嫩茎叶或花穗可食用，可作花境背景或供观赏，根入药，具有止血凉血、清热解毒、收敛止泻及抑制多种致病微生物和肿瘤的作用；全株含鞣质，可提取栲胶；根含淀粉，可供酿酒	饲用	茎、叶	广
4	P152529005	锡林郭勒盟	正镶白旗	地榆	野生资源	当地	多年生	有性	4月上旬	10月下旬	广适		嫩苗、嫩茎叶或花穗可食用，可作花境背景或供观赏，具有止血凉血、清热解毒、收敛止泻及抑制多种致病微生物和肿瘤的作用	饲用、保健药用	根、茎、叶	广

（续表）

序号	样品编号	盟（市）	旗（县、市、区）	种质名称	种质类型	种质来源	生长习性	繁殖习性	播种期	收获期	主要特性	其他特性	主要特性详细描述	种质用途	利用部位	种质分布
5	P152527044	锡林郭勒盟	太仆寺旗	地榆	野生资源	当地	多年生	有性	4月上旬	10月下旬	耐寒		嫩苗、嫩茎叶或花穗可食用，可作花境背景或供观赏，根入药，具有止血凉血、清热解毒、收敛止泻及抑制多种致病微生物和肿瘤的作用；全株含鞣质，可提取栲胶；根含淀粉，可供酿酒	饲用	茎、叶	广
6	P152531008	锡林郭勒盟	多伦县	地榆	野生资源	当地	多年生	有性	4月上旬	10月下旬	耐寒		嫩苗、嫩茎叶或花穗可食用，可作花境背景或供观赏，根入药，具有止血凉血、清热解毒、收敛止泻及抑制多种致病微生物和肿瘤的作用；全株含鞣质，可提取栲胶；根含淀粉，可供酿酒	食用、饲用、保健药用	茎、叶	广
7	P152525011	锡林郭勒盟	东乌珠穆沁旗	地榆	野生资源	当地	多年生	有性	4月上旬	10月下旬	耐寒		嫩苗、嫩茎叶或花穗可食用，可作花境背景或供观赏，根入药，具有止血凉血、清热解毒、收敛止泻及抑制多种致病微生物和肿瘤的作用；全株含鞣质，可提取栲胶；根含淀粉，可供酿酒	饲用、保健药用	根、茎、叶	广
8	P152525052	锡林郭勒盟	东乌珠穆沁旗	地榆	野生资源	当地	多年生	有性	4月上旬	10月下旬	优质		嫩苗、嫩茎叶或花穗可食用，可作花境背景或供观赏，根入药，具有止血凉血、清热解毒、收敛止泻及抑制多种致病微生物和肿瘤的作用；全株含鞣质，可提取栲胶；根含淀粉，可供酿酒	饲用，其他	茎、叶	广

（续表）

序号	样品编号	盟（市）	旗(县、市、区)	种质名称	种质类型	种质来源	生长习性	繁殖习性	播种期	收获期	主要特性	其他特性	主要特性详细描述	种质用途	利用部位	种质分布
9	P150929041	乌兰察布	四子王旗	地榆	野生资源	当地	多年生	有性	4月上旬	10月下旬	抗旱，耐寒		株高30～120cm。根粗壮，多呈纺锤形，稀圆柱形，表面棕褐色或紫褐色，有纵皱及横裂纹，横切面黄白色或紫红色。茎直立，有棱，无毛或基部有稀疏腺毛。基生叶为羽状复叶，有小叶4～6对，叶柄无毛或基部有稀疏腺毛；小叶片有短柄，卵形或长圆状卵形，长1～7cm，宽0.5～3cm，顶端圆钝稀急尖，基部心形至浅心形，边缘有多数粗大圆钝稀急尖的锯齿，两面绿色，无毛；茎生叶较少，小叶片有短柄至几无柄，长圆形至长圆状披针形，狭长，基部微心形至圆形，顶端急尖；基生叶托叶膜质，褐色，外面无毛或被稀疏腺毛，茎生叶托叶大，草质，半卵形，外侧边缘有尖锐锯齿。穗状花序椭圆形、圆柱形或卵球形，直立，通常长1～3（4）cm，横径0.5～1cm，从花序顶端向下开放，花序梗光滑或偶有稀疏腺毛；苞片膜质，披针形，顶端渐尖至尾尖，比萼片短或近等长，背面及边缘有柔毛；萼片4，紫红色，椭圆形至宽卵形，背面被疏柔毛，中央微有纵棱脊，顶端常具短尖头；雄蕊4，花丝丝状，不扩大，与萼片近等长或稍短；子房外面无毛或基部微被毛，柱头顶端扩大，盘形，边缘具流苏状乳头。果实包藏在宿存萼筒内。花果期7—10月	饲用	种子（果实）、茎、叶	窄

（续表）

序号	样品编号	盟（市）	旗(县、市、区)	种质名称	种质类型	种质来源	生长习性	繁殖习性	播种期	收获期	主要特性	其他特性	主要特性详细描述	种质用途	利用部位	种质分布
10	P150785041	呼伦贝尔市	根河市	小白花地榆	野生资源	当地	多年生	兼性	5月上旬	7月下旬	优质，抗病，耐寒	良等饲用植物	株高100～160cm，根茎粗壮，黑褐色，直立，上部分枝，光滑。单数羽状复叶，基生叶有小叶7～9对；小叶披针形，长4.5～7.5cm，宽0.6～1.6cm，先端急尖，基部圆形，边缘有锯齿，无毛；穗状花序长圆柱状，微下垂，长3～6cm，直径6～8mm；苞片披针形，萼片长椭圆形，白色；花柱长2mm左右，柱头圆盘状。瘦果近卵圆形，褐色或绿色，直径约1.5mm。花期7—8月，果期8—9月	饲用	种子（果实）	少
11	P150724060	呼伦贝尔市	鄂温克族自治旗	地榆	野生资源	当地	多年生	兼性	5月上旬	7月下旬	优质，抗病，耐寒	良等饲用植物	株高80～150cm，根茎粗壮，茎直立，上部分枝，光滑无毛。单数羽状复叶，基生叶有小叶9～15片，连叶柄长10～20cm；小叶椭圆形，长1～3cm，宽0.7～2cm，先端圆钝，基部心形，边缘具牙齿，无毛；穗状花序长圆柱状，顶生，长1～3cm，直径6～12mm；苞片披针形，萼片长椭圆形，紫色；雄蕊与萼片近等长，花药黑紫色，花丝红色；子房卵形，花丝细长紫色，长约1mm，柱头膨大。瘦果近卵圆形，褐色或绿色，长约3mm。花期7—8月，果期8—9月	饲用	种子（果实）	广

33. 芨芨草种质资源目录

芨芨草（*Achnatherum splendens*）是禾本科（Gramineae）芨芨草属（*Achnatherum*）多年生草本植物。芨芨草的嫩叶是牲畜的良好饲料，供牛、羊食用；老茎可以用来造纸、编筐、做扫帚。芨芨草味甘、淡，性平，清热利湿，利尿通淋。共计收集到种质资源5份，分布在2个盟（市）的5个旗（县、市、区）（表4-33）。

表4-33　芨芨草种质资源目录

序号	样品编号	盟（市）	旗（县、市、区）	种质名称	种质类型	种质来源	生长习性	繁殖习性	播种期	收获期	主要特性	其他特性	主要特性详细描述	种质用途	利用部位	种质分布
1	P152522019	锡林郭勒盟	阿巴嘎旗	芨芨草	野生资源	当地	多年生	有性	4月上旬	9月下旬	耐盐碱，广适	清热利尿、止血	在早春幼嫩时，为牲畜良好的饲料；其秆叶坚韧，长而光滑，为极有用的纤维植物，供造纸及人造丝，又可编织筐、草帘、扫帚等；叶浸水后，韧性极大，可做草绳；又可改良碱地，保护渠道及保持水土	饲用、保健药用、加工原料	茎、叶	广
2	P152523026	锡林郭勒盟	苏尼特左旗	芨芨草	野生资源	当地	多年生	有性	4月上旬	9月下旬	耐盐碱，广适	早春幼嫩时，为牲畜良好的饲料	秆直立，坚硬，内具白色的髓，形成大的密丛，节多聚于基部，具2～3节，平滑无毛，基部宿存枯萎的黄褐色叶鞘。叶鞘无毛，具膜质边缘；叶舌三角形或尖披针形，叶片纵卷，质坚韧，上面脉纹凸起，微粗糙，下面光滑无毛	饲用	茎、叶	广
3	P152524021	锡林郭勒盟	苏尼特右旗	芨芨草	野生资源	当地	多年生	有性	4月上旬	9月下旬	优质，耐盐碱，抗旱		秆直立，坚硬，内具白色的髓，形成大的密丛，株高50～250cm，茎粗3～5mm节多聚于基部，具2～3节，平滑无毛，基部宿存枯萎的黄褐色叶鞘。叶鞘无毛，具膜质边缘；叶舌三角形或尖披针形，长5～10（15）mm；叶片纵卷，质坚韧，长30～60cm，宽5～6mm，上面脉纹凸起，微粗糙，下面光滑无毛	饲用	茎、叶	广
4	P152529022	锡林郭勒盟	正镶白旗	芨芨草	野生资源	当地	多年生	有性	4月上旬	9月下旬	优质，耐盐碱，抗旱		中等品质饲草；根系强大，适应黏土以及沙壤土	饲用	茎、叶	广

（续表）

序号	样品编号	盟（市）	旗(县、市、区)	种质名称	种质类型	种质来源	生长习性	繁殖习性	播种期	收获期	主要特性	其他特性	主要特性详细描述	种质用途	利用部位	种质分布
5	P150303003	乌海市	海南区	巴乡芨子草	野生资源	当地	多年生	有性	4月中旬	9月中旬	高产，优质，抗病，耐盐碱，抗旱，广适，耐寒		耐性强，生长快，产量高，牛、羊喜食，优质牧草	饲用	种子（果实）	广

34. 野韭种质资源目录

野韭（*Allium ramosum*）是百合科（Liliaceae）葱属（*Allium*）多年生草本植物。野韭有温肾阳、强腰膝、除胃热、活血瘀、解药毒等功效。野韭可炒食、汤用或做馅，民间常用野韭菜与鲫鱼作汤，味道鲜美。共计收集到种质资源9份，分布在1个盟（市）的8个旗（县、市、区）（表4-34）。

表4-34　野韭种质资源目录

序号	样品编号	盟（市）	旗(县、市、区)	种质名称	种质类型	种质来源	生长习性	繁殖习性	播种期	收获期	主要特性	其他特性	主要特性详细描述	种质用途	利用部位	种质分布
1	P152522021	锡林郭勒盟	阿巴嘎旗	野韭	野生资源	当地	多年生	有性	5月上旬	9月下旬	优质	野韭叶可食用	鳞茎近圆柱形；鳞茎外皮暗黄色至黄褐色，破裂成纤维状，网状或近网状。叶三棱状条形，背面具呈龙骨状隆起的纵棱，中空，比花序短，宽1.5～8mm，沿叶缘和纵棱具细糙齿或光滑	食用、饲用	茎、叶	窄
2	P152529036	锡林郭勒盟	正镶白旗	野韭	野生资源	当地	多年生	有性	5月上旬	9月下旬	优质	野韭叶可食用	鳞茎近圆柱形；鳞茎外皮暗黄色至黄褐色，破裂成纤维状，网状或近网状。叶三棱状条形，背面具呈龙骨状隆起的纵棱，中空，比花序短，宽1.5～8mm，沿叶缘和纵棱具细糙齿或光滑	食用、饲用	茎、叶	窄

（续表）

序号	样品编号	盟（市）	旗（县、市、区）	种质名称	种质类型	种质来源	生长习性	繁殖习性	播种期	收获期	主要特性	其他特性	主要特性详细描述	种质用途	利用部位	种质分布
3	P152523009	锡林郭勒盟	苏尼特左旗	野韭菜	野生资源	当地	多年生	有性	5月上旬	9月下旬	优质		鳞茎近圆柱形；鳞茎外皮暗黄色至黄褐色，破裂成纤维状，网状或近网状。叶三棱状条形，背面具呈龙骨状隆起的纵棱，中空，比花序短，宽1.5～8mm，沿叶缘和纵棱具细糙齿或光滑	食用、饲用	茎、叶	窄
4	P152524007	锡林郭勒盟	苏尼特右旗	野韭菜	野生资源	当地	多年生	有性	5月上旬	9月下旬	耐寒，耐贫瘠		叶基生，条形至宽条形，长30～40cm，宽1.5～2.5cm，绿色，具明显中脉，在叶背凸起	饲用	茎、叶	窄
5	P152527040	锡林郭勒盟	太仆寺旗	野韭	野生资源	当地	多年生	有性	5月上旬	9月下旬	优质	野韭叶可食用	鳞茎近圆柱形；鳞茎外皮暗黄色至黄褐色，破裂成纤维状，网状或近网状。叶三棱状条形，背面具呈龙骨状隆起的纵棱，中空，比花序短，宽1.5～8mm，沿叶缘和纵棱具细糙齿或光滑	食用、饲用	茎、叶	窄
6	P152531037	锡林郭勒盟	多伦县	野韭	野生资源	当地	多年生	有性	5月上旬	9月下旬	优质，耐寒	野韭叶可食用	鳞茎近圆柱形；鳞茎外皮暗黄色至黄褐色，破裂成纤维状，网状或近网状。叶三棱状条形，背面具呈龙骨状隆起的纵棱，中空，比花序短，宽1.5～8mm，沿叶缘和纵棱具细糙齿或光滑	食用、饲用	茎、叶	窄
7	P152531037	锡林郭勒盟	多伦县	野韭	野生资源	当地	多年生	有性	5月上旬	9月下旬	优质，耐寒	野韭叶可食用	鳞茎近圆柱形；鳞茎外皮暗黄色至黄褐色，破裂成纤维状，网状或近网状。叶三棱状条形，背面具呈龙骨状隆起的纵棱，中空，比花序短，宽1.5～8mm，沿叶缘和纵棱具细糙齿或光滑	食用、饲用	茎、叶	窄
8	P152530036	锡林郭勒盟	正蓝旗	野韭	野生资源	当地	多年生	有性	5月上旬	9月下旬	优质	野韭叶可食用	鳞茎近圆柱形；鳞茎外皮暗黄色至黄褐色，破裂成纤维状，网状或近网状。叶三棱状条形，背面具呈龙骨状隆起的纵棱，中空，比花序短，宽1.5～8mm，沿叶缘和纵棱具细糙齿或光滑	饲用	茎、叶	窄
9	P152526026	锡林郭勒盟	西乌珠穆沁旗	山韭菜	野生资源	当地	多年生	有性	5月上旬	9月下旬	耐寒		可食用，亦可饲用，营养价值高	食用、饲用	茎、叶	窄

35. 蒙古韭种质资源目录

蒙古韭（*Allium mongolicum*）是百合科（Liliaceae）葱属（*Allium*）多年生旱生草本植物。蒙古韭在本草纲目中记载，营养丰富，地上部分可入药，具有“菜中灵芝”的称号。蒙古韭根系发达，生长速度快且耐旱，具有防风、固沙和防止水土流失的生态保护功能。共计收集到种质资源12份，分布在4个盟（市）的12个旗（县、市、区）（表4-35）。

表4-35 蒙古韭种质资源目录

序号	样品编号	盟（市）	旗（县、市、区）	种质名称	种质类型	种质来源	生长习性	繁殖习性	播种期	收获期	主要特性	其他特性	主要特性详细描述	种质用途	利用部位	种质分布
1	P152530037	锡林郭勒盟	正蓝旗	蒙古韭	野生资源	当地	多年生	有性	5月上旬	9月下旬	优质	蒙古韭的叶及花可食用，地上部分可入药，各种牲畜均喜食，为优等饲用植物	鳞茎密集丛生，圆柱状；鳞茎外皮褐黄色，破裂成纤维状，呈松散的纤维状。叶半圆柱状至圆柱状，比花葶短，粗0.5 ~ 1.5mm	食用、饲用	茎、叶	窄
2	P152524008	锡林郭勒盟	苏尼特右旗	沙葱	野生资源	当地	多年生	有性	5月上旬	9月下旬	优质，耐寒，耐贫瘠		一种优等饲用植物，牲畜喜食并具有抓膘作用，牲畜采食可减少鼻、咽腔受寄生虫感染，还是当地牧民最广泛食用的野生蔬菜	食用、饲用	茎、叶	窄
3	P152529015	锡林郭勒盟	正镶白旗	沙葱	野生资源	当地	多年生	有性	5月上旬	9月下旬	抗旱		一种优等饲用植物，牲畜喜食并具有抓膘作用，牲畜采食可减少鼻、咽腔受寄生虫感染，还是当地牧民最广泛食用的野生蔬菜	食用、饲用	茎、叶	窄
4	P152501039	锡林郭勒盟	二连浩特市	沙葱	野生资源	当地	多年生	有性	5月上旬	8月中旬	抗病，抗虫，耐盐碱，抗旱，耐贫瘠			食用、饲用	叶	广

（续表）

序号	样品编号	盟（市）	旗（县、市、区）	种质名称	种质类型	种质来源	生长习性	繁殖习性	播种期	收获期	主要特性	其他特性	主要特性详细描述	种质用途	利用部位	种质分布
5	P152527004	锡林郭勒盟	太仆寺旗	扎蒙花	野生资源	当地	多年生	有性	5月上旬	9月下旬	优质		一种优等饲用植物，牲畜喜食并具有抓膘作用，牲畜采食可减少鼻、咽腔受寄生虫感染，还是当地牧民最广泛食用的野生蔬菜	食用、饲用	茎、叶	窄
6	P152502024	锡林郭勒盟	锡林浩特市	蒙古韭	野生资源	当地	多年生	有性	5月上旬	9月下旬	优质		一种优等饲用植物，牲畜喜食并具有抓膘作用，牲畜采食沙葱可减少鼻、咽腔受寄生虫感染，还是当地牧民最广泛食用的野生蔬菜	食用、饲用	茎、叶	窄
7	P152523010	锡林郭勒盟	苏尼特左旗	沙葱	野生资源	当地	多年生	有性	5月上旬	9月下旬	优质		一种优等饲用植物，牲畜喜食并具有抓膘作用，牲畜采食可减少鼻、咽腔受寄生虫感染，还是当地牧民最广泛食用的野生蔬菜	食用、饲用	茎、叶	窄
8	P152522031	锡林郭勒盟	阿巴嘎旗	蒙古韭	野生资源	当地	多年生	有性	5月上旬	9月下旬	优质	叶及花可食用，地上部分可入药，各种牲畜均喜食，为优等饲用植物	鳞茎密集丛生，圆柱状；鳞茎外皮褐黄色，破裂成纤维状，呈松散的纤维状。叶半圆柱状至圆柱状，比花葶短，粗0.5～1.5mm	食用、饲用、保健药用	茎、叶	窄
9	P150825022	巴彦淖尔市	乌拉特后旗	野韭	地方品种	当地	多年生	有性	6月中旬	9月下旬	抗旱，耐寒，耐贫瘠		生于草原砾石质坡地，见于乌拉特后旗狼山。嫩叶可作蔬菜食用，花可腌渍做“韭菜花”调味佐食，为优等饲用植物	食用、饲用	种子（果实）、茎、花	窄

（续表）

序号	样品编号	盟（市）	旗(县、市、区)	种质名称	种质类型	种质来源	生长习性	繁殖习性	播种期	收获期	主要特性	其他特性	主要特性详细描述	种质用途	利用部位	种质分布
10	P150303002	乌海市	海南区	沙葱	野生资源	当地	多年生	有性	5月中旬	7月中旬	抗病，抗虫，抗旱，耐寒，耐贫瘠，耐热		喜光植物，耐旱、抗寒、耐瘠薄能力极强，遇降雨时生长迅速，干旱时停止生长，叶片纤维素多，食用性变差。生长适宜温度为10～26℃，既耐高温也耐低温	食用	茎	广
11	P150724061	呼伦贝尔市	鄂温克族自治旗	辉韭	野生资源	当地	多年生	有性	5月上旬	8月上旬	优质，抗病，耐寒	优等饲用植物，可食用。蒙古族民间说幼苗生食壮阳	叶狭条形，短于花葶，宽2～5mm，长5～25mm。花葶圆柱状，高40～70cm；伞形花序，球形，具多而密集花；小花梗近等长，长0.5～1cm；花淡紫红色，子房倒卵状球形，花柱稍伸出花被外，种子半月形或球形，黑色。千粒重1.9g。花果期7—8月	饲用	种子（果实）	少
12	P150781048	呼伦贝尔市	满洲里市	蒙古韭	野生资源	当地	多年生	有性	5月上旬	9月下旬	高产，抗旱，耐寒			食用、饲用，其他	种子(果实)、叶	广

36. 沙鞭种质资源目录

沙鞭（*Psammochloa villosa*）是禾本科（Gramineae）沙鞭属（*Psammochioa*）多年生草本植物。沙鞭是荒漠地区沙地草场上质量中等的多年生牧草，但在荒漠地区有较高利用价值。共计收集到种质资源3份，分布在2个盟（市）的3个旗（县、市、区）（表4-36）。

表4-36 沙鞭种质资源目录

序号	样品编号	盟（市）	旗（县、市、区）	种质名称	种质类型	种质来源	生长习性	繁殖习性	播种期	收获期	主要特性	其他特性	主要特性详细描述	种质用途	利用部位	种质分布
1	P152529014	锡林郭勒盟	正镶白旗	沙鞭	野生资源	当地	多年生	有性	3月上旬	7月下旬	抗旱		荒漠地区沙地草场上质量中等的多年生牧草，但在荒漠地区有较高利用价值，还是较好固沙植物	饲用	种子（果实）、叶	窄
2	P152522026	锡林郭勒盟	阿巴嘎旗	沙鞭	野生资源	当地	多年生	有性	3月上旬	7月下旬	抗旱	荒漠地区沙地草场上质量中等的多年生牧草，在荒漠地区有较高利用价值	具长2～3m的根状茎；秆直立，光滑，高1～2m，茎粗0.8～1cm，基部具有黄褐色枯萎的叶鞘。叶鞘光滑，几包裹全部植株；叶舌膜质，长5～8mm，披针形；叶片坚硬，扁平，常先端纵卷，平滑无毛，长达50cm，宽5～10mm	饲用	根、茎、叶	窄
3	P150621060	鄂尔多斯市	达拉特旗	沙鞭	野生资源	当地	多年生	有性	3月下旬	7月中旬	抗旱，耐贫瘠，耐热		库布齐沙地呈群落分布，具有抗旱、固沙的典型特征	饲用	种子（果实）、茎、叶	窄

37. 雀麦种质资源目录

雀麦（*Bromus japonicus*）是禾本科（Gramineae）雀麦属（*Bromus*）一年生草本植物。雀麦是优良牧草，营养价值高，产量大，利用季节长，耐寒、耐旱，耐放牧，适应性强，为建立人工草场和环保固沙的主要草种，是新疆和北方各地重要的草种。共计收集到种质资源4份，分布在1个盟（市）的4个旗（县、市、区）（表4-37）。

表4-37 雀麦种质资源目录

序号	样品编号	盟(市)	旗(县、市、区)	种质名称	种质类型	种质来源	生长习性	繁殖习性	播种期	收获期	主要特性	其他特性	主要特性详细描述	种质用途	利用部位	种质分布
1	P152522033	锡林郭勒盟	阿巴嘎旗	沙地雀麦	野生资源	当地	一年生	无性	4月上旬	10月下旬	抗旱	沙地草场改良的先锋植物，也是培育耐旱、抗风沙、固定沙丘的良好材料，供饲用，产量大、耐牧	秆直立，较粗硬，株高70～90cm，花序和节以下的部分密生倒向微柔毛。叶鞘长于其节间，基生者多撕裂成纤维状，密生柔毛或无毛；叶舌褐色，长约1mm，质硬；叶片质韧，长20～30cm，宽3～6mm，或被短柔毛	饲用	茎、叶	窄
2	P152530028	锡林郭勒盟	正蓝旗	雀麦	野生资源	当地	一年生	有性	4月上旬	10月下旬			秆直立，株高可达90cm。叶鞘闭合，叶舌先端近圆形，叶片两面生柔毛	饲用	茎、叶	窄
3	P152531017	锡林郭勒盟	多伦县	无芒雀麦	野生资源	当地	一年生	有性	4月上旬	10月下旬	耐寒	优良牧草，营养价值高，适口性好，也是建立人工草场和环保固沙的主要草种		饲用	茎、叶	窄
4	P152523031	锡林郭勒盟	苏尼特左旗	无芒雀麦	野生资源	当地	一年生	有性	4月上旬	10月下旬	优质，耐寒	优良牧草，营养价值高，产量大，利用季节长，为建立人工草场和环保固沙的主要草种，是新疆和北方各地重要的草种	秆直立，疏丛生，株高50～120cm，无毛或节下具倒毛。叶鞘闭合，无毛或有短毛；叶舌长1～2mm；叶片扁平，长20～30cm，宽4～8mm，先端渐尖，两面与边缘粗糙，无毛或边缘疏生纤毛	饲用	茎、叶	窄

38. 大麻种质资源目录

大麻（*Cannabis sativa*）是大麻科（Cannabaceae）一年生草本植物。大麻种仁入蒙药；茎皮可用以织麻布或纺线、制绳索、编织渔网和造纸；种子榨油，大麻籽油可制油漆、涂料等，油渣可作饲料。共计收集到种质资源2份，分布在2个盟（市）的2个旗（县、市、区）（表4-38）。

表4-38 大麻种质资源目录

序号	样品编号	盟（市）	旗(县、市、区)	种质名称	种质类型	种质来源	生长习性	繁殖习性	播种期	收获期	主要特性	其他特性	主要特性详细描述	种质用途	利用部位	种质分布
1	P152522036	锡林郭勒盟	阿巴嘎旗	野大麻	野生资源	当地	一年生	有性	5月上旬	8月下旬	抗旱		株高1～2m，根木质化。茎直立，皮层富纤维，灰绿色，具纵沟密被短柔毛。叶互生或下部的对生，掌状复叶	饲用、加工原料	茎、叶	窄
2	P150784052	呼伦贝尔市	额尔古纳市	早熟矮秆野大麻	野生资源	当地	一年生	有性	5月上旬	8月下旬	高产，优质，抗病，抗虫，耐寒	良等饲用植物	株高1.6m左右。茎直立，有分枝，茎具纵沟，皮层多纤维。叶对生，绿色，掌状复叶，通常3～7片小叶，小叶披针形，两端狭尖，边缘具粗锯齿，有毛。穗状花序，顶生。瘦果扁卵形，褐色，有黑色花纹，边成熟边脱落。花果期8—9月	饲用、加工原料	茎、叶	窄

39. 狗尾草种质资源目录

狗尾草（*Setaria viridis*）是禾本科（Gramineae）狗尾草属（*Setaria*）一年生草本植物。秆、叶可作饲料。全草入药，能清热明目、利尿等。共计收集到种质资源6份，分布在2个盟（市）的6个旗（县、市、区）（表4-39）。

表4-39 狗尾草种质资源目录

序号	样品编号	盟（市）	旗（县、市、区）	种质名称	种质类型	种质来源	生长习性	繁殖习性	播种期	收获期	主要特性	其他特性	主要特性详细描述	种质用途	利用部位	种质分布
1	P152522038	锡林郭勒盟	阿巴嘎旗	狗尾草	野生资源	当地	一年生	有性	5月上旬	8月下旬	抗旱	秆、叶可作饲料。全草入药	根为须状，高大植株具支持根。秆直立或基部膝曲，高10～100cm，基部直径达3～7mm。叶鞘松弛，无毛或疏具柔毛或疣毛，边缘具较长的密绵毛状纤毛；叶舌极短，缘有长1～2mm的纤毛；叶片扁平，长三角状狭披针形或线状披针形，先端长渐尖或渐尖，基部钝圆形，几呈截状或渐窄，长4～30cm，宽2～18mm，通常无毛或疏被疣毛，边缘粗糙	饲用、保健药用	茎、叶	广
2	P152501028	锡林郭勒盟	二连浩特市	狗尾草	野生资源	当地	一年生	有性	5月上旬	8月中旬	抗虫，耐盐碱，抗旱，耐寒，耐贫瘠，耐热			饲用	种子（果实）、茎	广

（续表）

序号	样品编号	盟（市）	旗（县、市、区）	种质名称	种质类型	种质来源	生长习性	繁殖习性	播种期	收获期	主要特性	其他特性	主要特性详细描述	种质用途	利用部位	种质分布
3	P152525049	锡林郭勒盟	东乌珠穆沁旗	金色狗尾草	野生资源	当地	一年生	有性	5月上旬	8月下旬	优质	秆、叶可作饲料	秆直立或基部膝曲，高10～100cm，基部直径达3～7mm。叶鞘松弛，无毛或疏具柔毛或疣毛，边缘具较长的密绵毛状纤毛；叶舌极短，缘有长1～2mm的纤毛；叶片扁平，长三角状狭披针形或线状披针形，先端长渐尖或渐尖，基部钝圆形，几呈截状或渐窄，长4～30cm，宽2～18mm，通常无毛或疏被疣毛，边缘粗糙	饲用	茎、叶	广
4	P152530004	锡林郭勒盟	正蓝旗	狗尾草	野生资源	当地	一年生	有性	5月上旬	8月下旬	优质	秆、叶可作饲料。全草入药，能清热明目、利尿等		饲用、保健药用	种子（果实）、茎、叶	广
5	P152529038	锡林郭勒盟	正镶白旗	金色狗尾草	野生资源	当地	一年生	有性	5月上旬	8月下旬	优质	秆、叶可作饲料。全草入药，能清热明目、利尿等	秆直立或基部膝曲，高10～100cm，基部直径达3～7mm。叶鞘松弛，无毛或疏具柔毛或疣毛，边缘具较长的密绵毛状纤毛；叶舌极短，缘有长1～2mm的纤毛；叶片扁平，长三角状狭披针形或线状披针形，先端长渐尖或渐尖，基部钝圆形，几呈截状或渐窄，长4～30cm，宽2～18mm，通常无毛或疏被疣毛，边缘粗糙	饲用、保健药用	种子（果实）、茎、叶	广

（续表）

序号	样品编号	盟（市）	旗（县、市、区）	种质名称	种质类型	种质来源	生长习性	繁殖习性	播种期	收获期	主要特性	其他特性	主要特性详细描述	种质用途	利用部位	种质分布
6	P150626024	鄂尔多斯市	乌审旗	巨大狗尾草	野生资源	当地	一年生	有性	4月上旬	9月上旬	抗旱，广适，耐贫瘠		可作优良牧草	饲用	茎	广

40. 天门冬种质资源目录

天门冬（*Asparagus cochinchinensis*）是百合科（Liliaceae）天门冬（*Asparagus*）多年生草本植物。主治阴虚发热、咳嗽吐血、肺痿、肺痈、咽喉肿痛、消渴、便秘、小便不利。共计收集到种质资源6份，分布在3个盟（市）的6个旗（县、市、区）（表4-40）。

表4-40 天门冬种质资源目录

序号	样品编号	盟（市）	旗（县、市、区）	种质名称	种质类型	种质来源	生长习性	繁殖习性	播种期	收获期	主要特性	其他特性	主要特性详细描述	种质用途	利用部位	种质分布
1	P150206013	包头市	白云区	兴安天门冬	野生资源	当地	多年生	有性	4月中旬	9月中旬	高产，优质，抗病，耐盐碱，抗旱，广适，耐寒，耐贫瘠		中旱生植物，生于林缘、草甸化草原及干燥的石质山坡。中等饲用植物，幼嫩时羊喜食。分布于南部沙质与沙壤质土壤、山地丘陵	饲用	种子（果实）、茎、叶、花	广
2	P152523007	锡林郭勒盟	苏尼特左旗	戈壁天门冬	野生资源	当地	多年生	有性	4月上旬	8月下旬	耐盐碱，抗旱		强旱生植物，起固沙作用	饲用，其他	根、茎、叶	窄
3	P152524030	锡林郭勒盟	苏尼特右旗	戈壁天门冬	野生资源	当地	多年生	有性	4月上旬	8月下旬	耐盐碱，抗旱		能耐干旱，也能忍受较高的土壤碱性。适宜轻壤、沙壤质的棕钙土上生长	饲用、保健药用	茎	窄
4	P152531031	锡林郭勒盟	多伦县	天门冬	野生资源	当地	多年生	有性	4月上旬	8月下旬			主治阴虚发热、咳嗽吐血、肺痿、肺痈、咽喉肿痛、消渴、便秘、小便不利	饲用、保健药用	种子（果实）、茎、叶	窄

（续表）

序号	样品编号	盟（市）	旗(县、市、区)	种质名称	种质类型	种质来源	生长习性	繁殖习性	播种期	收获期	主要特性	其他特性	主要特性详细描述	种质用途	利用部位	种质分布
5	P152528028	锡林郭勒盟	镶黄旗	天门冬	野生资源	当地	多年生	有性	4月上旬	8月下旬			块根含淀粉33%、蔗糖4%及其他多种营养成分	饲用、保健药用	根、茎	窄
6	P150929066	乌兰察布市	四子王旗	兴安天门冬	野生资源	当地	多年生	有性	4月上旬	8月下旬	抗旱，耐贫瘠		直立草本，株高30～70cm。根细长，粗约2mm。花每2朵腋生，黄绿色；雄花花梗长3～5mm，和花被近等长，关节位于近中部；花丝大部分贴生于花被片上，离生部分很短，只有花药一半长；雌花极小，花被长约1.5mm，短于花梗，花梗关节位于上部。浆果直径6～7mm，有2～6粒种子	饲用	种子（果实）	少

41. 细叶葱种质资源目录

细叶葱（*Allium tenuissimum*）是百合科（Liliaceae）葱属（*Allium*）多年生草本植物。共计收集到种质资源1份，分布在1个盟（市）的1个旗（县、市、区）（表4-41）。

表4-41　细叶葱种质资源目录

序号	样品编号	盟（市）	旗(县、市、区)	种质名称	种质类型	种质来源	生长习性	繁殖习性	播种期	收获期	主要特性	其他特性	主要特性详细描述	种质用途	利用部位	种质分布
1	P152523023	锡林郭勒盟	苏尼特左旗	细叶葱	野生资源	当地	多年生	有性	5月上旬	8月下旬	优质，抗旱		野生珍贵，是良好的调味品，是西北地区搁锅面，炝锅稀饭，炒菜、火锅、面食的上等调味料	食用、饲用	茎、叶	窄

42. 细叶益母草种质资源目录

细叶益母草（*Leonurus sibiricus*）是唇形科（Lamiaceae）益母草属（*Leonurus*）一年生草本植物，全草入药。益母草有利尿消肿、收缩子宫的作用。共计收集到种质资源4份，分布在1个盟（市）的4个旗（县、市、区）（表4-42）。

表4-42　细叶益母草种质资源目录

序号	样品编号	盟（市）	旗（县、市、区）	种质名称	种质类型	种质来源	生长习性	繁殖习性	播种期	收获期	主要特性	其他特性	主要特性详细描述	种质用途	利用部位	种质分布
1	P152523044	锡林郭勒盟	苏尼特左旗	益母草	野生资源	当地	一年生	有性	5月上旬	8月下旬	广适		茎四棱，被糙伏毛；叶对生；掌状全裂，裂片羽裂；轮伞花序腋生；花冠粉红色，外面密被柔毛，二唇形；上唇全缘，下唇短于上唇，三裂	保健药用	茎、叶	广
2	P152531003	锡林郭勒盟	多伦县	益母草	野生资源	当地	一年生	有性	5月上旬	8月下旬			益母草有利尿消肿、收缩子宫的作用	饲用、保健药用	根、茎、叶	窄
3	P152527045	锡林郭勒盟	太仆寺旗	益母草	野生资源	当地	一年生	有性	5月上旬	8月下旬	抗旱		全草入药；益母草有利尿消肿、收缩子宫的作用	饲用、保健药用	根、茎、叶	窄
4	P152530039	锡林郭勒盟	正蓝旗	益母草	野生资源	当地	一年生	有性	5月上旬	8月下旬	优质	全草入药	茎直立，单一或有分枝，四棱形，被微毛。叶对生；叶形多种，基生叶具长柄，叶片略呈圆形，先端渐尖，边缘疏生锯齿或近全缘；最上部叶不分裂，线形，近无柄，上面绿色，被糙伏毛，下面淡绿色，被疏柔毛及腺点	饲用、保健药用	根、茎、叶	窄

43. 老芒麦种质资源目录

老芒麦（*Elymus sibiricus*）是禾本科（Gramineae）披碱草属（*Elymus*）多年生丛生草本植物。老芒麦富含蛋白质，为优良饲用植物。共计收集到种质资源11份，分布在2个盟（市）的11个旗（县、市、区）（表4-43）。

表4-43 老芒麦种质资源目录

序号	样品编号	盟（市）	旗（县、市、区）	种质名称	种质类型	种质来源	生长习性	繁殖习性	播种期	收获期	主要特性	其他特性	主要特性详细描述	种质用途	利用部位	种质分布
1	P152523045	锡林郭勒盟	苏尼特左旗	老芒麦	野生资源	当地	多年生	有性	5月上旬	7月下旬	耐寒		株高可达90cm，粉红色，叶鞘光滑无毛；叶片扁平，有时上面生短柔毛，穗状花序较疏松而下垂，穗轴边缘粗糙或具小纤毛；小穗灰绿色或稍带紫色，含小花；颖狭披针形，脉上粗糙，背部无毛，外稃披针形，背部粗糙无毛或全部密生微毛，内稃几与外稃等长，脊上全部具有小纤毛，脊间亦被稀少而微小的短毛	饲用	根、茎、叶	广
2	P152522027	锡林郭勒盟	阿巴嘎旗	老芒麦	野生资源	当地	多年生	有性	5月上旬	7月下旬	耐寒	富含蛋白质，为优良饲用植物。草质柔软，适口性好，牛、马、羊喜食	株高可达90cm，粉红色，叶鞘光滑无毛；叶片扁平，有时上面生短柔毛，穗状花序较疏松而下垂，穗轴边缘粗糙或具小纤毛；小穗灰绿色或稍带紫色，含小花；颖狭披针形，脉上粗糙，背部无毛，外稃披针形，背部粗糙无毛或全部密生微毛，内稃几与外稃等长，脊上全部具有小纤毛，脊间亦被稀少而微小的短毛	饲用	根、茎、叶	广

（续表）

序号	样品编号	盟（市）	旗（县、市、区）	种质名称	种质类型	种质来源	生长习性	繁殖习性	播种期	收获期	主要特性	其他特性	主要特性详细描述	种质用途	利用部位	种质分布
3	P152502003	锡林郭勒盟	锡林浩特市	老芒麦	野生资源	当地	多年生	有性	5月上旬	7月下旬	优质	富含蛋白质，为优良饲用植物。草质柔软，适口性好，牛、马、羊喜食		饲用	茎、叶	广
4	P152531013	锡林郭勒盟	多伦县	老芒麦	野生资源	当地	多年生	有性	5月上旬	7月下旬	耐寒	富含蛋白质，为优良饲用植物。草质柔软，适口性好，牛、马、羊喜食		饲用	茎、叶	窄
5	P152530042	锡林郭勒盟	正蓝旗	老芒麦	野生资源	当地	多年生	有性	5月上旬	7月下旬	耐寒	富含蛋白质，为优良饲用植物	株高可达90cm，粉红色，叶鞘光滑无毛；叶片扁平，有时上面生短柔毛，穗状花序较疏松而下垂，穗轴边缘粗糙或具小纤毛；小穗灰绿色或稍带紫色，含小花；颖狭披针形，脉上粗糙，背部无毛，外稃披针形，背部粗糙无毛或全部密生微毛，内稃几与外稃等长，脊上全部具有小纤毛，脊间亦被稀少而微小的短毛	饲用	茎、叶	广

（续表）

序号	样品编号	盟（市）	旗（县、市、区）	种质名称	种质类型	种质来源	生长习性	繁殖习性	播种期	收获期	主要特性	其他特性	主要特性详细描述	种质用途	利用部位	种质分布
6	P152527001	锡林郭勒盟	太仆寺旗	老芒麦	野生资源	当地	多年生	有性	5月上旬	7月下旬	优质	富含蛋白质，适口性好，为优良饲用牧草。牧草返青期早、枯黄期迟，绿草期较一般牧草长30d左右，从而提早和延迟了青草期	株高可达90cm，粉红色，叶鞘光滑无毛；叶片扁平，有时上面生短柔毛，穗状花序较疏松而下垂，穗轴边缘粗糙或具小纤毛；小穗灰绿色或稍带紫色，含小花；颖狭披针形，脉上粗糙，背部无毛，外稃披针形，背部粗糙无毛或全部密生微毛，内稃几与外稃等长，脊上全部具有小纤毛，脊间亦被稀少而微小的短毛	饲用	茎、叶	广
7	P152526051	锡林郭勒盟	西乌珠穆沁旗	老芒麦	野生资源	当地	多年生	有性	5月上旬	7月下旬	耐寒	富含蛋白质，为优良饲用植物	株高可达90cm，粉红色，叶鞘光滑无毛；叶片扁平，有时上面生短柔毛，穗状花序较疏松而下垂，穗轴边缘粗糙或具小纤毛；小穗灰绿色或稍带紫色，含小花；颖狭披针形，脉上粗糙，背部无毛，外稃披针形，背部粗糙无毛或全部密生微毛，内稃几与外稃等长，脊上全部具有小纤毛，脊间亦被稀少而微小的短毛	饲用	茎、叶	广
8	P152524024	锡林郭勒盟	苏尼特右旗	老芒麦	野生资源	当地	多年生	有性	5月上旬	8月下旬	耐寒	富含蛋白质，为优良饲用植物	株高可达90cm，粉红色，叶鞘光滑无毛；叶片扁平，有时上面生短柔毛，穗状花序较疏松而下垂，穗轴边缘粗糙或具小纤毛；小穗灰绿色或稍带紫色，含小花；颖狭披针形，脉上粗糙，背部无毛，外稃披针形，背部粗糙无毛或全部密生微毛，内稃几与外稃等长，脊上全部具有小纤毛，脊间亦被稀少而微小的短毛	饲用	茎、叶	广

（续表）

序号	样品编号	盟（市）	旗（县、市、区）	种质名称	种质类型	种质来源	生长习性	繁殖习性	播种期	收获期	主要特性	其他特性	主要特性详细描述	种质用途	利用部位	种质分布
9	P152501035	锡林郭勒盟	二连浩特市	老芒麦	野生资源	当地	多年生	有性	5月上旬	8月中旬	耐盐碱、耐贫瘠、抗旱、耐寒			饲用	种子（果实）、茎	广
10	P150781031	呼伦贝尔市	满洲里市	老芒麦	野生资源	当地	多年生	有性	5月上旬	7月下旬	高产，抗病，抗虫，耐寒			饲用	种子（果实）、叶	广
11	P150785043	呼伦贝尔市	根河市	老芒麦	野生资源	当地	多年生	兼性	5月中旬	7月下旬	高产，优质，抗病，抗旱，耐寒	优等饲用植物	株高50～80cm。秆单生或呈疏丛，全株绿色，有白色蜡质层。叶鞘光滑无毛；叶片扁平，上面粗糙或疏被微柔毛，下面平滑，长9～23cm，宽5～9mm。穗状花序，弯曲而下垂，长12～18cm；小穗稍带紫色，长13～19mm，含3～5朵小花；颖条状披针形，长4～6mm，脉明显而粗糙，先端具3～5mm短芒；外稃披针形，具明显5脉顶端芒粗糙，反曲，长8～18mm；内稃与外稃近等长，先端2裂，脊上全部具有小纤毛。花果期6—8月	饲用	茎、叶	广

44. 赖草种质资源目录

赖草（*Leymus secalinus*）是禾本科（Gramineae）赖草属（*Leymus*）多年生草本植物。根茎或须根入药。根茎味苦，性微寒，有清热利湿、止血之功效。共计收集到种质资源11份，分布在3个盟（市）的9个旗（县、市、区）（表4-44）。

表4-44　赖草种质资源目录

序号	样品编号	盟（市）	旗（县、市、区）	种质名称	种质类型	种质来源	生长习性	繁殖习性	播种期	收获期	主要特性	其他特性	主要特性详细描述	种质用途	利用部位	种质分布
1	P152524028	锡林郭勒盟	苏尼特右旗	赖草	野生资源	当地	多年生	有性	3月上旬	7月下旬	抗旱，耐涝	生境范围较广，可见于沙地、平原绿洲及山地草原带	根茎或全草入药。根茎味苦，性微寒。有清热利湿、止血之功效	饲用、保健药用	种子（果实）、根、茎、叶	广
2	P152531041	锡林郭勒盟	多伦县	赖草	野生资源	当地	多年生	有性	3月上旬	7月下旬	抗旱	生境范围较广，可见于沙地、平原绿洲及山地草原带	根茎或须根入药。根茎味苦，性微寒，有清热利湿、止血之功效	饲用、保健药用	根、茎、叶	广
3	P152530038	锡林郭勒盟	正蓝旗	赖草	野生资源	当地	多年生	有性	3月上旬	7月下旬	抗旱	生境范围较广，可见于沙地、平原绿洲及山地草原带	根茎或全草入药。根茎味苦，性微寒，有清热利湿、止血之功效	饲用、保健药用	茎、叶	广
4	P152528001	锡林郭勒盟	镶黄旗	赖草	野生资源	当地	多年生	有性	3月上旬	7月下旬	广适		根茎或全草入药，有清热利湿、止血之功效	饲用、保健药用	种子（果实）、根、茎、叶	广
5	P152526045	锡林郭勒盟	西乌珠穆沁旗	赖草	野生资源	当地	多年生	有性	3月上旬	7月下旬	抗旱	生境范围较广，可见于沙地、平原绿洲及山地草原带	根茎或全草入药。根茎味苦，性微寒，有清热利湿、止血之功效	饲用、保健药用	种子（果实）、根、茎、叶	广

（续表）

序号	样品编号	盟（市）	旗（县、市、区）	种质名称	种质类型	种质来源	生长习性	繁殖习性	播种期	收获期	主要特性	其他特性	主要特性详细描述	种质用途	利用部位	种质分布
6	P150622044	鄂尔多斯市	准格尔旗	赖草	野生资源	当地	多年生	有性	3月下旬	7月中旬	高产，优质		重要的牧草作物，小麦近缘种，具有较好的抗旱性	饲用	种子（果实）、茎、叶	窄
7	P150626010	鄂尔多斯市	乌审旗	赖草	野生资源	当地	多年生	有性	4月上旬	7月中旬	耐盐碱，抗旱，耐贫瘠，耐热		生于干燥草原、沙地，根茎全草可入药	饲用、保健药用	根、茎、叶	广
8	P150626049	鄂尔多斯市	乌审旗	赖草	野生资源	当地	多年生	有性	3月上旬	7月中旬	高产，抗旱，耐贫瘠		重要牧草，抗旱、优质、高产，小麦近缘种	饲用	种子（果实）、茎、叶	窄
9	P150626044	鄂尔多斯市	乌审旗	赖草	野生资源	当地	多年生	有性	3月上旬	7月中旬	高产，抗旱，耐贫瘠		重要牧草植物，抗旱、优质、高产，小麦近缘种	饲用	种子（果实）、茎、叶	窄
10	P150621063	鄂尔多斯市	达拉特旗	赖草	野生资源	当地	多年生	有性	3月下旬	7月中旬	优质，抗旱，耐贫瘠		库布齐沙地呈群落分布，具有高产、抗旱、固沙的特征，优良牧草	饲用	种子（果实）、茎、叶	窄
11	P150781036	呼伦贝尔市	满洲里市	赖草	野生资源	当地	多年生	有性	3月上旬	7月下旬	高产，耐盐碱，广适			饲用	种子（果实）、叶	广

45. 芦苇种质资源目录

芦苇（*Phragmites australis*）是禾本科（Gramineae）芦苇属（*Phragmites*）多年生草本植物。饲用价值较高。药用，性甘，寒，无毒。清热，生津，除烦，止呕，解鱼蟹毒，清热解表。共计收集到种质资源1份，分布在1个盟（市）的1个旗（县、市、区）（表4-45）。

表4-45　芦苇种质资源目录

序号	样品编号	盟（市）	旗（县、市、区）	种质名称	种质类型	种质来源	生长习性	繁殖习性	播种期	收获期	主要特性	其他特性	主要特性详细描述	种质用途	利用部位	种质分布
1	P152524029	锡林郭勒盟	苏尼特右旗	芦苇	野生资源	当地	多年生	有性	5月上旬	8月下旬	耐涝	生物量高，饲用价值较高；药用，性甘，寒，无毒。清热，生津，除烦，止呕，解鱼蟹毒，清热解表。主治热病烦渴、胃热呕吐、噎膈、反胃、肺痿、肺痈、表热证，解河豚鱼毒	多种在水边，在开花季节特别漂亮，可供观赏。由于其叶、叶鞘、茎、根状茎和不定根都具有通气组织，所以它在净化污水中起到重要的作用。茎秆坚韧，纤维含量高，是造纸工业中不可多得的原材料	饲用、保健药用、加工原料	种子（果实）、茎、叶	广

46. 野燕麦种质资源目录

野燕麦（*Avena fatua*）是禾本科（Gramineae）燕麦属（*Avena*）一年生草本植物。该种植物为粮食的代用品及牛、马的青饲料。全草可以入药，味甘，性平。具有收敛止血、固表止汗的功效。共计收集到种质资源8份，分布在3个盟（市）的8个旗（县、市、区）（表4-46）。

表4-46　野燕麦种质资源目录

序号	样品编号	盟（市）	旗（县、市、区）	种质名称	种质类型	种质来源	生长习性	繁殖习性	播种期	收获期	主要特性	其他特性	主要特性详细描述	种质用途	利用部位	种质分布
1	P152524032	锡林郭勒盟	苏尼特右旗	野燕麦	野生资源	当地	一年生	有性	5月上旬	8月下旬	广适	粮食的代用品及牛、马的青饲料。全草可以入药，味甘，性平。具有收敛止血，固表止汗	须根较坚韧。秆直立，光滑无毛，高60～120cm，具2～4节。叶鞘松弛，光滑或基部者被微毛；叶舌透明膜质，长1～5mm；叶片扁平，长10～30cm，宽4～12mm，微粗糙，或上面和边缘疏生柔毛	饲用	种子（果实）、叶、花	广

（续表）

序号	样品编号	盟（市）	旗（县、市、区）	种质名称	种质类型	种质来源	生长习性	繁殖习性	播种期	收获期	主要特性	其他特性	主要特性详细描述	种质用途	利用部位	种质分布
2	P152501027	锡林郭勒盟	二连浩特市	皮燕麦	野生资源	当地	一年生	有性	5月上旬	8月中旬	抗虫，耐盐碱，抗旱，耐寒，耐贫瘠，耐热			饲用	种子（果实）、茎	广
3	P152529007	锡林郭勒盟	正镶白旗	野燕麦	野生资源	当地	一年生	有性	5月上旬	8月下旬	广适		除为粮食的代用品及牛、马的青饲料外，又是造纸原料	食用、饲用、加工原料	种子（果实）、茎、叶	广
4	P152531045	锡林郭勒盟	多伦县	野燕麦	野生资源	当地	一年生	有性	5月上旬	8月下旬	广适	粮食的代用品及牛、马的青饲料。全草可以入药，味甘，性平。具有收敛止血、固表止汗的功效	须根较坚韧。秆直立，光滑无毛，株高60～120cm，具2～4节。叶鞘松弛，光滑或基部者被微毛；叶舌透明膜质，长1～5mm；叶片扁平，长10～30cm，宽4～12mm，微粗糙，或上面和边缘疏生柔毛	饲用	茎、叶	广
5	P152523025	锡林郭勒盟	苏尼特左旗	野燕麦	野生资源	当地	一年生	有性	5月上旬	8月下旬	广适	粮食的代用品及牛、马的青饲料。全草可以入药，味甘，性平。具有收敛止血、固表止汗的功效	须根较坚韧。秆直立，光滑无毛，高60～120cm，具2～4节。叶鞘松弛，光滑或基部者被微毛；叶舌透明膜质，长1～5mm；叶片扁平，长10～30cm，宽4～12mm，微粗糙，或上面和边缘疏生柔毛	饲用	种子（果实）、叶、花	广

（续表）

序号	样品编号	盟（市）	旗（县、市、区）	种质名称	种质类型	种质来源	生长习性	繁殖习性	播种期	收获期	主要特性	其他特性	主要特性详细描述	种质用途	利用部位	种质分布
6	P152527031	锡林郭勒盟	太仆寺旗	野燕麦	野生资源	当地	一年生	有性	5月上旬	8月下旬	广适	粮食的代用品及牛、马的青饲料。全草可以入药，味甘，性平。具有收敛止血、固表止汗的功效	须根较坚韧。秆直立，光滑无毛，高60～120cm，具2～4节。叶鞘松弛，光滑或基部者被微毛；叶舌透明膜质，长1～5mm；叶片扁平，长10～30cm，宽4～12mm，微粗糙，或上面和边缘疏生柔毛	饲用	茎、叶	广
7	P150627021	鄂尔多斯市	伊金霍洛旗	牛毛毛（野燕麦）	野生资源	当地	一年生	无性	3月下旬	8月上旬			须根较坚韧。秆直立，光滑无毛，高60～120cm，具2～4节。叶鞘松弛，光滑或基部者被微毛；叶舌透明膜质，长1～5mm；叶片扁平，长10～30cm，宽4～12mm，微粗糙，或上面和边缘疏生柔毛	饲用、保健药用	种子（果实）、根、茎、叶	窄
8	P150785044	呼伦贝尔市	根河市	野燕麦	野生资源	当地	一年生	有性	5月上旬	7月中旬	高产，优质，抗病，广适，耐寒	优等饲用植物，多生于田边、路旁，林缘	秆高50～120cm，叶片宽4～12mm，长5～25cm。圆锥花序展开，长10～22cm；小穗长15～25mm，含2～5朵小花，其柄弯曲下垂；颖几等长，9脉；外稃质地硬，下半部与小穗轴均有白色硬毛，第一外稃长15mm，芒自外稃中偏上部伸出，长3cm左右。籽粒披针形，灰黑色。花果期6—8月	饲用	种子（果实）、茎、叶	广

47. 砾苔草种质资源目录

砾苔草（*Carex stenophylloides*）是莎草科（Cyperaceae）苔草属（*Carex*）多年生草本植物。苔草属植物因其固有的生殖对策，极强的营养繁殖能力，特殊生理整合作用以及顽强的生命力，经常生长在极其脆弱的生态环境，对维持脆弱的生态环境起着极其重要的作用。共计收集到种质资源1份，分布在1个盟（市）的1个旗（县、市、区）（表4–47）。

表4–47 砾苔草种质资源目录

序号	样品编号	盟（市）	旗(县、市、区)	种质名称	种质类型	种质来源	生长习性	繁殖习性	播种期	收获期	主要特性	其他特性	主要特性详细描述	种质用途	利用部位	种质分布
1	P152524036	锡林郭勒盟	苏尼特右旗	苔草	野生资源	当地	多年生	有性	4月上旬	9月下旬	抗旱		具根茎；秆高5～20cm，丛生，钝三棱形；叶片近扁平或内卷；苞片鳞片状；小穗3～7个。	饲用	茎、叶	窄

48. 驼绒藜种质资源目录

驼绒藜（*Ceratoides latens*）是藜科（Chenopodiaceae）驼绒藜属（*Ceratoides*）多年生植物。抗旱、耐寒、耐贫瘠，主要利用种子，主要作饲用。共计收集到种质资源3份，分布在2个盟（市）的3个旗（县、市、区）（表4–48）。

表4–48 驼绒藜种质资源目录

序号	样品编号	盟（市）	旗(县、市、区)	种质名称	种质类型	种质来源	生长习性	繁殖习性	播种期	收获期	主要特性	其他特性	主要特性详细描述	种质用途	利用部位	种质分布
1	P152524037	锡林郭勒盟	苏尼特右旗	驼绒藜	野生资源	当地	多年生	有性	4月上旬	9月下旬	抗旱，耐寒，耐贫瘠			饲用	茎、叶	窄
2	P150624020	鄂尔多斯市	鄂托克旗	驼绒藜	野生资源	当地	多年生	有性	4月上旬	9月下旬	抗旱		强旱生半灌木	饲用	茎、叶、花	广
3	P150625003	鄂尔多斯市	杭锦旗	驼绒藜	野生资源	当地	多年生	有性	4月下旬	8月中旬	抗旱，耐寒，耐贫瘠			饲用	种子（果实）、茎、叶	窄

49. 龙芽草种质资源目录

龙芽草（*Agrimonia pilosa*）是蔷薇科（Rosaceae）龙芽草属（*Agrimonia*）多年生草本植物。全草入药，收敛止血，止痢，杀虫，广泛用于各种出血症。共计收集到种质资源1份，分布在1个盟（市）的1个旗（县、市、区）（表4-49）。

表4-49　龙芽草种质资源目录

序号	样品编号	盟（市）	旗(县、市、区)	种质名称	种质类型	种质来源	生长习性	繁殖习性	播种期	收获期	主要特性	其他特性	主要特性详细描述	种质用途	利用部位	种质分布
1	P152525005	锡林郭勒盟	东乌珠穆沁旗	仙鹤草	野生资源	当地	多年生	有性	5月上旬	9月下旬	耐涝		根茎粗，茎高30～160cm，茎、叶柄、叶轴、花序轴都有开展长柔毛和短柔毛。全草入药，收敛止血，止痢，杀虫，广泛用于各种出血	饲用、保健药用	种子（果实）、根、茎、叶、花	窄

50. 蹄叶橐吾种质资源目录

蹄叶橐吾（*Ligularia fischeri*）是菊科（Compositae）橐吾属（*Ligularia*）多年生草本植物。蹄叶橐吾以山紫菀之名入药，具有散除风寒、清热解毒等功效。蹄叶橐吾作为野菜食用对人体健康有益。共计收集到种质资源1份，分布在1个盟（市）的1个旗（县、市、区）（表4-50）。

表4-50　蹄叶橐吾种质资源目录

序号	样品编号	盟（市）	旗(县、市、区)	种质名称	种质类型	种质来源	生长习性	繁殖习性	播种期	收获期	主要特性	其他特性	主要特性详细描述	种质用途	利用部位	种质分布
1	P152525006	锡林郭勒盟	东乌珠穆沁旗	蹄叶橐吾	野生资源	当地	多年生	有性	5月上旬	9月下旬			以山紫菀之名入药，具有散除风寒、清热解毒等功效。作为野菜食用对人体健康有益	食用、饲用、保健药用	根、茎、叶	窄

51. 藜芦种质资源目录

藜芦（*Veratrum nigrum*）是百合科（Liliaceae）藜芦属（*Veratrum*）多年生草本植物。根茎入药，能催吐、祛痰、杀虫，主治中风痰壅、癫痫、喉痹等；外用治疥癣、恶疮、杀虫蛆。共计收集到种质资源1份，分布在1个盟（市）的1个旗（县、市、区）（表4-51）。

表4-51 藜芦种质资源目录

序号	样品编号	盟（市）	旗（县、市、区）	种质名称	种质类型	种质来源	生长习性	繁殖习性	播种期	收获期	主要特性	其他特性	主要特性详细描述	种质用途	利用部位	种质分布
1	P152525014	锡林郭勒盟	东乌珠穆沁旗	藜芦	野生资源	当地	多年生	有性	6月上旬	9月下旬			根及根茎入药，能催吐、祛痰、杀虫，主治中风痰壅、癫痫、喉痹等；外用治疥癣、恶疮、杀虫蛆	饲用、保健药用	根、茎、叶、花	窄

52. 段报春种质资源目录

段报春（*Primula maximowiczii*）是报春花科（Primulaceae）报春花属（*Primula*）多年生草本植物。主要作饲用、保健药用。共计收集到种质资源1份，分布在1个盟（市）的1个旗（县、市、区）（表4-52）。

表4-52 段报春种质资源目录

序号	样品编号	盟（市）	旗（县、市、区）	种质名称	种质类型	种质来源	生长习性	繁殖习性	播种期	收获期	主要特性	其他特性	主要特性详细描述	种质用途	利用部位	种质分布
1	P152525026	锡林郭勒盟	东乌珠穆沁旗	段报春	野生资源	当地	多年生	有性	4月上旬	7月下旬			全株无毛，亦无粉状物，须根多而粗壮	饲用、保健药用	根、茎、叶	窄

53. 东北高翠雀花种质资源目录

东北高翠雀花（*Delphinium korshinskyanum*）是毛茛科（Ranunculaceae）翠雀属（*Delphinium*）多年生草本植物。主要利用叶、茎，主要作饲用。共计收集到种质资源1份，分布在1个盟（市）的1个旗（县、市、区）（表4-53）。

表4-53　东北高翠雀花种质资源目录

序号	样品编号	盟（市）	旗（县、市、区）	种质名称	种质类型	种质来源	生长习性	繁殖习性	播种期	收获期	主要特性	其他特性	主要特性详细描述	种质用途	利用部位	种质分布
1	P152525029	锡林郭勒盟	东乌珠穆沁旗	东北翠雀	野生资源	当地	多年生	有性	4月上旬	10月上旬			茎直立，被伸展的白色长毛。叶柄长4～18cm，茎下部的叶柄长，而上部者渐短，基部加宽，上面具沟，被白色长毛；叶圆状心形，长5～7cm，掌状3深裂，中裂片长菱形，中下部渐狭，楔形，全缘，中上部3浅裂，裂片具缺刻和牙齿，两侧裂片再3深裂，内侧裂片形状与中裂片相似，最外侧的裂片较小，再2深裂，边缘具缺刻及牙齿，表面被伏毛，背面沿叶脉被白色长毛，边缘具纤毛	饲用，其他	茎、叶	窄

54. 垂果南芥种质资源目录

垂果南芥（*Arabis pendula*）是十字花科（Brassicaceae）南芥属（*Arabis*）二年生草本植物。株高50～100cm，具有清热、解毒、消肿的功效，治疮痈肿毒。共计收集到种质资源1份，分布在1个盟（市）的1个旗（县、市、区）（表5-54）。

表4-54　垂果南芥种质资源目录

序号	样品编号	盟（市）	旗（县、市、区）	种质名称	种质类型	种质来源	生长习性	繁殖习性	播种期	收获期	主要特性	其他特性	主要特性详细描述	种质用途	利用部位	种质分布
1	P152525030	锡林郭勒盟	东乌珠穆沁旗	垂果南芥	野生资源	当地	二年生	有性	5月上旬	9月下旬			清热解毒、消肿。治疮痈肿毒	饲用、保健药用	茎、叶	窄

55. 扁蕾种质资源目录

扁蕾（*Gentianopsis barbata*）是龙胆科（Gentianaceae）扁蕾属（*Gentianopsis*）一年生草本植物。全草入药、能清热、利胆，退黄。共计收集到种质资源1份，分布在1个盟（市）的1个旗（县、市、区）（表4-55）。

表4-55　扁蕾种质资源目录

序号	样品编号	盟（市）	旗(县、市、区)	种质名称	种质类型	种质来源	生长习性	繁殖习性	播种期	收获期	主要特性	其他特性	主要特性详细描述	种质用途	利用部位	种质分布
1	P152525031	锡林郭勒盟	东乌珠穆沁旗	扁蕾	野生资源	当地	一年生	有性	5月上旬	9月下旬			茎单生，直立，近圆柱形，下部单一，上部有分枝，条棱明显，有时带紫色。全草入药，能清热、利胆、退黄	饲用、保健药用	种子（果实）、根、茎、叶、花	窄

56. 笔管草种质资源目录

笔管草（*Scorzonera albicaulis*）是菊科（Compositae）鸦葱属（*Scorzonera*）大中型植物。根入药，能清热解毒、消炎、通乳。共计收集到种质资源1份，分布在1个盟（市）的1个旗（县、市、区）（表4-56）。

表4-56　笔管草种质资源目录

序号	样品编号	盟（市）	旗（县、市、区）	种质名称	种质类型	种质来源	生长习性	繁殖习性	播种期	收获期	主要特性	其他特性	主要特性详细描述	种质用途	利用部位	种质分布
1	P152525034	锡林郭勒盟	东乌珠穆沁旗	亚葱	野生资源	当地	多年生	有性	4月上旬	8月下旬	抗病		根入药，能清热解毒、消炎、通乳	保健药用	根	窄

57. 窄叶蓝盆花种质资源目录

窄叶蓝盆花（*Scabiosa comosa*）是川续断科（Dipsacaceae）蓝盆花属（*Scabiosa*）多年生草本。花作蒙药用。共计收集到种质资源2份，分布在1个盟（市）的2个旗（县、市、区）（表4-57）。

表4-57 窄叶蓝盆花种质资源目录

序号	样品编号	盟（市）	旗（县、市、区）	种质名称	种质类型	种质来源	生长习性	繁殖习性	播种期	收获期	主要特性	其他特性	主要特性详细描述	种质用途	利用部位	种质分布
1	P152525039	锡林郭勒盟	东乌珠穆沁旗	蓝盆花	野生资源	当地	多年生	有性	5月上旬	9月下旬			茎高可达60cm，被短毛。基生叶丛生，窄椭圆形，羽状全裂，茎生叶对生。花作蒙药用	饲用、保健药用，其他	茎、叶、花	窄
2	P152526029	锡林郭勒盟	西乌珠穆沁旗	蓝盆花	野生资源	当地	多年生	有性	5月上旬	9月下旬			茎高可达60cm，被短毛。基生叶丛生，窄椭圆形，羽状全裂，茎生叶对生。花作蒙药用	饲用、保健药用	茎、叶、花	窄

58. 稗种质资源目录

稗（*Echinochloa crusgalli*）是禾本科（Gramineae）稗属（*Echinochloa*）一年生草本植物。稗的营养价值较高，粗蛋白与燕麦干草近似。鲜草马、牛、羊均喜食，干草牛最喜食，马、羊也喜食。籽实可以作为家畜及家禽的精料，也可酿酒，根及幼苗入药，茎叶纤维可作造纸原料，全草可作绿肥。共计收集到种质资源9份，分布在3个盟（市）的8个旗（县、市、区）（表4-58）。

表4-58 稗种质资源目录

序号	样品编号	盟（市）	旗（县、市、区）	种质名称	种质类型	种质来源	生长习性	繁殖习性	播种期	收获期	主要特性	其他特性	主要特性详细描述	种质用途	利用部位	种质分布
1	P152525048	锡林郭勒盟	东乌珠穆沁旗	稗	野生资源	当地	一年生	有性	5月上旬	7月下旬		茎叶纤维可作造纸原料	马、牛、羊等的一种好的饲养原料，营养价值较高，根及幼苗可药用，能止血，主治创伤出血	饲用、保健药用、加工原料	根、茎、叶	窄

（续表）

序号	样品编号	盟（市）	旗（县、市、区）	种质名称	种质类型	种质来源	生长习性	繁殖习性	播种期	收获期	主要特性	其他特性	主要特性详细描述	种质用途	利用部位	种质分布
2	P152524027	锡林郭勒盟	苏尼特右旗	稗	野生资源	当地	一年生	有性	5月上旬	8月下旬	耐涝	茎叶纤维可作造纸原料	马、牛、羊等的一种好的饲养原料，营养价值较高，根及幼苗可药用，能止血，主治创伤出血	饲用、保健药用、加工原料	种子（果实）、茎、叶	广
3	P152529039	锡林郭勒盟	正镶白旗	稗	野生资源	当地	一年生	有性	6月上旬	9月下旬	优质	食用或酿酒，根及幼苗入药，茎叶纤维可作造纸原料，全草可作绿肥		食用、饲用、保健药用、加工原料	种子（果实）、根、茎、叶	广
4	P152523006	锡林郭勒盟	苏尼特左旗	稗	野生资源	当地	一年生	有性	6月上旬	9月下旬	优质	食用或酿酒，根及幼苗入药，茎叶纤维可作造纸原料，全草可作绿肥		食用、饲用、保健药用、加工原料	种子（果实）、根、茎、叶	广

（续表）

序号	样品编号	盟（市）	旗（县、市、区）	种质名称	种质类型	种质来源	生长习性	繁殖习性	播种期	收获期	主要特性	其他特性	主要特性详细描述	种质用途	利用部位	种质分布
5	P152630043	乌兰察布市	察哈尔右翼前旗	水稗子	野生资源	当地	一年生	有性	6月上旬	9月上旬	高产，耐盐碱，抗旱，广适，耐寒，耐涝，耐贫瘠，耐热			食用、饲用	种子（果实）	广
6	P150702036	呼伦贝尔市	海拉尔区	长芒稗	野生资源	当地	一年生	有性	5月下旬	7月中旬	高产，优质，抗病，广适	亦可人工种植，饲喂范围较广	秆丛生，直立或基部倾斜，高1.5～2.0m，茎粗5～7mm。叶片宽条形，长20～45cm，宽10～20mm。圆锥花序，直立或下垂，长15～25cm。小穗紧密排列于穗轴的一侧，单生或不规则簇生，紫红色。第一颖三角形，第二颖与小穗等长，草质，顶端具0.1～0.2mm短芒，具5脉；第一外稃草质，具5脉，先端延伸一较粗壮的芒，芒长1.5～5cm。籽粒较小，边成熟边脱落，纺锤形，褐色或浅绿色。花果期8—9月	饲用	种子（果实）、茎、叶	广

（续表）

序号	样品编号	盟（市）	旗(县、市、区)	种质名称	种质类型	种质来源	生长习性	繁殖习性	播种期	收获期	主要特性	其他特性	主要特性详细描述	种质用途	利用部位	种质分布
7	P150702036	呼伦贝尔市	海拉尔区	长芒稗	野生资源	当地	一年生	有性	5月下旬	7月中旬	高产，优质，抗病，广适	亦可人工种植，饲喂范围较广	秆丛生，直立或基部倾斜，高1.5～2.0m，茎粗5～7mm。叶片宽条形，长20～45cm，宽10～20mm。圆锥花序，直立或下垂，长15～25cm。小穗紧密排列于穗轴的一侧，单生或不规则簇生，紫红色。第一颖三角形，第二颖与小穗等长，草质，顶端具0.1～0.2mm短芒，具5脉；第一外稃草质，具5脉，先端延伸一较粗壮的芒，芒长1.5～5cm。籽粒较小，边成熟边脱落，纺锤形，褐色或浅绿色。花果期8—9月	饲用	种子(果实)、茎、叶	广
8	P150785054	呼伦贝尔市	根河市	稗	野生资源	当地	一年生	有性	5月上旬	8月中旬	高产，抗病	优等饲用植物	秆丛生，直立或基部倾斜，高70～150cm，茎粗2～5mm，光滑无毛，叶鞘疏松，平滑无毛；叶片条形，长20～50cm，宽5～15mm，边缘粗糙上面微粗糙。圆锥花序较疏松，常带紫红色，长9～20cm，穗轴较粗壮，粗糙。小穗密集排列于穗轴的一侧，单生或者不规则簇生，卵形，长3～4mm，近于无柄或具极短的柄。花果期7—8月	饲用	种子(果实)、茎、叶	广
9	P150782028	呼伦贝尔市	牙克石市	无芒稗	野生资源	当地	一年生	有性	5月下旬	7月中旬	高产，优质，抗病，广适	亦可人工种植，长芒稗饲草饲喂范围较广	秆丛生，直立或基部倾斜，高1.0～1.2m，茎粗3～5mm。叶片宽条形，长15～20cm，宽5～10mm。圆锥花序，穗下垂，长15cm左右，无芒；小穗紧密排列于穗轴的一侧，单生或不规则簇生，紫红色。籽粒边成熟边脱落，椭圆形，褐色或浅绿色。花果期8—9月	饲用	茎、叶	广

59. 山丹种质资源目录

山丹（*Lilium pumilum*）是百合科（Liliaceae）百合属（*Lilium*）多年生草本植物。山丹适应范围广，耐寒，对土壤要求不严，鳞茎富含蛋白质、脂肪、淀粉、生物碱、钙、磷、铁等成分，可用来煲汤，具有良好的滋补作用；可药用，性味归经。共计收集到种质资源2份，分布在1个盟（市）的2个旗（县、市、区）（表4-59）。

表4-59　山丹种质资源目录

序号	样品编号	盟（市）	旗(县、市、区)	种质名称	种质类型	种质来源	生长习性	繁殖习性	播种期	收获期	主要特性	其他特性	主要特性详细描述	种质用途	利用部位	种质分布
1	P152525050	锡林郭勒盟	东乌珠穆沁旗	细叶百合	野生资源	当地	多年生	有性	4月上旬	10月上旬	优质	鳞茎富含蛋白质、脂肪、淀粉、生物碱、钙、磷、铁等成分，可用来煲汤，具有良好的滋补作用；可药用，性味归经	花色红、娇艳，钟状花形美观，植株体矮小、紧凑，非常惹人喜爱。盆栽置于案头、窗台，装点室内环境，也可以直接栽种于庭院、做自然式缀花草坪，散植于疏林草地	食用、饲用、保健药用	茎、叶	窄
2	P152526027	锡林郭勒盟	西乌珠穆沁旗	细叶百合	野生资源	当地	多年生	有性	4月上旬	10月上旬	耐寒	鳞茎富含蛋白质、脂肪、淀粉、生物碱、钙、磷、铁等成分，可用来煲汤，具有良好的滋补作用；可药用，性味归经	花色红、娇艳，钟状花形美观，植株体矮小、紧凑，非常惹人喜爱。盆栽置于案头、窗台，装点室内环境，也可以直接栽种于庭院、做自然式缀花草坪，散植于疏林草地	食用、饲用、保健药用	茎、花	窄

60. 金露梅种质资源目录

金露梅（*Potentilla fruticosa*）是蔷薇科（Rosaceae）委陵菜属（*Potentilla*）灌木。金露梅生性强健，枝叶茂密，花黄色，鲜艳，适宜作庭园观赏灌木，叶与果含鞣质，可提制栲胶，有健脾、化湿、清暑、调经之效。共计收集到种质资源2份，分布在1个盟（市）的2个旗（县、市、区）（表4-60）。

表4-60　金露梅种质资源目录

序号	样品编号	盟（市）	旗(县、市、区)	种质名称	种质类型	种质来源	生长习性	繁殖习性	播种期	收获期	主要特性	其他特性	主要特性详细描述	种质用途	利用部位	种质分布
1	P152525055	锡林郭勒盟	东乌珠穆沁旗	金露梅	野生资源	当地	多年生	有性	5月上旬	10月下旬	抗旱，耐寒，耐贫瘠	生性强健，耐寒，喜湿润，但怕积水，耐干旱，喜光，在遮阴处多生长不良，对土壤要求不严，在沙壤土、素沙土中都能正常生长，喜肥而较耐瘠薄	枝叶茂密，花黄色，鲜艳，适宜作庭园观赏灌木，或作矮篱也很美观。叶与果含鞣质，可提制栲胶。嫩叶可代茶叶饮用。花、叶入药，有健脾、化湿、清暑、调经之效。在内蒙古山区为中等饲用植物，骆驼最爱吃。藏民广泛用作建筑材料，填充在屋檐下或门窗上下	饲用、保健药用、加工原料	茎、叶、花	窄
2	P152526035	锡林郭勒盟	西乌珠穆沁旗	金露梅	野生资源	当地	多年生	有性	5月上旬	9月下旬	抗旱，耐寒，耐贫瘠	枝叶茂密，花黄色，鲜艳，适宜作庭园观赏灌木，叶与果含鞣质，可提制栲胶，有健脾、化湿、清暑、调经之效	生性强健，耐寒，喜湿润，但怕积水，耐干旱，喜光，在遮阴处多生长不良，对土壤要求不严，在沙壤土、素沙土中都能正常生长，喜肥而较耐瘠薄	食用、饲用、保健药用	种子（果实）、叶、花	窄

61. 多裂叶荆芥种质资源目录

多裂叶荆芥（*Schizonepeta multifida*）是唇形科（Labiatae）裂叶荆芥属（*Schizonepeta*）多年生草本植物。生于沙质平原、丘陵坡地及石质山坡等生境的草原。主要利用叶，茎，主要作饲用。共计收集到种质资源3份，分布在1个盟（市）的3个旗（县、市、区）（表4-61）。

表4-61　多裂叶荆芥种质资源目录

序号	样品编号	盟（市）	旗(县、市、区)	种质名称	种质类型	种质来源	生长习性	繁殖习性	播种期	收获期	主要特性	其他特性	主要特性详细描述	种质用途	利用部位	种质分布
1	P152525061	锡林郭勒盟	东乌珠穆沁旗	荆芥	野生资源	当地	多年生	有性	5月上旬	9月下旬	抗旱		中旱生杂类草。草甸草原和典型草原的常见伴生种。生于沙质平原、丘陵坡地及石质山坡等生境的草原	饲用	茎、叶	窄
2	P152522020	锡林郭勒盟	阿巴嘎旗	多裂叶荆芥	野生资源	当地	多年生	有性	5月上旬	9月下旬			全株含芳香油，适于制香皂	饲用、加工原料	根、茎、叶	窄
3	P152526012	锡林郭勒盟	西乌珠穆沁旗	荆芥	野生资源	当地	多年生	有性	5月上旬	9月下旬	抗旱		中旱生杂类草。草甸草原和典型草原的常见伴生种。生于沙质平原、丘陵坡地及石质山坡等生境的草原	饲用	茎、叶	窄

62. 山韭种质资源目录

山韭（*Allium senescens*）是百合科（Liliaceae）葱属（*Allium*）多年生草本植物。可食用，亦可饲用，营养价值高。共计收集到种质资源1份，分布在1个盟（市）的1个旗（县、市、区）（表4-62）。

表4-62　山韭种质资源目录

序号	样品编号	盟（市）	旗(县、市、区)	种质名称	种质类型	种质来源	生长习性	繁殖习性	播种期	收获期	主要特性	其他特性	主要特性详细描述	种质用途	利用部位	种质分布
1	P152526009	锡林郭勒盟	西乌珠穆沁旗	山韭	野生资源	当地	多年生	有性	5月上旬	9月下旬	其他	根及根状茎入药，能催吐、祛痰、杀虫。外用治疥癣、恶疮、杀虫蛆	可食用，亦可饲用，营养价值高	食用、饲用、保健药用	根、茎、叶	窄

63. 华北大黄种质资源目录

华北大黄（*Rheum franzenbachii*）是蓼科（Polygonaceae）大黄属（*Rheum*）多年生高大草本植物。根入药，能清热解毒、止血、通便、杀虫；根又作工业燃料的原料及提制栲胶。共计收集到种植资源2份，分布在1个盟（市）的2个旗（县、市、区）（表4-63）。

表4-63　华北大黄种质资源目录

序号	样品编号	盟（市）	旗（县、市、区）	种质名称	种质类型	种质来源	生长习性	繁殖习性	播种期	收获期	主要特性	其他特性	主要特性详细描述	种质用途	利用部位	种质分布
1	P152526020	锡林郭勒盟	西乌珠穆沁旗	甜梗	野生资源	当地	多年生	有性	5月上旬	9月下旬	其他	根入药，能清热解毒、止血、通便、杀虫；根又作工业燃料的原料及提制栲胶	生于山地林缘或草坡，野生或栽培，根茎粗壮	保健药用	种子（果实）、根	窄
2	P152530050	锡林郭勒盟	正蓝旗	大黄	野生资源	当地	多年生	有性	5月上旬	9月下旬	其他	根入药，能清热解毒、止血、通便、杀虫；根又作工业燃料的原料及提制栲胶	生于山地林缘或草坡，野生或栽培，根茎粗壮	保健药用	种子（果实）、根	窄

64. 紫菀种质资源目录

紫菀（*Aster tataricus*）是菊科（Compositae）紫菀属（*Aster*）多年生草本植物。根及根茎入药，能温肺下气、消痰止咳。共计收集到种质资源1份，分布在1个盟（市）的1个旗（县、市、区）（表4-64）。

表4-64　紫菀种质资源目录

序号	样品编号	盟（市）	旗（县、市、区）	种质名称	种质类型	种质来源	生长习性	繁殖习性	播种期	收获期	主要特性	其他特性	主要特性详细描述	种质用途	利用部位	种质分布
1	P152526031	锡林郭勒盟	西乌珠穆沁旗	紫菀	野生资源	当地	多年生	有性	5月上旬	9月下旬	耐寒，耐涝	根及根茎入药，能温肺下气、消痰止咳	中生植物，生于森林、草原地带的山地林下、灌丛中或山地河沟边；耐涝、怕干旱，耐寒性较强	饲用、保健药用	根、茎	窄

65. 山芥种质资源目录

山芥（*Barbarea orthoceras*）是十字花科（Brassicaceae）山芥属（*Barbarea*）二年生草本植物。主要利用叶、茎，主要作饲用。共计收集到种质资源1份，分布在1个盟（市）的1个旗（县、市、区）（表4-65）。

表4-65　山芥种质资源目录

序号	样品编号	盟（市）	旗（县、市、区）	种质名称	种质类型	种质来源	生长习性	繁殖习性	播种期	收获期	主要特性	其他特性	主要特性详细描述	种质用途	利用部位	种质分布
1	P152526046	锡林郭勒盟	西乌珠穆沁旗	山芥	野生资源	当地	二年生	有性	5月上旬	9月下旬	耐贫瘠		中生植物，全株无毛，茎直立，高15～60cm，不分枝或少分枝	饲用	茎、叶	窄

66. 达乌里龙胆种质资源目录

达乌里龙胆（*Gentiana dahurica*）是龙胆科（Gentianaceae）龙胆属（*Gentiana*）多年生草本植物，主要作饲用、保健药用。共计收集到种质资源2份，分布在1个盟（市）的2个旗（县、市、区）（表4-66）。

表4-66　达乌里龙胆种质资源目录

序号	样品编号	盟（市）	旗（县、市、区）	种质名称	种质类型	种质来源	生长习性	繁殖习性	播种期	收获期	主要特性	其他特性	主要特性详细描述	种质用途	利用部位	种质分布
1	P152526058	锡林郭勒盟	西乌珠穆沁旗	达乌里龙胆	野生资源	当地	多年生	有性	5月上旬	9月下旬	耐寒		株高10～30cm；茎斜升；叶对生，条状披针形；聚伞花序；花冠管钟状，深蓝色或蓝紫色，裂片5	饲用、保健药用	种子（果实）、根、茎、叶	窄
2	P152531036	锡林郭勒盟	多伦县	达乌里龙胆	野生资源	当地	多年生	有性	5月上旬	9月下旬	耐寒		株高10～30cm；茎斜升；叶对生，条状披针形；聚伞花序；花冠管钟状，深蓝色或蓝紫色，裂片5	饲用、保健药用	种子（果实）、茎、叶	窄

67. 独行菜种质资源目录

独行菜（*Lepidium apetalum*）是十字花科（Brassicaceae）独行菜属（*Lepidium*）二年生草本植物。种子具有清热止血、泻肺平喘、行水消肿的作用；地上部用于肠炎、腹泻及细菌性痢疾。共计收集到种质资源1份，分布在1个盟（市）的1个旗（县、市、区）（表4-67）。

表4-67 独行菜种质资源目录

序号	样品编号	盟（市）	旗（县、市、区）	种质名称	种质类型	种质来源	生长习性	繁殖习性	播种期	收获期	主要特性	其他特性	主要特性详细描述	种质用途	利用部位	种质分布
1	P152527010	锡林郭勒盟	太仆寺旗	独行菜	野生资源	当地	二年生	有性	5月上旬	9月下旬	广适	种子具有清热止血、泻肺平喘、行水消肿的作用；地上部用于肠炎、腹泻及细菌性痢疾	株高5～30cm；茎直立，有分枝，基生叶窄匙形，茎上部叶线形，总状花序在果期可延长至5cm；花瓣不存在或退化成丝状，种子椭圆形	饲用、保健药用	茎、叶	广

68. 金莲花种质资源目录

金莲花（*Trollius chinensis*）是毛茛科（Ranunculaceae）金莲花属（*Trollius*）多年生草本植物。清热解毒。治上呼吸道感染、扁桃体炎、咽炎、急性中耳炎、急性鼓膜炎、急性结膜炎、急性淋巴管炎、口疮、疔疮。另外其味辛辣，嫩梢、花蕾、新鲜种子可作为食品调味料。共计收集到种质资源1份，分布在1个盟（市）的1个旗（县、市、区）（表4-68）。

表4-68 金莲花种质资源目录

序号	样品编号	盟（市）	旗（县、市、区）	种质名称	种质类型	种质来源	生长习性	繁殖习性	播种期	收获期	主要特性	其他特性	主要特性详细描述	种质用途	利用部位	种质分布
1	P152527016	锡林郭勒盟	太仆寺旗	金莲花	野生资源	当地	多年生	有性	5月上旬	9月下旬				饲用、保健药用	种子（果实）、叶、花	窄

69. 白刺种质资源目录

白刺（*Nitraria tangutorum*）是蒺藜科（Zygophyllaceae）白刺属（*Nitraria*）灌木。沙漠和盐碱地区重要的耐盐、固沙植物。共计收集到种质资源12份，分布在4个盟（市）的6个旗（县、市、区）（表4-69）。

表4-69　白刺种质资源目录

序号	样品编号	盟（市）	旗(县、市、区)	种质名称	种质类型	种质来源	生长习性	繁殖习性	播种期	收获期	主要特性	其他特性	主要特性详细描述	种质用途	利用部位	种质分布
1	P152527050	锡林郭勒盟	太仆寺旗	白刺	野生资源	当地	多年生	有性	5月上旬	8月下旬	耐盐碱，抗旱	骆驼基本终年采食，尤以夏、秋季乐食其嫩枝，冬、春采食较差，羊也可采食其嫩枝叶，马和牛一般不吃	叶互生，密生在嫩枝上，4～5簇生，倒卵状长椭圆形，叶长1～2cm，先端钝，基部斜楔形，全缘，表面灰绿色，背面淡绿色，肉质，被细绢毛，无叶柄，托叶早落	饲用	茎、叶	窄
2	P150625040	鄂尔多斯市	杭锦旗	白刺	野生资源	当地	多年生	有性	3月下旬	7月中旬	抗旱，耐贫瘠		较好的抗旱性，种子产量较高，果实用于酿酒等，果实较大	饲用	种子（果实）、茎、叶	窄
3	P150625041	鄂尔多斯市	杭锦旗	小果白刺	野生资源	当地	多年生	有性	3月下旬	7月中旬	抗旱，耐贫瘠		较好的抗旱性，种子产量较高，果实用于酿酒等	饲用	种子（果实）、茎、叶	窄
4	P150625042	鄂尔多斯市	杭锦旗	小果白刺（红）	野生资源	当地	多年生	有性	3月下旬	7月中旬	抗旱，耐贫瘠		较好的抗旱性，种子产量较高，果实用于酿酒等	饲用	种子（果实）、茎、叶	窄
5	P150625043	鄂尔多斯市	杭锦旗	小果白刺（黑）	野生资源	当地	多年生	有性	3月下旬	7月中旬	抗旱，耐贫瘠		较好的抗旱性，种子产量较高，果实用于酿酒等	饲用	种子（果实）、茎、叶	窄

（续表）

序号	样品编号	盟（市）	旗(县、市、区)	种质名称	种质类型	种质来源	生长习性	繁殖习性	播种期	收获期	主要特性	其他特性	主要特性详细描述	种质用途	利用部位	种质分布
6	P150625045	鄂尔多斯市	杭锦旗	小果白刺	野生资源	当地	多年生	有性	3月下旬	7月中旬	抗旱		具有抗旱性，较好的灌木类饲料	饲用	种子(果实)、茎、叶	窄
7	P150625047	鄂尔多斯市	杭锦旗	白刺	野生资源	当地	多年生	有性	3月下旬	7月中旬	抗旱		较好的抗旱性，种子产量较高，果实用于酿酒等	饲用	种子(果实)、茎、叶	窄
8	P150623048	鄂尔多斯市	鄂托克前旗	小果白刺	野生资源	当地	多年生	有性	3月上旬	7月中旬	抗旱，耐贫瘠		较好的抗旱性，种子产量较高，果实用于酿酒等	饲用	种子(果实)、茎、叶	窄
9	P150825012	巴彦淖尔市	乌拉特后旗	白刺	野生资源	当地	多年生	有性	5月中旬	8月下旬	广适		用于脾胃虚弱，消化不良，神经衰弱，高血压头晕，感冒，乳汁不下	保健药用，其他	种子（果实）	广
10	P152923017	阿拉善盟	额济纳旗	小果白刺	野生资源	当地	多年生	兼性	4月下旬	9月中旬	优质，耐盐碱，抗旱，耐贫瘠		耐盐碱和沙埋，适于地下水位1～2m深的沙地生长。沙埋能生不定根，积沙形成小沙包，对湖盆和绿洲边缘沙地有良好地固沙作用。当地牧民常作为羊、骆驼的饲料使用	饲用	种子(果实)、茎、叶	窄

（续表）

序号	样品编号	盟（市）	旗（县、市、区）	种质名称	种质类型	种质来源	生长习性	繁殖习性	播种期	收获期	主要特性	其他特性	主要特性详细描述	种质用途	利用部位	种质分布
11	P152923017	阿拉善盟	额济纳旗	小果白刺	野生资源	当地	多年生	兼性	4月下旬	9月中旬	优质，耐盐碱，抗旱，耐贫瘠		耐盐碱和沙埋，适于地下水位1～2m深的沙地生长。沙埋能生不定根，积沙形成小沙包，对湖盆和绿洲边缘沙地有良好的固沙作用。额济纳旗当地牧民常将其作为羊、骆驼的饲料使用	饲用	种子（果实）、茎、叶	窄
12	P152922007	阿拉善盟	阿拉善右旗	白刺	野生资源	当地	多年生	有性	5月上旬	8月下旬	优质，耐盐碱，抗旱，广适，耐寒，耐贫瘠，耐热	我国寒温、温和气候区的盐渍土指示植物	当地优质牧草品种，也是优质的防风、固沙植物。常匍匐地面生长，株高30～50cm，多分枝，少部分枝直立，树皮淡黄色，小枝灰白色，尖端刺状，枝条无刺或少刺。	饲用、保健药用	种子（果实）、茎、叶	广

70. 扁蓿豆种质资源目录

扁蓿豆（*Medicago ruthenica*）是豆科（Fabaceae）苜蓿属（*Medicago*）多年生草本。扁蓿豆为优等的牧草，适口性好，各种家畜终年均喜食。共计收集到种质资源1份，分布在1个盟（市）的1个旗（县、市、区）（表4-70）。

表4-70 扁蓿豆种质资源目录

序号	样品编号	盟（市）	旗（县、市、区）	种质名称	种质类型	种质来源	生长习性	繁殖习性	播种期	收获期	主要特性	其他特性	主要特性详细描述	种质用途	利用部位	种质分布
1	P152528015	锡林郭勒盟	镶黄旗	扁蓿豆	野生资源	当地	多年生	有性	5月上旬	9月下旬	优质，抗旱，耐寒		优等的牧草。它的适口性好，各种家畜终年均喜食	饲用	茎、叶	广

71. 山野豌豆种质资源目录

山野豌豆（*Vicia amoena*）是豆科（Fabaceae）野豌豆属（*Vicia*）多年生草本植物。高产，优质，耐寒，优质牧草，幼苗可食用。共计收集到种质资源2份，分布在2个盟（市）的2个旗（县、市、区）（表4-71）。

表4-71 山野豌豆种质资源目录

序号	样品编号	盟（市）	旗（县、市、区）	种质名称	种质类型	种质来源	生长习性	繁殖习性	播种期	收获期	主要特性	其他特性	主要特性详细描述	种质用途	利用部位	种质分布
1	P152528037	锡林郭勒盟	镶黄旗	野豌豆	野生资源	当地	多年生	有性	5月上旬	9月下旬			株高30～100cm。根茎匍匐，茎柔细斜升或攀缘，具棱，疏被柔毛。偶数羽状复叶长7～12cm，叶轴顶端卷须发达；托叶半戟形，有2～4裂齿；小叶5～7对，长卵圆形或长圆披针形，长0.6～3cm，宽0.4～1.3cm，先端钝或平截，微凹，有短尖头，基部圆形，两面被疏柔毛，下面较密	饲用	茎、叶	窄
2	P150785046	呼伦贝尔市	根河市	山野豌豆	野生资源	当地	多年生	有性	5月上旬	9月下旬	高产，优质，耐寒	优质牧草，幼苗可食用	株高60～100cm。茎攀缘，具四棱。双数羽状复叶，具小叶10～14片，互生；叶轴末端伸出分枝卷须或单一卷须；托叶大，2～3裂呈半边戟形，长10～16mm，有毛；小叶矩圆形，长15～30mm，宽6～15mm，先端圆，具尖刺，基部圆，全缘。总状花序腋生，花梗通常超出叶，具10～20朵花，花梗有毛；花红紫色或蓝紫色，长10～13mm，萼钟状，有毛。子房有柄，花柱急弯，柱头头状。荚果矩圆状菱形，长20～25mm，宽6mm左右，无毛，含种子2～4粒；种子圆形，黑色，千粒重19g。花期6—7月，果期7—8月	饲用	茎、叶	广

72. 高丹草种质资源目录

高丹草（*Sorghum bicolor* × *sudanense*）是禾本科（Gramineae）高粱属（*Sorghum*）一年生草本植物，是高粱和苏丹草的杂交品种，根系发达，抗旱，广适，耐贫瘠，高丹草幼苗含有毒物质氢氰酸，因此植株高度在50cm前，不要放牧或青饲，以预防氢氰酸中毒。共计收集到种植资源1份，分布在1个盟（市）的1个旗（县、市、区）（表4-72）。

表4-72　高丹草种质资源目录

序号	样品编号	盟（市）	旗(县、市、区)	种质名称	种质类型	种质来源	生长习性	繁殖习性	播种期	收获期	主要特性	其他特性	主要特性详细描述	种质用途	利用部位	种质分布
1	P152528046	锡林郭勒盟	镶黄旗	高丹草	选育品种	当地	一年生	有性	5月上旬	8月下旬	抗旱，广适，耐贫瘠	高丹草幼苗含有毒物质氢氰酸，因此株高50cm前，不要放牧或青饲，以预防氢氰酸中毒	根系发达，茎高可达3m，分蘖多，叶片中脉和茎秆呈褐色或淡褐色。疏散圆锥花序，分枝细长，种子扁卵形，棕褐色或黑色	饲用，其他	种子（果实）	广

73. 冷蒿种质资源目录

冷蒿（*Artemisia frigida*）是菊科（Compositae）蒿属（*Artemisia*）多年生草本植物。抗旱，广适，冷蒿的全草入药，有止痛、消炎、镇咳的作用；在牧区为牲畜营养价值良好的饲料。共计收集到种质资源1份，分布在1个盟（市）的1个旗（县、市、区）（表4-73）。

表4-73　冷蒿种质资源目录

序号	样品编号	盟（市）	旗(县、市、区)	种质名称	种质类型	种质来源	生长习性	繁殖习性	播种期	收获期	主要特性	其他特性	主要特性详细描述	种质用途	利用部位	种质分布
1	P152529033	锡林郭勒盟	正镶白旗	冷蒿	野生资源	当地	多年生	有性	5月上旬	9月下旬	抗旱，广适		全草入药，有止痛、消炎、镇咳的作用；在牧区为牲畜营养价值良好的饲料	饲用、保健药用	根、茎、叶	广

74. 紫花耧斗菜种质资源目录

紫花耧斗菜（*Aquilegia viridiflora* var. *atropurpurea*）是毛茛科（*Ranunculaceae*）耧斗菜属（*Aquilegia*）旱中生植物。生于石质丘陵山地岩石缝中，主要利用叶、茎，主要作饲用。共计收集到种质资源1份，分布在1个盟（市）的1个旗（县、市、区）（表4-74）。

表4-74 紫花耧斗菜种质资源目录

序号	样品编号	盟（市）	旗（县、市、区）	种质名称	种质类型	种质来源	生长习性	繁殖习性	播种期	收获期	主要特性	其他特性	主要特性详细描述	种质用途	利用部位	种质分布
1	P152529037	锡林郭勒盟	正镶白旗	石头花	野生资源	当地	多年生	有性	5月上旬	9月下旬	优质		旱中生植物，生于石质丘陵山地岩石缝中	饲用	茎、叶	窄

75. 宿根亚麻种质资源目录

宿根亚麻（*Linum perenne*）是亚麻科（Linaceae）亚麻属（*Linum*）多年生宿根花卉。株高20～70cm，茎丛生，抗病，种子可榨油，茎可作纤维材料。共计收集到种质资源3份，分布在2个盟（市）的3个旗（县、市、区）（表4-75）。

表4-75 宿根亚麻种质资源目录

序号	样品编号	盟（市）	旗（县、市、区）	种质名称	种质类型	种质来源	生长习性	繁殖习性	播种期	收获期	主要特性	其他特性	主要特性详细描述	种质用途	利用部位	种质分布
1	P152530029	锡林郭勒盟	正蓝旗	野胡麻	野生资源	当地	多年生	有性	4月上旬	7月下旬	抗病	种子可榨油，茎可作纤维材料	株高20～70cm，茎丛生，直立或斜升，由基部分枝；叶互生，条形至条状披针形；聚伞花序，花通常多数；萼片5；花瓣5，蓝色或浅蓝色；蒴果近球形。花期6—8月	食用、饲用、加工原料	种子（果实）、茎、叶	窄
2	P150624047	鄂尔多斯市	鄂托克旗	宿根亚麻	野生资源	当地	多年生	有性	3月上旬	7月中旬	优质，抗旱，耐贫瘠		栽培亚麻的近缘种，具有较好的抗旱性	饲用	种子（果实）、茎、叶	窄

（续表）

序号	样品编号	盟（市）	旗(县、市、区)	种质名称	种质类型	种质来源	生长习性	繁殖习性	播种期	收获期	主要特性	其他特性	主要特性详细描述	种质用途	利用部位	种质分布
3	P150623041	鄂尔多斯市	鄂托克前旗	宿根亚麻	野生资源	当地	多年生	有性	3月上旬	7月中旬	抗旱		栽培亚麻的近缘种，具有较好的抗旱性	饲用	种子(果实)、茎、叶	窄

76. 皱叶酸模种质资源目录

皱叶酸模（*Rumex crispus*）是蓼科（Polygonaceae）酸模属（*Rumex*）多年生草本植物。清热解毒，凉血止血，通便杀虫。共计收集到种质资源1份，分布在1个盟（市）的1个旗（县、市、区）（表4-76）。

表4-76　皱叶酸模种质资源目录

序号	样品编号	盟（市）	旗(县、市、区)	种质名称	种质类型	种质来源	生长习性	繁殖习性	播种期	收获期	主要特性	其他特性	主要特性详细描述	种质用途	利用部位	种质分布
1	P152530045	锡林郭勒盟	正蓝旗	皱叶酸模	野生资源	当地	多年生	有性	4月下旬	9月下旬			株高50～100cm。直根，粗壮。茎直立，有浅沟槽，通常不分枝，无毛	饲用、保健药用	根、茎、叶	窄

77. 华北蓝盆花种质资源目录

华北蓝盆花（*Scabiosa tschiliensis*）是川续断科（Dipsacaceae）蓝盆花属（*Scabiosa*）多年生草本植物。花作蒙药用，能清热泻火，主治肝火头痛、发烧、肺热、咳嗽、黄疸。共计收集到种质资源1份，分布在1个盟（市）的1个旗（县、市、区）（表4-77）。

表4-77　华北蓝盆花种质资源目录

序号	样品编号	盟（市）	旗(县、市、区)	种质名称	种质类型	种质来源	生长习性	繁殖习性	播种期	收获期	主要特性	其他特性	主要特性详细描述	种质用途	利用部位	种质分布
1	P152531018	锡林郭勒盟	多伦县	华北蓝盆花	野生资源	当地	多年生	有性	4月下旬	9月下旬			根粗壮，木质。茎斜升，基生叶椭圆形、矩圆形、卵状披针形至窄卵形，先端略尖或钝。花冠蓝紫色，筒状	饲用、保健药用	茎、叶	窄

78. 苦荞麦种质资源目录

苦荞麦（*Fagopyrum tataricum*）是蓼科（Polygonaceae）荞麦属（*Fagopyrum*）一年生草本植物。共计收集到种质资源2份，分布在2个盟（市）的2个旗（县、市、区）（表4-78）。

表4-78 苦荞麦种质资源目录

序号	样品编号	盟（市）	旗（县、市、区）	种质名称	种质类型	种质来源	生长习性	繁殖习性	播种期	收获期	主要特性	其他特性	主要特性详细描述	种质用途	利用部位	种质分布
1	P150923026	乌兰察布市	商都县	荞麦	野生资源	当地	一年生	有性	4月下旬	9月上旬	耐贫瘠			饲用	茎、叶，其他	广
2	P150702062	呼伦贝尔市	海拉尔区	野荞麦	野生资源	当地	一年生	有性	5月上旬	8月下旬	抗病，抗旱，耐寒，良等饲用植物		株高40～60cm，茎直立，有分枝，上部绿色，下部微带紫色，光滑。叶片三角形，长4～7cm，宽3～6cm，先端渐尖，基部心形，全缘，茎基部叶片具长柄；上部茎生叶稍小，抱茎；全株无毛。总状花序，腋生和顶生，细长，开展；花被白色，5深裂；雄蕊8，短于花被；花柱3，较短，柱头头状。瘦果圆锥状，长5～7mm，灰褐色，有沟槽，具3棱，顶端尖锐，下端圆钝。自然落粒性较强，千粒重12.5g。花果期6—9月	饲用	种子（果实）	少

79. 沙棘种质资源目录

沙棘（*Hippophae rhamnoides*）是胡颓子科（Elaeagnaceae）沙棘属（*Hippophae*）落叶灌木。沙棘主要作食用、保健药用。共计收集到种质资源2份，分布在2个盟（市）的2个旗（县、市、区）（表4-79）。

表4-79　沙棘种质资源目录

序号	样品编号	盟（市）	旗(县、市、区)	种质名称	种质类型	种质来源	生长习性	繁殖习性	播种期	收获期	主要特性	其他特性	主要特性详细描述	种质用途	利用部位	种质分布
1	P150925056	乌兰察布市	凉城县	沙棘	野生资源	当地	多年生	兼性	5月上旬	9月上旬	抗旱，耐贫瘠		株高1～2m，嫩枝褐绿色或银白色，老枝灰黑色。单叶通常近对生，纸质，狭披针形，长2～6cm，宽4～6mm，两端钝形或基部近圆形，基部最宽，上面绿色，下面银白色或淡白色，被鳞片；叶柄极短，几无或长1～1.5mm。果实圆球形，直径5～7mm，红色或黄色；果梗长1～2mm；种子小，被乳白色薄膜，干后易脱落，阔椭圆形至卵形，稍扁，长约4mm，黑棕色或黑色，具光泽。花期5—7月，果期9—10月	加工原料	种子（果实）	广
2	P152501038	锡林郭勒盟	二连浩特市	沙棘	野生资源	当地	多年生	有性	5月上旬	8月中旬	抗病，抗虫，耐盐碱，抗旱，耐贫瘠			食用、保健药用	种子（果实）	广

80. 北芸香种质资源目录

北芸香（*Haplophyllum dauricum*）是芸香科（Rutaceae）拟芸香属（*Haplophyllum*）多年生宿根草本植物。主要作饲用。共计收集到种质资源1份，分布在1个盟（市）的1个旗（县、市、区）（表4-80）。

表4-80 北芸香种质资源目录

序号	样品编号	盟（市）	旗(县、市、区)	种质名称	种质类型	种质来源	生长习性	繁殖习性	播种期	收获期	主要特性	其他特性	主要特性详细描述	种质用途	利用部位	种质分布
1	P150929030	乌兰察布市	四子王旗	北芸香	野生资源	当地	多年生	有性	5月上旬	9月下旬	抗旱，耐贫瘠		茎的地下部分颇粗壮，木质，地上部分的茎枝甚多，密集成束状或松散，小枝细长，长10～20cm，初时被短细毛且散生油点。叶狭披针形至线形，长5～20mm，宽1～5mm，两端尖，位于枝下部的叶片较小，通常倒披针形或倒卵形，灰绿色，厚纸质，油点甚多，中脉不明显，几无叶柄。伞房状聚伞花序，顶生，通常多花，很少为3花的聚伞花序；苞片细小，线形；萼片5，基部合生，长约1mm，边缘被短柔毛；花瓣5，黄色，边缘薄膜质，淡黄色或白色，长圆形，长6～8mm，散生半透明颇大的油点；雄蕊10，与花瓣等长或路短，花丝中部以下增宽，宽阔部分的边缘被短毛，内面被短柔毛，花药长椭圆形，药隔顶端有大而稍凸起的油点一个；子房球形而略伸长，3室，稀2室或4室，花柱细长，柱头略增大。成熟果自顶部开裂，在果柄处分离而脱落，每个果瓣有2粒种子；种子肾形，褐黑色，长2～2.5mm，厚1～15mm。花期6—7月，果期8—9月	饲用	种子（果实）、茎、叶	窄

81. 长柱沙参种质资源目录

长柱沙参（*Adenophora stenanthina*）是桔梗科（Campanulaceae）沙参属（*Adenophora*）多年生草本植物。主要作饲用。共计收集到种质资源1份，分布在1个盟（市）的1个旗（县、市、区）（表4-81）。

表4-81　长柱沙参种质资源目录

序号	样品编号	盟（市）	旗（县、市、区）	种质名称	种质类型	种质来源	生长习性	繁殖习性	播种期	收获期	主要特性	其他特性	主要特性详细描述	种质用途	利用部位	种质分布
1	P150929037	乌兰察布市	四子王旗	长柱沙参	野生资源	当地	多年生	有性	5月上旬	9月下旬	抗旱，耐寒，耐贫瘠		根胡萝卜状，茎常数枝丛生，高40～120cm，有时上部有分枝，通常被倒生糙毛。基生叶心形，边缘有深刻而不规则的锯齿；茎生叶从丝条状到宽椭圆形或卵形，长2～10cm，宽1～20mm，全缘或边缘有疏离的刺状尖齿，通常两面被糙毛。花序无分枝，因而呈假总状花序或有分枝而集成圆锥花序。花萼无毛，筒部倒卵状或倒卵状矩圆形，裂片钻状三角形至钻形，长1.5～5（7）mm，全缘或偶有小齿；花冠细，近于筒状或筒状钟形，5浅裂，长10～17mm，直径5～8mm，浅蓝色、蓝色、蓝紫色、紫色；雄蕊与花冠近等长；花盘细筒状，长4～7mm，完全无毛或有柔毛；花柱长20～22mm。蒴果椭圆状，长7～9mm，直径3～5mm。花期8—9月	饲用	种子（果实）、茎、叶	窄

82. 菥蓂种质资源目录

菥蓂（*Thlaspi arvense*）是十字花科（Brassicaceae）菥蓂属（*Thlaspi*）一年生草本植物。主要作饲用、保健药用、加工原料。共计收集到种质资源1份，分布在1个盟（市）的1个旗（县、市、区）（表4-82）。

表4-82　菥蓂种质资源目录

序号	样品编号	盟（市）	旗（县、市、区）	种质名称	种质类型	种质来源	生长习性	繁殖习性	播种期	收获期	主要特性	其他特性	主要特性详细描述	种质用途	利用部位	种质分布
1	P150929048	乌兰察布市	四子王旗	菥蓂	野生资源	当地	一年生	有性	5月上旬	9月下旬	抗虫，抗旱，耐寒，耐贫瘠		株高9～60cm，无毛；茎直立，不分枝或分枝，具棱。基生叶倒卵状长圆形，长3～5cm，宽1～1.5cm，顶端圆钝或急尖，基部抱茎，两侧箭形，边缘具疏齿，叶柄长1～3cm	饲用、保健药用、加工原料	种子（果实）、茎、叶	窄

83. 八宝种质资源目录

八宝（*Hylotelephium erythrostictum*）是景天科（Crassulaceae）八宝属（*Hylotelephium*）多年生肉质草本植物。主要利用叶、种子（果实）。主要作饲用、保健药用。共计收集到种质资源1份，分布在1个盟（市）的1个旗（县、市、区）（表4-83）。

表4-83　八宝种质资源目录

序号	样品编号	盟（市）	旗（县、市、区）	种质名称	种质类型	种质来源	生长习性	繁殖习性	播种期	收获期	主要特性	其他特性	主要特性详细描述	种质用途	利用部位	种质分布
1	P150929056	乌兰察布市	四子王旗	八宝	野生资源	当地	多年生	有性	5月上旬	9月下旬	抗旱，耐寒		块根胡萝卜状。茎直立，高30～70cm，不分枝。叶对生，少有互生或3叶轮生，长圆形至卵状长圆形	饲用、保健药用	种子（果实）、茎、叶	窄

84. 小叶鼠李种质资源目录

小叶鼠李（*Rhamnus parvifolia*）是鼠李科（Rhamnaceae）鼠李属（*Rhamnus*）灌木。主要利用叶、种子（果实）。主要作饲用。共计收集到种质资源1份，分布在1个盟（市）的1个旗（县、市、区）（表4-84）。

表4-84 小叶鼠李种质资源目录

序号	样品编号	盟（市）	旗(县、市、区)	种质名称	种质类型	种质来源	生长习性	繁殖习性	播种期	收获期	主要特性	其他特性	主要特性详细描述	种质用途	利用部位	种质分布
1	P150929071	乌兰察布市	四子王旗	小叶鼠李	野生资源	当地	多年生	无性	4月下旬	8月下旬	抗旱，耐寒，耐贫瘠		株高1.5～2m；小枝对生或近对生，紫褐色，初时被短柔毛，后变无毛，平滑，稍有光泽，枝端及分叉处有针刺；芽卵形，长达2mm，鳞片数个，黄褐色。花单性，雌雄异株，黄绿色，有花瓣，通常数个簇生于短枝上；花梗长4～6mm，无毛；雌花花柱2半裂。核果倒卵状球形，直径4～5mm，成熟时黑色，具2分核，基部有宿存的萼筒；种子矩圆状倒卵圆形，褐色，背侧有长为种子4/5的纵沟。花期4—5月，果期6—9月	饲用，其他	种子(果实)、叶	窄

85. 绵毛酸模叶蓼种质资源目录

绵毛酸模叶蓼（*Persicaria lapathifolia* var. *salicifolia*）是蓼科（Polygonaceae）蓼属（*Persicaria*）一年生草本植物。主要作饲用。共计收集到种质资源2份，分布在1个盟（市）的2个旗（县、市、区）（表4-85）。

表4-85 绵毛酸模叶蓼种质资源目录

序号	样品编号	盟（市）	旗(县、市、区)	种质名称	种质类型	种质来源	生长习性	繁殖习性	播种期	收获期	主要特性	其他特性	主要特性详细描述	种质用途	利用部位	种质分布
1	P150923042	乌兰察布市	商都县	酸模叶蓼	野生资源	当地	一年生	有性	5月上旬	9月上旬	抗旱，耐寒，耐贫瘠			保健药用	茎、叶	窄
2	P150929077	乌兰察布市	四子王旗	绵毛酸模叶蓼	野生资源	当地	一年生	有性	5月下旬	9月中旬	耐涝，耐贫瘠		茎直立，高50～100cm，具分枝。穗状花序，数个花序排列成圆锥状；苞片膜质，边缘生稀疏短睫毛；瘦果，圆卵形，扁平，两面微凹，长2～3mm，宽约1.4mm，红褐色至黑褐色，有光泽，包于宿存的花被内	饲用，其他	种子(果实)、茎、叶	窄

86. 柠条种质资源目录

柠条（*Caragana korshinskii*）是豆科（Fabaceae）锦鸡儿属（*Caragana*）灌木。种子含油，可提炼工业用润滑油，干馏的油脂是治疗疥癣的特效药。花开繁茂，是很好的蜜源植物。枝、叶、花、果、种子均富含营养物质，都是良好的饲草饲料。特别是冬季雪封草地，就成为骆驼、羊唯一啃食的“救命草”。共计收集到种质资源4份，分布在3个盟（市）的4个旗（县、市、区）（表4-86）。

表4-86　柠条种质资源目录

序号	样品编号	盟（市）	旗（县、市、区）	种质名称	种质类型	种质来源	生长习性	繁殖习性	播种期	收获期	主要特性	其他特性	主要特性详细描述	种质用途	利用部位	种质分布
1	P150627002	鄂尔多斯市	伊金霍洛旗	柠条	野生资源	当地	多年生	有性	3月上旬	7月上旬			灌木，有时小乔状，株高1～4m；老枝金黄色，有光泽；嫩枝被白色柔毛。羽状复叶有6～8对小叶；托叶在长枝者硬化成针刺，长3～7mm，宿存；叶轴长3～5cm，脱落；小叶披针形或狭长圆形，长7～8mm，宽2～7mm，先端锐尖或稍钝，有刺尖，基部宽楔形，灰绿色，两面密被白色伏贴柔毛	饲用、加工原料	根、茎、叶	广
2	P150624024	鄂尔多斯市	鄂托克旗	柠条	野生资源	当地	多年生	有性	3月中旬	7月中旬	优质，抗旱，广适，耐寒		优良固沙和绿化荒山植物，良好的饲草饲料	饲用	茎、叶	广
3	P152921037	阿拉善盟	阿拉善左旗	柠条	野生资源	当地	多年生	有性	4月下旬	10月上旬	优质，抗病，抗虫，耐盐碱，抗旱，耐寒，耐贫瘠		柠条的枝条含有油脂，燃烧不忌干湿，是良好的薪炭材。根具根瘤，有肥土作用，嫩枝、叶含有氮素，是沤制绿肥的好原料。种子含油，可提炼工业用润滑油，干馏的油脂是治疗疥癣的特效药。花开繁茂，是很好的蜜源植物。枝、叶、花、果、种子均富有营养物质，都是良好的饲草饲料。特别是冬季雪封草地，就成为骆驼、羊唯一啃食的“救命草”。因此，是建设草原、改良牧场不可缺少的优良木本饲料树种	饲用、加工原料	茎、叶、花	窄

（续表）

序号	样品编号	盟（市）	旗（县、市、区）	种质名称	种质类型	种质来源	生长习性	繁殖习性	播种期	收获期	主要特性	其他特性	主要特性详细描述	种质用途	利用部位	种质分布
4	P150822059	巴彦淖尔市	磴口县	大白柠条	野生资源	当地	多年生	有性	5月下旬	7月下旬	抗旱，耐寒，耐贫瘠，耐热		根系极为发达，主根入土深，株高为40～70cm，最高可达2m左右。老枝黄灰色或灰绿色，幼枝被柔毛。羽状复叶有3～8对小叶；托叶在长枝者硬化成长刺，长4～7mm，宿存；叶轴长1～5cm，密被白色长柔毛，脱落；小叶椭圆形或倒卵状圆形，长3～10mm，宽4～6mm，先端圆或锐尖，很少截形，有短刺尖，基部宽楔形，两面密被长柔毛	食用、饲用、保健药用	种子（果实）、根、茎、叶、花	广

87. 硬阿魏种质资源目录

硬阿魏（*Ferula bungeana*）是伞形科（Umbelliferae）阿魏属（*Ferula*）多年生草本植物。主要利用茎、叶、花。共计收集到种质资源3份，分布在1个盟（市）的3个旗（县、市、区）（表4-87）。

表4-87 硬阿魏种质资源目录

序号	样品编号	盟（市）	旗（县、市、区）	种质名称	种质类型	种质来源	生长习性	繁殖习性	播种期	收获期	主要特性	其他特性	主要特性详细描述	种质用途	利用部位	种质分布
1	P150627012	鄂尔多斯市	伊金霍洛旗	硬阿魏	野生资源	当地	多年生	有性	3月中旬	7月下旬	其他		株高30～60cm，被密集的短柔毛，蓝绿色。根圆柱形，粗达8mm，根茎上残存有枯萎的棕黄色叶鞘纤维。根粗大。茎直立，基部有纤维质鞘，有分枝，苍白色。叶卵形至三角形，基生叶叶柄下部成鞘，二至三回羽状分裂，裂片互生或近对生，彼此远离，质厚先端常3裂。复伞形花序，花少，黄色。双悬果矩圆形，扁平，侧棱宽，具木栓质翅	其他	茎、叶、花，其他	窄

（续表）

序号	样品编号	盟（市）	旗（县、市、区）	种质名称	种质类型	种质来源	生长习性	繁殖习性	播种期	收获期	主要特性	其他特性	主要特性详细描述	种质用途	利用部位	种质分布
2	P150626046	鄂尔多斯市	乌审旗	硬阿魏	野生资源	当地	多年生	有性	3月上旬	7月中旬	抗旱		较好的抗旱性，含有芳香化合物	饲用	种子（果实）、茎、叶	窄
3	P150623047	鄂尔多斯市	鄂托克前旗	硬阿魏	野生资源	当地	多年生	有性	3月上旬	7月中旬	抗旱		较好的抗旱性，含有芳香化合物	饲用	种子（果实）、茎、叶	窄

88. 防风草种质资源目录

防风草（*Anisomeles indica*）是唇形科（Labiatae）广防风属（*Anisomeles*）二年生直立草本。主要利用根、茎、叶、花。主要用于保健药用。共计收集到种质资源1份，分布在1个盟（市）的1个旗（县、市、区）（表4–88）。

表4–88 防风草种质资源目录

序号	样品编号	盟（市）	旗（县、市、区）	种质名称	种质类型	种质来源	生长习性	繁殖习性	播种期	收获期	主要特性	其他特性	主要特性详细描述	种质用途	利用部位	种质分布
1	P150627014	鄂尔多斯市	伊金霍洛旗	防风草	野生资源	当地	二年生	有性	3月中旬	8月下旬			具分枝，株高1～2m，被茸毛。茎4棱。单叶对生，阔卵形至卵形，长4～10cm，宽3～5cm，先端渐尖或短尖，边缘有不规则的齿，基部近圆形，两面均有茸毛，具细小腺点；叶柄长1.5～3cm。花轮生，在下部为腋生，在上部可排到顶端而成长总状花序，密生或间断，直径2.5cm；萼浅绿色，管状，长7～8mm；5裂；裂片三角状披针形，内外面均有短毛；花冠管状，长1.5cm，粉红色，2唇，5裂齿，上唇直立，全缘，下唇阔，扩展，内面有短毛；雄蕊4，突出，花药连贴，其较长的一对为1室，较短的一对为2室，纵裂；雌蕊1，柱头2裂。小坚果4个，圆形，黑褐色，平滑。花期9—10月。果期12月至翌年1月	保健药用	根、茎、叶、花	窄

89. 甘草种质资源目录

甘草（*Glycyrrhiza uralensis*）是蝶形花科（Papilionaceae）甘草属（*Glycyrrhiza*）多年生草本植物。甘草多生长在干旱、半干旱的荒漠草原、沙漠边缘等地带，当地牧民长期用于羊、骆驼的饲料，适口性较好。根和根状茎供药用。共计收集到种质资源8份，分布在2个盟（市）的6个旗（县、市、区）（表4-89）。

表4-89　甘草种质资源目录

序号	样品编号	盟（市）	旗(县、市、区)	种质名称	种质类型	种质来源	生长习性	繁殖习性	播种期	收获期	主要特性	其他特性	主要特性详细描述	种质用途	利用部位	种质分布
1	P152923004	阿拉善盟	额济纳旗	甘草	野生资源	当地	多年生	有性	5月上旬	9月上旬	耐盐碱，抗旱，广适，耐贫瘠	防风、固沙		饲用、保健药用	根、茎、叶	广
2	P152922021	阿拉善盟	阿拉善右旗	甘草	野生资源	当地	多年生	有性	4月下旬	9月上旬	优质，耐盐碱，抗旱，耐寒，耐贫瘠，耐热		有很好的药用价值，主治清热解毒、祛痰止咳、脘腹急痛等。根和根状茎粗壮，皮红棕色。茎直立，有白色短毛和刺毛状腺体。羽状复叶；小叶7~17片，卵形或宽卵形，长2~5cm，宽1~3cm，先端急尖或钝，基部圆，两面有短毛和腺体。总状花序和刺毛状腺体；花冠蓝紫色，长1.4~2.5cm。荚果条形，呈镰刀状或环状弯曲，外面密生刺毛状腺体；种子6~8粒，肾形	保健药用	种子（果实）、根	窄
3	P150625023	鄂尔多斯市	杭锦旗	甘草	野生资源	当地	多年生	有性	3月上旬	7月中旬	抗旱，耐寒			饲用、保健药用	种子（果实）、根、茎、叶	广
4	P150625046	鄂尔多斯市	杭锦旗	甘草	野生资源	当地	多年生	有性	3月下旬	7月中旬	抗旱		较好的抗旱性，在食品工业上可作啤酒的泡沫剂或酱油、蜜饯果品香料剂	饲用	种子（果实）、茎、叶	窄

（续表）

序号	样品编号	盟（市）	旗（县、市、区）	种质名称	种质类型	种质来源	生长习性	繁殖习性	播种期	收获期	主要特性	其他特性	主要特性详细描述	种质用途	利用部位	种质分布
5	P150623023	鄂尔多斯市	鄂托克前旗	甘草	野生资源	当地	多年生	有性	4月中旬	9月下旬	抗旱，耐寒，耐贫瘠		根与根状茎粗壮，直径1～3cm，外皮褐色，里面淡黄色，具甜味。茎直立，多分枝，高30～120cm，密被鳞片状腺点、刺毛状腺体及白色或褐色的茸毛，叶长5～20cm；托叶三角状披针形，长约5mm，宽约2mm，两面密被白色短柔毛；叶柄密被褐色腺点和短柔毛；小叶5～17片，卵形、长卵形或近圆形，长1.5～5cm，宽0.8～3cm，上面暗绿色，下面绿色，两面均密被黄褐色腺点及短柔毛，顶端钝，具短尖，基部圆，边缘全缘或微呈波状，多少反卷。总状花序腋生，具多数花，总花梗短于叶，密生褐色的鳞片状腺点和短柔毛；苞片长圆状披针形，长3～4mm，褐色，膜质，外面被黄色腺点和短柔毛；花萼钟状，长7～14mm，密被黄色腺点及短柔毛，基部偏斜并膨大呈囊状，萼齿5，与萼筒近等长，上部2齿大部分连合；花冠紫色、白色或黄色，长10～24mm，旗瓣长圆形，顶端微凹，基部具短瓣柄，翼瓣短于旗瓣，龙骨瓣短于翼瓣；子房密被刺毛状腺体。荚果弯曲呈镰刀状或呈环状，密集成球，密生瘤状突起和刺毛状腺体。种子3～11粒，暗绿色，圆形或肾形，长约3mm。花期6—8月，果期7—10月	保健药用	根	广

（续表）

序号	样品编号	盟（市）	旗（县、市、区）	种质名称	种质类型	种质来源	生长习性	繁殖习性	播种期	收获期	主要特性	其他特性	主要特性详细描述	种质用途	利用部位	种质分布
6	P150624011	鄂尔多斯市	鄂托克旗	甘草	野生资源	当地	多年生	有性	4月上旬	9月下旬	抗旱，耐寒		中旱生植物	饲用、保健药用、加工原料	种子(果实)、茎、叶	窄
7	P150624049	鄂尔多斯市	鄂托克旗	甘草	野生资源	当地	多年生	有性	3月上旬	7月中旬	抗旱，耐贫瘠		较好的抗旱性，在食品工业上可作啤酒的泡沫剂或酱油、蜜饯果品香料剂	饲用	种子(果实)、茎、叶	窄
8	P150622052	鄂尔多斯市	准格尔旗	甘草	野生资源	当地	多年生	有性	5月中旬	7月中旬	抗旱		库布齐沙地呈群落分布，具有药用、抗旱、固沙的典型特征	饲用	种子(果实)、茎、叶	窄

90. 华北白前种质资源目录

华北白前（*Vincetoxicum mongolicum*）是夹竹桃科（Apocynaceae）白前属（*Vincetoxicum*）多年生直立草本植物。主要利用根、茎、叶，主要作保健药用。共计收集到种质资源1份，分布在1个盟（市）的1个旗（县、市、区）（表4-90）。

表4-90　华北白前种质资源目录

序号	样品编号	盟（市）	旗（县、市、区）	种质名称	种质类型	种质来源	生长习性	繁殖习性	播种期	收获期	主要特性	其他特性	主要特性详细描述	种质用途	利用部位	种质分布
1	P150627028	鄂尔多斯市	伊金霍洛旗	华北白前	野生资源	当地	多年生	有性	3月中旬	8月下旬	广适		株高达50cm；根须状；茎被有单列柔毛或近无毛，单茎或略有分枝。叶对生，薄纸质，卵状披针形，长3～10cm，宽1～3cm，顶端渐尖，基部宽楔形；侧脉约4对，常不明显；叶柄长约5mm，顶端腺体成群	保健药用	根、茎、叶	广

91. 沙芥种质资源目录

沙芥（*Pugionium cornutum*）是十字花科（Brassicaceae）沙芥属（*Pugionium*）一年或二年生草本植物。株高50～100cm；根肉质，手指粗；茎直立，多分枝。主要作食用、饲用、保健药用。共计收集到种质资源5份，分布在2个盟（市）的5个旗（县、市、区）（表4–91）。

表4–91　沙芥种质资源目录

序号	样品编号	盟（市）	旗（县、市、区）	种质名称	种质类型	种质来源	生长习性	繁殖习性	播种期	收获期	主要特性	其他特性	主要特性详细描述	种质用途	利用部位	种质分布
1	P150627030	鄂尔多斯市	伊金霍洛旗	沙芥（沙盖）	地方品种	当地	一年生	有性	3月中旬	9月下旬	优质		单叶互生；基生叶羽状深裂或全裂，裂片不规则，先端尖；茎生叶倒披针形或线形，全缘或有波状齿。总状花序组成圆锥形；花白色或淡黄色；萼片4，倒披针形；花瓣4，线状披针形；雄蕊6，4强。角果卵圆形，不开裂，两侧上方有2个短剑状的长翅，角果上还有多数细长渐尖的附属物，翅长4～5cm，宽2～3.5mm	食用	种子（果实）、茎、叶	窄
2	P150624025	鄂尔多斯市	鄂托克旗	宽翅沙芥	野生资源	当地	一年生	有性	3月中旬	8月下旬	广适，耐寒		沙生植物	饲用	茎、叶	广
3	P150623018	鄂尔多斯市	鄂托克前旗	沙盖	野生资源	当地	一年生	兼性	4月中旬	9月下旬	抗旱		株高50～100cm，多汁液。茎直立，基部多分枝。单叶互生；基生叶羽状深裂或全裂，裂片不规则，先端尖；茎生叶倒披针形或线形，全缘或有波状齿。总状花序组成圆锥形；花白色或淡黄色；萼片4，倒披针形；花瓣4，线状披针形；雄蕊6，4强。角果卵圆形，不开裂，两侧上方有2个短剑状的长翅，角果上还有多数细长渐尖的附属物，翅长4～5cm，宽2～3.5mm。花期6—8月	食用，其他	茎、叶	广

（续表）

序号	样品编号	盟（市）	旗（县、市、区）	种质名称	种质类型	种质来源	生长习性	繁殖习性	播种期	收获期	主要特性	其他特性	主要特性详细描述	种质用途	利用部位	种质分布
4	P150625033	鄂尔多斯市	杭锦旗	沙芥	野生资源	当地	一年生	有性	4月下旬	8月下旬	抗旱，耐寒，耐贫瘠			饲用，其他	茎、叶	窄
5	P150822010	巴彦淖尔市	磴口县	沙盖	野生资源	当地	一年生	有性	4月下旬	9月上旬	耐盐碱，抗旱，耐贫瘠，耐热		株高50～100cm；根肉质，手指粗；茎直立，多分枝。叶肉质，下部叶有柄，羽状分裂，长10～20cm，宽3～4.5cm，裂片3～4对，顶裂片卵形或长圆形，长7～8cm，全缘或有1～2齿，或顶端2～3裂，侧裂片长圆形，基部稍抱茎，边缘有2～3齿；茎上部叶披针状线形，长3～5cm，宽2～5mm，全缘。总状花序顶生，成圆锥花序；萼片长圆形，长6～7mm；花瓣黄色，宽匙形，长约1.5cm，顶端细尖。短角果革质，横卵形，长约1.5cm，宽7～8mm，侧扁，两侧各有1披针形翅，长2～5cm，宽3～5mm，上举成钝角，具突起网纹，有4个或更多角状刺；果梗粗，长2～2.5cm。种子长圆形，长约1cm，黄棕色。花期6月，果期8—9月	食用、饲用、保健药用	根、茎、叶	广

92. 短芒大麦草种质资源目录

短芒大麦草（*Hordeum brevisubulatum*）是禾本科（Gramineae）大麦属（*Hordeum*）多年生草本植物。具有早熟的典型特征，容易建植，是较好的牧草材料。共计收集到种质资源3份，分布在1个盟（市）的2个旗（县、市、区）（表4-92）。

表4-92　短芒大麦草种质资源目录

序号	样品编号	盟（市）	旗（县、市、区）	种质名称	种质类型	种质来源	生长习性	繁殖习性	播种期	收获期	主要特性	其他特性	主要特性详细描述	种质用途	利用部位	种质分布
1	P150627046	鄂尔多斯市	伊金霍洛旗	短芒大麦草	野生资源	当地	多年生	有性	3月下旬	7月中旬	优质，抗旱，耐贫瘠		野生分布，具有早熟的典型特征，容易建植，是较好的牧草材料	饲用	种子（果实）、茎、叶	窄
2	P150621066	鄂尔多斯市	达拉特旗	短芒大麦草	野生资源	当地	多年生	有性	3月下旬	7月中旬	抗旱		野生分布，具有早熟的典型特征，容易建植，是较好的牧草材料	饲用	种子（果实）、茎、叶	窄
3	P150621069	鄂尔多斯市	达拉特旗	芒颖大麦草	野生资源	当地	多年生	有性	3月下旬	7月中旬	抗旱		野生分布，属未来入侵植物	饲用	种子（果实）、茎、叶	窄

93. *砂珍棘豆种质资源目录*

砂珍棘豆（*Oxytropis racemosa*）是豆科（Fabaceae）棘豆属（*Oxytropis*）多年生草本植物，库布齐沙地分布范围较广，具有抗旱、固沙的特征，沙地重要的伴生植物，也是沙地重要的牧草植物。共计收集到种质资源4份，分布在2个盟（市）的3个旗（县、市、区）（表4-93）。

表4-95　砂珍棘豆种质资源目录

序号	样品编号	盟（市）	旗（县、市、区）	种质名称	种质类型	种质来源	生长习性	繁殖习性	播种期	收获期	主要特性	其他特性	主要特性详细描述	种质用途	利用部位	种质分布
1	P150621062	鄂尔多斯市	达拉特旗	砂珍棘豆	野生资源	当地	多年生	有性	3月下旬	7月中旬	抗旱		库布齐沙地分布范围较广，具有抗旱、固沙的特征	饲用	种子（果实）、茎、叶	窄
2	P150626050	鄂尔多斯市	乌审旗	砂珍棘豆	野生资源	当地	多年生	有性	3月上旬	7月中旬	抗旱		沙地重要的伴生植物，也是沙地重要的牧草植物	饲用	种子（果实）、茎、叶	窄

（续表）

序号	样品编号	盟（市）	旗（县、市、区）	种质名称	种质类型	种质来源	生长习性	繁殖习性	播种期	收获期	主要特性	其他特性	主要特性详细描述	种质用途	利用部位	种质分布
3	P150626043	鄂尔多斯市	乌审旗	砂珍棘豆	野生资源	当地	多年生	有性	3月上旬	7月中旬	抗旱		沙地重要的伴生植物，也是沙地重要的牧草植物	饲用	种子（果实）、茎、叶	窄
4	P152530014	锡林郭勒盟	正蓝旗	蓝花棘豆	野生资源	当地	多年生	有性	4月上旬	7月上旬	优质		适口性好，牛、羊和马放牧时，常从草群中挑选其采食，被视为抓膘牧草	饲用	茎、叶	窄

94. 沙冬青种质资源目录

沙冬青（*Ammopiptanthus mongolicus*）是豆科（Fabaceae）沙冬青属（*Ammopiptanthus*）常绿灌木。沙冬青能够抗风沙，生长茂密、碧绿，是良好的蜜源植物，更是人烟稀少的荒漠和难以管护的荒山秃岭营造水土保持林的优良树种。共计收集到种质资源6份，分布在3个盟（市）的5个旗（县、市、区）（表4-94）。

表4-94　沙冬青种质资源目录

序号	样品编号	盟（市）	旗（县、市、区）	种质名称	种质类型	种质来源	生长习性	繁殖习性	播种期	收获期	主要特性	其他特性	主要特性详细描述	种质用途	利用部位	种质分布
1	P150625008	鄂尔多斯市	杭锦旗	沙冬青	野生资源	当地	多年生	有性	3月下旬	7月中旬	抗旱，耐寒，耐贫瘠			饲用	种子（果实）	窄
2	P150625048	鄂尔多斯市	杭锦旗	沙冬青	野生资源	当地	多年生	有性	3月下旬	7月中旬	抗旱		极度抗旱植物，重要的固沙植物，国家二级保护植物	饲用	种子（果实）、茎、叶	窄
3	P150624012	鄂尔多斯市	鄂托克旗	沙冬青	野生资源	当地	多年生	有性	4月上旬	7月下旬	抗旱，广适，耐寒			饲用	茎、叶、花	广

（续表）

序号	样品编号	盟（市）	旗（县、市、区）	种质名称	种质类型	种质来源	生长习性	繁殖习性	播种期	收获期	主要特性	其他特性	主要特性详细描述	种质用途	利用部位	种质分布
4	P150623007	鄂尔多斯市	鄂托克前旗	沙冬青	野生资源	当地	多年生	有性	4月中旬	9月下旬	耐盐碱，抗旱，耐寒，耐贫瘠，耐热		株高1.5～2m，粗壮；树皮黄绿色。茎多叉状分枝，圆柱形，具沟棱，幼被灰白色短柔毛，后渐稀疏。3小叶，偶为单叶；叶柄长5～15mm，密被灰白色短柔毛；托叶小，三角形或三角状披针形，贴生叶柄，被银白色茸毛；小叶菱状椭圆形或阔披针形，长2～3.5cm，宽6～20mm，两面密被银白色茸毛，全缘，侧脉几不明显。总状花序顶生枝端，花互生，8～12朵密集；苞片卵形，长5～6mm，密被短柔毛，脱落；花梗长约1cm，近无毛，中部有2片小苞片；萼钟形，薄革质，长5～7mm，萼齿5，阔三角形，上方2齿合生为一较大的齿；花冠黄色，花瓣均具长瓣柄，旗瓣倒卵形，长约2cm，翼瓣比龙骨瓣短，长圆形，长1.7cm，其中瓣柄长5mm，龙骨瓣分离，基部有长2mm的耳；子房具柄，线形。荚果扁平，线形，长5～8cm，宽15～20mm，无毛，先端锐尖，基部具果颈，果颈长8～10mm。种子2～5粒，圆肾形，直径约6mm。花期4—5月，果期5—6月	保健药用，其他	叶，其他	广

（续表）

序号	样品编号	盟（市）	旗（县、市、区）	种质名称	种质类型	种质来源	生长习性	繁殖习性	播种期	收获期	主要特性	其他特性	主要特性详细描述	种质用途	利用部位	种质分布
5	P150304025	乌海市	乌达区	马宝店沙冬青	野生资源	当地	多年生	有性	5月中旬	8月中旬	抗旱，耐寒，耐贫瘠，耐热			饲用，其他	茎、叶	窄
6	P152921004	阿拉善盟	阿拉善左旗	沙冬青	野生资源	当地	多年生	有性	8月下旬	10月上旬	抗旱，耐寒，耐贫瘠，耐热		能够抗风沙，生长茂密、碧绿，是良好的蜜源植物，更是人烟稀少的荒漠和难以管护的荒山秃岭营造水土保持林的优良树种	保健药用	种子（果实）、茎、叶	窄

95. 蒙古扁桃种质资源目录

蒙古扁桃（*Prunus mongolica*）是蔷薇科（Rosaceae）李属（*Prunus*）灌木。喜光性树种，根系发达，耐旱、耐寒、耐瘠薄。花期4—5月，果期7—8月。国家二级保护植物，具有防风、固沙的作用，籽粒炒熟可以食用。共计收集到种质资源11份，分布在5个盟（市）的8个旗（县、市、区）（表4-95）。

表4-95 蒙古扁桃种质资源目录

序号	样品编号	盟（市）	旗（县、市、区）	种质名称	种质类型	种质来源	生长习性	繁殖习性	播种期	收获期	主要特性	其他特性	主要特性详细描述	种质用途	利用部位	种质分布
1	P152501030	锡林郭勒盟	二连浩特市	榆叶梅	选育品种	当地	多年生	无性	4月上旬	8月中旬	抗虫，耐盐碱，抗旱，耐贫瘠，耐热			饲用	种子（果实）	窄
2	P152501029	锡林郭勒盟	二连浩特市	蒙古扁桃	选育品种	外地	多年生	有性	5月上旬	8月中旬	抗虫，耐盐碱，抗旱，耐寒，耐贫瘠，耐热			保健药用	种子（果实）	窄

（续表）

序号	样品编号	盟（市）	旗（县、市、区）	种质名称	种质类型	种质来源	生长习性	繁殖习性	播种期	收获期	主要特性	其他特性	主要特性详细描述	种质用途	利用部位	种质分布
3	P150625011	鄂尔多斯市	杭锦旗	蒙古扁桃	野生资源	当地	多年生	有性	3月上旬	7月中旬	抗旱，耐寒			饲用	种子（果实）、茎、叶	窄
4	P150624041	鄂尔多斯市	鄂托克旗	蒙古扁桃	野生资源	当地	多年生	有性	3月上旬	7月中旬	抗旱，耐贫瘠		极具抗旱性，国家二级保护植物	饲用	种子（果实）、茎、叶	窄
5	P150624017	鄂尔多斯市	鄂托克旗	蒙古扁桃	野生资源	当地	多年生	有性	4月上旬	7月上旬	抗旱，耐寒		旱生灌木	饲用	种子（果实）、茎、叶、花	窄
6	P150623005	鄂尔多斯市	鄂托克前旗	蒙古扁桃	野生资源	当地	多年生	有性	4月中旬	9月下旬	抗旱，耐寒		株高1～2m。多分枝，小枝顶端转变成枝刺；嫩枝红褐色，被短柔毛，老时灰褐色。短枝上的叶多簇生，长枝上叶常互生；叶柄长2～5mm，无毛；叶片宽椭圆形、近圆形或倒卵形，长8～15mm，宽6～10mm，先端圆钝，有时具小尖头，基部楔形，两面无毛，边缘有浅钝锯齿；侧脉约4对。花两性；花单生，稀数朵簇生于短枝上；花梗极短；萼筒钟形；萼片5，长圆形，先端有小尖头；花瓣5，倒卵形，粉红色；雄蕊多数，长短不等；子房被短柔毛，花柱细长，具短柔毛。果实宽卵球形，外面密被柔毛；果肉薄，成熟时开裂，离核；核卵形，两侧不对称，表面光滑，具浅沟纹。花期5月，果期8月	保健药用	叶，其他	广

（续表）

序号	样品编号	盟（市）	旗（县、市、区）	种质名称	种质类型	种质来源	生长习性	繁殖习性	播种期	收获期	主要特性	其他特性	主要特性详细描述	种质用途	利用部位	种质分布
7	P150824033	巴彦淖尔市	乌拉特中旗	蒙古扁桃	野生资源	当地	多年生	有性	4月上旬	7月上旬	抗病，抗旱，耐寒	适应性强	具有防风固沙的作用，籽粒炒熟可以食用	饲用、保健药用	种子（果实）、茎、叶	窄
8	P150822033	巴彦淖尔市	磴口县	蒙古扁桃	野生资源	当地	多年生	有性	3月中旬	8月上旬	抗旱，耐寒，耐贫瘠		株高1～2m；枝条开展，多分枝，小枝顶端转变成枝刺；嫩枝红褐色，被短柔毛，老时灰褐色。短枝上叶多簇生，长枝上叶常互生；叶片宽椭圆形、近圆形或倒卵形，长8～15mm，宽6～10mm，先端圆钝，有时具小尖头，基部楔形，两面无毛，叶边有浅钝锯齿，侧脉约4对，下面中脉明显凸起；叶柄长2～5mm，无毛。花单生，稀数朵簇生于短枝上；花梗极短；萼筒钟形，长3～4mm，无毛；萼片长圆形，与萼筒近等长，顶端有小尖头，无毛；花瓣倒卵形，长5～7mm，粉红色；雄蕊多数，长短不一致；子房被短柔毛；花柱细长，几与雄蕊等长，具短柔毛。果实宽卵球形，长12～15mm，宽约10mm，顶端具急尖头，外面密被柔毛；果梗短；果肉薄，成熟时开裂，离核；核卵形，长8～13mm，顶端具小尖头，基部两侧不对称，腹缝压扁，背缝不压扁，表面光滑，具浅沟纹，无孔穴；种仁扁宽卵形，浅棕褐色。花期5月，果期8月	食用、饲用	种子（果实）	窄

（续表）

序号	样品编号	盟（市）	旗（县、市、区）	种质名称	种质类型	种质来源	生长习性	繁殖习性	播种期	收获期	主要特性	其他特性	主要特性详细描述	种质用途	利用部位	种质分布
9	P150822039	巴彦淖尔市	磴口县	长柄扁桃	地方品种	当地	多年生	有性	3月中旬	7月下旬	抗旱，耐寒，耐贫瘠		株高1～2m；枝开展，具大量短枝；小枝浅褐色至暗灰褐色，幼时被短柔毛；冬芽短小，在短枝上常3个并生，中间为叶芽，两侧为花芽。短枝上叶密集簇生，一年生枝上的叶互生；叶片椭圆形、近圆形或倒卵形，长1～4cm，宽0.7～2cm，先端急尖或圆钝，基部宽楔形，上面深绿色，下面浅绿色，两面疏生短柔毛，叶边具不整齐粗锯齿，侧脉4～6对；叶柄长2～5（10）mm，被短柔毛。花单生，稍先于叶开放，直径1～1.5cm；花梗长4～8mm，具短柔毛；萼筒宽钟形，长4～6mm，无毛或微具柔毛；萼片三角状卵形，先端稍钝，有时边缘疏生浅锯齿；花瓣近圆形，直径7～10mm，有时先端微凹，粉红色；雄蕊多数；子房密被短柔毛，花柱稍长或几与雄蕊等长。果实近球形或卵球形，直径10～15mm，顶端具小尖头，成熟时暗紫红色，密被短柔毛；果梗长4～8mm；果肉薄而干燥，成熟时开裂，离核；核宽卵形，直径8～12mm，顶端具小突尖头，基部圆形，两侧稍扁，浅褐色，表面平滑或稍有皱纹；种仁宽卵形，棕黄色。花期5月，果期7—8月	保健药用、加工原料	种子（果实）	窄

（续表）

序号	样品编号	盟（市）	旗（县、市、区）	种质名称	种质类型	种质来源	生长习性	繁殖习性	播种期	收获期	主要特性	其他特性	主要特性详细描述	种质用途	利用部位	种质分布
10	P150304026	乌海市	乌达区	苏海图蒙古扁桃	野生资源	当地	多年生	有性	4月上旬	8月上旬	优质，抗旱，耐寒，耐贫瘠		喜光性树种，根系发达。花期4—5月，果期7—8月，国家二级保护植物	其他	其他	窄
11	P152922025	阿拉善盟	阿拉善右旗	蒙古扁桃	野生资源	当地	多年生	有性	4月下旬	7月上旬	抗旱，耐贫瘠，耐热		旱生灌木，开花季节成为当地的景观植物，种仁可入药。株高1～2m；枝条开展，多分枝，小枝顶端转变成枝刺；嫩枝红褐色，被短柔毛，老时灰褐色。短枝上叶多簇生，长枝上叶常互生；叶片宽椭圆形、近圆形或倒卵形，长8～15mm，宽6～10mm，先端圆钝，有时具小尖头，基部楔形，两面无毛，叶边有浅钝锯齿，侧脉约4对，下面中脉明显凸起；叶柄长2～5mm，无毛	饲用、保健药用	种子（果实）、花	窄

96. 沙蓬种质资源目录

沙蓬（*Agriophyllum squarrosum*）是苋科（Amaranthaceae）沙蓬属（*Agriophyllum*）一年生草本植物。沙蓬不仅是一种重要的饲用植物，也是一种固沙先锋植物，在治沙上有一定作用。共计收集到种质资源5份，分布在5个盟（市）的5个旗（县、市、区）（表4-96）。

表4-96 沙蓬种质资源目录

序号	样品编号	盟（市）	旗（县、市、区）	种质名称	种质类型	种质来源	生长习性	繁殖习性	播种期	收获期	主要特性	其他特性	主要特性详细描述	种质用途	利用部位	种质分布
1	P152501002	锡林郭勒盟	二连浩特市	沙米	野生资源	当地	一年生	有性	4月上旬	8月中旬	抗虫，耐盐碱，抗旱，耐寒，耐贫瘠，耐热			饲用	种子（果实）、茎	广

（续表）

序号	样品编号	盟（市）	旗（县、市、区）	种质名称	种质类型	种质来源	生长习性	繁殖习性	播种期	收获期	主要特性	其他特性	主要特性详细描述	种质用途	利用部位	种质分布
2	P150625013	鄂尔多斯市	杭锦旗	沙蓬	野生资源	当地	一年生	有性	4月下旬	9月中旬	抗旱，耐贫瘠			饲用	种子（果实）、茎、叶	广
3	P152921023	阿拉善盟	阿拉善左旗	沙米	地方品种	当地	一年生	有性	4月上旬	10月中旬	抗旱，耐寒，耐热			食用、饲用、保健药用	种子（果实）、茎、叶	窄
4	P150304015	乌海市	乌达区	乌达沙米	野生资源	当地	一年生	有性	4月中旬	9月上旬	耐盐碱，抗旱，耐贫瘠，耐热		浅根性，主根短小，侧根长，向四周延伸，多分布于沙表层，侧根长，有时达8～10m，密布于5～40cm土层中，犹如丝网，根长往往是株高的数倍到数十倍，在干旱之年这种差异更为悬殊	饲用、加工原料	种子（果实）、茎、叶	广
5	P150822002	巴彦淖尔市	磴口县	沙米	地方品种	当地	一年生	有性	5月上旬	10月中旬	抗旱，耐贫瘠，耐热		株高20～100cm。幼时密生树枝状毛，后脱落。茎直立，坚硬，多分枝。叶互生，无柄，披针形至条形，长1～8cm，宽4～10mm，先端渐尖，具刺尖，基部渐狭，全缘，叶脉凸出，3～9条。花序穗状，无总梗，通常1～3个着生于叶腋；苞片宽卵形，先端骤尖，有短针刺，反折；花被片1～3，膜质；雄蕊2～3；子房扁形，柱头2。胞果卵圆形，扁平，除基部外，周围略具翅，果喙深裂成两个条状小喙，其先端外侧2小齿；种子圆形、扁平	食用、保健药用	种子（果实）	窄

97. 苦豆子种质资源目录

苦豆子（*Sophora alopecuroides*）是豆科（Fabaceae）槐属（*Sophora*）多年生草本植物。苦豆子清热利湿、止痛、杀虫，全草用于细菌性痢疾、阿米巴痢疾，种子用于胃痛、滴虫性肠炎、白带过多、外用治疮疖、湿疹、顽癣等。共计收集到种质资源8份，分布在3个盟（市）的8个旗（县、市、区）（表4-97）。

表4-97　苦豆子种质资源目录

序号	样品编号	盟（市）	旗（县、市、区）	种质名称	种质类型	种质来源	生长习性	繁殖习性	播种期	收获期	主要特性	其他特性	主要特性详细描述	种质用途	利用部位	种质分布
1	P150625020	鄂尔多斯市	杭锦旗	苦豆子	野生资源	当地	多年生	有性	4月上旬	8月下旬	耐盐碱，抗旱，耐寒			饲用、保健药用	种子（果实）、根	广
2	P150624008	鄂尔多斯市	鄂托克旗	苦豆子	野生资源	当地	多年生	有性	5月中旬	9月中旬	抗旱，广适，耐寒		耐盐旱生植物	饲用	根、茎、叶	广
3	P150626015	鄂尔多斯市	乌审旗	苦豆子	野生资源	当地	多年生	有性	5月上旬	8月中旬	耐盐碱，抗旱，耐热		多生于干旱沙漠和草原边缘地带	饲用	茎、叶	广

（续表）

序号	样品编号	盟（市）	旗（县、市、区）	种质名称	种质类型	种质来源	生长习性	繁殖习性	播种期	收获期	主要特性	其他特性	主要特性详细描述	种质用途	利用部位	种质分布
4	P150623020	鄂尔多斯市	鄂托克前旗	苦豆子	野生资源	当地	多年生	有性	4月中旬	9月下旬	耐盐碱，抗旱		草本，或基部木质化成亚灌木状，株高约1m。枝被白色或淡灰白色长柔毛或贴伏柔毛。羽状复叶；叶柄长1～2cm；托叶着生于小叶柄的侧面，钻状，长约5mm，常早落；小叶7～13对，对生或近互生，纸质，披针状长圆形或椭圆状长圆形，长15～30mm，宽约10mm，先端钝圆或急尖，常具小尖头，基部宽楔形或圆形，上面被疏柔毛，下面被毛较密，中脉上面常凹陷，下面隆起，侧脉不明显。总状花序顶生；花多数，密生；花梗长3～5mm；苞片似托叶，脱落；花萼斜钟状，5萼齿明显，不等大，三角状卵形；花冠白色或淡黄色，旗瓣形状多变，通常为长圆状倒披针形，长15～20mm，宽3～4mm，先端圆或微缺，或明显呈倒心形，基部渐狭或骤狭成柄，翼瓣常单侧生，稀近双侧生，长约16mm，卵状长圆形，具三角形耳，皱褶明显，龙骨瓣与翼瓣相似，先端明显具突尖，背部明显呈龙骨状盖叠，柄纤细，长约为瓣片的1/2，具1三角形耳，下垂；雄蕊10，花丝不同程度连合，有时近两体雄蕊，连合部分疏被极短毛，子房密被白色近贴伏柔毛，柱头圆点状，被稀少柔毛。荚果串珠状，长8～13cm，直，具多数种子；种子卵球形，稍扁，褐色或黄褐色。花期5—6月，果期8—10月	保健药用	种子（果实）	广

（续表）

序号	样品编号	盟（市）	旗（县、市、区）	种质名称	种质类型	种质来源	生长习性	繁殖习性	播种期	收获期	主要特性	其他特性	主要特性详细描述	种质用途	利用部位	种质分布
5	P150824039	巴彦淖尔市	乌拉特中旗	苦豆子	野生资源	当地	多年生	有性	4月上旬	8月下旬	抗病，抗旱，耐寒	多年生，味苦	主要生于沙质土壤上，耐沙埋，抗风蚀，具有良好的杀生特点，植物根系伸展的深而广	保健药用	种子（果实）	广
6	P150822063	巴彦淖尔市	磴口县	苦豆子	野生资源	当地	多年生	有性	4月上旬	9月下旬	高产，耐盐碱，抗旱，广适，耐贫瘠		枝被白色或淡灰白色长柔毛或贴伏柔毛。羽状复叶；叶柄长1～2cm；托叶着生于小叶柄的侧面，钻状，长约5mm，常早落；小叶7～13对，对生或近互生，纸质，披针状长圆形或椭圆状长圆形，长15～30mm，宽约10mm，先端钝圆或急尖，常具小尖头，基部宽楔形或圆形，上面被疏柔毛，下面被毛较密，中脉上面常凹陷，下面隆起，侧脉不明显	饲用、保健药用	种子（果实）	广
7	P152923001	阿拉善盟	额济纳旗	苦豆子	野生资源	当地	多年生	有性	4月上旬	8月下旬	耐盐碱，抗旱，广适，耐贫瘠	生长快	生长快，不仅起到防风、固沙的作用，还被当地牧民长期作为羊、骆驼等牲畜的日常饲料。还含有抗癌成分槐果碱、苦参碱、槐定碱等	饲用、保健药用	种子（果实）、茎、叶	广
8	P152922009	阿拉善盟	阿拉善右旗	苦豆子	野生资源	当地	多年生	有性	4月上旬	8月上旬	优质，耐盐碱，抗旱		株高达1m，灰绿色；分枝多呈帚状，被灰色状绢毛。羽状复叶长达15cm；小叶11～25片，椭圆状披针形或椭圆形；两面密生绢毛；托叶小。总状花序顶生；花较密；花冠黄色。荚果串珠状，被绢毛；种子宽卵形，黄色或淡褐色。花期5—6月，果期6—8月	饲用、保健药用、加工原料	种子（果实）、根、茎、叶	窄

98. 霸王种质资源目录

霸王（*Zygophyllum xanthoxylum*）是蒺藜科（Zygophyllaceae）驼蹄瓣属（*Zygophyllum*）多年生灌木。霸王开花结实期含有较高的粗蛋白质。霸王天然分布于干旱缺水、土壤贫瘠和盐渍化较重的严酷环境，为固沙植物，可阻挡风沙。霸王为中等饲用植物。共计收集到种质资源4份，分布在3个盟（市）的4个旗（县、市、区）（表4-98）。

表4-98 霸王种质资源目录

序号	样品编号	盟（市）	旗（县、市、区）	种质名称	种质类型	种质来源	生长习性	繁殖习性	播种期	收获期	主要特性	其他特性	主要特性详细描述	种质用途	利用部位	种质分布
1	P150625050	鄂尔多斯市	杭锦旗	霸王	野生资源	当地	多年生	有性	3月下旬	7月中旬	抗旱，耐贫瘠		具有极好的抗旱性，是抗旱理论研究的理想材料	饲用	种子（果实）、茎、叶	窄
2	P150824025	巴彦淖尔市	乌拉特中旗	霸王	野生资源	当地	多年生	有性	4月上旬	7月下旬	抗旱，耐寒，耐贫瘠	适应性强	株高50～100cm，枝弯曲，开展，皮淡灰色，木质部黄色，先端具尖刺，坚硬，果下垂	饲用、保健药用	根、叶	窄
3	P152923019	阿拉善盟	额济纳旗	霸王	野生资源	当地	多年生	有性	4月上旬	7月中旬	优质，耐盐碱，抗旱，耐贫瘠	粗蛋白质含量高，防风、固沙	骆驼喜食嫩枝叶及花，冬春也采食枝条。羊对其花一般采食，对幼嫩枝叶少量采食	饲用	叶、花	窄
4	P152922015	阿拉善盟	阿拉善右旗	霸王	野生资源	当地	多年生	无性	4月下旬	7月上旬	优质，耐盐碱，抗旱，耐寒，耐涝，耐贫瘠，耐热			饲用、保健药用	种子（果实）、根、茎、叶、花	窄

99. 脓疮草种质资源目录

脓疮草（*Panzerina lanata* var. *alaschanica*）是唇形科（Labiatae）脓疮草属（*Panzerina*）多年生草本植物。脓疮草的全草用于月经不调、痛经、产后小腹作痛，种子用于高血压、角膜炎、结膜炎。共计收集到种质资源6份，分布在1个盟（市）的3个旗（县、市、区）（表4-99）。

表4-99 脓疮草种质资源目录

序号	样品编号	盟（市）	旗(县、市、区)	种质名称	种质类型	种质来源	生长习性	繁殖习性	播种期	收获期	主要特性	其他特性	主要特性详细描述	种质用途	利用部位	种质分布
1	P150626013	鄂尔多斯市	乌审旗	阿拉善脓疮草	野生资源	当地	多年生	有性	4月上旬	7月中旬	耐盐碱		可饲用，但因茎叶多茸毛，影响适口性	饲用	茎、叶	窄
2	P150626048	鄂尔多斯市	乌审旗	阿拉善脓疮草	野生资源	当地	多年生	有性	3月上旬	7月中旬	抗旱		内蒙古重点保护植物	饲用	种子（果实）、茎、叶	窄
3	P150624016	鄂尔多斯市	鄂托克旗	阿拉善脓疮草	野生资源	当地	多年生	有性	4月上旬	9月中旬	抗旱，广适，耐寒		旱生植物	饲用	茎、叶、花	广
4	P150624048	鄂尔多斯市	鄂托克旗	阿拉善脓疮草	野生资源	当地	多年生	有性	3月上旬	7月中旬	抗旱，耐贫瘠		沙地分布较广的植物，是内蒙古重点保护植物	饲用	种子（果实）、茎、叶	窄
5	P150624050	鄂尔多斯市	鄂托克旗	阿拉善脓疮草	野生资源	当地	多年生	有性	3月上旬	7月中旬	抗旱，耐贫瘠		沙地分布较广的植物，是内蒙古重点保护植物	饲用	种子（果实）、茎、叶	窄
6	P150627005	鄂尔多斯市	伊金霍洛旗	脓疮草	地方品种	当地	多年生	有性	3月下旬	7月下旬	优质		具粗大的木质主根。茎从基部发出，高30～35cm，基部近于木质，多分枝，茎、枝四棱形，密被白色短茸毛。叶轮廓为宽卵圆形，宽3～5cm，茎生叶掌状5裂，裂片常达基部，狭楔形，宽2～4mm，小裂片线状披针形，苞叶较小，3深裂，叶片上面由于密被贴生短毛而呈灰白色，下面被有白色紧密的茸毛，叶脉在上面下陷，下面不明显突出，叶柄细长，扁平，被茸毛	保健药用	种子（果实）、茎、叶	窄

100. 羊柴种质资源目录

羊柴（*Corethrodendron fruticosum*）是豆科（Fabaceae）羊柴属（*Corethrodendron*）多年生半灌木，又名杨柴。根系较发达，固氮能力强；具有地下茎，有很强的营养繁殖能力，是防风、固沙和治理水土流失的理想植物，且干草的适口性好，是一种优良饲料。共计收集到种质资源10份，分布在3个盟（市）的9个旗（县、市、区）（表4-100）。

表4-100　羊柴种质资源目录

序号	样品编号	盟（市）	旗（县、市、区）	种质名称	种质类型	种质来源	生长习性	繁殖习性	播种期	收获期	主要特性	其他特性	主要特性详细描述	种质用途	利用部位	种质分布
1	P150626022	鄂尔多斯市	乌审旗	杨柴	野生资源	当地	多年生	有性	4月上旬	9月上旬	抗旱，广适，耐贫瘠，耐热		封沙育林，自然繁殖快	其他	根、茎	广
2	P150623022	鄂尔多斯市	鄂托克前旗	杨柴	野生资源	当地	多年生	有性	4月中旬	9月下旬	抗旱，耐寒，耐贫瘠		株高1～2m。幼茎绿色，老茎灰白色，树皮条状纵裂，茎多分枝。叶互生，阔线状，披针形或线椭圆形，小叶柄极短。总状花序，腋生，花紫红色，荚果具1～3节，每节荚果内有种子1粒，荚果扁圆形	饲用，其他	种子（果实）、茎、叶、花	广
3	P150627031	鄂尔多斯市	伊金霍洛旗	羊柴	野生资源	当地	多年生	有性	4月上旬	9月下旬	高产，抗旱，耐寒		根系较发达，固氮能力强；具有地下茎，有很强的营养繁殖能力，是防风固沙和治理水土流失的理想植物，且干草的适口性好，是一种优良饲料	饲用	种子（果实）、根、茎、叶、花	广
4	P152501026	锡林郭勒盟	二连浩特市	杨柴	野生资源	当地	多年生	有性	5月上旬	8月中旬	抗虫，耐盐碱，抗旱，耐寒，耐贫瘠，耐热			饲用	种子（果实）、茎	广

（续表）

序号	样品编号	盟（市）	旗（县、市、区）	种质名称	种质类型	种质来源	生长习性	繁殖习性	播种期	收获期	主要特性	其他特性	主要特性详细描述	种质用途	利用部位	种质分布
5	P152524006	锡林郭勒盟	苏尼特右旗	羊柴	野生资源	当地	多年生	有性	5月上旬	8月下旬	耐寒，耐贫瘠		锡林郭勒盟沙地所特有的乡土植物，是防风固沙、保持水土、改良土壤、增加植被的良好植物，可作冬季的精饲料。旱生、沙生半灌木。轴根系发达，根蘖力强，侧根扩展范围广。植株上部小叶较疏离；萼裂片为短三角形；节荚扁平，无毛，无刺。多生长在流动、半固定和固定沙地上	饲用	茎、叶	窄
6	P152522040	锡林郭勒盟	阿巴嘎旗	杨柴	野生资源	当地	多年生	有性	5月上旬	8月下旬	抗旱，耐寒，耐贫瘠	锡林郭勒盟沙地所特有的乡土植物，是防风固沙、保持水土、改良土壤、增加植被的良好植物。可作冬季的精饲料	旱生、沙生半灌木。轴根系发达，根蘖力强，侧根扩展范围广。植株上部小叶较疏离；萼裂片为短三角形；节荚扁平，无毛，无刺。多生长在流动、半固定和固定沙地上	饲用、加工原料	种子（果实）、茎、叶	窄
7	P152530047	锡林郭勒盟	正蓝旗	杨柴	野生资源	当地	多年生	有性	5月上旬	8月下旬	抗旱，耐寒，耐贫瘠	锡林郭勒盟沙地所特有的乡土植物，是防风固沙、保持水土、改良土壤、增加植被的良好植物。可作冬季的精饲料	旱生、沙生半灌木。轴根系发达，根蘖力强，侧根扩展范围广。植株上部小叶较疏离；萼裂片为短三角形；节荚扁平，无毛，无刺。多生长在流动、半固定和固定沙地上	饲用，其他	茎、叶、花	窄

（续表）

序号	样品编号	盟（市）	旗（县、市、区）	种质名称	种质类型	种质来源	生长习性	繁殖习性	播种期	收获期	主要特性	其他特性	主要特性详细描述	种质用途	利用部位	种质分布
8	P152528052	锡林郭勒盟	镶黄旗	杨柴	野生资源	当地	多年生	有性	5月上旬	8月下旬	抗旱，耐寒，耐贫瘠	锡林郭勒盟沙地所特有的乡土植物，是防风固沙、保持水土、改良土壤、增加植被的良好植物。可作冬季的精饲料	旱生、沙生半灌木。轴根系发达，根蘖力强，侧根扩展范围广。植株上部小叶较疏离；萼裂片为短三角形；节荚扁平，无毛，无刺。多生长在流动、半固定和固定沙地上	饲用，其他	种子（果实）	窄
9	P152528011	锡林郭勒盟	镶黄旗	杨柴	野生资源	当地	多年生	有性	5月上旬	8月下旬	抗旱，耐寒，耐贫瘠		经济利用价值高，枝叶含粗蛋白16.4%～20.3%，牲畜喜食，群众把平茬的枝叶用作羊只的精饲料	饲用，其他	种子（果实）	窄
10	P150124013	呼和浩特市	清水河县	羊柴	地方品种	当地	多年生	兼性	4月中旬	9月中旬	高产，抗旱，耐寒，耐贫瘠			饲用	茎、叶、花，其他	窄

101. 蕤核种质资源目录

蕤核（*Prinsepia uniflora*）是蔷薇科（Rosaceae）扁核木属（*Prinsepia*）灌木。蕤核分布于陕西、甘肃、山西、内蒙古。生于向阳低山坡或山下稀疏灌丛中。果实供酿酒、食用，种仁含油约32%，可药用。共计收集到种质资源1份，分布在1个盟（市）的1个旗（县、市、区）（表4-101）。

表4-101 蕤核种质资源目录

序号	样品编号	盟（市）	旗（县、市、区）	种质名称	种质类型	种质来源	生长习性	繁殖习性	播种期	收获期	主要特性	其他特性	主要特性详细描述	种质用途	利用部位	种质分布
1	P150623016	鄂尔多斯市	鄂托克前旗	蕤核	野生资源	当地	多年生	有性	4月中旬	9月下旬	抗旱		株高约1.5m；枝灰褐色；髓心片状；小枝灰绿色，无毛，有枝刺，刺长6～15mm。叶片条状矩圆形至狭矩圆形，长2.5～5cm，宽约7mm，先端圆钝有短尖头，基部宽楔形，全缘或有浅细锯齿，上面暗绿色，下面颜色较浅，无毛；叶柄短或近无叶柄。花单生或2～3簇生，直径约1.5cm；花梗长5～7mm，无毛；萼筒杯状，无毛，萼裂片三角状卵形，全缘或具浅齿，果期反折；花瓣白色，倒卵形；雄蕊10，离生，2列，花丝短，着生于萼筒上；心皮1，无毛，花柱侧生。核果球形，直径1～1.5cm，暗紫红色，有蜡粉	保健药用、加工原料	种子（果实），其他	广

102. 蒙疆苓菊种质资源目录

蒙疆苓菊（*Jurinea mongolica*）是菊科（Asteraceae）苓菊属（*Jurinea*）多年生草本植物。主要利用茎、叶、种子（果实），主要作饲用。共计收集到种质资源1份，分布在1个盟（市）的1个旗（县、市、区）（表4-102）。

表4-102 蒙疆苓菊种质资源目录

序号	样品编号	盟（市）	旗（县、市、区）	种质名称	种质类型	种质来源	生长习性	繁殖习性	播种期	收获期	主要特性	其他特性	主要特性详细描述	种质用途	利用部位	种质分布
1	P150623045	鄂尔多斯市	鄂托克前旗	蒙疆苓菊	野生资源	当地	多年生	有性	3月上旬	7月中旬	抗旱		内蒙古重点保护植物	饲用	种子（果实）、茎、叶	窄

103. 麦瓶草种质资源目录

麦瓶草（*Silene conoidea*）是石竹科（Caryophyllaceae）蝇子草属（*Silene*）一年生草本植物。具有较好的抗旱性，适应范围较广，干旱区可作为牧草饲用。共计收集到种质资源2份，分布在1个盟（市）的2个旗（县、市、区）（表4-103）。

表4-103 麦瓶草种质资源目录

序号	样品编号	盟（市）	旗（县、市、区）	种质名称	种质类型	种质来源	生长习性	繁殖习性	播种期	收获期	主要特性	其他特性	主要特性详细描述	种质用途	利用部位	种质分布
1	P150626047	鄂尔多斯市	乌审旗	麦瓶草	野生资源	当地	一年生	有性	3月上旬	7月中旬	抗旱		干旱区可作为牧草饲用	饲用	种子（果实）、茎、叶	窄
2	P150623049	鄂尔多斯市	鄂托克前旗	麦瓶草	野生资源	当地	一年生	有性	3月上旬	7月中旬	抗旱			饲用	种子（果实）、茎、叶	窄

104. 蒙古莸种质资源目录

蒙古莸（*Caryopteris mongholica*）是唇形科（Lamiaceae）莸属（*Caryopteris*）落叶小灌木。可作为防风、固沙及护坡树种，共计收集到种质资源2份，分布在1个盟（市）的2个旗（县、市、区）（表4-104）。

表4-104 蒙古莸种质资源目录

序号	样品编号	盟（市）	旗（县、市、区）	种质名称	种质类型	种质来源	生长习性	繁殖习性	播种期	收获期	主要特性	其他特性	主要特性详细描述	种质用途	利用部位	种质分布
1	P150624001	鄂尔多斯市	鄂托克旗	蒙古莸	野生资源	当地	多年生	有性	4月中旬	9月中旬	耐寒		可作为防风、固沙、护坡树种	饲用	茎、叶	窄
2	P150625010	鄂尔多斯市	杭锦旗	蒙古莸	野生资源	当地	多年生	有性	4月下旬	8月下旬	抗旱，耐寒			保健药用	种子（果实）、茎、叶	窄

105. 长叶红砂种质资源目录

长叶红砂（*Reaumuria trigyna*）是柽柳科（Tamaricaceae）红砂属（*Reaumuria*）超旱生植物，小灌木。主要利用茎、叶。主要作饲用。共计收集到种质资源2份，分布在1个盟（市）的1个旗（县、市、区）（表4-105）。

表4-105 长叶红砂种质资源目录

序号	样品编号	盟（市）	旗（县、市、区）	种质名称	种质类型	种质来源	生长习性	繁殖习性	播种期	收获期	主要特性	其他特性	主要特性详细描述	种质用途	利用部位	种质分布
1	P150624002	鄂尔多斯市	鄂托克旗	长叶红砂	野生资源	当地	多年生	有性	4月中旬	9月下旬	抗旱		超旱生小灌木	饲用	茎、叶	广
2	P150624007	鄂尔多斯市	鄂托克旗	红砂	野生资源	当地	多年生	有性	4月上旬	9月下旬	抗旱		超旱生小灌木	饲用	茎、叶、花	窄

106. 牛枝子种质资源目录

牛枝子（*Lespedeza potaninii*）是豆科（Fabaceae）胡枝子属（*Lespedeza*）荒漠草原旱生小半灌木。主要作饲用。共计收集到种质资源1份，分布在1个盟（市）的1个旗（县、市、区）（表4-106）。

表4-106 牛枝子种质资源目录

序号	样品编号	盟（市）	旗（县、市、区）	种质名称	种质类型	种质来源	生长习性	繁殖习性	播种期	收获期	主要特性	其他特性	主要特性详细描述	种质用途	利用部位	种质分布
1	P150624005	鄂尔多斯市	鄂托克旗	牛枝子	野生资源	当地	多年生	有性	4月上旬	9月下旬	广适，耐寒		荒漠草原旱生小半灌木	饲用	茎、叶、花	广

107. 沙打旺种质资源目录

沙打旺（*Astragalus adsurgens*）是豆科（Fabaceae）黄芪属（*Astragalus*）多年生草本植物。沙打旺是良好的饲草料，家畜均喜食。共计收集到种质资源10份，分布在5个盟（市）的10个旗（县、市、区）（表4-107）。

表4-107　沙打旺种质资源目录

序号	样品编号	盟（市）	旗（县、市、区）	种质名称	种质类型	种质来源	生长习性	繁殖习性	播种期	收获期	主要特性	其他特性	主要特性详细描述	种质用途	利用部位	种质分布
1	P150105025	呼和浩特市	赛罕区	沙打旺	野生资源	当地	多年生	有性	4月中旬	9月中旬	高产，优质，耐盐碱，抗旱，耐寒，耐贫瘠		资源分布广泛，适应力强，耐寒，耐旱，优良牧草	饲用	茎、叶	广
2	P150124012	呼和浩特市	清水河县	沙打旺	野生资源	当地	多年生	兼性	4月中旬	9月上旬	高产，抗旱，耐寒，耐贫瘠，耐热			饲用	茎、叶	窄
3	P150206025	包头市	白云区	白云沙打旺	地方品种	当地	多年生	有性	5月下旬	8月上旬	优质，抗病，广适		主根粗壮，入土深2～4m，根系幅度可达1.5～4m，着生大量根瘤。植株高2m左右，丛生，主茎不明显，由基部生出多数分枝。奇数羽状复叶，小叶7～25片，长卵形。总状花序，着花17～79朵，紫红色或蓝色	饲用	茎、叶	广
4	P152501019	锡林郭勒盟	二连浩特市	沙打旺	野生资源	当地	多年生	有性	4月上旬	8月中旬	耐盐碱，抗旱，耐寒，耐贫瘠，耐热			饲用	茎	广
5	P152524026	锡林郭勒盟	苏尼特右旗	沙打旺	野生资源	当地	多年生	有性	5月上旬	8月下旬	耐盐碱，抗旱	种子入药，为强壮剂，治神经衰弱	适应性较强，根系发达，能吸收土壤深层水分，故抗盐、抗旱	饲用、保健药用	种子（果实）、茎、叶	窄

（续表）

序号	样品编号	盟（市）	旗（县、市、区）	种质名称	种质类型	种质来源	生长习性	繁殖习性	播种期	收获期	主要特性	其他特性	主要特性详细描述	种质用途	利用部位	种质分布
6	P152502040	锡林郭勒盟	锡林浩特市	沙打旺	野生资源	当地	多年生	有性	5月上旬	8月下旬	耐盐碱，抗旱	种子入药，为强壮剂，治神经衰弱	适应性较强；根系发达，能吸收土壤深层水分，故抗盐、抗旱。株高20～60cm；茎丛生，斜升；单数羽状复叶，小叶卵状椭圆形至矩圆形，下面被白色毛；总状花序腋生，花密集；蝶形花冠蓝紫色至红紫色，稀白色；荚果矩圆状，具三棱。花期7—9月	饲用、保健药用	种子（果实）、茎、叶	窄
7	P152526039	锡林郭勒盟	西乌珠穆沁旗	沙打旺	野生资源	当地	多年生	有性	5月上旬	8月下旬	耐盐碱，抗旱	种子入药，为强壮剂，治神经衰弱	适应性较强；根系发达，能吸收土壤深层水分，故抗盐、抗旱	饲用、保健药用	种子（果实）、茎、叶	广
8	P152528047	锡林郭勒盟	镶黄旗	沙打旺	野生资源	当地	多年生	有性	5月上旬	8月下旬	耐盐碱，抗旱	可作为绿肥植物，用以改良土壤；种子入药	株高20～60cm；茎丛生，斜升；单数羽状复叶，小叶卵状椭圆形至矩圆形，下面被白色毛；总状花序腋生，花密集；蝶形花冠蓝紫色至红紫色，稀白色；荚果矩圆状，具三棱。花期7—9月	饲用、保健药用	种子（果实）、茎、叶	广
9	P150624013	鄂尔多斯市	鄂托克旗	沙打旺	地方品种	当地	多年生	有性	4月上旬	9月中旬	抗旱，广适		良好的饲草料，家畜均喜食	饲用	茎、叶、花	广
10	P150825025	巴彦淖尔市	乌拉特后旗	沙打旺	野生资源	当地	多年生	有性	6月中旬	10月下旬	抗旱		用作饲草的地方渐增多。如嫩茎、叶打浆喂猪，与禾草混合青贮等	保健药用	其他	广

108. 马蔺种质资源目录

马蔺（*Iris lactea*）是鸢尾科（Iridaceae）鸢尾属（*Iris*）多年生草本植物。具有抗逆性强、耐盐碱的特性，是盐化草甸的建群草种，可用于改良盐碱地。主要作饲用。共计收集到种质资源7份，分布在4个盟（市）的6个旗（县、市、区）（表4-108）。

表4-108　马蔺种质资源目录

序号	样品编号	盟(市)	旗(县、市、区)	种质名称	种质类型	种质来源	生长习性	繁殖习性	播种期	收获期	主要特性	其他特性	主要特性详细描述	种质用途	利用部位	种质分布
1	P152501042	锡林郭勒盟	二连浩特市	马蔺	野生资源	当地	多年生	有性	4月中旬	8月中旬	耐盐碱，抗旱，广适，耐寒			饲用	种子(果实)、茎	广
2	P150624014	鄂尔多斯市	鄂托克旗	马蔺	野生资源	当地	多年生	有性	4月上旬	9月中旬	广适，耐寒		中等饲用植物	饲用	茎、叶	广
3	P150825043	巴彦淖尔市	乌拉特后旗	马蔺	野生资源	当地	多年生	有性	5月中旬	9月下旬	抗旱	耐践踏，经历践踏后无须培育即可自我恢复。具有较强的储水保土、调节空气湿度、净化环境的作用。因此，在建植城市开放绿地、道路两侧绿化隔离带和缀花草地等中，是无可争议的优质材料。根系十分发达，抗旱能力、固土能力强，是作为水土保持和固土护坡的理想植物	根系发达，叶量丰富，对环境适应性强，长势旺盛，管理粗放，是节水、抗旱、耐盐碱、抗杂草、抗病虫鼠害的优良观赏植物。在北方地区绿期可达280d以上，叶片翠绿柔软，兰紫色的花淡雅美丽，花蜜清香，花期长达50d，可形成美丽的园林景观	加工原料，其他	茎，其他	广

（续表）

序号	样品编号	盟（市）	旗（县、市、区）	种质名称	种质类型	种质来源	生长习性	繁殖习性	播种期	收获期	主要特性	其他特性	主要特性详细描述	种质用途	利用部位	种质分布
4	P152923009	阿拉善盟	额济纳旗	马蔺	野生资源	当地	多年生	兼性	4月下旬	8月下旬	优质，耐盐碱	具有抗逆性强、耐盐碱的特性，是盐化草甸的建群草种，可以用于改良盐碱地	根系发达，叶片青绿柔韧，返青早、绿期长、花色淡雅，逐渐被用作绿化和荒漠化治理的生态植被材料。当地牧民常作为饲草料使用，适口性较好	饲用	叶	窄
5	P152922017	阿拉善盟	阿拉善右旗	马蔺	野生资源	当地	多年生	有性	4月下旬	8月上旬	抗病，抗虫，耐盐碱，抗旱，耐寒，耐涝，耐热	抗逆性强，绿期长，尤其耐盐碱，耐践踏，根系发达，具有较强的储水保土、调节空气湿度、净化环境的作用	株高15～40cm，基部残存纤维状的老叶叶鞘，呈棕褐色。根茎粗壮，下生坚韧细根。叶全部基生，成丛，叶片条形，微扭转，长20～40cm，宽3～6mm，先端渐尖，全缘，淡绿色，平行脉两面凸起，7～10条。花茎长10.20cm，蒴果长椭圆状柱形	饲用、保健药用	种子（果实）、叶、花	广

（续表）

序号	样品编号	盟（市）	旗（县、市、区）	种质名称	种质类型	种质来源	生长习性	繁殖习性	播种期	收获期	主要特性	其他特性	主要特性详细描述	种质用途	利用部位	种质分布
6	P152922017	阿拉善盟	阿拉善右旗	马蔺	野生资源	当地	多年生	有性	4月下旬	8月上旬	抗病，抗虫，耐盐碱，抗旱，耐寒，耐涝，耐热	抗逆性强，绿期长，尤其耐盐碱，耐践踏，根系发达，具有较强的储水保土、调节空气湿度、净化环境的作用	株高15～40cm，基部残存纤维状的老叶叶鞘，呈棕褐色。根茎粗壮，下生坚韧细根。叶全部基生，成丛，叶片条形，微扭转，长20～40cm，宽3～6mm，先端渐尖，全缘，淡绿色，平行脉两面凸起，7～10条。花茎长10.20cm，蒴果长椭圆状柱形	饲用、保健药用	种子（果实）、叶、花	广
7	P152923009	阿拉善盟	额济纳旗	马蔺	野生资源	当地	多年生	兼性	4月下旬	8月下旬	优质，耐盐碱	具有抗逆性强、耐盐碱的特性，是盐化草甸的建群草种，可以用于改良盐碱地	根系发达，叶片青绿柔韧，返青早、绿期长、花色淡雅，逐渐被用作绿化和荒漠化治理的生态植被材料。当地牧民常作为饲草料使用，适口性较好	饲用	叶	窄

109. 草麻黄种质资源目录

草麻黄（*Ephedra sinica*）是麻黄科（Ephedraceae）麻黄属（*Ephedra*）多年生植物。常伴生有许多杂草，与麻黄争水争肥，对麻黄的产量和含碱量影响极大。共计收集到种质资源1份，分布在1个盟（市）的1个旗（县、市、区）（表4-109）。

表4-109 草麻黄种质资源目录

序号	样品编号	盟（市）	旗（县、市、区）	种质名称	种质类型	种质来源	生长习性	繁殖习性	播种期	收获期	主要特性	其他特性	主要特性详细描述	种质用途	利用部位	种质分布
1	P150624026	鄂尔多斯市	鄂托克旗	草麻黄	野生资源	当地	多年生	有性	4月上旬	9月中旬	抗旱，耐寒，耐贫瘠，耐热	草本状灌木	常伴生有许多杂草，与麻黄争水争肥，对麻黄的产量和含碱量影响极大。因此，要结合中耕，及时除草	保健药用、加工原料	茎、叶	窄

110. 刺旋花种质资源目录

刺旋花（*Convolvulus tragacanthoides*）是旋花科（Convolvulaceae）旋花属（*Convolvulus*）旱生具刺半灌木。极具抗旱性，主要作饲用。共计收集到种质资源1份，分布在1个盟（市）的1个旗（县、市、区）（表4-110）。

表4-110 刺旋花种质资源目录

序号	样品编号	盟（市）	旗（县、市、区）	种质名称	种质类型	种质来源	生长习性	繁殖习性	播种期	收获期	主要特性	其他特性	主要特性详细描述	种质用途	利用部位	种质分布
1	P150624043	鄂尔多斯市	鄂托克旗	刺旋花	野生资源	当地	多年生	有性	3月上旬	7月中旬	抗旱，耐贫瘠		旱生具刺半灌木，极具抗旱性	饲用	种子（果实）、茎、叶	窄

111. 单瓣黄刺玫种质资源目录

单瓣黄刺玫（*Rosa xanthina* f. *normalis*）是蔷薇科（Rosaceae）蔷薇属（*Rosa*）直立灌木。单瓣黄刺玫是栽培黄刺玫的原始种。共计收集到种质资源1份，分布在1个盟（市）的1个旗（县、市、区）（表4-111）。

表4-111 单瓣黄刺玫种质资源目录

序号	样品编号	盟（市）	旗（县、市、区）	种质名称	种质类型	种质来源	生长习性	繁殖习性	播种期	收获期	主要特性	其他特性	主要特性详细描述	种质用途	利用部位	种质分布
1	P150825029	巴彦淖尔市	乌拉特后旗	单瓣黄刺玫	野生资源	当地	多年生	有性	4月中旬	8月中旬	抗旱		直立灌木，株高2～3m；枝粗壮，密集，披散；小枝无毛，有散生皮刺，无针刺。小叶7～13片，连叶柄长3～5cm；小叶片宽卵形或近圆形，稀椭圆形，先端圆钝，基部宽楔形或近圆形，边缘有圆钝锯齿，上面无毛，幼嫩时下面有稀疏柔毛，逐渐脱落；叶轴、叶柄有稀疏柔毛和小皮刺；托叶带状披针形，大部贴生于叶柄，离生部分呈耳状，边缘有锯齿和腺	饲用、保健药用，其他	茎、花	广

112. 猫头刺种质资源目录

猫头刺（*Oxytropis aciphylla*）是豆科（Fabaceae）棘豆属（*Oxytropis*）荒漠草原多刺的旱生垫状半灌木，为干燥沙质荒漠的建群种，极具抗旱性，主要利用种子（果实），茎，叶。主要作饲用。共计收集到种质资源1份，分布在1个盟（市）的1个旗（县、市、区）（表4-112）。

表4-112 猫头刺种质资源目录

序号	样品编号	盟（市）	旗（县、市、区）	种质名称	种质类型	种质来源	生长习性	繁殖习性	播种期	收获期	主要特性	其他特性	主要特性详细描述	种质用途	利用部位	种质分布
1	P150624045	鄂尔多斯市	鄂托克旗	猫头刺	野生资源	当地	多年生	有性	3月上旬	7月中旬	抗旱，耐贫瘠		荒漠草原多刺的旱生垫状半灌木，为干燥沙质荒漠的建群种，极具抗旱性	饲用	种子(果实)、茎、叶	窄

113. 播娘蒿种质资源目录

播娘蒿（*Descurainia sophia*）是十字花科（Brassicaceae）播娘蒿属（*Descurainia*）一年生或多年生草本植物。具有较好的抗旱性，种子量大，适应范围较广，种子含油40%，油工业用，并可食用；种子亦可药用，有利尿消肿、祛痰定喘的效用。干旱区可作为牧草饲用、保健药用、加工原料，主要应用种子（果实）、茎、叶。共计收集到种质资源2份，分布在2个盟（市）的2个旗（县、市、区）（表4-113）。

表4-113 播娘蒿种质资源目录

序号	样品编号	盟（市）	旗(县、市、区)	种质名称	种质类型	种质来源	生长习性	繁殖习性	播种期	收获期	主要特性	其他特性	主要特性详细描述	种质用途	利用部位	种质分布
1	P152527006	锡林郭勒盟	太仆寺旗	播娘蒿	野生资源	当地	一年生	有性	4月下旬	7月上旬	广适	种子含油40%，油工业用，并可食用；种子亦可药用，有利尿消肿、祛痰定喘的效用	株高可达80cm，叉状毛，茎生叶为多，茎直立，分枝多，叶片为三回羽状深裂，末端裂片条形或长圆形，裂片下部叶具柄，上部叶无柄	饲用、保健药用、加工原料	种子(果实)、茎、叶	广
2	P150622048	鄂尔多斯市	准格尔旗	播娘蒿	野生资源	当地	多年生	有性	4月中旬	7月中旬			具有较好的抗旱性，种子量大，适应范围较广，干旱区可作为牧草饲用	饲用	种子(果实)、茎、叶	窄

114. 中国沙棘种质资源目录

中国沙棘（*Hippophae rhamnoides* subsp. *sinensis*）是胡颓子科（Elaeagnaceae）沙棘属（*Hippophae*）落叶灌木或乔木植物。优质，抗旱，耐贫瘠，果实含有机酸、维生素C、糖类等，可作浓缩性维生素C的制剂，也可酿酒。共计收集到种质资源1份，分布在1个盟（市）的1个旗（县、市、区）（表4-114）。

表4-114 中国沙棘种质资源目录

序号	样品编号	盟（市）	旗(县、市、区)	种质名称	种质类型	种质来源	生长习性	繁殖习性	播种期	收获期	主要特性	其他特性	主要特性详细描述	种质用途	利用部位	种质分布
1	P150622050	鄂尔多斯市	准格尔旗	中国沙棘	野生资源	当地	多年生	有性	4月下旬	7月中旬	优质，抗旱，耐贫瘠		果实含有机酸、维生素C、糖类等，可作浓缩性维生素C的制剂，也可酿酒	饲用、加工原料	种子（果实）、茎、叶	窄

115. 沙枣种质资源目录

沙枣（*Elaeagnus angustifolia*）是胡颓子科（Elaeagnaceae）胡颓子属（*Elaeagnus*）落叶乔木或小乔木。主要利用种子（果实）。主要作食用、饲用。共计收集到种质资源1份，分布在1个盟（市）的1个旗（县、市、区）（表4-115）。

表4-115 沙枣种质资源目录

序号	样品编号	盟（市）	旗(县、市、区)	种质名称	种质类型	种质来源	生长习性	繁殖习性	播种期	收获期	主要特性	其他特性	主要特性详细描述	种质用途	利用部位	种质分布
1	P150822062	巴彦淖尔市	磴口县	沙枣	野生资源	当地	多年生	有性	3月上旬	10月上旬	耐盐碱，抗旱，耐寒，耐贫瘠，耐热		株高5～10m，无刺或具刺，刺长30～40mm，棕红色，发亮；幼枝密被银白色鳞片，老枝鳞片脱落，红棕色，光亮。叶薄纸质，矩圆状披针形至线状披针形，长3～7cm，宽1～1.3cm，顶端钝尖或钝形，基部楔形，全缘，上面幼时具银白色圆形鳞片，成熟后部分脱落，带绿色，下面灰白色，密被白色鳞片，有光泽，侧脉不甚明显；叶柄纤细，银白色，长5～10mm	食用、饲用	种子（果实）	广

116. 裸果木种质资源目录

裸果木（*Gymnocarpos przewalskii*）是石竹科（Caryophyllaceae）裸果木属（*Gymnocarpos*）亚灌木状。株高可达100cm。嫩枝骆驼喜食，可作固沙植物，主要利用茎，主要作饲用。共计收集到种质资源1份，分布在1个盟（市）的1个旗（县、市、区）（表4-116）。

表4-116 裸果木种质资源目录

序号	样品编号	盟（市）	旗(县、市、区)	种质名称	种质类型	种质来源	生长习性	繁殖习性	播种期	收获期	主要特性	其他特性	主要特性详细描述	种质用途	利用部位	种质分布
1	P150825052	巴彦淖尔市	乌拉特后旗	裸果木	野生资源	当地	多年生	有性	6月中旬	7月中旬			古地中海区旱生植物区系成分，对研究中国西北、内蒙古荒漠的发生、发展、气候的变化以及旱生植物区系成分的起源，有较重要的科学价值	饲用	茎	窄

117. 罗布麻种质资源目录

罗布麻（*Apocynum venetum*）夹竹桃科（Apocynaceae）罗布麻属（*Apocynum*）亚灌木。具有平抑肝阳、清热利尿、安神的功效。生于盐碱荒地、沙漠边缘、河流两岸及戈壁荒滩上。共计收集到种质资源2份，分布在2个盟（市）的2个旗（县、市、区）（表4-117）。

表4-117 罗布麻种质资源目录

序号	样品编号	盟（市）	旗（县、市、区）	种质名称	种质类型	种质来源	生长习性	繁殖习性	播种期	收获期	主要特性	其他特性	主要特性详细描述	种质用途	利用部位	种质分布
1	P150304030	乌海市	乌达区	乌达草原罗布麻	野生资源	当地	多年生	有性	4月下旬	8月下旬	耐盐碱，抗旱，耐寒，耐贫瘠，耐热		具有平抑肝阳、清热利尿、安神的功效。生于盐碱荒地、沙漠边缘、河流两岸及戈壁荒滩上	食用、保健药用	茎、叶	窄
2	P152923008	阿拉善盟	额济纳旗	罗布麻	野生资源	当地	多年生	兼性	4月上旬	9月中旬	耐盐碱，抗旱，耐贫瘠		主要生长在盐碱荒地、沙漠边缘、戈壁荒滩上，具有耐盐碱、耐贫瘠、抗旱的特性，当地牧民主要作为饲草料使用	饲用、加工原料	茎、叶、花	窄

118. 细枝羊柴种质资源目录

细枝羊柴（*Hedysarum scoparium*）是豆科（Fabaceae）岩黄耆（*Hedysarum*）半灌木。荒漠和半荒漠耐旱植物，主要作饲用、加工原料。共计收集到种质资源1份，分布在1个盟（市）的1个旗（县、市、区）（表4-118）。

表4-118 细枝羊柴种质资源目录

序号	样品编号	盟（市）	旗（县、市、区）	种质名称	种质类型	种质来源	生长习性	繁殖习性	播种期	收获期	主要特性	其他特性	主要特性详细描述	种质用途	利用部位	种质分布
1	P152921005	阿拉善盟	阿拉善左旗	花棒	野生资源	当地	多年生	有性	4月上旬	7月下旬	抗旱，耐寒		沙生、耐旱、喜光树种，喜沙埋，抗风蚀，耐严寒酷热，防风、固沙作用大，是荒漠和半荒漠耐旱植物	饲用、加工原料	种子（果实）、茎、叶、花	广

119. 梭梭种质资源目录

梭梭（*Haloxylon ammodendron*）是苋科（Amaranthaceae）梭梭属（*Haloxylon*）灌木或小乔木。国家二级保护植物，是温带荒漠中生物产量最高的植被类型之一。它既能耐旱，耐寒，抗盐碱，防风、固沙，遏制土地沙化，改良土壤，恢复植被，又能使周边沙化草原得到保护，在维护生态平衡上起着不可比拟的作用。共计收集到种质资源3份，分布在1个盟（市）的3个旗（县、市、区）（表4-119）。

表4-119 梭梭种质资源目录

序号	样品编号	盟（市）	旗（县、市、区）	种质名称	种质类型	种质来源	生长习性	繁殖习性	播种期	收获期	主要特性	其他特性	主要特性详细描述	种质用途	利用部位	种质分布
1	P152921036	阿拉善盟	阿拉善左旗	梭梭	野生资源	当地	多年生	有性	5月上旬	10月上旬	高产，优质，抗病，耐盐碱，抗旱，耐寒，耐贫瘠，耐热		国家二级保护植物，是温带荒漠中生物产量最高的植被类型之一。它既能耐旱，耐寒，抗梭梭盐碱，防风、固沙，遏制土地沙化，改良土壤，恢复植被，又能使周边沙化草原得到保护，在维护生态平衡上起着不可比拟的作用。不但具有生态价值，在其根部寄生有传统的珍稀名贵补益类中药材肉苁蓉，具有较高的经济价值	饲用、保健药用	种子（果实）、根、茎、叶、花	窄
2	P152922018	阿拉善盟	阿拉善右旗	梭梭	野生资源	当地	多年生	无性	5月下旬	10月上旬	耐盐碱，抗旱，耐寒，耐热		抗旱、耐高温、耐盐碱、耐风蚀、耐寒等诸多特性，是一种极其重要的防风、固沙植物，在荒漠和半荒漠地区的分布极为广泛。小半乔木，有时呈灌木状，株高1～5m或更高。树冠直径1.5～2.5m。树干粗壮，常具粗瘤，树皮灰黄色；二年生枝灰褐色，有环状裂缝；当年生枝深绿色。叶对生，退化成鳞片状宽三角形。花小，单生于叶腋，黄色，两性，小苞片宽卵形，边缘膜质；花被片5。胞果半圆球形，顶稍凹，果皮黄褐色，肉质；种子横生，直径2.5mm	饲用、保健药用，其他	种子（果实）、根、茎、叶	广
3	P152923021	阿拉善盟	额济纳旗	梭梭	野生资源	当地	多年生	有性	11月上旬	10月上旬	耐盐碱，抗旱，耐寒，耐贫瘠		抗旱、抗寒，喜瘠薄、喜干燥，对风蚀沙埋的生态适应性强，具有防风、固沙、改良土壤、改善小气候和维持生物多样性等生态作用，当地牧民还作为牧草使用	饲用	叶	广

120. 黑果枸杞种质资源目录

黑果枸杞（*Lycium ruthenicum*）是茄科（Solanaceae）枸杞属（*Lycium*）灌木植物。优质，耐盐碱，抗旱，耐贫瘠，主要作食用、保健药用，主要利用种子（果实）。共计收集到种质资源2份，分布在1个盟（市）的2个旗（县、市、区）（表4-120）。

表4-120　黑果枸杞种质资源目录

序号	样品编号	盟（市）	旗(县、市、区)	种质名称	种质类型	种质来源	生长习性	繁殖习性	播种期	收获期	主要特性	其他特性	主要特性详细描述	种质用途	利用部位	种质分布
1	P152922028	阿拉善盟	阿拉善右旗	黑果枸杞	野生资源	当地	多年生	有性	4月下旬	9月上旬	优质，耐盐碱，抗旱，耐贫瘠		落叶灌木，株高20～150cm。多分枝，枝条坚硬，常呈“之”字形弯曲，白色，枝上和顶端具棘刺。叶2～6片簇生于短枝上，肉质，无柄，条形、条状披针形或圆棒状，长5～30mm，先端钝圆。花1～2朵生于棘刺基部两侧的短枝上，花梗细，长5～10mm；花萼狭钟状，长3～4mm，2～4裂；花冠漏斗状，头部较檐部裂片长2～3倍，浅紫色，长1cm，雄蕊不等长。浆果球形，成熟后紫黑色，直径4～9mm；种子肾形，褐色	食用、保健药用	种子（果实）	窄
2	P152923030	阿拉善盟	额济纳旗	黑果枸杞	野生资源	当地	多年生	兼性	5月上旬	9月下旬	优质，耐盐碱，抗旱，耐贫瘠		果实紫黑色，颗粒饱满均匀，整齐度好，百粒重约7.0g；果肉质地柔软，味道甘甜，具有枸杞特有的气味和滋味	食用、饲用、保健药用	种子（果实）、叶	广

121. 苦马豆种质资源目录

苦马豆（*Sphaerophysa salsula*）是豆科（Fabaceae）苦马豆属（*Sphaerophysa*）半灌木或多年生草本植物。耐盐碱，抗旱，耐贫瘠，主要用作饲草料，羊、骆驼喜食。主要利用茎、叶。共计收集到种质资源1份，分布在1个盟（市）的1个旗（县、市、区）（表4-121）。

表4-121　苦马豆种质资源目录

序号	样品编号	盟（市）	旗(县、市、区)	种质名称	种质类型	种质来源	生长习性	繁殖习性	播种期	收获期	主要特性	其他特性	主要特性详细描述	种质用途	利用部位	种质分布
1	P152923010	阿拉善盟	额济纳旗	苦马豆	野生资源	当地	多年生	有性	4月下旬	9月上旬	耐盐碱，抗旱，耐贫瘠		主要生长在河边、沟旁、地埂、沙质土地和盐碱地、农田边上	饲用	茎、叶	窄

122. 沙拐枣种质资源目录

沙拐枣（*Calligonum mongolicum*）是蓼科（Polygonaceae）沙拐枣属（*Calligonum*）灌木。沙拐枣是荒漠区典型的沙生植物，主要用作饲草料。主要利用茎、叶。共计收集到种质资源4份，分布在1个盟（市）的2个旗（县、市、区）（表4-122）。

表4-122　沙拐枣种质资源目录

序号	样品编号	盟（市）	旗(县、市、区)	种质名称	种质类型	种质来源	生长习性	繁殖习性	播种期	收获期	主要特性	其他特性	主要特性详细描述	种质用途	利用部位	种质分布
1	P152922014	阿拉善盟	阿拉善右旗	戈壁沙拐枣	野生资源	当地	多年生	无性	4月下旬	9月上旬	优质，耐盐碱，抗旱，耐贫瘠，耐热	抗风蚀、耐沙埋	生于砾石地或沙地的强旱生灌木，可作为防风、固沙造林树种。株高0.8～1m。老枝木质灰色；当年生幼枝灰绿色。节间长1.5～3cm。叶线形，长1～5mm。花淡红色，花梗细长，长2～3mm，中下部有关节；花被片宽椭圆形，果实反折。瘦果连刺宽卵形，长11～18mm，宽10～15mm；瘦果长圆形，不扭转或微扭转，肋钝圆，较宽，沟槽深；2行刺排于果肋边缘，每行6～9枚，通常稍长或等长于瘦果宽度，稀疏，较粗，质脆，易折断，基部稍扩大，分离，中上部或中部2次2杈分枝。果期6—7月	饲用、保健药用	种子（果实）	窄

（续表）

序号	样品编号	盟（市）	旗（县、市、区）	种质名称	种质类型	种质来源	生长习性	繁殖习性	播种期	收获期	主要特性	其他特性	主要特性详细描述	种质用途	利用部位	种质分布
2	P152922014	阿拉善盟	阿拉善右旗	戈壁沙拐枣	野生资源	当地	多年生	无性	4月上旬	9月下旬	优质，耐盐碱，抗旱，耐贫瘠，耐热	抗风蚀、耐沙埋	生于砾石地或沙地的强旱生灌木，可作为防风、固沙造林树种。株高0.8～1m。老枝；木质灰色；当年生幼枝灰绿色。节间长1.5～3cm。叶线形，长1～5mm。花淡红色，花梗细长，长2～3mm，中下部有关节；花被片宽椭圆形，果时反折。瘦果连刺宽卵形，长11～18mm，宽10～15mm；瘦果长圆形，不扭转或微扭转，肋钝圆，较宽，沟槽深；2行刺排于果肋边缘，每行6～9枚，通常稍长或等长于瘦果宽度，稀疏，较粗，质脆，易折断，基部稍扩大，分离，中上部或中部2次2权分枝。果期6—7月	饲用、保健药用	种子（果实）	窄
3	P152923016	阿拉善盟	额济纳旗	沙拐枣	野生资源	当地	多年生	有性	4月上旬	9月下旬	优质，耐盐碱，抗旱，耐贫瘠		多生于流动沙丘、半流动沙丘或石质地，在沙砾质戈壁、干河床和山前沙砾质洪积物坡地上也能生长。具有抗风蚀、耐沙埋、抗干旱、耐脊薄等特点，枝条茂密，萌蘖能力强，根系发达，能适应条件极端严酷的干旱荒漠区，是荒漠区典型的沙生植物。额济纳旗主要用作饲草料	饲用	茎、叶	窄

（续表）

序号	样品编号	盟（市）	旗(县、市、区)	种质名称	种质类型	种质来源	生长习性	繁殖习性	播种期	收获期	主要特性	其他特性	主要特性详细描述	种质用途	利用部位	种质分布
4	P152923016	阿拉善盟	额济纳旗	沙拐枣	野生资源	当地	多年生	有性	4月上旬	9月下旬	优质，耐盐碱，抗旱，耐贫瘠		多生于流动沙丘、半流动沙丘或石质地，在沙砾质戈壁、干河床和山前沙砾质洪积物坡地上也能生长。具有抗风蚀、耐沙埋、抗干旱、耐脊薄等特点，枝条茂密，萌蘖能力强，根系发达，能适应条件极端严酷的干旱荒漠区，是荒漠区典型的沙生植物。额济纳旗主要用作饲草料	饲用	茎、叶	窄

123. 骆驼刺种质资源目录

骆驼刺（*Alhagi camelorum*）是豆科（Fabaceae）骆驼刺属（*Alhagi*）半灌木草本植物。在该草春季返青时，有催肥抓膘作用，牛、羊喜食。刈割秋季开花、结实后的骆驼刺调制成干草，并制成干草粉或与其他草类混合饲喂，适口性好，家畜很愿意采食，可提高其利用价值。共计收集到种质资源2份，分布在1个盟（市）的1个旗（县、市、区）（表4-123）。

表4-123 骆驼刺种质资源目录

序号	样品编号	盟（市）	旗(县、市、区)	种质名称	种质类型	种质来源	生长习性	繁殖习性	播种期	收获期	主要特性	其他特性	主要特性详细描述	种质用途	利用部位	种质分布
1	P152923022	阿拉善盟	额济纳旗	骆驼刺	野生资源	当地	多年生	兼性	4月上旬	9月下旬	优质，耐盐碱，抗旱，耐贫瘠	适口性好	仅骆驼四季喜食青鲜骆驼刺，其他家畜很少采食，因其青鲜时含有特殊化学物质。在该草春季返青时，有催肥抓膘作用，牛、羊喜食。刈割秋季开花、结实后的骆驼刺调制成干草，并制成干草粉或与其他草类混合饲喂，适口性好，家畜很愿意采食，可提高其利用价值	饲用	种子（果实）、茎、叶	广

（续表）

序号	样品编号	盟（市）	旗(县、市、区)	种质名称	种质类型	种质来源	生长习性	繁殖习性	播种期	收获期	主要特性	其他特性	主要特性详细描述	种质用途	利用部位	种质分布
2	P152923022	阿拉善盟	额济纳旗	骆驼刺	野生资源	当地	多年生	兼性	4月上旬	9月下旬	优质，耐盐碱，抗旱，耐贫瘠	适口性好	仅骆驼四季喜食青鲜骆驼刺，其他家畜很少采食，因其青鲜时含有特殊化学物质。在该草春季返青时，有催肥抓膘作用，牛、羊喜食。刈割秋季开花、结实后的骆驼刺调制成干草，并制成干草粉或与其他草类混合饲喂，适口性好，家畜很愿意采食，可提高其利用价值	饲用	种子（果实）、茎、叶	广

124. 山芹种质资源目录

山芹（*Osterricum sieboldii*）是伞形科（Apiaceae）山芹属（*Osterricum*）多年生草本植物。高产，优质，抗病，耐寒，野生蔬菜亦可栽培，栽培1年，可连续收获多年，返青早。食叶柄及叶片，芹菜味较浓，口感好，市场经济价值较高。共计收集到种质资源1份，分布在1个盟（市）的1个旗（县、市、区）（表4-124）。

表4-124　山芹种质资源目录

序号	样品编号	盟（市）	旗(县、市、区)	种质名称	种质类型	种质来源	生长习性	繁殖习性	播种期	收获期	主要特性	其他特性	主要特性详细描述	种质用途	利用部位	种质分布
1	P150723037	呼伦贝尔市	鄂伦春自治旗	老山芹野菜	野生资源	当地	多年生	有性	5月上旬	7月下旬	高产，优质，抗病，耐寒	野生蔬菜亦可栽培，栽培1年，可连续收获多年，返青早。食叶柄及叶片，芹菜味较浓，口感好。市场经济价值较高	多年生野生或者栽培野生蔬菜。株高60～120cm，上部有分枝。茎绿色，中空。基生叶与茎下叶叶柄较长，紧抱茎，叶柄被密毛。叶的裂片宽阔，边缘具圆锯齿或牙齿，复伞花序直径10～20cm，小伞花序直径1～3cm，具多数花。果实椭圆形，果实两面具4条黑色菊花状暗纹，长5～7mm，宽4～5mm，一个果实内分开具2粒种子	食用	叶	窄

125. 偃麦草种质资源目录

偃麦草（*Elytrigia repens*）是禾本科（Gramineae）偃麦草属（*Elytrigia*）多年生草本植物。主要利用茎、叶，主要作饲用。共计收集到种质资源1份，分布在1个盟（市）的1个旗（县、市、区）（表4-125）。

表4-125 偃麦草种质资源目录

序号	样品编号	盟（市）	旗（县、市、区）	种质名称	种质类型	种质来源	生长习性	繁殖习性	播种期	收获期	主要特性	其他特性	主要特性详细描述	种质用途	利用部位	种质分布
1	P150724028	呼伦贝尔市	鄂温克族自治旗	偃麦草	地方品种	当地	多年生	兼性	5月中旬	7月下旬	高产，优质，抗病，广适	有性兼无性繁殖，生于林带间隙及沟谷草原	秆疏丛生，直立，光滑，高70～110cm；叶鞘无毛，叶耳膜质；叶舌不明显；叶线形，叶片长9～14cm，宽3.5～6mm；穗状花序长8～20cm，宽约0.8mm，棱边具短纤毛；小穗长1.1～1.5cm，颖披针形，边缘膜质，具5～7脉，长7.5～8mm；外稃顶端具1～1.2mm芒尖，第一外稃长约9.5mm，内稃短于外稃1mm左右，先端凹缺，脊上具纤毛。花果期7—8月	饲用	茎、叶	广

126. 茅香种质资源目录

茅香（*Hierochloe odorata*）是禾本科（Gramineae）茅香属（*Hierochloe*）多年生草本植物。全株稍有香味，较柔软。抗病，抗旱，耐寒，主要利用茎、叶。主要作饲用。共计收集到种质资源1份，分布在1个盟（市）的1个旗（县、市、区）（表4-126）。

表4-126 茅香种质资源目录

序号	样品编号	盟（市）	旗（县、市、区）	种质名称	种质类型	种质来源	生长习性	繁殖习性	播种期	收获期	主要特性	其他特性	主要特性详细描述	种质用途	利用部位	种质分布
1	P150724039	呼伦贝尔市	鄂温克族自治旗	光稃茅香	野生资源	当地	多年生	兼性	5月中旬	7月下旬	抗病，抗旱，耐寒，其他	返青早，优质牧草。株高适宜，不用刈割，容易化学除草	全株稍有香味，较柔软。株高15～25cm，叶片条状披针形，长3～10cm，宽3mm左右。叶片两面粗糙，边缘具微小刺状纤毛。圆锥状花序三角状卵形，顶生，开展长4～7cm，黄褐色，有光泽。花两性，种质黑色，卵圆形	饲用，其他	茎、叶	窄

127. 沙蒿种质资源目录

沙蒿（*Artemisia desertorum*）是菊科（Compositae）蒿属（*Artemisia*）多年生草本植物。抗虫，耐盐碱，抗旱，耐寒，耐贫瘠，耐热，主要利用种子（果实）。主要作饲用。共计收集到种质资源1份，分布在1个盟（市）的1个旗（县、市、区）（表4-127）。

表4-127 沙蒿种质资源目录

序号	样品编号	盟（市）	旗（县、市、区）	种质名称	种质类型	种质来源	生长习性	繁殖习性	播种期	收获期	主要特性	其他特性	主要特性详细描述	种质用途	利用部位	种质分布
1	P152501009	锡林郭勒盟	二连浩特市	沙蒿	野生资源	当地	多年生	有性	5月上旬	8月中旬	抗虫，耐盐碱，抗旱，耐寒，耐贫瘠，耐热			饲用	种子（果实）、茎	广

128. 野古草种质资源目录

野古草（*Arundinella hirta*）是禾本科（Gramineae）野古草属（*Arundinella*）多年生草本植物。抗虫，耐盐碱，抗旱，耐寒，耐贫瘠，耐热，主要利用种子（果实）、茎。主要作饲用。共计收集到种质资源1份，分布在1个盟（市）的1个旗（县、市、区）（表4-128）。

表4-128 野古草种质资源目录

序号	样品编号	盟（市）	旗（县、市、区）	种质名称	种质类型	种质来源	生长习性	繁殖习性	播种期	收获期	主要特性	其他特性	主要特性详细描述	种质用途	利用部位	种质分布
1	P152501017	锡林郭勒盟	二连浩特市	野谷草	野生资源	当地	多年生	有性	5月上旬	8月中旬	抗虫，耐盐碱，抗旱，耐寒，耐贫瘠，耐热			饲用	种子（果实）、茎	广

129. 鹅观草种质资源目录

鹅观草（*Elymus kamoji*）是禾本科（Gramineae）披碱草属（*Elymus*）多年生草本植物。良等饲用植物，生于山坡、林缘、路旁。花果期7—8月。主要应用茎、叶。主要作饲用。共计收集到种质资源4份，分布在2个盟（市）的3个旗（县、市、区）（表4-129）。

表4-129 鹅观草种质资源目录

序号	样品编号	盟（市）	旗（县、市、区）	种质名称	种质类型	种质来源	生长习性	繁殖习性	播种期	收获期	主要特性	其他特性	主要特性详细描述	种质用途	利用部位	种质分布
1	P152501043	锡林郭勒盟	二连浩特市	鹅观草	野生资源	当地	多年生	有性	4月中旬	8月中旬	高产，耐寒			饲用	种子（果实）、茎	广
2	P150785045	呼伦贝尔市	根河市	紫穗鹅观草	野生资源	当地	多年生	兼性	5月中旬	7月下旬	高产，优质，抗病，广适，耐寒	良等饲用植物，生于山坡、林缘、路旁	秆单生或呈疏丛，直立，有时基部屈膝而略倾斜。质较坚硬，无毛，高60～80cm。叶鞘疏松，光滑；叶片上卷，长9～20cm，宽2.5～4.5mm，上面被毛，边缘粗糙，下面无毛。穗状花序下垂，长11～14cm；小穗微带紫色，长13～147mm，含4～6朵小花；颖矩圆状披针形，先端锐尖，粗糙；第一颖长6.5～8mm，第二颖长10～12mm，芒粗壮，粗糙，紫色；内稃与外稃近等长。种子披针形，土黄色，有腹沟。花果期7—8月	饲用	茎、叶	广
3	P150781040	呼伦贝尔市	满洲里市	鹅观草	野生资源	当地	多年生	有性	4月下旬	8月下旬	高产，耐寒			饲用	种子（果实）、叶	广
4	P150781033	呼伦贝尔市	满洲里市	缘毛鹅观草	野生资源	当地	多年生	有性	4月下旬	8月下旬	高产，优质，耐寒			饲用	种子（果实）、叶	广

130. 新麦草种质资源目录

新麦草（*Psathyrostachys juncea*）是禾本科（Gramineae）新麦草属（*Psathyrostachys*）多年生草本植物。高产，优质，耐寒，主要作饲用，主要利用种子（果实）、茎。共计收集到种质资源2份，分布在2个盟（市）的2个旗（县、市、区）（表4-130）。

表4-130　新麦草种质资源目录

序号	样品编号	盟（市）	旗（县、市、区）	种质名称	种质类型	种质来源	生长习性	繁殖习性	播种期	收获期	主要特性	其他特性	主要特性详细描述	种质用途	利用部位	种质分布
1	P152501040	锡林郭勒盟	二连浩特市	新麦草	野生资源	当地	多年生	有性	4月中旬	8月中旬	高产，优质，耐寒			饲用	种子（果实）、茎	广
2	P150781032	呼伦贝尔市	满洲里市	新麦草	野生资源	当地	多年生	有性	4月下旬	8月下旬	高产，优质，耐寒			饲用	种子（果实）、叶	广

131. 大叶章种质资源目录

大叶章（*Deyeuxia purpurea*）是禾本科（Gramineae）野青茅属（*Deyeuxia*）多年生草本植物。良等饲用植物，高产，主要利用种子（果实）、茎、叶。花果期7—8月。共计收集到种质资源1份，分布在1个盟（市）的1个旗（县、市、区）（表4-131）。

表4-131　大叶章种质资源目录

序号	样品编号	盟（市）	旗（县、市、区）	种质名称	种质类型	种质来源	生长习性	繁殖习性	播种期	收获期	主要特性	其他特性	主要特性详细描述	种质用途	利用部位	种质分布
1	P150785057	呼伦贝尔市	根河市	大叶章	野生资源	当地	多年生	兼性	5月上旬	7月下旬	高产	良等饲用植物	植株具横走根茎，秆直立，高75～120cm，平滑无毛。叶鞘平滑无毛，叶舌膜质；叶片扁平，长12～26cm，宽3～6mm，平滑无毛。圆锥花序展开，长10～16cm，分枝细弱，粗糙。颖近等长，狭卵状披针形，先端尖，具膜质，具1～3脉；芒长2～2.5mm。花果期7—8月	饲用	种子（果实）、茎、叶	窄

132. 菵草种质资源目录

菵草（*Beckmannia syzigachne*）是禾本科（Gramineae）菵草属（*Beckmannia*）一年生草本植物。高产，抗旱，耐寒，良等饲用植物。内稃外稃等长。种子裸露，心形，浅黄色。花果期6—9月。共计收集到种质资源2份，分布在1个盟（市）的2个旗（县、市、区）（表4-132）。

表4-132 菵草种质资源目录

序号	样品编号	盟（市）	旗(县、市、区)	种质名称	种质类型	种质来源	生长习性	繁殖习性	播种期	收获期	主要特性	其他特性	主要特性详细描述	种质用途	利用部位	种质分布
1	P150782065	呼伦贝尔市	牙克石市	菵草	野生资源	当地	一年生	有性	5月中旬	7月下旬	高产，抗旱，耐寒	良等饲用植物	直立，株高40～65cm，平滑；叶鞘无毛；叶片扁平，狭叶披针形，长6～13cm，宽3～6mm，两面无毛。圆锥花序狭窄，长15～25cm，分枝直立或斜上，小穗压扁，倒卵圆形，长2.5～3mm；颖背部较厚，灰绿色，全体微被刺毛；外稃略超出颖体，质薄疏被微毛，先端具芒尖，长约0.5mm；内稃外稃等长。种子裸露，心形，浅黄色。花果期6—9月	饲用	茎、叶	窄
2	P150781044	呼伦贝尔市	满洲里市	菵草	野生资源	当地	一年生	有性	5月下旬	7月下旬	高产，耐寒			饲用	种子（果实）、叶	广

133. 歪头菜种质资源目录

歪头菜（*Vicia unijuga*）是豆科（Fabaceae）野豌豆属（*Vicia*）多年生草本植物。优质牧草，幼苗可食用，高产，优质，耐寒。主要作饲用，花期6—7月，果期7—9月。共计收集到种质资源1份，分布在1个盟（市）的1个旗（县、市、区）（表4-133）。

表4-133 歪头菜种质资源目录

序号	样品编号	盟（市）	旗（县、市、区）	种质名称	种质类型	种质来源	生长习性	繁殖习性	播种期	收获期	主要特性	其他特性	主要特性详细描述	种质用途	利用部位	种质分布
1	P150785065	呼伦贝尔市	根河市	歪头菜	野生资源	当地	多年生	有性	4月下旬	9月下旬	高产，优质，耐寒	优质牧草，幼苗可食用	株高60～100cm。茎半直立，常数茎丛生，有棱，无毛。双数羽状复叶，具小叶2片；互生；托叶呈半边箭头形，长6～8mm；小叶卵圆形，长30～60mm，宽20～35mm，先端尖锐，基部楔形，全缘。总状花序腋生，比叶长，具15～25朵花，花蓝紫色，长10～14mm；花萼钟状，疏生柔毛。旗瓣倒卵形，顶端微凹；子房无毛，花柱急弯，柱头头状。荚果矩圆状扁平，两端尖，长20～30mm，宽5mm左右，无毛，含种子1～4粒；种子圆形，乌黑色，千粒重17g。花期6—7月，果期7—9月	饲用	茎、叶	窄

134. 红车轴草种质资源目录

红车轴草（*Trifolium pratense*）是豆科（Fabaceae）车轴草属（*Trifolium*）多年生草本植物。优质，抗旱，耐寒，优等饲用植物，主要作饲用，花期7—8月，果期8—9月。共计收集到种质资源2份，分布在1个盟（市）的2个旗（县、市、区）（表4-134）。

表4-134 红车轴草种质资源目录

序号	样品编号	盟（市）	旗（县、市、区）	种质名称	种质类型	种质来源	生长习性	繁殖习性	播种期	收获期	主要特性	其他特性	主要特性详细描述	种质用途	利用部位	种质分布
1	P150782066	呼伦贝尔市	牙克石市	红三叶	野生资源	当地	多年生	兼性	5月中旬	7月下旬	优质，抗旱，耐寒	优等饲用植物	株高20～50cm。根系粗壮，茎直立或斜升，多分枝，疏生柔毛。掌状复叶，具3片小叶；托叶卵形，基部抱茎；基生叶柄长15～20cm；小叶柄短，小叶宽椭圆形；长20～50mm，宽10～30mm，先端钝圆或微缺，基部渐狭，全缘。头状花序多花，花冠粉红色，腋生或顶生，总花梗长超出叶，长12～15cm；花无梗，花萼钟状，具5齿；旗瓣长菱形，翼瓣矩圆形，短于旗瓣；子房椭圆形，花柱丝状，细长。荚果小，具1粒种子，种子卵圆形，稍扁，黄色。花期7—8月，果期8—9月	饲用	茎、叶	窄
2	P150725063	呼伦贝尔市	陈巴尔虎旗	野火球	野生资源	当地	多年生	有性	5月上旬	7月下旬	抗病，耐寒	良等饲用植物	株高15～40cm。茎丛生，直立或斜升，上部多分枝，略呈四棱形；掌状复叶，通常具小叶5片，稀为3～7片；托叶膜质鞘状，紧贴叶柄上，抱茎；小叶长椭圆形，长1.5～4cm，宽5～12mm，先端稍尖，基部渐狭，边缘具细锯齿；头状花序，顶生或腋生，花多数，紫红色；花萼钟状，萼齿锥形，长于萼筒，均有柔毛；旗瓣椭圆形，长约14mm，顶端钝圆；子房条状矩圆形，有柄，花柱长，上部弯曲柱头头状。荚果条状矩圆形，含种子1～3粒，种子圆球形，稍扁，黑褐色。花果期7—9月	饲用	种子（果实）	广